41

42

43

44

45

46

47

48

49

50

51

52

53

54

55

56

57

58

59

60

NORBERT GRIEBL

Kosmos Naturführer —Neophyten

KOSMOS

Inhalt

Vorwort

NEOPHYTEN MITTELEUROPAS

Die Beschäftigung mit Neophyten ist eine spannende, weil nie abgeschlossene, sich immerwährend ändernde Thematik. Und diese Beschäftigung lohnt sich, sei es aus botanischem Interesse an Neuem, sei es aus Naturschutzgründen oder sei es aus angewandt-landwirtschaftlich-forstwirtschaftlichen Gründen.
Erstmals gibt es nun ein umfassendes Buch über die Neophyten Mitteleuropas, in dem nicht nur die allgemein bekannten invasiven Neophyten behandelt werden, sondern auch die selteneren, teilweise nur vorübergehend auftretenden pflanzlichen Neubürger. 1127 Arten werden in diesem Buch vorgestellt. Komplett kann ein solches Werk allerdings nie sein, denn ist man heute vielleicht auf dem neuesten Stand, wird morgen bereits eine neue Art für das Gebiet gefunden. Aber das macht ja die Botanik, die schönste aller Wissenschaften, so reizvoll.

WISSENSWERTES ÜBER NEOPHYTEN

Ziel des Buches ist es, dem Leser das Bestimmen der Neophyten im deutschsprachigen Raum zu ermöglichen und wissenswerte Informationen über diese Pflanzengruppe zu vermitteln.
Auf welchem Wege kamen die Neophyten zu uns? Wozu werden oder wurden sie genutzt? Von wo sind sie im Gebiet bereits bekannt? Diese und ähnliche weitere Fragen sollen dem pflanzeninteressierten Leser beantwortet werden können.

Geranium himalayense

DANK

Viele Botaniker und Pflanzenfreunde haben dabei geholfen, mit Fundhinweisen, Fotos und Verbesserungsvorschlägen zum Gelingen des Buches beizutragen. Vollständig kann ein Buch über Neophyten trotzdem nie sein, denn während das Manuskript als fertig dem Verlag übergeben wird, bekommt man die Information, dass die neuweltliche Froelichia gracilis neu im Gebiet gefunden wurde. Gerade die Neophyten/Adventiv-Flora befindet sich in ständiger Änderung und so soll das Buch einen möglichst aktuellen Iststand zeigen, der jedoch einer ständigen Veränderung ausgesetzt ist.
Sehr herzlich für ihre Hilfe bedanken möchte ich mich bei Andreas Axmann (Wien), Dr. Wilhelm Baier (Graz), Jürgen Baldinger MSc. (Wien), Johann Brandner (Wien), Dr. Franz-Georg Dunkel (Karlstadt), Dr. Franz Essl (Wien), DI Hermann Falkner (Wien), Prof. Dr. Manfred A. Fischer (Wien), Harald Geier (Bonn), Prof. Dr. Gerald Gübitz (Graz), Dr. Michael Hassler (Bruchsal), Ulrich Heidtke (Niederkirchen), Prof. Michael Hohla (Obernberg am Inn), Peter Hubert (Wien), Renate Kalz (Wien), Dr. Horst Kretzschmar (Bad Hersfeld), Walter Kussegg (Trofaiach), DI Stefan Lefnaer (Wien), Dr. Susanne Leonhartsberger (Graz), Rolf Marschner (Wien), Thomas Meyer (Günzburg), DI Alexander Mrkvicka (Perchtoldsdorf), Thomas Muer (Bad Bentheim), Prof. Dr. Harald Niklfeld (Wien), Georg Pflugbeil MSc. (Salzburg), Mag. Peter Pilsl (Salzburg), Dr. Walter Rottensteiner (Graz), Karl Schebesta (Wien), Johann Schön (Ollersbach), Fritz Schreiber (Wien), Dr. Oliver Stöhr (Lienz), Mag. Gertrude Tritthart (Graz), Mag. Paul Vergörer (Kirchbichl) und Josef Weinzettl (Oberschützen).

WAS SIND NEOPHYTEN?

Neophyten sind gebietsfremde Pflanzen, die außerhalb ihres ursprünglichen Verbreitungsareals wachsen und die nach dem Jahr 1492 durch menschliches Zutun absichtlich oder unabsichtlich eingewandert sind. Sie vermehren sich im jeweiligen neuen Gebiet ohne menschliches Zutun. Invasive Neophyten sind konkurrenzstarke Arten mit großem Expansionsvermögen, die für die heimische Flora und Fauna von Nachteil sein oder ökonomischen Schaden, etwa in der Land- und Forstwirtschaft, verursachen können.

VEGETATION IM WANDEL

Die Vegetation Mitteleuropas ist einem ständigen Wandel unterworfen. Einerseits verändern sich die klimatischen Bedingungen, andererseits greift der Mensch durch seine Aktivitäten wie Landnutzung, Bautätigkeit und Verkehr erheblich in die Entwicklung unserer Flora ein.

Neue Arten können in eine geschlossene Pflanzengemeinschaft in der Regel nur schwer eindringen. Anthropogen bedingte Landschaftsveränderungen wie Baumaßnahmen und damit einhergehend die Schaffung von Ruderalstandorten begünstigen die Einbürgerung neuer Arten durch die Zerstörung vorhandener Lebensräume. Durch die Errichtung von Straßen und Bahnanlagen werden lineare Strukturen in der Landschaft geschaffen, die von vielen Pflanzen als Wanderwege genutzt werden.

Durch den Verkehr entlang dieser Linien werden Diasporen von Pflanzen mit „technischer Unterstützung" über weite Strecken bis in ferne Länder verfrachtet und können dann unter für sie günstigen Bedingungen fast explosionsartig neue Gebiete in Beschlag nehmen. Diese anthropogen geförderte Einwanderung hat nach der (Wieder-)Entdeckung Amerikas und seither durch die Globalisierung der Handelsbeziehungen stark zugenommen. Alle Arten, die sich seit dieser Zeit bei uns etabliert haben, werden als Neophyten bezeichnet. Archäophyten sind im Gegensatz dazu bereits vor dem Jahr 1492 eingewandert.

EINBRINGUNG DER NEOPHYTEN

Eine Hauptquelle für die Einbringung von Neubürger ist die Kultur von Pflanzen, die dann von ihren Kulturstandorten entweder aktiv durch die Verbreitung von Samenmaterial oder passiv durch die Verschleppung von Rhizomen entweichen. Eine wichtige Rolle spielen hier Gärtnereien, die ihr Pflanzenmaterial oft aus weit entfernten Gebieten beziehen. Mit der Erde in den Töpfen gelangen vielfach auch Pflanzenteile zu uns, die

Rubus odoratus

Inula helenium

dann hier gegebenenfalls als Neophyten verwildern. Die den gesamten Erdball erfassende Globalisierung bewirkt somit auch eine ständig zunehmende Anzahl neu auftretender Arten. Städte sind aufgrund ihrer internationalen Handelbeziehungen, als Knotenpunkte überregionaler Verkehrswege und wegen der durch die rege Bautätigkeit bedingten Standortsdynamik für die Ansiedlung fremder Arten prädestiniert. Besondere edaphische und kleinklimatische Bedingungen sowie die große Anzahl konkurrenzarmer Standorte wie Bahnhöfe, Straßenränder und immer wieder neu entstehende Ruderalflächen erlauben es diesen Pflanzen, erstmals Fuß zu fassen und sich eventuell weiter auszubreiten (Schröck & al. 2004).

INVASIVE ARTEN

Der Großteil der eingeschleppten Arten tritt an neuen Standorten meist nur kurzfristig auf und wird oft schnell wieder von der bodenständigen Vegetation verdrängt bzw. kann sich aufgrund der klimatischen und ökologischen Verhältnisse nicht dauerhaft ansiedeln. Gegenteilig verhält es sich bei den sogenannten invasiven Arten, die zum Teil davon profitieren, dass die natürliche Konkurrenz am neuen Wuchsort deutlich geringer ist als in ihren Heimatländern, da ihre an-

INVASIVE ARTEN

Auf der sich ändernden EU-Liste der invasiven Pflanzenarten sind zurzeit 36 Arten aufgelistet. Für diese Arten gilt ein Transport- und Handelsverbot. Von diesen kommen im Gebiet gegenwärtig folgende subspontan vor:

- Götterbaum, *Ailanthus altissima*
- Echte Seidenpflanze, *Asclepias syriaca*
- Karolina-Haarnixe, *Cabomba caroliniana*
- Wasserhyazinthe, *Eichhornia crassipes*
- Nutall-Wasserpest, *Elodea nutallii*
- Riesen-Bärenklau, *Heracleum mantegazzianum*
- Japanischer Hopfen, *Humulus scandens*
- Großer Wassernabel, *Hydrocotyle ranunculoides*
- Drüsiges Springkraut, *Impatiens glandulifera*
- Große Scheinwasserpest, *Lagarosiphon major*
- Großblütiges Heusenkraut, *Ludwigia grandiflora*
- Flutendes Heusenkraut, *Ludwigia peploides*
- Gelbe Scheinkalla, *Lysichiton americanus*
- Brasilianisches Tausendblatt, *Myriophyllum aquaticum*
- Verschiedenblättriges Tausendblatt, *Myriophyllum heterophyllum*
- Kudzu, *Pueraria lobata*

Cotoneaster microphyllus

Erigeron annuus

Robinia pseudoacacia

gestammte Begleitflora in den neu eroberten Arealen in der Regel weitgehend fehlt. So haben sich in den letzten Jahrzehnten Arten wie Goldrute und Flügelknöterich im Gebiet an vielen Stellen etabliert und gehören nun schon zur Standard-Flora. Trotz der Auffälligkeit solcher Arten erfolgt die Einwanderung meist von der Bevölkerung unbeachtet. Erst wenn diese Arten dann massiv auftreten und die natürliche Vegetation verdrängen bzw. von medizinischem Interesse sind, kann ein allgemeines Problembewusstsein entstehen. Als Beispiele seien hier *Heracleum mantegazzianum,* dessen toxische Inhaltsstoffe bei Berührungen zu Verbrennungen führen können, oder *Ambrosia*-Arten mit Allergien auslösenden Pollen genannt.

BEURTEILUNG DER FLORENVERÄNDERUNG

Die Dokumentation des Ausmaßes des bisherigen Florenzuwachses durch eingewanderte und verwilderte Sippen besitzt einen hohen wissenschaftlichen, naturschutzfachlichen und praktischen Wert. Die Untersuchungen belegen einerseits die unzweifelhafte Erhöhung der Biodiversität, andererseits führt sie zu wichtigen Erkenntnissen für die Naturschutzpraxis in Bezug auf invasive Arten und deren Auswirkungen auf die Vegetation. Bei einigen Taxa wie *Ambrosia* ist die Ausbreitung auch von gesundheitlicher Relevanz.

Bei der Beurteilung der anthropogenen Florenveränderung durch die Einschleppung neuer Arten stößt man in der Fachwelt auf geteilte Meinungen. Einerseits wird auf die Gefahr der Veränderung der heimischen Vegetation hingewiesen, andererseits ist aber – vegetationsgeschichtlich betrachtet – die Pflanzenwelt unserer Umgebung das Ergebnis eines ständigen Wandels, der ganz wesentlich auf der Zuwanderung immer neuer Arten beruht (Schröck & al. 2004). Aus Österreich sind rund 1500 Neophyten bekannt, etwa ein Drittel der Flora. Sie besiedeln Ruderalstandorte (ca. 55 %), Wälder und Gebüsche (10 %), Äcker (8 %), Ufervegetation (6 %), Felsen, Schuttfluren, Mauern (4 %), Auwälder (3 %), Fettwiesen und -weiden (2 %), Trocken- und Halbtrockenrasen (2 %), Gewässer (1 %) und Feuchtgrünland (1 %). In der Stadt Salzburg wurden die Lebensräume der Neophyten genau erhoben mit dem Ergebnis: unversiegelte Straßenränder (ca. 330 Arten), junge Ruderalstandorte (210), Bahn- und Straßenböschungen (190), Schotterflächen (180), versiegelte Straßenränder (170), Bahngelände (170), Gewässerufer, Gräben, Rinnsäle (130), Gebüsche und Feldgehölze (100), Hecken (90), Mauern (90), Parkanlagen (90), Friedhöfe (90), Wälder (80), Schutthaufen uns sonstige Ablagerungsflächen (70), Parkplätze (70), Kleingärten und Einfamilienhäuser (50), Wiesen (50), Hackfruchtäcker und Gemüsefelder (30), Gärtnereien und Baumschulen (30), Gartenauswurfstellen (30), Felsstandorte (20), Misthaufen und hypertrophe Standorte (20), Blumentöpfe, Blumentröge (10), Getreidefelder (10), Schurrasen (10), Gewässer (5).

Diese erhobenen Daten sind mehr oder weniger auch auf die anderen im Buch behandelten Regionen übertragbar.

Geranium versicolor

Einführungswege der Neophyten

WIE BREITEN SICH NEOPHYTEN AUS?

Um die Zusammensetzung der Neophytenflora besser zu verstehen, sind die Ausbreitungswege der gebietsfremden Arten von Bedeutung. Global gesehen hat die stete Zunahme des Welthandels seit der (Wieder-)Entdeckung Amerikas zahlreiche Neophyten stark gefördert. Einerseits handelt es sich um Kulturfolger, die vom Menschen unabsichtlich auf seinem Weg um den Erdball mitgenommen wurden und sich dann am neuen Standort selbständig vermehren, andererseits gelangen Nahrungs- und Zierpflanzen von ihren Kulturstandorten in die freie Natur und verwildern.

GÄRTNERISCHE TÄTIGKEIT

Ein großer Teil der Neophyten ist durch gärtnerische Tätigkeit ins Gebiet gelangt. Darunter sind auch etliche Arten, die heute kaum oder nicht mehr kultiviert werden, die aber etwa im 19. Jahrhundert große Gartenmode waren und seitdem bei uns etabliert auftreten.

Das Angebot an Zierpflanzen ist ausgesprochen reichhaltig. Die Zahl der unterschiedlichen Topfpflanzen und Sämereien geht in die Tausende. In der Regel sind es Arten, die vor allem in klimatisch ähnlichen Gebieten Nordamerikas und Ostasiens vorkommen. Daneben existiert vor allem im Bereich der einjährigen Arten ein großes Angebot an frostempfindlichen Pflanzen, die bei uns jedes Jahr neu ausgesät werden müssen, da sie die kalten Winter unserer Breiten meist nicht überleben.

Aus den Gärten, Botanischen Gärten und Parkanlagen verwildern diese Zierpflanzen und bilden oftmals noch ganz in der Nähe davon die ersten subspontanen Vorkommen. Der Großteil dieser Gartenflüchtlinge schafft es allerdings nicht, sich zu etablieren und verschwindet bald wieder.

Mit dem Erwerb einer Pflanze im Gartenhandel werden oft auch noch andere Pflanzen unbewusst mitgeliefert. Viele Containerpflanzen werden im Süden bis zur Verkaufsgröße herangezo-

WOHER KOMMEN DIE NEOPHYTEN?

Wertet man die Herkunft der 1127 hier behandelten Arten aus, kommt man auf folgendes Ergebnis. Nicht berücksichtigt wurden gärtnerische Hybriden:

- Nordwesteuropäisch: 1
- Westeuropäisch: 2
- Mediterran: 101
- Mediterran-Westeuropäisch: 3
- Mediterran-Montan-Afrikanisch: 3
- Westmediterran: 22
- Mediterran-Südafrikanisch: 1
- Südwesteuropäisch: 19
- Südwesteuropäisch-Südwestasiatisch disjunkt: 1
- Pyrenäisch: 6
- Südeuropäisch: 22
- Südosteuropäisch: 38
- Süd- und Osteuropäisch: 2
- Osteuropäisch-Südwestasiatisch: 3
- Osteuropäisch-Südasiatisch: 8
- Osteuropäisch-Westasiatisch: 16
- Osteuropäisch-Nordasiatisch: 5
- Südosteuropäisch-Südwestasiatisch: 53
- Mediterran-Südwestasiatisch: 43
- Mediterran-Asiatisch-Nordamerikanisch: 1
- Mediterran-Südwestasiatisch-Zentralafrikanisch: 2
- Mediterran bis Ostasiatisch: 6
- Südeuropäisch-Asiatisch: 3
- Eurasiatisch-Nordamerikanisch: 3
- Eurasiatisch disjunkt: 1
- Ostmediterran: 8
- Kleinasiatisch: 8
- Südwestasiatisch: 46
- Kaukasisch: 30
- Westasiatisch: 7
- Asiatisch: 8
- Zentralasiatisch: 74
- Südasiatisch: 11
- Ostasiatisch: 72
- Nordostasiatisch: 9
- Japanisch: 11
- Südostasiatisch: 36
- Südostasiatisch-australisch: 1
- Asiatisch-Nordamerikanisch: 9
- Asiatisch-Afrikanisch: 2
- Südafrikanisch: 11
- Südafrikanisch-asiatisch: 1
- Afrikanisch (tropisch): 12
- Nordafrikanisch: 4
- Nord- bis Südamerikanisch: 27
- Nord- bis Mittelamerikanisch: 33
- Nordamerikanisch: 231
- Mittelamerikanisch: 4
- Mittel- bis Südamerikanisch: 13
- Südamerikanisch: 45
- Amerikanisch-Afrikanisch-Südwestasiatisch: 1
- Kosmopolitisch: 1
- Tropisch: 4
- Pantropisch-Subtropisch: 2
- Australisch: 12
- Neuseeländisch: 6

gen. In diesen Töpfen findet man regelmäßig Wolfsmilch-, Sauerklee-, Tellerkraut- oder Portulak-Samen. Diese Arten wachsen bei uns problemlos an und gelangen über Gärtnereien oder über den neuen Standort der Kübelpflanze in die Freiheit, wo sich manche über einen längeren Zeitraum halten können (Pilsl & al. 2008).

GEDULDETE GARTENUNKRÄUTER

Nicht selten kommen Pflanzen, die hübsch anzusehen sind, ohne Zutun in den Garten. Je nach Gartenbesitzer darf solch eine Spring-Wolfsmilch, *Euphorbia lathyris*, oder der Stechapfel, *Datura stramonium*, bleiben oder auch nicht. Geduldete Gartenunkräuter kann man sie nennen, wenn sie bleiben dürfen. Sie samen dann aus und können ihr Verbreitungsgebiet erweitern.

GARTENABLAGERUNGEN

Wächst nun manch gewollte Gartenpflanze zu gut an, kommt es immer wieder zu (unsachgemäßen und illegalen) Gartenablagerungen, die meist an Bach-, Wald- oder Wegrändern zu finden sind und gerne Ausgangspunkt für Naturalisierungen werden. Zum einen können vegetative Pflanzenteile anwachsen und sich über Ausläufer erfolgreich ausbreiten. Auch abgelagerte Zwiebelpflanzen wachsen in der Regel leicht an und bilden dann oft die Initiale für eine neue Population. Zum anderen gelangen auch Diasporen von im Herbst geschnittenen Pflanzen auf diese Stellen und können dann Bestände aufbauen. Fallen die Samen in einen benachbarten Bach, kann dieser als Fernausbreitungsweg dienen.

VERKEHRSWEGE

Mit ihren linearen Strukturen und ihren gleichbleibenden Lebensbedingungen sind Verkehrswege für Pflanzen ideale Wanderwege. Zudem sind vor allem auf Autobahnen und Überlandstraßen viele Fahrzeuge unterwegs, die die Ausbreitung von Samen durch starke Luftwirbel fördern. Somit kann es entlang von Straßen zu einer besonders raschen Ausbreitung der an diesen Lebensraum angepassten Pflanzen kommen. Straßenränder weisen vor allem auf dem Bankett direkt neben dem Fahrbahnbelag ziemlich unwirtliche Lebensbedingungen auf. Sie werden nur von wenigen heimischen Arten mit einer lückigen Pflanzendecke besiedelt, was den Neuankömmlingen eine Chance zu keimen und zu wachsen gibt.

Helianthus pauciflorus

Eryngium giganteum

Asclepias syriaca

Ein weiteres Charakteristikum überregionaler Straßen ist die Versalzung der Böden aufgrund der winterlichen Salzstreuung und der Ablagerung von Stickstoffverbindungen aus den Abgasen der Kraftfahrzeuge. Dies spiegelt sich in Arten wider, die sonst nur an Meeresküsten und auf Salzböden im Binnenland wachsen können. Salztolerante Pflanzen wie *Atriplex-Arten, Spergularia salina* und *Puccinellia distans* breiten sich daher in der letzten Zeit stark entlang von überregionalen Straßenverbindungen aus. Auch *Senecio inaequidens, Dittrichia graveolens* und *Eragrostis*-Arten können sich an den Straßenrändern sowie zum Teil an den Böschungen in großen Beständen festsetzen.
Ein weiterer Standortfaktor ist die regelmäßige Mahd der Straßenrandstreifen, welche die konkurrenzstarken Arten aus benachbarten Lebensräumen in Schach hält.
Ähnlich den Straßen durchziehen auch Eisenbahnlinien das gesamte Gebiet. Dieses Verkehrsnetz nutzen die Diasporen verschiedener Pflanzen, die direkt mit der Eisenbahn oder mit den über die Eisenbahn beförderten Gütern mitreisen. Besonders die feinschotterigen Zonen im Bereich von Bahnhöfen bilden für viele Arten geeignete Lebensräume, der grobe Bahnschotter im Unterbau der Überlandstrecken erlaubt jedoch nur ganz wenigen Arten eine dauerhafte Ansiedlung. Viele Arten wandern somit nicht sukzessive entlang der Bahnlinien, sie „springen" vielmehr von einem Bahnhof zum nächsten (Pilsl & al. 2008).

TRANSPORTVERLUSTE

Getreide und diverse Sämereien von Nutzpflanzen werden oftmals über große Strecken transportiert und mehrfach umgeladen, wodurch immer wieder Transportverluste entstehen. *Hordeum*-Arten, *Triticum aestivum, Secale cereale, Fagopyrum esculentum, Linum usitatissimum, Zea mays, Helianthus annuus* und andere Arten gelangen entlang von Straßen und Bahnlinien, vor allem aber an Bahnhöfen, in Häfen und in der Umgebung von Lagerhäusern und Mühlen in die Landschaft. Hier können gelegentlich Massenbestände entstehen, die jedoch bei diesen einjährigen Arten in der Regel nicht von Dauer sind.

KOMPOST

Kompostieren ist eine gute Sache und bringt am Ende das beste Pflanzensubstrat. Auch wenn der Kompost im Zuge der Aufbereitung thermisch sterilisiert wird, überstehen diese Prozedur doch immer wieder einige Samen und diese kommen dann nach der Kompostausbringung zum Keimen. Vor allem Gemüsepflanzen wie *Cucurbita*-Arten, *Citrullus lanatus*, *Cucumis sativus*, *Physalis peruviana*, *Capsicum annuum* und *Solanum lycopersicum* können an solchen Stellen subspontan beobachtet werden. Unter dem Begriff „subspontan" wird in diesem Buch das selbstständige Ausbreiten von nicht heimischen Pflanzenarten verstanden, egal ob dies generativ oder vegetativ geschieht.

EINSAAT UND BEGRÜNUNG

Nach Bauarbeiten werden planierte Flächen in der Regel mittels Einsaat und Begrünung fertiggestellt. Dabei finden nicht nur heimische Pflanzen Verwendung, sondern gelegentlich werden den Saatgutmischungen auch fremdländische Arten wie *Dianthus giganteus, Trifolium alexandrinum*, *Phacelia tanacetifolia* und ähnliche mehr beigemengt. Diese bilden in der Regel nur kurzlebige Bestände aus und verschwinden bald wieder. Einjährige Arten halten sich bestenfalls ein paar Generationen, mehrjährige Arten können bei entsprechender Sukzession auch längere Zeit gedeihen. Oftmals ist es nicht mehr zu erkennen, ob diese Populationen auf Ansaaten oder Verwilderungen zurückgehen (Pilsl & al. 2008).

AUSBREITUNG DURCH VÖGEL

Zahlreiche Pflanzenarten nutzen bei ihrer Ausbreitung die Mobilität von Tieren, vor allem in Form der Vogelausbreitung. Die Tiere fressen Früchte und scheiden an anderen Stellen die unverdauten Samen wieder aus. Der Mechanismus der Ornithochorie funktioniert sowohl bei heimischen Arten als auch bei vielen kultivierten Zierpflanzen, insbesondere bei Beerensträuchern. Somit zeigen neophytische Pflanzen deutlich die Rast- und Schlafplätze von Vögeln vor allem im Bereich von Hecken, Gebüschen und Feldgehölzen an. Typische Vertreter dieser Gruppe sind *Phytolacca-*, *Ribes-*, *Cotoneaster-* und *Rubus*-Arten sowie *Potentilla indica.* Größere Vögel wie Krähen, aber auch das Eichhörnchen sorgen für die Ausbreitung schwererer Früchte wie Nüsse und Eicheln. Diese Früchte werden oft nicht sofort gefressen, sondern als Wintervorrat versteckt, der aber manchmal nicht konsumiert wird. Vögel verlieren größere Früchte auch gelegentlich während des Fluges. Typische Vertreter dieses Ausbreitungstyps sind *Corylus-* und *Quercus*-Arten (Pilsl & al. 2008).

VOGELFUTTERPFLANZEN

Ebenfalls auf Vögel, wenngleich in einer anderen Form, beruht die Ausbreitung als Vogelfutterpflanze. Vogelfutter enthält neben Samen von Sonnenblumen und Getreide auch gelegentlich solche von Hanf, Lein sowie manche exotische Art. Das Vogelfutter wird vor allem im Winter in Futterhäuschen, aber auch direkt in der freien Natur ausgestreut. Fallweise gelangen Futterreste bei der Reinigung von Vogelkäfigen in die Landschaft. So manche Vorkommen seltenerer Pflanzen wie *Guizotia abyssinica*, *Phalaris canariensis*, *Setaria*- und *Echinochloa*-Arten, aber auch von Unkräutern wie *Ambrosia artemisiifolia* oder *Xanthium strumarium* sind durch eine Ausbreitung auf diesem Weg zu erklären (Pilsl & al. 2008).

AUSSPUCKPFLANZEN

Ausspuckpflanzen sind besonders entlang von viel begangenen Wegen, an Rastplätzen und in der Nähe von Aussichtspunkten zu beobachten. Diese Vorkommen entstehen durch das Ausspucken von Kernen in die Landschaft und so lassen sich so manche Vorkommen von Pfirsich, Aprikose, Weintraube, Feige oder Wassermelone erklären.

Euphorbia myrsinetes

Aufbau des Buches

Hypericum calycinum

ARTENAUSWAHL

Viele Jahre schon beschäftige ich mich intensiv mit Neophyten, was vor allem auch meiner Tätigkeit als Landschaftsgärtner geschuldet ist, denn bei dieser Arbeit habe ich praktisch tagtäglich mit Neophyten zu tun.

Erste Frage beim Strukturieren des Buches war, welche Arten werden behandelt, welche nicht. Es gibt zwar bereits Auflistungen von mitteleuropäischen Neophyten, diese beinhalten aber unterschiedliche Taxa und oft fehlen auch neue, erst seit Kurzem aus dem Gebiet bekannte Sippen. Berücksichtigt habe ich Neophyten und Adventive des behandelten Gebiets, wobei unter dem Begriff Gebiet die Länder Deutschland, Österreich, Schweiz, Südtirol und Liechtenstein gemeint sind. Bei mehreren ähnlichen Arten einer Gattung habe ich nur eine möglichst repräsentative ausgewählt und die anderen, ähnlichen Arten im Text anschließend erwähnt. Anders hätte es den Rahmen des Buches gesprengt.

Bei der Artenauswahl wurden Taxa weggelassen, wenn diese irgendwo im Gebiet ursprünglich vorkommen. Als Beispiel sei der Großwurzel-Storchschnabel, *Geranium macrorrhizum*, genannt, der in großen Teilen des Gebiets verwildert vorkommt. Er ist aber auch in einem, wenngleich sehr kleinen Areal des Gebiets ursprünglich, nämlich um den Plöckenpass in Kärnten. Hätte ich Arten mit aufgenommen, die lokal auch im Gebiet beheimatet sind, hätte praktisch jede Art Platz im Buch finden müssen, beispielsweise auch der Wiesen-Salbei, *Salvia pratensis*, der manchen Regionen im Gebiet ursprünglich fehlt, der aber gerne in Blumenwiesen-Mischungen ausgebracht wird und dann nicht selten synanthrop auftritt. Andererseits wurden auch Taxa berücksichtigt, die nachweislich schon vor 1492 im Gebiet kultiviert wurden, die aber wahrscheinlich erst danach oder hauptsächlich danach im Gebiet verwilderten. Als Beispiel sei hier die Zitronenmelisse, *Melissa officinalis*, genannt.

QUELLENAUSWERTUNG

Nach der Auswahl der Arten habe ich alles an Florenwerken des Gebiets studiert, was erhältlich oder zur Einsicht möglich war und die Funddaten ins Manuskript eingearbeitet. Danach bzw. gleichzeitig folgte die Suche im Netz, wobei nur glaubhafte Angaben berücksichtigt wurden. Dann erfolgte die Herbarienauswertung, unter anderem von Virtual Herbaria JACQ (herbarium.univie.ac.at) und Zobodat Herbarbelege (zobodat.at/belege.php). Zu guter Letzt habe ich die eigenen Funddaten (aus hunderttausenden Fundaufzeichnungen der letzten 35 Jahre) eingearbeitet. Alle wichtigen Quellenangaben finden Sie am Ende des Buches ab Seite 454.

VERBREITUNGSKARTEN

Durch diese Arbeit entstand bei jeder Art ein langer Textteil mit den Fundmeldungen im Gebiet. Dieser Absatz bei jeder Art inklusive den Quellenangaben wurde so umfangreich, dass es nicht möglich war, diese Angaben im Buch textlich zu verankern. Also zeichnete ich Verbreitungskärtchen und färbte alle jene Bundesländer orange, in denen Fundmeldungen vorlagen. Die Quellen zu diesen Angaben finden Sie als Download im Netz unter http://kosmos.de/neophyten, sodass sich nachvollziehen lässt, anhand welcher Angabe die jeweilige Region gefärbt wurde.

Aufbau des Buches

REGIONEN AUF DEN VERBREITUNGSKARTEN

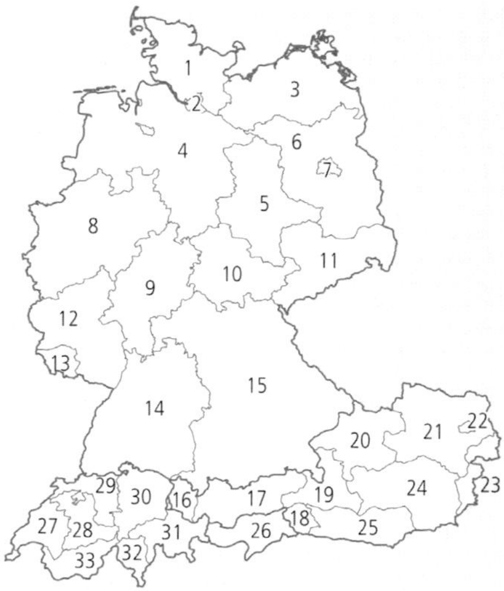

1 Schleswig-Holstein
2 Hamburg
3 Mecklenburg-Vorpommern
4 Niedersachsen inkl. Bremen
5 Sachsen-Anhalt
6 Brandenburg
7 Berlin
8 Nordrhein-Westfalen
9 Hessen
10 Thüringen
11 Sachsen
12 Rheinland-Pfalz
13 Saarland
14 Baden-Württemberg
15 Bayern
16 Vorarlberg
17 Nordtirol
18 Osttirol
19 Salzburg
20 Oberösterreich
21 Niederösterreich
22 Wien
23 Burgenland
24 Steiermark
25 Kärnten
26 Südtirol
27 Genf, Waadt, Neuenburg und Freiburg
28 Bern
29 Jura, Basel, Basel-Land, Solothurn, Aargau, Luzern, Obwalden und Nidwalden
30 Zürich, Schaffhausen, Thurgau, Zug, Schwyz, Uri, Glarus, St. Gallen, Appenzell und Liechtenstein
31 Graubünden
32 Tessin
33 Wallis

Aufgrund der oftmaligen Vergänglichkeit von Neophyten und Adventiven war es mir nicht möglich, zwischen aktuell und ehemals zu unterscheiden. Denn es ist nicht bekannt, ob der Fund von *Tribulus terrestris* im Winterhafen von Regensburg noch besteht oder nicht und es ist auch nicht möglich, alle Fundangaben zu überprüfen. Daher wurden alle neophytisch/adventiven Funde einheitlich eingezeichnet.
Bei der Einteilung der Regionen bin ich wie folgt vorgegangen:
Deutschland Jedes Bundesland eine Region, mit Ausnahme von Bremen, welches in Niedersachsen inkludiert ist. Wenn also ein Fund einer Pflanze aus z. B. Osnabrück gemeldet wurde, habe ich automatisch ganz Niedersachsen inklusive Bremen eingefärbt. Grund dafür war, dass mehrere Florenwerke Niedersachsen und Bremen nicht separat behandelten und es nachträglich kaum möglich war zu ergründen, ob die betreffende Pflanze nun nur in Niedersachsen oder auch in Bremen zu finden war. Die orange Einfärbung Bremens bedeutet also nicht, dass die jeweilige Pflanze in diesem kleinsten deutschen Bundesland vorkommt oder vorkam. Anders bei den anderen Stadtstaaten Berlin und Hamburg, die jeweils extra behandelt wurden.
Österreich Jedes Bundesland eine Region, mit Ausnahme von Tirol, wo ich Nordtirol und Osttirol extra behandelt habe.
Südtirol Eine Region.
Schweiz Wallis, Bern, Tessin und Graubünden als jeweils eine Region. Zusammengefasst in jeweils eine Region habe ich die Kantone Genf, Waadt, Neuenburg und Freiburg, weiters Jura, Basel, Basel-Land, Solothurn, Aargau, Luzern, Obwalden und Nidwalden und zu guter Letzt Zürich, Schaffhausen, Thurgau, Zug, Schwyz, Uri, Glarus, St. Gallen und Appenzell, darin inkludiert auch **Liechtenstein**.

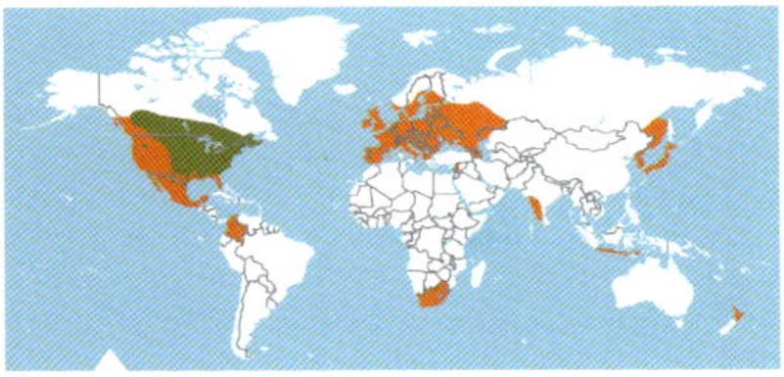

Verbreitungskarte von *Solidago gigantea*

WELTKARTEN

Bei den weltweiten Verbreitungskarten bin ich ähnlich wie bei den Karten für Deutschland, Österreich und die Schweiz vorgegangen, wenngleich hier andere Quellen maßgeblich waren, die Sie wiederum im Anhang ab Seite 454 finden. Viele Angaben in der Literatur und im Netz sind hier widersprüchlich. Das ist auch verständlich, denn ab wann gilt eine Pflanze als verwildert und wann ist es nur ein Relikt aus einer ehemaligen Anpflanzung? Manche Botaniker sehen es bereits als Verwilderung, wenn eine Pflanze etwa durch Ausläufer angrenzende Flächen zur Mutterpflanze besiedelt. Andere vermerken Funde nur, wenn diese sich über mehrere Generationen ohne aktive menschliche Mithilfe halten. Die einen erkennen subspontane Vorkommen in Parkanlagen und Botanischen Gärten als Verwilderungen an, andere nicht. Noch schwieriger und kontroverser wird es bei den Herbarienauswertungen, wo durchaus auch Pflanzenteile zu finden sind, die eindeutig aus der Kultur stammen. Nicht immer ist am Herbarbogen vermerkt, dass es sich hier um eine kultivierte Pflanze handelte und so musste ich auch immer wieder nach bestem Wissen und Gewissen, aber dennoch subjektiv entscheiden, ob der Fund Eingang ins Buch findet oder nicht. Ähnlich problematisch sind die Angaben zur weltweiten Verbreitung der Taxa. Auf manchen Seiten werden nur die jeweiligen Länder angegeben, wo die Sippe verwildert auftritt. Das ist bei Costa Rica keine Schwierigkeit, bei Brasilien allerdings schon. Denn soll man nun ganz Brasilien orange färben, nur weil einmal die Pflanze irgendwo in diesem riesigen Land subspontan gefunden wurde? Durch das Auswerten von Büchern und anderen Seiten im Netz ließ sich hier ein meist akzeptabler Kompromiss finden. Bei den Weltkarten kennzeichnet Grün das ursprüngliche Verbreitungsgebiet der jeweiligen Art, orange die synanthropen Vorkommen. Symmetrische Formen wie Ellipsen oder Kreise verdeutlichen, dass das genaue Verbreitungsgebiet nicht bekannt ist.

Allgemein sollen die Verbreitungskarten zwar einen möglichst genauen Iststand der aktuellen Neophyten wiedergeben, wenngleich in vielen Fällen subjektiv entschieden werden musste, ob nun eine Fundangabe glaubhaft ist und im Buch Eingang findet oder nicht. Zu Hilfe kamen mir dabei meine vielen botanischen Reisen in aller Herren Länder, auf denen ich immer die Pflanzenfunde aufzeichnete und so viele Rückschlüsse über Angaben in der Literatur und im Netz ziehen konnte.

DARSTELLUNG DER ARTEN

Von jeder „Hauptart", also Arten die mit Verbreitungskarten dargestellt sind, wird der deutsche Name, danach der wissenschaftlich korrekte Name und danach die Pflanzenfamilie, zu der sie gehört, angegeben. Autorenbezeichnungen wurden den Pflanzennamen nicht angefügt, weil diese nichts über die Definition des bezeichneten Taxons aussagen. Synonyme finden nur Platz, wenn sie hilfreich und nicht verwirrend bei der Identifizierung der jeweiligen Sippe sind. In manchen Fällen wurde statt Synonym (Syn.) ein =-Zeichen in die Klammern gesetzt. Das bedeutet, dass dies eigentlich der korrekte wissenschaftliche Name der Art ist, der aber (noch) weitgehend unbekannt ist. Ein Beispiel ist die Erbse, die allgegenwärtig als *Pisum sativum* bekannt ist, die aber nach neueren Untersuchungen

Solidago gigantea

zur Gattung der Platterbsen zu stellen ist und so den Namen *Lathyurs oleraceus* tragen muss (der Name *Lathyrus sativus* ist bereits vergeben).
Danach werden **wesentliche Eigenschaften** der vorgestellten Pflanze genannt, nämlich ob sie giftig, essbar oder invasiv ist, sowie die Blütezeit. Die Bezeichnung mancher Arten als giftig folgert im Umkehrschluss nicht, dass alle anderen Arten nicht giftig oder gar essbar sind. Es ist bei dem Begriff giftig oft auch eine Frage der Menge und welche Pflanzteile angesprochen werden. So ist etwa die Robinie, *Robinia pseudoacacia*, in allen Teilen giftig bis auf die Blüten, die durchaus als „Gebackene Akazienblüten" serviert werden. Ähnlich ambivalent ist auch der Begriff „essbar" zu verstehen.
Invasiv nennt man Neophyten, wenn sie ein so starkes Ausbreitungsverhalten zeigen, dass dies die heimische Flora gefährden kann. Dabei ist die Zuordnung des Begriffes hier nicht der EU-Verordnung entnommen, sondern zielt ganz speziell auf das Verhalten der Pflanzen im behandelten Gebiet ab. Als Beispiel sei die Wasserhyazinthe, *Eichhornia crassipes*, genannt, die auf der Unionsliste der invasiven Neophyten steht, die sich aber im Gebiet, also im deutschsprachigen Mitteleuropa, zurzeit nicht invasiv verhält.
Es folgt der **Steckbrief**, bei dem vor allem bestimmungsrelevante Merkmale angegeben sind. Die Größe der Pflanzen und die Blütezeit bezieht sich dabei auf mitteleuropäische Pflanzen, nicht auf Pflanzen aus ihren Ursprungsländern. Unter dem Begriff Blatt sind immer die Laubblätter gemeint. Der Einfachheit halber habe ich hier abgekürzt, während Kronblatt, Kelchblatt, Fruchtblatt usw. voll benannt sind.
Bei Taxa, die leicht zu verwechseln sind, habe ich unter **Verwechslung** bestimmungsrelevante Unterscheidungsmerkmale angegeben. Bei zu umfangreichen Artengruppen wie *Oenothera biennis* agg., *Bromus*- und Bambus-Arten wird auf weiterführende Bestimmungsliteratur verwiesen.
Der Absatz **Name** ist dann enthalten, wenn mit dem botanischen Gattungs- oder Artbeinamen eine Person geehrt wird.
Unter **Anmerkung** sind etwaig relevante Informationen angeführt.

Thladiantha dubia

Rhus typhina

Unter **Nutzung** stehen Angaben, wie die Pflanze im Gebiet verwendet wird oder wurde. Daraus lassen sich Schlüsse über den Grund der Einführung ziehen. Wenn bei Nutzung „keine" steht, bedeutet das nicht, dass die Pflanze nicht doch als Wildgemüse oder ähnliches mehr genutzt wird, es bedeutet lediglich, dass die Art nicht aus diesem Grund zu uns ins Gebiet kam.
Es folgt der Absatz **Ausbreitung**, in dem ich den Ausbreitungsweg der jeweiligen Pflanzenart ins Gebiet bzw. im Gebiet kurz schildere. Unter diesem Punkt finden sich oft auch Angaben über die Vermehrungsweise des jeweiligen Taxons.
Eigentlich käme jetzt der umfangreichste Teil des Buches, die Fundmeldungsauflistung mit den jeweiligen Quellenangaben. Aus Platzgründen musste dieser Teil wie bereits erwähnt durch Verbreitungskärtchen ersetzt werden. Die genaue Auflistung der Fundmeldungen finden sie im Internet als Download unter http://kosmos.de/neophyten.
Weitere Arten umfasst Spezies der gleichen Gattung, in manchen Fällen auch anderer Gattungen, dann aber immer innerhalb der gleichen Familie, die ähnlich der „Hauptart" sind. Ausnahme sind die Farne. Auf Seite 303 werden drei neophytische Farne vorgestellt, die zu drei verschiedenen Familien gehören. Aus Platzgründen werden hier drei verschiedene Pflanzenfamilien gemeinsam gezeigt.

GLIEDERUNG DER ARTEN

Die Gliederung der Arten erfolgte alphabetisch nach den botanischen Familiennamen. Dabei wurde keine Rücksicht auf die Systematik des Pflanzenreichs genommen, also etwa die Klasse der Koniferen ausgegliedert oder die Einkeimblättrigen (Monokotyledonen) zum Schluss des Buches behandelt. Grund dafür ist, dass sich die Systematik des Pflanzenreichs durch die immer neu gewonnenen Kenntnisse zurzeit in regem Umbruch befindet.

SCHREIBWEISE DER HYBRIDSIPPEN

Hybridsippen werden im Buch mit dem botanisch korrekten Mal-Zeichen versehen. Zwischen diesem Mal-Zeichen und dem Nothotaxon wurde ein (botanisch nicht korrektes) Leerzeichen belassen. Grund dafür ist, dass die Hybridnamen dadurch optisch besser lesbar sind und die Gefahr nicht besteht, dass aus einer *Platanus* × *hispanica* eine *Platanus xhispanica* wird.

Botanische Fachausdrücke

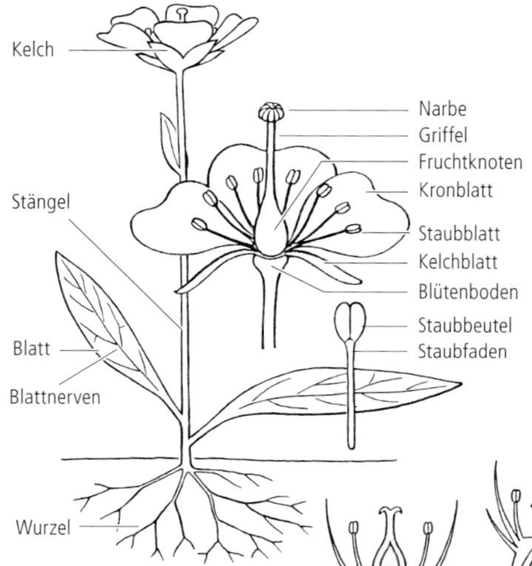

Sprossaufbau

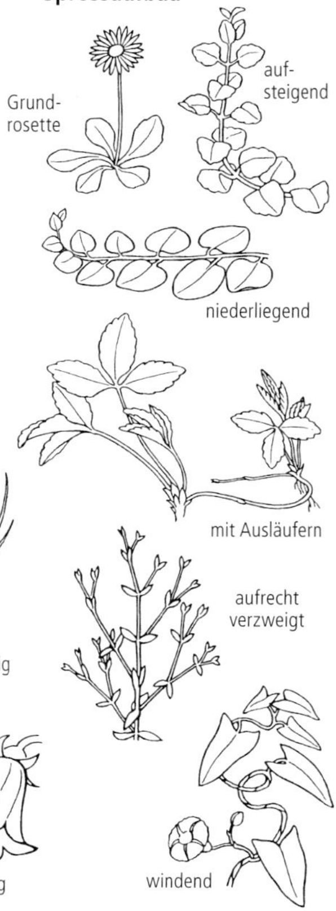

Fruchtknoten

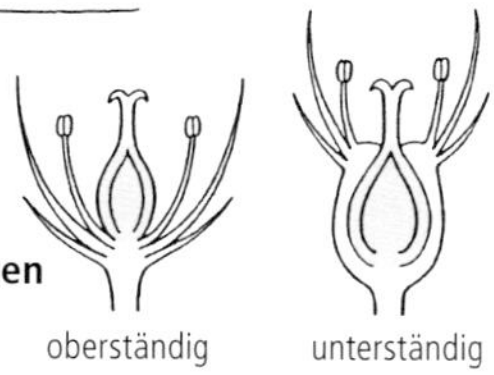

Blütenkrone radiär

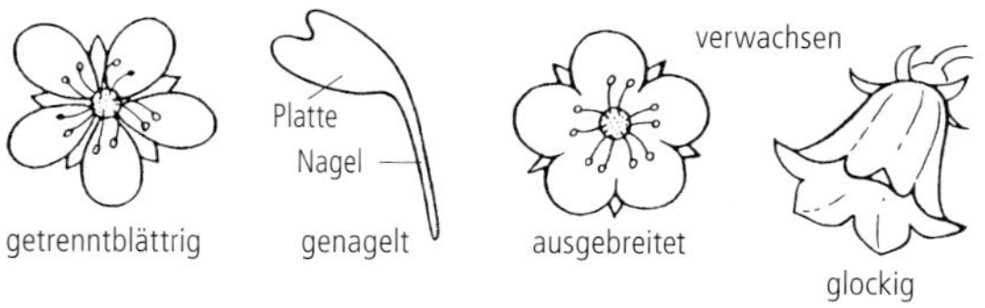

Blütenkrone zweiseitig-symmetrisch

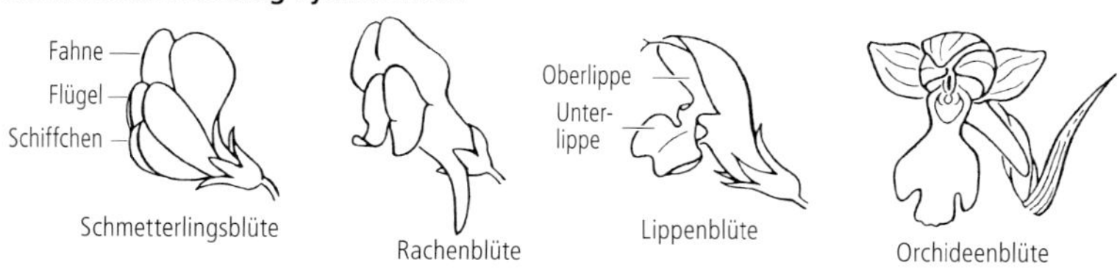

Kelch

Blütenstände

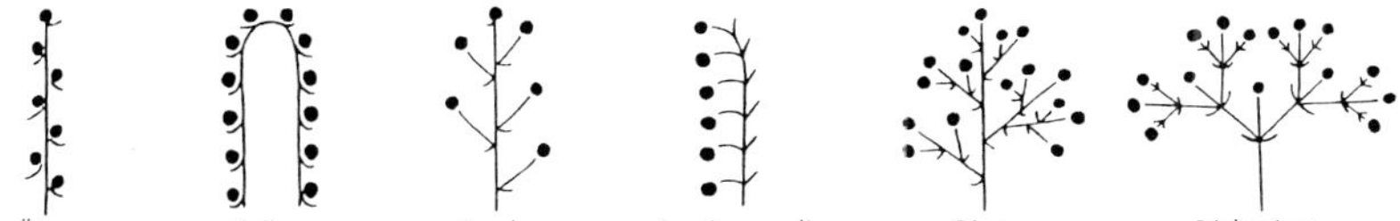

Ähre — Kolben — Traube — einseitswendige Traube — Rispe — Dichasium

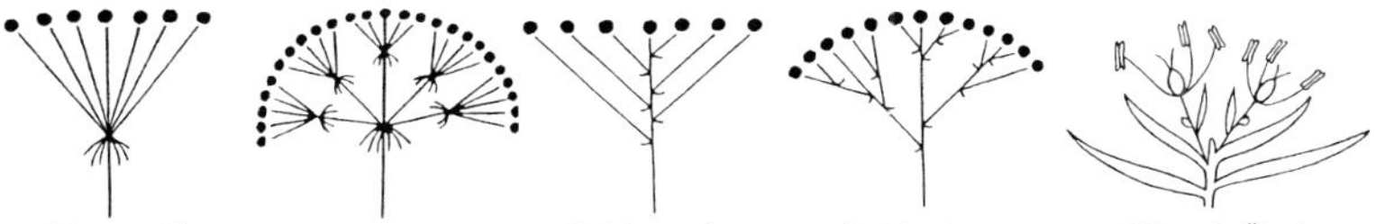

Dolde mit Hülle — zusammengesetzte Dolde mit Hülle und Hüllchen — Doldentraube — Doldenrispe — Blüten in Ährchen (Gräser) (VS = Vorspelze, DS = Deckspelze, HS = Hüllspelze)

Blüten in Köpfchen

Hüllblätter — Zungenblüten — Röhrenblüten — außen Zungen-, innen Röhrenblüten — Blütenboden mit Spreublättern

Spaltfrucht

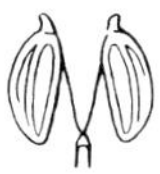

Öffnungsfrüchte

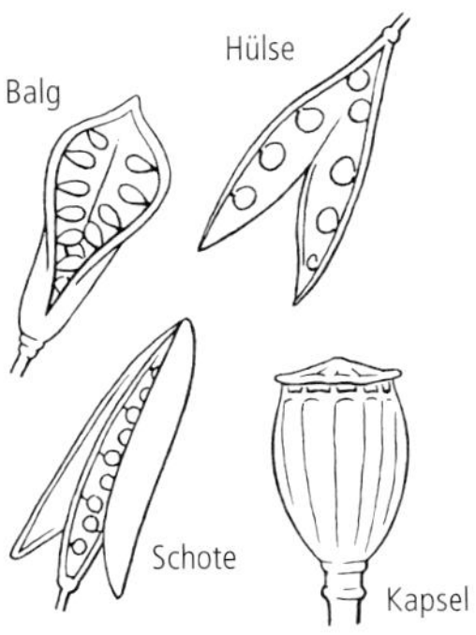

Schließfrüchte

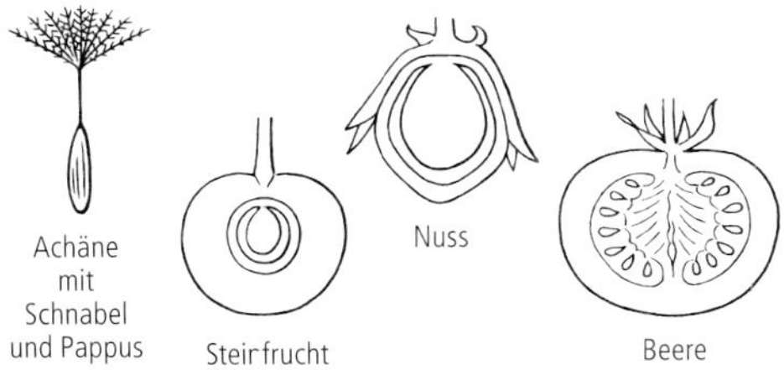

Sammelfrüchte

Sammel-Steinfrucht — Sammel-Nussfrucht — Apfelfrucht

Botanische Fachausdrücke

Das Blatt

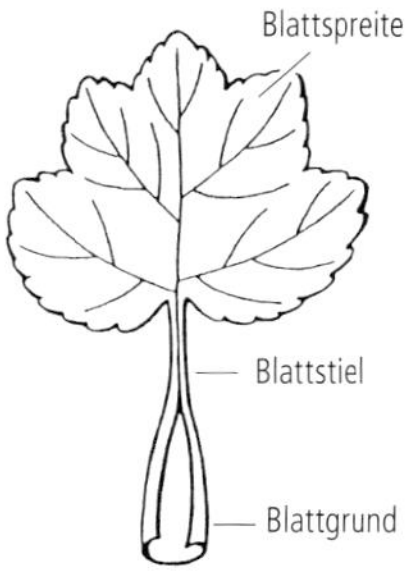

Blattspreite

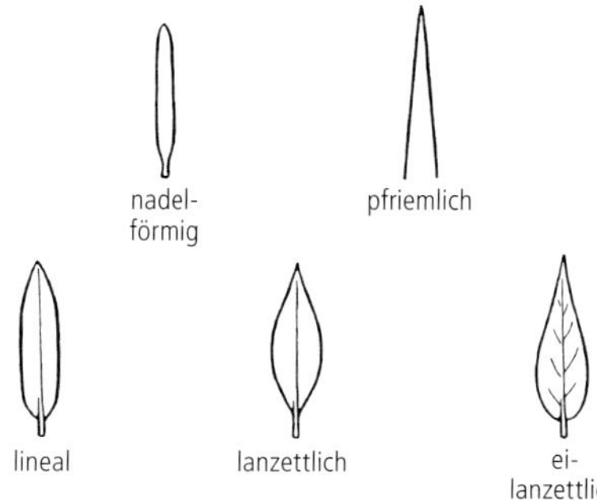

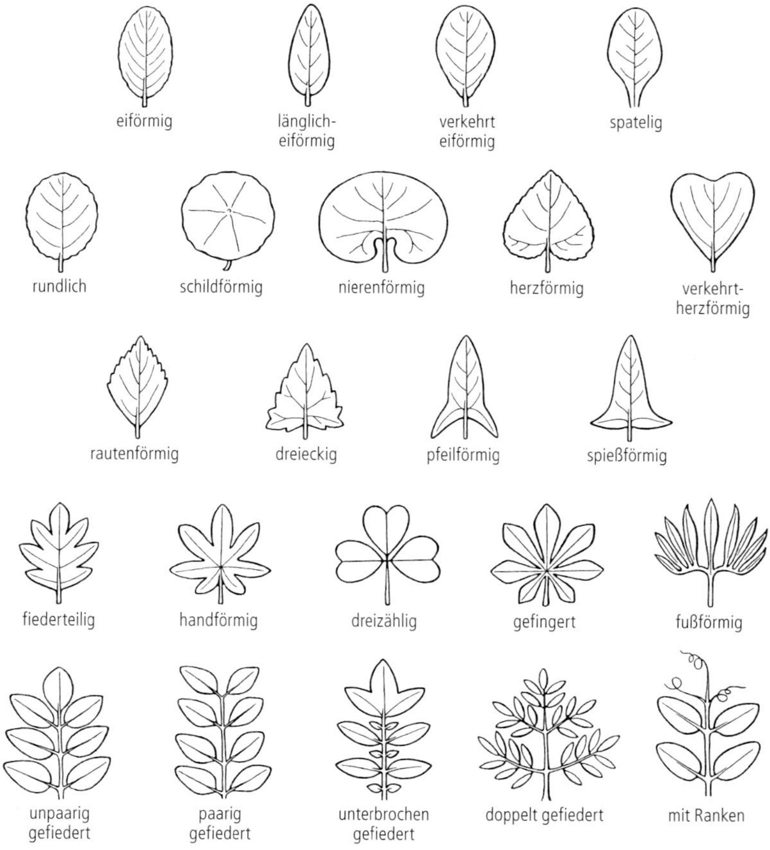

Blattrand

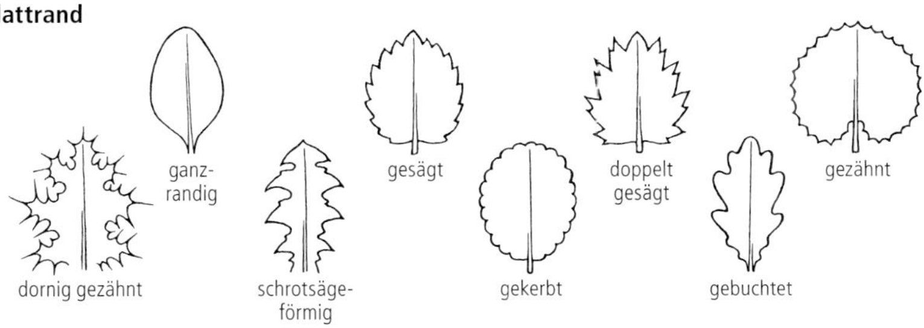

Blattansatz

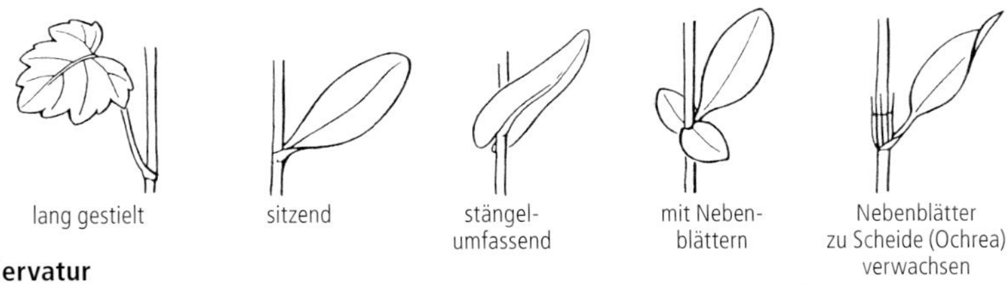

Nervatur

Blattstellung

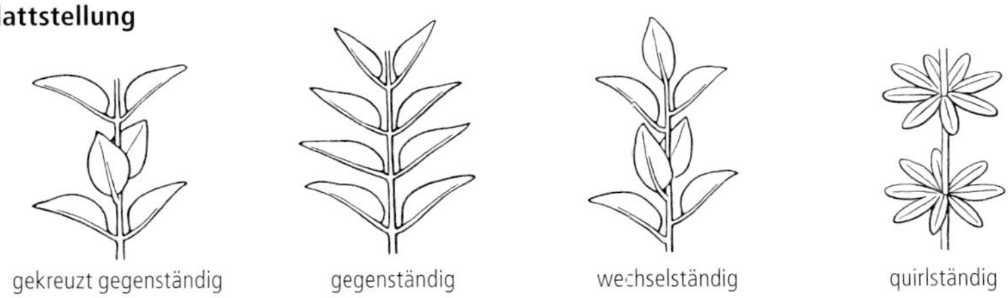

Unterirdische Pflanzenteile

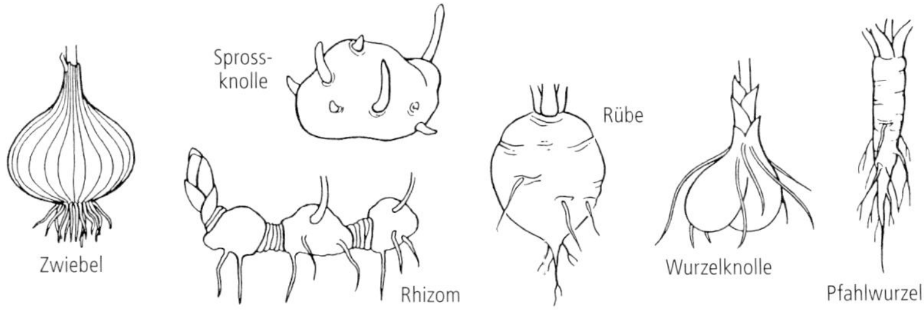

Neophyten

Weicher Akanthus

Acanthus mollis
— Akanthusgewächs · Acanthaceae

Mai–Juni

STECKBRIEF 40–100 cm hohe Staude mit dunkelgrünen, weichen, unterseits kahlen oder kurz flaumig behaarten Blättern. Spreite der Grundblätter im Umriss eiförmig bis dreieckig-herzförmig, fiederteilig bis gebuchtet, nicht bis zum Grund geteilt. Blattbuchten eng, Blattabschnitte am Grund nicht verschmälert. Blüten mit dreiteiliger, weißer Unterlippe, Oberlippe stark reduziert, mit 4 ungleichen Kelchblattlappen. Oberstes Blütenblatt rötlich-violett, helmförmig, die seitlichen klein und lanzettlich, das untere meist vom dornigen Tragblatt verdeckt. Früchte glänzend, ellipsoid, zweifächerig, mit 2–4 Samen.

VERWECHSLUNG Der Balkan-Akanthus, *Acanthus hungaricus*, hat Blattabschnitte, die am Grund verschmälert sind.

NUTZUNG/AUSBREITUNG Zierstaude. Bereits im 16. Jahrhundert in deutschen Gärten als Zierpflanze genutzt. Gegenwärtig im Gebiet vereinzelt subspontan auftretend.

WEITERE ARTEN In Südost-Europa ist der **Balkan-Akanthus**, *Acanthus hungaricus*, beheimatet, der selten als Zierstaude kultiviert wird und sehr selten subspontan auftritt, so in Nordrhein-Westfalen und Salzburg. Mediterraner Herkunft ist auch der **Dornige Akanthus**, *Acanthus spinosus*, der im Gebiet sehr selten unbeständig auftritt, so in Oberösterreich und Salzburg.

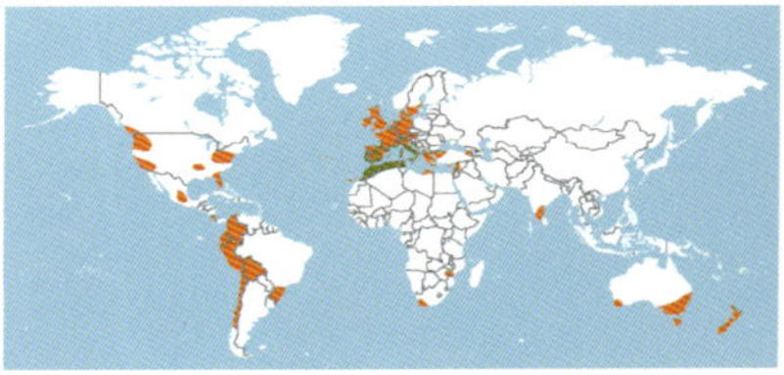

Acanthus hungaricus

Acanthus mollis

Acanthus spinosus

Arznei-Kalmus

Acorus calamus
— Kalmusgewächs · Acoraceae

Mai–Juni
giftig

STECKBRIEF 50–120 cm hohe, aromatisch riechende Staude mit kriechendem Rhizom. Stängel dreikantig, zweizeilig beblättert. Blätter lineal, steif aufrecht, 0,5–2 cm breit. Blütenstand ein scheinbar seitenständiger, 5–8 cm langer, walzlicher, oft gebogener Kolben aus kleinen, zwittrigen Blüten bestehend. Perigonblätter gelbgrün, kapuzenförmig, weniger als 1 mm lang. Die Spatha bildet die Verlängerung des Stängels. Früchte im Gebiet nicht ausreifend.

VERWECHSLUNG Der Grasblatt-Kalmus, *Acorus gramineus*, unterscheidet sich durch eine Wuchshöhe von höchstens 50 cm und Blättern, die überhängen und 0,4–1 cm breit sind.

NUTZUNG/AUSBREITUNG Arznei- und Zierpflanze, früher auch als Likör- und Parfümzusatz verwendet. Auch heute noch werden die zerkleinerten Rhizome in Alkohol angesetzt und vielfach als Hausmittel, z. B. bei Magenverstimmungen, eingesetzt. Etwa im Jahr 1550 aus Indien über die Türkei nach Europa und 1574 nach Wien ins Gebiet gekommen, wo sie bereits Lobelius und Clusius erwähnen. Clusius war es offenbar auch, der wesentlich an der frühen Ausbreitung der Pflanze beteiligt war, indem er sie unter seinen Kollegen bekannt machte und voraussagte, dass der Kalmus nun bei allen Liebhabern der Pflanzenkultur „äußerst gemein würde". 1797 im Gebiet des Zeller Sees in Salzburg verwildert festgestellt.

Gegenwärtig in großen Teilen Europas eingebürgert und sich in naturnahe Pflanzengesellschaften heimischer Arten einfügend.

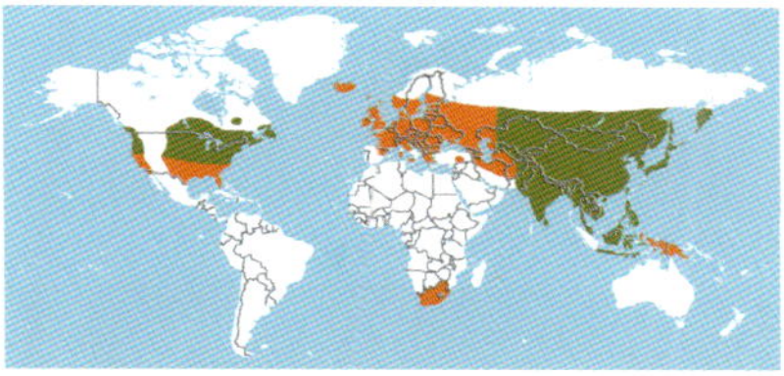

Acorus calamus

Kiwi

Actinidia chinensis (Syn.: *A. deliciosa*)
— Kiwigewächs · Actinidiaceae

Mai–Juni
essbar

STECKBRIEF Bis etwa 10 m hoch bzw. weit kletternde, verholzte Liane. Triebe braunfilzig. Blätter gestielt, Spreite eiförmig-rundlich, 8–12 cm lang, Basis herzförmig, oberseits dunkelgrün, unterseits weichfilzig behaart. Blüten fünfzählig, cremeweiß, unvollständig zweihäusig: männliche Blüten einzeln in den Blattachseln, mit vielen Staubblättern, oft noch mit einem verkümmerten Fruchtknoten, weibliche Blüten mit einem zylindrischen, aus vielen Fruchtblättern bestehenden Fruchtknoten. Frucht eine eiförmige Beere.

NUTZUNG/AUSBREITUNG Obstpflanze, in verschiedenen Sorten kultiviert. 1847 nach Europa gekommen. Die Art neigt offenbar verhältnismäßig leicht zur

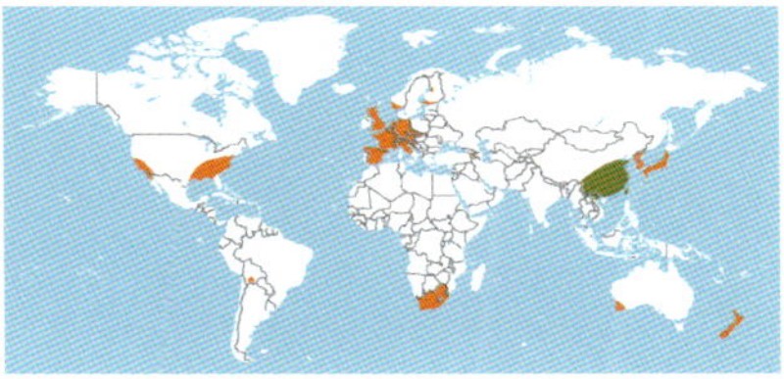

Verwilderung, wie mehrere Nachweise in Italien, dem Hauptanbaugebiet in Europa, erkennen lassen. Funde von Verwilderungen aus dem Gebiet sind mit stark

steigender Tendenz seit der Jahrtausendwende festzustellen. So beispielsweise in Blocksteinfluren am Ufer des Leitenbaches bei Gundelsheim in Bayern, in einem thermophilen Buchenwald bei Ebensee im Salzkammergut und bei Stans im Kanton Nidwalden 2016 inmitten eines Waldes gefunden.

WEITERE ART Der im Gebiet vollkommen winterharte, ostasiatische **Scharfzähnige Strahlengriffel**, *Actinidia arguta*, auch Zwerg-Kiwi genannt, wird zunehmend häufig als rankendes Obstgehölz kultiviert und findet sich daraus vereinzelt verwildert, so in der Steiermark.

Actinidia arguta

Actinidia chinensis

Runzel-Schneeball

Viburnum rhytidophyllum
— Moschuskrautgewächs · Adoxaceae

April–Mai
giftig

STECKBRIEF Bis 4 m hoher, immergrüner Strauch mit länglich-ovalen, 10–20 cm langen, ganzrandigen bis unregelmäßig gezähnten, oberseits dunkelgrünen, stark runzeligen, unterseits dicht filzigen Blattspreiten. Blüten cremeweiß, in großen, überwinternden, doldig-rispigen Blütenständen. Frucht eine eiförmige, erst rote, dann schwarze Beere.

VERWECHSLUNG *Viburnum × rhytidophylloides*, die Hybride des Runzel-Schneeballs mit dem heimischen Filz-Schneeball, *Viburnum lantana*, verliert das Laub teilweise im Spätherbst und hat 6–14 cm lange Blattspreiten.

NUTZUNG/AUSBREITUNG Zier- und Heckenpflanze. Der englische Pflanzensammler Ernest Henry Wilson (1876–1930) brachte im Jahr 1900 den Runzel-Schneeball nach England. 1907 wurde er in Brandenburg kultiviert. Erste Verwilderungen aus dem Gebiet sind vom Jahr 1985 aus Berlin bekannt.
Gegenwärtig in Ausbreitung und in wärmeren Gebieten in Einbürgerung begriffen. Die Früchte werden gern von Vögeln gefressen, diese bringen die leicht keimfähigen Samen in siedlungsferne Gebiete ein.

WEITERE ARTEN Häufig wird der **Winter-Schneeball**, *Viburnum × bodnantense*, eine Gartenhybride aus dem in

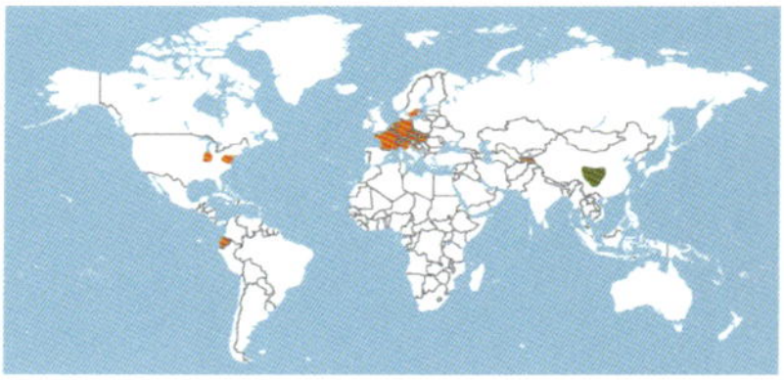

Viburnum buddleifolium

Nordchina heimischen Duft-Schneeball, *Viburnum farreri*, und dem zentralasiatischen Großblütigen Schneeball, *Viburnum grandiflorum*, kultiviert. Vereinzelt verwildert die Sippe, so in Salzburg.
Selten kultiviert wird der aus China stammende **Sommerfliederblättrige Schneeball**, *Viburnum buddleifolium*, der nur ganz vereinzelt verwildert angegeben wird, so etwa aus Oberösterreich.
Der in Nordchina beheimatete **Duft-Schneeball**, *Viburnum farreri*, wird aufgrund seiner frühen Blütezeit und seines Duftes häufig kultiviert und verwildert daraus ganz vereinzelt, so in Salzburg.
Der **Runzelähnliche Schneeball**, *Viburnum × rhytidophylloides*, die Hybride aus dem heimischen Filz-Schneeball, *Viburnum lantana*, und dem Runzel-Schneeball, *V. rhytidophyllum*, wird im Gartenhandel fälschlicherweise oft als Filz-Schneeball, *V. lantana*, angeboten, dürfte sich aber auch spontan bilden. Er ist bisher u. a. aus Niederösterreich und Osttirol bekannt.
Der mediterrane **Lorbeer-Schneeball**, *Viburnum tinus*, wird in milden Lagen des Gebiets als Zierstrauch gezogen und verwildert selten daraus, so in Niedersachsen, Südtirol, Genf, im Tessin und in der Waadt.

Viburnum rhytidophyllum

Viburnum farreri

Viburnum × rhytidophylloides

Viburnum tinus

Viburnum × bodnantense

Neuseelandspinat

Tetragonia tetragonoides
— Mittagsblumengewächs · Aizoaceae

Juli–Sep.
essbar

STECKBRIEF 5–40 cm hohe Einjährige mit fleischig verdickten Blättern. Stängel niederliegend bis aufrecht, reich verzweigt. Blätter gestielt, oberseits grün, unterseits weißlich, Spreite eiförmig-rhombisch, zugespitzt. Blüten unscheinbar, Perigonblätter grünlich gelb. Frucht am oberen Ende mit Höckern.

NUTZUNG/AUSBREITUNG Gemüsepflanze, gelegentlich auch im Sukkulentenbeet. 1772 durch den englischen Naturforscher Joseph Banks (1742–1820) nach Europa gekommen und sich fortan in der europäischen Gartenkultur ausbreitend. Gegenwärtig im Gebiet vereinzelt und vorübergehend vor allem auf Schüttungen und mit Gartenabfall verschleppt zu finden.

WEITERE ARTEN Die in Südafrika beheimatete **Hottentottenfeige**, *Carpobrotus acinaciformis*, wird im Mittelmeergebiet häufig als Zierpflanze gezogen, im Gebiet nur in sehr wärmbegünstigten Lagen. Sehr selten verwildert sie, so in Vorarlberg.

Im weiten Mittelmeergebiet und im südlichen Afrika ist das **Kristall-Eiskraut**, *Mesembryanthemum crystallinum*, beheimatet. Es wird selten als Salatpflanze kultiviert und tritt sehr selten verschleppt oder verwildert auf, so in Bayern, Hamburg, Niedersachsen, Nordrhein-Westfalen, Sachsen und Thüringen.

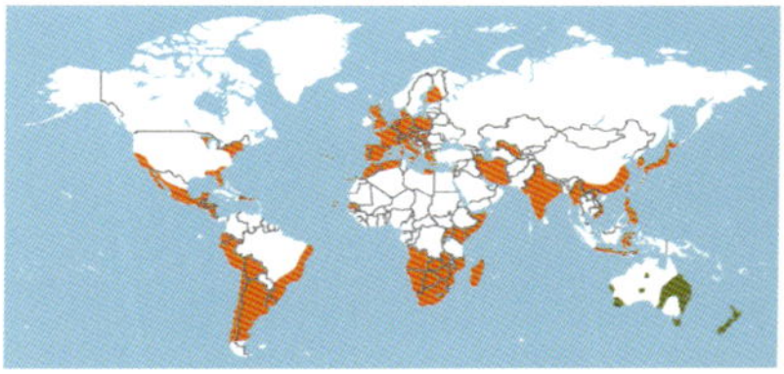

Mesembryanthemum crystallinum

Tetragonia tetragonoides

Carpobrotus acinaciformis

Breitblättriges Pfeilkraut
Sagittaria latifolia
— Froschlöffelgewächs · Alismataceae

Juli–Sep.

STECKBRIEF 30–120 cm hohe, ausdauernde Wasserpflanze mit unterirdischen Knollen, rosettig angeordneten Grundblättern und pfeilförmigen, bis zu 30 cm langen Blattspreiten. Pfeillappen der Luftblätter 4–10 cm breit. Blattstiel rundlich. Blütenkrone reinweiß, ohne purpurfarbenen Fleck, 2,5–3,5 cm im Ø, Staubbeutel gelb, Kelchblätter zurückgeschlagen. Frucht mit rechtwinkelig abstehendem Schnabel.
VERWECHSLUNG Das heimische Echte Pfeilkraut, *Sagittaria sagittifolia*, hat Kronblätter mit einem purpurnen Fleck am Grund und purpurbraune Staubbeutel. Der Blattstiel ist scharf dreikantig.
NUTZUNG/AUSBREITUNG Zierpflanze für Gartenteiche. Als Zierpflanze nach Europa gekommen und seit 1886 aus Westfrankreich eingebürgert bekannt. 1917 im Eschheimertal im Kanton Schaffhausen angepflanzt und sich hier ausbreitend. 1951 in Wassergräben bei Langenau/Schopfheim in Baden-Württemberg und 1952 in Berlin gefunden.
Gegenwärtig im Gebiet weit verbreitet, und es ist anzunehmen, dass sie tatsächlich häufiger ist als angegeben, weil sie oft nicht vom heimischen Echten Pfeilkraut, *Sagittaria sagittifolia*, unterschieden wurde. Auch die Eutrophierung der Böden dürfte zu einer verstärkten Verbreitung der Art führen. Vermehrt sich vor allem durch Ausläuferknollen.
WEITERE ART Aus Nord- und Südamerika stammt das Pfriemen-Pfeilkraut, *Sagittaria subulata*, das hauptsächlich als Aquarienpflanze gehalten wird und vereinzelt verschleppt auftritt, so in Berlin.

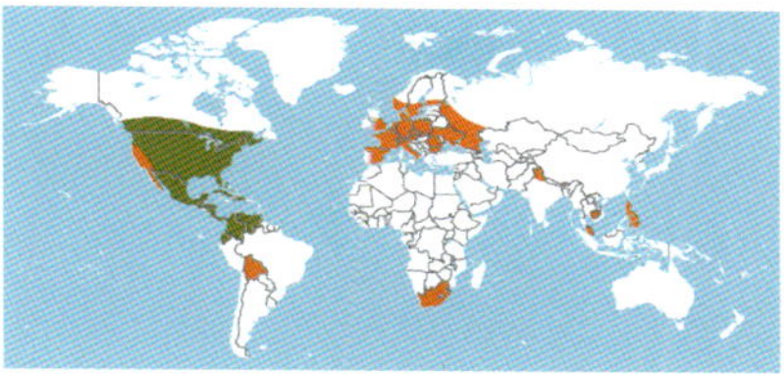

Sagittaria subulata

Sagittaria latifolia

Amerikanischer Amberbaum
Liquidambar styraciflua
— Amberbaumgewächs · Altingiaceae

April–Mai

STECKBRIEF 8–20 m hoher, sommergrüner Baum mit durchgehendem Stamm und tief längsrissiger Borke. Zweige oft mit unregelmäßigen Korkleisten. Blattspreiten 8–15 cm lang, 5-lappig mit länglich-dreieckigen Blattlappen, oberseits glänzend dunkelgrün, fein gesägt. Herbstfärbung leuchtend rot bis dunkelpurpurn. Blüten einhäusig, unscheinbar. Fruchtstände aus stacheligen, 3–3,5 cm dicken Kapselfrüchten. Früchte werden ab etwa dem 25. Lebensjahr gebildet.

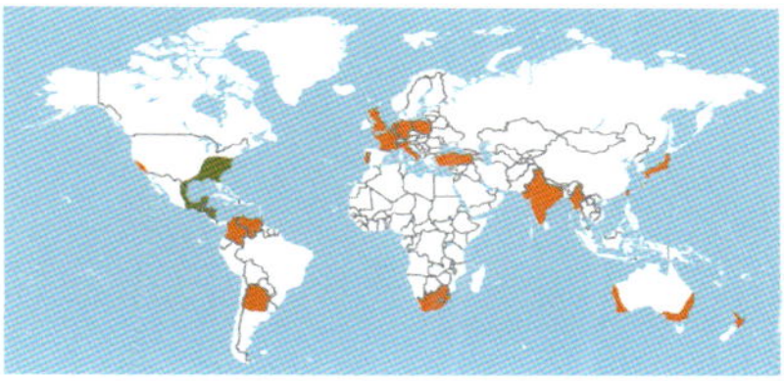

Liquidambar styraciflua

NUTZUNG/AUSBREITUNG Ziergehölz. In Europa seit 1681 als Zierbaum bekannt und aufgrund seiner prächtigen Herbstfärbung und der mit Korkleisten versehenen Äste häufig kultiviert. Bisher subspontan im Gebiet erst äußerst selten auftretend. Eine zukünftig verstärkte Verwilderung ist wahrscheinlich, ähnlich wie in den Niederlanden, wo bereits 39 solcher Fundorte bekannt sind.

Liquidambar styraciflua Fruchtstand

Weißer Amarant

Amaranthus albus
— Amarantgewächs · Amaranthaceae

Aug.–Okt.

STECKBRIEF 5–70 cm hohe, ausgebreitet sparrig-ästige, hellgrüne, meist kahle Einjährige. Stängel aufrecht bis niederliegend, Zweige waagrecht. Blattspreiten länglich verkehrt-eiförmig, stumpf, mit wellig-krausem Blattrand und aufgesetzter Stachelspitze. Alle Blütenknäuel in den Blattwinkeln. Vorblätter etwa doppelt so lang wie die Blüten, in eine Stachelspitze ausgezogen. Weibliche Blüten mit 3 Perigonblättern. Frucht besonders oberwärts runzelig-höckerig.

VERWECHSLUNG Vor allem mit dem Westamerikanischen Amarant, *Amaranthus blitoides*, bei dem die weiblichen Blüten aber 4–5 Perigonblätter haben und bei dem der Blattrand einen schmalen weißen Knorpelrand hat.

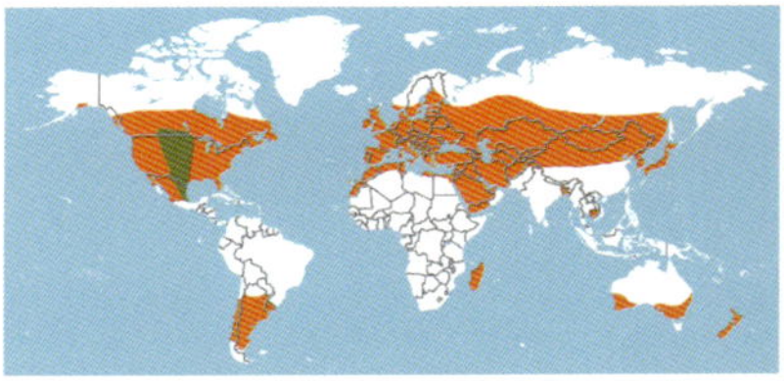

Amaranthus albus

Amaranthus blitoides

NUTZUNG/AUSBREITUNG Keine, wird aber gelegentlich als Wildgemüse oder Färbepflanze verwendet. In Europa 1723 erstmals in der Toskana aufgetreten. Wahrscheinlich im Zuge von Getreidelieferungen in Europa eingeschleppt und anfänglich vor allem in Güterbahnhöfen und Häfen auftretend. Im Gebiet seit dem Jahr 1880 bekannt und hier vor allem auf Bahnanlagen, in Pflasterritzen und trockenen Ruderalfluren vorkommend.

WEITERE ART Der in Nordamerika beheimatete Westamerikanische Amarant, *Amaranthus blitoides*, tritt im Gebiet verwildert bis eingebürgert auf mit Verbreitungsschwerpunkten im Rheintal, Saalegebiet, in Berlin und im pannonischen Gebiet Österreichs. In Deutschland seit 1893 bekannt und derzeit lokal in Einbürgerung begriffen, ebenso im Tiefland Ostösterreichs. In der Schweiz sehr selten in den Kantonen Bern, Freiburg, Schaffhausen, Tessin, Waadt und Wallis.

Rispen-Amarant

Amaranthus cruentus
— Amarantgewächs · Amaranthaceae

Juli–Okt.
essbar

STECKBRIEF 30–180 cm hohe Einjährige mit oben fast kahlem Stängel. Blätter lang gestielt, Spreite rhombisch, auf der Unterseite mit deutlichen Blattadern. Blütenstände oft auffallend groß, aufrecht oder etwas überhängend. Scheinähren endständig und in den Blattachseln, dicht gedrängt. Perigonblätter dunkelpurpurn, selten braunorange oder gelblich. Vorblätter 1–1,5 × so lang wie das Perigon, mit kurzer Stachelspitze, die längsten Vorblätter der weiblichen Blüten 2–4 mm lang. Staubblätter meist 5.
VERWECHSLUNG Sehr ähnlich ist der Trauer-Amarant, *Amaranthus hypochondriacus*, einer in Amerika entstandenen Kultursippe, die ebenfalls als Zierpflanze kultiviert wird und im gesamten Gebiet sehr zerstreut vorkommt. Bei ihr sind die längsten Vorblätter der weiblichen Blüten 3–6 mm lang, die Blüten haben meist 3 Staubblätter.
NUTZUNG/AUSBREITUNG Zier-, Gemüse-, Färbe- und Getreidepflanze (Körner-Amarant). Im Gebiet erstmals 1783 für den Botanischen Garten in Salzburg ange-

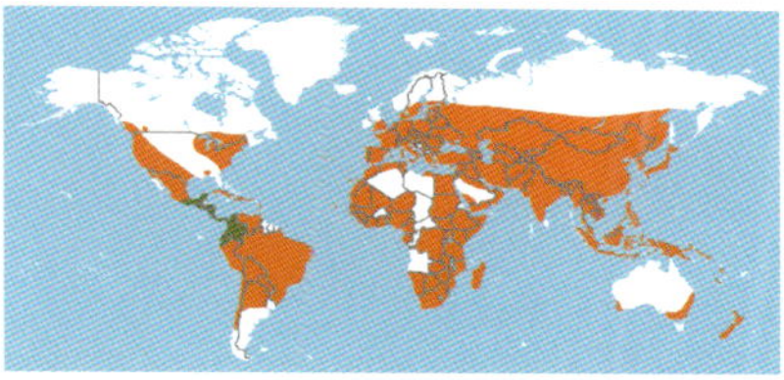

Achyranthes aspera

Amaranthus cruentus

Amaranthus caudatus

geben. Gegenwärtig vielfach unbeständig verwildert, vor allem auf Müll- und Schuttplätzen, und das fast weltweit.
WEITERE ARTEN Der wahrscheinlich südamerikanische **Hängende Amarant**, *Amaranthus caudatus*, wird als Zierpflanze seit 1568 kultiviert und verwildert nicht selten unbeständig, so in Baden-Württemberg, Bayern, Brandenburg, Niedersachsen, Nordrhein-Westfalen, Rheinland-Pfalz, Sachsen, Sachsen-Anhalt, im Burgenland, in Niederösterreich, Oberösterreich, Salzburg, in der Steiermark, in Nordtirol, Wien, Südtirol, Basel, Bern, Genf, Neuenburg, Solothurn, Thurgau, in der Waadt, im Wallis, in Zug und Zürich.
Über Gütertransporte oder verunreinigtes Saatgut ist die pantropische **Raue Spreublume**, *Achyranthes aspera*, ins Gebiet gekommen, so in Sachsen, Oberösterreich und früher in Solothurn. Der wahrscheinlich in Südasien beheimatete, seit Mitte des 16. Jahrhunderts in Gartenkultur befindliche **Silber-Hahnenkamm**, *Celosia argentea*, wird gern als Zierpflanze kultiviert und tritt gelegentlich subspontan auf, so in Baden-Württemberg, Bayern, Hessen, Sachsen, Kärnten, Salzburg und Wien.

Celosia argentea

Rauer Amarant
Amaranthus retroflexus
— Amarantgewächs · Amaranthaceae

Juli–Okt.
essbar
invasiv

STECKBRIEF 15–100 cm hohe Einjährige mit bleichgrünem, oben dicht kraushaarigem Stängel. Blattspreiten rhombisch oder eiförmig, etwas wellig, mit aufgesetzter Spitze. Blütenstände dicht, meist verzweigt, endständig und in den Blattwinkeln, hellgrün. Vorblätter 1–2 × so lang wie die Blüten, in eine Stachelspitze ausgezogen. Perigonblätter der weiblichen Blüten spatelförmig, gestutzt, mit aufgesetzter kurzer Grannenspitze. Frucht eine Deckelkapsel, 1,5–1,8 mm lang, kürzer als das Perigon.
VERWECHSLUNG Charakteristisch für die Art sind die blassgrün häutigen, spatelförmigen, an der Spitze breit-stumpflichen Blütenhüllblätter. Für die Bestimmung der oft schwierig unterscheidbaren *Amaranthus*-Sippen, deren Taxonomie noch nicht restlos geklärt ist, ist weiterführende Literatur notwendig.
NUTZUNG/AUSBREITUNG Im 18. Jahrhundert nach Europa gekommen, 1783 im ehemaligen Botanischen Garten in Salzburg kultiviert. Subspontan im Gebiet seit spätestens 1815 bekannt. Die Art wird als Gemüse und Getreideersatz genutzt, die starke Ausbreitung geht aber auf Verschleppung zurück, vor allem durch Erdtransporte. Gegenwärtig im Gebiet weitverbreitet, häufig und eingebürgert.
WEITERE ARTEN Südamerikanischer Herkunft ist der **Liegende Amarant**, *Amaranthus deflexus*, der im Gebiet unbeständig bis lokal eingebürgert auftritt, so in Baden-Württemberg, Bayern, Mecklenburg-Vorpommern,

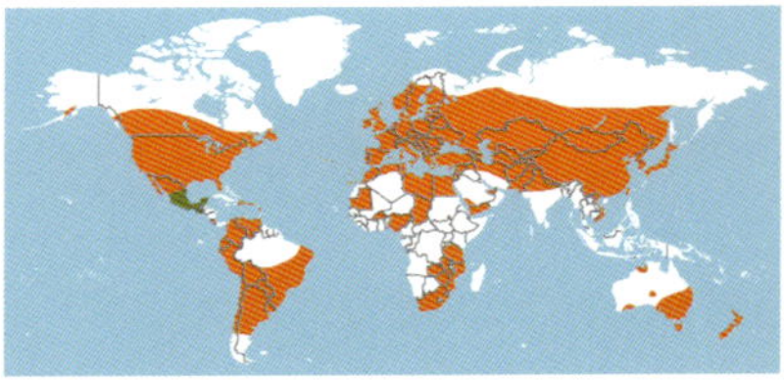

Amaranthus retroflexus

Niedersachsen, Sachsen-Anhalt, im Burgenland, in Niederösterreich, Nordtirol, Wien, Südtirol, im Aargau, in Basel, Genf, im Tessin, Thurgau, in Waadt, im Wallis, in Zürich und Liechtenstein.
Zerstreut und unbeständig zeigt sich im Gebiet der südamerikanische **Ausgebreitete Amarant**, *Amaranthus hybridus* s. lat., der hier seit 1598 bekannt ist und der in den letzten Jahren eine starke Ausbreitung erfährt und bereits als Maisacker-Unkraut bekämpft wird. In Deutschland in fast allen Bundesländern, in Österreich in allen Bundesländern, auch in Südtirol und der Schweiz.
Aus dem südlichen Nordamerika stammt der **Palmer-Amarant**, *Amaranthus palmeri*, der u. a. in Baden-Württemberg, Bayern, Mecklenburg-Vorpommern und in der Steiermark auftritt.
Im Gebiet eingebürgert und häufig ist der aus Südamerika stammende **Grünährige Amarant**, *Amaranthus powellii*, der u. a. in Hackfruchtgesellschaften im Maingebiet in ständiger Ausbreitung ist, in Österreich in allen Bundesländern recht häufig auftritt und u. a. im Aargau, in Basel, Bern, Freiburg, Genf, Graubünden, Jura, St. Gallen, Solothurn, im Tessin, Thurgau, in Waadt, im Wallis und in Zürich vielfach vorkommt.
Ebenfalls in Südamerika beheimatet ist der **Zierliche Amarant**, *Amaranthus viridis*, der unbeständig auf Ruderalstellen auftritt, so etwa in Bayern, Niederösterreich, in der Steiermark, in Wien und Zürich.

Amaranthus deflexus

Amaranthus powellii

Amaranthus viridis

Amaranthus palmeri

Amaranthus hybridus

Garten-Melde
Atriplex hortensis
— Amarantgewächs · Amaranthaceae

Juli–Aug.
essbar

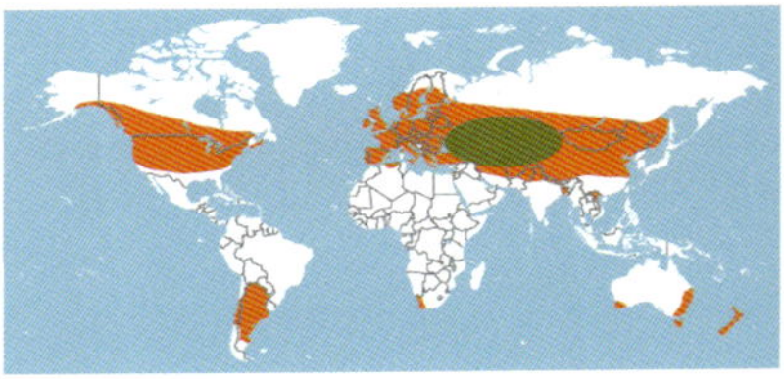

STECKBRIEF 30–200 cm hohe, einhäusige, grüne oder purpurne Einjährige mit leicht bemehlter Oberfläche. Blätter nicht glänzend, gestielt. Spreiten länglich-eiförmig bis dreieckig, die unteren am Grund herz- oder spießförmig, bis 10 cm lang. Gesamtblütenstand reichblütig, aus end- und seitenständigen, traubigen oder rispigen Teilblütenständen. Blüten unscheinbar, aber weibliche Blüten und Früchte von 2 großen, rundlichen, flachen, netzaderigen Vorblättern mit 1–1,5 cm Ø umgeben.

VERWECHSLUNG Die im Gebiet alteingebürgerte Glänzende Melde, *Atriplex sagittata*, hat oberseits dunkelgrüne, stark glänzende und unterseits weißlich graue Blätter.

NUTZUNG/AUSBREITUNG Gemüse-, Arznei- und Färbepflanze, die purpurne Form auch als Zierpflanze. Die Garten-Melde ist nur aus der Kultur bekannt. Sie ist vermutlich aus der osteuropäisch-asiatischen Aucher-Melde, *Atriplex aucheri* (in der Karte grün eingezeichnet), entstanden und mit den Römern ins Gebiet gekommen. Sie war im Mittelalter und in der Renaissance ein wichtiges Blattgemüse und wurde später vom Spinat verdrängt. Erste aufgezeichnete subspontane Funde aus dem Gebiet sind seit etwa 1838 bekannt. Gegenwärtig fast im gesamten Gebiet vereinzelt und unbeständig verwildert oder verschleppt, vor allem auf Erdschüttungen, Deponien und Komposthaufen.

WEITERE ART Die salzertragende, osteuropäisch-westasiatische **Verschiedensamige Melde**, *Atriplex micrantha*, ist ein auf große Strecken eingebürgerter Neophyt, der sich vor allem an Autobahnen ausbreitet, aber auch auf Rückstandshalden, etwa der Kaliindustrie, zusagende Bedingungen findet und auch andere Ruderalstandorte wie Schuttstellen und Deponien besiedelt. Erste Fundmeldungen aus Deutschland stammen von 1934 vom Oberrheingebiet. In Österreich in mehreren Bundesländern und weiter in Ausbreitung befindlich, in der Schweiz vor allem im Mittelland und ebenso in Ausbreitung begriffen.

Atriplex hortensis

Atriplex micrantha

Besen-Radmelde

Bassia scoparia (Syn.: *Kochia scoparia*)
— Amarantgewächs · Amaranthaceae

Juli–Sep.

STECKBRIEF 60–150 cm hohe, ästige, kraushaarige, oft rot überlaufene Einjährige. Blätter lineal-lanzettlich, flach, bewimpert, zuletzt verkahlend, 2–5 cm lang und 3–7 mm breit. Blüten unscheinbar, einzeln oder zu zweit in den Achseln von 5–10 mm langen Hochblättern sitzend, in end- und seitenständigen, ährigen Blütenständen. Frucht 3–4 mm lang.

ANMERKUNG Die Radmelde gehört zu den C4-Pflanzen, jenen Arten, die einen Stoffwechselweg nutzen, der Kohlenstoffdioxid für die Fotosynthese zunächst vorfixiert und erst dann zu Kohlenhydraten aufbaut. C4-Pflanzen sind bei Wasserarmut und hohen Temperaturen gegenüber den C3-Pflanzen im Vorteil.

NAME Die Gattung ist zu Ehren des italienischen Arztes und Botanikers Ferdinando Bassi (1710–1774) benannt, nach dem auch *Neobassia*, eine weitere *Amaranthaceae*-Gattung, ihren Namen hat.

NUTZUNG/AUSBREITUNG Wird als Zierpflanze in der fo. *childsii* als „Grüne Sommerzypresse" und in der fo. *trichophylla* als „Rote Sommerzypresse" kultiviert, die grünblättrige Form seit 1754, die im Spätsommer rot werdende Form seit 1898. Früher auch zur Herstellung von Besen gezogen.

Die Art lässt sich 1532 erstmals in Italien als Gartenpflanze nachweisen. Mitte des 16. Jahrhunderts gelangte sie von dort nach Deutschland, wo sie um 1560 unter dem Namen „bellevidere" (schön anzusehen) vereinzelt in Gartenkultur war. Die genaue Geschichte ihrer Ausbreitung ist nicht bekannt, da sie auch mit asiatischer Wolle im Gebiet eingeschleppt wurde. Erschwerend kommt hinzu, dass die Pflanze mit der Unterart *densiflora* im östlichen Europa möglicherweise ursprünglich ist.

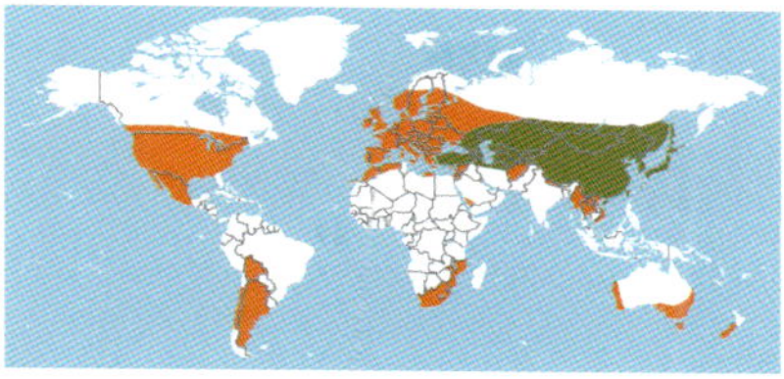

Die Besen-Radmelde ist ein Steppenroller. Bei der Reife bricht der Stängel am Boden ab und die ganze Pflanze wird durch den Wind über den Boden gerollt, um dabei die Samen auszustreuen. Die Art vermehrt sich ausschließlich generativ.

Gegenwärtig mit Verbreitungsschwerpunkten in Berlin, Brandenburg, Sachsen, Sachsen-Anhalt, Thüringen und im pannonischen Osten Österreichs.

WEITERE ART Als Gemüse wird selten der kaukasische **Rankspinat**, *Hablitzia tamnoides*, gezogen, der vereinzelt daraus verwildert, so in Rheinland-Pfalz, ehemals in Sachsen und in Sachsen-Anhalt.

Bassia scoparia

Hablitzia tamnoides

Dreinarbige Rübe

Beta trigyna
— Amarantgewächs · Amaranthaceae

Juni–Juli

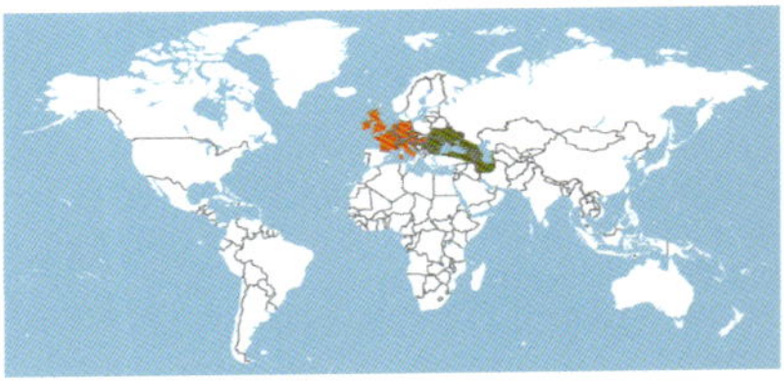

STECKBRIEF 50–100 cm hohe Staude mit dunkelgrünen Blättern und länglich-herzförmigen Grundblattspreiten. Blütenstände scheinrispig zusammengezogen, Knäuel dicht stehend. Perigonblätter 3–4 mm lang, weiß bis hellgelb oder rötlich. Antheren das Perigon deutlich überragend, Narben meist 3.
NUTZUNG/AUSBREITUNG Keine. Im Gebiet lokal unbeständig eingeschleppt.
WEITERE ART Der asiatische **Echte Spinat**, *Spinacia oleracea*, wird im Gebiet seit dem 13. Jahrhundert als Gemüsepflanze kultiviert und verwildert gelegentlich, so in Baden-Württemberg, Bayern, Berlin, Sachsen, Oberösterreich, Vorarlberg, Bern, Genf und in der Waadt.

Spinacia oleracea

Beta trigyna

Riesen-Gänsefuß

Chenopodium giganteum
— Amarantgewächs · Amaranthaceae

Sep.–Nov.
essbar

STECKBRIEF 50–250 cm hohe Einjährige mit undeutlich dreilappigen, breit-dreieckigen, 7–18 cm langen, bläulichgrünen Blattspreiten und meist purpurn gefärbten Triebspitzen. Blüten unscheinbar, in zierlichen, dicht gereihten Blütenknäueln. In Mitteleuropa meist nicht zur Blüte gelangend.
VERWECHSLUNG Unterscheidet sich von den sehr ähnlichen Arten aus der Gruppe um den Weißen Gänsefuß, *Chenopodium album* agg., durch die purpurn gefärbten Austriebe und dadurch, dass sie im Gebiet in der Regel nicht zum Blühen kommt. Die Blattspreiten sind beim Weißen Gänsefuß mit 3–8 cm Länge kürzer.

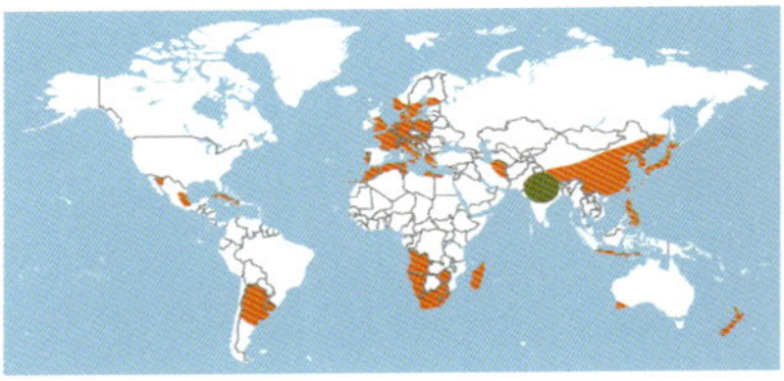

NUTZUNG/AUSBREITUNG Als Spinat- und einjährige Zierpflanze oftmals gezogen, besonders in Bauern-

gärten. Als Zierpflanze für Einjährigen-Aussaaten wird besonders gern die niedrige Sorte „Magenta Spreen" kultiviert.
Wahrscheinlich ist die Art erst in Kultur durch Auslese kräftiger Wildsippen aus der *Chenopodium album*-Gruppe entstanden und später rückverwildert. Breitet sich vor allem durch Erdaushub und Gartenauswurf aus, teilweise auch mit Handelsgütern wie Ölfrüchten, Wolle oder Baumwolle verschleppt. Die Sippe ist wahrscheinlich häufiger als angegeben, wird aber oft mit dem ähnlichen Weißen Gänsefuß, *Chenopodium album*, mit dem sie auch Hybriden bildet, verwechselt.
WEITERE ARTEN Der nordamerikanische **Kopfige Erdbeerspinat**, *Chenopodium capitatum* (Syn. *Blitum capitatum*) wurde als Färbe-, Schmink- und Gemüsepflanze kultiviert und tritt gelegentlich unbeständig auf, so ehemals in Bayern, in Sachsen, im Burgenland, in Niederösterreich, Oberösterreich, Salzburg, in der Steiermark, in Wien, Südtirol, Basel, Graubünden und im Tessin.
Bereits fest eingebürgert hat sich der asiatische, 1821 neu beschriebene **Gestreifte Gänsefuß**, *Chenopodium strictum*, der gegenwärtig im gesamten Gebiet zu finden ist.

Chenopodium giganteum

Chenopodium strictum

Chenopodium capitatum

Mexikanischer Drüsengänsefuß

Dysphania ambrosioides (Syn.: *Chenopodium ambrosioides*) — Amarantgewächs · Amaranthaceae

Juli–Sep.
giftig

STECKBRIEF 30–150 cm hohe, kampferartig riechende Einjährige, von sitzenden Drüsen klebrig. Stängel meist rot gestreift. Blätter kurz gestielt, Spreite lanzettlich, ganzrandig oder buchtig-gezähnt, 4–12 cm lang. Blütenstand reich verzweigt und beblättert. Blütenknäuel klein, sitzend, dicht gedrängt, oft rötlich, mit herausragenden gelben Staubbeuteln.
NUTZUNG/AUSBREITUNG Als Heilpflanze, vor allem als Wurmmittel, Tee- und Gewürzpflanze für die

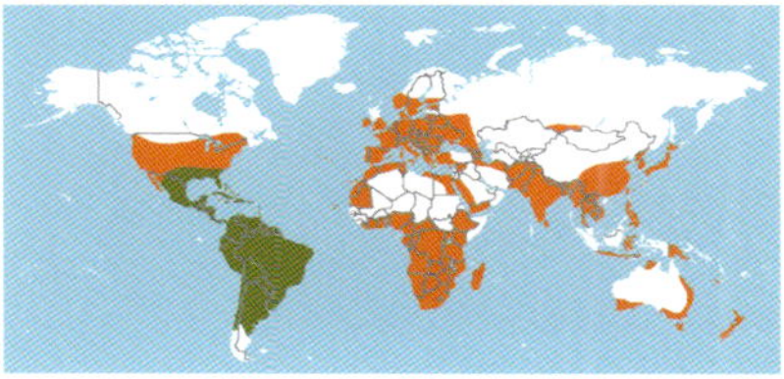

mexikanische Küche, aber auch für die Kosmetik aufgrund der enthaltenen ätherischen Öle sowie als Duft- und Färbepflanze. Im 17. Jahrhundert nach Europa gekommen, seit Anfang des 18. Jahrhunderts auch aus dem Gebiet bekannt. Sie wurde vor allem in der Varietät *anthelmintica* kultiviert, die heute auch als eigene Art *D. anthelmintica* gesehen wird. Gegenwärtig nur noch selten kultiviert und sehr vereinzelt unbeständig auftretend mit Verbreitungsschwerpunkt im Rheintal.

WEITERE ARTEN Der südeuropäisch-asiatische **Klebrige Drüsengänsefuß**, *Dysphania botrys*, tritt sehr zerstreut im gesamten Gebiet auf, so in Baden-Württemberg, Bayern, Berlin, Hamburg, Nordrhein-Westfalen, Rheinland-Pfalz, Sachsen, Thüringen, im Burgenland, in Kärnten, Niederösterreich, Oberösterreich, in der Steiermark, in Nordtirol, Osttirol, Wien, Basel, Bern, Genf, im Tessin und Wallis.

Der australisch-neuseeländische **Australische Drüsengänsefuß**, *Dysphania pumilio*, tritt vor allem im Oberrheingebiet und in Südhessen eingebürgert auf. Sonst vereinzelt in Bayern, Berlin, Bremen, Niedersachsen, Nordrhein-Westfalen, Sachsen, Sachsen-Anhalt, Niederösterreich, Oberösterreich, in der Steiermark, in Wien, Südtirol, Basel, Genf, Luzern, in der Waadt und im Tessin.

Früher als Gewürzpflanze kultiviert wurde der aus dem tropischen Afrika stammende, zu Ehren des deutschen Arztes und Botanikers Heinrich Adolph Schrader (1767–1836) benannte **Schrader-Drüsengänsefuß**, *Dysphania schraderiana*, der im Gebiet seit 1907 bekannt ist und hier selten unbeständig auftritt, so in Baden-Württemberg, Bayern, Mecklenburg-Vorpommern, Niedersachsen, Nordrhein-Westfalen, Niederösterreich, Oberösterreich, Salzburg, in der Steiermark, in Nordtirol und Vorarlberg.

Dysphania botrys

Dysphania pumilio

Dysphania ambrosioides

Dysphania schraderiana

Wunder-Lauch

Allium paradoxum
— Amaryllisgewächs · Amaryllidaceae

April–Mai
essbar

STECKBRIEF 15–30 cm hohe Staude, mit einem grundständigen, gekielten, ca. 30 cm langen und 2 cm breiten Blatt. Blütenstand mit wenigen kleinen, kugeligen Brutzwiebeln und meist einer einzigen, 2–4 cm lang gestielten glockigen Blüte. Perigonblätter weiß, mit feinen grünen Längslinien, ca. 12 mm lang und 6 mm breit. Staubblätter 4–5 mm lang.

NUTZUNG/AUSBREITUNG Zier-, Gewürz- und Nahrungspflanze. Die genaue Ersteinbringung ins Gebiet ist nicht bekannt. Der Wunder-Lauch wurde 1825 im Botanischen Garten Pawlowsk in Russland und 1844 im Botanischen Garten Smichov in Tschechien kultiviert. Die Art bildet im Gebiet keine keimfähigen Samen aus, die Fortpflanzung erfolgt vegetativ durch Brutzwiebeln. Alle untersuchten Populationen in Mitteleuropa sind genetisch identisch.

Besiedelt in Mitteleuropa vor allem feuchte Laubwälder, besonders Auwälder, alte Parkanlagen und Binnendünenränder. Im Gebiet 1883 erstmals auf der Pfaueninsel in Berlin „seit Jahren verwildert" nachgewiesen. Im Botanischen Garten Berlin-Schöneberg 1909 ein „seit langer Zeit lästiges Unkraut". In und um Berlin mittlerweile so häufig, dass sie hier vom Volksmund „Berliner Lauch" genannt wird.

WEITERE ARTEN Aus Zentralasien stammt der **Persische Lauch**, *Allium aflatunense*, der als Zierpflanze kultiviert wird und gelegentlich daraus verwildert oder verschleppt auftritt, so in Bayern.

Häufig als Gemüse kultiviert und gelegentlich verwildert findet sich der **Gemüse-Lauch**, *Allium ampeloprasum* var. *porrum*, der in Österreich auch Porree genannt wird und

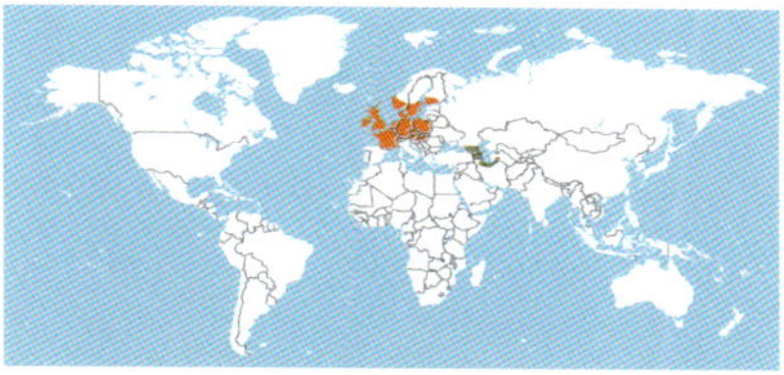

Allium paradoxum

Allium aflatunense

Allium ampeloprasum

der vom mediterranen Sommer-Lauch, *A. ampeloprasum* var. *ampeloprasum*, abstammt.

Ebenfalls häufig im Gemüsegarten und feldmäßig wird die **Gemüse-Zwiebel**, *Allium cepa*, kultiviert. Sie dürfte auf die asiatische Wildlauch-Art *Allium oschaninii* zurückgehen und findet sich im Gebiet vielfach verschleppt oder verwildert, so in Thüringen, Niederösterreich, Oberösterreich, Salzburg, Wien, Bern, in der Waadt, im Wallis und in Zug.

Der südwestasiatische **Christoph-Lauch**, *Allium christophii*, der Mitteleuropa erst Anfang des 20. Jahrhunderts als Zierpflanze erreichte, konnte in Bayern, Hessen, Nordrhein-Westfalen, Sachsen, Sachsen-Anhalt, im Burgenland, in Niederösterreich und Wien subspontan gefunden werden.

Aus dem im südlichen Sibirien beheimateten Altai-Lauch, *Allium altaicum*, stammt die als Gewürz- und Gemüsepflanze kultivierte **Röhren-Zwiebel**, *Allium fistulosum*, die vereinzelt verwildert auftritt, so in Baden-Württemberg, Kärnten, Vorarlberg, Bern, Jura und St. Gallen.

Aus Zentralasien stammt der **Blauzungen-Lauch**, *Allium karataviense*, der Ende des 19. Jahrhunderts durch Eduard Regel Mitteleuropa erreichte und der fortan in Steingärten und Straßenrabatten als Zierpflanze kultiviert wird und selten subspontan auftritt, so in Bayern.

In den Pyrenäen heimisch ist der **Gold-Lauch**, *Allium moly*, der als Zierpflanze gezogen wird und gelegentlich verwildert, so in Baden-Württemberg, Bayern, Hessen, Mecklenburg-Vorpommern, Sachsen, Thüringen und Oberösterreich.

Allium christophii

Allium fistulosum

Allium cepa

Allium karataviense

Der mediterrane **Dunkle Lauch**, *Allium nigrum*, konnte vor allem früher mehrfach verwildert angetroffen werden, so u. a. in Baden-Württemberg, Nordrhein-Westfalen, Sachsen, Oberösterreich, Nordtirol, Wien, Südtirol und Solothurn.
In Ostanatolien und dem Kaukasusgebiet ist der **Pinke Lauch**, *Allium oreophilum*, beheimatet, der selten als Zierstaude kultiviert wird und vereinzelt verwildert, so in Bayern, Niedersachsen, Sachsen-Anhalt und in Oberösterreich.
Aus China stammt der seit Anfang des letzten Jahrhunderts in Mitteleuropa kultivierte und als Gewürz verwendete **Schnittknoblauch**, *Allium ramosum* s. lat. (inkl. *Allium tuberosum*), der vereinzelt verwildert auftritt, so in Hessen, Nordrhein-Westfalen und in der Steiermark.

Allium moly

Allium nigrum

Allium oreophilum

Allium ramosum

Elwes-Schneeglöckchen

Galanthus elwesii
— Amaryllisgewächs · Amaryllidaceae

Feb.–März
giftig

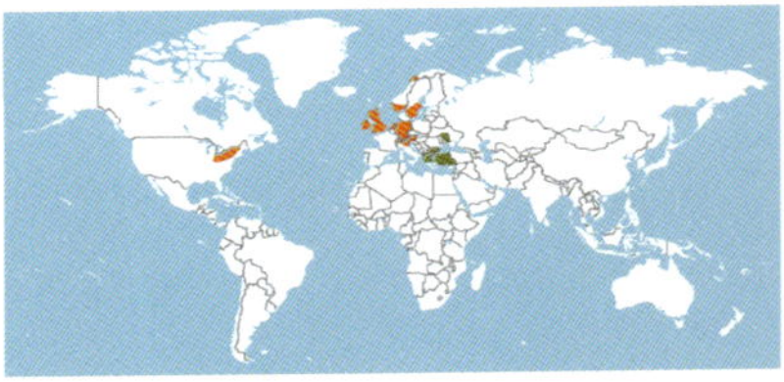

STECKBRIEF 10–20 cm hohe Mehrjährige mit unterirdischer Zwiebel als Überdauerungsorgan. Blätter blaugrün, glanzlos, breit linealisch, 5–25 cm lang, 1,3–2,5 cm breit, vorn meist kapuzenartig zusammengezogen. Perigonblätter eiförmig bis keilförmig, innere Perigonblätter mit grünem Fleck und meist grünem Grund.

VERWECHSLUNG Beim heimischen Echten Schneeglöckchen, *Galanthus nivalis*, sind die Blätter zur Blütezeit 0,5–0,9 cm breit.

ANMERKUNG An Standorten, wo das Elwes-Schneeglöckchen mit dem Echten Schneeglöckchen, *Galanthus nivalis*, zusammen vorkommt, kann es zur spontanen Hybridbildung kommen, so mehrfach in Berlin.

NAME Benannt zu Ehren des britischen Naturforschers und Großwildjägers Henry John Elwes (1846–1922), der Sammelreisen in die Türkei, nach Indien, ins Altai-Gebirge und in den Himalaja unternahm.

NUTZUNG/AUSBREITUNG Zierpflanze. 1854 vom französischen Botaniker Benedict Balansa (1825–1891) entdeckt und 1874 wiederholt durch Henry John Elwes bei Smyrna (Izmir) in Anatolien gefunden. Elwes brachte Zwiebeln nach England und kultivierte diese in seinem Garten. Im Gebiet gegenwärtig vielfach und besonders in und um Friedhöfe und in Parkanlagen verwildert.

WEITERE ARTEN Aus Osteuropa und Nordwestanatolien stammt das Clusius-Schneeglöckchen, *Galanthus plicatus*, das in mehreren Sorten kultiviert wird und vereinzelt verwildert, so in Bayern, Berlin und Brandenburg. Im Kaukasus beheimatet ist das zu Ehren des russischen Botanikers Juri Nikolajewitsch Woronow (1874–1931) benannte Woronow-Schneeglöckchen, *Galanthus woronowii*, das gelegentlich als Zierpflanze kultiviert wird und subspontan aus Bayern, Hessen, Mecklenburg-Vorpommern, Niedersachsen, Nordrhein-Westfalen, Sachsen, Niederösterreich, der Steiermark und Wien bekannt ist. In Deutschland lokal auf dem Weg zur Einbürgerung.

Galanthus elwesii

Galanthus woronowii

Galanthus plicatus

Kleiner Märzenbecher
Narcissus minor
— Amaryllisgewächs · Amaryllidaceae

Feb.–März
giftig

STECKBRIEF 8–25 cm hohe, mehrjährige Zwiebelpflanze mit linealischen, 3–10 mm breiten, graugrünen, aufrechten Blättern. Blüten reingelb, mit zum Rand hin erweiterter und gerüschter Nebenkrone. Kronblätter 7–22 mm lang, schmal, sich nicht oder höchstens am Grund überlappend.
VERWECHSLUNG Der seit spätestens 1949 ebenfalls häufig in Gartenkultur befindliche Zwerg-Märzenbecher 'Tete a Tete' aus der Gruppe um die iberische *Narcissus cyclamineus* hat breite Kronblätter, die sich randlich überlappen, und kaum gerüschte Nebenkronen.
NUTZUNG/AUSBREITUNG Zierpflanze. Beheimatet in mehreren Varietäten in den Pyrenäen und im Kantabrischen Gebirgen. Wird seit einigen Jahren vermehrt im Blumenhandel angeboten, da er aufgrund seiner Größe vor allem als Tischschmuck, in Rabatten und in Blumenkästen attraktiv ist. Nach dem Abblühen werden die Topfpflanzen oft ausgesetzt oder entsorgt. Subspontane Vorkommen sind bisher nur im urbanen Gebiet bekannt, vor allem in Friedhöfen und Parkanlagen. Zukünftig ist wahrscheinlich mit vermehrten Vorkommen der Art zu rechnen.
WEITERE ARTEN In Südwesteuropa und Nordwestafrika ist die **Reifrock-Narzisse**, *Narcissus bulbocodium*, beheimatet, die im Gebiet selten als Zierpflanze kultiviert wird und sich in Brandenburg lokal etabliert hat.
Eine Ausgangsform vieler Kulturhybriden ist die aus den Pyrenäen und Südwestfrankreich stammende **Spanische Narzisse**, *Narcissus hispanicus*, die als Zierpflanze kultiviert wird und vereinzelt verwildert, so in Nordrhein-Westfalen.

Narcissus minor

Narcissus bulbocodium

Narcissus hispanicus

Essigbaum · Hirschkolben-Sumach
Rhus typhina
— Sumachgewächs · Anacardiaceae

Juni–Juli
invasiv

STECKBRIEF 2–6 m hoher, zweihäusiger Baum oder Strauch mit Wurzelsprossen, zottig behaarten Ästen und sprödem Holz. Blätter unpaarig gefiedert, 30–90 cm lang, mit 11–31 Blättchen. Diese länglich-lanzettlich, gesägt, im Herbst leuchtend orange bis rot. Blütenstiele dicht zottig behaart. Männliche Blütenstände gelbgrün, weibliche Blütenstände rötlich, kompakter. Blüten fünfzählig.
VERWECHSLUNG Der ähnliche Götterbaum, *Ailanthus altissima*, hat Blätter mit breit-lanzettlichen bis schmal-eiförmigen, zugespitzten, fast ganzrandigen Blättchen und kaum eine Herbstfärbung.
NUTZUNG/AUSBREITUNG Zierpflanze, auch Trachtpflanze für die Imkerei. In der Gartengestaltung sind vor allem weibliche Pflanzen mit ihren braunroten Fruchtständen im Einsatz. Beliebte Sorten sind vor allem schlitzblättrige Formen wie 'Dissecta' oder 'Laciniata'. Um das Jahr 1620 nach Europa gekommen und 1621 in einem Pariser Garten als „Sumac de Virginiana" belegt. Ab 1628 kann der Essigbaum in Leiden, ab 1629 in London nachgewiesen werden. In Deutschland zuerst in einem herzoglich-braunschweigischen Garten vorhanden, wohin er zwischen 1630 und 1651 gelangt ist, 1654 auch in Königsberg in Preußen. Bis Ende des 18. Jahrhunderts wurde der Essigbaum nur selten kultiviert. Zur allgemeinen Verbreitung in Gartenanlagen gelangte er erst in der zweiten Hälfte des 20. Jahrhunderts. Erste Verwilderungen aus dem Gebiet wurden 1883 bei Gramzow in Brandenburg und Schönebeck in Sachsen-Anhalt beobachtet.

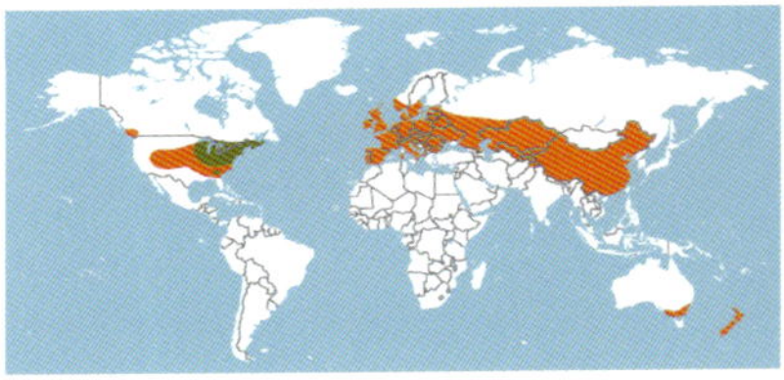

Gegenwärtig im Gebiet weitverbreitet und häufig, lokal eingebürgert und weiter in Ausbreitung begriffen. Subspontane Vorkommen gehen vor allem auf Verschleppung von Wurzelteilen oder Schösslingen zurück.
WEITERE ARTEN Der nordamerikanische **Eichenblättrige Giftsumach**, *Toxicodendron pubescens* (= *Rhus toxicodendron*), der bei Körperkontakt Allergien hervorrufen kann, tritt bzw. trat gelegentlich verwildert bis eingebürgert auf, so in Bayern, Berlin, Rheinland-Pfalz, Sachsen, Thüringen und in der Steiermark.
Ebenfalls nordamerikanisch ist der **Kletternde Giftsumach**, *Toxicodendron radicans* (= *Rhus radicans*), der selten verschleppt auftritt, so in Bayern, Berlin, Brandenburg, Hessen, Niedersachsen, Rheinland-Pfalz, Sachsen, Thüringen, Südtirol, im Tessin und Wallis.

Rhus typhina

Toxicodendron pubescens

Toxicodendron radicans

Koriander
Coriandrum sativum
— Doldenblütler · Apiaceae

Juni–Juli
essbar

STECKBRIEF 30–80 cm hohe, kahle Einjährige mit wanzenartigem Geruch. Untere Blätter 1–2-fach fiederteilig mit rundlichen, gelappten und gezähnten, am Grund keilförmig verschmälerten Abschnitten. Obere Blätter 3–4-fach fiederschnittig mit linealen, 1–2 mm breiten Zipfeln. Dolden 3–5-strahlig. Hüllchenblätter kurz, lineal-lanzettlich, einseitig angeordnet. Kronblätter weiß, die randständigen vergrößert. Frucht ± kugelig, hart, kahl, im Ø 2–5 mm.
VERWECHSLUNG Der sehr ähnliche Hohlsame, *Bifora radians*, hat zweikugelige Früchte.
NUTZUNG/AUSBREITUNG Gewürzpflanze, Früchte als Brot-, Wurst- und Likörgewürz, auch Arzneipflanze und Bienenweide. Die Heimat des Korianders ist durch seine jahrtausendealte Kultur nicht sicher bekannt. Vermutlich ist es Südwestasien, möglicherweise ist er zusätzlich in Südosteuropa und im nördlichen Algerien ursprünglich. Im 15. Jahrhundert erfuhr der Koriander seine allmähliche Ausbreitung als Kulturpflanze nach Mittel- und Nordeuropa und seit spätestens dem 16. Jahrhundert ist sein Anbau im Gebiet belegt. Aus den Kulturen kommt es immer wieder zu vorübergehenden Verwilderungen und zu Verschleppungen durch Vogelfutter und verunreinigtes Saatgut.
WEITERE ARTEN Ebenfalls als Gewürzpflanze kultiviert wird der vorderasiatische **Dill**, *Anethum graveolens*, der immer wieder vorübergehend verwildert auftritt.
Aus Südwestasien stammt der **Kreuzkümmel**, *Cuminum cyminum*, der vor allem im Mittelmeergebiet seit Jahrtausenden als Gewürz- und Arzneipflanze kultiviert wird und der auch im Gebiet gelegentlich unbeständig auftritt, so in Hamburg und Nordrhein-Westfalen.
Südeuropäisch ist der als Gemüse-, Gewürz- und in einer dunklen Form als Zierpflanze gezogene **Fenchel**, *Foenicu-*

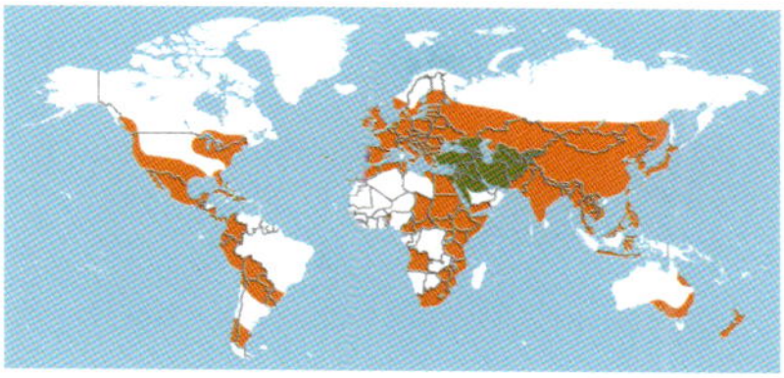

Coriandrum sativum

Cuminum cyminum

Anethum graveolens

lum vulgare, der immer wieder verwildert bis lokal eingebürgert auftritt wie etwa im Burgenland, in Niederösterreich, Südtirol, im Aargau, in Basel, Bern, Genf, Solothurn, im Tessin, Thurgau, in der Waadt, im Wallis und in Zürich.
Aus Iran und Afghanistan stammt das **Liebstöckel**, *Levisticum officinale*, das häufig als Arznei- und Gewürzpflanze gezogen wird und daraus vereinzelt verwildert, so in Bayern, Niedersachsen, Sachsen, Oberösterreich, Salzburg, Nordtirol, Osttirol, Bern, Waadt, im Wallis, in Zug und Liechtenstein.
Als Gewürz- und Arzneipflanze wird auch die südeuropäische **Petersilie**, *Petroselinum crispum*, seit dem 8. Jahrhundert im Gebiet häufig kultiviert, selten nur verwildert sie, wie etwa in Bayern, Berlin, Hamburg, Niedersachsen, Sachsen, Oberösterreich, Vorarlberg, Südtirol, Basel, im Tessin und in der Waadt.

Foeniculum vulgare

Levistium officinale

Petroselinum crispum

Großes Mannstreu · Elfenbeindistel
Eryngium giganteum
— Doldenblütler · Apiaceae

Juni–Aug.

STECKBRIEF 60–140 cm hohe Zweijährige bis Ausdauernde mit Grundblättern, die deutlich von den Stängelblättern abweichen. Grundblätter dreieckig-herzförmig, gesägt. Obere Stängelblätter und Hochblätter scharf gezähnt. Köpfchen länglich-eiförmig, 4–10 cm lang, grauweiß bis blassblaugrün.

NUTZUNG/AUSBREITUNG Zierpflanze, auch für Trockensträuße und als Bienenweide. Um das Jahr 1800 im Kaukasusgebiet entdeckt. 1824 im Garten des Apothekers Johann Nikolaus Buek in Frankfurt a. d. Oder im Gebiet erstmals kultiviert. 1901 am Zürichhorn bei Zürich verwildert gefunden, 1923 ob Ligerz am Bielersee, 1952 oberhalb Buttes in Richtung Chasseron im Grenzgebiet Neuenburg-Waadt und 1973 in der Steiermark. Die Pflanze ist kurzlebig, samt sich aber reichlich aus und befindet sich lokal in Einbürgerung. In England und Südschweden bereits etabliert.

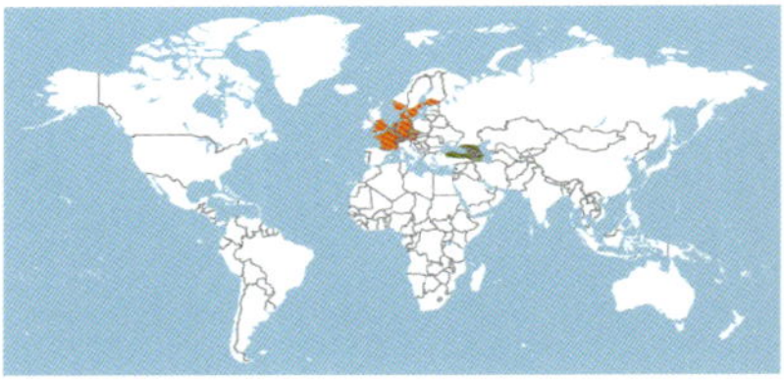

WEITERE ART Westmediterran-montaner Herkunft ist das **Pyrenäen-Mannstreu**, *Eryngium bourgatii*. Es ist in den Gebirgen Marokkos und der iberischen Halbinsel beheimatet und wird aufgrund seiner langen Blütezeit als Gartenzierstaude genutzt. Verwildert daraus vereinzelt unbeständig, so in Baden-Württemberg und Rheinland-Pfalz.

Erynigum giganteum

Eryngium bourgatii

Echtes Rutenkraut · Riesenfenchel
Ferula communis
— Doldenblütler · Apiaceae

Mai–Juni

STECKBRIEF 1–3 m hohe, beeindruckende Mehrjährige mit im Ø 3–7 cm starken Stängeln. Blätter mit großer, aufgeblasener Blattscheide, vielfach gefiedert, Blattabschnitte lineal, flach, 1,5–5 cm lang, 1–2 mm breit. Enddolde fast sitzend, umgeben von lang gestielten, unfruchtbaren Seitendolden. Hüllblätter fehlend, Hüllchenblätter hinfällig. Früchte elliptisch, ca. 1,5 cm lang, zusammengedrückt, mit seitlichen Flügeln.

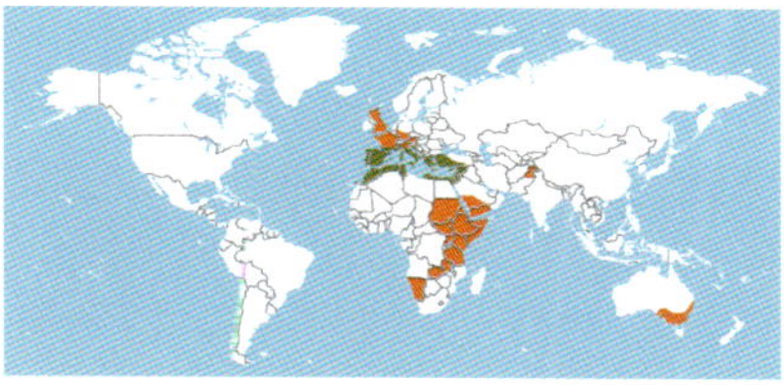

Ferula communis

Ferulago campestris

NUTZUNG/AUSBREITUNG Selten als Zierstaude oder als Arzneipflanze bei Verdauungsstörungen genutzt. Im Mittelmeergebiet wird das getrocknete Mark als Zunder verwendet, außerdem liefert die Art „Ammoniakgummi". Das Rutenkraut vermehrt sich ausschließlich generativ über Samen. Jungpflanzen brauchen einige Jahre, bis sie zur Blüte gelangen. Nach dem Jahr der Blüte werden die Pflanzen zunehmend schwächer. Im Gebiet tritt die Art bisher nur ganz vereinzelt auf.
WEITERE ART Südosteuropäisch ist die **Knotenblütige Birkwurz**, *Ferulago campestris* (= *Ferulago galbanifera*) verbreitet. Sie tritt im Gebiet ganz vereinzelt auf, so in Baden-Württemberg und lokal etabliert in Niederösterreich.

Riesen-Bärenklau
Heracleum mantegazzianum
— Doldenblütler · Apiaceae

Juli–Sep.
giftig
invasiv

STECKBRIEF Bis 4 m hohe, kurzlebige Staude mit mächtiger, blassgelber, Milchsaft führender Pfahlwurzel, die bis zu 60 cm lang und oben bis 15 cm dick wird. Stängel hohl, gefurcht und vor allem im unteren Bereich purpurfarben gefleckt. Blätter bis zu einem Meter lang, 3–5-teilig mit fiederteiligen Abschnitten. Blütenstand tellerförmig, bis zu 60 cm im Ø mit weißen, sehr selten blassrosa Blüten. Reife Früchte flach, vor allem am Rand mit aufwärtsgebogenen Borsten.
NAME Zu Ehren des italienischen Arztes und Bewusstseinsforschers Paolo Mantegazza (1831–1910) benannt, der u. a. an der Wirkung psychotroper Pflanzen forschte.
NUTZUNG/AUSBREITUNG (Ehemals) als Zier-, Bienen- und Deckungspflanze im Forst. 1890 durch die Botaniker und Pflanzensammler Carlo Pietro Sommier

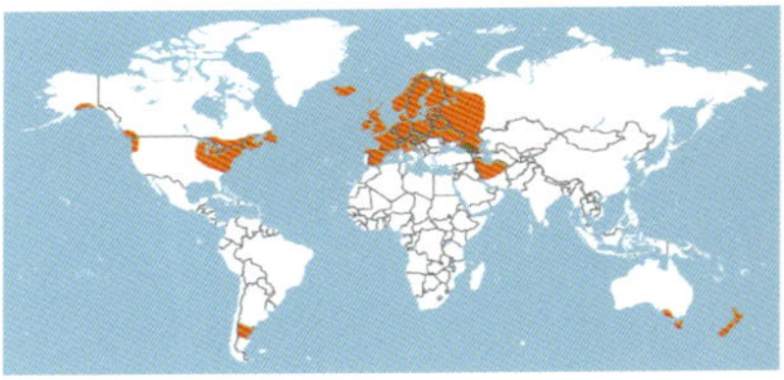

und Émile Levier nach Europa gekommen und erstmals beim Staudengärtner Correvon in Genf kultiviert, später an botanische Gärten mehrerer europäischer Länder verteilt und bald als monumentale Gartenpflanze beliebt. Auch als Bienenweide von Imkern ausgebracht und im Forst als Deckungs- und Böschungsfestigungspflanze empfohlen. Die erste Verwilderung aus dem Gebiet wird vom Belvoir in Zürich aus dem Jahr 1912 angegeben.
Gegenwärtig im Gebiet häufig und sich weiter ausbreitend. Aufgrund ihrer gesundheitsgefährdeten Eigenschaft als phototoxische Pflanze wird heute versucht, der Ausbreitung der invasiven Art entgegenzuwirken.
WEITERE ART Kleinasiatisch ist die **Flaum-Bärenklau**, *Heracleum pubescens*, die im Gebiet ganz vereinzelt auftritt, so in der Steiermark.

Heracleum mantegazzianum

Heracleum pusbescens

Engelwurz-Laserkraut
Laserpitium archangelica
— Doldenblütler · Apiaceae

Juni–Aug.

Laserpitium archangelica

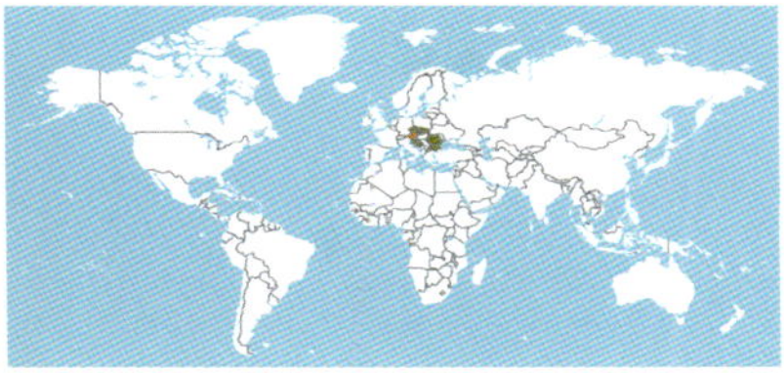

STECKBRIEF 80–150 cm hohe, behaarte Mehrjährige mit aufgeblasenen oberen Blattstielen. Stängel dick, hohl, gerillt, borstenhaarig. Blätter groß, im Umriss dreieckig, 15–50 cm lang, 2–3-fach gefiedert, Blattzipfel 4–7 cm lang, 2–3 cm breit, gesägt. Doppeldolde 15–35-strahlig, Kronblätter weiß, Hüll- und Hüllchenblätter zahlreich, oft dreiteilig bis fiederig eingeschnitten, bewimpert. Frucht 8–10 mm lang, elliptisch, Teilfrucht mit 4 geflügelten Rippen.

VERWECHSLUNG Die ähnliche Echte Engelwurz, *Angelica archangelica*, hat kahle Blattscheiden und gelbgrüne Blüten.

NUTZUNG/AUSBREITUNG Keine. Beheimatet in den Gebirgen Mittel- und Südosteuropas, dabei dem Gebiet ursprünglich fehlend und hier das erste Mal am 25. Juli 1949 von Bruno Weinmeister am Hallstätter Salzberg gefunden. Gegenwärtig in der Region von Bad Ischl bis Hallstatt in Oberösterreich lokal eingebürgert.

Fremde Pimpinelle
Pimpinella peregrina
— Doldenblütler · Apiaceae

Mai–Aug.

Pimpinella peregrina

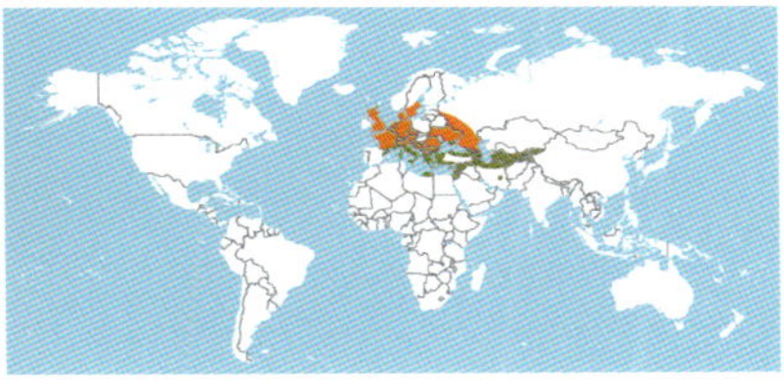

STECKBRIEF 40–100 cm hohe Zweijährige mit verzweigtem Stängel. Unterste Blätter ungeteilt, herzförmig, gesägt, Folgeblätter einfach gefiedert, mit 2–4 Fiederpaaren. Blättchen rundlich, gezähnt. Obere Blätter 2–3-fach gefiedert mit linealen bis lineal-lanzettlichen Zipfeln. Dolden vor dem Aufblühen nickend, mit 10–50 dünnen Strahlen, ohne Hüllen und Hüllchen. Blüten weiß. Frucht eiförmig, ca. 2 mm lang, abstehend behaart.

NUTZUNG/AUSBREITUNG Keine, aber nicht selten Bestandteil von Saatgutmischungen und früher als Arznei- und Gewürzpflanze kultiviert. Regelmäßig in Ansaatmischungen enthalten, so in der Austrosaatmischung „Landschaftsrasen mit Blumen und Kräutern" und dadurch verbreitet. Gegenwärtig im Gebiet vielfach auftretend, lokal auch in Einbürgerung begriffen, so bei Ürzig und Piesport im Moseltal.

WEITERE ARTEN Gleichfalls selten verschleppt oder verwildert findet sich der ostmediterran-vorderasiatische **Anis**, *Pimpinella anisum*, der als Gewürz- und Arzneipflanze kultiviert wird, so in Baden-Württemberg, Bayern, Hamburg, Hessen, Mecklenburg-Vorpommern, Niedersachsen, Thüringen, in der Steiermark, in Vorarlberg, Basel und Solothurn.

Mediterran-südwestasiatisch ist die **Große Knorpelmöhre**, *Ammi majus*, die u. a. über Vogelfutter unbeständig verschleppt auftritt, so in Bayern, Niedersachsen, Nordrhein-Westfalen, Sachsen, Sachsen-Anhalt, in allen österreichischen Bundesländern und vielfach in der Schweiz, vor allem im Mittelland.

Die vom Mittelmeergebiet bis Persien beheimatete **Zahnstocher-Knorpelmöhre**, *Ammi visnaga*, wurde früher zur Gewinnung von Zahnstochern genutzt und wird heute vereinzelt als Zierpflanze und für die Blumenbinderei kultiviert. Sie findet sich, wahrscheinlich auch über Vogelfutter, vereinzelt subspontan, so in Baden-Württemberg, Bayern, Berlin, Hessen, Sachsen, Thüringen, im Burgenland, in Vorarlberg, im Aargau, in Genf und Zürich.

Pimpinella anisum

Ammi majus

Ammi visnaga

Stängelumfassende Gelbdolde

Smyrnium perfoliatum
— Doldenblütler · Apiaceae

Mai–Juni

STECKBRIEF 50–120 cm hohe Ein- bis Zweijährige mit knolliger Hauptwurzel. Stängel oben mit 2–4 sternhaarigen Längsflügeln. Grundblätter ein- bis mehrfach dreizählig gefiedert. Stängelblätter mit tief herzförmigem Grund stängelumfassend, gelbgrün, am Rand gekerbt. Doldenstrahlen 6–12, Krone gelb. Frucht 3–3,5 mm lang, etwas breiter als lang, reif schwarzbraun, glänzend, undeutlich gerippt.

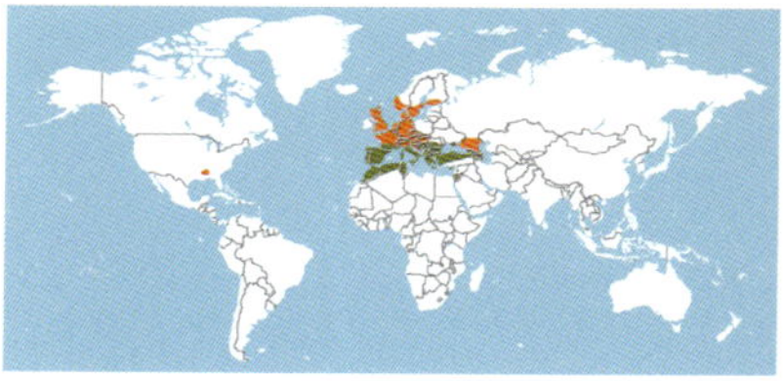

NUTZUNG/AUSBREITUNG Ehemals als Gemüse- und Arzneipflanze, selten zu Zierzwecken. Vor allem in

botanischen Gärten und Parkanlagen gezogen und lokal verwildert bis eingebürgert, so im Schlossgarten von Schwetzingen in Baden-Württemberg, wo sie seit 150 Jahren beständig ist, oder im Wiener Universitätsgarten, wo sie seit über 100 Jahren eingebürgert vorkommt.
WEITERE ART Mediterraner Herkunft ist auch die **Gespenst-Gelbdolde**, *Smyrnium olusatrum*. Die schwarzen Früchte verbleiben bei dieser Art lange an den schon abgestorbenen, gebleichten Stängeln und verleihen der Pflanze dann ein eigenartiges Aussehen, woher der Name kommt. Andere deutsche Benennungen sind Pferdeeppich und in der Schweiz Schwarzkohl. Selten wird die Art als Gemüse- und Zierpflanze genutzt, sehr selten verwildert sie im Gebiet daraus, so in Baden-Württemberg und Schleswig-Holstein.

Smyrnium olusatrum

Smyrinum perfoliatum

Echte Seidenpflanze
Asclepias syriaca
— Hundsgiftgewächs · Apocynaceae

Juni–Aug.
giftig
invasiv

Asclepias syriaca

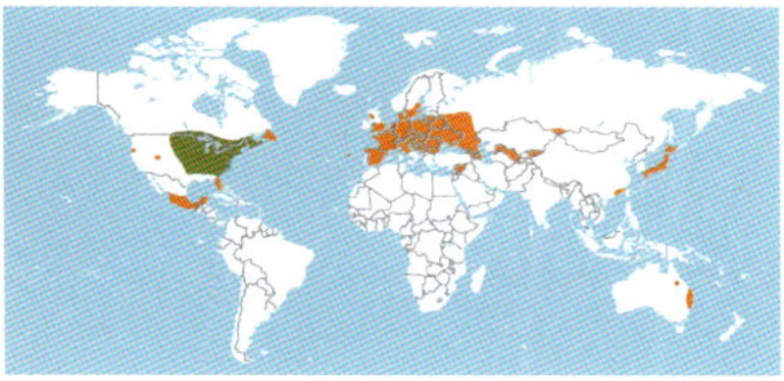

STECKBRIEF 100–200 cm hohe, milchsaftführende Staude mit am Grund verholztem Stängel. Blätter gegenständig, Spreite breit-lanzettlich bis eiförmig, 10–20 cm lang, unterseits dicht flaumig behaart. Blüten purpurn, lang gestielt, duftend. Kronblätter zurückgeschlagen, 5–10 mm lang, mit 3–5 mm langen, aufgerichteten, trübrosa Nebenkronblätter. Früchte grün, weichdornig, 10–15 cm lang, bis 3 cm breit. Samen schwarz, mit einem Haarschopf aus langen seidigen Haaren versehen.
ANMERKUNG Die Blüten der Seidenpflanze können für verschiedene nektarsuchende Insektengruppen zu einer Falle werden, wenn die Tiere nicht kräftig genug sind, die Pollinien aus dem Gynostegium herauszuziehen. Sie bleiben dann mit ihren Beinen im Klemmmechanismus der Pollinien hängen, können sich nicht

mehr befreien und verenden. So wurden im Gebiet u. a. Widderchenarten in situ in ihrer misslichen Lage beobachtet. Allein aus diesem Grund ist eine Ausbringung der Pflanze als vermeintliche Bienenweide kontraproduktiv.

NUTZUNG/AUSBREITUNG Zier- und Bienenweidepflanze, versuchsweise auch als Faser- und Kautschuklieferant kultiviert. Beheimatet im östlichen Nordamerika, nicht in Syrien, wie der botanische Artbeiname vermuten ließe. Seit 1629 in Europa in Kultur, erstmals im fürstlich-braunschweigischen Garten zu Hessem gezogen. Eine Salzburger Flora aus dem Jahr 1797 beschreibt die Art als häufig in den Gärten und „sich von selbst sehr stark vermehrend".

Gegenwärtig in fast allen Ländern des Gebiets vorkommend, besonders in der Oberrheinebene, im Saarland, in Berlin, Niederösterreich, Oberösterreich, der Steiermark und im Schweizer Mittelland. Reproduziert sich sowohl generativ über flugfähige Samen als auch vegetativ über tief liegende Wurzelausläufer.

WEITERE ARTEN Die ebenfalls nordamerikanische **Orange Seidenpflanze**, *Asclepias tuberosa*, wird als Gartenzierstaude genutzt und tritt gelegentlich adventiv auf, so in Salzburg und in der Steiermark.

Aus Süd- und Ostafrika und der Arabischen Halbinsel stammt die **Baumwoll-Seidenpflanze**, *Gomphocarpus fruticosus*, die als Zier- und Nutzpflanze kultiviert wird und im Gebiet ganz vereinzelt verwildert vorkommt, so in Niederösterreich.

Südosteuropäischer Herkunft ist die **Purpur-Schwalbenwurz**, *Vincetoxicum rossicum*, die lokal in Sachsen mit Einbürgerungstendenzen an der Kerbe im Saalekreis in Sachsen-Anhalt verwildert oder angesalbt seit 1985 wächst.

Gomphocarpus fruticosus

Asclepias tuberosa

Vincetoxcium rossicum

Großes Immergrün
Vinca major
— Hundsgiftgewächs · Apocynaceae

April–Mai
giftig

STECKBRIEF 5–30 cm hoher, kriechender und an den Knoten wurzelnder Halbstrauch mit herzeiförmigen bis breit-lanzettlichen Blattspreiten, diese 2,5–6 cm lang, bewimpert. Blattstiel 0,8–1,2 cm lang. Blütenkrone 3,5–5 cm im Ø, lebhaft blauviolett, Kronzipfel kaum zugespitzt. Kelchblätter bewimpert.

VERWECHSLUNG Das Mittlere Immergrün, *Vinca difformis*, hat hellviolettblaue bis weiße Blüten und zugespitzte Kronzipfel.

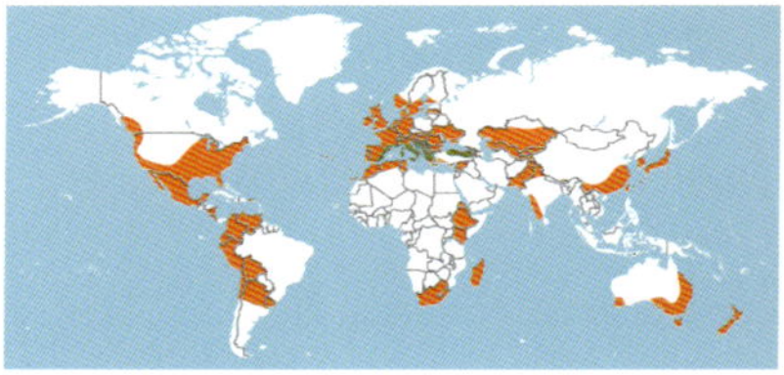

NUTZUNG/AUSBREITUNG Zierpflanze. Kam Mitte des 16. Jahrhunderts als Zierpflanze nach Mitteleuropa und wurde hier zuerst von Conrad Gessner in seiner „Horti Germaniae" genannt. Schon früh sind erste Verwilderungen bekannt, so vom Rheinland und bei Saßnitz auf Rügen. Gegenwärtig im Gebiet ziemlich häufig verwildert bis eingebürgert.
WEITERE ART Das westmediterrane **Mittlere Immergrün**, *Vinca difformis*, tritt u. a. in Schleswig-Holstein subspontan auf.

Vinca major

Vinca difformis

Rötliche Wasserlinse

Lemna turionifera
— Aronstabgewächs · Araceae

Juni–Aug.

STECKBRIEF Ausdauernde, (1,4) 2,0–3,0 (4,0) mm lange, elliptische bis fast kreisrunde und unterseits flache Schwimmpflanze, oberseits meist grün bis purpurn, unterseits purpurn gefärbt. Purpurne Färbung flächig oder nur lokal. Sprossglieder unterseits mit netzartiger Aderung mit 15–20 Maschen. Samen mit 30–60 Rippen. Blüten sehr selten ausgebildet und winzig.
VERWECHSLUNG Die Rötliche Wasserlinse ist die einzige *Lemna*-Art in Europa, die Überwinterungsorgane in Form von Turionen ausbildet. Turionen sind bis zu 1 mm kleine, zu dichten Scheibchen umgestaltete, wurzellose Sprossglieder von olivgrün-rötlicher, dunklerer Farbe. Die Turionen sind im Frühling und Herbst auf der Wasseroberfläche zu finden.

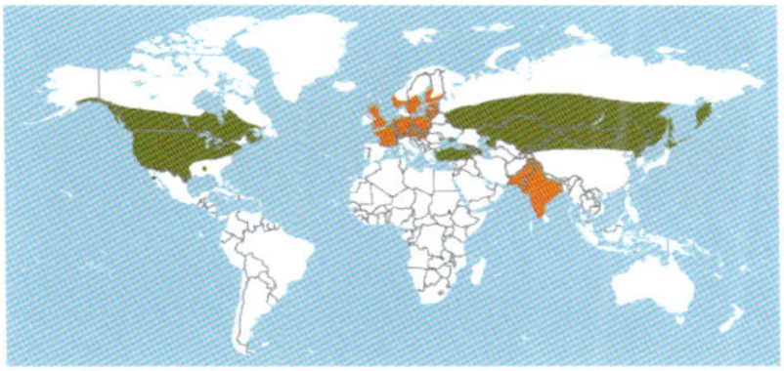

ANMERKUNG Unter Umständen ist die erst 1975 beschriebene Art im Gebiet kein Neophyt, sondern ursprünglich und bisher einfach übersehen worden.

Lemna turionifera

Lemna minuta

NUTZUNG/AUSBREITUNG Keine. 1983 in Hamburg neu für das Gebiet gefunden, doch zeigten Fotos von Wasserfarnen im Oberrhein, dass die Art zumindest seit den 1960er-Jahren in Deutschland vorkommt. 1992 im Schlossteich von Gmünd in Niederösterreich dann neu für Österreich entdeckt. Gegenwärtig im Gebiet selten mit Verbreitungsschwerpunkten im Rhein-, Donau-, Elbe- und Maintal sowie in Mecklenburg-Vorpommern. Die Art vermehrt sich in Mitteleuropa vermutlich meist vegetativ mithilfe der Turionen.
WEITERE ARTEN Gelegentlich tritt die nordamerikanische **Winzige Wasserlinse**, *Lemna minuta*, in Mitteleuropa auf. Sie ist mittlerweile in fast allen deutschen Bundesländern anzutreffen, mit Verbreitungsschwerpunkten im Rhein- und Hasetal und in Nordrhein-Westfalen. Weiterhin in Oberösterreich, Südtirol, im Schweizer Mittelland, Jura, Wallis und im Tessin.
Leicht mit der heimischen Echten Zwergwasserlinse, *Wolffia arrhiza*, kann die amerikanische **Kolumbianische Zwergwasserlinse**, *Wolffia columbiana*, verwechselt werden. Diese ist seit dem Jahr 2013 in Europa nachgewiesen und konnte bisher u. a. in Bayern, Hessen, Niedersachsen, Nordrhein-Westfalen, Rheinland-Pfalz, Oberösterreich und Wien gefunden werden.

Wolffia columbiana

Wolffia columbiana Gewässer bedeckend

Gelbe Scheinkalla
Lysichiton americanus
— Aronstabgewächs · Araceae

März–Mai

Lysichiton americanus

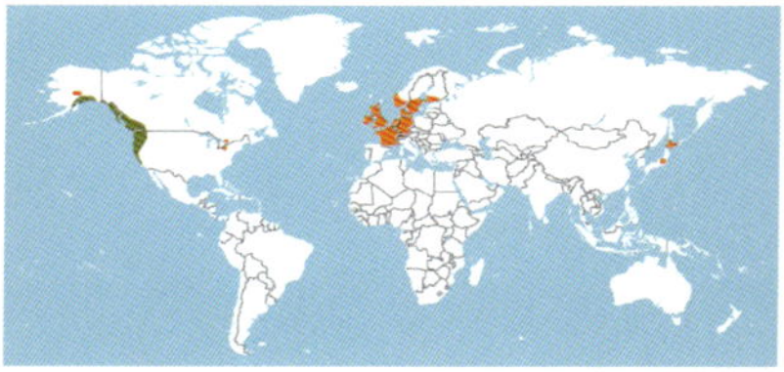

STECKBRIEF 40–100 cm hohe, sommergrüne Staude mit dickem, vertikal liegendem Rhizom und einer Lebenserwartung von bis zu 80 Jahren. Blätter groß, bis zu 70 cm lang. Blütenstand aus einem gelben Hochblatt und einem Kolben bestehend, unangenehm riechend. Die ersten Blüten erscheinen im Alter von ca. 5 Jahren.
NUTZUNG/AUSBREITUNG Zierpflanze für Moorbeete, Teichränder und Waldsümpfe. 1861 in Großbritannien in Kultur genommen, wenig später auch aus deutschen Gärten bekannt. Die erste Verwilderung in Europa wurde 1947 in Surrey, Großbritannien, gefunden. Im Gebiet dann 1982 erstmals im Taunus Hessens. Die meisten mitteleuropäischen Funde dürften auf absichtliche Ansalbungen, der kleinere Teil auf Verwilderungen aus Gartenabfällen zurückgehen.

WEITERE ARTEN Die nordostasiatische **Weiße Scheinkalla**, *Lysichiton camtschatcensis*, wird seltener kultiviert. Sie wurde 2001 im Taunusgebirge in Hessen subspontan gefunden, später auch bei Leutstetten in Bayern.
In China, Taiwan, Japan und Korea ist die **Dreiteilige Pinellie**, *Pinellia ternata*, beheimatet. Sie wird als aparte Liebhaberpflanze gelegentlich gezogen und verwildert, im Verhältnis zur seltenen Kultur, häufig daraus. So in Baden-Württemberg, Bayern, Berlin, Hessen, Rheinland-Pfalz, Sachsen, Thüringen, Kärnten, in der Steiermark, in Oberösterreich und Salzburg.

Pinellia ternata

Lysichiton camtschatcensis

Wassersalat
Pistia stratiotes
— Aronstabgewächs · Araceae

Juni–Okt.

Pistia stratiotes

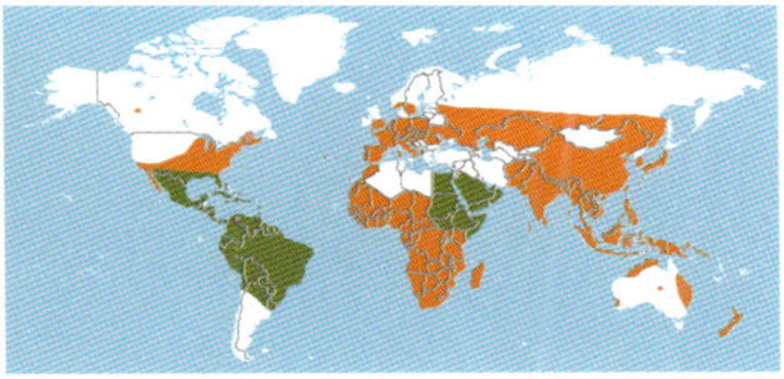

STECKBRIEF Schwimmende, ausdauernde, stängellose Wasserpflanze mit langen, fädigen, im Wasser schwebenden Wurzeln. Blätter verkehrt eiförmig bis länglich-löffelförmig, vorn ausgebuchtet, hellgrün, behaart, in einer Rosette angeordnet. Blüten unauffällig, eingeschlechtlich, in einer Spatha eingeschlossen. Spatha innen kahl, außen behaart.

NUTZUNG/AUSBREITUNG In der Aquaristik und für Gartenteiche. 1851 im Botanischen Garten Hamburg kultiviert. Bisher gelten die Vorkommen im Gebiet als unbeständig. Außer in thermisch anomalen Gewässern wie in der Erft sind sie nicht winterharten Pflanzen jedes Jahr auf eine erneute Ausbringung angewiesen.
Gegenwärtig im Gebiet vereinzelt, an der Erft in Nordrhein-Westfalen in Ausbreitung befindlich. Vermehrt sich vegetativ durch Ausläufer und generativ durch eine hohe Diasporenproduktion. Die Fernausbreitung von Samen und Pflanzen erfolgt durch Verdriftung in Fließgewässern sowie durch Tiere.

Japanische Aralie

Aralia elata
— Araliengewächs · Araliaceae

Aug.

STECKBRIEF 3–8 m hoher Baum mit großen, doppelt gefiederten Blättern, die an den Zweigenden gehäuft sind. Junge Stämme, Zweige und manchmal auch Blattstiele, Rhachis und Blattnerven in unterschiedlichem Maße bestachelt. Blütenstand trugdoldig, flach ausgebreitet, die Hauptachse höchstens 15 cm lang und viel kürzer als die Seitenblütenstände. Blüten weißlich, fünfzählig, zwittrig oder männlich. Früchte beerenartig, schwarzblau, 3,0–3,5 mm Ø.

VERWECHSLUNG Die sehr ähnliche, nordamerikanischen Stachelige Aralie, *Aralia spinosa*, hat rispige Blütenstände mit einer bis zu 1 m langen Hauptachse. Der Blütenstand ist spitz-pyramidal, die Früchte sind 3,5–5 mm im Ø.

NUTZUNG/AUSBREITUNG Ziergehölz und Bienenweide. Die ersten Aralien dürften im Jahr 1704 durch den französisch-kanadischen Arzt und Naturforscher Michel Sarrazin (1659–1736) nach Europa gekommen sein. Nachdem die Pflanzen aus Nordamerika stammten, handelte es sich sehr wahrscheinlich um *Aralia spinosa*. Die echte *Aralia elata* ist dann um 1830 nach Europa gekommen. Gegenwärtig im Gebiet sehr vereinzelt subspontan mit Verbreitungsschwerpunkten in den Kantonen Aargau und Zürich. Die einzelnen Stämme sind kurzlebig und werden nur etwa 10 Jahre alt. Sie regenerieren sich regelmäßig durch neue Schösslinge.

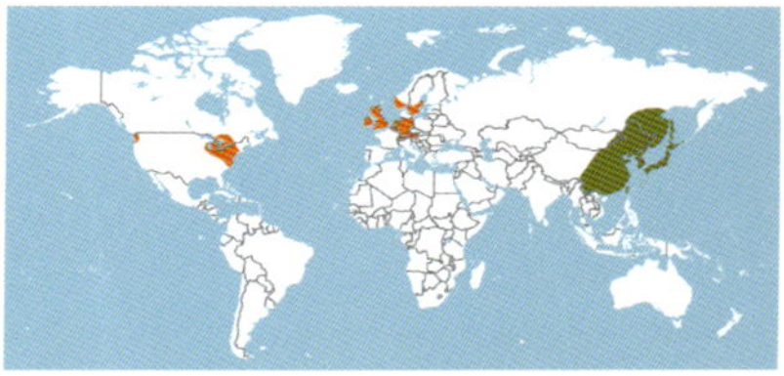

Aralia elata

Kolchischer Efeu

Hedera colchica
— Araliengewächs · Araliaceae

Sep.–Okt.
giftig

Hedera colchica

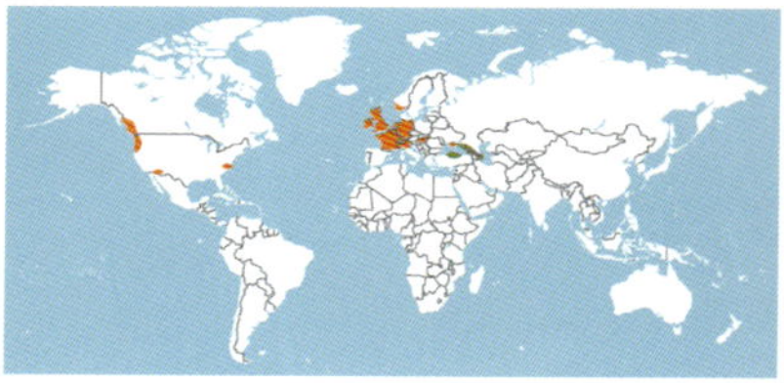

STECKBRIEF Kriechender oder kletternder, bis 6 m langer, immergrüner Strauch mit steifen Trieben. Blattspreiten 8–20 cm lang, ledrig, breit-lanzettlich bis breit-eiförmig, gerieben schwach nach Sellerie riechend. Blätter an Jungtrieben ganzrandig oder dreilappig, an Alttrieben ungelappt, eiförmig bis rundlich. Blüten in 12–30-strahligen Dolden. Früchte grau bis blauschwarz.

VERWECHSLUNG Der heimische Echte Efeu, *Hedera helix*, hat 4–10 cm lange Blattspreiten.

NUTZUNG/AUSBREITUNG Zierpflanze. 1840 vom Botanischen Garten Odessa nach England gekommen und fortan in der Gartenkultur genutzt. Gegenwärtig sehr selten im Gebiet subspontan mit Verbreitungsschwerpunkt im Ruhrgebiet Nordrhein-Westfalens.

Großer Wassernabel
Hydrocotyle ranunculoides
— Araliengewächs · Araliaceae

Aug.–Okt.

STECKBRIEF Bis 40 cm hoch werdende, kriechende oder im Wasser flutende Mehrjährige mit langem Rhizom. Blattspreite rundlich bis nierenförmig, 3–10 cm im Ø, gekerbt oder 3–7-lappig, bereift, bis zu 40 cm über die Wasseroberfläche ragend mit bis zu 40 cm langen Blattstielen. Blütenstände 1–6 cm lang gestielt, mit 5–10 Blüten in einfachen Dolden. Früchte fast kugelig, abgeflacht und bräunlich, 2–2,5 mm hoch, 3–3,5 mm breit.
NUTZUNG/AUSBREITUNG Aquaristik, vor allem im Paludarium und für Gartenteiche. In Europa wahrscheinlich zwischen 1975 und 1985 in den Handel gekommen. Erste subspontane Nachweise am Kontinent gibt es 1990 aus Großbritannien und 1994 aus den Niederlanden. Im Gebiet 2003 erstmals an einem von Erftwasser gespeisten Graben im Raum Gustorf, Kreis Neuss gefunden. 2015 dann an der Erft bei Grevenbroich-Wevelinghoven zwischen Klosterstraße und Obermühle in Nordrhein-Westfalen. Die Erft, ein linker Nebenfluss des Rheins, hat gegenüber allen anderen Rheinnebenflüssen eine deutlich höhere Wassertemperatur, die durch kontinuierliche Einleitung von Sümpfungswasser aus den Braunkohletagebauen zustande kommt. Dies begünstigt das Vorkommen subtropischer aquatischer Neophyten, die seit Jahrzehnten in der Erft beobachtet werden und teils aus Aquarienabfällen stammen dürften.
Weiterhin in der Niers bei Mönchengladbach, am Offelter Bach, Rhein und Mittellandkanal in Nordrhein-Westfalen, in einem Teich bei Wesel und im Einzugsgebiet der Sauer in Rheinland-Pfalz. Der Große Wassernabel vermehrt sich vegetativ über Stolonen und Sprossbruchstücke, bildet in Mitteleuropa aber auch vitale Samen aus.

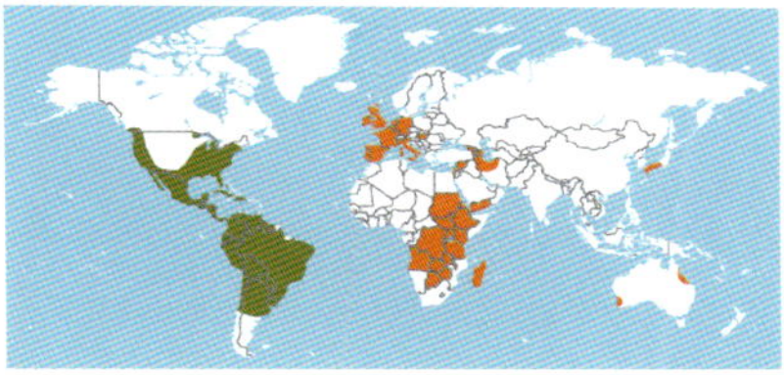

Hydrocotyle ranunculoides

Hanfpalme
Trachycarpus fortunei
— Palmengewächs · Arecaceae

März–Juni

STECKBRIEF Immergrüner, bis 15 m hoher, zweihäusiger Baum mit einem Stamm, der dicht mit braunen Fasern bedeckt ist. Diese fallen mit zunehmendem Alter ab. Blätter gefächert, Blattstiel 50–100 cm lang, unbewehrt, Blattspreite bis 80 cm im Ø. Männliche Blüten auffallend gelb, in dichten Blütenständen. Weibliche Blütenstände hellgrün, aus ihnen entwickeln sich blaue, nierenförmige, 7–12 mm breite, glatte Früchte.

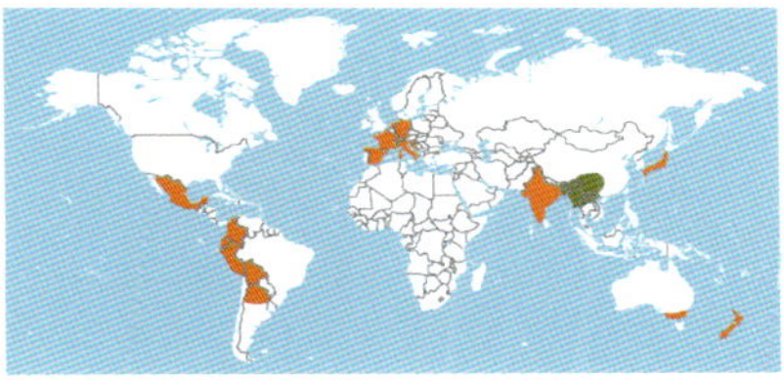

VERWECHSLUNG Junge Pflanzen sehen der Zwergpalme, *Chamaerops humilis*, ähnlich, die jedoch einen dornig gezähnten Blattstiel hat.
NAME Benannt zu Ehren des schottischen Gärtners Robert Fortune (1813–1880), der die Hanfpalme von seinen Forschungsreisen mit nach Europa brachte.
NUTZUNG/AUSBREITUNG Zierpflanze in warmen Lagen. Noch bevor Robert Fortune die Pflanze nach England brachte, erreichten 1830 Hanfpalmensamen durch den deutschen Arzt und Naturforscher Philipp Franz von Siebold Europa. Da sie relativ kälteunempfindlich und anspruchslos ist, wurde sie rasch zu einer beliebten Zierpflanze in Gärten und Parkanlagen.
Die zahlreichen Beeren werden von Vögeln gefressen und verbreitet. Die Samen keimen rasch, sodass geeignete Standorte bald besiedelt werden. Im Gebiet erstmals subspontan aufgetreten ist die Hanfpalme um 1920 bei Gandria im Tessin. 1950 begannen sich die Verwilderungsmeldungen zu häufen. Seit rund 40 Jahren hat sich die Hanfpalme in den Wäldern des Südtessins etabliert und breitet sich dort weiter aus. Sie hat hier aufgrund ihrer Häufigkeit bereits den Lokalnamen „Tessiner Palme" erhalten. Die Art tritt im Gebiet auch außerhalb des Tessins vereinzelt in wärmebegünstigten Lagen verwildert auf.

Trachycarpus fortunei

Amerikanische Pfeifenwinde

Aristolochia macrophylla (Syn.: *Isotrema macrophyllum*)
— Osterluzeigewächs · Aristolochiaceae

Mai
giftig

STECKBRIEF 3–12 m hochwindende, verholzte Liane. Triebe kahl, grün, älter graubraun. Blätter lang gestielt, Spreite herzförmig, 7–30 cm lang, oberseits dunkler als unterseits. Blüten blattachselständig, gelbgrün bis braun, innen dunkelbraun, pfeifenförmig gewunden, Pfeifenkopf gelbbraun oder dunkelbraun. Früchte 6–8 cm lang, 3–4 cm dick. Samen flach, dreikantig, ca. 1 cm lang.
ANMERKUNG Die Art besitzt die Fähigkeit zur Selbstreparatur bei Rissen im Festigungsgewebe. In der Bionik wird diese Fähigkeit als Vorbild für eine selbstreparierende Schaumschutzschicht bei luftgefüllten Membranen genutzt.
NUTZUNG/AUSBREITUNG Zierpflanze. 1761 sandte der Quäker John Bartram Samen der Art an den englischen Pflanzenliebhaber Peter Collinson, aus denen der Gärtner James Gordon Pflanzen heranzog. Ende des 18. Jahrhunderts erreichte die Art Deutschland, wo sie eine ziemlich rasche Ausbreitung erfuhr, so wuchs sie 1808 im Berliner Botanischen Garten und 1815 in Kunersdorf im Oderbruch. Im 20. Jahrhundert ließ das gärtnerische Interesse an der Pflanze nach. Gegenwärtig im Gebiet sehr vereinzelt subspontan.

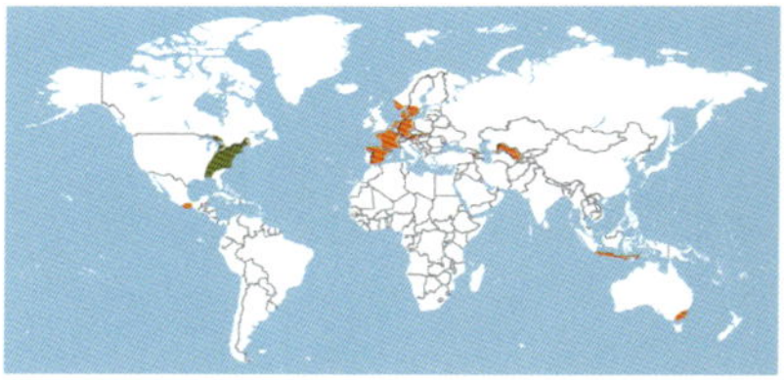

Aristolochia macrophylla

Hundertjährige Agave
Agave americana
— Spargelgewächs · Asparagaceae

Juli–Aug.
giftig

STECKBRIEF 1–2 m hohe, blühend bis 6 m hohe Sukkulente. Rosetten aus 1–2 m langen und 15–25 cm breiten, immergrünen, steifen und dickfleischigen, blaugrünen Blättern, diese mit scharf gezähnten Rändern und 1–5 cm langer Stachelspitze. Blätter in der Mitte oft abknickend. Pflanze erst nach vielen Jahren blühend und danach absterbend. Blütenstand rispig, mit zahlreichen dichten Blütenbüscheln. Blüten aufrecht, grüngelb, röhrig-trichterig, 7–9 cm lang. Im Gebiet selten blühend.
NUTZUNG/AUSBREITUNG Zierpflanze, in wärmeren Erdteilen auch als Arzneipflanze und zur Herstellung von Pulque, dem Nationalgetränk Mexikos.
Um die Mitte des 16. Jahrhunderts gelangte die Art nach Spanien und verbreitete sich zunächst im Mittelmeergebiet. Im Gebiet kultiviert ist Agave bereits seit 1588 bekannt, wo sie Joachim Camerarius der Jüngere (1534–1598) in seinem Garten in Nürnberg zog. Im 17. und 18. Jahrhundert stand die Amerikanische Agave als dekorative Schmuckpflanze in Mode und gehörte zur Ausstattung jeder größeren Gartenanlage. Zur Blüte gelangende Pflanzen waren ein gesellschaftliches Ereignis, da die Pflanze dazu oftmals 50 Jahre benötigt. Blühende Agaven im Gebiet wurden mit Druckschriften, Abbildungen und Münzprägungen gewürdigt. Gegenwärtig im Gebiet in Südtirol, im Wallis und im südlichen Tessin lokal eingebürgert.

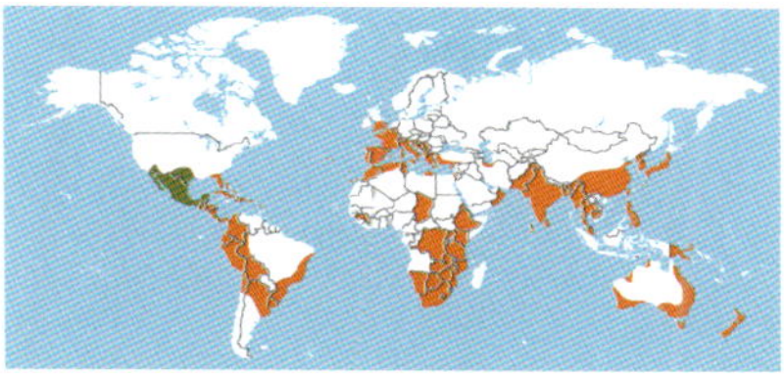

Agave americana

Quirl-Spargel
Asparagus verticillatus
— Spargelgewächs · Asparagaceae

Mai–Juni
giftig

Asparagus verticillatus

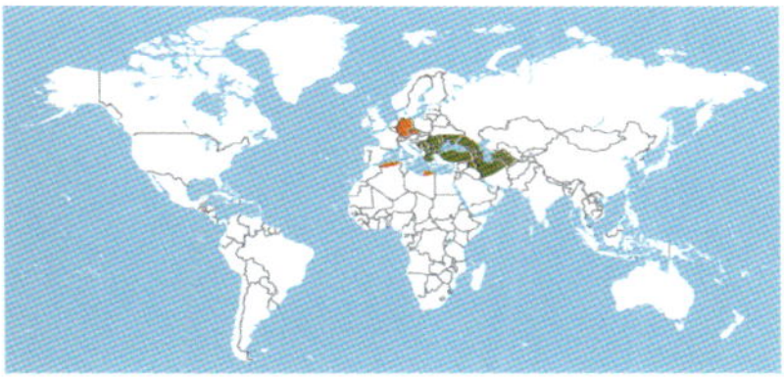

STECKBRIEF 100–300 cm hoher, laubwerfender, zweihäusiger Kletterhalbstrauch, der sich spreizklimmend emporrankt. Scheinblätter scharf gerippt, mit dreikantigem Ø und papillös rauem Rand, 10–60 mm lang, 0,5–1 mm breit, zu 10 bis 20 an den Knoten angeordnet. Blattgrunddornen 3–5 mm lang. Blütenhülle halbkugelig, ca. 4 mm lang. Blütenstiel bis zu 5 mm lang. Beeren zuerst grün, dann schwarz, ca. 8 mm im Ø.

NUTZUNG/AUSBREITUNG Selten als Zierpflanze für Hecken und Rankgerüste. Seit spätestens 1752 in Gartenkultur. 1966 wurde sie erstmals im Gebiet in Sachsen-Anhalt subspontan beobachtet. Gegenwärtig sehr selten verwildert, in Bayern und Sachsen-Anhalt lokal eingebürgert.

Nickender Milchstern

Honorius nutans (Syn.: *Ornithogalum nutans*)
— Spargelgewächs · Asparagaceae

April–Mai
giftig

STECKBRIEF 20–60 cm hohe Staude mit lockerblütiger Traube als Blütenstand. Blätter grundständig, lineal, hohlrinnig, mit hellem Mittelstreifen. Blüten zuerst aufrecht, dann nickend. Perigonblätter außen mit silbrig grünem Mittelstreif. Fruchtknoten etwas kürzer als der Griffel.
VERWECHSLUNG Beim Grünen Milchstern, *Honorius boucheanus*, ist der Fruchtknoten ± so lang wie der Griffel, die Perigonblätter haben außen einen breiten dunkelgrünen Mittelstreif, die Blütentraube ist dichtblütig.
NUTZUNG/AUSBREITUNG Zierpflanze. Nach Mitteleuropa gelangte die Art durch den italienischen Apotheker Ferrante Imperato (1560–1625), der vor 1601 Zwiebeln an Carolus Clusius schickte. Um 1620 wurde die Pflanze im Herzoglich-Braunschweigischen Garten zu Hessem und im Garten von Caspar Bauhin in Basel kultiviert. Fortan verbreitete sich der Nickende Milchstern vor allem in botanischen Gärten und Parkanlagen. 1787 wurden die ersten Verwilderungen aus Obstgärten in Berlin gemeldet und ab dem 19. Jahrhundert liegen Angaben zahlreicher weiterer Verwilderungen vor, so etwa 20 Fundorte aus Brandenburg im Jahr 1884.

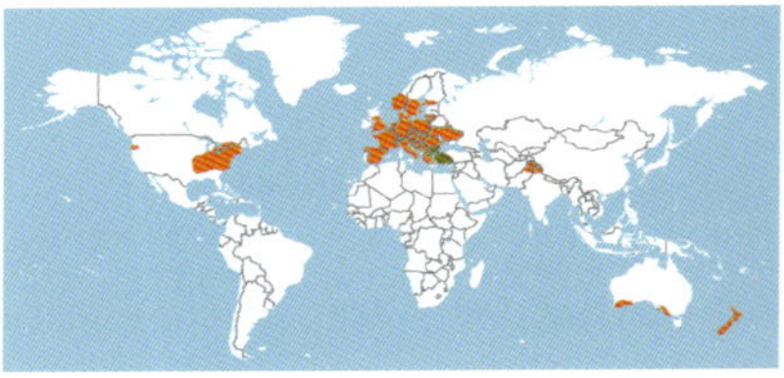

Gegenwärtig weitverbreitet und vielerorts eingebürgert mit Verbreitungsschwerpunkten in Sachsen, Sachsen-Anhalt, Berlin und Wien.
WEITERE ART Fraglich ist der Status des **Grünen Milchsterns**, *Honorius boucheanus*, der dem Nickenden Milchstern ähnlich sieht, ebenfalls aus dem östlichen Mittelmeergebiet stammt und mit dieser Art Naturhybriden bildet. Möglicherweise ist die Art im Süden des Gebiets auch ursprünglich. In Berlin seit 1830 bekannt, in Mecklenburg-Vorpommern seit 1880, in Brandenburg seit 1934, auch sonst zerstreut und vereinzelt im Gebiet.

Honorius nutans

Honorius boucheanus

Massart-Hasenglöckchen

Hyacinthoides × massartiana
— Spargelgewächs · Asparagaceae

April–Mai
giftig

STECKBRIEF 15–40 cm hohe Staude mit Zwiebeln als Überdauerungsorgane, glockenförmigem, blauem, 14–20 mm langem Perigon und linealen, 20–50 cm langen Blättern. Die Hybride liegt im Aussehen zwischen den Elternarten.

VERWECHSLUNG Das Echte Hasenglöckchen, *Hyacinthoides non-scripta*, hat einen einseitswendigen, an der Spitze überhängenden Blütenstand, cremefarbene Antheren, duftende Blüten und 7–15 mm breite Blätter. Das Spanische Hasenglöckchen, *Hyacinthoides hispanica*, hat einen allseitswendigen, an der Spitze aufrechten Blütenstand, blaue Antheren, duftlose Blüten und 10–35 mm breite Blätter. Die Hybride zeigt intermediäre Merkmale, ist fertil und bildet oft Rückkreuzungen mit den Elternarten.

NAME Die Hybride wurde 1997 zu Ehren des belgischen Botanikers Jean Massart (1865–1925) benannt, nach dem auch die Raublattgewächsgattung *Massartina* ihren Namen trägt.

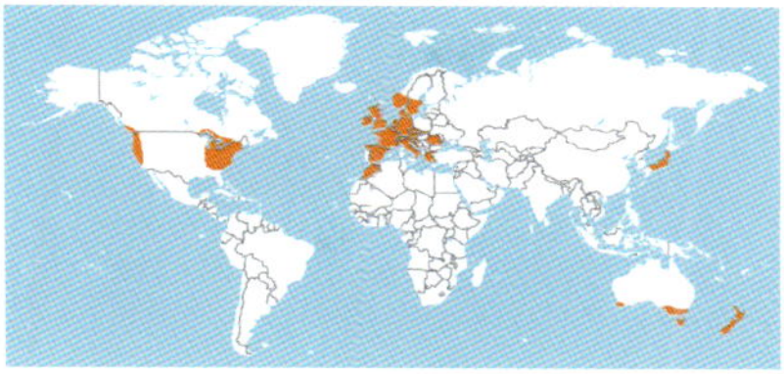

Hyacinthoides × massartiana

NUTZUNG/AUSBREITUNG Zierpflanze. Hybride aus dem westeuropäischen Echten Hasenglöckchen, *Hyacinthoides non-scripta*, und dem westmediterranen Spanischen Hasenglöckchen, *H. hispanica*. Im Pflanzenhandel wird die Hybride oft als Echtes Hasenglöckchen, *Hyacinthoides non-scripta*, angeboten. Bei vielen der Verwilderungsmeldungen von *H. non-scripta* dürfte es sich aber ebenfalls um die Hybride handeln, vor allem, weil das Echte Hasenglöckchen nicht zum Verwildern neigt. Ähnliches gilt auch für das Spanische Hasenglöckchen, *Hyacinthoides hispanica*, für das zahlreiche Verwilderungsangaben im Gebiet vorliegen. Alle von Stolley (2010) überprüften Hasenglöckchen-Verwilderungen stellten sich als *H. × massartiana* heraus. In die Verbreitungskarten wurden daher sowohl Verwilderungsmeldungen von *H. × massartiana*, als auch von *H. non-scripta* und *H. hispanica* aufgenommen.
Die Elternarten kamen im 16. Jahrhundert nach Mitteleuropa, das Echte Hasenglöckchen wuchs beispielsweise 1588 im Garten von Joachim Camerarius in Nürnberg, und Clusius berichtet, dass er Zwiebeln des Spanischen Hasenglöckchens um das Jahr 1595 aus Belgien erhielt. Gegenwärtig im Gebiet vielfach, lokal auch eingebürgert,

Hyacinthoides italica

mit Verbreitungsschwerpunkten in Sachsen, Sachsen-Anhalt, Niedersachsen, Hamburg, Schleswig-Holstein und um den Zürichsee.

WEITERE ARTEN Westmediterran ist das **Italienische Hasenglöckchen**, *Hyacinthoides italica*, das selten als Zierpflanze kultiviert wird und ganz vereinzelt verwildert, so in Baden-Württemberg, Hessen, Mecklenburg-Vorpommern und Salzburg.

Im östlichen Mittelmeergebiet ist die seit etwa 1560 im Gebiet kultivierte **Garten-Hyazinthe**, *Hyacinthus orientalis*, beheimatet. Sie wird als duftende Gartenzierpflanze genutzt und findet sich ganz vereinzelt, oft in Weinbergen, verwildert, so in Bayern, Niedersachsen, Nordrhein-Westfalen, Sachsen, im Burgenland, in Oberösterreich, Salzburg und Südtirol.

Hyacinthus orientalis

Armenische Traubenhyazinthe

Muscari armeniacum
— Spargelgewächs · Asparagaceae

März–April

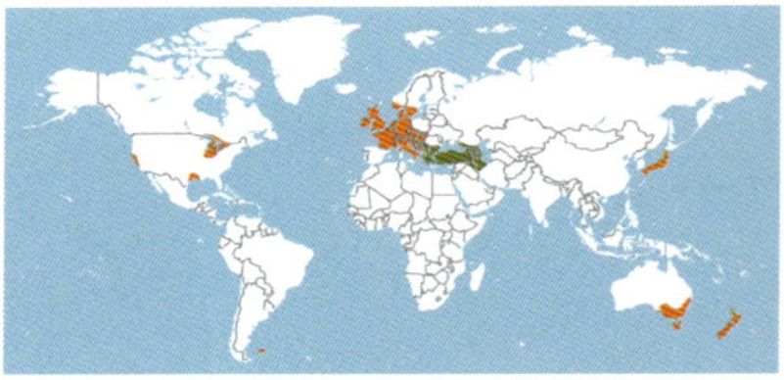

STECKBRIEF 10–30 cm hohe Staude mit linealischen, 2–8 mm breiten, allmählich in eine lange Spitze auslaufenden, glänzenden, oberseits meist blaugrünen, schlaff liegenden Blättern. Blütentraube dicht, zur Fruchtzeit verlängert. Blüten hellblau, 3,5–5,5 mm lang, ca. 1,5-mal so lang wie breit.

VERWECHSLUNG Die heimische Kleine Traubenhyazinthe, *Muscari botryoides*, hat 5–12 mm breite, aufrechte Blätter mit aufgesetzter, kapuzenartiger Spitze. Bei der ebenfalls heimischen Weinbergs-Traubenhyazinthe, *Muscari neglectum*, ist die Perigonröhre der fruchtenden Blüten dunkelblau.

NUTZUNG/AUSBREITUNG Zierpflanze. Die Art ist 1877 nach England gekommen und wurde ein Jahr später beschrieben. Möglicherweise ist sie aber auch schon früher nach Mittel- und Westeuropa gelangt und

Muscari armeniacum

Muscari aucheri

wurde bis dahin unter dem Namen *Muscari neglectum* geführt. Verwildert vor allem auf Friedhöfen, Bahnhöfen, an Uferverbauungen, Parkanlagen und ähnlichen Standorten und ist gegenwärtig im Gebiet weitverbreitet, lokal auch eingebürgert und in weiterer Ausbreitung begriffen. In England hat sich die Art seit ihrem ersten verwilderten Auftreten 1892 in zahlreichen Gebieten völlig eingebürgert.
WEITERE ARTEN Die in Nordanatolien beheimatete **Aucher-Traubenhyazinthe**, *Muscari aucheri*, tritt im Gebiet gelegentlich verwildert oder verschleppt auf, so in Baden-Württemberg, Bayern, Hessen, Niedersachsen, Rheinland-Pfalz, Sachsen und Oberösterreich. Ebenfalls aus Anatolien stammt die **Himmelblaue Traubenhyazinthe**, *Muscari azureum*, die 1856 vom österreichischen Botaniker Theodor Kotschy nach Wien gebracht wurde. Vereinzelt subspontan, so in Bayern, Brandenburg, Sachsen-Anhalt und lokal eingebürgert in Niederösterreich. In West- und Südanatolien ist die **Breitblättrige Traubenhyazinthe**, *Muscari latifolium*, beheimatet, die im Gebiet selten kultiviert wird und ganz vereinzelt verwildert, so in Bayern, Sachsen, Sachsen-Anhalt und Zürich.

Muscari azureum

Muscari latifolium

Puschkinie

Puschkinia scilloides
— Spargelgewächs · Asparagaceae

März–April
giftig

Puschkinia scilloides

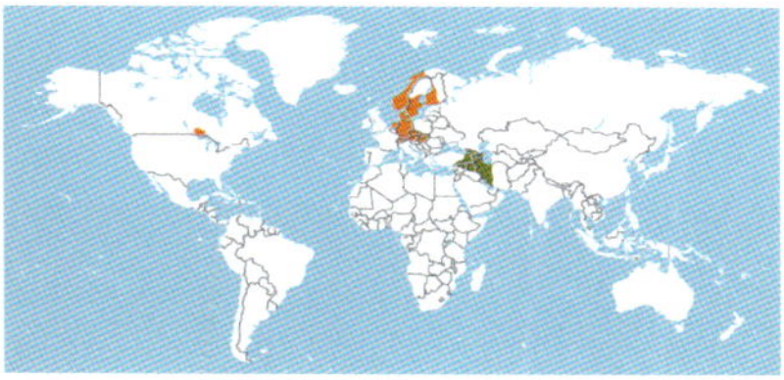

STECKBRIEF 5–15 cm hohe Staude mit breit-lanzettlichen, am Grund stängelumfassenden Blättern. Blüten in wenigblütiger Traube. Perigonblätter weiß bis blassblau mit blauem Mittelstreif. Innere Blütenblätter zu einer Röhre verwachsen, darin die kurzen und dünnen Staubfäden.
VERWECHSLUNG Beim ähnlichen Mischtschenko-Blaustern, *Scilla mischtschenkoana*, sind die Staubblätter frei, ohne einer zu einer Röhre verwachsenen Nebenkrone.
NAME Benannt zu Ehren des russischen Chemikers, Geologen und Forschungsreisenden Graf Apollos Mussin-

Puschkin (1760–1805), der die Kaukasusexpedition leitete, im Zuge derer die Pflanze entdeckt wurde.
NUTZUNG/AUSBREITUNG Als Zierpflanze vor allem auf Friedhöfen und Parkanlagen, aber auch in Gärten und straßenbegleitenden Rabatten kultiviert. Im Jahr 1800 vom deutsch-russischen Botaniker Michael Friedrich Adams (1780–1838) im Zuge der Graf Mussin-Puschkin-Kaukasusexpedition entdeckt und nach dem Expeditionsleiter benannt. Um 1810 gelangte die Puschkinie in den Berliner Botanischen Garten, aber erst Ende des 19. Jahrhunderts verbreitete sie sich auch in der allgemeinen Gartenkultur.
Gegenwärtig im Gebiet vielfach verwildert, vor allem auf Friedhöfen und in Parkanlagen mit Verbreitungsschwerpunkten in Bayern, Sachsen-Anhalt und Oberösterreich.

Lucile-Schneestolz

Scilla luciliae (Syn.: *Chionodoxa luciliae*)
— Spargelgewächse · Asparagaceae

März–April
giftig

STECKBRIEF 3–12 cm hohe Staude mit grundständigen, breit-linealischen, an der Spitze kapuzenförmigen, 6–14 cm langen und 0,6–2 cm breiten Blättern. Blütenstand 1–3-blütig. Perigon blau, mit einer undeutlich abgesetzten weißen Mitte, Perigonblätter 16–27 mm lang.
VERWECHSLUNG Der ähnliche Siehe-Schneestolz, *Scilla siehei*, ist 10–25 cm hoch, hat 12–19 mm lange Perigonblätter, einen 1–11-blütigen Blütenstand und ein Perigon mit einer deutlich weißen Mitte. Die Perigonblätter sind zu 20–25 % ihrer Länge miteinander verwachsen. Tmolus-Schneestolz, *Scilla tmoli*, ist 5–12 cm hoch, hat 14–27 mm lange Perigonblätter, die zu 15–20 % ihrer Länge miteinander verwachsen sind. Sardes-Schneestolz, *Scilla sardensis*, unterscheidet sich durch ein Perigon ohne weißem Zentrum. Die richtige Bestimmung der Schneestolz-Sippen ist oft schwierig. So wird der aus West-Anatolien stammende und nach dem britischen Botaniker Edward Forbes (1815–1854) benannte Große Schneestolz, *Scilla forbesii*, als im Gebiet vielerorts verwildert bis eingebürgert angegeben.
Das echte *S. forbesii* hat sich in der Gartenkultur aber als nicht robust und wenig wüchsig herausgestellt und fehlt so im Gartenhandel. Es gilt als wahrscheinlich, dass die

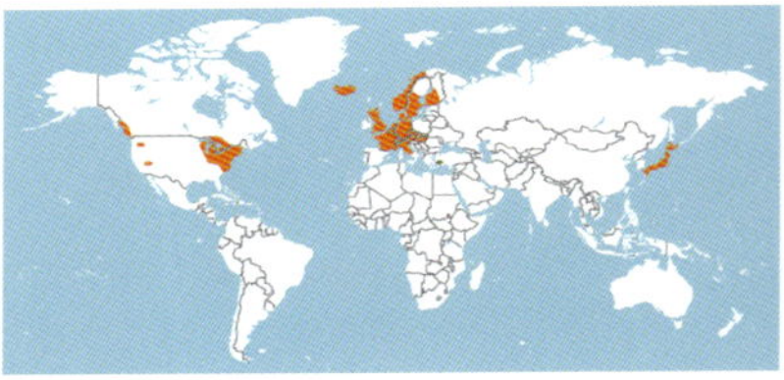

Scilla forbesii-Funde tatsächlich zu *Scilla siehei* gehören, weswegen sie hier unter *S. siehei* geführt werden.
NAME Zu Ehren von Lucile Boissier (1822–1849) benannt, der Cousine und Frau des Botanikers Edmond Boissier, die ihn auf einigen seiner Sammelreisen begleitete und jung in Granada an Typhus verstarb.

Scilla luciliae

Scilla autumnalis

Asparagaceae

Scilla sardensis

Scilla siehei

NUTZUNG/AUSBREITUNG Zierpflanze. Im Juni 1842 fand der Schweizer Botaniker Edmond Boissier (1810–1885) auf einer seiner Orientreisen im anatolischen Tmolus-Gebirge, heute Boz-Dağlari-Gebirge, das bis dahin unbekannte und in diesem Bergstock endemische Zwiebelgewächs. Nach Europa kam es aber erst 1878 durch den englischen Pflanzensammler George Maw. Sehr früh verschaffte sich die blumenliebende deutsche, aus England stammende Kronprinzessin Victoria die neue Zierpflanze und ließ sie im Park Sanssouci in Potsdam anpflanzen, wo sie noch heute eingebürgert vorkommt.

Gegenwärtig im Gebiet vielfach verwildert auftretend, vorrangig auf Friedhöfen und in Parkanlagen mit verstärkter Ausbreitungstendenz in jüngster Zeit.

WEITERE ARTEN Der im Spätsommer blühende mediterran-südwestasiatische **Herbst-Blaustern**, *Scilla autumnalis* (Syn.: *Prospero autumnale*), wird nur selten als Zierpflanze kultiviert und findet sich ganz vereinzelt verwildert oder angesalbt, so in Baden-Württemberg und Genf.

Im anatolischen Boz-Dağlari-Gebirge ist auch der **Sardes-Schneestolz**, *Scilla sardensis*, beheimatet. Verwildert u. a. in Baden-Württemberg, Bayern, Berlin, Brandenburg, Hamburg, Hessen, Mecklenburg-Vorpommern, Niedersachsen, Rheinland-Pfalz, Saarland, Sachsen, Schleswig-Holstein, Thüringen, Niederösterreich, Oberösterreich, Salzburg, in der Steiermark, in Wien und Zürich.

Ebenfalls vielfach verwildert tritt der kleinasiatische, nach dem deutschen Kaufmann und Pflanzensammler Walter Siehe (1859–1928) benannte **Siehe-Schneestolz**, *Scilla siehei*, auf, so etwa in Baden-Württemberg, Bayern, Brandenburg, Hamburg, Hessen, Mecklenburg-Vorpommern, Niedersachsen, Nordrhein-Westfalen, Rheinland-Pfalz, Sachsen, im Burgenland, in Niederösterreich, Oberösterreich, Salzburg, Nordtirol, Osttirol, Wien, im Aargau, in Basel, Freiburg, Genf, Glarus, Graubünden, im Jura, in Nidwalden, Schaffhausen, Schwyz, in der Waadt, im Wallis und in Zürich.

Tmolus-Schneestolz, *Scilla tmoli*, der bisher nur aus der Kultur bekannt ist, aber ebenfalls im anatolischen Boz-Dağlari-Gebirge beheimatet sein soll und der manches Mal nur als Synonym zu *Scilla siehei* gesehen wird, wurde in Niedersachsen, Niederösterreich und Oberösterreich subspontan gefunden.

Scilla tmoli

Sibirischer Blaustern

Scilla siberica (Syn.: *Othocallis siberica*)
— Spargelgewächse · Asparagaceae

März–April
giftig

STECKBRIEF 5–20 cm hohe, mehrjährige Zwiebelpflanze mit 2–4 linealen, 10–20 mm breiten Blättern. Blütenstand 1–4-blütig mit nickenden, etwas glockigen Blüten. Blüten mit 1–1,5 mm langen Tragblättern, Blütenstiele so lang wie die Blüten oder kürzer. Perigonblätter 12–15 mm lang.

VERWECHSLUNG Beim Schönen Blaustern, *Scilla amoena*, sind die Perigonblätter außen dunkler als innen, die Blüten nicken kaum und der Blütenstand ist meist 4–6-blütig.

NUTZUNG/AUSBREITUNG Zierpflanze. In Europa spätestens 1796 in Kultur genommen, 1821 im Botanischen Garten Berlin gezogen. Erste subspontane Vorkommen im Gebiet sind Anfang des 20. Jahrhunderts aus Nürnberg und Kulmbach in Bayern bekannt. Gegenwärtig häufig verwildert bis eingebürgert, vor allem in Parkanlagen, großen Gärten und Friedhöfen.

WEITERE ARTEN Aus Anatolien stammt der **Schöne Blaustern**, *Scilla amoena* (Syn.: *Othocallis amoena*), der im Jahr 1590 durch das Ehepaar Ungnad nach Europa und durch Clusius in Kultur gebracht wurde. Allerdings ist sein ursprüngliches Verbreitungsgebiet bis heute nicht gefunden worden. Früher war die Art häufig als Zierpflanze in Kultur und fand sich vielfach verwildert, gegenwärtig aber kaum noch kultiviert und daher auch subspontan seltener werdend. U. a. in Baden-Württemberg, Bayern, Berlin, Brandenburg, Mecklenburg-Vorpommern, Sachsen-Anhalt, Niederösterreich, Salzburg, in der Steiermark, in Osttirol, Südtirol und im Mittelland und Jura der Schweiz.

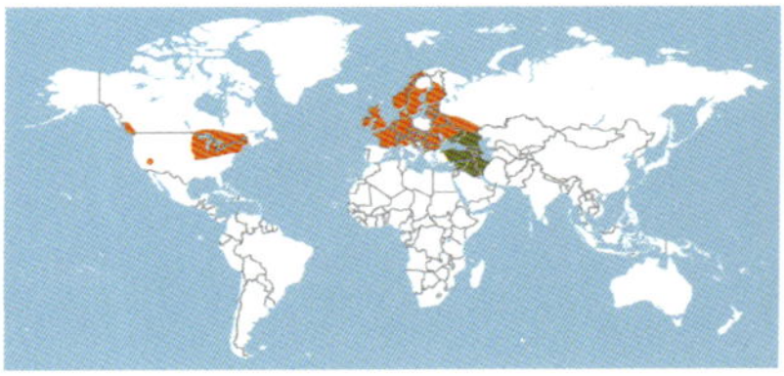

Aus dem Kaukasusgebiet stammt der **Mischtschenko-Blaustern**, *Scilla mischtschenkoana* (Syn. *Othocallis mischtschenkoana*), der 1931 von der Gartenbaufirma Van Tubergen aus dem Kara-Dagh-Gebirge in die Niederlande eingeführt wurde und der vor allem in Friedhöfen und Parkanlagen subspontan auftritt, so in Bayern, Berlin, Nordrhein-Westfalen, Sachsen, in der Steiermark, in Wien und Zürich.

Scilla siberica

Scilla amoena

Scilla mischtschenkoana

Fädige Palmlilie
Yucca filamentosa
— Spargelgewächse · Asparagaceae

Juli–Aug.

Yucca filamentosa

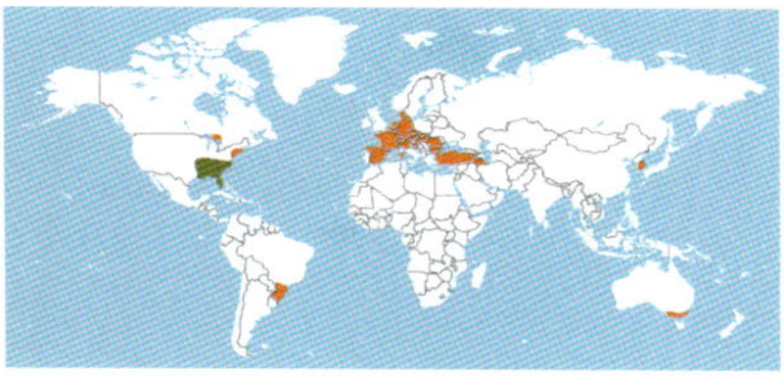

STECKBRIEF Blühend bis 2,5 m hoher, stammloser Strauch, an der Basis mit kurzen Seitensprossen. Blätter 25–75 cm lang, steif aufrecht bis abstehend, lineal-lanzettlich, spitz, blaugrün, Ränder weißlich, mit zahlreichen sich ablösenden, gekräuselten Fäden. Blüten cremeweiß, 5–7 cm lang, weit glockig, in bis 1 m hohen Rispen.
NUTZUNG/AUSBREITUNG Zierpflanze. Wahrscheinlich durch den englischen Gärtner John Tradescant dem Jüngeren Mitte des 17. Jahrhunderts nach Europa gekommen. 1808 war sie im Botanischen Garten Berlin vorhanden. Die Etablierung als Gartenpflanze gelang vor allem durch den deutschen Staudengärtner Karl Förster (1874–1970), der aus Tausenden Palmlilien besonders winterharte und schöne Pflanzen selektionierte.
Die Art tritt gegenwärtig in siedlungsnahen Säumen durch Gartenauswurf auf Schüttungen und Deponien verschleppt auf und verwildert teilweise auch mit rhizombürtigen Jungpflanzen.

Farnblättrige Schafgarbe
Achillea filipendulina
— Korbblütler · Asteraceae

Juni–Sep.

Achillea filipendulina

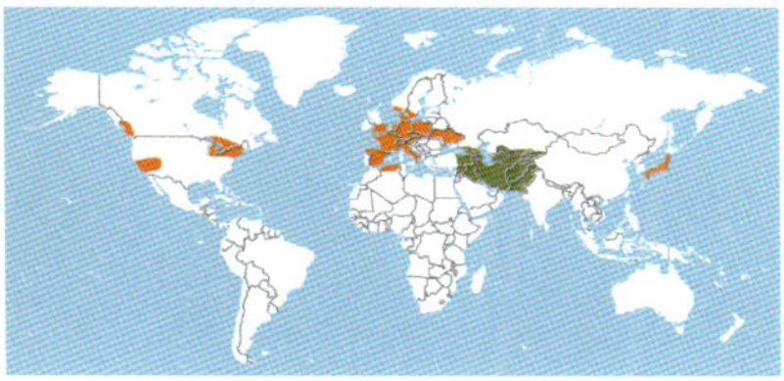

STECKBRIEF 70–120 cm hohe Staude mit angedrückt behaarten, später verkahlenden Stängeln. Blätter dicht behaart, fiederschnittig, mit 10–15 Paaren eiförmiger Blattlappen. Blütenstand doldenrispig, Zungen- und Röhrenblüten gelb.
NUTZUNG/AUSBREITUNG Zierstaude. 1728 beschrieb Johann Christian Buxbaum (1693–1730) erstmals die Pflanze aus dem Kaukasus. Erst 70 Jahre später sandte Marschall von Bieberstein Samen nach Europa, wo die erste Pflanze 1803 in England blühte. 1808 wird die stattliche Garbe vom Berliner Botanischen Garten genannt, Mitte des 19. Jahrhunderts war sie dann in den Gärten des Ge-

biets bereits weitverbreitet. Subspontane Vorkommen finden sich insbesondere in Ruderalfluren, auf Schuttplätzen, Deponien, in Bahnhöfen und nahe von Friedhöfen.
WEITERE ARTEN Die südwesteuropäische **Leberbalsam-Schafgarbe,** *Achillea ageratum*, wurde subspontan u. a. in Hessen, Nordrhein-Westfalen, Niederösterreich, in der Steiermark und in Solothurn gefunden.
Die **Meerfenchel-Schafgarbe,** *Achillea crithmifolia*, ist in Ost- und Südosteuropa beheimatet. Subspontane Vorkommen sind bekannt u. a. von Baden-Württemberg, Bayern, Berlin, Brandenburg, Hessen, Mecklenburg-Vorpommern, Niedersachsen, Nordrhein-Westfalen, Sachsen-Anhalt, Thüringen, Kärnten, Niederösterreich, der Steiermark, Nordtirol, Wien (seit 1880) und der Waadt.
Aus alten Kulturen verwildert ist die südosteuropäisch-kleinasiatische **Großblättrige Schafgarbe,** *Achillea grandifolia*, so in Baden-Württemberg und in der Steiermark.

Achillea ageratum

Achillea crithmifolia

Achillea grandifolia

Runzel-Wasserdost
Ageratina altissima (Syn.: *Eupatorium rugosum*)
— Korbblütler · Asteraceae

Sep.–Okt.
giftig

Ageratina altissima

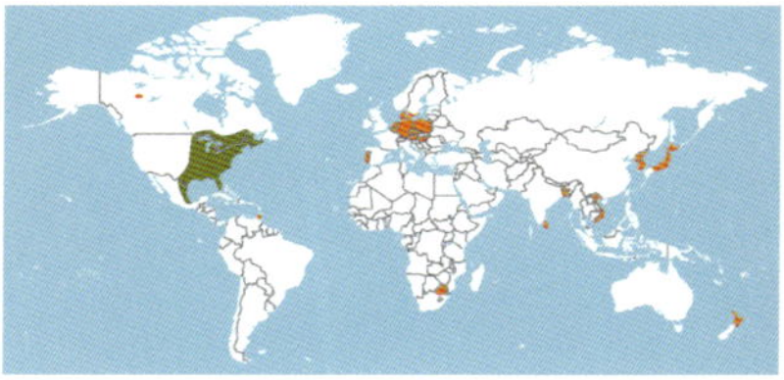

STECKBRIEF 50–150 cm hohe Staude mit verzweigten, kahlen bis leicht flaumigen Stängeln. Blätter gegenständig, gestielt. Spreite eiförmig, 3–12 cm lang, gezähnt, zugespitzt, auf den Adern an der Unterseite behaart. Blüten in kleinen weißen Körben zusammenstehend.

NUTZUNG/AUSBREITUNG Zierpflanze, vor allem in der dunkelblättrigen Sorte 'Chocolade'. War in ihrer nordamerikanischen Heimat früher oft Ursache der sogenannten „Milchkrankheit", der Anfang des 19. Jahrhunderts Tausende von europäischen Siedlern zum Opfer fielen. Wenn Weidetiere die Pflanze fraßen, wurde ihre Milch und ihr Fleisch für den Menschen giftig. In Europa ist die Art seit spätestens 1699 in Gartenkultur bekannt. Sie tritt im Gebiet ganz vereinzelt subspontan auf.

Mexikanischer Leberbalsam
Ageratum houstonianum
— Korbblütler · Asteraceae

Mai–Nov.

STECKBRIEF 15–50 cm hohe Staude oder Halbstrauch, in Mitteleuropa meist einjährig kultiviert. Blattspreite herzförmig, netznervig und behaart mit gekerbtem Rand. Blütenkörbe kurz gestielt, 8–14 mm im Ø. Kronröhre weißgrün, Kronsaum violettblau.
NAME Die Art ist zu Ehren des schottischen Arztes und Naturforschers William Houston (1695–1733) benannt, der von seinen Forschungsreisen Pflanzensamen in die Heimat sandte. Auch die Gattung *Houstonia* aus der Familie der Rötegewächse trägt seinen Namen.
NUTZUNG/AUSBREITUNG Zierpflanze für Rabatten, Blumenkästen, Einjährigenbeete. Auch als Duftpflanze für Kleiderschränke. William Houston fand die Pflanze um das Jahr 1730 in Mexiko. Bis sie in mitteleuropäischen Gärtnereien in Kultur genommen wurde vergingen noch einige Jahrzehnte. Seit 1837 ist auch eine weiß blühende Spielform in Kultur. Durch die häufige Verwendung als Zierpflanze sind Verwilderungen bzw. Verschleppungen mittlerweile vielfach bekannt.
Oft findet sich die Pflanze vorübergehend in aufgelassenen Steinbrüchen und Schottergruben, die gern als Deponie für Gartenabfälle genutzt werden, und auf Erdlagerstätten.

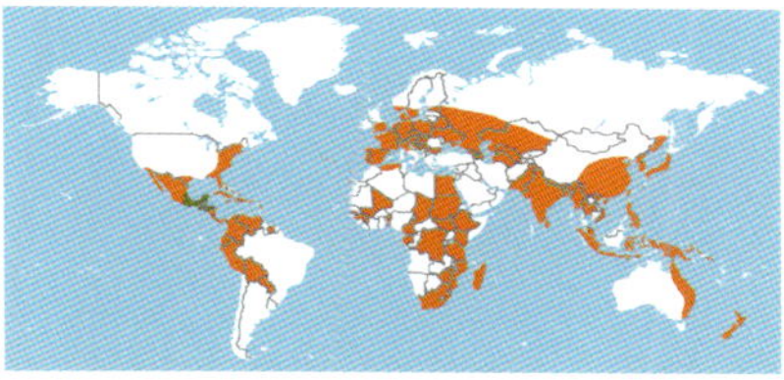

Ageratum houstonianum

Beifuß-Traubenkraut
Ambrosia artemisiifolia
— Korbblütler · Asteraceae

Juli–Nov.
allergen/giftig
invasiv

STECKBRIEF 5–150 cm hohe, einhäusige, reich verzweigte Einjährige mit behaartem Stängel. Blätter 1–2-mal fiederschnittig, die oberen Stängelblätter meist wechselständig. Männliche Blütenkörbchen in dichten, blattlosen Trauben am Ende des Stängels und an den Seitenzweigen, weibliche Blüten in Knäueln in den Blattachseln und am Grund der männlichen Körbchenstände. Blütenkronblätter stark reduziert und mit bloßem Auge nicht erkennbar. Frucht 2–3 mm lang, ca. 1 mm lang geschnäbelt, mit einem einzigen Samen.
VERWECHSLUNG Die Stauden-Ambrosie, *Ambrosia psilostachya*, hat gegenständig angeordnete, ganzrandige bis einfach gefiederte Blätter.

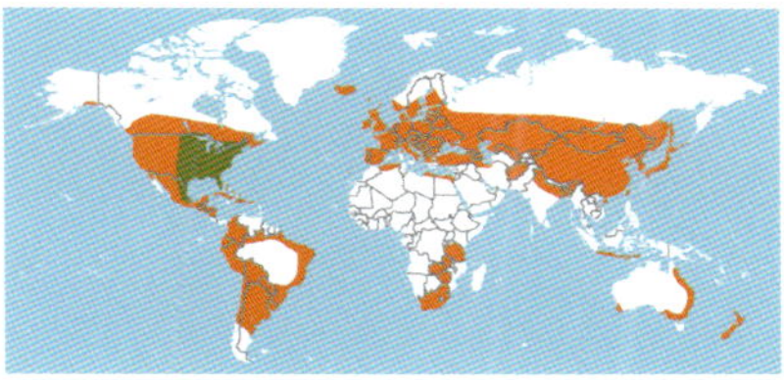

NUTZUNG/AUSBREITUNG Keine. 1763 im Botanischen Garten Lyon in Frankreich kultiviert. Erste subspontane europäische Vorkommen sind aus dem polnischen

Gebiet aus dem Jahr 1786 bekannt, nach anderen Quellen dort schon im Jahr 1613. Die Einschleppung erfolgte überwiegend mit Getreide, Kleesaat und Ölfrüchten. Heute führt der bedeutendste Einschleppungsweg über Futtermittel, die Sonnenblumenkerne enthalten und mit Ambrosiasamen verunreinigt sind. Häufig wird die Pflanze auch mit Vogelfutter für Wildvögel verschleppt. Daher kommt das Traubenkraut oft an Gartenstellen vor, an denen im Winter eine Vogelfütterung stattfand. Die Ambrosie, wie die Pflanze auch genannt wird, besiedelt vor allem Äcker, Schnittblumenfelder, landwirtschaftliche Stilllegungsflächen, Straßenränder, Deponien und andere Ruderalflächen. Subspontan ist sie im Gebiet 1860 erstmals bei Hamburg dokumentiert. Bis zur zweiten Hälfte des 20. Jahrhunderts blieben die Funde in einem überschaubaren Maß, um danach exponenziell anzusteigen. Grund dafür dürfte sein, dass bis dahin die Samen in Mitteleuropa die Fruchtreife nicht erreichten.
Um die Jahrtausendwende kam es zu einer genetischen Mutation, nach der die Samen frostverträglich wurden. Aufgrund der allergenen Wirkung des Ambrosiapollens werden heute Wege gesucht, die invasive Art in ihrer weiteren Ausbreitung einzuschränken.
WEITERE ARTEN Nordamerikanisch ist auch die **Stauden-Ambrosie**, *Ambrosia psilostachya*, die lokal eingebürgert auftritt, so in Berlin, der Oberrhein-Ebene und in Sachsen. Sonst vielfach vereinzelt, so in Baden-Württemberg, Bayern, Brandenburg, Hamburg, Hessen, Mecklenburg-Vorpommern, Niedersachsen, Nordrhein-Westfalen, Sachsen-Anhalt, Thüringen, Oberösterreich, Salzburg, Basel, im Tessin, in der Waadt und im Wallis. Im Gebiet, besonders im Elbe-, Neckar- und Rheintal, ist die **Dreispaltige Ambrosie**, *Ambrosia trifida*, zu finden, die ebenfalls in Nordamerika beheimatet ist. Anderenorts findet sie sich nur unbeständig eingeschleppt, wie etwa in Baden-Württemberg, Bayern, Berlin, Hamburg, Hessen, Mecklenburg-Vorpommern, Niedersachsen, Nordrhein-Westfalen, Sachsen, Sachsen-Anhalt, Thüringen, Kärnten, Oberösterreich, Salzburg, in der Steiermark, in Südtirol, Basel, ehemals Bern, in Genf, Graubünden und Zürich.

Ambrosia psilostachya

Ambrosia artemisiifolia

Ambrosia trifida

Großblütiges Perlkörbchen
Anaphalis margaritacea
— Korbblütler · Asteraceae

Juli–Sep.

Anaphalis margaritacea

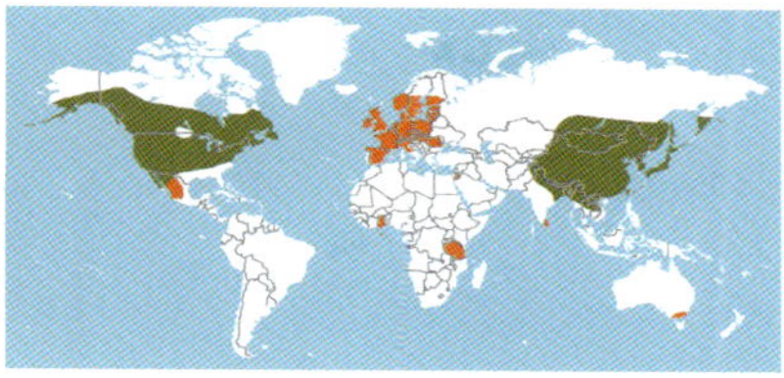

STECKBRIEF 30–80 cm hohe Staude mit linealen bis lanzettlichen, unterseits weißfilzigen, oberseits verkahlenden Blättern. Diese 1–3-nervig, 0,4–1,5 cm breit, der Rand umgerollt. Korbstand schirmrispig, Körbe 6–10 mm im Ø. Hüllblätter trockenhäutig, perlmuttartig glänzend, am Grund grün. Röhrenblüten gelb.

VERWECHSLUNG Im Gebiet kultiviert wird auch das ostasiatische Himalaja-Perlkörbchen, *Anaphalis triplinervis*, das nur 20–40 cm hoch wird und 3–5-nervige Blätter mit einer Breite von 1–3 cm hat.

NUTZUNG/AUSBREITUNG Zierstaude. Im 16. Jahrhundert nach England zum Londoner Kanzler Richard Garth gekommen und 1580 weiter zum in Wien tätigen Botaniker Carolus Clusius. Fortan verbreitete sich die Art in den Gärten Europas und im 19. Jahrhundert waren die ersten Verwilderungen bekannt. Das Perlkörbchen wird vor allem mit Gartenauswurf verschleppt und kann sich dann an Schuttplätzen, Forstwegen und ähnlichen Standorten über viele Jahre halten.

Chamisso-Arnika
Arnica chamissonis
— Korbblüter · Asteraceae

Juni–Juli

Arnica chamissonis

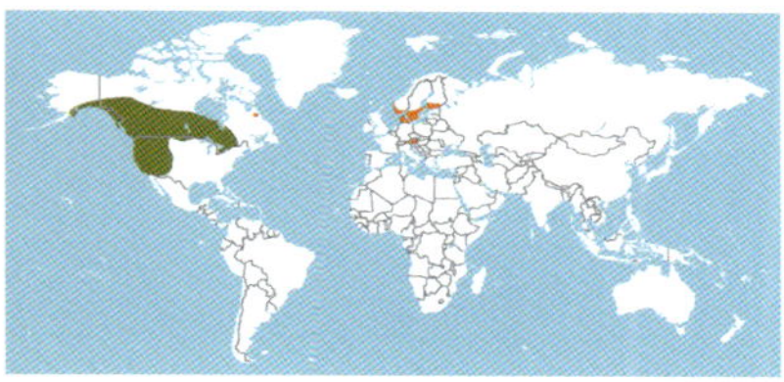

STECKBRIEF 20–80 cm hohe, dicht bis filzig behaarte Staude mit dünnen, langen, ausläuferartigen Rhizomen ohne Wurzelfasern. Stängelblattpaare 5–10, am Stängel verteilt, Blattspreite lanzettlich. Blütenkörbe 5–9, im Ø 2,5–4,5 cm. Früchte 4,8–6 mm lang.

VERWECHSLUNG Die heimische Echte Arnika, *Arnica montana*, hat 1–3 Stängelblattpaare, keine ausläuferartigen Rhizome und 1–3 Blütenkörbe je Stängel.

NAME Benannt zu Ehren des deutschen Naturforschers und Denkers Adelbert von Chamisso (1781–1838). Nach

ihm tragen rund 150 weitere Pflanzenarten und die Gattungen *Chamissoa* aus der Familie der Amarantgewächse und *Chamissonia* aus der Familie der Nachtkerzengewächse ihren Namen.
NUTZUNG/AUSBREITUNG Arzneipflanze, selten als Zierstaude. Bisher aus dem Gebiet nur in Nordtirol im Sellrain-Ochsengartental unterhalb der Dortmunder Hütte im Böschungsbereich des Westdammes des Längentalspeichers in einer Seehöhe von 1840–1900 m bekannt. Die Fläche wurde 1985 nach Bauarbeiten begrünt. Die Art dürfte als Verunreinigung mit der Wiederbegrünungssaatmischung eingebracht worden sein und konnte sich hier etablieren und ausbreiten und kann mittlerweile als eingebürgert gelten.
Trotz des reichen Fruchtansatzes am Standort konnte bisher keine generative Vermehrung festgestellt werden. Mittels ihrer ausgeprägten vegetativen Vermehrung über teils lange unterirdische Ausläufer ist die Pflanze in der Lage, sich im Bestand zu halten und auszubreiten.

Einjähriger Beifuß
Artemisia annua
— Korbblütler · Asteraceae

Juli–Sep.

STECKBRIEF 30–150 cm hohe, stark aromatische, kahle Einjährige ohne vegetative Triebe. Blätter regelmäßig 2–4-fach kammartig gefiedert, mit spitzen, 0,5–1,5 mm breiten Zipfeln, bis 20 cm lang, die unteren gestielt, am Grunde mit schmalen, geteilten Zipfeln. Korbstand beblättert, reich verzweigt. Blütenkörbe kurz gestielt, nickend, Ø 2–3 mm, mit grünlichgelben Röhrenblüten, ohne Zungenblüten. Hüllblätter mit weißem, durchscheinendem Hautrand.
VERWECHSLUNG Der Besen-Beifuß, *Artemisia scoparia*, hat Blütenkörbe, die 1–1,5 mm im Ø haben. Der Zweijährige Beifuß, *Artemisia biennis*, hat ungestielte, sitzende Blütenkörbe.
NUTZUNG/AUSBREITUNG Duft- und Arzneipflanze, meist aber verschleppt. Beheimatet von Südosteuropa bis Ostasien, wobei nicht immer klar ist, ob ein Vorkommen

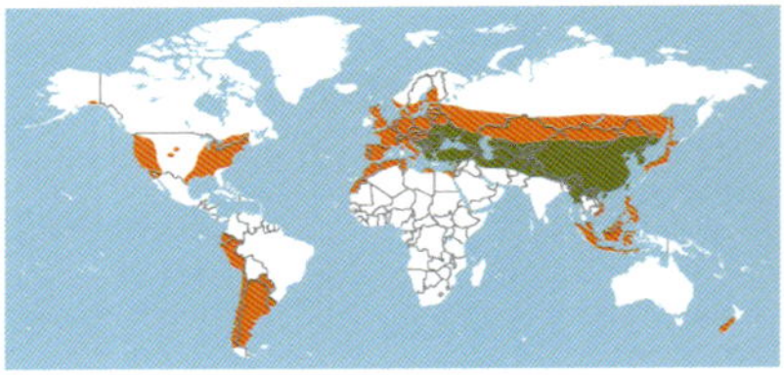

indigen oder synanthrop ist. *Artemisia annua* gehört zu jenen Arten, die sich in Mitteleuropa nach einer längeren Latenzphase plötzlich ausbreiteten. In der Ausbreitung dürften vor allem der Eisenbahn- und Straßenverkehr eine Rolle spielen, genauso wie die Verbreitung mittels Ge-

Artemisia annua

Artemisia abrotanum

Artemisia biennis

Artemisia dracunculus

treidesaatgut und Flüsse, da die Samen schwimmfähig sind.
Subspontan im Gebiet seit etwa 1835 bekannt. Vielfach unbeständig, im Elbe- und Saale-Gebiet, im südlichen Südtirol und im südlichen Tessin etabliert.
WEITERE ARTEN Die **Eberraute**, *Artemisia abrotanum*, deren Heimat wahrscheinlich Osteuropa und Westasien ist, tritt immer wieder verwildert auf, so in Baden-Württemberg, Bayern, Berlin, Niedersachsen, Rheinland-Pfalz, Sachsen, Thüringen, im Burgenland, in Kärnten, der Steiermark, in Wien, Südtirol und im Tessin.
Der nordamerikanische **Zweijährige Beifuß**, *Artemisia biennis*, kommt vor allem im Elbegebiet Sachsen-Anhalts und Niedersachsens eingebürgert vor, sonst mehr vereinzelt, so in Baden-Württemberg, Hamburg, Nordrhein-Westfalen, Sachsen, Salzburg, im Aargau, in Bern, im Thurgau und in der Waadt. Im Kanton Zürich mehrfach und in Ausbreitung begriffen.
Als Gewürz- und Arzneipflanze wird der **Estragon**, *Artemisia dracunculus*, kultiviert. Er ist von Osteuropa bis Ostasien und in Nordamerika heimisch und tritt im Gebiet verwildert bis eingebürgert auf, eingebürgert vor allem in Sachsen-Anhalt.
Vom Baltikum bis Nordasien ist der nach dem deutschen Botaniker und Forschungsreisenden Johann August Carl Sievers (1762–1795) benannte **Sievers-Beifuß**, *Artemisia sieversiana*, beheimatet, der im Gebiet vereinzelt und unbeständig auftritt, so in Bayern, Mecklenburg-Vorpommern und Sachsen.

Artemisia sieversiana

Verlot-Beifuß

Artemisia verlotiorum
— Korbblütler · Asteraceae

Sep.–Nov.
invasiv

STECKBRIEF 50–250 cm hohe Staude mit langen Ausläufern, die überwinternde Blattrosetten treiben. Blätter von der Mitte des Stängels an aufwärts stets einfach fiederschnittig mit ganzrandigen, schmal-lanzettlichen Abschnitten, Endabschnitt der oberen Stängelblätter deutlich länger als die seitlichen. Blätter unterseits grau- bis weißfilzig, beim Zerreiben kampferartig riechend. Blütenkörbe kugelig. Aufgrund der späten Blütezeit werden im Gebiet keine Früchte ausgebildet.

VERWECHSLUNG Der heimische Echte Beifuß, *Artemisia vulgaris*, unterscheidet sich durch Endabschnitte der oberen Blätter, die nicht oder nur wenig länger als die seitlichen sind, einer Blütezeit von Juli bis September, einer sexuellen Fortpflanzung und dem Fehlen von überwinternden Rosetten.

NAME Benannt zu Ehren der französischen Botaniker Pierre und Jean-Baptiste Verlot, welche die Pflanze 1873 erstmals vom Echten Beifuß unterschieden.

NUTZUNG/AUSBREITUNG Keine. In Europa 1873 erstmals durch die Gebrüder Verlot bei Grenoble gefunden. Wahrscheinlich ist die Art im Zuge der französischen Militäroperationen in China zwischen 1856 und 1873 in Europa eingeschleppt worden. Im Gebiet 1902 erstmals bei Bignasco im Valle Maggia im Tessin festgestellt, ab 1920 dann mehrfach im Bodenseegebiet.
Gegenwärtig vielerorts etabliert mit weiterer Ausbreitungstendenz. Vermehrt sich in Mitteleuropa vegetativ.

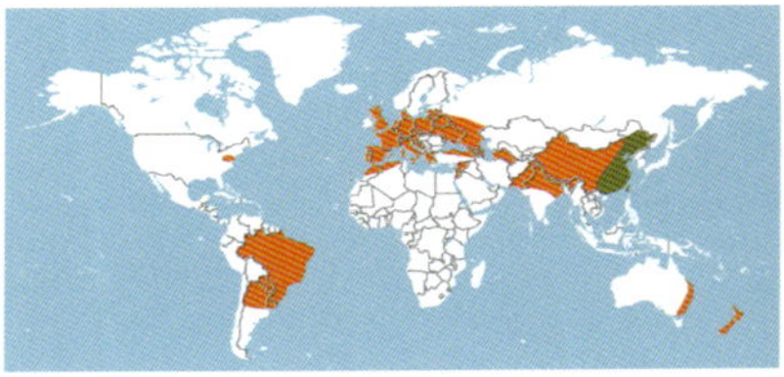

Die Fernausbreitung geschieht über Rhizomstücke in Wurzelballen von Gartenpflanzen, Begrünungshumus und Erd- und Schüttmaterial.

WEITERE ARTEN Aus China und Japan stammt der beim Zerreiben stark herb-aromatisch riechende **Nickende Beifuß**, *Artemisia gilvescens*, der im Gebiet sehr selten als Heilpflanze kultiviert wird und ganz vereinzelt subspontan auftritt, so in Baden-Württemberg und Oberösterreich. Der nordamerikanische **Weiße Beifuß**, *Artemisia ludoviciana*, wird als Gartenzierstaude kultiviert und verwildert daraus vereinzelt, so in Bayern, NRW und Rheinland-Pfalz.

Artemisia verlotiorum

Artemisia gilvescens

Artemisia ludoviciana

Schwarzfrüchtiger Zweizahn

Bidens frondosa
— Korbblütler · Asteraceae

Aug.–Okt.
invasiv

STECKBRIEF 10–120 cm hohe Einjährige mit meist braunroten, kahlen Stängeln. Blätter gefiedert, mit 3–5 gestielten, lanzettlichen, lang zugespitzten, scharf gezähnten Teilblättern, Zähne fein ausgezogen. Blütenkörbe aufrecht, 0,6–1,6 cm im Ø, meist ohne gelbe Zungenblüten. Äußere Hüllblätter 5–8, 5–20 mm lang und 1–4 mm breit, bewimpert, laubblattartig. Innere Hüllblätter braun, 5–9 mm lang. Früchte flach, höckerig, rau, 6–10 mm lang, mit meist 2 Borsten.

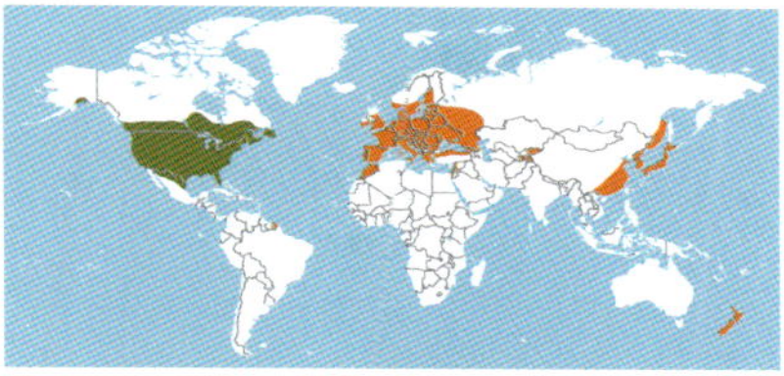

VERWECHSLUNG Der heimische Dreiteilige Zweizahn, *Bidens tripartita*, hat fiederschnittige, nicht gefiederte Blätter. Der Verwachsenblättrige Zweizahn, *Bidens connata*, hat ungeteilte, lanzettliche Blätter.

NUTZUNG/AUSBREITUNG Keine. Bereits 1762 vom Botanischen Garten Montpellier in Frankreich bekannt. Subspontan 1834 erstmals in Italien und 1891 in Hamburg aufgetreten. Die Art ist unabsichtlich durch Gütertransporte ins Gebiet gekommen und hat sich auf ihrem Weg quer durch Europa primär entlang größerer Flüsse ausgebreitet, aber auch Autobahnen fungieren als Ausbreitungswege. Die Fernausbreitung von Diasporen erfolgt vor allem durch Wasservögel und Fließgewässer. In Mitteleuropa in den letzten Jahrzehnten in rascher Ausbreitung befindlich.

Bidens frondosa

WEITERE ARTEN Ebenfalls nordamerikanischer Herkunft ist der **Fiederblättrige Zweizahn**, *Bidens bipinnata*, der u. a. mehrfach in Deutschland, in Kärnten, Niederösterreich, der Steiermark, ehemals in Vorarlberg, in Südtirol, Basel, Bern, Graubünden und im südlichen Tessin auftritt. Der nordamerikanische, aus dem Gebiet 1865 erstmals genannte **Verwachsenblättrige Zweizahn**, *Bidens connata*, tritt in Deutschland vor allem im Elbe-, Spree- und Maingebiet auf, andernorts weniger häufig wie z. B. in Baden-Württemberg, Bayern, Hessen, Rheinland-Pfalz, Sachsen, im Aargau, in Bern und Luzern.

In Mexiko und Arizona ist der **Gold-Zweizahn**, *Bidens ferulifolia*, beheimatet. Er wird häufig als Balkonblume gepflanzt und verwildert des Öfteren, so in Baden-Württemberg, Bayern, Niedersachsen, Nordrhein-Westfalen, Sachsen, Oberösterreich, Salzburg, Nordtirol, Osttirol, Genf und im Wallis.
Gelegentlich eingeschleppt tritt der südamerikanische **Behaarte Zweizahn**, *Bidens pilosa*, auf, so in Baden-Württemberg, Bayern, Mecklenburg-Vorpommern, Niedersachsen, Nordrhein-Westfalen, Sachsen, Kärnten, Solothurn.

Echte Ringelblume

Calendula officinalis
— Korbblütler · Asteraceae

Juni–Okt.

STECKBRIEF 20–40 cm hohe, aufsteigende bis aufrechte Ein- bis Zweijährige mit wechselständigen, verkehrt-eiförmigen bis verkehrt-lanzettlichen, sitzenden Blättern. Körbe 4–6 cm im Ø, Zungen gelb oder orange, mind. 2-mal so lang wie die Hülle. Schließfrüchte stark gekrümmt.

NUTZUNG/AUSBREITUNG Arznei-, Färbe- und Zierpflanze. Die Echte Ringelblume ist nur als Kulturpflanze bekannt. Wahrscheinlich ist die Ausgangsform

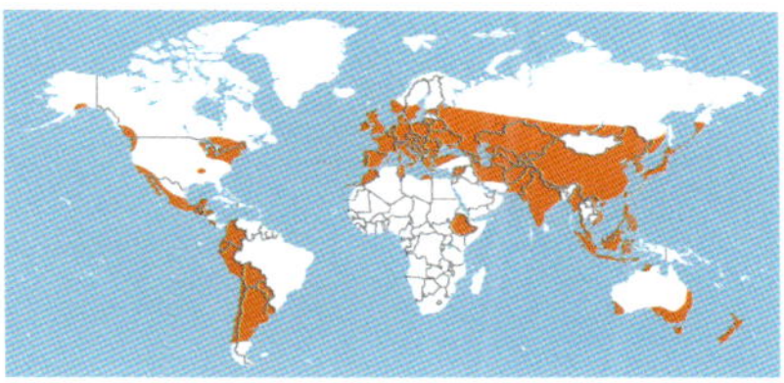

im (westlichen) Mittelmeergebiet zu suchen. So könnte es sich um eine hybridogene Entstehung in Nordwestafrika aus *Calendula incana* × *Calendula suffruticosa* handeln.

Calendula officinalis

Aus dem Gebiet stammen die ersten Nachrichten der Art aus dem frühen Mittelalter. Um das Jahr 900 berichtet der Mönch Notker, im 12. Jahrhundert erwähnt sie Hildegard von Bingen. Infolge ihres medizinischen Nutzens und ihrer Anspruchslosigkeit wurde die Ringelblume zu einer der häufigsten Gartenblumen im Gebiet. Züchtungsarbeit setzte erst Mitte des 19. Jahrhunderts ein. Die Echte Ringelblume ist recht häufig auch in Blumenwiesenmischungs-Ansaaten enthalten, so in der Austrosaat-Blumenmischung „Paradiesgarten" und aus diesen verwildernd. Sie tritt im gesamten Gebiet vielfach unbeständig verwildert auf, ohne Tendenz zur Einbürgerung, so etwa bei Eichenberg, Füramoos, Haidgau, Leutkirch, Waldburg, Stuttgart und Ravensburg in Baden-Württemberg, in Pleinting, Sonthofen-Rieden, Altstädten, Opfenbach, Unterschönegg, Babenhausen, Buxheim, Sontheim, Mindelheim, Landsberg und Kronburg in Bayern, mehrfach in Berlin, Hamburg, vielfach in der Prignitz Brandenburgs, Malchin in Mecklenburg-Vorpommern, Braunschweig in Niedersachsen, Herten und Bochum-Wattenscheid in Nordrhein-Westfalen, Leipzig in Sachsen und auf Helgoland in Schleswig-Holstein.

Sommeraster

Callistephus chinensis
— Korbblütler · Asteraceae

Aug.–Okt.

STECKBRIEF 20–100 cm hohe, kaum verzweigte Einjährige. Untere Blätter breit-lanzettlich, grob gezähnt, gestielt, obere kleiner, ganzrandig oder wenig gezähnt, sitzend. Blütenkörbe einzeln, endständig, 4–8 cm im Ø. Hülle mehrreihig, mit laubblattartigen äußeren Hüllblättern, innere Hüllblätter deutlich kürzer als die äußeren. Zungenblüten blau, violett, rosa oder weiß, ein- bis mehrreihig. Röhrenblüten gelb, bei gefüllten Formen zungenförmig. Früchte ca. 3,5 mm lang, mit borstigem Pappus.

NUTZUNG/AUSBREITUNG Zierpflanze. Die Pflanze wurde in ihrer ostasiatischen Heimat schon in alter Zeit in Kultur genommen. Französische Missionare sandten 1728 Samen nach Paris, von wo aus botanische Gärten und Pflanzenliebhaber beliefert wurden. 1735 fand sich die Sommeraster erstmals in Deutschland im Garten des Medizinprofessors August Friedrich Walther in Leipzig. Bis zum Ende des 18. Jahrhunderts hat sie sich im ganzen Gebiet verbreitet, es fanden sich bereits halbgefüllte und gefüllte Sorten.
Auch gegenwärtig zählt die Sommeraster nach wie vor zu den beliebten Sommerblumen Mitteleuropas, rund 400 Sorten sind von ihr bekannt. Sie tritt im Gebiet selten und vorübergehend verwildert oder verschleppt auf Schüttungen, Deponien und anderen Ruderalstellen auf.

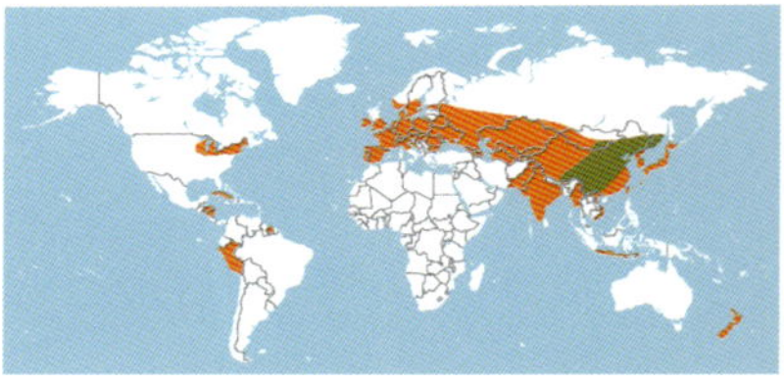

Callistephus chinensis

Knäuelköpfige Ringdistel
Carduus pycnocephalus
— Korbblütler · Asteraceae

Juni–Aug.

STECKBRIEF 30–120 cm hohe, schlanke, spinnwebig behaarte Ein- bis Zweijährige. Stängel verzweigt, schmal dornig geflügelt. Blätter dornig fiederspaltig gezähnt, unterseits weißfilzig. Blütenkörbe einzeln oder zu 2–4, zylindrisch. Hüllblätter kürzer als die Blüten, in einen kurzen, krautigen Dorn verschmälert. Röhrenblüten purpurn.
NUTZUNG/AUSBREITUNG Keine. Im Gebiet vereinzelt unbeständig verschleppt auf Ruderalplätzen, so früher im Hafen von Mannheim und am Güterbahnhof Ulm in Baden-Württemberg, bei Schwebheim nahe Schweinfurt in Bayern, Warnemünde in Mecklenburg-Vorpommern, Leipzig in Sachsen, vorübergehend zwischen Augst und Rheinfelden im Aargau, in Genf, bei Fresens und St. Aubin im Kanton Neuenburg, früher in Solothurn, im südlichen Tessin und in Zürich.
WEITERE ARTEN Südosteuropäischer Herkunft ist die **Hügel-Ringdistel**, *Carduus collinus*, die vereinzelt verschleppt auftritt, so früher in Berlin.
Nahe mit der heimischen Nickenden Ringdistel, *Carduus nutans*, ist die mediterran-südwestasiatische **Thörmer-Ringdistel**, *Carduus thoermeri*, verwandt. Sie tritt im Gebiet sehr selten verschleppt auf, so in Sachsen.

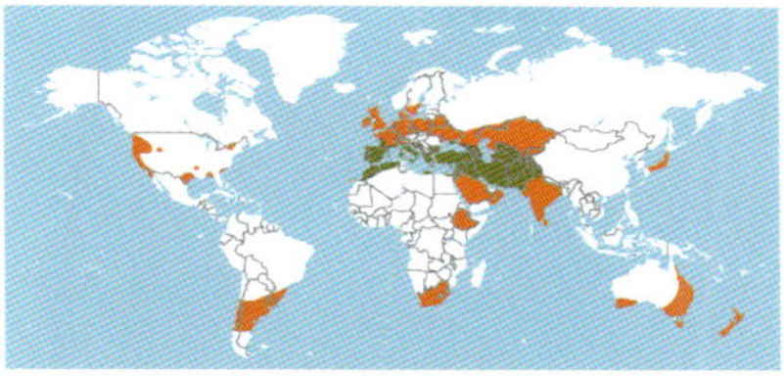

Carduus collinus

Carduus pycnocephalus

Carduus thoermeri

Akanthus-Eberwurz

Carlina acanthifolia
— Korbblütler · Asteraceae

Juli–Sep.

Carlina acanthifolia

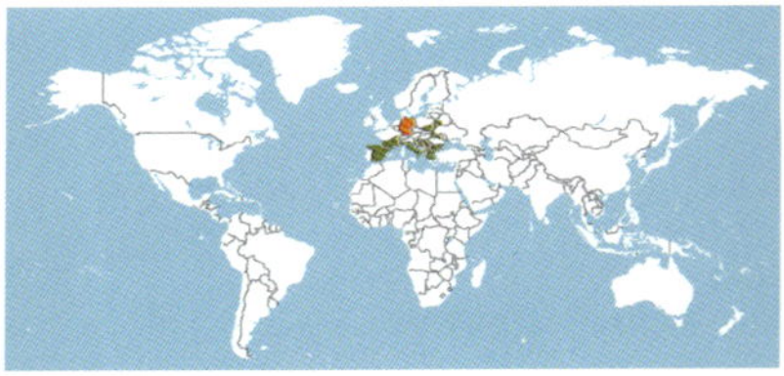

STECKBRIEF 5–10 cm hohe Staude mit rosettigen Grundblättern. Blätter bis wenig über die Mitte fiederteilig mit stachelig gezähnten Abschnitten, unterseits spinnwebig-filzig. Blütenkorb sitzend, 5–10 cm im Ø, umgeben von goldgelb gefärbten inneren Hüllblättern. **NUTZUNG/AUSBREITUNG** Selten als Zierstaude. Verwilderte Zierpflanze, zum Teil angesalbt. Im Gebiet seit spätestens 1983 aus der Nähe von Bamberg bekannt und hier eingebürgert, auch sonst im Gebiet ganz vereinzelt subspontan.

Färber-Saflor

Carthamus tinctorius
— Korbblütler · Asteraceae

Juli–Sep.

Carthamus tinctorius

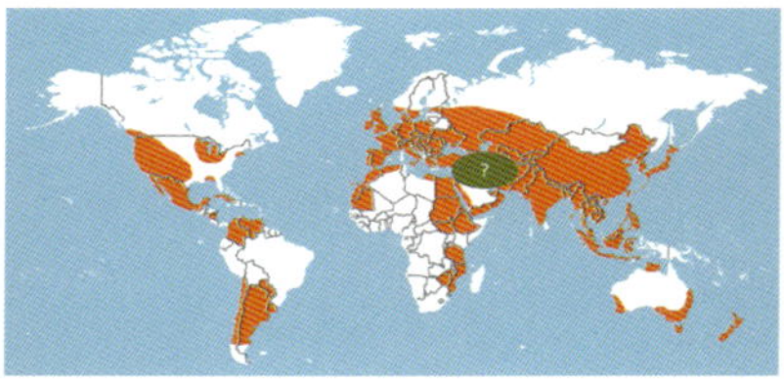

STECKBRIEF 20–80 cm hohe Einjährige mit kahlen, eilanzettlichen, ganzrandigen oder dornig gezähnten Blättern. Blütenkorb etwa 3 cm im Ø, Röhrenblüten gelb bis orangerot. Hüllblätter länglich-lanzettlich mit krautigem, eiförmigem, dornig zugespitztem Anhängsel. **NUTZUNG/AUSBREITUNG** Ölpflanze, auch als Zierpflanze, zur Gewinnung von Lebensmittelfarbe und für die Blumenbinderei kultiviert. Wahrscheinlich in Vorderasien entstandene Kulturpflanze. In Mitteleuropa wurde der Färber-Saflor in den wärmeren Gebieten seit spätestens dem 16. Jahrhundert angebaut, nach anderen Quellen (Albertus Magnus) bereits im 13. Jahrhundert. In Deutschland ging der Anbau im 18. Jahrhundert deutlich zurück. Saflorrot wurde um das Jahr 1900 durch synthetische Anilinfarben ersetzt. Neuerdings wird Saflor aufgrund seines wertvollen Öls wieder feldmäßig gebaut. Er wird auch über Vogelfutter verschleppt und tritt im Gebiet vielerorts vereinzelt und unbeständig auf.

Kaukasus-Flockenblume

Centaurea dealbata (Syn.: *Psephellus dealbatus*)
— Korbblütler · Asteraceae

Juni–Juli

STECKBRIEF 30–80 cm hohe Staude mit einfachen oder locker verzweigten Stängeln. Blätter fiederlappig, Spreiten unterseits weißfilzig. Hüllblattanhängsel groß, eiförmig-rundlich und tief gefranst, der mittlere Teil 3–5 mm breit. Blütenkörbe einzeln mit rosa Randblüten. Oft mit Nachblüten bis in den Herbst.

NUTZUNG/AUSBREITUNG Zierstaude. 1701 von Tournefort in Iberien, dem heutigen Georgien, gefunden, kam aber erst 100 Jahre später lebend nach Deutschland und England, wo sie bald zur gängigen Zierstaude avancierte. Kultiviert wird besonders gern die Naturauslese 'Steenbergii' mit purpurnen Strahlenblüten und weißlichen Scheibenblüten, die gelegentlich durch Gartenauswurf verschleppt auftritt.

WEITERE ART Auch die **Großkörbige Flockenblume**, *Centaurea macrocephala*, stammt aus Anatolien und dem Kaukasusgebiet und wird als Zierstaude kultiviert. Nach Mitteleuropa kam sie 1802 durch den russischen Geologen Graf Mussin-Puschkin, der die Art Carl Ludwig Willdenow, dem Leiter des Botanischen Gartens Berlin, schickte. Selten tritt sie verwildert oder verschleppt auf, so in Bayern und früher in Rheinland-Pfalz.

Centaurea macrocephala

Centaurea dealbata

Centaurea dealbata 'Steenbergii'

Sparrige Flockenblume
Centaurea diffusa
— Korbblütler · Asteraceae

Juli–Aug.

Centaurea diffusa

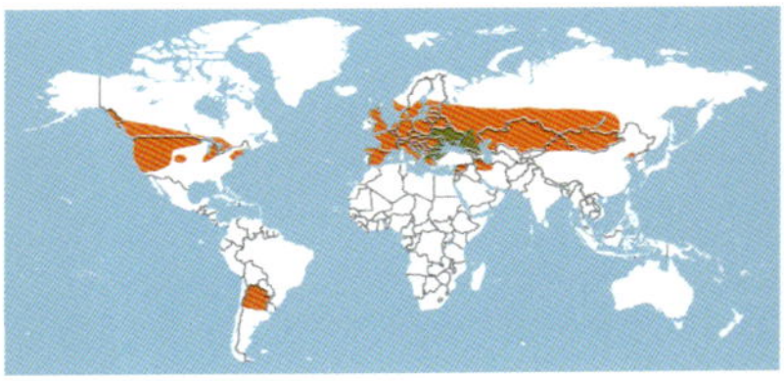

STECKBRIEF 10–70 cm hohe Ein- bis Zweijährige mit vielkörbigen, sparrig verzweigten Stängeln. Blätter graugrün, doppelt fiederschnittig, mit lanzettlichen, stachelspitzigen Abschnitten. Krone weiß. Hülle ohne Dornen 4–5 mm breit, Hüllblätter hellgrün, längsnervig, Hüllblattanhängseln kammartig gefranst, in einen 2–3 mm langen Enddorn auslaufend.

NUTZUNG/AUSBREITUNG Keine. Verschleppt seit zumindest 1876 aus dem Gebiet bekannt. Regional auch eingebürgert, so im Saale- und Oberrheingebiet, in Berlin und bei Orbe im Kanton Waadt.

Sonnwend-Flockenblume
Centaurea solstitialis
— Korbblütler · Asteraceae

Juli–Sep.

Centaurea solstitialis

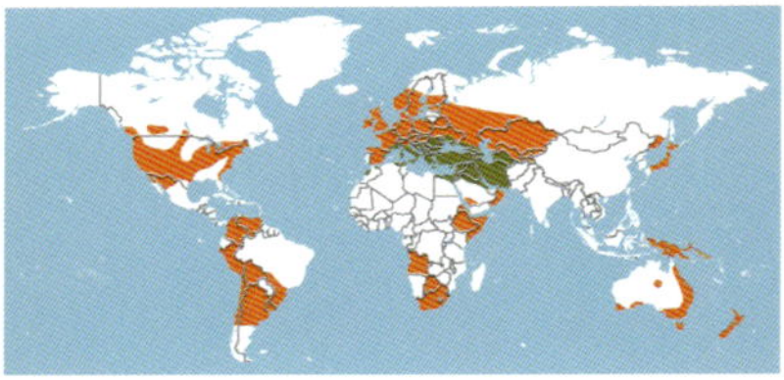

STECKBRIEF 20–80 cm hohe, weißfilzige Ein- bis Zweijährige mit geflügeltem Stängel. Obere Blätter lineal, unterste fiederteilig. Blütenkörbe einzeln. Hülle eiförmig, 1–1,5 cm lang. Hüllblätter in einen 8–16 mm langen, am Grund zum Teil handförmig geteilten gelben Dorn auslaufend. Krone gelb. Frucht 2–4 mm lang, mit 2–4 mm langem, weißem Pappus.

VERWECHSLUNG Bei der ähnlichen Malta-Flockenblume, *Centaurea melitensis*, trägt der Dorn des Hüllblattanhängsels beiderseits 1–4 kurze Seitendornen.

NUTZUNG/AUSBREITUNG Keine. Seit spätestens 1830 aus dem Gebiet bekannt, besonders zwischen 1850 und 1920 mit Luzerne- und Kleesaat häufig eingeschleppt und streckenweise eingebürgert. Durch die Aufgabe der Dreifelderwirtschaft und zunehmend reinerem Saatgut geht die Art im Gebiet zurück und tritt nur noch sehr vereinzelt auf.

WEITERE ARTEN Mediterran-südwestasiatisch ist auch das **Benediktenkraut**, *Centaurea benedicta* (Syn.: *Cnicus benedictus*), das bei uns selten als Arzneipflanze kultiviert wird und gelegentlich verwildert, so in Baden-Württemberg, Bayern, Berlin, Mecklenburg-Vorpommern, Nordrhein-Westfalen, Thüringen, im Burgenland, in Kärnten, Niederösterreich und Basel.

Die mediterrane **Stern-Flockenblume**, *Centaurea calcitrapa*, tritt gelegentlich adventiv auf, so in Baden-Württemberg, Bayern, Hamburg, Hessen, Mecklenburg-Vorpommern, Niedersachsen, Rheinland-Pfalz, Sachsen, Thüringen, Niederösterreich, Salzburg, im Aargau, in der Waadt und im Wallis.

Im Mittelmeergebiet ist auch die **Malteser Flockenblume**, *Centaurea melitensis*, beheimatet, die im Gebiet nur ganz selten verschleppt auftritt, so früher in Baden-Württemberg, in Bayern, ehemals in Berlin, Hessen, Mecklenburg-Vorpommern, Niedersachsen, Sachsen, ehemals in Thüringen, im Aargau, in Basel, Luzern und Solothurn.

Centaurea calcitrapa

Centaurea benedicta

Centaurea melitensis

Endivie
Cichorium endivia
— Korbblütler · Asteraceae

Juli–Sep.
essbar

STECKBRIEF 30–90 cm hohe Ein- bis Zweijährige mit kahlen Blättern. Grundblätter ungeteilt bis fiederteilig, am Rand oft wellig bis kraus. Obere Blätter den Stängel mit spitzen Zipfeln umfassend. Körbe 2–3 cm im Ø, die seitlichen blattachselständig, sitzend bis kurz gestielt. Hüllblätter kahl oder drüsenlos behaart. Frucht 2–3,5 mm lang, Pappusschuppen ca. ¼ so lang wie die Frucht.

VERWECHSLUNG Die häufige, weitverbreitete Echte Wegwarte, *Cichorium intybus*, hat unterseits borstenhaa-

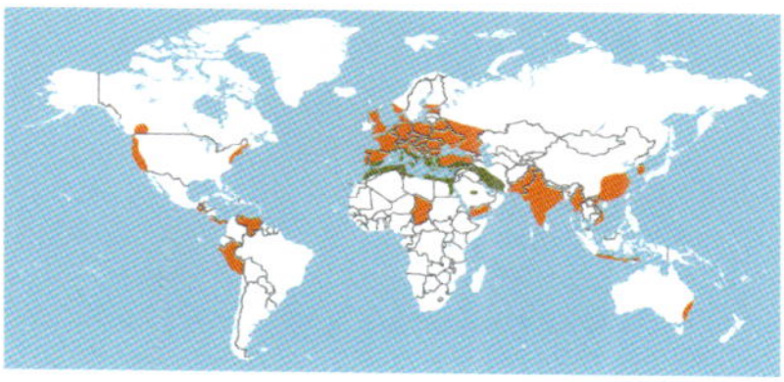

rige Blätter. Bei der Kahlfrüchtigen Wegwarte, *Cichorium calvum*, sind die Früchte 1,5–2 mm lang, Pappusschuppen fehlen oder sind höchstens 0,1 mm lang.

NUTZUNG/AUSBREITUNG Gemüsepflanze. Die Endivie geht wahrscheinlich aus der zweijährigen *Cichorium pumilum* hervor, die im gesamten Mittelmeergebiet beheimatet ist. Im Gebiet wird sie erstmals um das Jahr 800 in der Landgüterverordnung Karls des Großen genannt, ab dem 16. Jahrhundert ist ihre Kultur hier nachgewiesen. Gegenwärtig im Gebiet vereinzelt und unbeständig subspontan auftretend.

WEITERE ART Die aus Äthiopien stammende **Kahlfrüchtige Wegwarte**, *Cichorium calvum*, wird gelegentlich mit Saatgut und Vogelfutter eingeschleppt. 1857 wurde sie im Gebiet im Berliner Botanischen Garten erstmals aus Samen gezogen, die der Hofgärtner Schmidt in Athen aus Abessinien besorgt hatte. Immer wieder trat und tritt die Pflanze verschleppt und unbeständig auf, so in Baden-Württemberg, Bayern, Brandenburg, Mecklenburg-Vorpommern, Niedersachsen, Thüringen, im Burgenland, in Kärnten, Niederösterreich, Oberösterreich, in der Steiermark und in Wien.

Cichorium endivia

Cichorium calvum

Lanzett-Mädchenauge
Coreopsis lanceolata
— Korbblütler · Asteraceae

Juni–Sep.

Coreopsis lanceolata

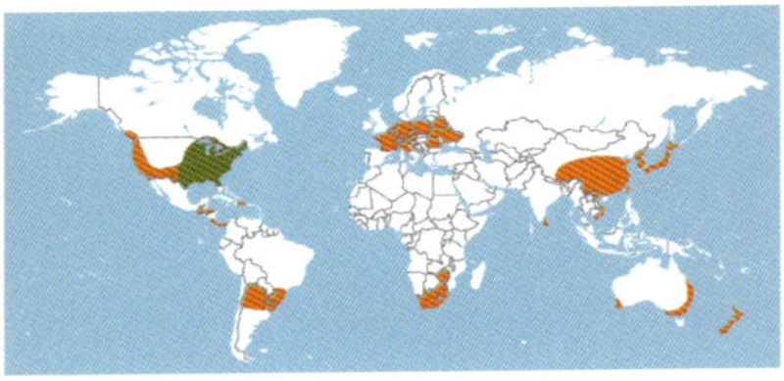

STECKBRIEF 40–100 cm hohe, in der oberen Hälfte kaum beblätterte Staude. Blätter lanzettlich, fein marmoriert, ganzrandig, 3–12 cm lang, 0,5–1,5 cm breit. Blütenkörbe endständig auf 10–30 cm langen Stielen, 4–6 cm im Ø. Zungen- und Röhrenblüten gelb, meist 8 Zungenblüten, diese ca. 1 cm breit, vorn grob gezähnt. Früchte breit geflügelt, Achänen 3–4 mm lang.

VERWECHSLUNG Das sehr ähnliche Großblütige Mädchenauge, *Coreopsis grandiflora*, ist auch oberhalb der Stängelmitte beblättert, hat 2–3 mm lange Achänen und oft gefiederte Blätter. Durch die gärtnerische Zucht sind die beiden Arten nicht immer eindeutig trennbar.

NUTZUNG/AUSBREITUNG Zierstaude. Die Art brachte der englische Pflanzensammler Mark Catesby (1682–1749) nach Europa, wo sie 1725 erstmals in Eltham bei London erblühte. Gegenwärtig im Gebiet häufig kultiviert, vereinzelt und vorübergehend verwildert. In Japan und China invasiv.
WEITERE ARTEN Auch das nordamerikanische **Großblütige Mädchenauge**, *Coreopsis grandiflora*, wird als Zierpflanze kultiviert und tritt verwildert oder verschleppt auf, so in Baden-Württemberg, Bayern, in Sandmagerrasen in Berlin mit Tendenz zur Einbürgerung, in Niedersachsen, Sachsen, Niederösterreich und Salzburg.
Das einjährige **Färber-Mädchenauge**, *Coreopsis tinctoria*, stammt aus dem südlichen Nordamerika, findet sich nicht selten in Blumenwiesenansaaten und verwildert vereinzelt, so in Bayern, Berlin, Brandenburg, Hamburg, Niedersachsen, Sachsen, im Burgenland, in Niederösterreich, Oberösterreich, Salzburg, Nordtirol, Osttirol, Vorarlberg, im Aargau, in Basel, Basel-Land, Solothurn und Zürich.
Das im östlichen Nordamerika beheimatete, seit 1779 im Gebiet gehandelte **Quirlige Mädchenauge**, *Coreopsis verticillata*, tritt sehr vereinzelt subspontan auf, so in Bayern, Hessen, Salzburg und Osttirol.

Coreopsis grandiflora

Coreopsis tinctoria

Coreopsis verticillata

Rosa Schmuckkörbchen
Cosmos bipinnatus
— Korbblütler · Asteraceae

Juli–Okt.

STECKBRIEF 60–150 cm hohe Einjährige mit fein gefiederten Blättern und 0,5–2 mm breiten Blattzipfeln. Zungenblüten meist 8, verkehrt-eiförmig, eine flache Schale bildend, rosa, purpurn oder weiß. Äußere Hüllblätter 8, krautig, länger als die inneren, aus eiförmigem Grund in eine lange Spitze verschmälert.
NUTZUNG/AUSBREITUNG Zierpflanze. 1789 gelangte das Schmuckkörbchen erstmals nach Europa, wo es Cavanilles, der Leiter des Botanischen Gartens Madrid,

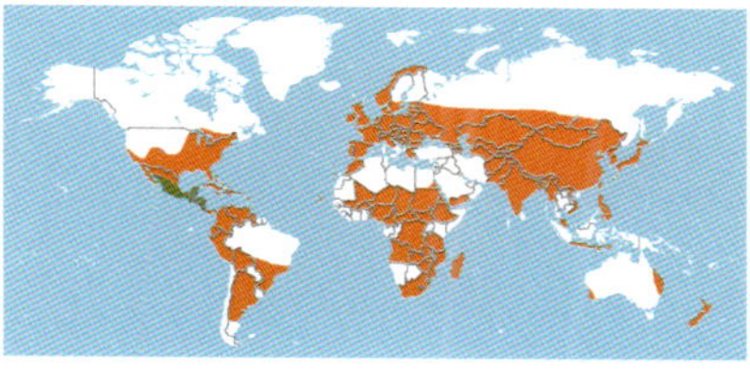

beschrieb. 1798 brachte Gräfin von Bute, die Frau des englischen Botschafters in Madrid, die Pflanze nach England, und 1808 blühte sie erstmals im Berliner Botanischen Garten. Von dort breitete sie sich schnell über ganz Mitteleuropa aus. Heute zählt sie zu den beliebtesten einjährigen Zierpflanzen. Sie findet sich auch gern an Stellen, wo eine Wintervogelfütterung durchgeführt wurde.

WEITERE ART In Mexiko und Mittelamerika ist das **Gold-Schmuckkörbchen**, *Cosmos sulphureus*, beheimatet. Es wird im Zuge von einjährigen Blumenmischungen angesät und kann vorübergehend subspontan auftreten, wie in Baden-Württemberg, Bayern, Niedersachsen und in der Steiermark.

Cosmos bipinnatus

Cosmos sulphureus

Krähenfuß-Laugenblume
Cotula coronopifolia
— Korbblütler · Asteraceae

Mai–Juli

Cotula coronopifolia

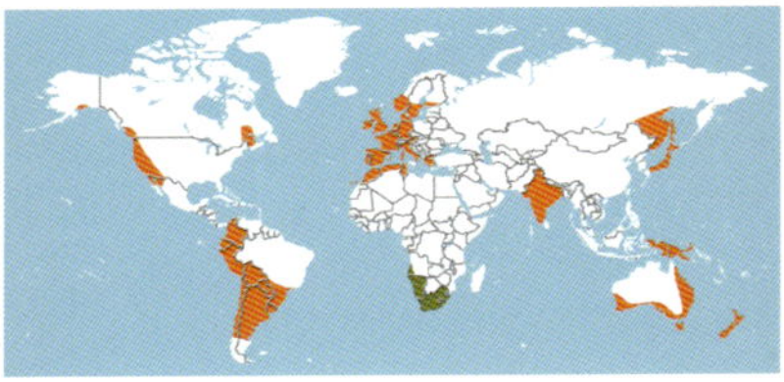

STECKBRIEF 5–25 cm hohe Einjährige mit etwas fleischigen, länglich-lanzettlichen, gezähnten bis fiederteiligen Blättern. Blütenkörbchen einzeln an langen Stielen, 8–12 mm im Ø, mit schuppenförmigen Hüllblättern und gelben Röhrenblüten.

VERWECHSLUNG Die Südliche Laugenblume, *Cotula australis*, hat cremeweiße Röhrenblüten und doppelt gefiederte Blätter.

NUTZUNG/AUSBREITUNG Selten als Zierpflanze für Gartenteichränder. In Europa seit spätestens 1687 im Botanischen Garten Amsterdam kultiviert und vielleicht

aus diesem entflohen. Im Gebiet 1739 erstmals subspontan um Bankstede, Ochtenbuhl und Riepen bei Emden in Niedersachsen gefunden. Gegenwärtig hauptsächlich an der Nord- und Ostsee, im Binnenland nur ganz vereinzelt. In Australien, Neuseeland und Südamerika eingebürgert und wie ursprünglich wirkend.
WEITERE ARTEN In Australien und Neuseeland beheimatet ist die **Südliche Laugenblume**, *Cotula australis*, die in Westeuropa gelegentlich verwildert auftritt. Im Gebiet sehr selten in Niedersachsen, im Tessin und früher in Solothurn.

Die aus Neuseeland stammende **Farn-Laugenblume**, *Cotula squalida* (= *Leptinella squalida*), wird bei uns als Rasenersatz und Bodendecker genutzt und verwildert daraus gelegentlich, so in Hamburg, Niedersachsen und Nordrhein-Westfalen.

Cotula squalida

Cotula australis

Hasen-Pippau

Crepis sancta (Syn.: *Crepis nemausensis*)
— Korbblütler · Asteraceae

Mai–Juli

Crepis sancta

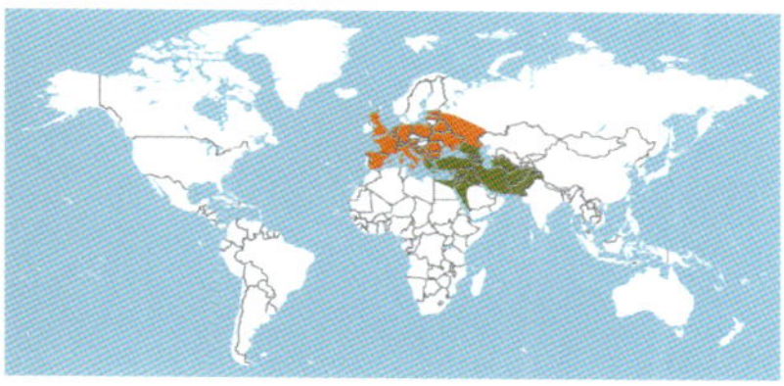

STECKBRIEF 3–50 cm hohe, vielgestaltige Einjährige mit meist unbeblätterten, kahlen bis steifhaarigen, ein- bis wenigkörbigen Stängeln. Blattspreiten oval bis lanzettlich, buchtig gezähnt bis fiederteilig, in den geflügelten Stiel verschmälert. Hülle zylindrisch, 6–11 mm lang, nach dem Verblühen zurückgebogen. Äußere Hüllblätter $\frac{1}{3}$–$\frac{1}{8}$-mal so lang wie die inneren Hüllblätter.
VERWECHSLUNG Sehr ähnlich ist der Stinkende Pippau, *Crepis foetida*, bei dem die äußeren Hüllblätter aber $\frac{1}{2}$–$\frac{1}{3}$-mal so lang wie die inneren Hüllblätter sind und der meist einen beblätterten Stängel hat.
NUTZUNG/AUSBREITUNG Keine. In Italien seit etwa Ende des 19. Jahrhunderts stark in Ausbreitung begriffen. Im Gebiet gegenwärtig vereinzelt und unbestän-

dig, in der Schweiz mit Ausbreitungstendenzen. Anhand des Hasen-Pippaus konnte nachgewiesen werden, wie rasch sich Pflanzen auf geänderte Wuchsbedingungen evolutionär einstellen können. So konnte der französische Biologe Pierre-Olivier Cheptou nachweisen, dass die Art im städtischen Gebiet weniger Pappus ausbildet als im ländlichen Gebiet, wo die Fallschirme für die Fernausbreitung wesentlich sind.

Aromatischer Klebalant

Dittrichia graveolens
— Korbblütler · Asteraceae

Juli–Okt.

STECKBRIEF 20–60 cm hohe, drüsig-klebrige, nach Kampfer riechende Einjährige mit lineal-lanzettlichen bis linealen, 2–8 mm breiten, ganzrandigen oder gezähnelten Blättern. Blütenkörbchen zahlreich, 5–10 mm im Ø, einen rispigen Blütenstand bildend. Zungenblüten 4–7 mm lang, röhrig, die Scheibenblüten und die Hülle kaum überragend. Früchte behaart, 1–2 mm lang, Pappus gelblich.

VERWECHSLUNG Der ebenfalls mediterrane, aber ausdauernde Echte Klebalant, *Dittrichia viscosa*, hat 10–12 mm lange Zungenblüten, die deutlich länger als die Hüllblätter sind.

NAME Benannt zu Ehren des deutschen Botanikers Manfred Dittrich (geb. 1934), ehemaliger Leiter des Herbariums am Botanischen Garten Berlin und Spezialist für die Familie der Korbblütler.

NUTZUNG/AUSBREITUNG Keine. Salztolerante Art, die sich besonders an Autobahnrändern und -mittelstreifen ausbreitet, neuerdings auch vermehrt in den Banketten von Bundesstraßen und in Brachflächen. Im Gebiet erstmals 1887 am Neckarufer bei Ilvesheim gefunden. Seit etwa dem Jahr 1990 mit starker Ausbreitungstendenz, lokal bereits eingebürgert.

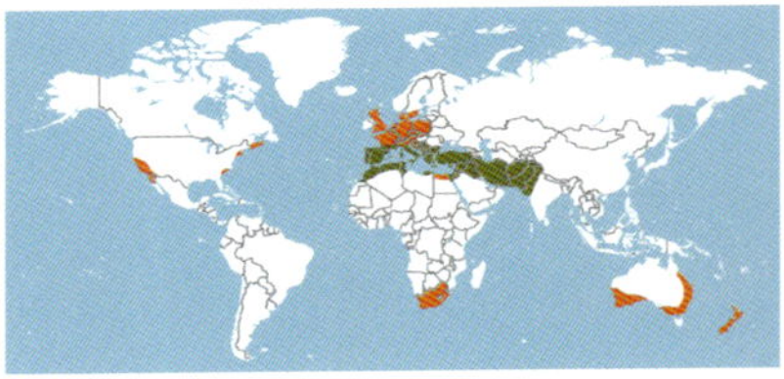

WEITERE ART Selten und unbeständig tritt auch die zweite Art der Gattung, der mediterran-südwestasiatische **Echte Klebalant**, *Dittrichia viscosa*, im Gebiet auf, so in Berlin, Baden-Württemberg, Mecklenburg-Vorpommern, Rheinland-Pfalz und Nordrhein-Westfalen.

Dittrichia graveolens

Dittrichia viscosa

Kaukasus-Gamswurz
Doronicum orientale
— Korbblütler · Asteraceae

April–Juni

STECKBRIEF 20–60 cm hohe Staude mit unterirdischen Ausläufern, die am Ende mit Haarbüscheln versehen sind. Grundblätter lang gestielt, Spreite herzeiförmig bis rundlich, schwach gezähnt. Stängelblätter stängelumfassend sitzend. Stängel 1–5-körbig, Blütenkörbe im Ø 3–6 cm, an langen Stielen, diese mit Drüsen- und Wollhaaren. Hüllblätter krautig, lineal-lanzettlich, 0,5–1 mm lang bewimpert.
VERWECHSLUNG Die im Gebiet heimische Herzblättrige Gamswurz, *Doronicum columnae*, hat Rhizome ohne Haarbüschel, deutlich gezähnte Blattränder und ihre Hüllblätter sind 0,1–0,3 mm lang bewimpert.
NUTZUNG/AUSBREITUNG Zierpflanze. *Doronicum orientale* hort., die vielfach als Gartenzierstaude im Handel ist, umfasst einen Komplex aus mehreren Cultivaren, an denen *Doronicum orientale* s. str. zumindest beteiligt ist.
Obwohl die Pflanze nicht nur im Vorderen Orient, sondern auch in Südosteuropa beheimatet ist, wurde sie erst zu Beginn des 19. Jahrhunderts im Kaukasus „entdeckt" und als eigene Art erkannt. Sie war deswegen lange Zeit unter dem botanischen Namen *Doronicum caucasicum* im Gartenhandel. Im Jahr 1808 wuchs sie im Botanischen Garten Berlin und Mitte des 19. Jahrhunderts war sie im Gebiet eine allgemein verbreitete Gartenzierstaude. Gegenwärtig ganz vereinzelt verwildert, lokal auch eingebürgert.

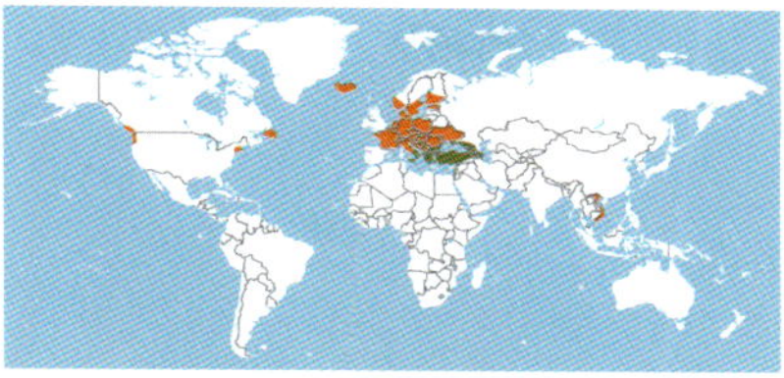

Doronicum orientale

Roter Igelkopf · Purpur-Sonnenhut
Echinacea purpurea
— Korbblütler · Asteraceae

Juni–Aug.

Echinacea purpurea

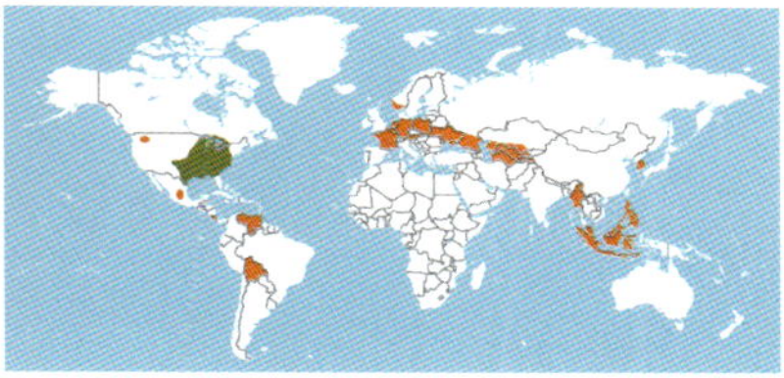

STECKBRIEF 40–120 cm hohe Staude mit ungeteilten, beiderseits rauhaarigen, gezähnten, meist zugespitzten, 4–12 cm breiten Blättern. Die unteren Blätter lang gestielt, die oberen kurz gestielt bis sitzend. Blütenkörbe 8–10 cm im Ø. Hülle 3–4-reihig, Hüllblätter schmal eiförmig, 10–15 mm lang. Spreublätter steif, orange, igelartig.

Zungenblüten rosa bis purpurn, Krone der Röhrenblüten rot- bis schwarzbraun. Frucht kahl.
VERWECHSLUNG Der ebenfalls in Kultur befindliche Schmalblättrige Igelkopf, *Echinacea angustifolia*, hat Blätter mit 1–4 cm breiten Spreiten.
NUTZUNG/AUSBREITUNG Zier-, Arznei- und Teepflanze. Als Arzneipflanze oft feldmäßig gebaut, als Zierpflanze in vielen Sorten häufig kultiviert. Der englische Pflanzensammler John Baptist Banister (1654–1692) fand die Art 1678 bei Virginia und schickte sie nach England, wo sie von Leonard Plukenet beschrieben wurde. Eine stärkere Verbreitung erfolgte erst im 20. Jahrhundert durch die in Mode kommenden Staudengärten. Nun setzte auch die züchterische Bearbeitung ein, indem versucht wurde, das ursprüngliche trübe Rot durch leuchtende Farben zu ersetzen. Der Purpur-Sonnenhut tritt gegenwärtig im Gebiet sehr selten verwildert oder verschleppt auf.

Hohe Kugeldistel
Echinops exaltatus
— Korbblütler · Asteraceae

Juni–Aug.

STECKBRIEF 40–200 cm hohe Staude mit meist einkörbigen, nicht drüsenhaarigen, wollig-filzigen bis kahlen Stängeln. Stängelblätter einfach fiederspaltig bis buchtiggezähnt, unterseits filzig behaart, Blattrand rau. Korbstände 4–6 cm im Ø, weißlich bis hellgrau. Hüllen 2–3 cm lang, Hüllblätter drüsenlos. Pappus in der unteren Hälfte verwachsen.
VERWECHSLUNG Die eurasiatische Bienen-Kugeldistel, *Echinops sphaerocephalus*, hat drüsenhaarige Stängel und Hüllblätter.
NUTZUNG/AUSBREITUNG Bienenweide und Zierpflanze. Seit dem 19. Jahrhundert im Gebiet bekannt und gegenwärtig stellenweise verwildert, lokal auch eingebürgert. Vermehrt sich sowohl vegetativ über kurze Wurzelausläufer als auch generativ über Samen. Die Früchte bleiben durch ihre häkchenartige Oberfläche am Fell von vorbeistreifenden Tieren haften und werden so fernverbreitet, andererseits ist die Art auch ein Schleuderstreuer für die Ausbreitung über kurze Distanzen.

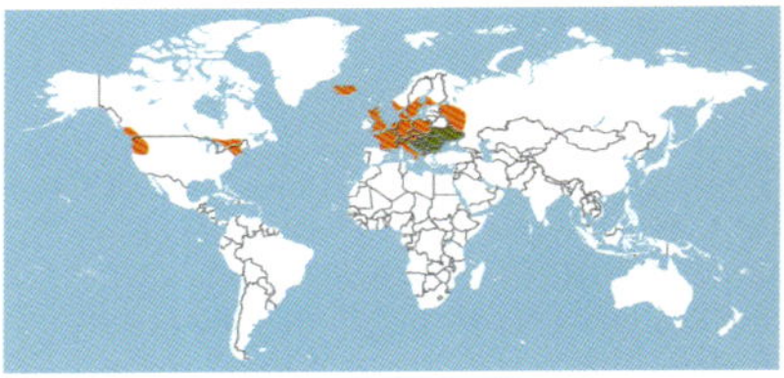

WEITERE ART Ebenfalls südosteuropäischer Herkunft ist die **Banater Kugeldistel**, *Echinops bannaticus*, die 1823 vom österreichischen Botaniker Anton Rochel (1770–1847) entdeckt wurde und seit 1837 in Gartenkultur ist. Im Gebiet verwildert bis eingebürgert mit Verbreitungsschwerpunkten in Franken, dem Saalegebiet und um Karlsruhe. Weiterhin in Hamburg, Niedersachsen, Nordrhein-Westfalen, Sachsen, Sachsen-Anhalt, Thüringen, Niederösterreich, Oberösterreich, Salzburg, in der Steiermark, in Wien, Bern und im Wallis.

Echinops exaltatus

Echinops bannaticus

Scheingreiskraut
Erechtites hieraciifolia
— Korbblütler · Asteraceae

Juli–Okt.

Erechtites hieraciifolia

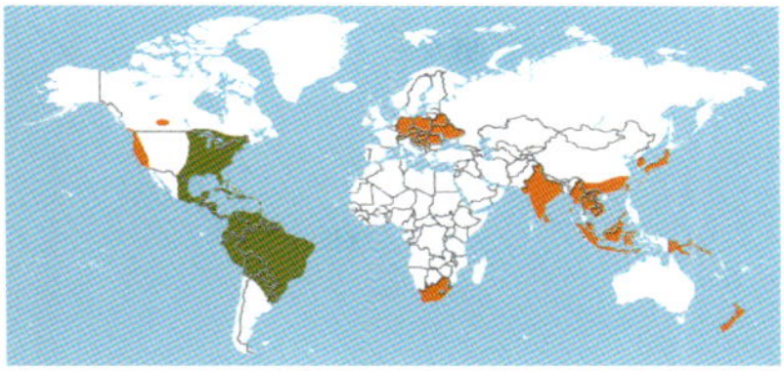

STECKBRIEF 40–150 cm hohe, unangenehm riechende Einjährige mit aufrechtem Stängel und spitzen, grob und unregelmäßig gezähnten Blättern. Spreiten der mittleren Blätter allmählich in den geflügelten Blattstiel verschmälert oder mit keiligem Grund sitzend. Blütenkörbe 6–7 mm im Ø, Hülle zylindrisch, Hüllblätter lineal, zugespitzt, mit hellem Rand. Röhrenblüten blassgelb bis weißlich, Zungenblüten fehlen.

NUTZUNG/AUSBREITUNG Keine. Durch den kroatischen Botaniker Vukotinovic 1876 erstmals in Europa bei Agram in Kroatien nachgewiesen. Von hier breitete sich die Art längs der Donau Drau und Save nach Nordwesten aus. 1887 wurde sie am Kolbeterberg bei Hütteldorf in Wien gefunden, 1889 war sie vom steirischen Bad Gleichenberg und Fürstenfeld bekannt, 1891 von Herzogenburg in Niederösterreich und 1910 vom oberösterreichischen Donauraum. In Deutschland erstmals 1974 bei Bad Füssing beobachtet.
Gegenwärtig im Südosten des Gebiets weitverbreitet und lokal häufig, so in der Steiermark, in Niederösterreich und im östlichen Bayern.

Einjähriger Feinstrahl
Erigeron annuus
— Korbblütler · Asteraceae

Juni–Okt.
invasiv

Erigeron annuus

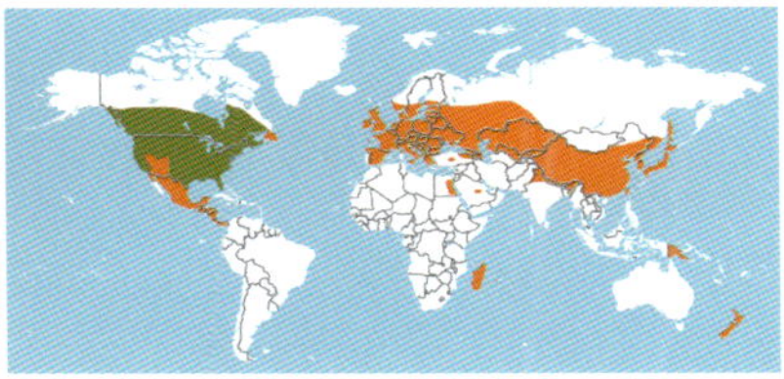

STECKBRIEF 40–100 cm hohe Einjährige mit grob gezähnten bis ganzrandigen, eiförmigen bis elliptischen Grundblättern und unteren Stängelblättern. Obere Stängelblätter lanzettlich. Stängel vielkörbig mit mehr als 15 Körben, diese schirmrispig angeordnet. Blütenkörbe 15–20 mm im Ø. Zungenblüten weiß bis blasslila, 6–8 mm lang, 0,4–1 mm breit. Früchte mit Pappusschirmchen.

VERWECHSLUNG Der Philadelphia-Feinstrahl, *Erigeron philadelphicus*, ist 15–70 cm hoch, 4–15-körbig, hat blassrosa bis helllila Zungenblüten und im Ø 20–30 mm breite Körbe.

NUTZUNG/AUSBREITUNG Früher als Zierpflanze häufig gepflanzt. Gegenwärtig spielt die Pflanze in der Gartengestaltung keine Rolle mehr. Beheimatet in Nordamerika, hier in zumindest drei Unterarten (subsp. *annuus*, subsp. *strigosus*, subsp. *septentrionalis*) auftretend.
Um das Jahr 1625 nach Europa gekommen, ins Gebiet in der zweiten Hälfte des 17. Jahrhunderts. Der Feinstrahl wurde bald zur beliebten Gartenpflanze und war im 18. Jahrhundert in mitteleuropäischen Gärten ziemlich verbreitet. Schon die Gartenliteratur um das Jahr 1700 erwähnt, dass sich die Art im Garten leicht selbst aussät. Ab der ersten Hälfte des 19. Jahrhunderts breitete sich die Pflanze auch in der Landschaft rasch aus und heute gehört sie zu den häufigsten Neophyten Mitteleuropas. Keimfähige Samen bilden sich auch ohne Fremdbefruchtung.
WEITERE ART Ähnlich ist der nordamerikanische **Philadelphia-Feinstrahl**, *Erigeron philadelphicus*, der früher gleich dem Einjährigen Feinstrahl als Zierpflanze kultiviert wurde und vereinzelt verwilderte, so u. a. in Baden-Württemberg, Bayern, Niedersachsen, Sachsen, in der Steiermark und in Südtirol.

Erigeron philadelphicus

Kanadisches Berufkraut

Erigeron canadensis (Syn.: *Conyza canadensis*)
— Korbblütler · Asteraceae

Juli–Okt.
invasiv

Erigeron canadensis

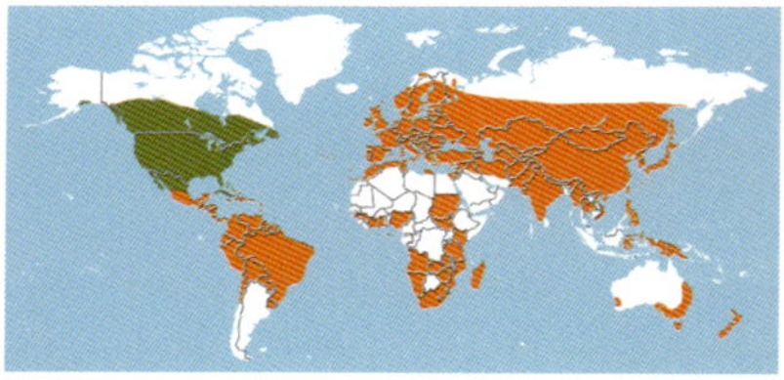

STECKBRIEF 20–90 cm hohe Ein- bis Zweijährige mit behaartem, dicht beblättertem Stängel und unscheinbaren Blütenkörben. Stängelblätter lanzettlich, ganzrandig oder gezähnt. Spreiten der oberen Blätter auf den Flächen kaum behaart. Gesamtblütenstand schmal zylindrisch. Hülle 2–3 mm breit, zur Fruchtreife bis 4 mm breit, kahl. Randblüten mit ca. 1 mm langer Zunge, die Hülle nur wenig überragend. Früchte 1–1,5 mm lang, mit 2–2,5 mm langem, schmutzig weißem Pappus.
VERWECHSLUNG Beim ähnlichen Sumatra-Berufkraut, *Erigeron sumatrensis*, ist die Hülle zur Blütezeit 4–5 mm breit und behaart, die Blattspreiten sind behaart und erscheinen dadurch graugrün, die Röhrenblüten sind fünfzipfelig (Lupe).
Erigeron sumatrensis ähnelt wieder stark dem Südamerikanischen Berufkraut, *E. bonariensis*. Die beiden Arten sind habituell verschieden. *E. sumatrensis* wird mit bis über 2 m höher, die Blütenstände sind langgestreckt, pyramidal, gelegentlich schmal bis fast zylindrisch,

ähnlich denen von *E. canadensis*, während *E. bonariensis* niedrig bleibt, oft kaum 50 cm erreicht und ebenstäußige Blütenstände besitzt. Beide unterscheiden sich von *E. canadensis* durch die größeren Körbe, was schon von Weitem auffällt.
Eine Unterscheidung von *E. sumatrensis* und *E. bonariensis* ist oft nicht einfach, da Kümmerexemplare von *E. sumatrensis* durch Verbiss oder Störungen eine Übergipfelung des Haupttriebes zeigen können. Dieser corymbose Blütenstand ist eigentlich das charakteristische Kennzeichen für *E. bonariensis*. *E. sumatrensis* besitzt oft mehr als 20 Blütenköpfe auf den unteren Seitenästen, bei *E. bonariensis* sind es meist weniger als 10. Die Hüllblattspitzen sind bei *E. bonariensis* meist rötlich, bei *E. sumatrensis* nicht.

NUTZUNG/AUSBREITUNG Keine. Anfang des 17. Jahrhunderts aus Kanada nach Frankreich eingeführt. Dort breitete sich die Art so rasch aus, dass sie 1659 um Paris bereits derart häufig war, dass der Botaniker Joncquet meinte, es müsse sich um eine einheimische Art handeln. Im Gebiet erstmals erwähnt wird die Art 1646 aus dem Botanischen Garten Altdorf bei Nürnberg. Subspontan ist sie dann erstmals 1707 aus der Pfalz nachgewiesen, 1710 aus Brandenburg, 1715 von Hessen, 1718 für Nürnberg und 1792 für Salzburg angegeben. Gegenwärtig weltweit verschleppt und nur in den Tropen, Subtropen und in der Arktis seltener oder fehlend. Im Gebiet weit verbreitet und sehr häufig. Formen von *Erigeron canadensis* waren die ersten durch extremen Selektionsdruck, verursacht durch Glyphosat, in den USA entstandenen und nachgewiesenen „Superweeds", also herbizidresistente Unkräuter. Es wird angenommen, dass sie im Zusammenhang mit der Kultur glyphosatresistenter Sojabohnen auftauchten.

WEITERE ARTEN Das **Südamerikanische Berufkraut**, *Erigeron bonariensis*, tritt im Gebiet vereinzelt auf, so etwa in Baden-Württemberg, Bayern, Mecklenburg-Vorpommern, Nordrhein-Westfalen, Sachsen, Oberösterreich, Nordtirol, Wien, Basel, Bern, Luzern, im Tessin, in Uri, in der Waadt, im Wallis und in Zürich.
Das sehr ähnliche, nicht immer vom Südamerikanischen Berufkraut unterschiedene **Sumatra-Berufkraut**, *Erigeron sumatrensis*, das entgegen seinem Namen wahrscheinlich aus Südamerika stammt, ist nach Wein (1932) als Gartenpflanze eingeführt worden und war schon 1747 im markgräflichen Garten in Karlsruhe vorhanden. Der größte Teil der heutigen Vorkommen dürfte aber auf Verschleppung beruhen, denn ihr Zierwert hält sich in Grenzen. In Deutschland mit Schwerpunkt im Rheintal, so in Baden-Württemberg, Nordrhein-Westfalen und Rheinland-Pfalz, aber auch anderenorts, so etwa Berlin, Hessen, Niedersachsen, Sachsen, Niederösterreich, in der Steiermark, in Salzburg, Wien, Südtirol (im südlichen Etschtal lokal eingebürgert), im Aargau, in Basel, Bern, Genf, Graubünden, Neuenburg, St. Gallen, im Tessin, in der Waadt, im Wallis und in Zürich.

Erigeron bonariensis

Erigeron sumatrensis

Karwinski-Berufkraut

Erigeron karvinskianus
— Korbblütler · Asteraceae

Mai–Nov.

STECKBRIEF 10–30 cm hohe, mehrstängelige, reich verzweigte Staude mit am Grund schwach verholztem Stängel, lanzettlichen Blättern und weißen bis rosa Zungenblüten. Untere Blätter meist dreilappig, beiderseits mit je einem deutlich ausgeprägten Zahn. Körbe einzeln an den Zweigenden, etwa 15 mm im Ø.

NAME Der Artbeiname ehrt den ungarisch-deutschen Botaniker und Bergbauingenieur Wilhelm Friedrich Karwinsky von Karwin (1780–1855), der in Mexiko und Brasilien Pflanzen sammelte.

NUTZUNG/AUSBREITUNG Zierpflanze. Im 18. Jahrhundert nach Europa gekommen, wo sie als Zierpflanze rasch Anklang fand. Das „Spanische Gänseblümchen" verbreitet sich durch Selbstaussaat. Gegenwärtig tritt es in den Kantonen Tessin, Waadt und Genf eingebürgert auf, sonst nur vereinzelt.

WEITERE ARTEN Nordamerikanisch ist das **Pracht-Berufkraut**, *Erigeron speciosus*, das 1832 durch den schottischen Gärtner und Pflanzensammler David Douglas nach England gebracht wurde und 1836 Deutschland erreichte. Es wird als Zierstaude genutzt und verwildert selten, so in Baden-Württemberg, Bayern, Brandenburg, Hessen und Niederösterreich.

Aus dem tropischen Afrika stammt die **Orangerote Emilie**, *Emilia coccinea*, die selten als Zierpflanze für Sommerblumenbeete genutzt wird und sehr selten daraus verwildert, so in Baden-Württemberg.

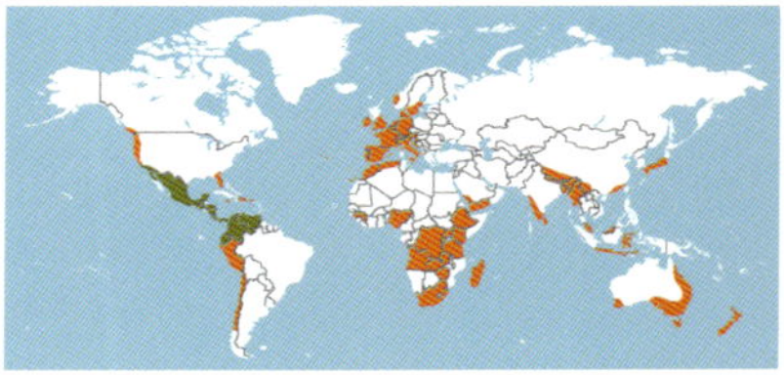

Erigeron speciosus

Erigeron karvinskianus

Emilia coccinea

Großblütige Kokardenblume

Gaillardia × grandiflora
— Korbblütler · Asteraceae

Juli–Okt.

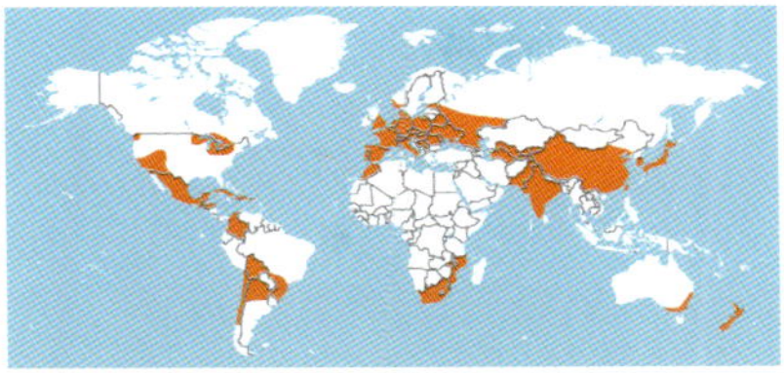

STECKBRIEF 30–60 cm hohe, rauhaarige, basal stark verzweigte Mehrjährige mit ungeteilten bis fiederteiligen Blättern und meist mehrkörbigen Stängeln. Hüllblätter in 2–3 Reihen angeordnet, deutlich bewimpert, in eine feine Spitze verschmälert, die äußeren zuletzt zurückgeschlagen. Korbboden mit Spreuborsten. Zungenblüten verkehrt-eiförmig, an der Spitze meist tief dreizähnig, meist purpurrot mit gelber Spitze.

ANMERKUNG Eine Einteilung der Gartenzierformen zu der einen oder anderen Art ist meist nicht möglich. Im Gartenhandel finden sich gegenwärtig fast ausschließlich hybridogene Kulturformen. Daher werden hier verwilderte Pflanzen, die als *G. aristata* gemeldet wurden, in *G. × grandiflora* miteinbezogen.

NAME Benannt zu Ehren des französischen Adligen und Förderers der Botanik Antoine René Gaillard de Marentonneau (1732–1789).

NUTZUNG/AUSBREITUNG In vielen Sorten als Gartenzierstaude. Meriwether Lewis und William Clark entdeckten 1806 auf ihrer Expedition quer durch Amerika die Prärie-Kokardenblume, *Gaillardia aristata*. Um 1840 kam die erste Kokardenblume nach Deutschland, wo eine rege Zuchtarbeit begann. In der Gärtnerei Gallopin bei Lüttich in Belgien entstand durch spontane Kreuzung der Kurzlebigen Kokardenblume, *Gaillardia pulchella*, mit der Prärie-Kokardenblume, *G. aristata*, 1857 die tetraploide *Gaillardia × grandiflora*.
Gegenwärtig im Gebiet vereinzelt und unbeständig, im Steinfeld in Niederösterreich sich einbürgernd und in den Sandtrockenrasen der Ungarischen Tiefebene sich stark ausbreitend.

Gaillardia × grandiflora

Kleinkörbiges Knopfkraut

Galinsoga parviflora
— Korbblütler · Asteraceae

Juni–Nov.
essbar

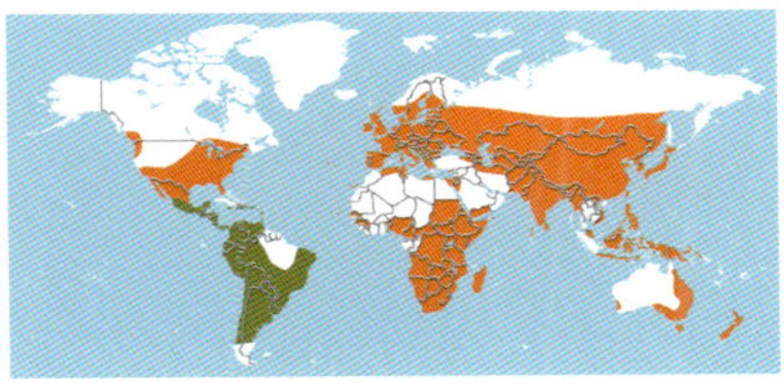

STECKBRIEF 10–60 cm hohe Einjährige mit kahlen bis spärlich behaarten Stängeln. Korbstiele anliegend behaart, ohne oder nur mit wenigen Drüsenhaaren. Blätter nur am Rand und unterseits auf den Nerven behaart, sonst fast kahl. Ø der Blütenkörbe höchstens 5 mm, Zungenblüten halb so lang oder weniger als halb so lang wie der Ø der Scheibe. Hüllblätter gegen die Spitze bewimpert, sonst kahl.

VERWECHSLUNG Das Zottige Knopfkraut, *Galinsoga ciliata*, hat dicht behaarte Stängel, zahlreiche Drüsenhaare an den Korbstielen und die Zungenblüten sind mindestens halb so lang wie der Ø der Scheibe.

NUTZUNG/AUSBREITUNG Keine, vereinzelt aber als Wildgewürz und Wildgemüse verwendet. Beheimatet in Süd- und Mittelamerika, möglicherweise ist die Art aber auch nur in Zentralmexiko ursprünglich und die Vorkommen in Südamerika sind synanthroper Natur. In Europa erstmals 1785 im Botanischen Garten in Paris kultiviert, bald darauf auch in Madrid und in anderen Botanischen Gärten. Erste Verwilderungen sind seit Anfang des 19. Jahrhunderts angegeben, so 1804 vom bayrischen Landshut und 1814 aus Mainfranken. Um das Jahr 1850 im Gebiet bereits flächig vertreten. Die Hauptausbreitungszeit in Europa war in den Jahren 1804–1890. In den letzten Jahren ist regional ein Rückgang erkennbar.

Galinsoga ciliata

WEITERE ART Ebenfalls süd- und mittelamerikanisch ist das **Zottige Knopfkraut**, *Galinsoga ciliata*, das etwas später als das Kleinkörbige Knopfkraut nach Europa kam und seine Hauptausbreitung in den Jahren 1853–1930 hatte. Gegenwärtig kommt es fast im gesamten Gebiet häufig vor.

Galinsoga parviflora

Kronenwucherblume

Glebionis coronaria
— Korbblütler · Asteraceae

Mai–Aug.
essbar

STECKBRIEF 30–80 cm hohe, aromatisch riechende, ± kahle Einjährige mit einfarbig gelben (var. *coronaria*) oder zweifarbig gelb-weißen (var. *discolor*) Blütenkörben. Blätter doppelt fiederteilig mit lanzettlichen, zugespitzten Lappen, sitzend, obere mit geöhrtem Grund stängelumfassend. Hüllblätter mit braunen, außen durchscheinend häutigem Rand.

VERWECHSLUNG Die im Gebiet archäophytische Saatwucherblume, *Glebionis segetum*, hat lanzettliche, ungefiederte Blätter.

NUTZUNG/AUSBREITUNG Zier- und Gemüsepflanze, auch als Ansaat in Blumenwiesen und Blumenbrachen. Ägypter, Griechen und Römer kultivierten die Art bereits im Altertum als Zier- und Gemüsepflanze. Nach Mitteleuropa gelangte sie im 16. Jahrhundert. Matthiolus und Gessner berichten, dass sie Pflanzen aus Italien bekommen hätten. Fortan breitete sie sich in Mitteleuropa als Zierpflanze aus. Vielfach auch in Blumenwiesenmischungs-Ansaaten enthalten, so in der Austrosaat-Blumenmischung „Paradiesgarten". Gegenwärtig im Gebiet selten und vorübergehend.

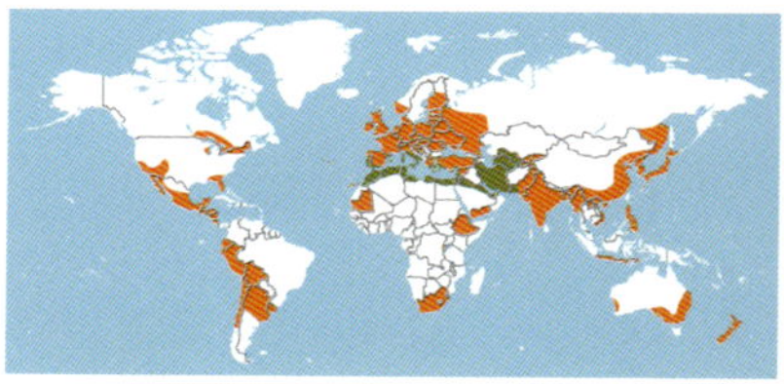

Glebionis coronaria

Sparriges Gummikraut

Grindelia squarrosa
— Korbblütler · Asteraceae

Juli–Sep.

Grindelia squarrosa

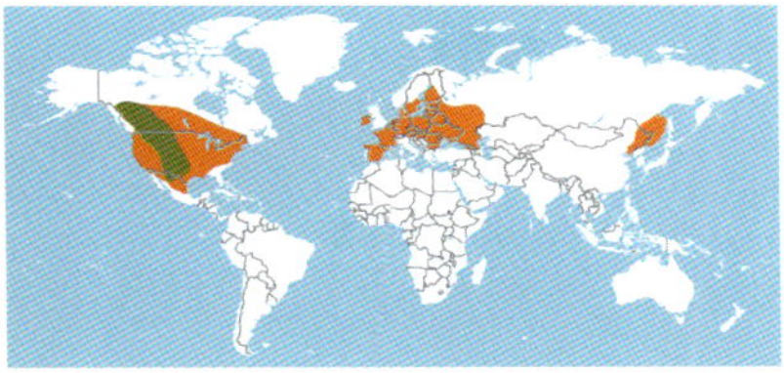

STECKBRIEF 30–90 cm hohe Mehrjährige mit lanzettlichen bis ei-lanzettlichen, gekerbten bis gesägten, drüsig-harzigen Blättern und auffallend linealischen Hüllblättern. Hülle 0,8–2 cm im Ø mit mehrreihig angeordneten, harzigen Hüllblättern. Blütenkörbe mit bis zu 36 gelben, 0,8–1,4 cm langen Zungenblüten. Achänen mit Granne und Pappus.

NAME Benannt zu Ehren des deutsch-baltischen Arztes, Apothekers und Botanikers David Hieronymus Grindel (1776–1836), der vor allem zu pharmazeutischen und chemischen Themen publizierte.

NUTZUNG/AUSBREITUNG Arzneipflanze, selten auch als Zierpflanze für Naturgärten. Im 18. Jahrhundert war die Pflanze in ihrer nordamerikanischen Heimat als Wundheilmittel weitverbreitet. Spätestens 1811 erreichte sie Europa. Durch Verwilderungen von Anpflanzungen als Arzneipflanze und Begrünungsansaaten verbreitete sich das Sparrige Gummikraut auch im Gebiet, wo sie gegenwärtig selten und unbeständig auftritt.

Abessinisches Ramtillkraut

Guizotia abyssinica
— Korbblütler · Asteraceae

Aug.–Sep.

Guizotia abyssinica

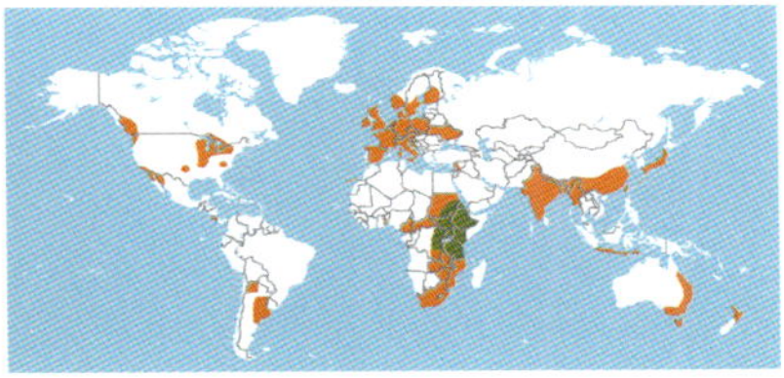

STECKBRIEF 70–180 cm hohe Einjährige mit hohlen, brüchigen, behaarten, purpurn gezeichneten Stängeln und ei-lanzettlichen, 10–20 cm langen Blattspreiten. Blütenkörbe 1,5–4,5 cm im Ø, Zungenblüten meist 8, gelb, 0,5–2 cm lang. Hüllblätter zweireihig angeordnet.

NUTZUNG/AUSBREITUNG Vogelfutterpflanze, vor allem als Papageienfutter, aber auch zur Gründüngung genutzt. In den Tropen als Öl-, Nahrungs-, Kosmetik- und Arzneipflanze kultiviert. Über Vogelfutter und Gründüngung, oft auch mit Klärsubstrat verschleppt. Das Ramtillkraut wird gegenwärtig in der Landwirtschaft als Zwischenkultur empfohlen, weil es einen dichten Vegetationsschluss gegen Winderosion bildet, beim ersten Frost zugrunde geht und anders als z. B. bei Ölrettich und Senf keine weiteren Maßnahmen wie Unterpflügen erforderlich sind. Art mit Ausbreitungstendenz, so zunehmend an Ackerrändern und auf Brachäckern zu finden.

WEITERE ART Früher gelegentlich als Ölpflanze kultiviert wurde die in Nord- und Südamerika beheimatete **Öl-Madie**, *Madia sativa*, die ganz vereinzelt im Gebiet verschleppt oder verwildert auftritt, so in Brandenburg, Hessen, Sachsen, Thüringen, Kärnten und Salzburg.

Madia sativa

Sonnenbraut

Helenium autumnale hort.
— Korbblütler · Asteraceae

Juli–Okt.

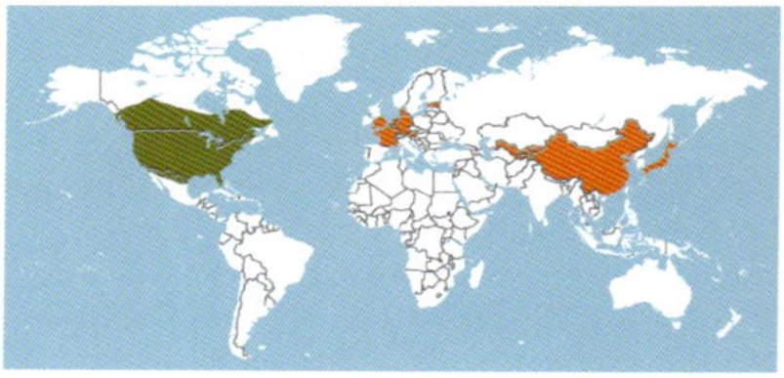

STECKBRIEF 50–150 cm hohe Mehrjährige mit geflügelten Stängeln und schirmrispigen Blütenständen. Blätter lanzettlich, entfernt gezähnt bis ganzrandig, am Stängel sitzend und herablaufend. Zungenblüten gelb bis orangebraun, 3–5-zähnig, Röhrenblüten in halbkugeliger bis kugeliger Scheibe.

NUTZUNG/AUSBREITUNG Zierstaude, in mehreren Sorten gebaut. *Helenium autumnale* hort. ist ein aus mehreren Cultivaren und Hybriden bestehender Komplex um das nordamerikanische *Helenium autumnale*, nicht selten auch mit Beteiligung von *Helenium flexuosum*. *H. autumnale* s. str. ist um 1620 aus den damaligen französischen Kolonien in Kanada nach Paris gekommen, war aber erst im 18. Jahrhundert in den europäischen Gärten weiter verbreitet. Im 19. Jahrhundert begann, bedingt durch die Einfuhr weitere *Helenium*-Arten aus Nordamerika, die gärtnerische Zucht. Gegenwärtig im Gebiet selten verwildert oder mit Gartenauswurf verschleppt.

WEITERE ART Aus Mexiko stammt die zu Ehren des deutschen Botanikers und Anatoms Johann Gottfried Zinn (1727–1759) benannte **Garten-Zinnie**, *Zinnia elegans*, die häufig und in vielen Sorten gezogen wird und vereinzelt verwildert, so in Bayern, Niedersachsen, Nordrhein-Westfalen, Sachsen, Oberösterreich, Salzburg, Basel, Solothurn und im Tessin.

Helenium autumnale

Zinnia elegans

Echte Sonnenblume
Helianthus annuus
— Korbblütler · Asteraceae

Juni–Sep.
essbar

Helianthus annuus

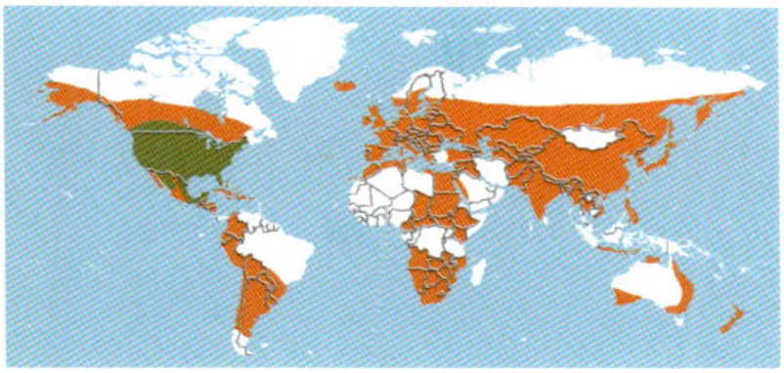

STECKBRIEF 50–250 cm hohe, kaum verzweigte, rauhaarige Einjährige mit wechselständigen Blättern und herz- bis eiförmigen, spitz gezähnten Spreiten. Blütenkörbe einzeln oder wenige, nickend, Ø 10–30 cm. Zungenblüten 20–70, meist gelb, bis 2 cm breit und 6–10 cm lang. Röhrenblüten rotbraun, seltener gelb. Blütenboden flach, mit Spreublättern. Früchte 8–15 mm lang, grau, oft schwarz gestreift, mit 2 leicht abfallenden Pappusborsten.
NUTZUNG/AUSBREITUNG Öl-, Zier- und Futterpflanze, auch als Zwischenfrucht. Samen der Art gelangten 1552 durch spanische Seefahrer nach Europa, 1570 erreichte sie Deutschland, und schon 1576 berichtet der flämische Botaniker Matthias Lobel, dass die Pflanze in Gärten als Zierde zu finden sei. In Mitteleuropa war die Sonnenblume lange Zeit nur als Zierpflanze bekannt, der Anbau als Ölpflanze begann im Lauf des 19. Jahrhunderts. Die Ausbreitung erfolgt vor allem über Vogelfutterstreuung, Vogelverbreitung, Selbstaussaat, Verschleppung mit Gartenauswurf und Gründüngungsaussaat, so ist sie Bestandteil der Kiepenkerl-Saatmischung „Bienenfutterpflanzen einjährig". Im Gebiet häufig kultiviert und daraus immer wieder vorübergehend verwildert oder verschleppt.

Raue Sonnenblume
Helianthus pauciflorus (Syn.: *H. rigidus*)
— Korbblütler · Asteraceae

Aug.–Okt.

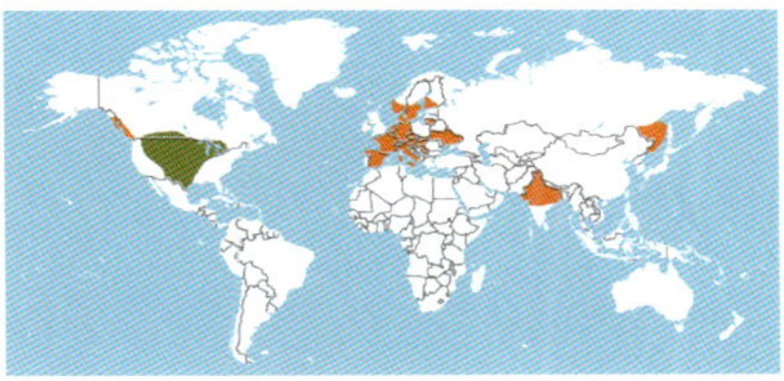

STECKBRIEF 80–180 cm hohe Staude mit verdicktem unterirdischem Rhizom und rauem Stängel. Blätter gegenständig, die oberen wechselständig, beiderseits rau. Blattspreite rhombisch-lanzettlich, fein gezähnt. Blütenkörbe auf langen, blattlosen Stielen, 6–9 cm im Ø. Hüllblätter mehrreihig, unterschiedlich lang, am Rand gewimpert. Strahlenblüten 14–20, leuchtend gelb.
VERWECHSLUNG *Helianthus pauciflorus* ist nur eine von einer ganzen Reihe an Sonnenblumenarten und -hybriden, die vor allem in der Nähe von Siedlungen, Bächen und Gärten subspontan auftreten. Hybriden sind zwischen allen Arten möglich, Hybriden zwischen Arten mit gleichen Chromosomenzahlen sind fertil und schwierig gegen andere Sippen abzugrenzen.
NUTZUNG/AUSBREITUNG Zierstaude. Die Art dürfte bereits 1732 unter dem Namen *Helianthus atrorubens* in Europa gewesen sein, hat sich aber erst Anfang des 19. Jahrhunderts mit dem Aufkommen der Staudengärten großflächig verbreitet und war bis Mitte des 20. Jahrhunderts eine beliebte Bauerngartenstaude. Aus dieser Zeit dürften auch die meisten Verwilderungen stammen, denn danach ist sie aufgrund ihres

Ausbreitungsdrangs nur noch selten in Gärten gezogen worden.
Nordamerikanische Sonnenblumensippen sind im Gebiet häufig anzutreffen, werden aber aufgrund des schwierigen Bestimmens selten kartiert bzw. oft verkannt und sind daher durchwegs unterrepräsentiert. Wahrscheinlich in allen Regionen des Gebiets vorkommend.
WEITERE ARTEN Verwildert treten im Gebiet neben der Rauen Sonnenblume einige andere nordamerikanische Sippen auf, so die **Zehnstrahlige Sonnenblume**, *Helianthus decapetalus*, in Bayern, Hamburg, Nordrhein-Westfalen, Sachsen, Thüringen, im Burgenland, in der Steiermark, in Wien, Basel und Zürich.
Die **Kleinkörbige Sonnenblume**, *Helianthus microcephalus*, wird meistens in der hellgelben Sorte 'Lemon Queen' kultiviert. Vereinzelt tritt sie verschleppt auf, so in Oberösterreich.
Durch die feine, dichte Behaarung der Blattunterseite zeichnet sich die **Weiche Sonnenblume**, *Helianthus mollis*, aus, die u. a. in Oberösterreich und Zürich verwildert auftritt.
Ebenfalls aus Nordamerika stammt die **Weidenblättrige Sonnenblume**, *Helianthus salicifolius*, die als Gartenzierstaude selten verwildert oder verschleppt zu finden ist, so in Bayern, Mecklenburg-Vorpommern und Rheinland-Pfalz.

Helianthus pauciflorus

Helianthus decapetalus

Helianthus mollis

Helianthus microcephalus

Helianthus salicifolius

Topinambur

Helianthus tuberosus
— Korbblütler · Asteraceae

Okt.–Nov.
essbar
invasiv

STECKBRIEF 150–300 cm hohe Staude mit knollig verdickten, fast kugeligen Rhizomknollen, rau behaarten Stängeln und gegenständigen, oben wechselständigen, gestielten Blättern. Spreite eiförmig, 10–25 cm lang und 7–12 cm breit, gezähnt. Stängel mehr- bis vielkörbig. Blütenkörbe 4–8 cm im Ø, Korbboden etwas aufgewölbt.
VERWECHSLUNG Die Rhizomknollen bei der Blühfreudigen Sonnenblume, *Helianthus* × *laetiflorus* (= *H. pauciflorus* × *H. tuberosus*) sind walzlich, dünn und bräunlich violett gezeichnet, die Blütezeit reicht von Ende August bis Anfang Oktober.
NUTZUNG/AUSBREITUNG Gemüse- und Arzneipflanze, auch zur Bioenergiegewinnung und als Wildäsung. Der englische Seefahrer Walter Raleigh entdeckte die Pflanze 1585 in den Gärten von Indianern. 22 Jahre später brachte der französische Forscher Lescarbot die Art nach Frankreich, wo ihre Knolle als Delikatesse in Fürstenhäusern serviert wurde. Von Frankreich aus startete die weitere Verbreitung in fast alle Erdteile. Die erste Angabe aus dem Gebiet liegt aus dem Jahr 1627 von Kassel vor. Bereits im 17. Jahrhundert wurde die Pflanze aufgrund ihrer essbaren Knolle feldmäßig gebaut.

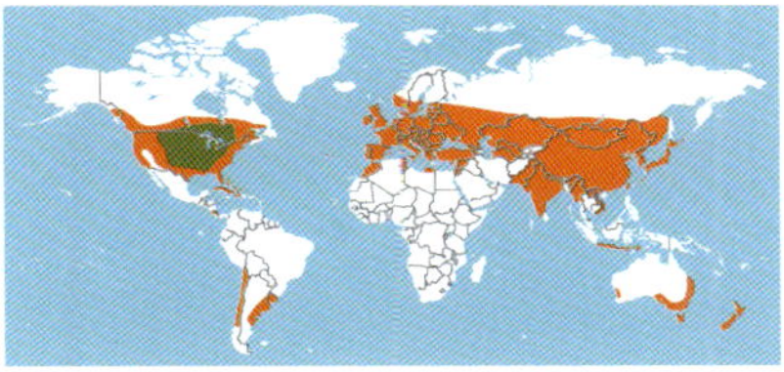

Erste Verwilderungen wurden 1830 nachgewiesen. Gegenwärtig wohl im ganzen Gebiet lokal verwildert und vor allem an Flussufern eingebürgert, besonders häufig im Niederrheingebiet an der Sieg. Nördlich der Alpen breitet sich die Pflanze ausschließlich vegetativ durch ihre Knollen und Ausläufer aus.
WEITERE SIPPE Die Blühfreudige Sonnenblume, *Helianthus* × *laetiflorus* ist hybridogen aus *H. pauciflorus* × *H. tuberosus* entstanden. Sie tritt im Gebiet zerstreut auf, so in Bayern, Brandenburg, Mecklenburg-Vorpommern, Sachsen, Oberösterreich, Nordtirol, Osttirol, Vorarlberg und Südtirol.

Helianthus tuberosus

Helianthus × *laetiflorus*

Sonnenauge
Heliopsis helianthoides
— Korbblütler · Asteraceae

Juni–Sep.

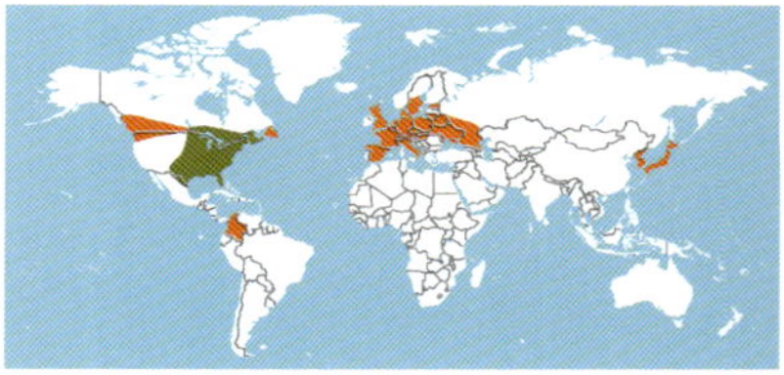

STECKBRIEF 70–150 cm hohe, langlebige Staude mit gegenständigen, eilanzettlichen, gesägten Blättern und langgestielten Blütenkörben. Körbe end- und achselständig, Zungenblüten 20–40 mm lang, 5–10 mm breit, kräftig gelb.
VERWECHSLUNG Von der Gattung Sonnenblume, *Helianthus*, unterscheidet sich *Heliopsis* u. a. dadurch, dass beim Herauszupfen der randlichen Zungenblüten die Achänen mit herausgezogen werden, was bei *Helianthus* nicht der Fall ist.
NUTZUNG/AUSBREITUNG Zierpflanze, in zahlreichen Sorten. Beheimatet in drei Unterarten im atlantischen und zentralen Nordamerika. Im 17. Jahrhundert nach Europa gekommen und um 1641 aus dem Herzoglich-Braunschweigischen Garten zu Hessem angegeben. In der zweiten Hälfte des 18. Jahrhunderts wurde das Sonnenauge beliebter und selbst Goethe nannte die Pflanze aus seinem Weimarer Garten. Gegenwärtig im Gebiet vielfach lokal verwildert.
WEITERE ART Ebenfalls nordamerikanisch ist der einjährige **Goldene Kronbart**, *Verbesina encelioides*, der im Gebiet vereinzelt verschleppt auftritt, so in Baden-Württemberg, Berlin, Nordrhein-Westfalen, Sachsen und Basel.

Heliopsis helianthoides

Verbesina encelioides

Echter Alant
Inula helenium
— Korbblütler · Asteraceae

Juni–Juli

STECKBRIEF 80–180 cm hohe Staude mit kräftigen, oft mehr als 1 cm dicken Stängeln. Blattspreiten lanzettlich bis eiförmig, bis 100 cm lang, unterseits graufilzig, Spreite der Grundblätter und der unteren Stängelblätter keilig in den geflügelten Blattstiel verschmälert, obere Stängelblätter mit herzförmigem Grund halbstängelumfassend. Blütenstand schirmtraubig. Blütenkörbe 6–7 cm im Ø, > 3 cm lang gestielt. Äußere Hüllblätter eiförmig, 8–10 mm breit.

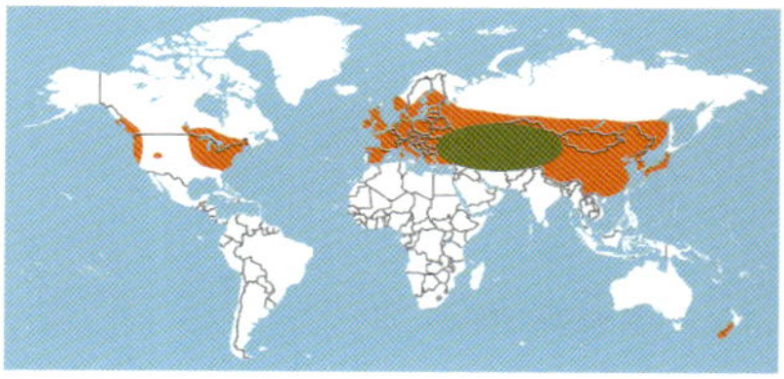

VERWECHSLUNG Der Trauben-Alant, *Inula racemosa*, hat einen traubigen Blütenstand und Blütenkörbe, die kurz gestielt oder fast sitzend sind.
NUTZUNG/AUSBREITUNG Zier-, Volksarznei-, Gewürz- und Färbepflanze. Die Heimat der Art ist aufgrund ihrer langen Kultur nicht genau bekannt. Echter Alant wurde bereits bei den Römern als Heil- und Gewürzpflanze angebaut.
Im Mittelalter war besonders der daraus hergestellte Alantwein ein beliebtes Universalmittel. Aus dieser damalig reichlichen Kultur versteht sich auch die gegenwärtige große Ausbreitung im Gebiet. Die Art ist lokal eingebürgert.
WEITERE ARTEN Als Zierstaude wird der im östlichen Kaukasus beheimatete **Pracht-Alant**, *Inula magnifica*, kultiviert. Er verwildert daraus wahrscheinlich häufiger als angegeben, weil er oft mit der Pracht-Telekie, *Telekia speciosa*, verwechselt wird. Verwildert u. a. in Bayern und Niederösterreich.
Im westlichen Himalaya ist der **Trauben-Alant**, *Inula racemosa*, beheimatet, der selten als Zierstaude verwendet wird und ganz vereinzelt daraus verwildert oder verschleppt wird, wie in Bayern, Sachsen und auch in Oberösterreich.
Südwestasiatisch ist der **Kaukasus-Alant**, *Inula thapsoides*, der im Gebiet ganz selten verschleppt auftritt, so in Bayern.

Inula helenium

Inula magnifica

Inula thapsoides

Spitzkletten-Rispenkraut

Iva xanthiifolia (Syn.: *Cyclachaena xanthiifolia*)
— Korbblütler · Asteraceae

Juli–Okt.

Iva xanthiifolia

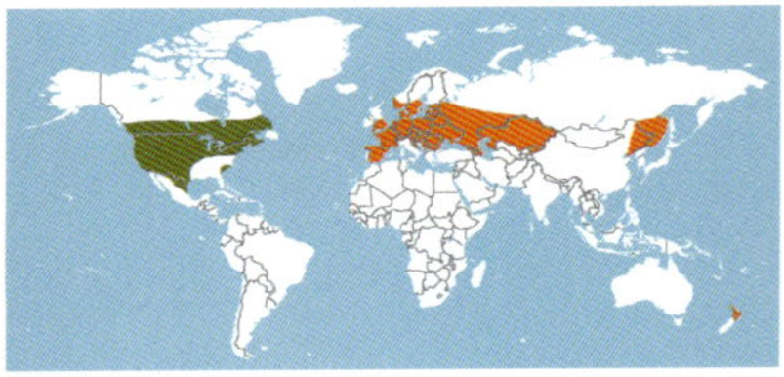

STECKBRIEF 80–200 cm hohe Einjährige mit aufrechten, unten kahlen, oben behaarten Stängeln. Blätter gestielt, mit dreieckigen, 10–20 cm langen Spreiten und gesägten Blatträndern. Korbstand reich verzweigt, Körbe zahlreich, fast sitzend, mit 8–20 männlichen und 5 randlichen, weiblichen Blüten mit stark reduzierter Krone. Hülle behaart, mit 5 äußeren und 5 inneren Hüllblättern. Frucht verkehrt-eiförmig, 2,5–3 mm lang.
NUTZUNG/AUSBREITUNG Keine. Im 19. und 20. Jahrhundert in Osteuropa und Westasien eingeführt, hauptsächlich durch Eisenbahnverbreitung, Getreidetransporte und Futtermittel, seltener durch Vogelfutter und Ölsaaten. Kam dann vor allem mit importiertem Weizen aus der Ukraine und Kasachstan, wo das Rispenkraut bereits eingebürgert war, in den Osten des Gebiets und hat sich hier anfänglich entlang von Bahnlinien angesiedelt. Gegenwärtig vielfach unbeständig verschleppt.

Großblättriger Milchlattich

Lactuca macrophylla (Syn.: *Cicerbita macrophylla*)
— Korbblütler · Asteraceae

Juni–Juli

STECKBRIEF 60–200 cm hohe, stark behaarte Staude mit Blütenkörben in lockeren Schirmrispen. Blätter ± borstig behaart, die grundständigen ungeteilt, Spreite herz-eiförmig. Untere Stängelblätter leierförmig-fiederschnittig, mit großem Endabschnitt und jederseits höchstens einem größeren Lappen. Obere Stängelblätter mit großen runden Zipfeln stängelumfassend. Blütenkörbe hellblau bis lila. Früchte ca. 5 mm lang, schmal berandet, 1–2 mm breit, jederseits dreinervig.
NUTZUNG/AUSBREITUNG Zierpflanze. Die Art wurde früher besonders in Parks und großen Naturgärten gezogen. Sie kann sich an geeigneten Orten lange halten und etablieren, so wurde sie nach einer alten Angabe im elsässischen Nidecktal nach über 100 Jahren wieder bestätigt. Tritt im Gebiet lokal verwildert oder auch eingebürgert auf.

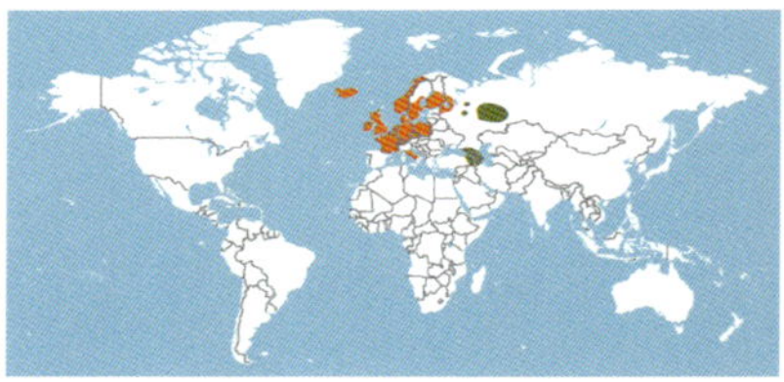

WEITERE ARTEN Der als Kopf-Salat, var. *capitata*, häufig kultivierte **Garten-Lattich**, *Lactuca sativa*, der wahrscheinlich aus dem Kompass-Lattich, *Lactuca serriola*, hervorgegangen ist, tritt im Gebiet vereinzelt verwildert auf, so in Baden-Württemberg, Bayern, Niedersachsen, Sachsen, Sachsen-Anhalt, Kärnten, Niederösterreich,

Salzburg, in der Steiermark, in Vorarlberg, im Aargau, in Bern, Genf, im Tessin und in der Waadt. Im Gebiet seit der Zeit Karls des Großen im 8. Jahrhundert bekannt. Kopfbildende Typen des Garten-Lattichs finden sich erstmals im 16. Jahrhundert.
Der osteuropäisch-asiatische **Tatarische Lattich**, *Lactuca tatarica*, tritt in Norddeutschland, vor allem in Mecklenburg-Vorpommern und an der Wesermündung bei Bremerhaven eingebürgert auf, anderwärts vereinzelt, so in Berlin, Brandenburg, Niedersachsen, Sachsen, Sachsen-Anhalt und Schleswig-Holstein. In Österreich 1988 erstmals bei Blumau im niederösterreichischen Steinfeld gefunden.
Mediterran ist die **Ganzblättrige Andryala**, *Andryala integrifolia*, die selten verschleppt auftritt, so in Baden-Württemberg, Brandenburg, Sachsen, in der Steiermark und in Zürich.
Mediterraner Herkunft ist auch die **Zarte Gänsedistel**, *Sonchus tenerrimus*, die im Gebiet vereinzelt verschleppt zu finden ist, so in Baden-Württemberg, Bayern, Hamburg, Nordrhein-Westfalen, Sachsen, Wien, Südtirol, in der Waadt, im Wallis und in Zürich.

Lactuca macrophylla

Lactuca sativa

Lactuca tatarica

Andryala integrifolia

Sonchus tenerrimus

Garten-Margerite

Leucanthemum maximum hort.
— Korbblütler · Asteraceae

Mai–Juni

STECKBRIEF 30–70 cm hohe Mehrjährige mit meist einkörbigen Stängeln und dicklichen, regelmäßig gezähnten Blättern. Mittlere Stängelblätter 10–18 cm lang. Blütenkörbe im Ø 8–15 cm, äußere Hüllblätter 2–3 mm breit.
VERWECHSLUNG Die heimischen Margerite-Arten haben Blütenkörbe mit einem Ø von höchstens 7 cm.
NUTZUNG/AUSBREITUNG Zierstaude. Bei der Garten-Margerite handelt es sich um eine hybridogene Kultursippe mit dem dekaploiden pyrenäischen *Leucanthemum maximum* s. str. als Stammart.
Die Wildform wurde Ende des 18. Jahrhunderts vom französischen Botaniker, Politiker und Pyrenäenforscher Louis François Ramond, Baron de Carbonniere (1753–1827) in den südöstlichen Pyrenäen entdeckt und in Kultur genommen. 1808 war die Pflanze im Botanischen Garten Berlin vorhanden. Durch ihre nicht reinweißen Zungenblüten fand sie nur wenig Anklang bei den Gartenbesitzern, bis 1895 der Erfurter Gärtner Heinemann durch Einkreuzung der portugiesischen *Leucanthemum lacustre* die Sorte 'Perfection' mit weißen, bis 15 cm großen Körben züchtete. Im Gartenhandel wird unter dem Namen *Leucanthemum maximum* meist diese Hybride verkauft. Kommt im Gebiet subspontan vereinzelt vor.
WEITERE ARTEN Ost- und südosteuropäischer Herkunft ist die **Herbstmargerite**, *Leucanthemella serotina*, die im Gebiet als Zierpflanze kultiviert wird und selten verwildert, so in Baden-Württemberg, Bayern, Mecklenburg-Vorpommern, Oberösterreich, Nordtirol, Vorarlberg, Basel, Basel-Land, Freiburg, Neuenburg, Solothurn, in der Waadt, in Zürich und Liechtenstein.
Die einjährige, südwesteuropäische **Zwergmargerite**, *Mauranthemum paludosum*, wird als Gartenzierpflanze genutzt und verwildert daraus vereinzelt, so in Bayern, Berlin, Hessen, Niedersachsen, Nordrhein-Westfalen, Oberösterreich, in der Steiermark und in Osttirol.

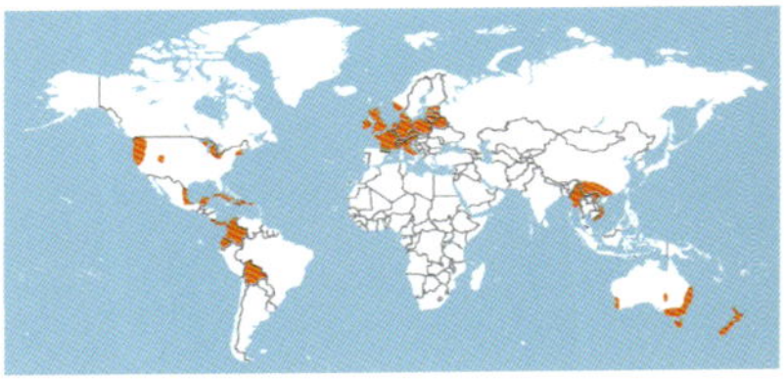

Leucanthemum maximum

Leucanthemella serotina

Mauranthemum paludosum

Japanischer Goldkolben

Ligularia dentata
— Korbblütler · Asteraceae

Juli–Aug.

STECKBRIEF 40–120 cm hohe Staude mit rundlichen Grundblattspreiten, die meist breiter als lang sind. Blattrand gekerbt-gezähnt. Stängel 3–10-körbig, Korbstand schirmförmig. Hüllblätter 11–13, Zungen orangegelb, 25–40 mm lang, Außenhülle fehlend. Frucht 8–10 mm lang, Pappus so lang oder wenig kürzer als die eigentliche Frucht.

NUTZUNG/AUSBREITUNG Zierpflanze. 1861 vom russischen Botaniker Carl Johann Maximowicz in Nordjapan entdeckt, aber erst 1901 durch Ernest Henry Wilson nach Europa gekommen und fortan in mehreren Sorten als Zierstaude kultiviert. Findet sich nur ganz vereinzelt im Gebiet verwildert, dort aber meist beständig.

WEITERE ARTEN Aus Nordwestchina stammt der 1866 nach Europa gekommene Kerzen-Goldkolben, *Ligularia przewalskii*, der gern als Gartenzierstaude kultiviert wird und der gelegentlich auch den Weg über den Gartenzaun antritt, so etwa in Bayern, Kärnten, Salzburg, in der Steiermark und in Osttirol.

Ob der von Sibirien bis zu den Pyrenäen beheimatete Sibirische Goldkolben, *Ligularia sibirica*, im Gebiet neophytisch oder als Glazialrelikt auftritt, ist ungewiss. Die Art wurde im Gebiet 1957 von A. Neumann im Grillenberger Tal bei Berndorf in Niederösterreich gefunden, wo sie auch heute noch vorkommt.

Das Tangutienkraut, *Sinacalia tangutica*, stammt aus Gebirgshochstaudenfluren in China und konnte sich im Gebiet in den niederösterreichischen Ybbstaler Alpen bei Göstling lokal einbürgern. Schon Anfang der 1970er-Jahre war die Art am Ybbsufer im Steinbachtal in ausgedehnten Beständen vorhanden.

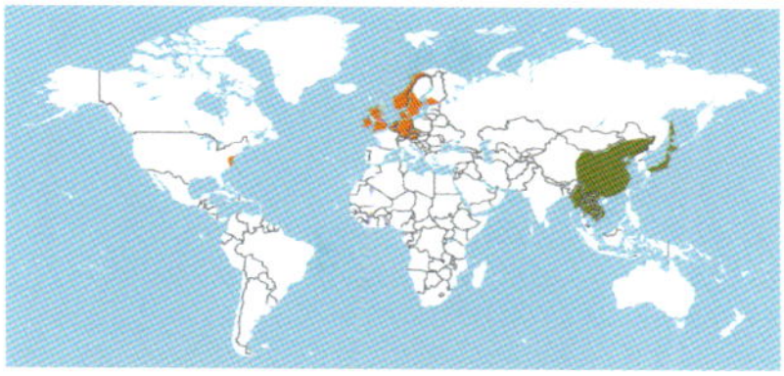

Ligularia przewalskii

Ligularia sibirica

Ligularia dentata

Sinacalia tangutica

Strahlenlose Kamille
Matricaria discoidea
— Korbblütler · Asteraceae

Juni–Okt.

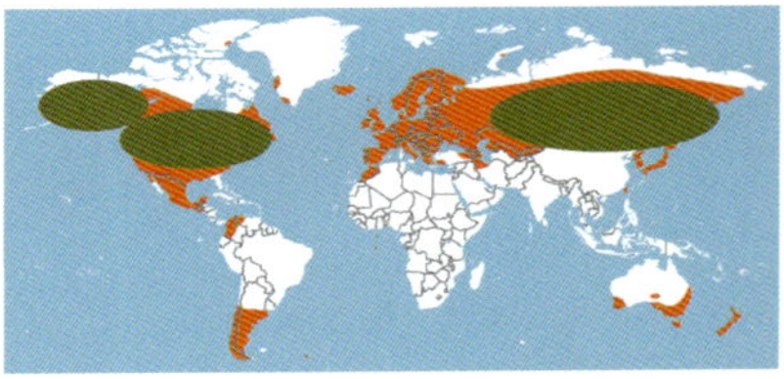

STECKBRIEF 3–35 cm hohe Einjährige mit intensivem Kamillengeruch. Blätter 2–3-fach gefiedert mit linealischen, stachelspitzigen Blattzipfeln. Blütenkörbchen kurz gestielt, 5–10 mm im Ø, kegelförmig, gelblich grün, hohl. Zungenblüten fehlen.

NUTZUNG/AUSBREITUNG Keine. Die genaue Herkunft der Art ist aufgrund der starken Verschleppung kaum mehr feststellbar. Sie wird seit Mitte des 19. Jahrhundert in botanischen Gärten Europas gezogen, so in Berlin und Königsberg. 1852 ist sie im Gebiet erstmals als Gartenflüchter aus dem Botanischen Garten Berlin bekannt, aus Dresden seit etwa 1870. 1889 erstmals in Österreich im Wiener Prater gefunden. In der südlichen und westlichen Schweiz subspontan seit den 1930er-Jahren nachgewiesen.

Mittels der Eisenbahnlinien dehnte sich das Verbreitungsgebiet der Strahlenlosen Kamille schnell aus. Schon nach etwa 50 Jahren war die Art in Deutschland weitverbreitet und die Dichte der Vorkommen nahm weiterhin zu. Gegenwärtig im Gebiet häufig und in allen Regionen, im Gebirge bis in die alpine Stufe steigend.

WEITERE ARTEN Mediterraner Herkunft ist der **Keulen-Bertram**, *Anacyclus clavatus*, der im Gebiet ganz vereinzelt verschleppt auftritt, so in Baden-Württemberg, Niedersachsen, Sachsen, Thüringen und auch in der Steiermark.

Als Duft- und Arzneipflanze wird die westeuropäische **Römische Kamille**, *Chamaemelum nobile*, meist in einer gefüllt blühenden Form kultiviert. Vereinzelt verwildert sie daraus, so in Baden-Württemberg, Bayern, Mecklenburg-Vorpommern, Niedersachsen, Nordrhein-Westfalen, Thüringen, im Burgenland, in Niederösterreich, der Steiermark, in Bern, Genf und in der Waadt.

Anacyclus clavatus

Matricaria discoidea

Chamaemelum nobile

Sterntaler · Husarenknöpfchen
Melampodium montanum
— Korbblütler · Asteraceae

Mai–Okt.

STECKBRIEF 5–35 cm hohe, leicht behaarte Einjährige mit meist rötlichen Stängeln und breit-lanzettlichen bis schmal-eiförmigen, am Rand bewimperten Blattspreiten. Kelchblätter rundlich, spitz auslaufend. Zungenblüten 10–16, Scheibenblüten grünlich gelb oder bräunlich gelb. Alle Achänen ohne Pappus.
VERWECHSLUNG Beim ähnlichen Husarenknopf, *Sanvitalia procumbens*, sind die Scheibenblüten schwarzbraun, der Pappus der Zungenblüten hat drei Dornen.
NUTZUNG/AUSBREITUNG Zierpflanze. Beheimatet von Guatemala bis Jalisco und San Luis Potosi in Zentralmexiko. Die in den letzten Jahren häufig in Pflanzkübeln, Blumenkästen und auf Friedhöfen gepflanzte Art läuft im Pflanzenhandel mit dem Sortennamen 'Aztekengold' oft irrigerweise unter *Sanvitalia procumbens*. *Melampodium montanum* tritt im Gebiet subspontan auf Friedhofswegen, in Pflasterfugen und auf ähnlichen Standorten auf.

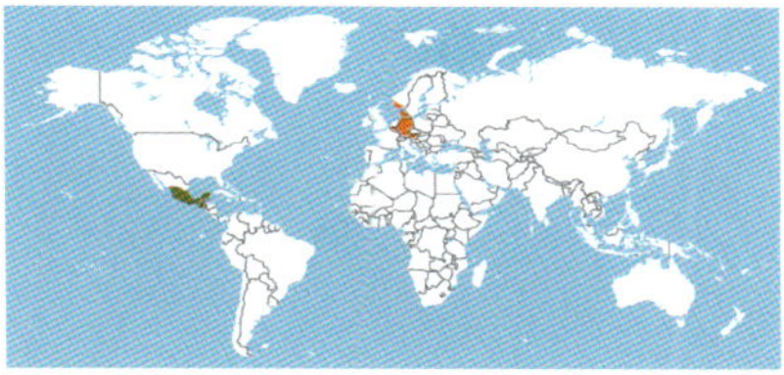

WEITERE ART Oft mit *Melampodium montanum* verwechselt wird der aus Mexiko stammende **Husarenknopf**, *Sanvitalia procumbens*, von dem ebenfalls etliche Fundmeldungen bestehen, wobei oft nicht klar ist, welche der Meldungen nun *Sanvitalia procumbens* und welche *Melampodium montanum* betreffen. Auf *Sanvitalia procumbens* beziehen sich wahrscheinlich Funde aus Bayern, Hessen, Niedersachsen, Nordrhein-Westfalen, Sachsen, Oberösterreich und Salzburg.

Melampodium montanum

Sanvitalia procumbens

Kapmargerite
Osteospermum ecklonis
— Korbblütler · Asteraceae

Mai–Sep.

STECKBRIEF 20–50 cm hoher, immergrüner Zwergstrauch, der bei uns meist einjährig kultiviert wird. Blätter eilanzettlich, drüsig, ganzrandig oder gezähnt. Blütenkörbe 5–8 cm im Ø, einzeln an langen Stielen, Hüllblätter 13–16 mm lang, drüsig. Zungenblüten violett, Scheibenblüten dunkler.
NAME Die Art ist zu Ehren des dänisch-deutschen Apothekers und Botanikers Christian Friedrich Ecklon (1795–1868) benannt, einem eifrigen Erforscher der

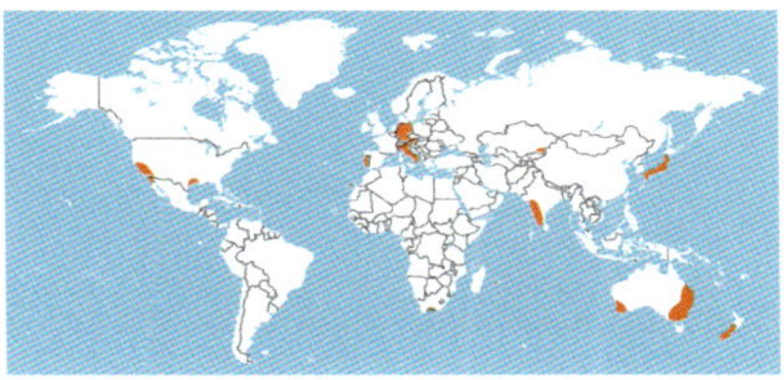

Flora Südafrikas. Ecklon entdeckte u. a. die Gattung der Freesien. Nach ihm ist auch die Gattung *Ecklonia* aus der Familie der *Alariaceae* benannt.
NUTZUNG/AUSBREITUNG Zierpflanze. In Europa seit etwa 1920 in gärtnerischer Kultur. Wird vielfach als Zierpflanze für Ampeln, Tröge, Gräber, Blumenkästen und Blumenrabatten genutzt und verwildert sehr selten daraus.

WEITERE ART Ebenfalls aus Südafrika und gleichfalls in Blumenrabatten, Trögen, Blumenkästen und auf Gräbern gezogen wird die **Geäugte Gazanie**, *Gazania rigens*, die sehr selten auch verschleppt oder verwildert auftritt, so in Rheinland-Pfalz und Oberösterreich. Die Gattung ist nach dem byzantinischen Humanisten Theodor von Gaza (ca. 1400–1475) benannt, der u. a. Aristoteles, Theophrast und Hippokrates übersetzte.

Osteospermum ecklonis

Gazania rigens

Asiatische Pestwurz
Petasites japonicus
— Korbblütler · Asteraceae

Feb.–April
giftig

Petasites japonicus

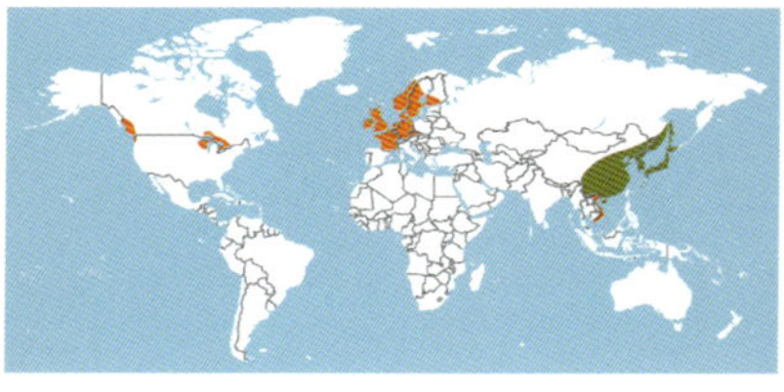

STECKBRIEF 15–100 cm hohe Staude mit kriechendem Rhizom. Blätter nach der Blüte erscheinend, bis 1 m lang und 0,8 m breit, Spreite kreisrund, am Grund gebuchtet, am Rand gezähnt. Blütenstände zusammengesetzt aus traubenartigen, einfachen, durchgehenden Blütenachsen mit gestielten Seitenblüten, grünlich weiß mit bis 8 cm langen Hochblättern. Männliche Blütenstände mit 20–30 Blütenkörbchen, die eine terminale Scheindolde bilden, weibliche Blütenstände größer, anfänglich bis 20 cm hoch, nach der Blüte bis 70 cm. Früchte mit Pappus.
NUTZUNG/AUSBREITUNG Zierstaude. In Europa seit 1897 in Gartenkultur und ganz vereinzelt daraus verwildernd, in Nordrhein-Westfalen und Sachsen mit Etablierungstendenzen.

Federblume

Rhaponticum repens (Syn.: *Acroptilon repens*)
— Korbblütler · Asteraceae

Juli–Sep.

Rhaponticum repens

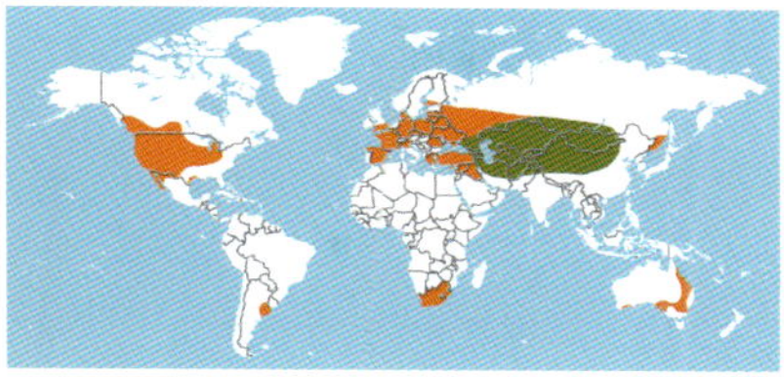

STECKBRIEF 20–80 cm hohe Staude mit vom Grund weg reich verzweigten, einkörbigen Stängeln. Blätter länglich-lanzettlich, ganzrandig, jung filzig behaart, später verkahlend. Hülle krugförmig, etwa 0,5 cm im Ø, äußere Hüllblattanhängsel grün, hautrandig, innere Hüllblätter mit schmalen weißen Anhängseln. Krone rosa bis violett, randliche Röhrenblüten nicht vergrößert.
NUTZUNG/AUSBREITUNG Keine. Im Gebiet 1918 erstmals adventiv in Ahlem bei Hannover festgestellt, 1925 dann in Harburg in Hamburg, 1930 am Bahndamm bei Mücheln in Sachsen-Anhalt usw. Findet sich vor allem auf Schuttplätzen, Bahndämmen, Industriegelände und auf Böden mit mäßiger Salzkonzentration. In Sachsen-Anhalt lokal eingebürgert, sonst vereinzelt und vorübergehend auftretend.

Rauer Sonnenhut

Rudbeckia hirta
— Korbblütler · Asteraceae

Juni–Okt.

Rudbeckia hirta

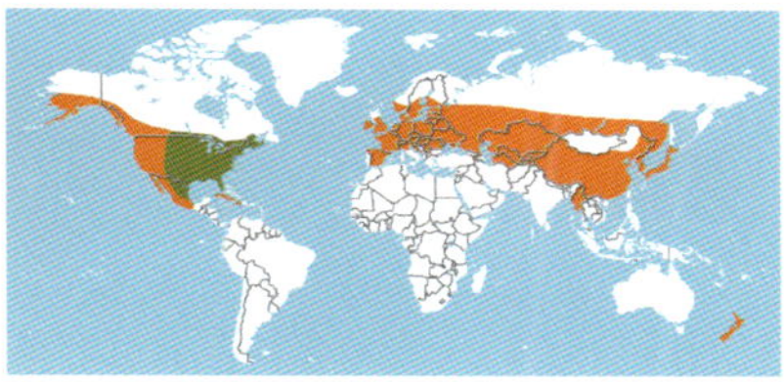

STECKBRIEF 30–80 cm hohe Einjährige bis kurzlebige Mehrjährige mit steifhaarigen Stängeln und ungeteilten, eiförmigen bis lanzettlichen, fein gezähnten bis ganzrandigen Blattspreiten. Körbe 6–10 cm im Ø, Zungenblüten 10–20, 2–4 cm lang, kräftig gelb, mit oft braunroter Zeichnung. Röhrenblüten dunkelbraun bis schwarz, Spreublätter spitz, schwarz berandet. Früchte 1,5–3 mm lang, ohne Pappus.
NAME Die Gattung ist zu Ehren des schwedischen Universalgelehrten Olof Rudbeck dem Älteren (1630–1702) benannt, der besonders durch die Entdeckung der

Lymphgefäße bekannt ist, und nach seinem Sohn Olof Rudbeck dem Jüngeren (1660–1740), Botaniker und Anatom.

NUTZUNG/AUSBREITUNG Zierpflanze, auch in Begrünungsansaaten enthalten. Ende des 17. Jahrhunderts nach England gekommen, wo sie Leonhart Plukenet 1696 erstmals erwähnt. Erst Anfang des 19. Jahrhunderts verbreitete sich die Art in Mitteleuropa und 1860 wurden die ersten Verwilderungen gemeldet. Auch durch verunreinigtes amerikanisches Gras- und Kleesaatgut breitete sich der Raue Sonnenhut im Gebiet aus. Er ist häufig Bestandteil von Saatblumenwiesen und findet so leicht den Weg in die Landschaft. Gegenwärtig im Gebiet weitverbreitet und immer wieder subspontan auftretend, lokal mit Etablierungstendenzen.

WEITERE ART Im Osten der USA ist der **Dreilappige Sonnenhut**, *Rudbeckia triloba*, beheimatet, der im Gebiet als kurzlebige Zierpflanze kultiviert wird und daraus gelegentlich verwildert, so in Bayern, Kärnten, Niederösterreich, Oberösterreich, Salzburg, in der Steiermark und in Wien.

Rudbeckia triloba

Schlitzblättriger Sonnenhut
Rudbeckia laciniata
— Korbblütler · Asteraceae

Juli–Sep.
invasiv

Rudbeckia laciniata

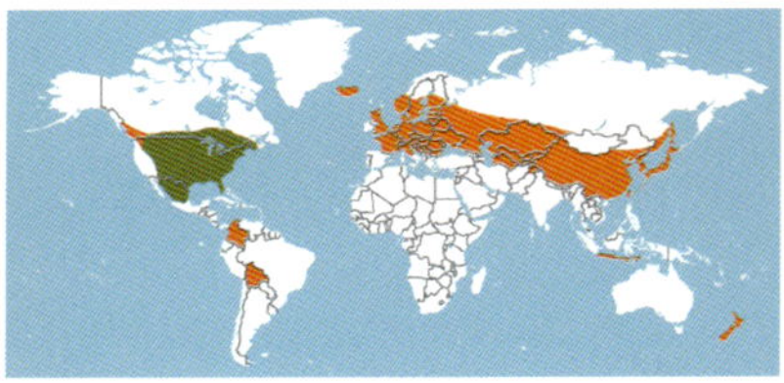

STECKBRIEF Bis über 2 m hohe Staude mit kahlen bis fast kahlen, bereiften Stängeln. Untere Blätter fiederschnittig, obere 3- bis 5-teilig und rauhaarig. Blütenkörbe lang gestielt, 6–10 cm Ø, mit 8–12 gelben Zungenblüten und gelbgrünen Röhrenblüten. Blütenboden hochgewölbt, mit stumpfen, hell berandeten Spreublättern. Frucht 4–5 mm lang, bräunlich grau.

NUTZUNG/AUSBREITUNG Zierstaude, früher häufiger kultiviert, gegenwärtig kaum mehr. 1620 von den damalig französischen Kolonien Nordamerikas nach Europa gekommen. 1623 aus dem Garten von Jean Robin in Paris genannt, 1646 im deutschen Altdorf kultiviert. 1769 sagte Gleditsch voraus: „Die Art, die sich durch Samen und Wurzeln stark vermehrt, wird um die Dörfer ein nützliches Unkraut werden.“ Bald darauf, im Jahr 1787, wurden tatsächlich die ersten Verwilderungen gemeldet.
Gegenwärtig im Gebiet weitverbreitet, regional sehr häufig und eingebürgert, wie im Osten Sachsens, in der Böhmischen Masse Nieder- und Oberösterreichs oder

in der Weststeiermark. Nicht selten verwildert findet sich auch die gefüllt blühende Form 'Goldball', die 1894 von John Lewis Childs als natürliche Spielform gefunden wurde und die sich ausschließlich vegetativ vermehrt.

WEITERE ART Der 1760 in Europa eingeführte und seit 1808 im Gebiet kultivierte nordamerikanische Glänzende Sonnenhut, *Rudbeckia fulgida*, wird häufig als Zierstaude genutzt und findet sich gelegentlich verwildert, so in Bayern, Brandenburg, Nordrhein-Westfalen, Niederösterreich, Oberösterreich, Salzburg, in der Steiermark, in Nordtirol, Vorarlberg, Wien und Zürich.

Rudbeckia fulgida

Zypressen-Heiligenkraut
Santolina chamaecyparissus
— Korbblütler · Asteracea

Juni–Aug.

Santolina chamaecyparissus

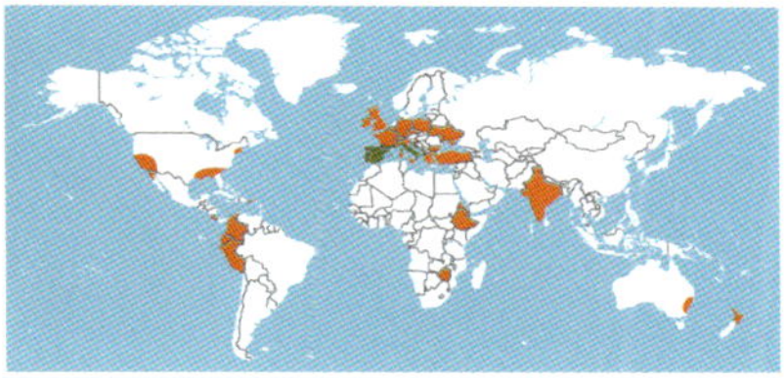

STECKBRIEF Bis 50 cm hoher, dicht verzweigter, aromatisch duftender Halbstrauch mit niederliegenden bis aufsteigenden Sprossen. Blätter 1–4 cm lang, fein fiederschnittig, Segmente in 2–4 Paaren, bis 2 mm lang, graufilzig behaart. Blüten tiefgelb, in halbkugeligen, 0,6–1,4 cm breiten Köpfchen.

NUTZUNG/AUSBREITUNG Zier- und Duftpflanze. Pentaploide Sippe, wahrscheinlich hybridogen aus diploiden Arten des westlichen Mittelmeergebiets entstanden. Seit spätestens 1539 in Kultur und im nordwestlichen und zentralen Mittelmeergebiet eingebürgert. Im Gebiet subspontan sehr vereinzelt und unbeständig auftretend.

Schmalblättriges Greiskraut
Senecio inaequidens
— Korbblütler · Asteraceae

Juni–Nov.
giftig
invasiv

STECKBRIEF 20–60 cm hohe, kurzlebige Mehrjährige mit linealischen, 2–7 cm langen und 0,1–0,5 cm breiten Blättern. Blattrand fein gezähnt, oft umgerollt, daher ganzrandig erscheinend. Stängelblätter am Grund geöhrt. Köpfchen mit 10–13 Zungenblüten, Hülle mit 10–20 Außenhüllblättern.

NUTZUNG/AUSBREITUNG Keine. Mit dem Import von südafrikanischer Schafswolle bereits Ende des 19. Jahrhunderts mehrfach in Europa eingeschleppt,

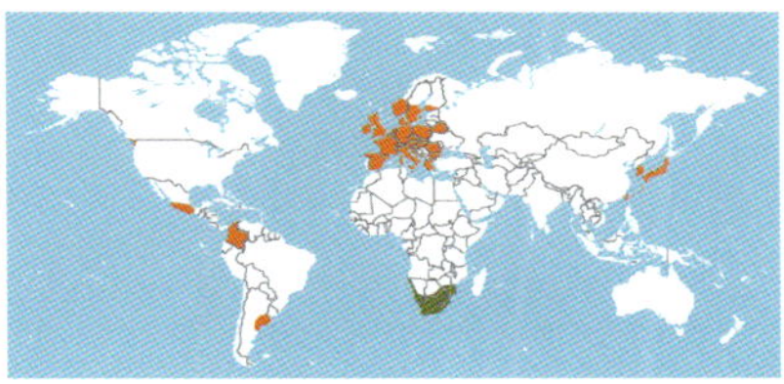

so zwischen 1889 und 1895 als *Senecio lautus* bei der Wollkämmerei in Hannover-Döhren und 1896 bei der Lesumer Wollwäscherei nahe Bremen.
Ihre großflächige Ausbreitung in Europa startete die Art in den 1950er-Jahren von Belgien aus in Richtung Osten. Südtirol wurde von Süden aus besiedelt. In Italien gehen Belege für den ersten Anbau im Botanischen Garten von Florenz auf das Ende des 19. Jahrhunderts zurück, erste subspontane Vorkommen sind von dort aus dem Jahr 1947 bekannt. Vor allem Fernstraßen und Eisenbahnlinien dienen als Ausbreitungswege, aber auch Transporte von Erd- und Baumaterial tragen zur Verbreitung bei. Seit den 1970er-Jahren ist eine anhaltende Massenausbreitung in Mitteleuropa entlang von Verkehrswegen und auf trocken-warmen Ruderalstandorten zu beobachten.

Senecio inaequidens

WEITERE ART Das ostasiatische **Hanfblatt-Greiskraut**, *Senecio cannabifolius*, wird selten als Solitärstaude kultiviert und verwildert daraus vereinzelt, so in Sachsen.

Senecio cannabifolius

Frühlings-Greiskraut
Senecio vernalis
— Korbblütler · Asteraceae

April–Mai
giftig

Senecio vernalis

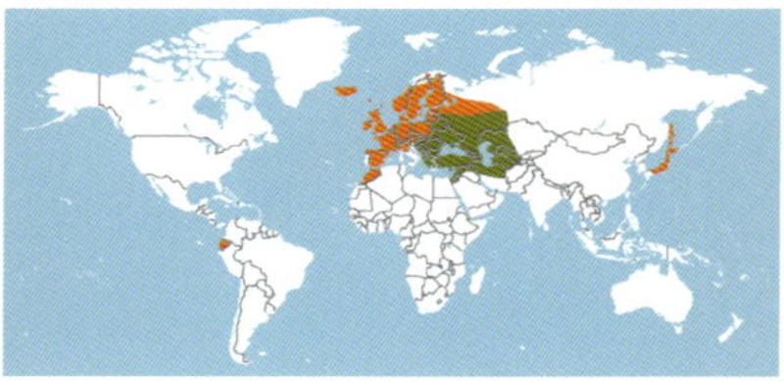

STECKBRIEF 10–50 cm große, meist spinnwebig behaarte Einjährige. Untere Blätter lanzettlich, buchtig fiederteilig, spitz gezähnt, Spreite in den Blattstiel verschmälert. Obere Blätter sitzend und mit gezähnten Zipfeln den Stiel umfassend. Blütenkörbe in lockerer Rispe, Köpfchen 2–2,5 cm Ø, mit meist 13 Zungenblüten. Außenhüllblätter mit kahler Spitze,

schmal, spitz, fast bis zur Mitte schwarz. Früchte 2–3 mm lang, anliegend behaart, mit ca. 5 mm langem Pappus.
VERWECHSLUNG Das im Gebiet heimische Felsen-Greiskraut, *Senecio rupestris*, hat behaarte Hüllblattspitzen und Blätter, die auch jung nicht spinnwebig behaart sind.
NUTZUNG/AUSBREITUNG Keine. Um das Jahr 1850 aus Osteuropa eingewandert, vor allem mit Kleeansaaten, und sich in der zweiten Hälfte des 19. Jahrhunderts entlang von Gleisanlagen von Osten nach Westen ausbreitend. In Berlin seit 1859 bekannt, in Wien seit etwa 1870. Gegenwärtig im Gebiet weitverbreitet und je nach Region unterschiedlich unbeständig bis eingebürgert auftretend.
WEITERE ART Das mediterrane **Weißfilzige Greiskraut,** *Senecio cineraria* (= *Jacobaea maritima*), wird gern als Zierpflanze kultiviert und verwildert gelegentlich, so in Berlin, Niedersachsen, Nordrhein-Westfalen, Schleswig-Holstein, Oberösterreich und Zürich.

Senecio cineraria

Herzblättrige Sigesbeckie
Sigesbeckia serrata (Syn.: *S. cordifolia*)
— Korbblütler · Asteraceae

Aug.–Sep.

Sigesbeckia serrata

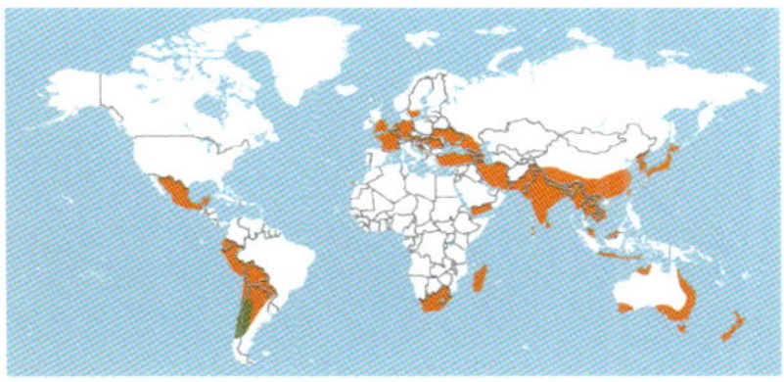

STECKBRIEF 50–120 cm hohe, drüsig behaarte, sparrig verzweigte, vielkörbige Einjährige. Stängel oft purpurn überlaufen. Blätter gegenständig, Blattstiel am Grund öhrchenartig erweitert, Blattspreite gezähnt bis scharf gesägt. Körbe klein, Zungenblüten 3-teilig, Röhrenblüten 5-zipfelig, Hüllblätter stark drüsig, äußere Hüllblätter meist 5, strahlig abstehend, linealisch, 10–15 mm lang, deutlich länger als die Körbchen.
NAME Die Gattung ist zu Ehren des Arztes und Botanikers in Petersburg Johann Georg Siegesbeck (1686–1755) benannt, einem Gegner des Sexualsystems Linnés, das er für unsittlich hielt.
NUTZUNG/AUSBREITUNG Keine. Beheimatet in Chile und Argentinien. Nach anderen Angaben nördlich bis Mexiko ursprünglich. Wahrscheinlich mit südamerikanischer Wolle und Handelsdünger aus Wollabfällen nach Europa gekommen. In Hamburg 1919 zuerst nachgewiesen, 1926 dann in Cuxhaven. Die Pflanzen erfrieren bei Temperaturen um −2 bis −4 °C, bringen aber regelmäßig eine große Zahl von reifen Achänen hervor. Im Gebiet fast ausschließlich im Norden vorkommend, in Bremen und Hamburg eingebürgert.

Becherpflanze
Silphium perfoliatum
— Korbblütler · Asteraceae

Juli–Okt.

Silphium perfoliatum

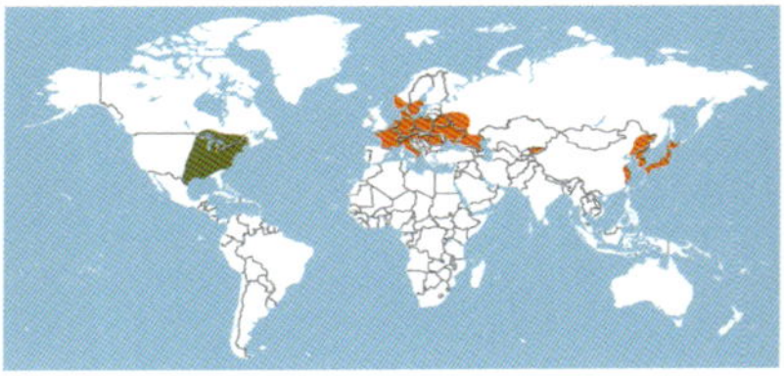

STECKBRIEF 1,5–2,5 m hohe, langlebige Mehrjährige mit am Grund verwachsenen Stängelblättern und kantigen Stängeln. Blätter 3-eckig, 10–40 cm lang, am Rand gezähnt. Blütenstand schirmrispig, Körbe 5–8 cm Ø, mit meist 18–28 Zungenblüten, Hüllblätter anliegend.

NUTZUNG/AUSBREITUNG Zier-, Futter-, Energie- und Bienenpflanze. Als Futterpflanze vor allem für Kaninchen genutzt. Um 1740 nach Europa gekommen, 1808 war sie im Botanischen Garten Berlin vertreten. Im Gebiet vereinzelt subspontan auftretend mit Verbreitungsschwerpunkt in Sachsen, Sachsen-Anhalt und Thüringen.

Mariendistel
Silybum marianum
— Korbblütler · Asteraceae

Juni–Aug.

Silybum marianum

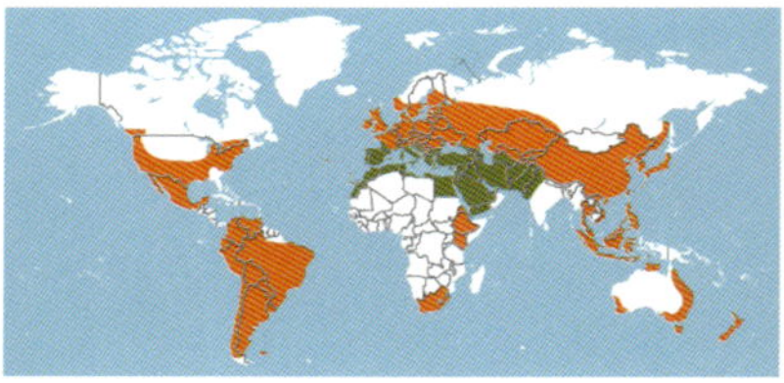

STECKBRIEF 60–120 cm hohe Ein- bis Zweijährige mit auffallend weiß gezeichneten Blättern. Stängel nicht geflügelt, meist verzweigt. Blätter länglich elliptisch, buchtig fiederteilig, glänzend, kahl, am Rand dornig. Köpfchen einzeln. Hüllblätter mit großem Anhängsel, dieses stachlig gezähnt, in einen 2–4 cm langen, kräftigen Dorn auslaufend. Krone purpurn, tief fünfspaltig.

NUTZUNG/AUSBREITUNG Arznei- und Zierpflanze. Seit mindestens dem 12. Jahrhundert aus dem Gebiet bekannt, Hildegard von Bingen nannte sie „Vehedistel". Auch in Saatgutmischungen für Blumenbrachen und in Vogelfutter enthalten und gegenwärtig im Gebiet weitverbreitet, lokal etabliert.

Riesen-Goldrute

Solidago gigantea
— Korbblütler · Asteraceae

Juli–Okt.
invasiv

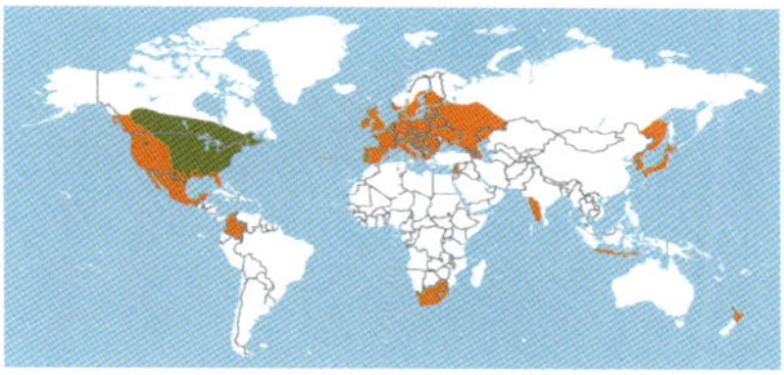

STECKBRIEF 80–200 cm hohe Staude mit kahlen, meist etwas purpurn gefärbten, bereiften Stängeln und schmal lanzettlichen, dreinervigen, meist kahlen Blättern. Zungenblüten die Hülle etwas überragend.

VERWECHSLUNG Sehr ähnlich ist die Kanadische Goldrute, *Solidago canadensis*, die einen grünen, behaarten, nicht bereiften Stängel hat und deren Zungenblüten die Hülle nicht überragen.

NAME Die botanischen Namen *S. gigantea* mit dem Synonym *S. serotina* (= spät blühend) sind eher unglücklich, weil die Art früher blüht als *S. canadensis* und auch nicht größer als diese ist, sondern etwa gleich hoch oder gar etwas kleiner bleibt.

NUTZUNG/AUSBREITUNG Zierpflanze, Bienenweide. 1758 erreichte die Art Europa, wurde aber erst 1789 von William Aiton beschrieben. 1765 war die Pflanze im Botanischen Garten Berlin vorhanden. Die lichtliebenden nordamerikanischen Goldrutearten zeigen bezüglich der Nährstoffversorgung und Wasserverfügbarkeit eines Standorts wenig Ansprüche. Sie wachsen auf trockenen Ruderalflächen wie Bahndämmen, oder Straßenböschungen und industriellen Brachflächen ebenso wie in naturnahen Säumen und lichten Auwäldern. Auf Flächen, die der traditionellen Bewirtschaftung entzogen werden, finden sie sich besonders schnell und mit großer Artmächtigkeit ein.

Ihre starke Ausbreitung in den 1960er-Jahren korreliert mit der Häufung landwirtschaftlicher Brachen. Mitte des 19. Jahrhunderts verwilderten die ersten Goldruten im Gebiet, 1864 fand man sie schon reichlich um Berlin. Gegenwärtig im Gebiet sehr häufig und sich weiter invasiv ausbreitend.

Solidago gigantea

Solidago canadensis

WEITERE ARTEN Seit dem Jahr 1632 ist die **Kanadische Goldrute**, *Solidago canadensis*, in Europa als Zierpflanze bekannt. Ihren Ausgang fand sie wahrscheinlich im Garten des Vespasian Robin in Paris. Im 17. Jahrhundert zählte die Kanadische Goldrute noch als Seltenheit in den Gärten, steigerte sich dann aber rasch und hatte ihren Höhepunkt Mitte des 19. Jahrhundert. Zu dieser Zeit zählte der Prager Botanische Garten 73 *Solidago*-Arten. Gegenwärtig im Gebiet weitverbreitet und sehr häufig.

Die ebenfalls nordamerikanische **Grasblättrige Goldrute**, *Euthamia graminifolia* (Syn.: *Solidago graminifolia*), findet sich seit spätestens 1808 im Gebiet in Kultur und war bereits 1841 am Züricher See, 1848 in Berlin und 1854 an der Elbe bei Hamburg verwildert zu finden. Trotzdem hat sie sich im Gebiet weit weniger etabliert als die Riesen-Goldrute und die Kanadische Goldrute. Sie findet sich u. a. in Baden-Württemberg, Bayern, Berlin, Hessen, Mecklenburg-Vorpommern, Niederösterreich, Oberösterreich, Nordtirol, Vorarlberg, Wien, im Aargau, in Bern, Genf, im Thurgau und in Zürich.

Euthamia graminifolia

Lanzettblättrige Herbstaster

Symphyotrichum lanceolatum (Syn.: *Aster lanceolatus*) — Korbblütler · Asteraceae

Aug.–Sep.

Symphyotrichum lanceolatum

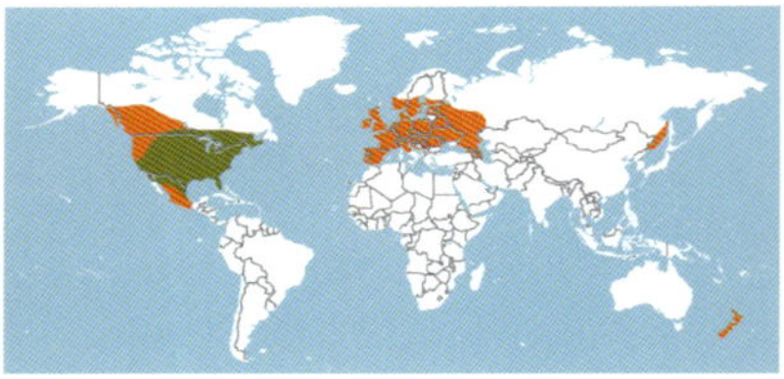

STECKBRIEF 60–120 cm hohe Staude mit Stängeln, die unten kahl, oben mit Haarleisten versehen sind. Blätter lanzettlich bis lineal lanzettlich, am Grund 3–6 mm breit, verschmälert und sitzend. Blütenkörbe 15–22 mm Ø. Zungenblüten weiß bis blasslila, 0,8–1,5 mm breit.

VERWECHSLUNG Die ähnliche Neubelgien-Herbstaster, *S. novi-belgii*, hat Blätter, die am Grund 7–10 mm breit sind. Ihre Körbe messen meist 25–30 mm im Ø, ihre Zungenblüten sind meist lila. Das richtige Bestimmen der *Symphyotrichum*-Sippen ist aufgrund der reichlich gebildeten Hybriden schwierig. Die Verbreitungskarten der bestimmungskritischen Sippen, also praktisch aller im Gebiet vorkommenden, sind dadurch vermutlich untererfasst.

ANMERKUNG Durch DNA-Analysen gestützte Erkenntnisse zeigen, dass die nordamerikanischen Aster-Arten mit den eurasischen nicht näher verwandt sind und als eigene Gattungen wie *Symphyotrichum* oder *Eurybia* von Aster abgetrennt werden müssen.

Symphyotrichum dumosum

Symphyotrichum laeve

NUTZUNG/AUSBREITUNG Früher als Gartenpflanze vielfach kultiviert. Gegenwärtig wird die reine Art kaum bis nicht mehr im Handel angeboten. Sie wurde durch Sorten verschiedener anderer nordamerikanischer *Symphyotrichum*-Arten ersetzt. Im 18. Jahrhundert in Europa eingeführt. Im 19. Jahrhundert in Mitteleuropa erstmals verwildert beobachtet, so in Berlin 1856. Gegenwärtig im Gebiet vor allem in den großen Flusslandschaften häufig und auf weite Strecken eingebürgert. Vermehrt sich sowohl generativ durch Samen, als auch vegetativ durch Rhizome. Die Fernausbreitung der Samen vollzieht der Wind, die der Rhizome Fließgewässer und Gartenauswurf.

WEITERE SIPPEN Alle hier behandelten *Symphyotrichum*-Sippen sind in Nordamerika beheimatet. Häufig und in vielen Sorten kultiviert wird die **Kissen-Herbstaster**, *Symphyotrichum dumosum*, deren Kulturformen auch oft Hybriden mit *S. novi-belgii* beinhalten. Sie findet sich vereinzelt verwildert, so in Bayern.

Seltener wird (wurde) die **Glatte Herbstaster**, *Symphyotrichum laeve*, und deren Hybride mit der Neubelgien-Herbstaster, *S. novi-belgii*, die **Bunte Herbstaster**, *Symphyotrichum × versicolor*, kultiviert. Beide Sippen finden sich im Gebiet unbeständig verwildert bis eingebürgert. Häufig und in vielen Sorten als Gartenstaude eingesetzt wird die **Raublatt-Herbstaster**, *Symphyotrichum novae-angliae*, die seit 1718 aus dem Gebiet bekannt ist und vereinzelt mit Einbürgerungstendenzen auftritt.

Von der **Neubelgien-Herbstaster**, *Symphyotrichum novi-belgii*, sandte der niederländische Arzt Johann Hierony-

Symphyotrichum novae-angliae

Symphyotrichum novi-belgii

mus Kerfpyl Samen von Neubelgien nach Europa, wo sie 1686 im Botanischen Garten Leiden das erste Mal blühten. Um 1700 wurde die Art bereits in Schlesien, 1735 in Leipzig und 1746 in Berlin kultiviert. Bald darauf wurden die ersten Verwilderungen bekannt und gegenwärtig kommt die Art ± im gesamten Gebiet vor.
Die bereits beschriebene Lanzettblättrige Herbstaster, *Symphyotrichum lanceolatum*, bildet mit der Neubelgien-Herbstaster, *Symphyotrichum novi-belgii*, Hybriden namens *Symphytorichum* × *salignum*, die **Weidenblättrige Herbstaster**. Diese, teilweise auch als Art angesehene Sippe, dürfte in Europa entstanden sein und kommt im gesamten Gebiet zerstreut vor. Sie trat bereits im Jahr 1787 im Elbtal bei Barby in Menge verwildert auf.
Die **Kleinkörbige Herbstaster**, *Symphyotrichum tradescantii*, wurde (wird) selten als Zierpflanze genutzt und tritt gegenwärtig im Gebiet eingeschleppt bis lokal eingebürgert auf.
Die **Herzblättrige Sternblume**, *Eurybia macrophylla* (Syn.: *Aster macrophyllus*) ist im Nordosten der USA beheimatet und wird im Gebiet als langlebige Zierstaude genutzt. Vereinzelt verwildert sie daraus, wie in Bayern, Berlin, Brandenburg, Mecklenburg-Vorpommern und Sachsen.

Symphyotrichum tradescantii

Eurybia macrophylla (Syn.: *Aster macrophyllus*)

Symphytorichum × *salignum*

Niedrige Studentenblume
Tagetes patula
— Korbblütler · Asteracea

Mai–Okt.

STECKBRIEF 15–40 cm hohe, eigenartig riechende Einjährige mit rundem, oft purpurn überlaufenem Stängel. Blätter unpaarig gefiedert mit lanzettlichen, gezähnten Abschnitten. Hülle 13–15 mm lang, 5–8-zähnig. Blütenkörbe 3,5–6 cm Ø. Unbeblätterter Korbstiel 5–12 cm lang. Zungenblüten hellgelb, goldgelb oder orange, oft orangebraun gezeichnet.
VERWECHSLUNG Die Aufrechte Studentenblume, *Tagetes erecta*, ist 35–70 cm hoch, hat eine 18–22 mm

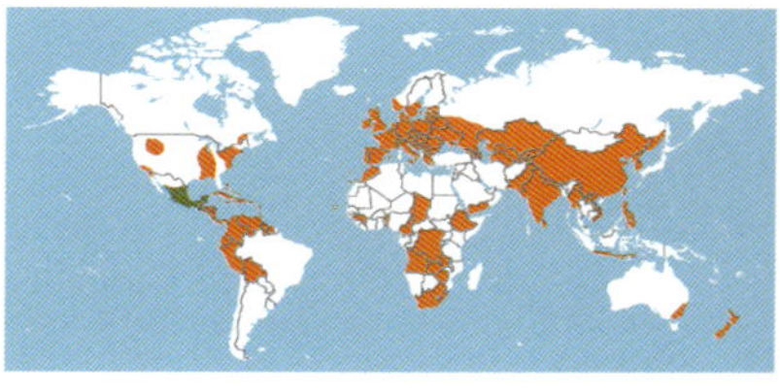

Tagetes patula

Tagetes erecta

lange, 9–13-zähnige Hülle und Blütenkörbe, die 5–9 cm im Ø breit sind. Der unbeblätterte Korbstiel ist kurz, die Zungenblüten sind meist einfarbig gelb oder orange, der Stängel ist grün und kantig.

NUTZUNG/AUSBREITUNG Zierpflanze, auch im biologischen Pflanzenschutz zur Nematodenbekämpfung und zur Gewinnung des Luteins als Lebensmittelfarbstoff kultiviert. Die Niedrige Studentenblume gehört zu den ersten Pflanzen, welche die Spanier nach der Eroberung Mexikos durch Ferdinand Cortez 1519 aus ihrem neuen Kolonialreich nach Europa brachten. 1539 nennt Hieronymus Bock die Art für die deutschen Gärten. Gegenwärtig im Gebiet vielerorts vorübergehend verwildert bzw. verschleppt.

WEITERE ARTEN Ebenfalls als Zierblume kultiviert wird die seit 1552 in Mitteleuropa gezogene, mexikanisch-zentralamerikanische **Aufrechte Studentenblume**, *Tagetes erecta*, die u. a. in Bayern, Berlin, Brandenburg, Niedersachsen, Nordrhein-Westfalen, Rheinland-Pfalz, Sachsen, Salzburg, Steiermark, Vorarlberg, Wien und Bern subspontan auftritt.

Aus Mittel- und Südamerika stammt die **Mexikanische Studentenblume**, *Tagetes minuta*, die als „Huacatay" auch als Gewürzpflanze und zur Bekämpfung von Schadnematoden in Maisfeldern genutzt wird. Sie tritt ebenfalls verwildert oder verschleppt auf, so in Baden-Württemberg, Hamburg, Niedersachsen, Nordrhein-Westfalen, Sachsen, Basel, St. Gallen, Schaffhausen und Solothurn. Die in Mexiko und Kolumbien beheimatete **Schmalblättrige Studentenblume**, *Tagetes tenuifolia*, tritt ebenfalls gelegentlich verwildert oder verschleppt auf, so in Bayern, Niederösterreich, Oberösterreich, Steiermark.

Tagetes minuta

Tagetes tenuifolia

Balsamkraut
Tanacetum balsamita
— Korbblütler · Asteraceae

Juli–Aug.

Tanacetum balsamita

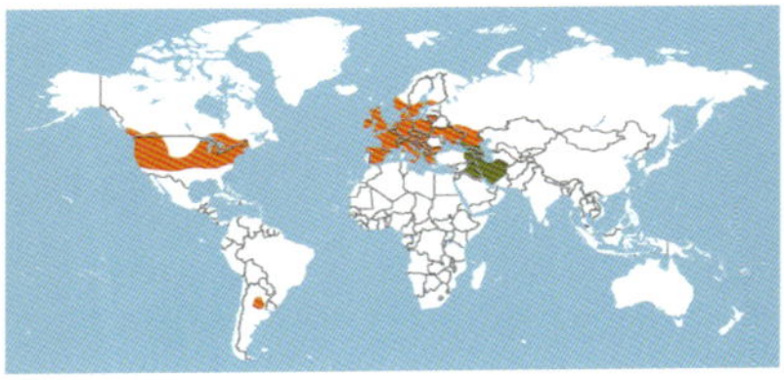

STECKBRIEF 50–120 cm hohe Staude mit Minzeduft. Untere Blätter gestielt, obere sitzend, Spreite länglich elliptisch, gekerbt, graugrün, unzerteilt, am Grund zuweilen mit 1–2 Abschnittpaaren. Blütenkörbe mit gelben Röhrenblüten, zu 30–100 in flachen Schirmrispen. Bei der subsp. *balsamitoides* mit weißen Zungenblüten, bei der subsp. *balsamita* fehlen die weißen Zungenblüten.
NUTZUNG/AUSBREITUNG Volksarzneipflanze. Die Art wird bereits seit Ende des 8. Jahrhunderts im Gebiet kultiviert, worauf die Landgüterverordnung Karl des Großen hinweist. Die subsp. *balsamita* ohne weiße Strahlenblüten ist wahrscheinlich in Kultur aus der subsp. *balsamitoides* entstanden, ihre Kultur als Heilpflanze ist im Gebiet seit dem Mittelalter belegt. Die subsp. *balsamitoi-*

Tanacetum macrophyllum

Tanacetum parthenium

des ist seit mindestens dem Jahr 1792 aus der Gartenkultur in Europa bekannt. Heute wird das Balsamkraut nur mehr selten, vor allem in Bauerngärten, kultiviert und ist daher zusehends selten verwildert oder verschleppt anzutreffen.

WEITERE ARTEN Aus Südost-Europa und Südwest-Asien stammt die **Großblättrige Wucherblume**, *Tanacetum macrophyllum*, die im Gebiet seit 1783 in Kultur ist und vereinzelt verwildert auftritt, so in Baden-Württemberg, Bayern, Brandenburg, MV, Niedersachsen, Rheinland-Pfalz, Sachsen, Schleswig-Holstein, Thüringen, Kärnten, Steiermark, Bern, Graubünden und Zürich.
Seit dem frühen Mittelalter ist das südosteuropäisch-südwestasiatische **Mutterkraut**, *Tanacetum parthenium*, im Gebiet als geschätzte Heilpflanze in Kultur. So erscheint es um das Jahr 800 im Capitulare de villis und im 12. Jahrhundert bei Hildegard von Bingen. Es tritt fast im gesamten Gebiet verwildert bis eingebürgert auf.
Die westasiatische **Grauhaarige Wucherblume**, *Tanacetum partheniifolium*, tritt im Gebiet lokal eingebürgert auf, vor allem in Sachsen, sonst sehr vereinzelt, so in Bayern, NRW, Sachsen-Anhalt, Thüringen und Zürich. Die Art wurde u. a. mit Korkeichenrinde eingeschleppt.

Tanacetum partheniifolium

Telekie
Telekia speciosa
— Korbblütler · Asteraceae

Juni–Aug.

Telekia speciosa

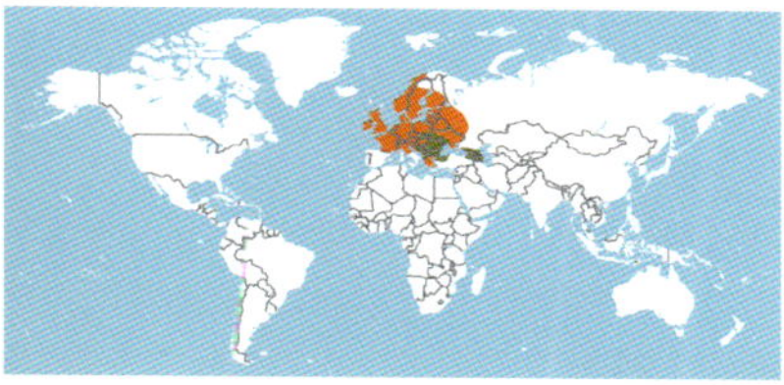

STECKBRIEF 90–160 cm hohe Staude mit meist 2–10-körbigen Stängeln und lang gestielten Grundblättern und unteren Stängelblättern. Blattstiel seitlich etwas zusammengedrückt, oberseits mit einer Rinne, Blattspreiten 30–40 cm lang, 20–30 cm breit, rundlich bis breit-eiförmig, am Grunde herzförmig. Blattrand doppelt gezähnt. Körbe 6–7 cm im Ø, Zungenblüten lineal, 20–30 mm lang.

NAME Benannt zu Ehren des ungarischen Grafen Samuel Teleki de Szek (1739–1822), Kanzler des damaligen Großfürstentums Siebenbürgen und ein bedeutender Förderer von Wissenschaft und Kunst.

NUTZUNG/AUSBREITUNG Zierpflanze. 1739 als Zierpflanze nach England eingeführt, danach häufig in Landschaftsgärten und Parks kultiviert. Teilweise auch durch Heuimporte aus Südosteuropa eingeschleppt und 1852 erstmals subspontan im Gebiet aufgetreten. Gegenwärtig vielfach verwildert und über weite Strecken eingebürgert, so etwa im Erzgebirge Sachsens oder im Wienerwald Niederösterreichs.

Dornige Spitzklette

Xanthium spinosum
— Korbblütler · Asteraceae

Aug.–Sep.

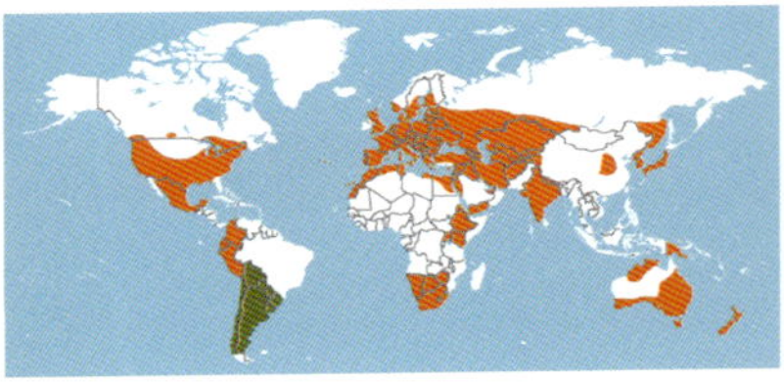

Xanthium spinosum

STECKBRIEF 30–80 cm hohe Einjährige. Blätter wechselständig, rhombisch, meist dreilappig, unterseits hellgrau-filzig, oberseits dunkelgrün. Am Ansatz der Blattstiele mit bis 25 mm langen, dreiteiligen, geraden, strohfarbene Dornen. Männliche Blüten am Ende der Sprossachsen, darunter die weiblichen in den Köpfchenboden eingesenkt. Fruchtköpfchen mit hakigen Dornen besetzt.

NUTZUNG/AUSBREITUNG Keine. In Europa 1689 von Tournefort in Portugal am Ufer des Tajo erstmals beobachtet. Nur wenig später wurde sie in verschiedenen Botanischen Gärten kultiviert, so 1694 in Paris, 1699 in Leipzig. Der erste verwilderte Fund in Mitteleuropa, 1814 in Straßburg, ist offensichtlich auf eine Einschleppung durch russische Truppen zurückzuführen, da Südrussland mittlerweile zu einem sekundären Ausbreitungszentrum der Art wurde. Um 1850 war die Dornige Spitzklette in Mitteleuropa weit verbreitet, bis etwa 1890 war ihre Verbreitung hier abgeschlossen. Danach ist sie durch den Rückgang der Weidewirtschaft zurückgegangen und gegenwärtig sehr selten.

Gartenstrohblume

Xerochrysum bracteatum (Syn.: *Helichrysum bracteatum*)
— Korbblütler · Asteraceae

Juli–Sep.

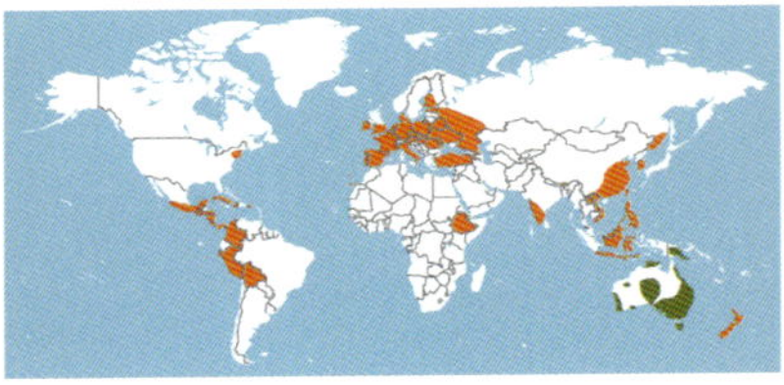

Xerochrysum bracteatum

STECKBRIEF 30–100 cm hohe Einjährige mit lanzettlichen, bis 3 cm breiten, unterseits drüsig-klebrigen Blättern. Blütenkörbe 1,5–5 cm im Ø, einzeln endständig auf langen Zweigen. Hüllblätter trockenhäutig, starr, gelb, bei Sorten auch in anderen Farben.

NUTZUNG/AUSBREITUNG Zierpflanze. 1799 aus Australien, damals Neu-Holland genannt, nach Europa gekommen. 1808 wuchs die Pflanze im Botanischen Garten Berlin, Mitte des 19. Jahrhunderts war sie als Zierpflanze bereits weit verbreitet. Gegenwärtig im Gebiet selten und unbeständig verwildert.

WEITERE ART Die **Turkestan-Strohblume**, *Helichrysum thianschanicum*, stammt aus den zentralasiatischen Steppengebieten von Kasachstan bis in den äußersten Westen Chinas und wird als Zierstaude vor allem in Steingärten kultiviert, woraus sie sehr selten unbeständig verwildert, so in Baden-Württemberg und Bayern.

Mit Gartenauswurf wird selten auch der westaustralische, 1835 nach Europa eingeführte **Sonnenflügel**, *Helipterum roseum* (= *Rhodanthe chlorocephala* subsp. *rosea*) verschleppt, so westlich von Sand in Bayern und Gstaad bei Saanen im Berner Oberland.

Helichrysum thianschanicum

Balfour-Springkraut

Impatiens balfourii

— Springkrautgewächs · Balsaminaceae

Juni–Okt.

STECKBRIEF 40–80 cm hohe, kahle Einjährige mit wechselständigen Blättern und 3–8-blütigen Teilblütenständen. Gesporntes Kelchblatt unten bauchig, untere seitlichen Kronblätter purpurrosa, die übrigen weiß. Blüte duftlos, 25–40 mm lang, ihr Sporn 12–18 mm lang. Samenkapseln 2–4 cm lang, bei Berührung aufspringend, wobei die Samen herausgeschleudert werden.

NAME Benannt zu Ehren des britischen Botanikers und Arztes John Hutton Balfour (1808–1884), Mitbegründer der Botanischen Gesellschaft von Edinburgh und Namenspatron der Gattung *Balfourodendron* aus der Familie der Rautengewächse.

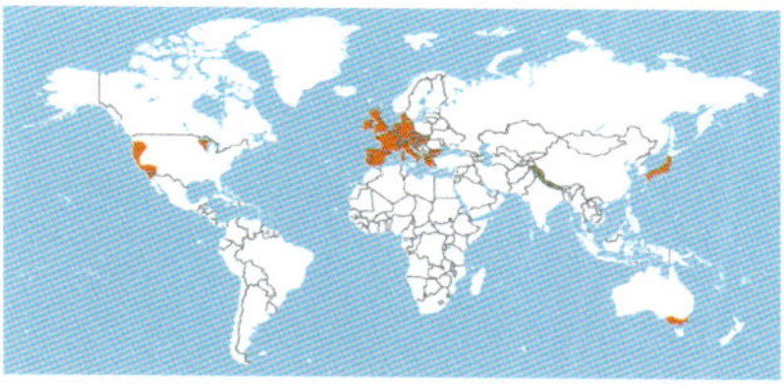

Impatiens balfourii

Impatiens balsamina

Impatiens walleriana

Impatiens flemingii

NUTZUNG/AUSBREITUNG Zierpflanze. Um das Jahr 1900 in Südeuropa eingeführt, wobei der genaue Verlauf der Ersteinbringung nicht bekannt ist. Gegenwärtig vor allem im Tessin und um den Genfer See häufig, sonst nur vereinzelt.

WEITERE ARTEN Als einjährige Zierpflanze wird das süd- und ostasiatische **Garten-Springkraut**, *Impatiens balsamina*, in verschiedenen Sorten kultiviert. Es ist aus dem Gebiet seit der ersten Hälfte des 16. Jahrhunderts in Gartenkultur bekannt und tritt gelegentlich verwildert oder verschleppt auf, so in Baden-Württemberg, Brandenburg, Hessen, Nordrhein-Westfalen, Sachsen, Thüringen, im Burgenland, in Oberösterreich, Salzburg, in der Steiermark, in Nordtirol und Wien.

Selten wird das zentralasiatische **Fleming-Springkraut**, *Impatiens flemingii*, kultiviert, das dann aber recht leicht verwildert, so in der Steiermark.

Aus Ostafrika stammt das **Fleißige Lieschen**, *Impatiens walleriana*, welches in der Schweiz aufgrund seines hohen Wasserbedarfes auch „Süfferli" genannt wird. Es wird in zahlreichen Sorten als einjährige Zierblume kultiviert und verwildert daraus ganz vereinzelt, so in Baden-Württemberg, Niedersachsen, Salzburg und Basel.

Buntes Springkraut

Impatiens edgeworthii
— Springkrautgewächs · Balsaminaceae

Juli–Okt.

Impatiens edgeworthii

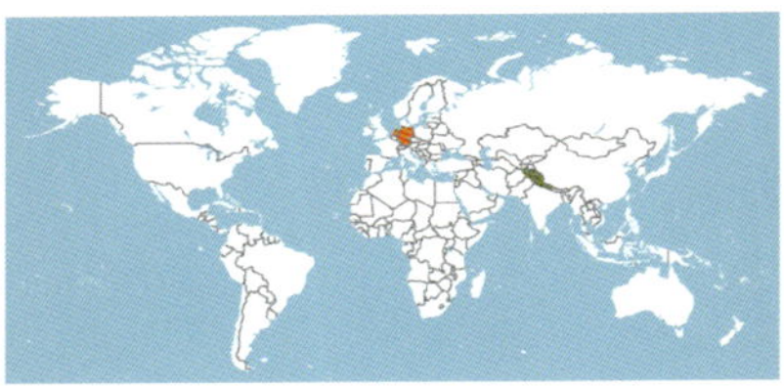

STECKBRIEF 40–150 cm hohe, kahle, stark verzweigte Einjährige mit lang gestielten Blättern. Blattspreiten elliptisch, zugespitzt, kerbig gezähnt, jederseits mit 20–35 Zähnen. Blüten meist zu mehreren zusammen, aufrecht, inkl. gekrümmten Sporn 25–30 mm lang, hellgelb, sattgelb, weiß, bläulich-gelb, lila-weiß oder violett-bläulich, innen mit gelb-brauner Schlundzeichnung. Kapselfrucht ca. 3 cm lang.

VERWECHSLUNG Das heimische Wald-Springkraut, *Impatiens noli-tangere*, hat hängende Blüten und Blattspreiten mit jederseits 5–16 Zähnen.
NAME Benannt zu Ehren des irischen Botanikers Michael Pakenham Edgeworth (1812–1881), der vor allem an der Flora Indiens forschte und nach dem die Gattung *Edgeworthia* aus der Familie der Seidelbastgewächse benannt ist.
NUTZUNG/AUSBREITUNG Zierpflanze. Im Jahr 1900 erstmals in Europa im Botanischen Garten Kew kultiviert, 1983 auch im Botanischen Garten Berlin-Dahlem. 2001 im Gebiet erstmals im Leinaforst bei Altenburg in Thüringen subspontan nachgewiesen, später auch im Leipziger Auenwald in Sachsen und 2006 in Berlin an der Krummen Lanke. Es folgten zahlreiche weitere Funde, eine weitere Ausbreitung ist wahrscheinlich. Für die Vorkommen in Sachsen wird eine Ansalbung als Ausgangspunkt angenommen, die weitere Verbreitung erfolgt u. a. durch den forstlichen Wegebau und das Anhaften von Erde an Hufen, Schuhen oder Reifen.
WEITERE ART Das nordamerikanische **Orange Springkraut**, *Impatiens capensis*, findet sich vor allem im Rhein-, Mosel- und Lahntal. Die meisten deutschen

Impatiens capensis

Bestände haben ihren Ausgang möglicherweise vom Botanischen Garten Marburg genommen, von wo sie sich an Lahn und Rhein flussabwärts langsam ausbreiten. Die Bestände im Moselgebiet, die 1991 entdeckt wurden, dürften vom lothringischen Moselgebiet stammen. Weiters in Bayern, Hessen, Mecklenburg-Vorpommern und Nordrhein-Westfalen.

Drüsiges Springkraut
Impatiens glandulifera
— Springkrautgewächs · Balsaminaceae

Juli–Okt.
invasiv

Impatiens glandulifera

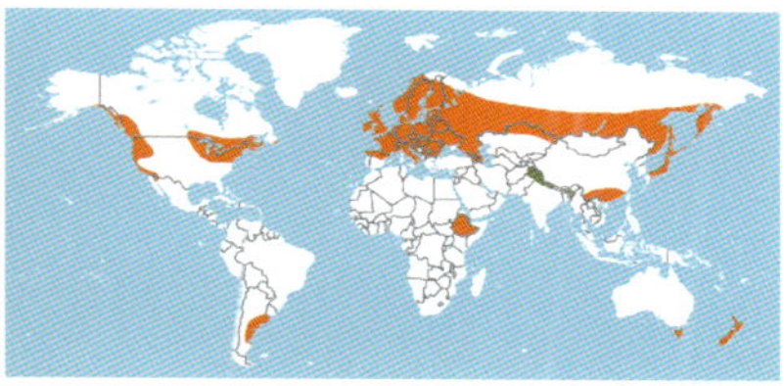

STECKBRIEF Bis zu 2,5 m hohe Einjährige mit Stängeln, die im Ø bis zu 5 cm erreichen. Blätter gegenständig, oben am Stängel auch in dreizähligen Quirlen, Spreite eilanzettlich, bis zu 25 cm lang, scharf gezähnt. Blattstiel und Blattgrund drüsig. Blüten purpurn, rosa oder weiß, in 2–14-blütigen Trauben. Samenkapseln 1,5–4 cm lang.
NUTZUNG/AUSBREITUNG Zierpflanze, gegenwärtig aufgrund ihres allgemein bekannten Ausbreitungsdranges kaum mehr in Kultur, vereinzelt aber noch als Bienenweide. Kam 1839 erstmals nach England und wurde von dort an mehrere Botanische Gärten Europas verteilt. Als beliebte Zierpflanze und Bienenweide gelangte sie bald in viele europäische Gärten. 1854 erstmals als im Gebiet verwildert beschrieben. Samen können mit Gartenabfall und auenbürtigem Bodenmaterial verfrachtet werden. Gegenwärtig im Gebiet häufig und fast flächendeckend auftretend.

Kleinblütiges Springkraut
Impatiens parviflora
— Springkrautgewächs · Balsaminaceae

Juni–Okt.
invasiv

STECKBRIEF 30–90 cm hohe, kahle, oben verzweigte Einjährige mit wechselständigen, breit-lanzettlichen, gezähnten Blättern. Obere Blätter meist größer als die unteren. Blüten hellgelb, 8–18 mm lang, in aufrechten Trauben, das kronblattartige Kelchblatt mit dem Sporn nicht über 1 cm lang, Sporn gerade. Frucht 1,5–2,5 cm lang, keulenförmig.
VERWECHSLUNG Das Bunte Springkraut, *Impatiens edgeworthii*, hat 25–30 mm lange Blüten.
NUTZUNG/AUSBREITUNG Keine. Beheimatet von Usbekistan bis Nordindien. Nach anderen Angaben ist das ursprüngliche Gebiet weit größer und umfasst Afghanistan, Kasachstan, Kirgisistan, Tadschikistan, Turkmenistan, Usbekistan, die Mongolei, China und Westsibirien. Die Ersteinführung nach Europa in den Botanischen Garten Genf erfolgte im Jahr 1830 oder wenig vorher. Dort trat sie 1831 auch erstmals verwildert auf. 1837 im Botanischen Garten Dresden kultiviert und ein Jahr später an der Südseite des Gartens bereits subspontan.
Die weitere Ausbreitung erfolgte kontinuierlich und ist mit Jahreszahlen für die einzelnen Regionen nachvollziehbar. Gegenwärtig im Gebiet häufig und fast flächendeckend auftretend.

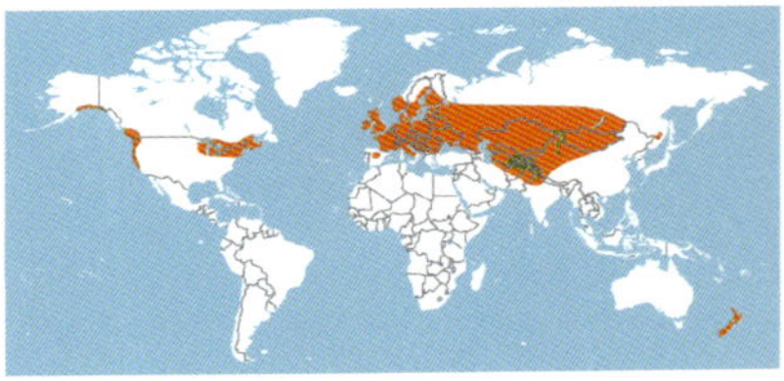

Impatiens parviflora

Thunberg-Berberitze
Berberis thunbergii
— Berberitzengewächs · Berberidaceae

April–Mai
invasiv

Berberis thunbergii

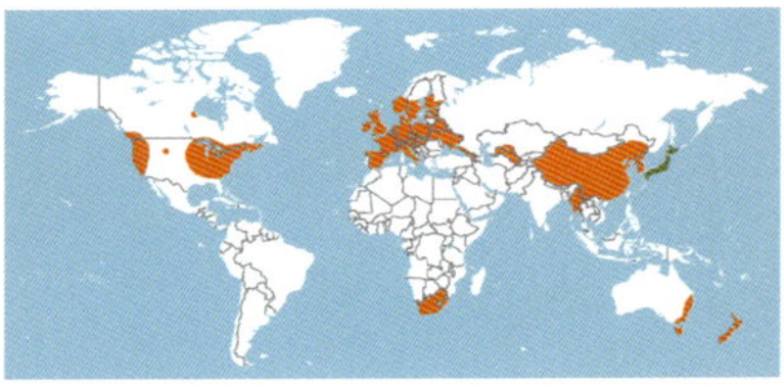

STECKBRIEF Bis 2 m hoher, sommergrüner, einfach bedornter Strauch mit hellgrünen, unterseits bläulichgrünen Blättern und kupferroter Herbstfärbung. Blattspreiten eiförmig mit ganzrandigem Blattrand. Blüten gelb, außen manchmal rötlich gefärbt, zu 1–4 in den Blattwinkeln. Beeren schmal-eiförmig, rot und glänzend.
NAME Der botanische Artname ist zu Ehren des schwedischen Botanikers Carl Peter Thunberg (1743–1828) benannt, welcher die Pflanze nach Europa brachte. Thunberg war Arzt, Forschungsreisender und Nachfolger Linnés als Professor der Botanik in Uppsala. Neben der Berberitze ist nach ihm u. a. die Gattung *Thunbergia* aus der Familie der Akanthusgewächse benannt.

Berberis julianae

NUTZUNG/AUSBREITUNG Als Zwerg-, Hecken- und Einfassungsstrauch. Beheimatet an Gebirgshängen in Japan. Durch Thunberg nach Europa gebracht und hier züchterisch bearbeitet. 1913 entstand die purpurblättrige „*Atropurpurea*", aus dieser wurde 1942 in den Niederlanden die Zwergform „*Atropurpurea Nana*" ausgelesen. Die Beeren vertragen Vögel, vor allem Amseln und Drosseln und Kleinsäuger.
Generativ vermehrte Farbspielformen verlieren von Generation zu Generation mehr an Farbe und grünen schlussendlich gänzlich aus. Zusätzlich vermehrt sich die Art auch vegetativ über Wurzelsprosse. Gegenwärtig im Gebiet weit verbreitet mit auffallender Einbürgerungstendenz in den letzten Jahren.

Berberis hookeri

WEITERE ARTEN Immergrün ist die ostasiatische Hooker-Berberitze, *Berberis hookeri*, die unter anderem in Salzburg verwildert auftritt.
Ebenfalls ostasiatisch und immergrün ist die Juliane-Berberitze, *Berberis julianae*. Sie wird oft als Heckenpflanze oder Zierstrauch kultiviert und verwildert nicht selten, so in Bayern, Berlin, Hamburg, Hessen, Nordrhein-Westfalen, Niederösterreich, Salzburg, in der Steiermark, in Nordtirol, Vorarlberg, Wien, im Aargau, in Basel-Land, Bern, Freiburg, Genf, Luzern, Schaffhausen, im Thurgau, in der Waadt, im Wallis und in Zürich.

Fieder-Elfenblume
Epimedium pinnatum
— Berberitzengewächs · Berberidaceae

April–Mai

Epimedium pinnatum

STECKBRIEF 15–35 cm hohe, langlebige Staude mit behaarten Stängeln und Blattstielen. Stängelblätter fehlen, Grundblätter mit 3–5 Blättchen, diese stachelig gezähnt bis ganzrandig, jung behaart und oft purpurbraun überlaufen, später verkahlend. Blüten in lockeren Rispen, aus 4 äußeren Kelchblättern, 4 gelben inneren Kelchblättern und 4 gelben Kronblättern bestehend. Innere Kronblätter mit einem kurzen, braunen Sporn. Staubblätter frei.

NUTZUNG/AUSBREITUNG Zierstaude, vorrangig als Bodendecker. Beheimatet in der Unterart *colchicum* im westlichen Kaukasusgebiet und im nordöstlichen Anatolien, in der Nominatform *pinnatum* im östlichen

Kaukasus und im Nord-Iran. Seit spätestens 1842 in Gartenkultur. 1973 erstmals für das Gebiet im Allgäu als lokal verwildert angegeben und auch gegenwärtig nur sehr vereinzelt subspontan auftretend. Breitet sich über Rhizome aus, die Fernausbreitung vollzieht sich vor allem durch Gartenauswurf.

Echte Mahonie
Mahonia aquifolium
— Berberitzengewächs · Berberidaceae

März–Mai
essbar

Mahonia aquifolium

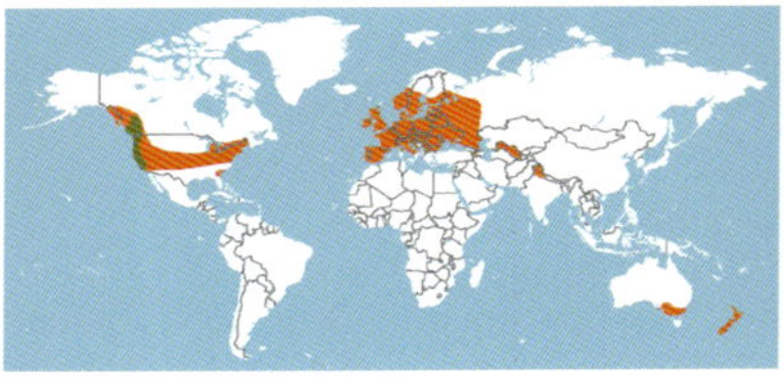

STECKBRIEF Bis 1 m hoher, breitbuschiger Strauch mit immergrünen, unpaarig gefiederten, ledrigen, glänzenden, dornig gezähnten, dunkelgrünen Blättern. Diese im Austrieb, im Winter und bei Mangelerscheinungen kupferfarben bis purpurn. Blüten leuchtendgelb in aufrechten Trauben am mehrjährigen Holz. Früchte schwarzblau in Trauben.
ANMERKUNG Nach Rothmaler (2002) sind die meisten in Deutschland verwilderten Pflanzen Hybriden mit den ebenfalls nordamerikanischen Arten *Mahonia repens* und *M. pinnata*. In Österreich und der Schweiz dürfte es ähnlich sein.
NAME Die Gattung ist zu Ehren des irisch/US-amerikanischen Botanikers und Gärtners Bernard M'Mahon (1775–1816) benannt, der Sträucher von *Mahonia aquifolium* erstmals aus Samen zog, kultivierte und in den Handel brachte.
NUTZUNG/AUSBREITUNG Zier- und Fruchtgehölz, auch für die Floristik. 1792 vom englischen Arzt, Gärtner und Naturforscher Archibald Menzies (1754–1842) in Oregon entdeckt. Nach Europa kam sie aber erst durch den Sammelreisenden David Douglas (1799–1834), welcher die Pflanze nahe von Menzies Fundort beim Fort Vancouver im Bundesstaat Oregon wiederentdeckte. Die Nachkommen der 1823 in die englische Heimat geschickten Pflanzen verbreiteten sich rasch in den europäischen Gärten. 1860 wurde die erste Verwilderung beobachtet, 1882 in Brandenburg die erste in Mitteleuropa. Gegenwärtig im Gebiet weit verbreitet und vor allem in den Wäldern mit weiterer Ausbreitungs- und Etablierungstendenz. Die Art kann sich aufgrund der unterirdischen Ausläufer rasch vegetativ vermehren, außerdem werden die Samen gerne von Vögeln, insbesondere Amseln, gefressen und dadurch verbreitet.

Baum-Hasel
Corylus colurna
— Birkengewächs · Betulaceae

März
essbar

STECKBRIEF Bis 15 m hoher Baum mit durchgehendem Stamm. Krone anfangs schmal kegelförmig bis breiteiförmig. Triebe dicht drüsig behaart. Borke korkig. Blattspreiten 5–15 cm lang, breit-eiförmig, plötzlich zugespitzt, doppelt gesägt, oberseits glänzend dunkelgrün, Herbstfärbung gelb. Männliche Blütenkätzchen bis 12 cm lang. Früchte in großen, dichten, kugeligen Büscheln, Nüsse von einer tief geteilten, drüsig-borstigen Hülle umgeben.

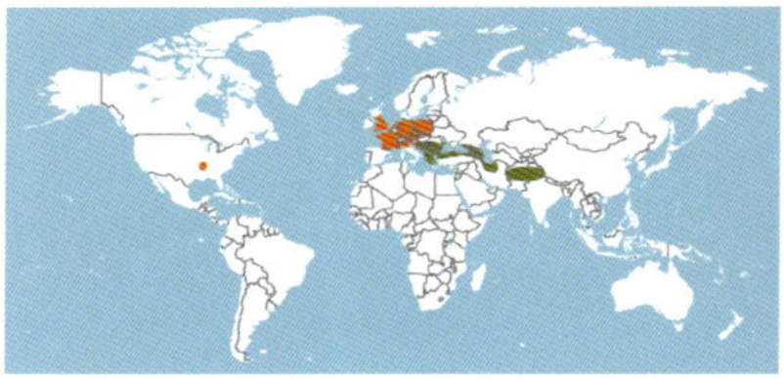

Corylus colurna

Corylus maxima

Alnus cordata

NUTZUNG/AUSBREITUNG Ziergehölz, selten als Fruchtgehölz. Im Jahr 1582 aus Konstantinopel nach Merkenstein in Niederösterreich gekommen und von dort weiter in Mitteleuropa verbreitet. Aufgrund seiner hohen Resistenz gegen Schadstoffe in der Luft gegenwärtig vermehrt als städtischer Park- und Straßenbaum gepflanzt. Selten verwildert.

WEITERE ARTEN Die südosteuropäische **Lamberts Hasel**, *Corylus maxima*, wird im Gebiet häufig als Zier- und Deckstrauch gepflanzt, seltener als Obstgehölz. Vereinzelt findet sie sich auch verwildert oder verschleppt, so in Baden-Württemberg, Bayern, Berlin, Niedersachsen, Mecklenburg-Vorpommern, Nordrhein-Westfalen, Sachsen, Oberösterreich, Salzburg, in der Steiermark, in Wien, im Aargau, in Basel-Land, Bern, Genf, Luzern, Solothurn, im Tessin, in der Waadt und in Zürich.

In Korsika, Sardinien und Teilen des süditalienischen Festlandes ist die **Herzblättrige Erle**, *Alnus cordata*, beheimatet, die bei uns gelegentlich kultiviert wird und daraus verwildert, so in Baden-Württemberg, Hessen, Nordrhein-Westfalen, Sachsen, Oberösterreich, Salzburg, in der Steiermark, wo die Art auch lokale Einbürgerungstendenzen zeigt und in Südtirol.

Amerikanische Trompetenwinde

Campsis radicans

— Trompetenbaumgewächs · Bignoniaceae

Juli–Sep.

STECKBRIEF 2–8 m hohe, sommergrüne, verholzte Liane mit Haftwurzeln. Blätter gegenständig, unpaarig gefiedert mit 7–11 eilanzettlichen, zugespitzten, gesägten, oberseits glänzenden, unterseits auf den Nerven behaarten Blättchen. Blüten trompetenförmig, Krone 5–7 cm lang, orange bis orangerot, am Ende der einjährigen Triebe. Kelch etwa 1,5 cm lang, bis zu einem Drittel eingeschnitten. Kapselfrüchte 8–18 cm lang, anfänglich glänzend hellgrün, mit zahlreichen geflügelten Samen.

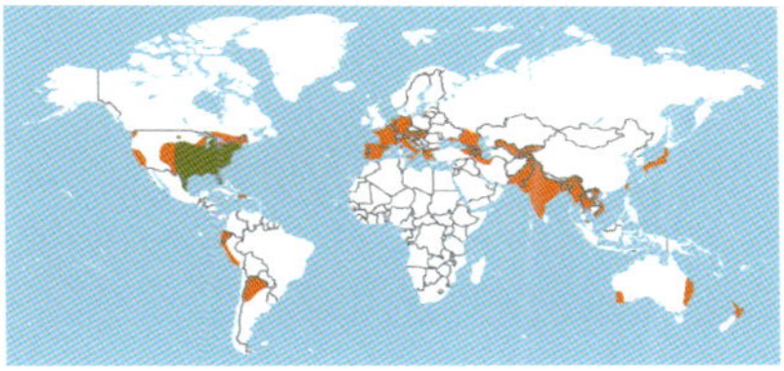

VERWECHSLUNG Die ebenfalls kultivierte, bisher im Gebiet aber nicht subspontan aufgefundene China-Trompetenwinde, *Campsis grandiflora*, hat einen tief fünfspaltigen Kelch mit etwa 2 cm langen Kelchzähnen.
NUTZUNG/AUSBREITUNG Ziergehölz, oft auch als Hybride *Campsis × tagliabuana (Campsis radicans × C. grandiflora)* kultiviert. Um das Jahr 1620 aus den damaligen französischen Kolonien in Nordamerika nach Paris gekommen, von wo aus ihre weitere Verbreitung am Kontinent begann. Etwa um 1640 ist sie aus Deutschland bekannt, vom herzoglich braunschweigischen Garten zu Hessem. Gegenwärtig im Gebiet sehr selten subspontan zu finden, so in Bayern im Bamberger Hafen im Gleisschotter, in Frankfurt-Griesheim in Hessen und in Wallern bei Linz am Rhein in Rheinland-Pfalz.

Campsis radicans

Echter Trompetenbaum
Catalpa bignonioides
— Trompetenbaumgewächs · Bignoniaceae

Juni–Juli
giftig

STECKBRIEF Bis 15 m hoher und 10 m breiter Baum mit längsrissiger, hell graubrauner Rinde. Blätter groß, gerieben unangenehm riechend, mit 15–30 cm langer, herzförmiger, frischgrüner Spreite. Blüten in aufrechten, vielblütigen Rispen. Einzelblüten glockenförmig, weiß, 3–4 cm lang, innen mit 2 gelben Streifen und purpurnen Flecken. Früchte bis zu 35 cm lange, schmale Kapseln, im Ø 0,5–1 cm breit.
VERWECHSLUNG Der Kleinblütige Trompetenbaum, *Catalpa ovata*, unterscheidet sich u. a. durch nur 1,5–2 cm lange Blüten, 3–5-lappige Blätter und Früchte, die nur ca. 0,5 cm im Ø sind. Der Prächtige Trompetenbaum, *Catalpa speciosa*, hat lang zugespitzte Blattspreiten, die beim Zerreiben nicht unangenehm riechen und eine Blüte im Juni, 2–3 Wochen vor *C. bignonioides*.

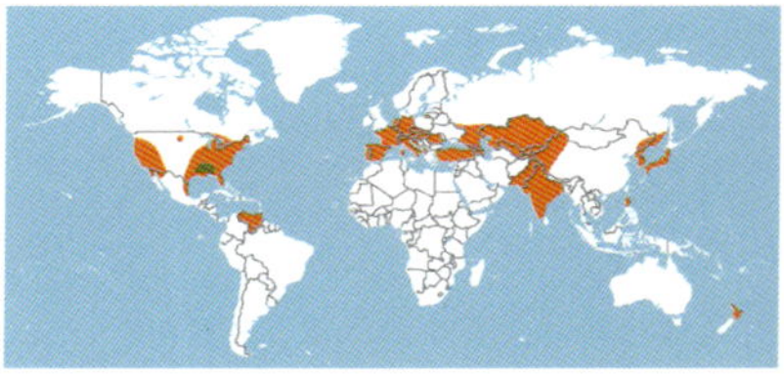

Catalpa bignonioides

Catalpa ovata

NUTZUNG/AUSBREITUNG Ziergehölz, Bienenweide. 1726 durch den englischen Naturforscher Mark Catesby (1683–1749) nach Europa gebracht. Gegenwärtig häufig als Zierbaum genutzt, vor allem als Straßenbaum im städtischen Bereich und vielfach verwildert, lokal auch in Einbürgerung begriffen.
WEITERE ARTEN Der aus China stammende **Kleinblütige Trompetenbaum**, *Catalpa ovata*, tritt ebenfalls gelegentlich verwildert auf, so in Bayern, Berlin, Hessen, Nordrhein-Westfalen, Niederösterreich, Wien und Basel. Aus dem östlichen Nordamerika stammt der **Prächtige Trompetenbaum**, *Catalpa speciosa*, der vor allem als Parkbaum angepflanzt wird und vereinzelt verwildert, so in Basel, Genf und Zürich.

Catalpa speciosa

Italienische Ochsenzunge
Anchusa azurea
— Raublattgewächs · Boraginaceae

Mai–Aug.
giftig

STECKBRIEF 20–120 cm hohe, borstig behaarte Zwei- bis Mehrjährige. Blattspreiten lanzettlich, in einen Stiel verschmälert, die oberen sitzend, ganzrandig. Blüten lebhaft azur- bis violettblau, Ø ca. 15 mm, Kronröhre 10–15 mm lang, gerade, Schlundschuppen pinselartig behaart. Kelch bis fast zum Grund geteilt.
VERWECHSLUNG Bei der heimischen Echten Ochsenzunge, *Anchusa officinalis*, sind die Blüten höchsten 10 mm im Ø, die Krone ist tief blauviolett, der Kelch ist im untersten Drittel verwachsen.
NUTZUNG/AUSBREITUNG Zierpflanze, Bienenweide. Im Gebiet seit dem 16. Jahrhundert bekannt. Gegenwärtig vielfach, aber vereinzelt und vorübergehend verschleppt oder verwildert.

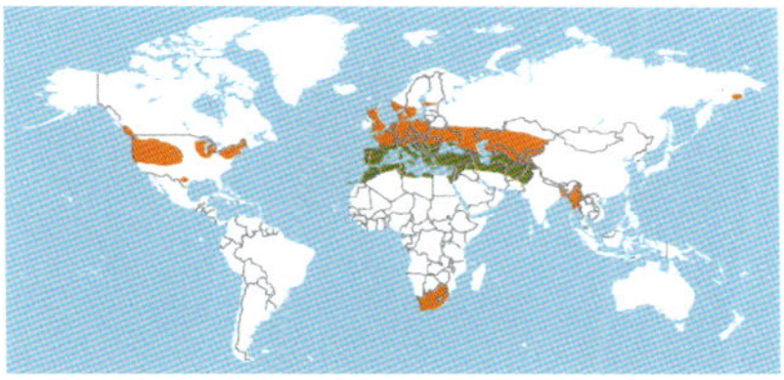

Anchusa barrelieri

Anchusa azurea

Anchusa hybrida

Anchusa ochroleuca

WEITERE ARTEN Mediterran-montan ist die **Barrelier-Ochsenzunge**, *Anchusa barrelieri*, die selten verschleppt auftritt, so in Bayern, Sachsen, Niederösterreich und ehemals in Schaffhausen.
Die im Mittelmeergebiet und in Kleinasien beheimatete **Bastard-Ochsenzunge**, *Anchusa hybrida*, tritt im Gebiet ganz vereinzelt und vorübergehend auf, so in Baden-Württemberg, Berlin, Rheinland-Pfalz und Basel. Im benachbarten Elsass bei Mülhausen ist sie eingebürgert und in Ausbreitung. Südosteuropäisch-kleinasiatisch ist die **Blassgelbe Ochsenzunge**, *Anchusa ochroleuca*, die vereinzelt unbeständig verschleppt auftritt, so ehemals in Baden-Württemberg, Bayern, Berlin, früher in Brandenburg, Mecklenburg-Vorpommern, Thüringen, Niederösterreich, Wien und ehemals in Freiburg.

Borretsch

Borago officinalis
— Raublattgewächs · Boraginaceae

Mai–Okt.
essbar

Borago officinalis

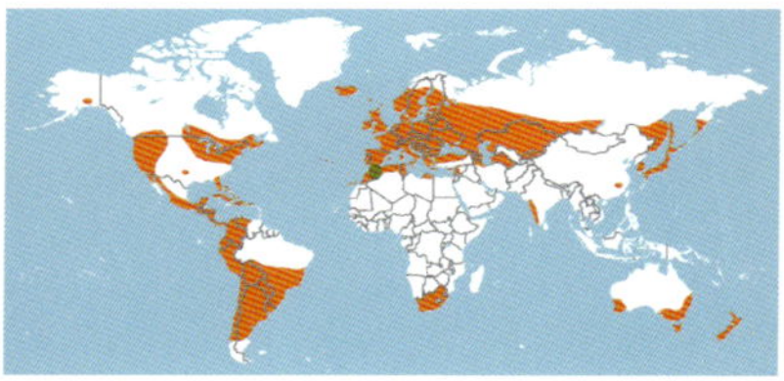

STECKBRIEF 20–70 cm hohe, stechend steifhaarige Einjährige mit fleischigem Stängel. Blattspreiten lanzettlich bis elliptisch, mit gewelltem, unregelmäßig gezähntem Rand, plötzlich in einen geflügelten Stiel verschmälert, die unteren bis 15 cm lang. Kelchzipfel schmal-lanzettlich, 0,8–1,5 cm lang. Krone blau, seltener lila oder weiß, mit kurzer Röhre und 5 flach ausgebreiteten, fein zugespitzten Zipfeln, 2–3 cm im Ø, Schlundschuppen vorstehend, weiß.
NUTZUNG/AUSBREITUNG Gewürz-, Zier-, Bienenweide- und Volksarzneipflanze. Urheimat sind Südspanien

und das westliche Nordafrika, im übrigen Mittelmeergebiet aber schon lange eingebürgert. Nach Mitteleuropa gelangte der Borretsch im späten Mittelalter. Im 16. Jahrhundert wurde die Pflanze in Bauerngärten des Gebiets häufig angebaut. Ausbreitungswege sind sowohl die Ausbringung mit Gartenauswurf, Selbstaussaat und die Ansaat von „Wildblumenmischungen“, wie beispielsweise von der Kiepenkerl-Saatmischung „Bienenfutterpflanzen einjährig“. Tritt im Gebiet immer wieder vorübergehend auf, ohne Einbürgerungstendenzen zu zeigen.

Kaukasusvergissmeinnicht
Brunnera macrophylla
— Raublattgewächs · Boraginaceae

April–Mai

STECKBRIEF 20–60 cm hohe, oben verzweigte Staude. Stängel rauhaarig. Grundblätter lang gestielt, Spreite 8–20 cm lang, mit tiefer, runder Stielbucht. Obere Blätter eiförmig, sitzend. Blütenstand doppeltraubig, 40–100-blütig. Krone blau, mit ca. 1 mm langer Röhre und ausgebreitetem, 5-teiligem Saum, 4–8 mm im Ø, Saum ohne weiße Radialstreifen. Teilfrüchte länglich-eiförmig, an der Basis mit kragenartigem Ring.

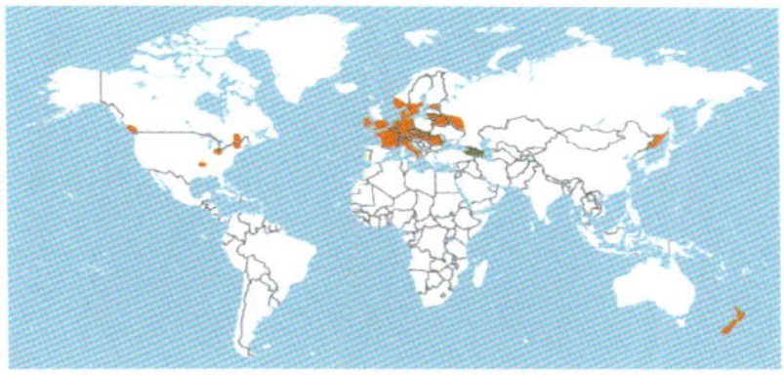

Brunnera macrophylla

VERWECHSLUNG Bei den ähnlichen Gattungen Vergissmeinnicht, *Myosotis*, und Gedenkmein, *Omphalodes*, fehlt der kragenartige Ring an der Basis der Teilfrüchte.
NAME Benannt zu Ehren des Schweizer Botanikers, Naturforschers und Ethnologens Samuel Brunner (1790–1844), der u. a. an der Flora Senegals, Gambias und der Kapverdischen Inseln forschte.
NUTZUNG/AUSBREITUNG Zierstaude. 1801 vom deutschen, in russischen Diensten stehenden Botaniker und Naturforscher Johann Friedrich Adam (1780–1838) im Zuge einer mineralogisch-naturkundlichen Forschungsreise im Kaukasus gefunden. 1825 kam die Art nach Europa. In Deutschland blieb *Brunnera* lange Zeit nur den Fachleuten bekannt und erst zu Beginn des 20. Jahrhunderts fand sie vermehrt Eingang in die allgemeine Gartenkultur. Die zahlreichen Fundorte an Waldrändern lassen auf Verschleppungen durch Gartenabfälle schließen.

Wegerich-Natternkopf
Echium plantagineum
— Raublattgewächs · Boraginaceae

April–Juli

STECKBRIEF 20–60 cm hohe, borstig behaarte Ein- bis Zweijährige mit wegerichartigen, eiförmigen, gestielten Rosettenblättern. Obere Stängelblätter mit herzförmigen Grund sitzend. Blütenkrone violettblau, später purpurn, 18–30 mm lang, weit trichterförmig mit schiefem Saum. 2 der 5 Staubblätter ragen aus der Blütenkrone. Griffel an der Spitze zweispaltig.
NUTZUNG/AUSBREITUNG Blumenwiesen, Bienenweide. Die Gartenkultur ist in Europa seit dem Jahr 1658

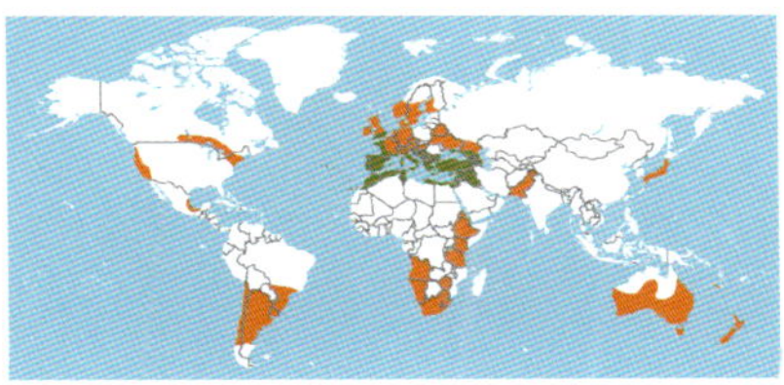

Echium plantagineum

Echium italicum

bekannt. Die Ausbreitung in Mitteleuropa geschieht hauptsächlich durch Ansaaten von Blumensamenmischungen und Bienenweiden sowie durch Verschleppung. Vorkommen sind im Gebiet vereinzelt und meist unbeständig. **WEITERE ART** Mediterran-südosteuropäisch ist der Italienische Natternkopf, *Echium italicum*, der ganz vereinzelt und vorübergehend in Baden-Württemberg, Bayern, Thüringen, im Burgenland, in Kärnten, Niederösterreich, Wien, Graubünden, im Tessin und Wallis auftritt. Am Hauptbahnhof Schweinfurt in Franken konnte die Art von 1994 bis zumindest 2005 regelmäßig gefunden werden.

Gefleckte Hainblume

Nemophila maculata
— Raublattgewächs · Boraginaceae

Mai–Juni

Nemophila maculata

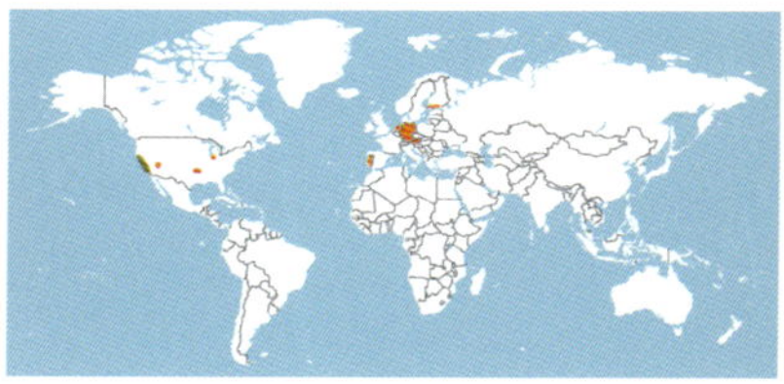

STECKBRIEF 5–25 cm hohe Einjährige mit 1–3 cm langen und 0,7–1,5 cm breiten, gezähnten Blattspreiten. Kronblätter weiß, violett geadert mit violettem Fleck am Ende jedes Kronblattzipfels. Fruchtkapsel 4–6 mm im Ø. **VERWECHSLUNG** Ähnlich ist *Nemophila menziesii* var. *atomaria* mit weißen, lila geaderten Kronblättern,

Nemophila menziesii

denen aber die für *Nemophila maculata* so markanten violetten Flecken an den Kronzipfelenden fehlen.
NUTZUNG/AUSBREITUNG Zierpflanze. Aus Europa seit dem Jahr 1848 in Kultur bekannt. In Blumenwiesen-Samenmischungen enthalten und daraus gelegentlich verwildert oder verschleppt, selten auch für Sommerblumenbeete genutzt.
WEITERE ART In Kalifornien und Oregon ist die **Blaue Hainblume**, *Nemophila menziesii*, beheimatet, die als Einjährige in Blumenwiesenansaaten enthalten ist und von dort gelegentlich entweicht, so in Baden-Württemberg, Bayern, Sachsen, Thüringen und Zürich.

Buntes Mönchskraut
Nonea versicolor
— Raublattgewächs · Boraginaceae

Mai–Juni

STECKBRIEF 15–35 cm hohe Ein- bis Mehrjährige. Blätter lanzettlich, 4–7 cm lang, 0,6–1,6 cm breit, borstig steifhaarig, Stängelblätter halbstängelumfassend. Krone trichterförmig, 12–14 mm lang, Rachen gelb, Kronzipfel rosa bis violett. Kelch 6–9 mm lang, zur Fruchtreife 10–13 mm, bis zu 1/3 geteilt, Kelchzipfel dreieckig. Nüsschen schräg aufrecht, 3–4 mm lang, mit dicht faltigem Basalring.
VERWECHSLUNG Das Rosa Mönchskraut, *Nonea rosea*, hat linear-lanzettliche, 0,5–1 cm breite Blätter, rosa bis bräunliche Kronen, einen 4–6 mm langen Kelch, der bis zur Hälfte geteilt ist mit pfriemlich zugespitzten Kelchzipfeln und Nüsschen mit glattem Basalring.
ANMERKUNG Funde von *Nonea rosea* sind für Deutschland vielfach und seit langer Zeit gemeldet worden. Überprüfungen u. a. aus Nordbayern und Hessen zeigten aber, dass es sich bei den Pflanzen tatsächlich um *Nonea versicolor* handelte. Nur ganz vereinzelt konnte bei einer Revision *Nonea rosea* festgestellt werden, so bei den Funden von Lindau und Trebgast. Alle anderen

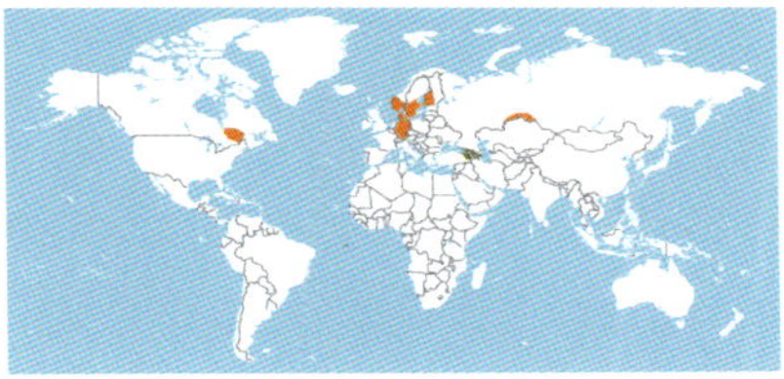

Funde werden hier zu *Nonea versicolor* gestellt, da es sich bei *Nonea rosea*-Fundmeldungen zum wahrscheinlich weitaus überwiegenden Teil um *Nonea versicolor* handelt.

Nonea versicolor

Amsinckia calycina

NAME Die Gattung ist zu Ehren des deutschen Arztes und Botanikers Johann Philipp Nonne (1729–1772) benannt, Leiter des Botanischen Gartens Erfurt und Verfasser einer Flora von Erfurt.
NUTZUNG/AUSBREITUNG Keine. Bereits Ende des 19. Jahrhunderts galt die Pflanze als eine Art, die „bezüglich ihrer Wanderung durch Europa große Fortschritte macht". Gegenwärtig im Gebiet vereinzelt subspontan, in Bayern lokal auch eingebürgert.
WEITERE ARTEN Aus Südwestasien stammt das **Gelbe Mönchskraut**, *Nonea lutea*, das vereinzelt adventiv auftritt, so in Baden-Württemberg, Bayern, Nordrhein-Westfalen, Rheinland-Pfalz, Sachsen, Sachsen-Anhalt, Thüringen, Kärnten, Niederösterreich, Wien, im Aargau, in Basel, Bern, Genf, Graubünden, Schaffhausen, im Wallis und in Zürich.
In Südamerika, nördlich bis ins südliche Nordamerika ist der **Schmalblättrige Geigenhals**, *Amsinckia calycina* (vorige Seite), beheimatet, der mit Saatgut eingeschleppt wurde und unbeständig auftritt, so in Baden-Württemberg, Hessen, Rheinland-Pfalz, Sachsen-Anhalt und seit 1996 in Niederösterreich.
In Südwest-Asien ist die **Prophetenblume**, *Arnebia pulchra*, beheimatet, bei der die 5 schwarzroten Blütenflecken im Laufe der Blütezeit verschwinden und die alleine aus diesem Grund Interesse bei so manchem Pflanzenliebhaber erregt. Sie tritt in Baden-Württemberg lokal subspontan auf.

Nonea lutea

Arnebia pulchra

Leinblättriges Nabelnüsschen
Omphalodes linifolia
— Raublattgewächs · Boraginaceae

Mai–Juli

Omphalodes linifolia

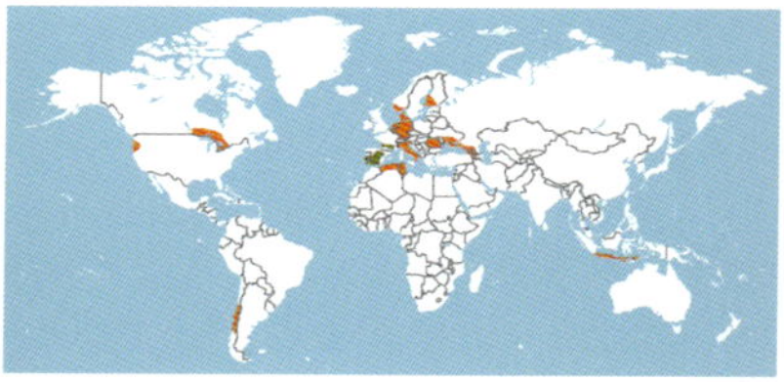

STECKBRIEF 5–40 cm hohe Einjährige mit blaugrünen Blättern und weißen Blüten. Grundblätter 15–70 mm lang, 2–15 mm breit, Stängelblätter kleiner, linealisch bis breit-lanzettlich. Blütenstand locker, 5–15-blütig. Blüte 5–10 mm im Ø, Krone weißlich. Teilfrucht mit wulstigem, gezähntem Rand.
NUTZUNG/AUSBREITUNG Zierpflanze. Südwesteuropäische Art, die nordafrikanischen Vorkommen dürften eingebürgerter Natur sein. Im Gebiet aus Einjährigen-Blumenwiesenansaaten und Sommerblumenbeeten vereinzelt verwildert.

Ausdauernde Ochsenzunge · Fünfzunge

Pentaglottis sempervirens
— Raublattgewächs · Boraginaceae

Mai–Juni

Pentaglottis sempervirens

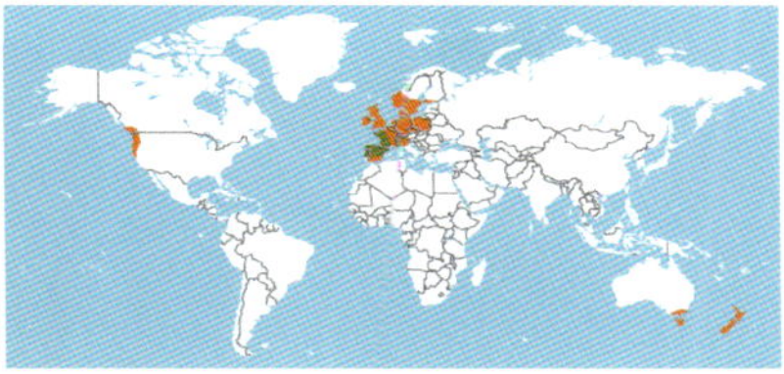

STECKBRIEF 30–90 cm hohe, rau behaarte, immergrüne Mehrjährige mit 10–40 cm langen, gestielten Grundblättern. Grundblattspreite länglich-eiförmig, in den Blattstiel verschmälert. Stängelblätter ungestielt. Blütenstand trugdoldig mit 5–15 Blüten, diese fünfzählig. Blütenkrone 8–10 mm im Ø, Schlundschuppen behaart.
NUTZUNG/AUSBREITUNG Zierpflanze. Seit dem Jahr 1594 in Gartenkultur bekannt. Vermehrt sich sowohl vegetativ durch abgebrochene Wurzelteile als auch generativ durch Selbstaussaat. Tritt im Gebiet vereinzelt verwildert auf.

Rainfarn-Büschelschön

Phacelia tanacetifolia
— Raublattgewächs · Boraginaceae

Mai–Okt.

Phacelia tanacetifolia

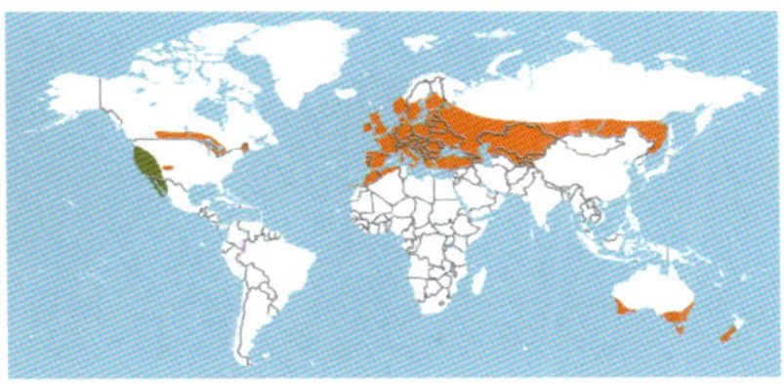

STECKBRIEF 20–70 cm hohe, rauhaarige, oben ästige Einjährige mit röhrigem Stängel und wechselständigen, doppelt fiederschnittigen Blättern. Blütenstände an den Haupt- und Seitensprossen endständig, einseitswendig, vor dem Aufblühen spiralig eingerollt. Blütenkrone hellblauviolett, glockenförmig, mit 5 breit abgerundeten Zipfeln, 7–10 mm lang, von den 5 Staubblättern deutlich überragt.
NUTZUNG/AUSBREITUNG Als Gründüngung, Zierpflanze, Zwischenfrucht und Bienenweide. Der schottische Gärtner und Pflanzensammler David Douglas schickte 1832 die Pflanze, zusammen mit rund 670 anderen Arten aus Kalifornien nach England. Seit 1843 ist sie dann aus dem Gebiet bekannt und bereits Ascherson und Graebner schreiben 1898, dass „diese Zierpflanze neuerdings auch als Bienenfutter gezogen werde“. Gegenwärtig im Gebiet häufig kultiviert und oft vorübergehend verwildert oder verschleppt.

WEITERE ARTEN Das **Glocken-Büschelschön**, *Phacelia campanularia*, stammt aus Kalifornien und Colorado und wird als Einjährige für Sommerblumenbeete genutzt, von wo aus es gelegentlich entwischt, so in Zellerndorf im niederösterreichischen Weinviertel und bei Bad Leonfelden in Oberösterreich. Im südlichen Nordamerika ist das **Dichtblütige Büschelschön**, *Phacelia congesta*, beheimatet, das im Gebiet selten verschleppt auftritt, so in Berlin, Brandenburg, Nordrhein-Westfalen und Vorarlberg.

Phacelia campanularia

Phacelia congesta

Zucker-Lungenkraut
Pulmonaria saccharata
— Raublattgewächs · Boraginaceae

März–Mai

Pulmonaria saccharata

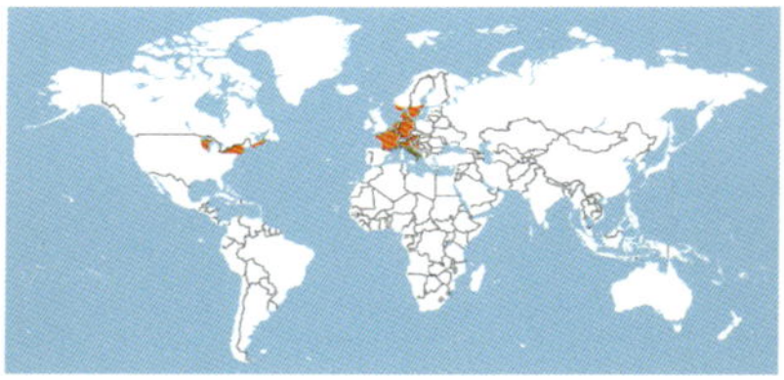

Pulmonaria rubra

STECKBRIEF 15–35 cm hohe, raue Mehrjährige. Spreite der Sommerblätter eiförmig-lanzettlich, oberseits mit kurzen und langen Borsten, wenigen Haaren und vereinzelten Stieldrüsen, Spreitenbasis ± plötzlich in den

Blattstiel verschmälert. Blattzeichnung intensiv mit ineinanderlaufenden weißlichen Flecken. Blütenkronen überwiegend blau.
VERWECHSLUNG Das ähnliche, heimische Echte Lungenkraut, *Pulmonaria officinalis*, hat weniger auffällige, nicht ineinanderlaufende Blattflecken.
NUTZUNG/AUSBREITUNG Zierstaude. In ihrer Heimat bereits im 16. Jahrhundert eine gängige Gartenpflanze. In Mitteleuropa 1581 erstmals von Matthias Lobelius abgebildet, 1613 dann auch im Hortus Eystettensis. Gegenwärtig vielfach als Zierpflanze kultiviert und daraus vereinzelt verwildernd.
WEITERE ART Das südosteuropäische **Rote Lungenkraut**, *Pulmonaria rubra*, wird ebenfalls gerne als Gartenstaude kultiviert und verwildert gleichfalls gelegentlich, so in Bayern, Brandenburg, Hessen und Sachsen.

Rauer Beinwell
Symphytum asperum
— Raublattgewächs · Boraginaceae

Mai–Aug.

STECKBRIEF Bis 1,5 Meter hohe Staude mit dicken Stängeln. Diese durch hakig abwärts gebogene, am Grunde stark verdickte Borstenhaare rau, Blätter 2,5–4 × so lang wie breit, am Stängel nicht herablaufend. Blüten hellblau bis blauviolett.
VERWECHSLUNG Der heimische Echte Beinwell, *Symphytum officinale*, hat Blattspreiten, die 4–6 × so lang wie breit sind und Blattstiele, die am Stängel herablaufen.
NUTZUNG/AUSBREITUNG Zierpflanze, vereinzelt auch als Tierfutterpflanze. Im 16. Jahrhundert als Viehfutter- und Zierpflanze nach Europa gekommen und gegenwärtig vielfach verwildert und auf weite Strecken eingebürgert. *Symphytum asperum* bildet mit *S. officinale* die Hybride *Symphytum × uplandicum*, die im Gebiet häufiger anzutreffen ist als die reine Art. Möglicherweise sind auch alle mitteleuropäischen *Symphytum asperum*-Vorkommen durch Bastardierung von *Symphytum officinale* beeinflusst.

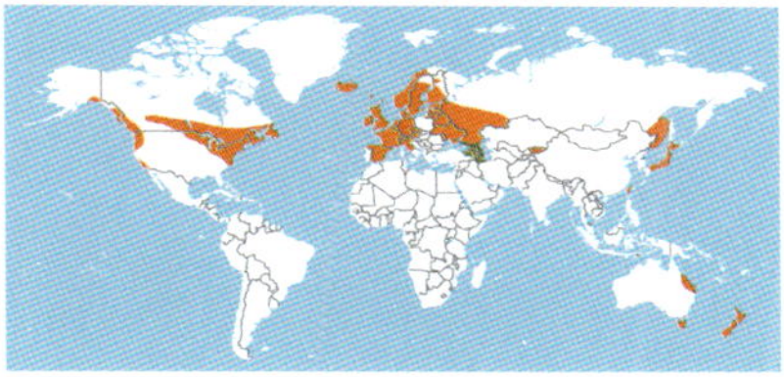

Symphytum asperum

Symphytum caucasicum

WEITERE SIPPEN Ebenfalls kaukasisch ist der **Kaukasus-Beinwell**, *Symphytum caucasicum*, der aufgrund seiner schönen blauen Blütenfarbe gelegentlich als Zierpflanze kultiviert wird und daraus vereinzelt verwildert, so in Bayern, Brandenburg, Nordrhein-Westfalen, Sachsen, Oberösterreich, Salzburg, in der Steiermark und in Wien.
Der **Hidcote-Beinwell**, *Symphytum × hidcotense*, ist vermutlich die Hybride aus dem kaukasischen Großblütigen Beinwell, *Symphytum grandiflorum*, mit *Symphytum × uplandicum*, der Hybride aus *S. asperum × S. officinale*. Die Sippe wird im Gebiet besonders in der Sorte 'Hidcote Blue' als Bodendecker eingesetzt und verwildert gelegentlich daraus, so in Bayern, Mecklenburg-Vorpommern, Nordrhein-Westfalen, Salzburg und Zürich.

Symphytum × hidcotense

Rauling
Trachystemon orientalis
— Raublattgewächs · Boraginaceae

März–April
essbar

STECKBRIEF 30–100 cm hohe Staude mit fleischigem Rhizom und Ausläufern. Blätter striegelhaarig, langgestielt, mit herzförmiger Spreite. Stängel die Grundblätter kaum überragend, aufrecht. Blüten himmelblau bis violett, in vielblütiger Rispe.
NUTZUNG/AUSBREITUNG Als Gemüsepflanze und in Botanischen Gärten. Neuerdings in der Gartengestaltung als Problemlöser für trockenen Schatten angeboten und vermehrt eingesetzt. In Europa seit 1752 kultiviert. Die Art vermehrt sich vegetativ über unterirdische Ausläufer und generativ über Samen und gelangt in erster Linie durch Ablagerungen von Gartenabfällen in die Landschaft. Erste subspontane Vorkommen im Gebiet sind seit etwa dem Jahr 1900 von Hohenheim in Baden-Württemberg bekannt. Gegenwärtig im Gebiet sehr vereinzelt, an seinen Standorten aber beständig.

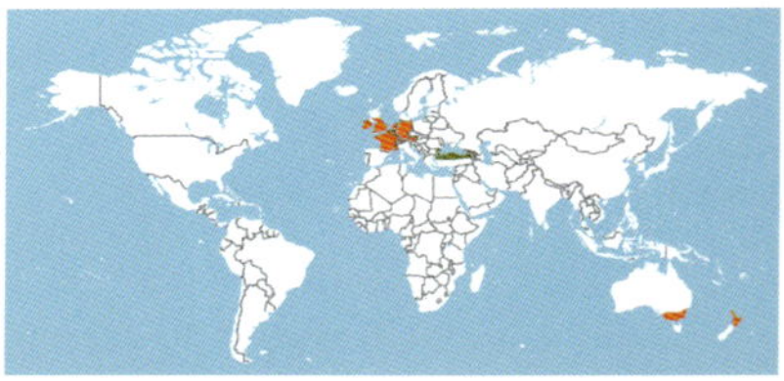

Trachystemon orientalis

Trachystemon orientalis

Mauer-Steinkraut

Alyssum murale (Syn.: *Odontarrhena muralis*)
— Kreuzblütler · Brassicaceae

April–Mai

STECKBRIEF 25–60 cm hohe Staude mit lanzettlichen bis schmal eiförmigen, 1–5 cm langen, ganzrandigen oder entfernt gezähnten, unterseits graufilzigen Stängelblättern. Blütenstand schirmförmig-doppeltraubig. Blüten goldgelb, Kronblätter abgerundet. Früchte rund, behaart, abgeflacht, mit einer Samenanlage je Fach.
NUTZUNG/AUSBREITUNG Steingartenpflanze, auch zur Bodendekontamination und zur Nickelgewinnung eingesetzt, so etwa am Ufer des albanischen Ohridsees, wo die Böden mit Schwermetallen belastet sind. Das Mauer-Steinkraut wird hier kultiviert und verbrennt, denn die Asche besteht zu einem Fünftel aus Nickel. Früher häufiger in gärtnerischer Kultur, heute selten. Oft unter dem falschen Namen *Alyssum argenteum* im Gartenhandel. Gegenwärtig im Gebiet sehr vereinzelt subspontan auftretend. In Nordamerika lokal eingebürgert.
WEITERE ARTEN Das von der Balkanhalbinsel bis Südwest-Asien beheimatete **Borsten-Steinkraut**, *Alyssum hirsutum*, tritt im Gebiet ganz vereinzelt auf, so in Berlin und Niederösterreich. In Wien lokal eingebürgert, ehemals auch in St. Gallen.
Das mediterran-südwestasiatische **Kleine Steinkraut**, *Alyssum simplex* (= *A. minus*), tritt im Gebiet ganz vereinzelt verschleppt auf, so in Baden-Württemberg, in Bayern lokal eingebürgert, in Brandenburg, früher in Hessen,

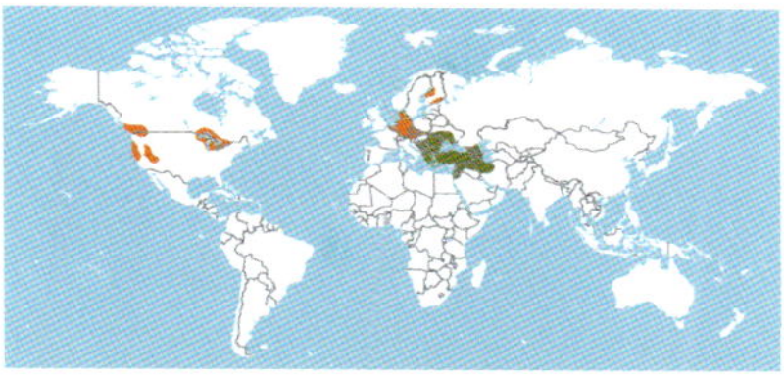

Alyssum murale

Alyssum hirsutum

Alyssum simplex

in Mecklenburg-Vorpommern, Nordrhein-Westfalen, Rheinland-Pfalz, Schleswig-Holstein und Zug.
Das vom Mittelmeergebiet bis Zentralasien beheimatete **Schlanke Steinkraut**, *Alyssum strigosum*, tritt u. a. in Baden-Württemberg, Niederösterreich und Wien unbeständig auf.
Das südosteuropäische **Friauler Felsensteinkraut**, *Aurinia petraea*, wächst im Gebiet vereinzelt verschleppt oder verwildert, so in Bayern, Berlin und Thüringen.
Sehr selten tritt auch die mediterrane **Echte Schildkresse**, *Fibigia clypeata*, im Gebiet subspontan auf, so in Baden-Württemberg und Nordrhein-Westfalen.

Alyssum strigosum

Fibigia clypeata

Aurinia petraea

Kaukasus-Gänsekresse

Arabis caucasica (Syn.: *Arabis alpina* subsp. *caucasica*) — Kreuzblütler · Brassicaceae

April–Mai

STECKBRIEF 10–30 cm hohe, ausläuferartig kriechende, dichte Rasen bildende, grauweißfilzige Staude. Blätter grob gezähnt, stängelumfassend, jederseits mit 2–5 Zähnen. Kronblätter reinweiß bis elfenbeinweiß, 9–18 mm lang, plötzlich in den Nagel zusammengezogen, Kelchblätter 4–6 mm lang. Frucht abstehend, 3–6 cm lang. Blütezeit im Frühling, oft mit Nachblüten bis in den Oktober.
VERWECHSLUNG Bei der nah verwandten Alpen-Gänsekresse, *Arabis alpina*, sind die Kronblätter 8–10 mm lang und allmählich in den Nagel verschmälert. Die Kelchblätter sind 3–4 mm lang, die Pflanze ist rauhaarig, aber nicht grauweißfilzig.

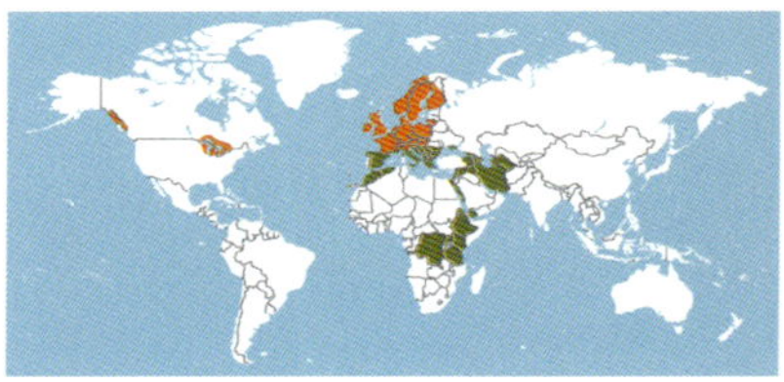

NUTZUNG/AUSBREITUNG Zierstaude. 1802 auf Felsen im Kaukasus entdeckt, 1807 kamen Pflanzen an den Berliner Botanischen Garten, 1815 war sie bereits in

Kunersdorf bei Wriezen, 1817 im Breiterschen Garten bei Leipzig vorhanden. Mitte des 19. Jahrhunderts eine allgemein beliebte Gartenzierpflanze. Verwildert vor allem auf Mauern und kiesigen Stellen, lokal im Gebiet auch eingebürgert.

WEITERE ART Auf der Balkanhalbinsel und in den Südkarpaten ist die **Liegende Gänsekresse**, *Arabis procurrens*, beheimatet, die als immergrüne Zierstaude kultiviert wird und gelegentlich verwildert bis eingebürgert auftritt, so in Bayern, Sachsen, im Burgenland, in Kärnten, in der Steiermark, in Salzburg, Bern, Genf, St. Gallen und Zürich.

Arabis procurrens

Arabis caucasica

Meerrettich · Kren
Armoracia rusticana
— Kreuzblütler · Brassicaceae

Mai–Juni
essbar

Armoracia rusticana

STECKBRIEF 60–120 cm hohe, beim Zerreiben intensiv nach Kren riechende Staude. Blätter groß, eilanzettlich, 30–100 cm lang, kahl, untere Blätter fiederschnittig, obere ungeteilt. Blütenkrone weiß, Kronblätter 6–8 mm lang.

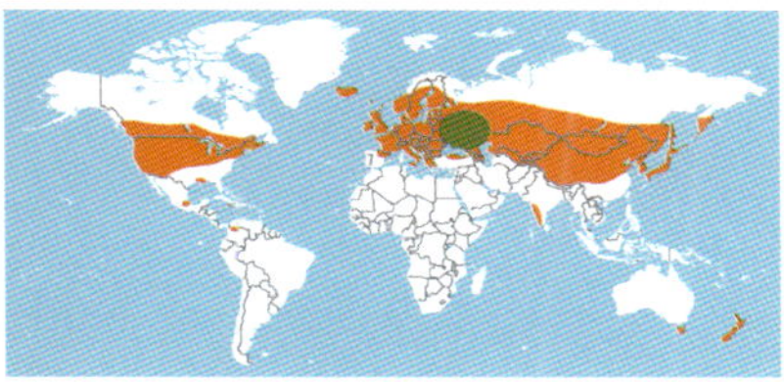

NUTZUNG/AUSBREITUNG Gewürz- und Arzneipflanze. Beheimatet wahrscheinlich im russischen Wolga-Don-Gebiet bis etwa zum Schwarzen Meer und bis Moldawien. Schon in der Antike begann sich der Meerrettich anfänglich als Heil-, später auch als Gewürzpflanze auszubreiten. Seit mindestens dem 11. Jahrhundert ist er im Gebiet zu finden. Erste Aufzeichnungen von Verwilderungen finden sich bereits bei Leonhart Fuchs aus dem Jahr 1543, in dem er Meerrettich-Bestände bei Tübingen beschreibt, die ohne Pflanzung entstanden sind. Gegenwärtig im Gebiet weit verbreitet und häufig, eingebürgert. Vermehrt sich generativ über Samen und vegetativ über Rhizome.

Garten-Blaukissen

Aubrieta × cultorum
— Kreuzblütler · Brassicaceae

April–Mai

STECKBRIEF 5–20 cm hohe Polsterstaude mit rhombisch-ovalen, ganzrandigen oder mit 2–6 Zähnen versehenen, dicht behaarten, graugrünen Blattspreiten. Kronblätter lila, blau, purpurn, violett oder weiß. Griffel lang, deutlich vom Schötchen abgesetzt.
NAME Die Gattung ist zu Ehren des französischen Pflanzen- und Tiermalers Claude Aubriet (1665–1742) benannt, der den französischer Geistlichen, Botaniker und Forschungsreisenden Joseph Pitton de Tournefort (1656–1708) auf seiner Orientreise begleitete, im Zuge derer das Blaukissen auf Kreta entdeckt wurde.
NUTZUNG/AUSBREITUNG Zierpflanze. Die wichtigste Ausgangsart der Kulturform, *Aubrieta deltoidea*, ist im Mittelmeergebiet von Sizilien bis Westanatolien beheimatet. Mitte des 18. Jahrhunderts verbreitete sich *Aubrieta deltoidea* über die Botanischen Gärten in Europa, aber erst mit dem Aufkommen der Steingärten ein Jahrhundert später schaffte die Pflanze den Einzug in die allgemeine Gartenkultur.
Die Blaukissen-Vielfalt wurde durch gärtnerische Zucht stark gesteigert. Bei den verwilderten Pflanzen handelt es sich durchwegs um züchterisch bearbeitete Formen. Die meisten Sorten gehen auf Hybriden mit und Varianten von *Aubrieta deltoidea* zurück, es wurden aber auch andere Arten wie *Aubrieta columnae* genutzt. Tritt gegenwärtig im Gebiet selten verwildert oder verschleppt auf.

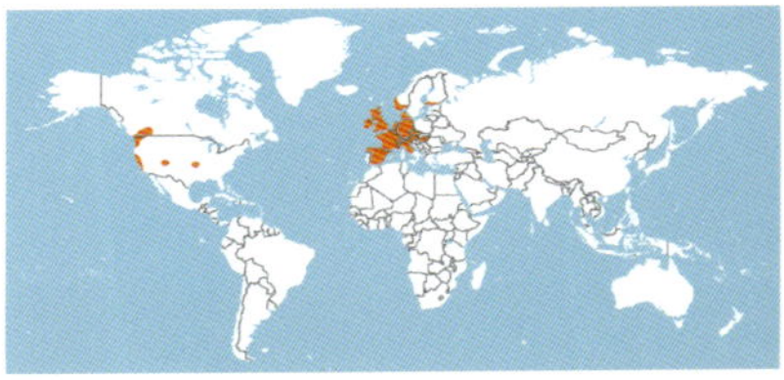

Aubrieta × cultorum

Felsen-Barbarakraut

Barbarea rupicola
— Kreuzblütler · Brassicaceae

April–Mai

Barbarea rupicola

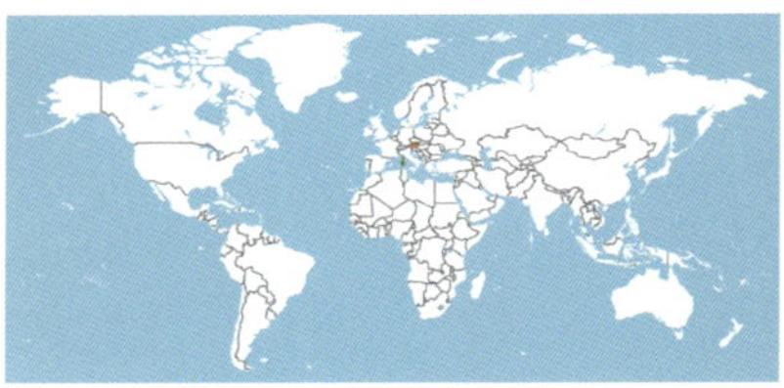

STECKBRIEF 5–40 cm hohe, kahle Staude mit dunkelgrünen Blättern. Untere Blätter einfach oder mit bis zu 2 Fiederpaaren, Endfieder eiförmig bis rundlich, viel größer als die Seitenfiedern. Kronblätter sattgelb, 7–10 mm lang. Frucht 30–60 mm lang, 1,5–2,5 mm breit. Oft mit einer Nachblüte im Herbst.

NUTZUNG/AUSBREITUNG Zierstaude. Endemit Korsikas und Sardiniens. Die Art findet sich erst seit wenigen Jahren häufiger im Gartenhandel als Steingartenpflanze, Halbschattenstaude und zur Trogbepflanzung angeboten. Nachdem sie sich gerne selbst aussät, wird in Zukunft vermehrt mit Funden von ihr zu rechnen sein.

Ruten-Kohl
Brassica juncea
— Kreuzblütler · Brassicaceae

April–Sep.
essbar

STECKBRIEF 60–120 cm hohe Einjährige mit am Grund borstig behaartem Stängel. Untere Blätter gefiedert mit 1–3 Fiederpaaren und größerer Endfieder, obere Blätter ungeteilt, stielartig verschmälert, Blattränder gezähnt bis ganzrandig. Kronblätter 6–12 mm lang, kurz benagelt, gelb. Kelchblätter 4–6 mm lang, aufrecht-abstehend. Blütenstiele 1,5–5,5 × so lang wie der Kelch. Frucht und Fruchtstiele dem Stängel nicht angedrückt, Schoten 3–5,5 cm lang und 2–3 mm dick, 16–26-samig, mit 6–10 mm langem Schnabel und 8–12 mm langem, dünnem Stiel.

VERWECHSLUNG Der Schwarzsenf, *Brassica nigra*, hat Früchte und Fruchtstiele, die dem Stängel angedrückt sind und Blütenstiele, die kürzer als der Kelch sind.

NUTZUNG/AUSBREITUNG Die Samen für Speiseöl, als Gewürz zur Speisesenfherstellung, die Blätter als Gemüse. Ruten-Kohl wird auch zur Sanierung von bleiverseuchten Böden genutzt. Alte, allotetrapoloide Kul-

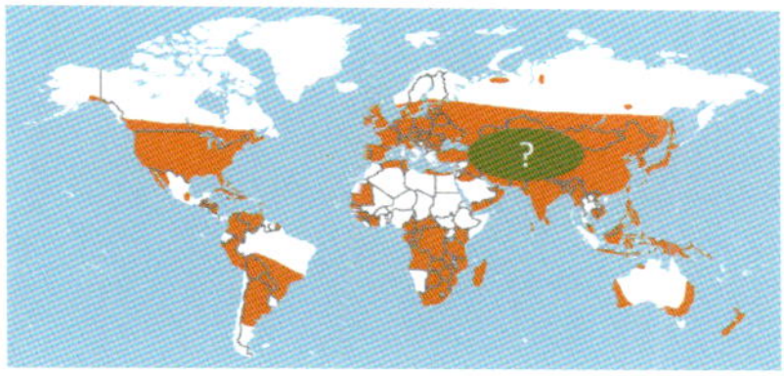

turpflanze, entstanden aus natürlicher Hybridisierung von Rüben-Kohl, *Brassica rapa*, × Schwarzsenf, *Brassica nigra*.

Die Herkunft der artgewordenen Hybride und die Zentren ihrer ersten Kultivierung sind umstritten, einerseits kommt der Nahen Osten, andererseits China, aber auch alle Regionen dazwischen in Frage. Der russische Kulturpflanzenforscher Nikolai Wawilow (1887–1943) nahm Afghanistan als Ursprungsregion an. In Mittel-

Brassica juncea

Brassica nigra

europa seit spätestens 1870 bekannt. Zerstreut und unbeständig auf Müllplätzen, an Straßenrändern, Brachen, im Eisenbahngelände und an anderen Ruderalstellen. Wahrscheinlich öfters mit anderen *Brassica*-Sippen verwechselt.

WEITERE SIPPEN Eine der Ausgangsarten des Ruten-Kohls ist der **Rüben-Kohl**, *Brassica rapa*, auch Rübsen genannt, der in vielen Kulturrassen gezogen wird und vielfach verwildert auftritt, genauso wie der **Raps**, *Brassica napus*, der hybridogen aus *Brassica oleracea* × *Brassica rapa* entstanden ist.

Auch der ostmediterrane **Schwarzsenf**, *Brassica nigra*, wird als Gewürzpflanze kultiviert und tritt nicht selten unbeständig bis eingebürgert auf.

Der gelbblühende, mediterrane **Weiße Senf**, *Sinapis alba*, wird oft als Futter-, Gründüngungs- und Gewürzpflanze angebaut und verwildert daraus nicht selten.

Sinapis alba

Orientalisches Zackenschötchen

Bunias orientalis

— Kreuzblütler · Brassicaceae

Mai–Aug.
essbar

STECKBRIEF 30–120 cm hohe, verzweigte, kahle oder vereinzelt behaarte Zwei- bis Mehrjährige. Untere Blätter bis 40 cm lang, tief fiederteilig, mit wenigen schmalen Abschnitten und großen, dreieckigen Endabschnitten. Obere Blätter viel kleiner und weniger geteilt. Blütenstand locker rotdrüsig. Kronblätter gelb, gerundet, 5–6 mm lang. Früchte eiförmig, 6–10 mm lang, ohne Flügel, aber mit unregelmäßigen Höckern und ca. 1 mm langem Griffel, auf 12–15 mm langen, aufrecht abstehenden Stielen.

NUTZUNG/AUSBREITUNG Früher als Gemüse- und Futterpflanze. Gebleicht als Gemüse auch gegenwärtig wieder aktuell. Die einjährige Wurzel schmeckt wie milder Meerrettich. Im Gebiet 1810 erstmals bei Warnemünde gefunden, 1819 in Schleswig-Holstein, 1866 im Wiener Prater, 1868 in Nürnberg und 1934 im Bundesland Salzburg.

Die hauptsächliche Einführung dürfte auf Einschleppung mit Kleesaat und durch Kriegshandlungen Anfang des 19. Jahrhunderts zurückgehen. Die weitere Verbreitung geschieht generativ durch Samen und vegetativ durch Wurzelfragmente, die über Erdtransporte und landwirtschaftliche Geräte verbreitet werden. Die Früchte werden auch mit Hilfe von Tieren verfrachtet, ebenso tragen Futtermittel zur Verbreitung bei. Gegenwärtig besonders in wärmeren Teilen des Gebiets eingebürgert, so etwa in den wärmeren Regionen Deutschlands, im pannonischen Osten Österreichs, in Liechtenstein, im Jura und in den zentralen Alpen der Schweiz. Sonst zerstreut bis selten, aber doch im gesamten Gebiet vorkommend.

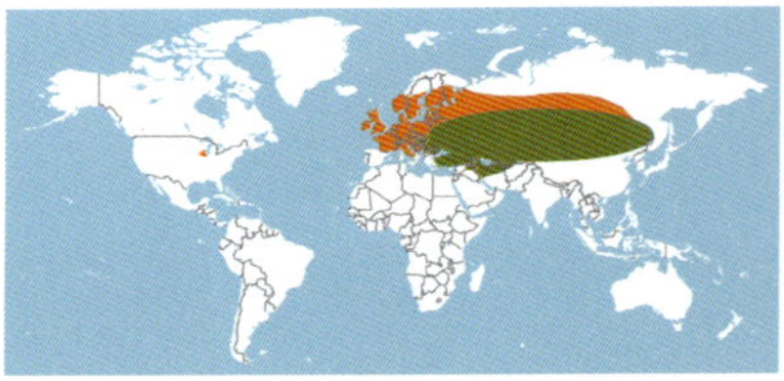

Bunias orientalis

Ausläufer-Zahnwurz

Cardamine glanduligera
— Kreuzblütler · Brassicaceae

März–April

Cardamine glanduligera

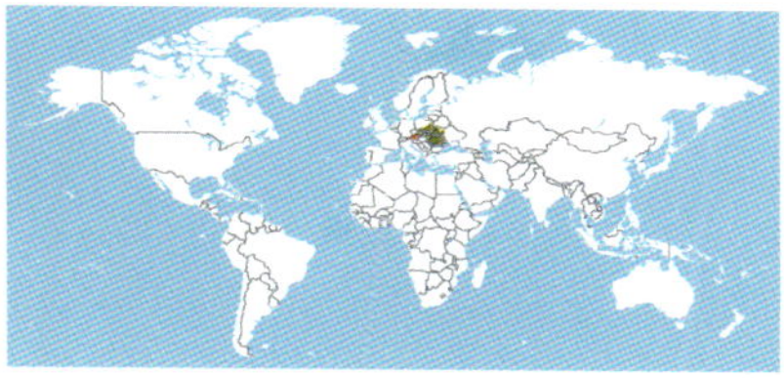

STECKBRIEF 12–25 cm hohe Staude mit dünnen, weißen Ausläufern. Blätter quirlständig, meist zu 3, alle dreizählig. In den Winkeln zwischen den Blattzähnen und in den Achseln der Blättchen mit winzigen, drüsenförmigen Brutknospen. Blütenstand 2–4-blütig. Kronblätter purpurviolett, 12–22 mm lang, Staubblätter halb so lang wie die Kronblätter.

VERWECHSLUNG Die heimische Finger-Zahnwurz, *Cardamine pentaphyllos*, ist 25–40 cm hoch, ihre unteren Blätter sind fünfzählig.

NUTZUNG/AUSBREITUNG Sehr selten als Zierstaude. Helmut Melzer fand im Frühjahr 1961 die Pflanze erstmals bei Ehrenhausen in der Steiermark. Seither hat sie sich hier etabliert und ihren Bestand vergrößert. Aus den ursprünglich 1,5 m² sind rund 50 m² geworden. 2017 dezimierte sich der Bestand durch Trassenschlägerungsarbeiten, die an der nahe gelegenen Südbahnstrecke durchgeführt wurden, geringfügig.

Reisfeld-Schaumkraut

Cardamine occulta (Syn.: *C. hamiltonii, C. flexuosa* ssp. *debilis*)
— Kreuzblütler · Brassicaceae

Nov.–März

Cardamine occulta

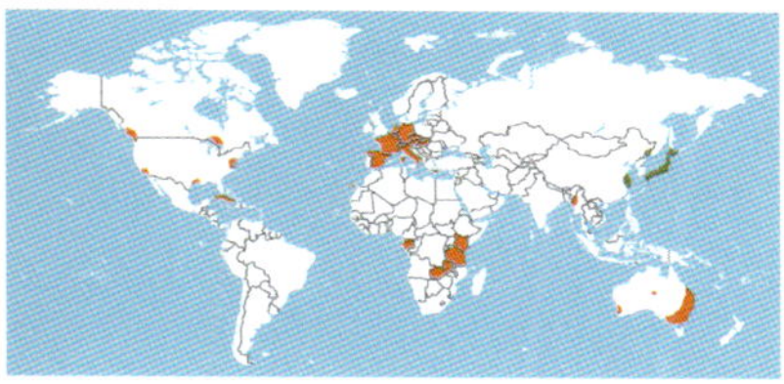

STECKBRIEF 5–20 cm hohe Einjährige ohne Grundblattrosette oder mit nur sehr wenigen Rosettenblättern. Stängel aufsteigend bis aufrecht, meist fast kahl, mit 1–10 Blättern, diese mit 1–8 Fiederpaaren. Fiederblättchen nicht selten dreiteilig, oberseits kahl. Blütenstand mehrblütig. Blüten mit je 6 Staubbeuteln. Die Fruchtschoten überragen die Blütenknospen. Hauptblütezeit im Winter, Nachblüten das ganze Jahr über.

VERWECHSLUNG Das Behaarte Schaumkraut, *Cardamine hirsuta*, hat eine deutliche Blattrosette und meist 4 Staubbeuteln je Blüte. Das Dolden-Schaumkraut, *Cardamine corymbosa*, hat einen sehr niedrigen Wuchs.

Stängel mit 0–3 Blättern, diese mit 0–3 Fiederpaaren. Blütenstand wenigblütig mit einer bis wenigen Blüten, die zur Hauptblütezeit im Frühjahr auffallend groß sind. Das heimische Wald-Schaumkraut, *Cardamine flexuosa*, zu der die Sippe früher auch als Unterart *debilis* gerechnet wurde, hat die Hauptblüte von April bis Juni und damit später als *C. occulta*. Es hat eine wenigblättrige Grundblattrosette, die Schoten überragen die Blütenknospen kaum und der Stängel ist unten reich behaart.
NUTZUNG/AUSBREITUNG Keine. Ostasiatische Art, in rascher Ausbreitung über Gärtnereien und Baumschulen befindlich. In Europa 1993 erstmals in Spanien aufgefunden, 2003 in Italien, 2004 in Deutschland und in der Schweiz und 2008 in Österreich. Wahrscheinlich häufig übersehen oder verkannt und im Gebiet weiter verbreitet.
WEITERE ARTEN Aus Neuseeland stammt das **Dolden-Schaumkraut**, *Cardamine corymbosa*, das ebenfalls vorrangig durch den Handel von Gartenpflanzen verbreitet wird. Im Jahre 1975 wurde es als Unkraut im Botanischen Garten von Edinburgh festgestellt. Daraufhin breitete es sich über Großbritannien aus und erreichte 1994 Irland. Inzwischen ist das Dolden-Schaumkraut auch in Belgien und den Niederlanden bekannt, wo es gebietsweise in Massen vorkommt. Der Erstfund für Deutschland erfolgte 2005 in einer Oldenburger Gärtnerei, eine weitere Beobachtung liegt aus Hessen vor. 2009 in Bayern gefunden, dann in Niedersachsen und Nordrhein-Westfalen. 2010 in einer Gärtnerei in Oberösterreich neu für Österreich nachgewiesen. In der Schweiz aus St. Gallen, der Waadt und Zürich bekannt. Ähnlich *Cardamine hirsuta* nutzt das Dolden-Schaumkraut das Netzwerk der Gärtnereien, Gartencenter und Baumschulen, um schließlich in Privatgärten, Parks und Friedhöfe zu gelangen.
Ob das europäisch-asiatisch-ostafrikanische **Behaarte Schaumkraut**, *Cardamine hirsuta*, im Gebiet zu den Neophyten gehört oder doch ursprünglich ist, wird unterschiedlich gesehen. Es ist im gesamten Gebiet häufig, tritt nur in den höheren Lagen der Alpen zurück, befindet sich immer noch in Ausbreitung und wird unter anderem durch Baumschulpflanzen und Erdtransporte verschleppt. Vom fränkischen Gebiet um Bamberg und Schweinfurt ist es erst seit etwa dem Jahr 1900 bekannt und besiedelt dort seit etwa 1950 nahezu invasiv Sekundärstandorte wie Gärten, Friedhöfe und städtische Anlagen.

Cardamine hirsuta

Cardamine corymbosa

Zarte Gliederschote
Chorispora tenella
— Kreuzblütler · Brassicaceae

April–Mai

STECKBRIEF 10–50 cm hohe Einjährige mit 3–8 cm langen, lanzettlichen, sitzenden oder kurz gestielten Stängelblättern. Kronblätter purpurrosa, 10–12 mm lang, schmal, oft zerknittert, lang genagelt, sich nicht deckend. Früchte 30–35 mm lang, walzlich, ihr Schnabel 10–12 mm lang, bei der Reife in zweisamige Glieder zerfallend.
VERWECHSLUNG Die im Habitus ähnliche Afrikanische Meerviole, *Malcolmia africana*, hat kurzgeschnäbelte Früchte und kleinere, 8–10 mm lange Kronblätter.

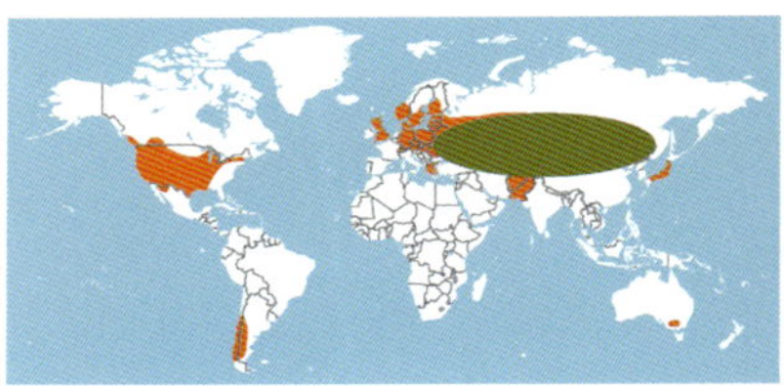

NUTZUNG/AUSBREITUNG Keine. Vorwiegend mit Begrünungssaatgut, Tierfutter und Getreide eingeschleppte Art, die sich lokal lang halten kann, wie am Damm des später nicht mehr weitergebauten Donau-Oder-Kanals in der Lobau bei Wien, wo sie seit 1953 bekannt ist und als eingebürgert gilt.

WEITERE ARTEN Die von Nordwest-Afrika über Griechenland bis Zentralasien beheimatete **Afrikanische Meerviole**, *Malcolmia africana*, tritt im Gebiet vereinzelt auf, so in Bayern, Mecklenburg-Vorpommern, Sachsen, im Burgenland, in Kärnten, in Niederösterreich lokal eingebürgert, in der Steiermark, in Wien, Basel und in der Waadt. Auf der Balkanhalbinsel beheimatet und seit dem Jahr 1713 in Gartenkultur befindet sich die **Graue Meerviole**, *Malcolmia maritima*. Sie tritt vereinzelt im Gebiet auf, so in Bayern, Hessen, Nordrhein-Westfalen, Rheinland-Pfalz, Kärnten, Niederösterreich, Oberösterreich, Salzburg, in der Steiermark, in Basel, Bern, Solothurn, der Waadt und in Zürich.

Malcolmia africana

Chorispora tenella

Malcolmia maritima

Rauken-Doppelsame
Diplotaxis erucoides
— Kreuzblütler · Brassicaceae

April–Okt.
essbar

STECKBRIEF 10–50 cm hohe, ästige, rau behaarte Ein- bis Zweijährige mit meist grundständiger Blattrosette aus leierförmig-fiederspaltigen Blättern. Blattspreiten mit abstehenden, ovalen bis dreieckigen Abschnitten. Kronblätter weiß, beim Abblühen lila, 7–13 mm lang, kurz genagelt. Schoten aufrecht abstehend, 2–4 cm lang und 1,5–3 mm dick, mit 2–4 mm langen, abgeflachten Schnäbeln. Samen in jedem Fruchtfach zweireihig.

NUTZUNG/AUSBREITUNG Als 'Wasabi-Rauke' vereinzelt im Kräuterhandel. In wärmebegünstigten Lagen des Gebietes sehr vereinzelt, aber zunehmend verschleppt anzutreffen, hier mittlerweile auch zur Samenreife gelangend und in milden Wintern gelegentlich durchblühend.
WEITERE ARTEN Alteingebürgert oder neophytisch sind die beiden gelb blühenden, im weiten Mittelmeergebiet ursprünglichen Arten **Mauer-Doppelsame**, *Diplotaxis muralis*, und **Schmalblättriger Doppelsame**, *Diplotaxis tenuifolia*, die im gesamten Gebiet zerstreut vorkommen.

Diplotaxis muralis

Diplotaxis erucoides

Diplotaxis tenuifolia

Senfrauke · Rukola
Eruca sativa (Syn.: *Eruca vesicaria* subsp. *sativa*)
— Kreuzblütler · Brassicaceae

Mai–Aug.
essbar

STECKBRIEF 10–80 cm hohe, beim Zerreiben aromatisch riechende Ein- bis Zweijährige. Blätter buchtig-fiederteilig, jederseits mit 2–4 gezähnten oder ganzrandigen Abschnitten und größerem Endabschnitt. Kronblätter gelblichweiß mit violettbraunen Adern, 14–22 mm lang, genagelt. Kelch dunkel-braunviolett. Früchte steif aufrecht-anliegend, 2–3,5 cm lang und 3–5 mm dick, mit 5–9 mm langem, abgeflachtem Schnabel. Fruchtstiele 3–8 mm lang.
NUTZUNG/AUSBREITUNG Als Salat-, Öl- und Würzkraut kultiviert, auch als Bienenweide. Im Gebiet seit spätestens Anfang des 19. Jahrhunderts in Kultur

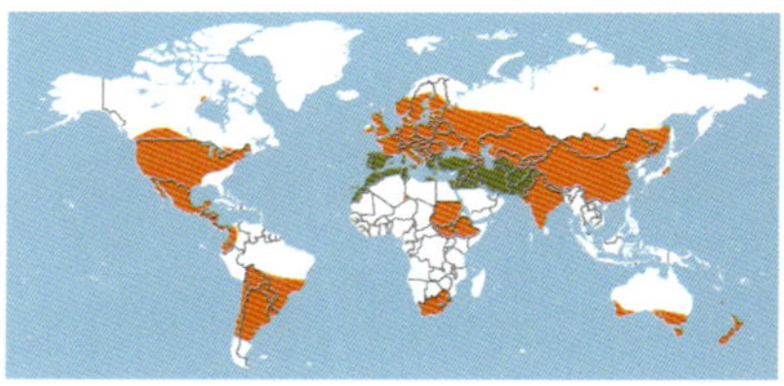

und vor allem über Aussaaten von Perser-Klee und aus der Kultur als Schnittsalat verwildert bzw. eingeschleppt.

Heute vielerorts vorübergehend auftretend, im Rhonetal des Wallis lokal etabliert.

WEITERE ART Wahrscheinlich von mediterranen Rassen des Acker-Rettichs, *Raphanus raphanistrum*, bzw. vom Meer-Rettich, *Raphanus maritimus*, stammt der Garten-Rettich, *Raphanus sativus*, ab, der häufig als Gemüsepflanze, in der Varietät *oleiferus* auch als Zwischenfrucht und zur Gründüngung kultiviert wird und der im gesamten Gebiet nicht selten verwildert oder verschleppt auftritt.

Eruca sativa

Raphanus sativus

Stachelspitziger Schöterich
Erysimum cuspidatum
— Kreuzblütler · Brassicaceae

Mai–Juli
giftig

STECKBRIEF 40–90 cm hohe Zweijährige, mit 3–5-strahligen Haaren besetzt. Stängelblätter etwas geöhrt, länglich-lanzettlich, buchtig gezähnt. Kronblätter 9–13 mm lang, gelb, Griffel lang. Früchte der Achse angedrückt, seitlich zusammengepresst, zweikantig, 1,5–2,5 cm lang, Fruchtgriffel 3–6 mm lang. Teilweise mit Nachblüten bis Oktober.

NUTZUNG/AUSBREITUNG Sehr selten als Zierpflanze. Vom Einbringungsweg nach Mitteleuropa ist wenig bekannt. So hat Johannes Becker die Pflanze Anfang des 19. Jahrhunderts in Frankfurt-Bockenheim angesät, wo sie aber wieder verschwand. Der Großteil der Vorkommen dürfte auf Verschleppung zurückgehen. Gegenwärtig im Gebiet sehr selten und vorübergehend, im südwestlichen Hessen sich lokal etablierend.

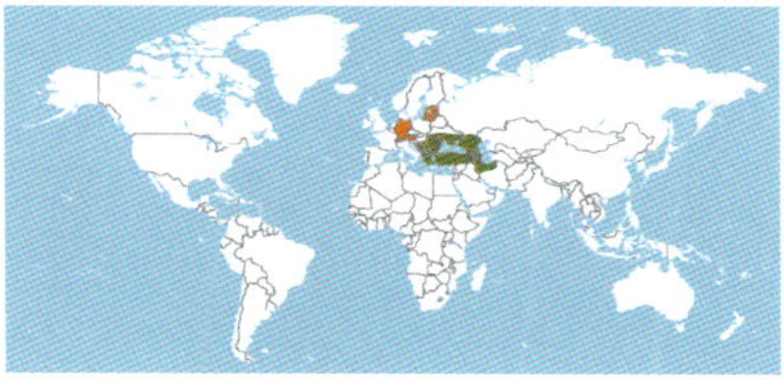

WEITERE ARTEN Seit dem Jahr 1904 auf dem Ost- und Nordosthang des Grazer Schlossberges in der Steiermark findet sich der in Russland und dem Kaukasusgebiet heimische **Gold-Schöterich**, *Erysimum aureum*. Er wurde hier angesalbt und hat sich mittlerweile eingebürgert. Ein weiteres Vorkommen besteht am Kreuzbergl in Klagenfurt in Kärnten.

Wahrscheinlich aus dem südgriechischen *Erysimum cheiri* var. *corinthium* ist der **Echte Goldlack**, *Erysimum cheiri*, hervorgegangen, der im Gebiet seit dem 12./13. Jahrhundert als Kulturpflanze bekannt ist und der lokal verwildert bis eingebürgert auftritt. Eingebürgert besonders im Rheingebiet vom Kanton Aargau bis Kleve, an den

Nebenflüssen Necker, Kocher, unterer Main, Nahe, Glan, Mosel und Saar, im Wallis von Monthey bis Sierre und im Etschtal Südtirols, auch auf Helgoland.
Der seit dem Jahr 1846 in Gartenkultur befindliche **Orange Schöterich**, *Erysimum × marshallii*, eine Hybride aus gärtnerischer Zucht, möglicherweise aus *Erysimum decumbens* und *E. perofskianum* entstanden, wird oft als Zierpflanze kultiviert und verwildert vereinzelt, so in Bayern, Niederösterreich, Salzburg, in der Steiermark, in Nordtirol, Vorarlberg und Zürich.
Südosteuropäisch-südwestasiatischer Herkunft ist der **Hübsche Schöterich**, *Erysimum pulchellum*, der im Gebiet hie und da verwildert, so in Salzburg.

Erysimum aureum

Erysimum cuspidatum

Erysimum × marshallii

Erysimum cheiri

Erysimum pulchellum

Garten-Nachtviole

Hesperis matronalis subsp. *matronalis*
— Kreuzblütler · Brassicaceae

Mai–Juni

Hesperis matronalis ssp. *matronalis*

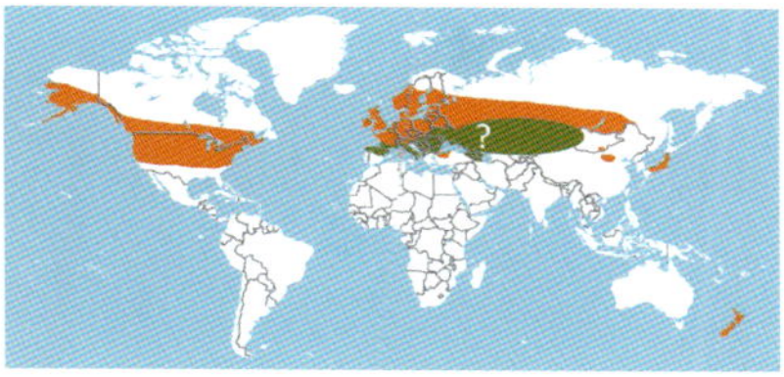

STECKBRIEF 40–80 cm hohe, oft verzweigte Zwei- bis Mehrjährige mit purpurnen, lila oder ausnahmsweise auch weißen Blütenkronen. Grundständige Blattspreiten eiförmig bis lanzettlich, bis 15 cm lang, fein gezähnt bis fast ganzrandig, kurz gestielt. Stängelblätter zahlreich, nach oben kleiner werdend und sitzend. Kronblätter 2–3 cm lang. Früchte 3–10 cm lang und 1,5–3 mm breit, auf 1–2 cm langen, aufrecht abstehenden Stielen. Blütezeit im Frühling, jedoch oft mit einer Nachblüte im Spätsommer.

VERWECHSLUNG Das Garten-Silberblatt, *Lunaria annua*, hat Blätter mit herzförmiger Spreite und eiförmige Früchte.

NUTZUNG/AUSBREITUNG Zier- und Duftpflanze. *Hesperis matronalis* besteht aus mehreren, bisher unzureichend erforschten Unterarten, von denen die Unterart *nivea* auch im Gebiet ursprünglich ist. Die Nominatform *matronalis* ist im Gebiet seit spätestens Anfang des 16. Jahrhunderts in Gartenkultur. 1542 berichtet Leonhart Fuchs, dass sie in Gärten des Gebiets bereits weit verbreitet ist. Sie blieb lange Zeit eine beliebte Zierpflanze und verlor erst im 19. Jahrhundert an Interesse. Durch fehlende Nutzung an Flussufern sowie der Überversorgung mit Nährstoffen wird die Art gefördert. Gegenwärtig im Gebiet weit verbreitet und lokal eingebürgert.

Grausenf · Rempe

Hirschfeldia incana
— Kreuzblütler · Brassicaceae

Mai–Okt.

STECKBRIEF 20–100 cm hohe Ein- bis Zweijährige mit sparrig verzweigten, mit rückwärtsgerichteten Haaren besetzten Stängeln. Blätter grauhaarig, leierförmig-fiederspaltig, untere Blätter mit 2–5 Fiederpaaren und großem Endlappen. Kronblätter 6–8 mm lang, hellgelb. Schoten aufrecht, 8–15 mm lang, Schnabel 4–7 mm lang, so dick und fast so lang wie der untere Teil der Schote. Fruchtstiele 2–4 mm lang, keulig verdickt, dem Stängel anliegend.

VERWECHSLUNG Mit vielen anderen gelbblühenden Kreuzblütlern, so etwa mit dem Acker-Senf, *Sinapis arvensis*, der aber leierförmige Blätter und einen Fruchtschnabel hat, der viel kürzer als der untere Teil der Schote ist.

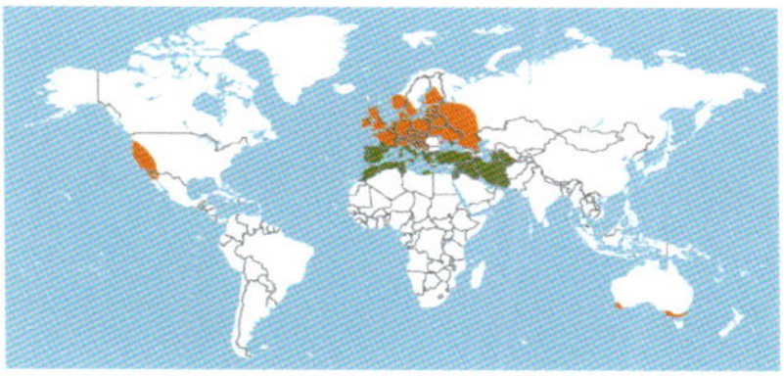

NAME Die Gattung ist zu Ehren des deutschen Universitätslehrers der Philosophie und Kunstgeschichte Christian Lorenz Hirschfeld (1742–1792) benannt. Hirschfeld

Hirschfeldia incana

war Gartentheoretiker der Aufklärung, Fürsprechen des Landschaftsgartens empfindsam-romantischer Prägung und Verfasser zahlreicher Bücher.

NUTZUNG/AUSBREITUNG Keine. Wird vor allem durch Vogelfutter und unreines Saatgut verschleppt. Im Steinbruch am Gutrathberg bei Hallein in Salzburg wahrscheinlich durch die Einfuhr von Zuschlagstoffen für die Zementerzeugung aus Griechenland miteingereist. Im Gebiet gegenwärtig weit verbreitet, aber vereinzelt und vorübergehend.

Hirschfeldia incana

Doldige Schleifenblume
Iberis umbellata
— Kreuzblütler · Brassicaceae

Juni–Sep.
giftig

Iberis umbellata

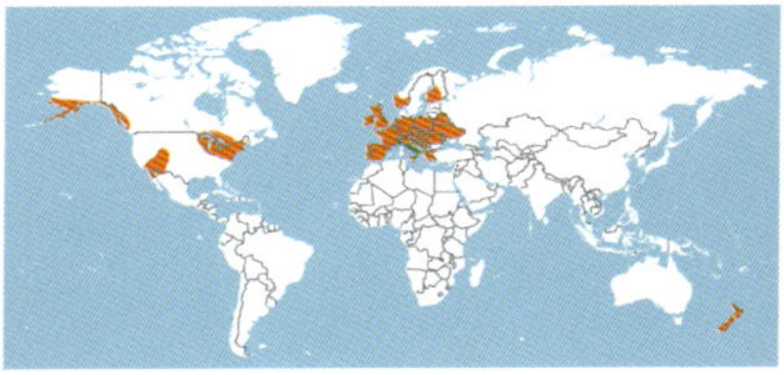

STECKBRIEF 10–40 cm hohe, oben verzweigte Einjährige mit weißen, rosa, lila oder purpurnen Kronblättern und kahlem Stängel. Blätter lanzettlich, bis 5 cm lang und 1 cm breit, ganzrandig oder mit 1–2 kleinen Zähnen, kahl. Die äußeren Kronblätter 8–15 mm lang, 2–3 × so lang wie die Inneren. Fruchtstand doldentraubig. Fruchtstiele aufrecht-abstehend, kurz behaart, etwa so lang wie die Schötchen, diese flach, rundlich, vorn geflügelt und spitzwinklig ausgerandet, 7–10 mm lang, Griffel 2,5–4 mm lang.

VERWECHSLUNG Die ebenfalls einjährige Bittere Schleifenblume, *Iberis amara*, hat meist weiße Kron-

blätter, behaarte Stängel, gezähnte Blätter und äußere Kronblätter, die 6–8 mm lang sind.
NUTZUNG/AUSBREITUNG Zierpflanze. Um das Jahr 1560 in Mitteleuropa noch ziemlich selten, breitete sich dann aber rasch aus und gehörte bereits im 17. Jahrhundert zu den häufigen Gartenblumen. Gegenwärtig im Gebiet vielfach, aber vereinzelt subspontan auftretend.
WEITERE ARTEN Die südeuropäische **Gefiederte Schleifenblume**, *Iberis pinnata*, wurde wahrscheinlich als Südfruchtbegleiter an Bahnhöfen in Baden-Württemberg eingeschleppt, ebenso unbeständig in Bayern, Sachsen, Wien, Basel, Genf und Zürich. Im südlichen Wiener Becken Niederösterreichs ist sie lokal in Schottertrockenrasen eingebürgert.
Mediterraner Herkunft ist die im Gebiet seit Ende des 16. Jahrhunderts kultivierte **Immergrüne Schleifenblume**, *Iberis sempervirens*, die gegenwärtig häufig als Zierpflanze verwendet wird und gelegentlich verwildert, so in Bayern, Berlin, Niedersachsen, im Burgenland, in Niederösterreich, Oberösterreich, Salzburg, in der Steiermark, in Vorarlberg, Wien, im Aargau, in Basel-Land, Genf, Graubünden, Jura, Neuenburg, in der Waadt, im Wallis, in Schaffhausen und Zürich.

Iberis sempervirens

Iberis pinnata

Dichtblütige Kresse
Lepidium densiflorum
— Kreuzblütler · Brassicaceae

Mai–Juli

STECKBRIEF 5–40 cm hohe Ein- bis Zweijährige mit linealen bis lanzettlichen, entfernt gezähnten, dreinervigen, am Grund lang bewimperten oberen Stängelblättern und abstehend behaartem Stängel. Untere Blätter ungeteilt und gezähnt oder einfach fiederteilig mit großem Endabschnitt. Kronblätter meist fehlend oder unscheinbar fadenförmig. Fruchtstand sehr dicht, Schötchen 3–4 mm lang, 2,5–3 mm breit, mit enger Ausrandung. Flügelartiger Rand an den Samen höchstens 0,1 mm breit.
VERWECHSLUNG Bei der Verkannten Kresse, *Lepidium neglectum*, sind die oberen Stängelblätter einnervig und am Grund nicht bewimpert.
NUTZUNG/AUSBREITUNG Keine. Aus Europa seit spätestens 1870 bekannt, im fränkischen Nürnberg seit 1894, in Salzburg seit 1897 und in der Prignitz Brandenburgs seit 1956. Besiedelt vor allem Bahngelände, Truppenübungsplätze, Wegränder und Schuttplätze.

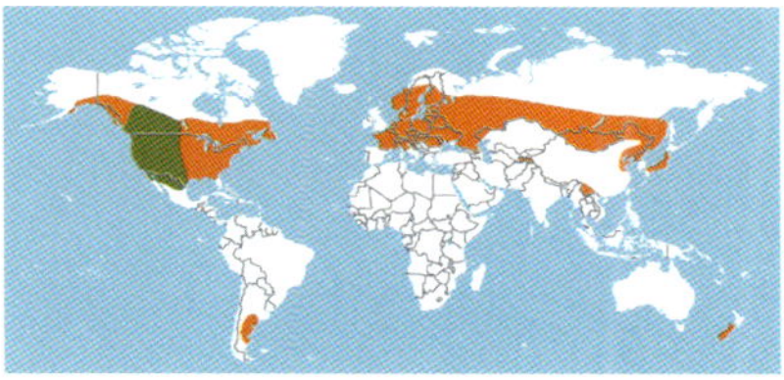

Gegenwärtig im Gebiet weit verbreitet mit Verbreitungsschwerpunkten im Osten.
WEITERE ARTEN Aus Südamerika stammt der **Zweiknotige Krähenfuß**, *Lepidium didymum*, der im Gebiet unbeständig bis eingebürgert auftritt und der inzwischen fast weltweit verschleppt zu finden ist.
Die südwesteuropäische **Verschiedenblättrige Kresse**, *Lepidium heterophyllum*, tritt in Deutschland sehr zer-

streut auf, öfters nur in Rheinland-Pfalz und Nordrhein-Westfalen. Aus Österreich sind unbeständige Vorkommen u. a. aus dem Burgenland, Kärnten, Salzburg und der Steiermark bekannt.

Die mediterran-asiatische **Breitblättrige Kresse**, *Lepidium latifolium*, ist ein Kulturrelikt und wurde im Mittelalter seit der Zeit der Hildegard von Bingen wegen ihres scharfen Geschmackes als Küchenkraut kultiviert. Die reichliche Kultur nördlich der Alpen endete um das Jahr 1800, trotzdem breitet sich die Art zusehends an Flussufern und Autobahn-Mittelstreifen aus.

Nordamerikanisch ist die **Verkannte Kresse**, *Lepidium neglectum*, die sehr zerstreut auf Ruderalflächen des Gebiets auftritt.

Die **Garten-Kresse**, *Lepidium sativum*, ist in ihrer Stammsippe subsp. *spinescens* in Nordost-Afrika und Südwest-Asien beheimatet, wird im Gebiet seit dem 8. Jahrhundert kultiviert und kommt sehr zerstreut verwildert oder als Vogelfutterpflanze verschleppt vor.

Die nord- und mittelamerikanische **Virginische Kresse**, *Lepidium virginicum*, ist in Mitteleuropa im 18. Jahrhundert aus Botanischen Gärten verwildert und besiedelt vor allem Bahngelände, zusehends aber auch Weinbergbrachen und ähnliche Ruderalstellen und tritt im gesamten Gebiet zerstreut auf.

Lepidium densiflorum

Lepidium didymum

Lepidium heterophyllum

Lepidium neglectum

Lepidium virginicum

Lepidium latifolium

Lepidium sativum

Strand-Silberkraut

Lobularia maritima

— Kreuzblütler · Brassicaceae

Juni–Okt.

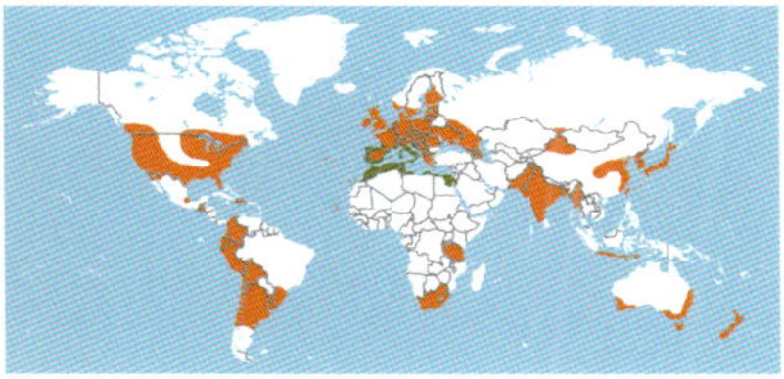

Lobularia maritima

STECKBRIEF 5–30 cm hohe, niederliegende bis aufsteigende Ein- bis Mehrjährige. Blätter schmal-lanzettlich, ganzrandig, 2–5 cm lang. Blütenstand zuerst doldig, dann traubig, vielblütig. Kronblätter weiß oder rosa, 2–3,5 mm lang, vorn gerundet. Kelchblätter 1,5–2 mm lang. Früchte an 6–9 mm langen, zuletzt waagrecht abstehenden Stielen, Schötchen rundlich, 2–3 mm lang und ca. 2 mm breit, mit einem Samen je Fach.

NUTZUNG/AUSBREITUNG Zierpflanze. 1630 erstmals aus Deutschland genannt, dann scheint die Pflanze bis Mitte des 18. Jahrhunderts in den Verzeichnissen der deutschen Gärten nicht mehr auf. Bedeutung als Zierpflanze gewann das Silberkraut erst in der zweiten Hälfte des 19. Jahrhunderts und 1884 war sie in Brandenburg bereits verwildert bekannt. Gegenwärtig vor allem für Gräber, Rabatte, Balkonkästen und Blumenkübeln genutzt und daraus leicht und häufig in offenen Bodenstellen und Pflasterritzen verwildernd.

Garten-Silberblatt
Lunaria annua
— Kreuzblütler · Brassicaceae

April–Juni

STECKBRIEF 40–100 cm hohe Zwei- bis Mehrjährige ohne Rhizom. Blätter lang gestielt, nur die oberen ungestielt. Blattspreiten breit-herzförmig. Kronblätter 20–25 mm lang, purpurrosa, selten weiß, duftlos. Schötchen 2–5 cm lang, breit-elliptisch bis fast kreisrund, an beiden Enden abgerundet, flach.
VERWECHSLUNG Die in der Blüte ähnliche Garten-Nachtviole, *Hesperis matronalis*, hat breit-lanzettliche Blattspreiten und 3–10 cm lange, 1,5–3 mm breite Früchte.

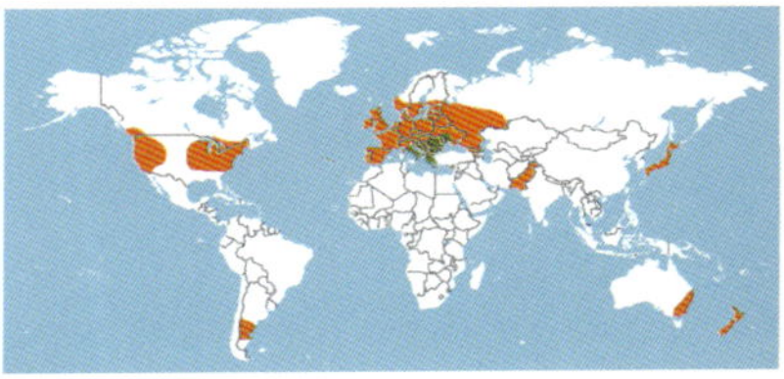

Lunaria annua

NUTZUNG/AUSBREITUNG Gartenzierpflanze, besonders aufgrund der dekorativen Fruchtstände. Die Gartenkultur ist in Mitteleuropa seit dem 16. Jahrhundert belegt. 1561 beschrieb sie Conrad Gessner erstmals unter dem Namen „Lunaria" und Ende des 16. Jahrhunderts war sie im Gebiet bereits weit verbreitet. Anfang des 17. Jahrhunderts erscheint im Schrifttum erstmals die weißblühende Form, sonst blieb die Art züchterisch weitgehend unbeeinflusst.
Gegenwärtig im Gebiet vielerorts verwildert, lokal auch eingebürgert wie im sächsischen Elbtal, bei Riegersburg in der Steiermark, in Südtirol und im Tessin.

Garten-Levkoje
Matthiola incana
— Kreuzblütler · Brassicaceae

April–Sep.

STECKBRIEF 15–60 cm hohe Ein- bis Zweijährige mit graufilzigen Stängeln, Blättern und Kelchblättern. Blattspreiten schmal-lanzettlich, ganzrandig oder entfernt gezähnt. Blüten vierzählig, duftend. Kelchblätter röhrig zusammenstehend, nur die Spitzen stehen ab. Kronblätter purpurn, lila, violett oder weiß. Fruchtschoten zusammengedrückt.
NUTZUNG/AUSBREITUNG Zier- und Duftpflanze. Die Art dürfte im späten Mittelalter von Italien aus ins Gebiet gekommen sein. Das um 1410 von einem oberrheinischen Meister gemalte „Paradiesgärtlein" zeigt ein rotblühendes und ein weißblühendes Exemplar. 1561 war sie in den Gärten Mitteleuropas bereits weit verbreitet und seit 1568 sind auch gefüllt blühende Formen bekannt. Im 19. Jahrhundert, besonders aber in der zweiten Hälfte des 20. Jahrhunderts verlor die Levkoje als Zierpflanze an Bedeutung. Subspontan gegenwärtig im Gebiet vereinzelt und unbeständig auftretend.

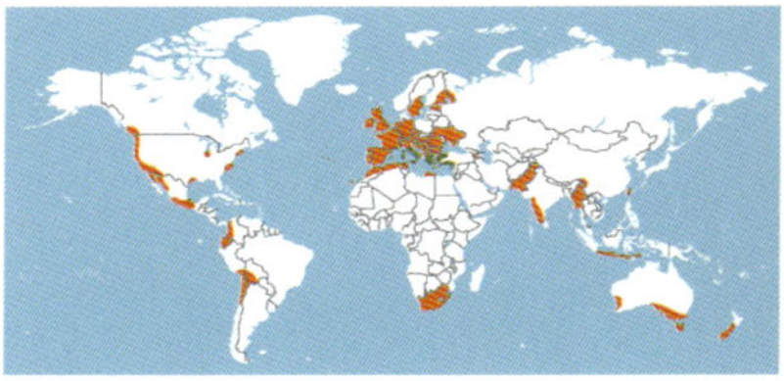

WEITERE ART Ostmediterran und hier in 3 Unterarten auftretend ist die einjährige **Nacht-Levkoje**, *Matthiola longipetala*, die gelegentlich als Duftpflanze und Bienenweide kultiviert wird und sich beigemengt in Blumenwiesenansaaten findet und vereinzelt daraus verwildert, so in Bayern, Berlin, Brandenburg, Mecklenburg-Vorpommern, Sachsen, Salzburg, Wien, im Aargau, in Schaffhausen und Solothurn.

Matthiola incana

Matthiola longipetala

Japan-Ysander

Pachysandra terminalis
— Buchsgewächs · Buxaceae

März–April
giftig

Pachysandra terminalis

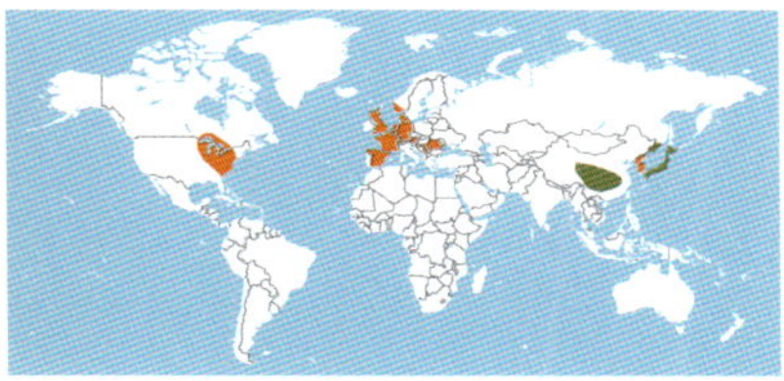

STECKBRIEF 10–30 cm hoher, kriechender, rhizombildender, immergrüner Halbstrauch mit zu 4–6 dicht beieinander stehenden, wechselständigen, dunkelgrünen Blättern. Blattspreite 2,5–9 cm lang und 1,5–4 cm breit, fleischig, vorne grob gezähnt. Blütenstände 2–4 cm lang, endständig, aufrecht, kerzenartig, mit glatten Hochblättern und meist mehr als 15 männlichen und 1–2 weiblichen, vierzähligen, weißlichen Blüten.

NUTZUNG/AUSBREITUNG Bodendecker für schattige bis halbschattige Lagen. Nach Mitteleuropa durch den deutschen Naturwissenschaftler Baron Phillip Franz von Siebold (1796–1866) gekommen, der gut 500 verschiedene Pflanzenarten von seinen Studienreisen aus Japan mitbrachte. Gemeinsam mit Zuccarini hat Siebold über 1000 Pflanzenarten beschrieben, darunter auch den Japan-Ysander. Vermehrt sich über unterirdische Ausläufer und verbreitet sich vor allem durch Gartenauswurf und Erdtransporte. Gegenwärtig im Gebiet vereinzelt, aber oft beständig mit einem Verbreitungsschwerpunkt in Nordrhein-Westfalen.

Karolina-Haarnixe
Cabomba caroliniana
— Haarnixengewächs · Cabombaceae

Juni–Sep.

Cabomba caroliniana

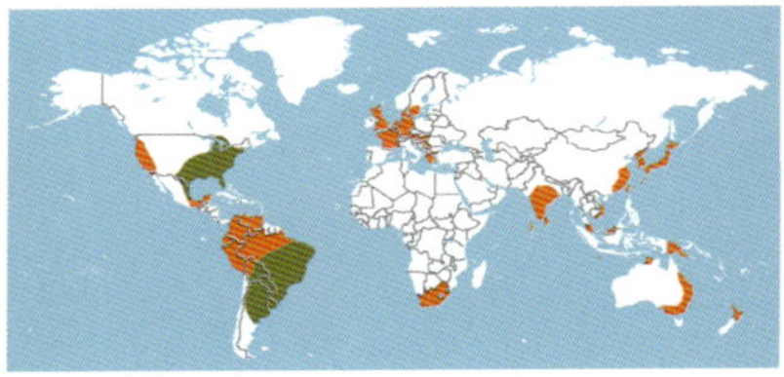

STECKBRIEF Meist 1–2 m lange, untergetaucht wachsende, ausdauernde Wasserpflanze mit fein zerteilten, gegenständigen oder in dreizähligen Quirlen angeordneten Unterwasserblättern. Blattspreiten mit linealischen bis leicht spatelförmigen Endzipfeln. Blüten weiß, blassgelb oder purpurn, 6–15 mm im Ø, lang gestielt, einzeln über der Wasseroberfläche stehend. Nagel an der Basis tiefgelb, zur Spitze hin verblassend. Kelchblätter 3, elliptisch bis verkehrt eiförmig, 5–12 mm lang, 2–7 mm breit. Blüten mit (3–)6 Staubblättern und (2)3(4) bauchigen Fruchtblättern.
NUTZUNG/AUSBREITUNG Aquarienpflanze. In Mitteleuropa seit dem 20. Jahrhundert bekannt, über die Aquaristik fast weltweit verbreitet. Die Art bevorzugt weiche und schlammige Substrate und zeigt den besten Wuchs auf stark organischen Substraten. Der bevorzugte Temperaturbereich liegt zwischen 13–27 °C, wobei aber auch längere Frostereignisse unbeschadet überstanden werden. Durch die Ausbildung von Turionen kann die Pflanze eine längere Eisbedeckung der besiedelten Gewässer überdauern und im Frühjahr wieder austreiben. Die Vermehrung in Mitteleuropa erfolgt vegetativ. Im Gebiet gegenwärtig sehr selten subspontan auftretend.

Niedriger Feigenkaktus
Opuntia humifusa (Syn.: *Opuntia compressa*)
— Kaktusgewächs · Cactaceae

Mai–Juni
essbar

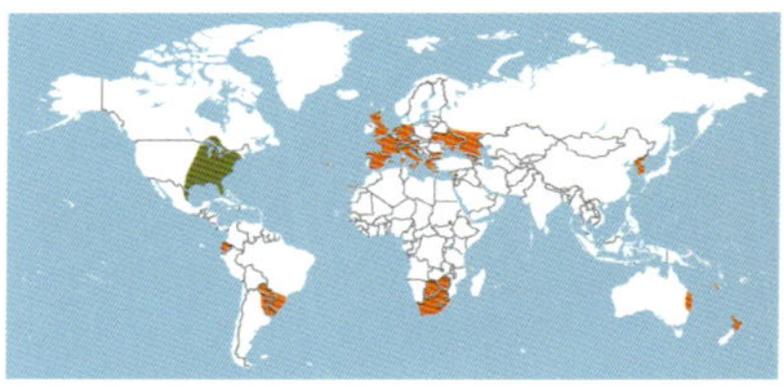

STECKBRIEF 5–20 cm hohe, niederliegende Mehrjährige mit flachen, kreisrunden bis verkehrt-eiförmigen, 5–10 cm langen Triebsegmenten. Diese Sprosse dornenlos oder nur im oberen Teil Areolen mit 1–2 Dornen, diese 2–3 cm lang. Blüten gelb, 4–6 cm im Ø.
VERWECHSLUNG Der Braundornige Feigenkaktus, *Opuntia phaeacantha*, hat im oberen Sprossbereich Areolen mit je 3–5 Dornen, die 4–6 cm lang sind. Seine Blüten sind reingelb oder am Grund rot.
NUTZUNG/AUSBREITUNG Zierpflanze. In Europa seit 1618 in Gartenkultur und hier vor allem für Freilandsukkulentenbeete genutzt. Im Gebiet vereinzelt verwildert, lokal auch eingebürgert.
WEITERE ART Der in Nord-Mexiko und den südwestlichen USA beheimatete **Braundornige Feigenkaktus**, *Opuntia phaeacantha*, tritt in Baden-Württemberg lokal mit Einbürgerungstendenz, in Hessen unbeständig, Dürnstein und Stein in der Wachau in Niederösterreich, Bozen in Südtirol, im Kanton Bern, Vevey in der Waadt und im Rhonetal des Wallis als lokaler Neubürger auf.

Opuntia humifusa

Opuntia phaeacantha

Knoblauchrauken-Glockenblume

Campanula alliariifolia
— Glockenblumengewächs · Campanulaceae

Juli–Aug.

Campanula alliariifolia

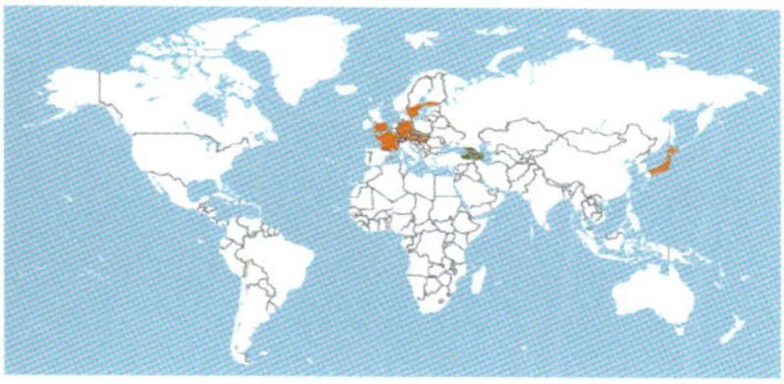

STECKBRIEF 40–80 cm hohe Staude mit einseitwendiger Blütentraube und cremeweißen Blüten. Blattspreiten 5–8 cm lang, breit-herzförmig, die Unterseite grauweiß filzig behaart. Untere Blätter lang gestielt. Blütenkrone 20–50 mm lang. Zähne des filzigen Kelches lanzettlich bis breitlanzettlich mit bewimpertem Rand, Kelchanhängsel alternierend mit den Kelchzähnen. Narben 3.
NUTZUNG/AUSBREITUNG Zierpflanze. Seit spätestens 1803 in Europa in Gartenkultur. Vermehrt sich sowohl generativ über Samen als auch vegetativ durch Ausläufer. In der Steiermark bei Bad Aussee und am Grazer Schlossberg eingebürgert, sonst im Gebiet mehrfach unbeständig.
WEITERE ARTEN Im Mittelmeergebiet, östlich bis in den Iran, ist die einjährige **Leberbalsam-Glockenblume,**

Campanula erinus, beheimatet. Sie tritt im Gebiet ganz vereinzelt verschleppt auf, so in Baden-Württemberg, Nordrhein-Westfalen, Sachsen und St. Gallen.
Aus dem westlichen Mittelmeergebiet kommt die **Marien-Glockenblume**, *Campanula medium*, die Deutschland Mitte des 16. Jahrhunderts erreichte und in Gärten oft kultiviert wird. Selten verwildert sie daraus, so in Baden-Württemberg, Bayern, Hessen, Nordrhein-Westfalen, Sachsen, im Burgenland, in Oberösterreich, Salzburg, Nordtirol, Wien, Basel, Basel-Land, Genf, Graubünden, Solothurn, im Wallis und in Zug.
Von der Balkanhalbinsel, nördlich bis Nordost-Italien reichend, stammt die **Pyramiden-Glockenblume**, *Campanula pyramidalis*, die selten als Zierstaude kultiviert wird und gelegentlich verwildert, so im Burgenland, in Niederösterreich, Wien und Zürich.

Campanula medium

Campanula erinus

Campanula pyramidalis

Poscharsky-Glockenblume
Campanula poscharskyana
— Glockenblumengewächs · Campanulaceae

Juni–Sep.

STECKBRIEF 5–15 cm hohe, breit ausladende, halbimmergrüne Staude. Blattspreiten rundlich, 2,5–4 cm lang, Blattrand gezähnt-gelappt. Blütenkrone lang gestielt, lavendelblau, rad- bis flach trichterförmig, tief eingeschnitten.
VERWECHSLUNG Bei der im Gebiet ebenfalls kultivierten und verwilderten Dalmatinischen Glockenblume, *Campanula portenschlagiana*, sind die Blütenkronen trichter- bis glockenförmig und nur zu etwa ¼ eingeschnitten.

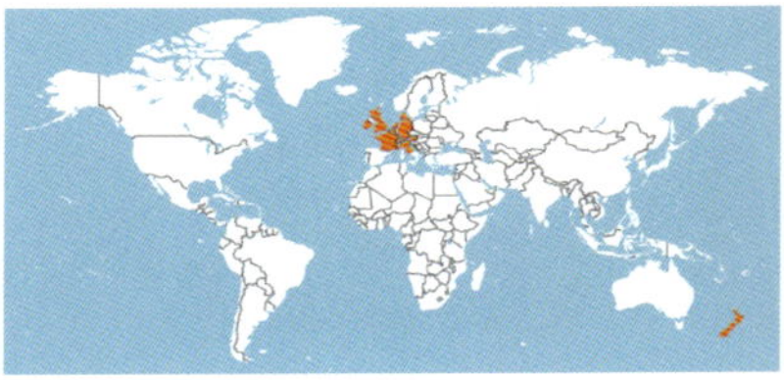

Campanula poscharskyana

Campanula carpatica

NAME Zu Ehren des deutschen Gärtners Gustav Adolf Poscharsky (1832–1917) benannt, der floristische Beiträge zu Dalmatien verfasste und 29 Jahre königlich-sächsischer Inspektor des Dresdner Botanischen Gartens war. Poscharsky begründete den Botanischen Garten Schellerhau im Erzgebirge.
NUTZUNG/AUSBREITUNG Zierstaude. Beheimatet im südlichen Dalmatien, in Gartenkultur seit spätestens dem Jahr 1928. Die Art hat sich aufgrund der besonders zahlreichen und attraktiven Blüten und ihrer erstaunlichen Blühfreudigkeit in den letzten Jahrzehnten als beliebte Gartenpflanze durchgesetzt und tritt gegenwärtig besonders im städtischen Bereich durch Kultur und anschließender Selbstaussaat vielfach verwildert bis etabliert auf. Mit Einbürgerungstendenzen u. a. vielfach in Nordrhein-Westfalen, in der Wachau Niederösterreichs und in Zürich.
WEITERE ARTEN Ihre Herkunft verrät die ebenfalls häufig als Gartenzierstaude genutzte **Karpaten-Glockenblume,** *Campanula carpatica*, bereits in ihrem Namen. Sie ist vereinzelt auch in Blumenwiesenmischungs-Ansaaten enthalten, so in der Austrosaat-Blumenmischung „Paradiesgarten". Verwilderungen von ihr sind bekannt u. a.

Campanula fragilis

Campanula garganica

Campanula portenschlagiana

aus Baden-Württemberg, Bayern, Brandenburg, Hessen, Niedersachsen, Nordrhein-Westfalen, Sachsen, Schleswig-Holstein, Salzburg, der Steiermark, Nordtirol, Wien, Bern, Neuenburg, Solothurn und Zürich.
Ein Endemit Italiens ist die **Zerbrechliche Glockenblume**, *Campanula fragilis*, die sehr selten subspontan im Gebiet auftritt, so in Bayern.
Auf beiden Seiten der Adria ist die **Gargano-Glockenblume**, *Campanula garganica*, beheimatet, die vereinzelt als Zierde für Trockenmauern und Tröge hergenommen wird und daraus ganz vereinzelt verwildert, so in Baden-Württemberg, Nordrhein-Westfalen, Sachsen-Anhalt, Oberösterreich, in der Steiermark, in Wien, Bern, Genf, der Waadt und in Zürich.
In Kroatien ist die **Dalmatinische Glockenblume**, *Campanula portenschlagiana*, beheimatet. Sie wurde vom Wiener Botaniker Franz Edler von Portenschlag-Ledermayer (1772–1822) entdeckt, aber erst im 20. Jahrhundert für die allgemeine Gartenkultur genutzt. Verwilderungen sind selten, so bekannt aus Baden-Württemberg, Bayern, Hessen, Niedersachsen, Nordrhein-Westfalen, Sachsen, Niederösterreich, Oberösterreich, Salzburg, Nordtirol, Vorarlberg, Basel, Bern, Genf, Jura, dem Tessin, der Waadt, dem Wallis und Zürich.

Kap-Lobelie
Lobelia erinus
— Glockenblumengewächs · Campanulaceae

Juni–Okt.
giftig

STECKBRIEF 15–30 cm hohe Ein- bis Mehrjährige mit verzweigten Stängeln und buschigem Wuchs. Untere Blätter kurz gestielt, Spreite rundlich bis elliptisch. Obere Blätter ungestielt und schmäler. Blüten in einer Traube oder Rispe. Krone blau, selten weiß, zweilippig mit kurzer, zweiteiliger Oberlippe und längerer, dreilappiger Unterlippe.
NUTZUNG/AUSBREITUNG Zierpflanze, vor allem für Rabatten, Blumentröge und Friedhöfe. Kurz nach 1680 aus den damaligen niederländischen Besitzungen am Kap der Guten Hoffnung nach Europa gekommen. Ihre weite Verbreitung im Gebiet fand sie aber erst in der zweiten Hälfte des 19. Jahrhunderts, als Teppichbeete modern wurden. Tritt im Gebiet unbeständig auf Schüttungen, Deponien, Friedhöfen, Kompostanlagen,

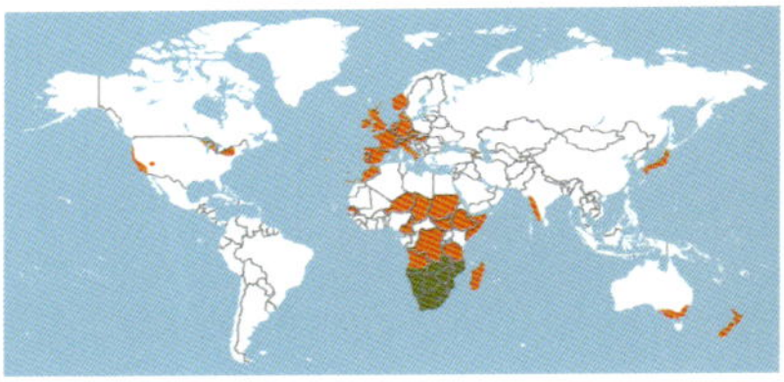

Straßenrändern und in Pflasterfugen auf und wurde hier subspontan 1899 erstmals bei Nürnberg beobachtet.
WEITERE ARTEN Im östlichen Nordamerika ist die **Aufgeblasene Lobelie**, *Lobelia inflata*, beheimatet, die

Lobelia erinus

Lobelia inflata

als Arzneipflanze selten kultiviert wird und ganz vereinzelt verschleppt auftritt, so in Niederösterreich, in der Steiermark und in Nordtirol.
Nordamerikanischer Herkunft ist auch die **Blaue Kardinalslobelie**, *Lobelia siphilitica*, die als Arznei- und Zierpflanze kultiviert wird und ganz vereinzelt verwildert, so in Baden-Württemberg, Bayern, Nordrhein-Westfalen, Oberösterreich, in der Steiermark, in Nordtirol und Vorarlberg.
In Tasmanien und in den australischen Alpen ist die **Gestielte Teppichlobelie**, *Pratia pedunculata*, beheimatet. Sie findet sich oft irrtümlich unter den Namen *Isotoma fluviatilis* oder *Laurentia fluviatilis* im Gartenhandel und verwildert ganz vereinzelt in Schurrasen, so in Bayern, Brandenburg, Nordrhein-Westfalen und Sachsen. Die wöchentliche Mahd schadet der Pflanze nicht, da sich die vegetativen Teile aufgrund ihrer Kleinwüchsigkeit unterhalb der Schnittkante des Rasenmähers befinden und lediglich die höher stehenden Blüten abgeschnitten werden.

Pratia pedunculata

Lobelia siphilitica

Ballonblume
Platycodon grandiflorus
— Glockenblumengewächs · Campanulaceae

Juni–Aug.

Platycodon grandiflorus

STECKBRIEF 30–80 cm hohe, kahle Staude mit fleischiger, rübenartiger Pfahlwurzel. Blätter breit-lanzettlich, blaugrün, leicht bewachst, Rand spitz gezähnt. Blüten fünfzählig, 5–7 cm im Ø, Kronblätter breit glockenförmig verwachsen, blau, dunkler geadert.
NUTZUNG/AUSBREITUNG Zierpflanze. 1773 in den Botanischen Garten Wien gekommen und dort 1776 durch Nicolaus Jacquin als Glockenblumen-Art beschrieben. Im Berliner Botanischen Garten erscheint sie 1812, in die allgemeine Gartenkultur floss die Ballonblume ab etwa 1830 ein. Gegenwärtig im Gebiet sehr selten subspontan auftretend.

Amerikanischer Zürgelbaum
Celtis occidentalis
— Hanfgewächs · Cannabaceae

April–Mai
essbar

Celtis occidentalis

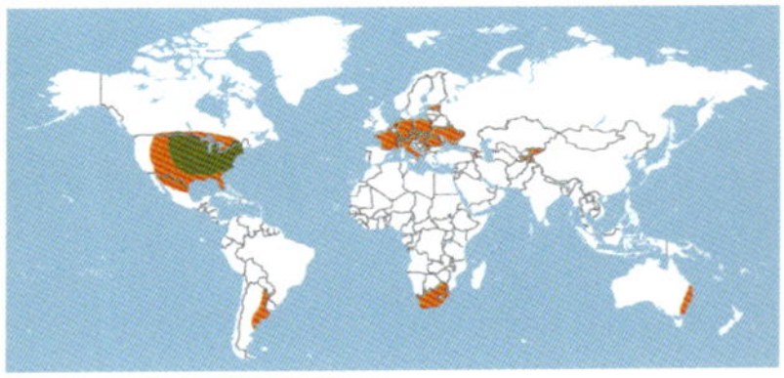

STECKBRIEF Bis 20 m hoher, sommergrüner Baum mit im Alter unregelmäßiger Krone und überhängenden Ästen. Triebe behaart. Blattspreite 5–15 cm lang, lanzettlich-eiförmig bis breit-eiförmig, zugespitzt, Spreitenbasis schief, Blattrand gesägt, Blattoberseite glänzend grün, unterseits heller, kahl, nur auf den Nerven behaart. Herbstfärbung gelb. Blüten unscheinbar. Früchte kugelig, 0,7–1 cm im Ø, anfänglich grün, dann dunkelpurpurn, süß schmeckend.

VERWECHSLUNG Beim recht häufig kultivierten, südeuropäischen Südlichen Zürgelbaum, *Celtis australis*, der in Südtirol heimisch ist, sind die Blattunterseiten behaart.

NUTZUNG/AUSBREITUNG Parkbaum, Straßenbaum. In Europa 1656 erstmals kultiviert. Im Gebiet vor allem im städtischen Bereich und hier gelegentlich in Mauerritzen oder ähnlichen Biotopen verwildernd.

Japanischer Hopfen
Humulus scandens (Syn.: *H. japonicus*)
— Hanfgewächs · Cannabaceae

Juni–Aug.

Humulus scandens

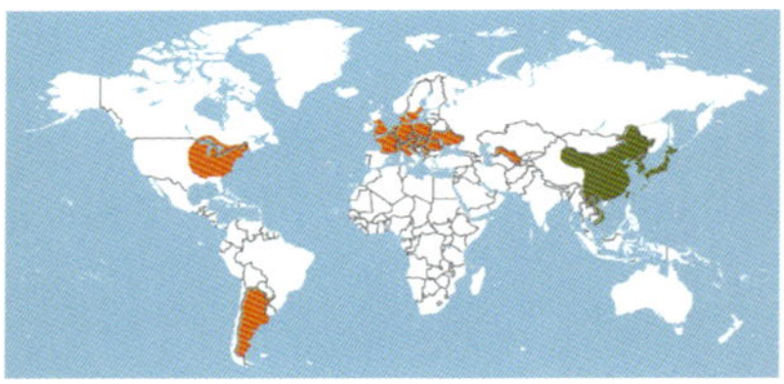

STECKBRIEF 2–6 m hohe, einjährige, krautige Kletterpflanze mit 5–7-teiligen Blattspreiten und rauem Stängel. Blattstiel länger als die Spreite. Deckblätter der weiblichen Blüten herzförmig, zugespitzt, grün. Weibliche Rispen bei der Reife kaum wachsend.

VERWECHSLUNG Der heimische Echte Hopfen, *Humulus lupulus*, ist ausdauernd, hat 3–5-teilige Blattspreiten und Blattstiele, die höchstens so lang wie die Spreite sind.

NUTZUNG/AUSBREITUNG Zierpflanze. In europäischen Gärten seit 1886 selten kultivierte Art, die im Gebiet sehr vereinzelt verwildert oder verschleppt auftritt.

Henry-Geißblatt

Lonicera henryi
— Geißblattgewächs · Caprifoliaceae

Juni–Aug.
giftig
invasiv

STECKBRIEF 4–8 m hoher oder breiter, immergrüner, windender Strauch. Blätter gegenständig, ganzrandig, lanzettlich, bewimpert, an der Basis abgerundet bis schwach herzförmig, Spreite 4–10 cm lang. Blüten rosa bis orange und weiß, in kurz gestielten, achselständigen Paaren an den Zweigenden. Früchte blauschwarze Beeren.
NAME Die Gattung ist zu Ehren des deutschen Naturforschers, Arztes und Botanikers Adam Lonitzer (1528–1586) benannt, Verfasser mehrerer „Kreuterbücher" und des „Gart der Gesundheit", welches in 27 Auflagen erschien. Die Art ehrt den irischen Pflanzensammler und Chinaforscher Augustine Henry (1857–1930). Er lebte als britischer Staatsbeamter ab 1881 fünfzehn Jahre lang in China und studierte die in Europa noch wenig bekannte hiesige Flora. Henry entdeckte in dieser Zeit 25 neue Gattungen und rund 500 neue Pflanzenarten.
NUTZUNG/AUSBREITUNG Zierpflanze, häufig als Kletterpflanze für Pergolen, Fassaden, Autounterstellplätze usw. verwendet. 1908 durch den englischen Botaniker und Pflanzensammler Ernest Wilson (1876–1930) nach Europa gekommen. Informationen zu Fundgebieten erhielt Wilson durch Augustine Henry. Die Art vermehrt sich vegetativ über kriechende Triebe, die an den Knoten wurzeln und über Samen, die von Vögeln gefressen und so verbreitet werden. Gegenwärtig im Gebiet in Ausbreitung befindlich mit Verbreitungsschwerpunkten in Nordrhein-Westfalen, Zug und Zürich.

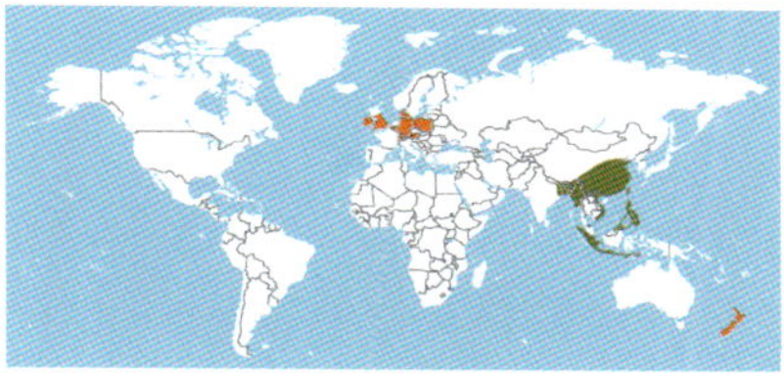

WEITERE SIPPE Oft als Zierpflanze kultiviert wird auch das **Heckrott-Geißblatt**, *Lonicera × heckrottii*, wahrscheinlich eine Hybride aus dem Italienischen Geißblatt, *Lonicera × americana*, welches wiederum eine Hybride aus den beiden europäischen Arten *Lonicera caprifolium × L. etrusca* ist, und dem nordamerikanischen Trompeten-Geißblatt, *Lonicera sempervirens*. Heckrott-Geißblatt wurde u. a. in Bayern verwildert gefunden.

Lonicera henryi

Lonicera henryi

Lonicera × heckrottii

Japanisches Geißblatt
Lonicera japonica
— Geißblattgewächs · Caprifoliaceae

Juni–Sep.
giftig

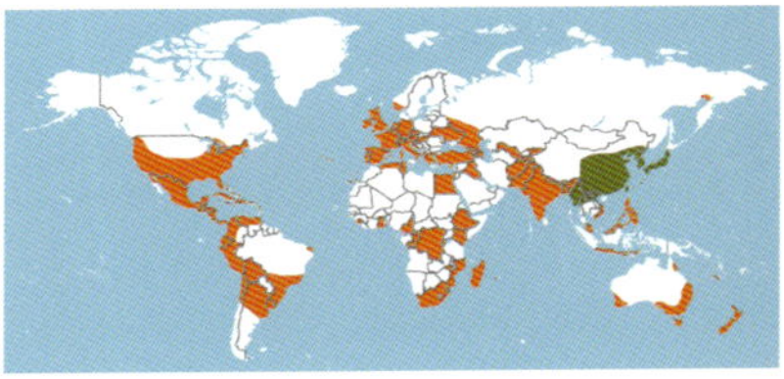

STECKBRIEF Bis 8 m hohe bzw. lange Liane mit Trieben, die an den Knoten wurzeln und horizontal in alle Richtungen wachsen. Sobald ein Halt gefunden wird, rankt sich der Spross empor. Die gegenständig angeordneten Blätter bleiben bis zum Ende des Winters. Blattspreite 3–8 cm lang, eiförmig bis länglich-eiförmig, ganzrandig, anfänglich flaumig behaart. Blüten zunächst weiß, später gelb, 3 bis 4 cm lang, zu jeweils zweien auf kurzen Stielen, stark duftend. Früchte schwarz, jeweils zu zweit am Grunde verwachsen.
NUTZUNG/AUSBREITUNG Zier- und Duftpflanze. 1806 in Europa eingeführt. Gegenwärtig im Gebiet vereinzelt verwildert mit Verbreitungsschwerpunkten im Tessin, um den Genfer See, im Kanton Zürich und in Südtirol. Die Pflanze vermehrt sich in erster Linie vegetativ durch Bewurzelung der Triebe.
WEITERE ART Das nordamerikanische **Kanadische Buschgeißblatt**, *Diervilla lonicera*, wird selten als Ziergehölz kultiviert und verwildert sehr selten, so in Bayern, Berlin, Brandenburg, Mecklenburg-Vorpommern, Niedersachsen, Sachsen, Sachsen-Anhalt, Schleswig-Holstein und Thüringen.

Lonicera japonica

Diervilla lonicera

Immergrüne Heckenkirsche
Lonicera pileata
— Geißblattgewächs · Caprifoliaceae

Mai
giftig

STECKBRIEF 0,4–1,2 m hoher, immergrüner, flach ausgebreiteter Strauch mit dünnen, vollmarkigen Zweigen. Blätter zweizeilig stehend. Blattspreite 1,5–3 cm lang, eiförmig bis länglich-lanzettlich, stumpf oder abgerundet, oberseits glänzend, dunkelgrün, unterseits heller, kahl oder an den Nerven leicht behaart. Blüten blassgelb, duftend, in kurz gestielten, achselständigen Paaren. Krone trichterförmig, 7–8 mm lang, Kronröhre höckrig. Früchte violett, kugelig, ca. 5 mm im Ø.

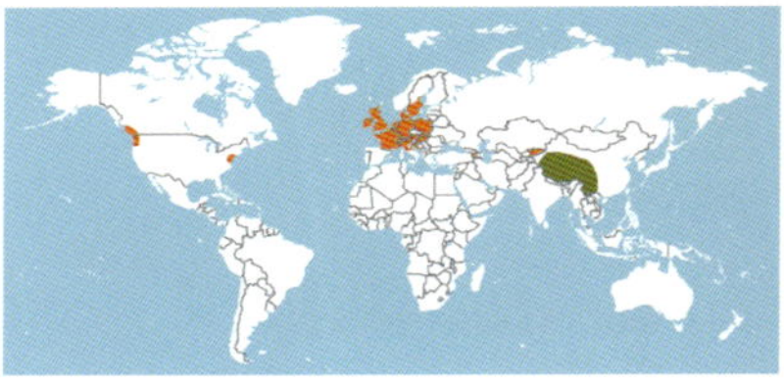

Lonicera pileata

Lonicera nitida

VERWECHSLUNG Die sehr ähnliche Glänzende Heckenkirsche, *Lonicera nitida*, wird 1–2 m hoch und hat 0,6–1,2 cm lange Blattspreiten.
NUTZUNG/AUSBREITUNG Bodendecker, Flächenbegrüner. Im Jahr 1900 nach Europa gekommen und hier als immergrüner Bodendecker und seit Aufkommen des Buchsbaumzünslers als Buchs-Ersatz immer beliebter werdend. Gegenwärtig im Gebiet vielfach verwildert oder verschleppt und in zunehmender Ausbreitung begriffen.

WEITERE ART Die ebenfalls in China beheimatete **Glänzende Heckenkirsche**, *Lonicera nitida*, wird im Gebiet ebenfalls häufig kultiviert. Sie tritt vereinzelt verwildert oder verschleppt auf, so in Bayern, Mecklenburg-Vorpommern, Nordrhein-Westfalen, Niederösterreich, Oberösterreich, Salzburg, in der Steiermark, in Wien, im Aargau, in Basel, Bern, Freiburg, Genf, Nidwalden, im Tessin, Thurgau, in der Waadt und in Zürich.

Tataren-Heckenkirsche
Lonicera tatarica
— Geißblattgewächs · Caprifoliaceae

April–Mai
giftig

Lonicera tatarica

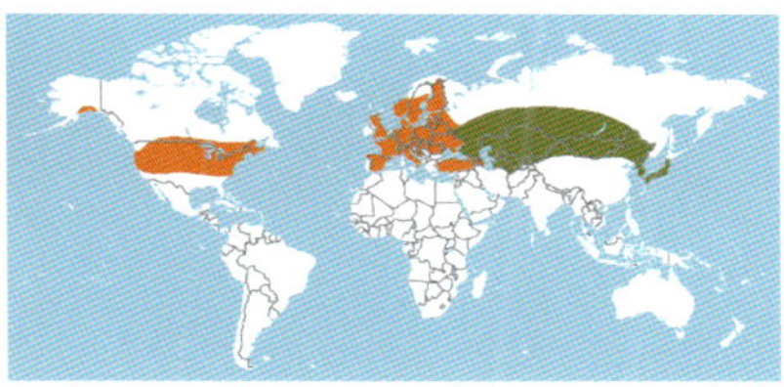

STECKBRIEF 1–3 m hoher, sommergrüner Strauch mit hohlen Ästen und auffallend frühem Laubaustrieb. Blattspreiten eiförmig bis eilänglich, 3–6 cm lang, am Grund meist gestutzt oder seicht nierenförmig, bläulichgrün, meist kahl, höchstens unterseits leicht behaart. Blüten weiß bis purpurrot, 1,5–2 cm lang, Blütenstiel etwa so lang wie die Blüte. Früchte rot, orange oder gelb, kugelig, 6–9 mm im Ø.
VERWECHSLUNG Bei der ähnlichen, heimischen Schwarzen Heckenkirsche, *Lonicera nigra*, sind die

Früchte schwarz, die Äste sind markig. Die ebenfalls heimische Echte Heckenkirsche, *Lonicera xylosteum*, hat beiderseits behaarte Blätter.
NUTZUNG/AUSBREITUNG Zier- und Landschaftsgehölz. 1738 von den deutschen Naturforschern Johann Georg Gmelin und Georg Wilhelm Steller in Südrussland entdeckt. Die Art wird seit zumindest dem Jahr 1770 in Brandenburg kultiviert und trat 1864 zum ersten Mal subspontan auf. Gegenwärtig im Gebiet zerstreut mit Verbreitungsschwerpunkten in Sachsen-Anhalt, Sachsen, Berlin, Nord-Bayern und Niederösterreich.
WEITERE ARTEN Seltener wird die aus Kalifornien stammende Kalifornische Heckenkirsche, *Lonicera involucrata*, als Zierstrauch kultiviert. Vereinzelt verwildert sie, so in Bayern, Thüringen und in der Steiermark. Aus Japan stammt die Morrow-Heckenkirsche, *Lonicera morrowii*, die selten als Zierstrauch genutzt wird und gelegentlich daraus verwildert, so in Bayern.

Lonicera morrowii

Lonicera involucrata

Weiße Schneebeere
Symphoricarpos albus
— Geißblattgewächs · Caprifoliaceae

Juni–Sep.
giftig

Symphoricarpos albus

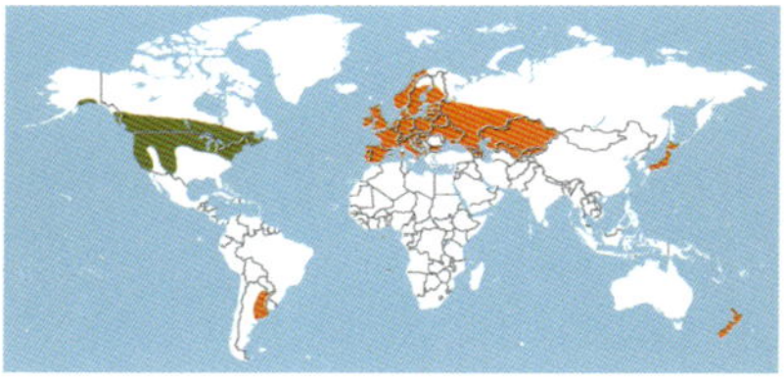

STECKBRIEF 1–2 m hoher, sommergrüner Strauch mit vielfach verzweigten Trieben und gegenständigen, eiförmig-elliptischen, ganzrandigen oder buchtig gelappten Blättern. Blüten klein, 4–5-zählig, blassrosa, im Schlund dicht zottig, in Ähren an den Zweigenden. Frucht weiß, 1–1,5 cm im Ø, mit je zwei Samen.
NUTZUNG/AUSBREITUNG Gartengestaltung und Landschaftsbau. Im Gartenbau wird durchwegs *S. albus* var. *laevigatus*, oft unter dem Namen *Symphoricarpos racemosus*, kultiviert und gehandelt. Mitte des 18. Jahrhunderts vom schwedischen Botaniker Pehr Kalm (1716–1779) in Pennsylvania entdeckt, aber erst 1817 durch Bernard McMahon nach Europa gekommen und 1821 für den Berliner Botanischen Garten belegt. Ab Mitte des

19. Jahrhunderts war die Art im Gebiet in Gärten, Parkanlagen und als Landschaftsgehölz weit verbreitet. Erste Verwilderungen sind seit dem Jahr 1880 von Schwerin in Mecklenburg-Vorpommern nachgewiesen. Oft findet sich die Pflanze an Waldrändern, wo Gartenabfälle entsorgt werden. Gegenwärtig im Gebiet weit verbreitet und häufig, regional auch eingebürgert.
WEITERE SIPPEN Die **Chenaults Schneebeere**, *Symphoricarpos × chenaultii*, entstanden um 1910 in Frankreich aus *Symphoricarpos albus × S. orbiculatus*, wird ebenfalls häufig als Deckstrauch und Flächenbegrüner gepflanzt und verwildert nicht selten, so in Baden-Württemberg, Bayern, Berlin, Nordrhein-Westfalen, Rheinland-Pfalz, Oberösterreich, Salzburg, Bern, Solothurn, in der Waadt und in Zürich.
Seltener wird die nordamerikanische **Korallenbeere**, *Symphoricarpos orbiculatus*, kultiviert, vereinzelt verwildert auch sie, so in Bayern, Berlin, Niedersachsen, Niederösterreich, Salzburg, Wien, im Aargau, in Bern und Genf.

Symphoricarpos × chenaultii

Symphoricarpos orbiculatus

Liebliche Weigelie
Weigela florida hort.
— Geißblattgewächs · Caprifoliaceae

Mai–Juni

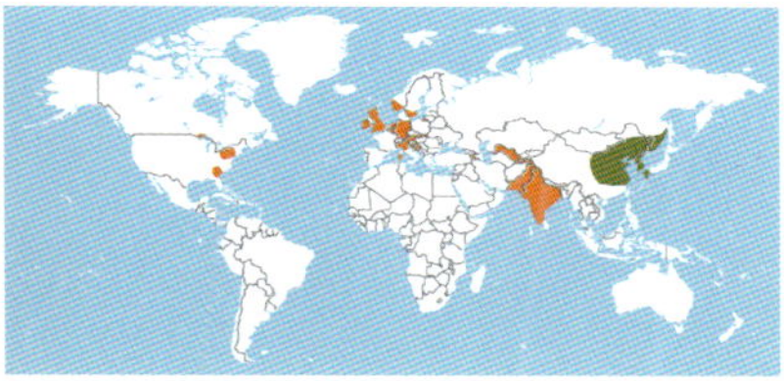

Weigela florida

STECKBRIEF 2–4 m hoher Strauch mit kahlen oder zweistreifig behaarten Trieben. Blattspreiten 4–10 cm lang, elliptisch bis länglich-eiförmig, zugespitzt, fein gesägt. Blüten zu 1–3, rosa bis purpurrot, 3–4 cm lang, unterhalb der Mitte plötzlich verengt, außen ± behaart. Früchte schmal zylindrisch, bis 2,5 cm lang, kahl.
VERWECHSLUNG Gärtnerisch werden neben *Weigela florida* vor allem die ebenfalls ostasiatischen *Weigela coraeensis*, *W. hortensis* und *W. floribunda*, vor allem aber deren Hybriden kultiviert. Gerade bei den verwilderten Pflanzen ist eine genaue Bestimmung nur schwer möglich, weshalb diese Sippen hier zusammengefasst werden.
NAME Benannt zu Ehren des deutsch-schwedischen Botanikers, Mediziners und Chemikers Christian Ehrenfried von Weigel (1748–1831), der u. a. eine Flora von Pommern verfasste.

NUTZUNG/AUSBREITUNG Ziergehölz. 1831 entdeckte Alexander von Bunge die Pflanze kultiviert in Pekinger Gärten. Nach Europa kamen lebende Pflanzen 1844 durch Robert Fortune. Gegenwärtig gehört die Weigelie mit ihren dutzenden Kultursorten zu den beliebtesten Ziersträuchern. Sie tritt im Gebiet sehr vereinzelt verschleppt, verwildert oder eingebürgert auf.
WEITERE ART Häufig als Ziergehölz wird der aus China stammende, erst 1893 in der Provinz Shensi vom italienischen Pater Guiseppe Giraldi entdeckte **Perlmuttstrauch**, *Kolkwitzia amabilis*, kultiviert. Selten verwildert er daraus, so in Baden-Württemberg, Bayern, Niedersachsen, Niederösterreich, Oberösterreich, Nordtirol und Wien.

Kolkwitzia amabilis

Filz-Hornkraut
Cerastium tomentosum
— Nelkengewächs · Caryophyllaceae

Mai–Juni

STECKBRIEF 10–30 cm hohe, Rasen bildende Staude mit dicht weißfilzig behaarten Blättern und Trieben. Blätter lineal-lanzettlich, am Rande umgeschlagen, 10–30 mm lang. In den Achseln meist Blattsprosse tragend. Blütenstand 7–15-blütig, Tragblätter breit hautrandig. Blüten 12–18 mm im Ø. Kronblätter zweispaltig.
NUTZUNG/AUSBREITUNG Zierstaude, auch für Dachbegrünungen. 1594 in Mitteleuropa erstmals in Gartenkultur belegt, gegenwärtig im Gebiet häufig verwildert bis eingebürgert. Viele der verwilderten Pflanzen Mitteleuropas zeigen Merkmale des sehr ähnlichen Krim-Hornkrautes, *Cerastium biebersteinii*. Dieses wurde 1808 von Marschall von Bieberstein als *Cerastium repens* beschrieben und bald darauf in die Gartenflora Mitteleuropas eingeführt. Es vermischte sich mit *Cerastium tomentosum*. Anfang des 20. Jahrhunderts erreichte *Cerastium candidissimum* aus den griechischen Gebirgen Mitteleuropa. Zudem wird die Unterscheidung der Sippen durch Polyploidisierung erschwert.
WEITERE ART Das mediterran-südwestasiatische **Gabelige Hornkraut**, *Cerastium dichotomum*, tritt im Gebiet ganz vereinzelt verschleppt auf, so in Bayern, Mecklenburg und in der Steiermark.

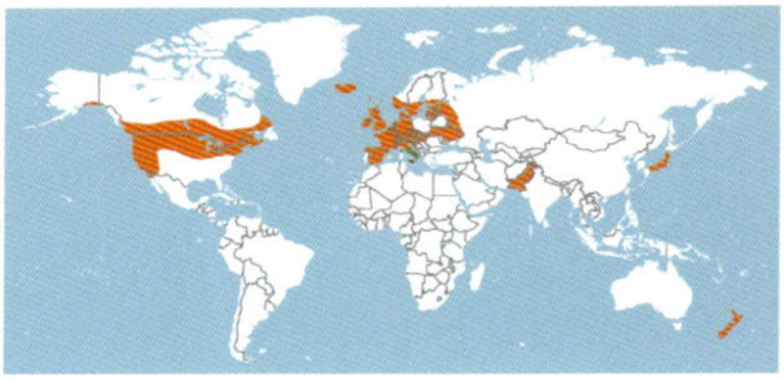

Cerastium tomentosum

Cerastium dichotomum

Große Nelke
Dianthus giganteus
— Nelkengewächs · Caryophyllaceae

Mai–Juli

Dianthus giganteus

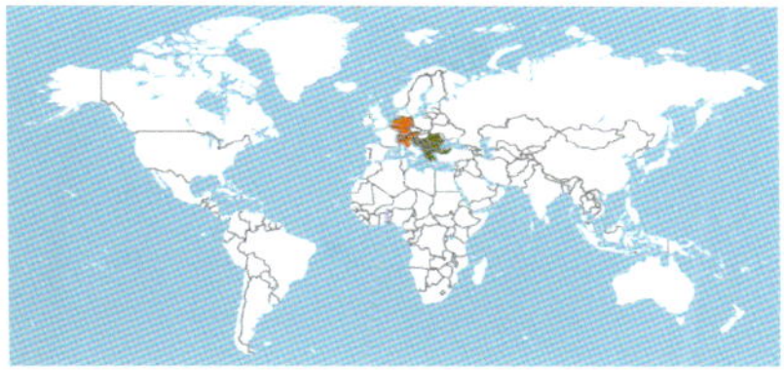

STECKBRIEF 40–100 cm hohe Staude mit 3–6 mm breiten unteren Stängelblättern. Kelchschuppen allmählich in die Spitze verschmälert, mehr oder weniger gleichmäßig zugespitzt, oft bläulich bereift. Blüten sitzend, in 2–20-blütigen Köpfen. Kelchröhre 17–22 mm lang. Im Herbst entwickeln sich zwischen den abgeblühten Blüten oft Jungpflanzen (Pseudoviviparie).

VERWECHSLUNG Die heimische Kartäuser-Nelke, *Dianthus carthusianorum*, ist 20–60 cm hoch, hat dunklere, purpurrosa Kronen und Kelchschuppen, die abgerundet bis ausgerandet, abrupt verschmälert und lang begrannt sind.

NUTZUNG/AUSBREITUNG In Blumenwiesen-Ansaaten. In sechs Unterarten (subsp. *banaticus*, subsp. *croaticus*, subsp. *giganteus*, subsp. *haynaldianus*, subsp. *subgiganteus*, subsp. *vandasii*) in Rumänien, auf der Balkanhalbinsel und der angrenzenden West-Türkei beheimatet. Wird kaum als Zierstaude kultiviert, findet sich aber in Blumen-Saatgutmischungen und „Schmetterlingswiesen"-Ansaaten oft fälschlich oder irrtümlich als *Dianthus carthusianorum* deklariert. Erste subspontane Vorkommen aus dem Gebiet sind seit dem Jahr 1986 aus Hessen bekannt. Gegenwärtig im Gebiet mehrfach verwildert, lokal bereits eingebürgert.

Schwarzwurzel-Gipskraut
Gypsophila scorzonerifolia
— Nelkengewächs · Caryophyllaceae

Juni–Sep.

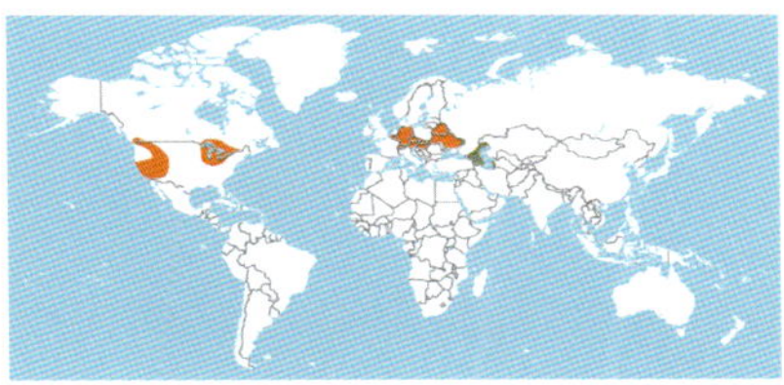

STECKBRIEF 40–150 cm hohe, blaugrüne, verzweigte Mehrjährige mit lanzettlichen, kahlen, zugespitzten, über 1 cm breiten, 5–10 × so langen wie breiten Stängelblättern. Blütenstiele und Kelche drüsig. Kronblätter ausgerandet, 5–8 mm lang, weiß bis blassrosa. Staubblätter kürzer als die Kronblätter.

VERWECHSLUNG Beim im Osten des Gebietes heimischen Rispen-Gipskraut, *Gypsophila paniculata*, sind die Blätter schmäler als 1 cm. Das von Südost-Europa bis Zentralasien beheimatete Durchwachsenblättrige Gipskraut, *Gypsophila perfoliata*, hat gelbgrüne Blätter, die 2–5 × so lang wie breit sind und kahle Kelche.

NUTZUNG/AUSBREITUNG Zur Begrünung von Halden, selten als Zierpflanze. Die Art ist im Gebiet 1870 erstmals bei Beesenlaublingen in Sachsen-Anhalt nachgewiesen. Schwen (1929) schreibt: „Ursprünglich angepflanzt im herrschaftlichen Garten zu Helmsdorf. Von da Pflänzchen um 1870 auf ein Grab des Gottesacker von Beesenlaublingen versetzt, von dort abgebrochene Äste durch den Wind auf die Ränder des nebenan liegenden Gipsbruches geführt, ohne Menschenhand hier ausgesät, aber den richtigen Boden im Gips gefunden." Daraus lässt sich schließen, dass *G. scorzonerifolia* ursprünglich als Zierpflanze eingeführt wurde und dann verwilderte. Um 1926 gelangte die Art auf salzhaltige Rückstandshalden bei Staßfurt und ist seither mehrfach auf anderen Haldengeländen im östlichen Teil Deutschlands aufgetreten. Seit den 1990er-Jahren ist eine Ausbreitung nach Mecklenburg-Vorpommern und Brandenburg zu beobachten. Gegenwärtig gehört *Gypsophila scorzonerifolia* zu den typischen Kali-Rückstandshalden-Bewohnern, die sich durch eine Vorliebe für Standorte mit hoher Konzentration von Salzen auszeichnen.

WEITERE ARTEN Das südwestasiatische, in Europa seit 1824 in Gartenkultur befindliche **Zierliche Gipskraut**, *Gypsophila elegans*, wird in Einjährigen-Blumenmischungen gelegentlich ausgesät und verwildert daraus, so in Bayern, Rheinland-Pfalz, Niederösterreich, in der Steiermark, in Wien und Basel.

Von Osteuropa bis Zentralasien ist das seit 1925 im Gebiet nachgewiesene **Durchwachsenblättrige Gipskraut**, *Gypsophila perfoliata*, beheimatet, das in Brandenburg, Hessen, Niedersachsen, Sachsen, Sachsen-Anhalt und Thüringen vereinzelt eingeschleppt bis eingebürgert auftritt.

Gypsophila scorzonerifolia

Gypsophila elegans

Gypsophila perfoliata

Brennende Liebe

Lychnis chalcedonica (Syn.: *Silene chalcedonica*)
— Nelkengewächs · Caryophyllaceae

Mai–Juli

STECKBRIEF 30–100 cm hohe Mehrjährige mit kurzem Rhizom und rau behaartem Stängel. Grundblätter oval, Stängelblätter eilanzettlich mit herzförmiger Basis. Blütenstand kopfig. Kronblätter zweilappig bis tief ausgerandet, scharlach- bis feuerrot, Platte der Kronblätter ca. 1,5 cm lang. Kapselfrüchte eiförmig, 7–10 mm lang.

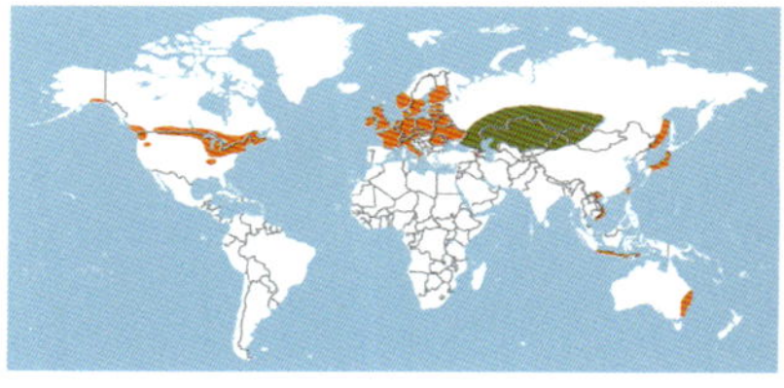

NUTZUNG/AUSBREITUNG Zierpflanze. Mitte des 16. Jahrhunderts aus türkischen Gärten nach Mitteleuropa gekommen, wo sie Conrad Gessner um 1560 erstmals kultivierte. Fortan war die Brennende Liebe eine beliebte Gartenpflanze, bis die Gartenbesitzer Ende des 19. Jahrhunderts das Interesse an ihr verloren. Früher im Gebiet öfter verwildert, gegenwärtig nur vereinzelt und vorübergehend.

WEITERE ARTEN In Südost-Europa und Anatolien ist die **Zierliche Rade**, *Agrostemma gracilis*, beheimatet, die im Gebiet vor allem für Blumenwiesenansaaten genutzt wird und daraus vereinzelt verwildert, so in Mecklenburg-Vorpommern und Niedersachsen.

Das seit 1687 im Gebiet in Kultur befindliche, westmediterrane **Himmelsröschen**, *Eudianthe coeli-rosa* (Syn.: *Silene coeli-rosa*) wird als einjährige Zierpflanze in Blumenwiesenansaaten ausgebracht und verwildert vereinzelt, so in Baden-Württemberg, Bayern, Berlin, Hessen, Nordrhein-Westfalen, im Burgenland, in Niederösterreich und Wien.

Agrostemma gracilis

Lychnis chalcedonica

Eudianthe coeli-rosa

Gabel-Leimkraut
Silene dichotoma
— Nelkengewächs · Caryophyllaceae

Mai–Juli

STECKBRIEF 30–90 cm hohe, kurz behaarte, drüsenlose Ein- bis Zweijährige ohne nichtblühender Blattrosetten. Blätter spatelig-lanzettlich, 2–6 cm lang, 0,3–2 cm breit. Blütenstand einseitswendig, wiederholt gabelig verzweigt, vielblütig, mit Einzelblüten an jedem Gabelpunkt. Kelch 11–15 mm lang, 10-nervig, borstig behaart. Kronblätter 15–20 mm lang, weiß bis rosa, mit tief zweispaltiger Platte. Griffel 3.

VERWECHSLUNG Beim ähnlichen Acker-Leimkraut, *Silene noctiflora*, ist der Stängel oben drüsig-klebrig.

NUTZUNG/AUSBREITUNG Keine. Mit verunreinigtem Saatgut im 19. Jahrhundert ins Gebiet gekommen. In Berlin seit 1877 bekannt, in Brandenburg seit 1923. Tritt durch Begrünungsansaaten immer wieder verschleppt auf.

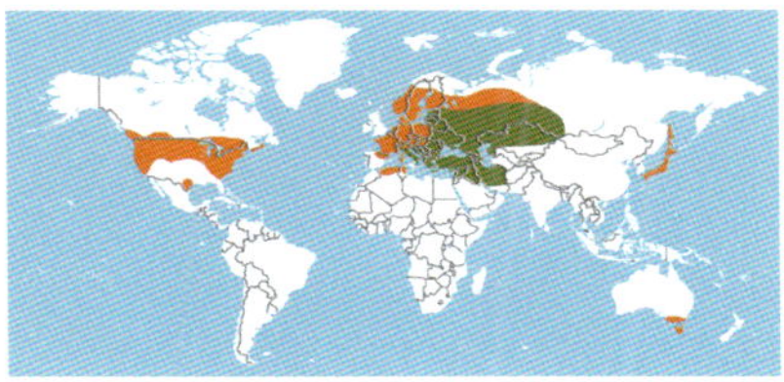

WEITERE ARTEN Das mediterrane **Großkegel-Leimkraut**, *Silene conoidea*, ist mit Saatgut, vor allem mit Perser-Klee-Saatgut unbeständig eingeschleppt worden, so in Baden-Württemberg, Bayern, Mecklenburg-Vorpommern, Niedersachsen, Nordrhein-Westfalen, Sachsen,

Thüringen, im Burgenland, in Niederösterreich, Oberösterreich, in der Steiermark und in Solothurn.
Sehr selten adventiv tritt auch das mediterrane **Kreta-Leimkraut**, *Silene cretica*, im Gebiet auf, so in Baden-Württemberg, Hamburg, Hessen, Mecklenburg-Vorpommern und Sachsen.
Das südwestasiatische **Sommer-Leimkraut**, *Silene schafta*, wird als Zierstaude für Steingärten und Tröge genutzt und verwildert vereinzelt daraus, so in Nordrhein-Westfalen und Salzburg.
In Italien und auf der Balkanhalbinsel ist das **Kalabrische Seifenkraut**, *Saponaria calabrica*, beheimatet. Es tritt im Gebiet ganz vereinzelt verschleppt auf, so in Baden-Württemberg, Bayern und Sachsen.

Silene cretica

Silene dichotoma

Silene schafta

Silene conoidea

Saponaria calabrica

Kletter-Spindelstrauch

Euonymus fortunei (Syn.: *Euonymus hederacea*)
— Baumwürgergewächs · Celastraceae

Mai–Juni
giftig

STECKBRIEF Immergrüner, aufsteigender oder kriechender Halbstrauch mit Kletterwurzeln, der je nach Form bis zu 10 m hoch werden kann. Blätter kahl, sitzend oder bis 9 mm lang gestielt. Spreite eiförmig bis eiförmig-elliptisch mit leicht gekerbtem bis gesägtem Rand, 2–5,5 cm lang, 1,5–3,5 cm breit, mit stumpfer bis keilförmiger Basis. Blütenstände mit wenigen, vierzähligen, unscheinbaren Blüten, diese etwa 5 mm im Ø.

VERWECHSLUNG Neben *Euonymus fortunei* wird in Mitteleuropa auch das ähnliche *Euonymus japonica* kultiviert. Durch die Mannigfaltigkeit beider Arten und die zahlreichen Kulturformen ist eine richtige Bestimmung nicht immer leicht. Die Flora Malesiana geht sogar so weit, dass sie die beiden Arten als konspezifisch auffasst. *E. japonicus* unterscheidet sich von *E. fortunei* u. a. durch das Fehlen von Kletterwurzeln.

NAME Benannt zu Ehren des schottischen Botanikers und Pflanzensammlers Robert Fortune (1813–1880). Fortune sammelte nicht nur Wildpflanzen, sondern auch Teepflanzen und das Wissen über deren Anbau, um das chinesische Teemonopol brechen zu können. Er brachte Tausende Teepflanzen nach Indien, wo unter britischer Oberhoheit in Assam Tee kultiviert wurde und dieser dann die ganze Welt eroberte.

NUTZUNG/AUSBREITUNG Vor allem als Bodendecker, zur Grabbepflanzung und als Kletterpflanze. 1804 nach Europa gekommen und anfänglich nur in den wärmeren Gebieten gezogen. Später zusehends beliebter als Bodendecker und Mauerbegrüner in verschiedenen, meist weiß oder gelb panaschierten Sorten. *Euonymus fortunei* bildet in reichem Maße keimfähige Samen aus und kann sich zusätzlich vegetativ über Gartenabfall verbreiten. Die Art zeigt in den letzten Jahren eine zunehmende Verwilderungstendenz und befindet sich in Sachsen lokal in Einbürgerung.

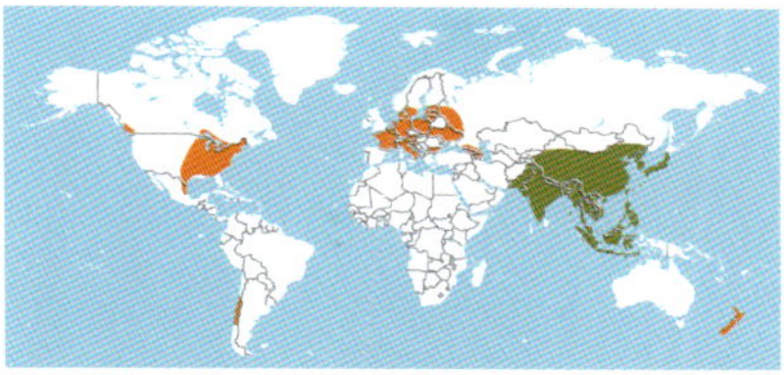

Euonymus fortunei

Euonymus alatus

Euonymus nanus

WEITERE ARTEN Der ostasiatische **Flügel-Spindelstrauch**, *Euonymus alatus*, wird aufgrund der prächtigroten Herbstfärbung seines Laubes und der geflügelten Zweige gerne als Zierstrauch kultiviert. Er verwildert sehr selten, so in Bayern, Hessen und Osttirol.
Ebenfalls vielfach kultiviert wird der aus Japan und Korea stammende **Japanische Spindelstrauch**, *Euonymus japonicus*. Er tritt vereinzelt subspontan auf, so in Bayern, Nordrhein-Westfalen, Salzburg, in der Steiermark, in Vorarlberg, Wien, Südtirol, Basel-Land, Bern, im Tessin, Thurgau und in der Waadt.
Der osteuropäisch-asiatische **Zwerg-Spindelstrauch**, *Euonymus nanus*, wird selten als Ziergehölz gezogen und verwildert sehr selten, so in Bayern und Sachsen.
In China ist der **Kork-Spindelstrauch**, *Euonymus phellomanus*, beheimatet, der selten als Ziergehölz zu finden ist und sehr selten verwildert, so in Bayern.
Der ostasiatische **Rundblättrige Baumwürger**, *Celastrus orbiculatus*, wird als zierende Liane kultiviert und verwildert ganz vereinzelt, lokal eingebürgert in Baden-Württemberg und Bayern. Des Weiteren u. a. in Hessen, Mecklenburg-Vorpommern, Nordrhein-Westfalen, Rheinland-Pfalz, Kärnten, Niederösterreich und in der Steiermark.

Euonymus phellomanus

Euonymus japonicus

Celastrus orbiculatus

Spinnenblume

Cleome hassleriana (Syn.: *Tarenaya hassleriana, Cleome spinosa*) — Spinnenblumengewächs · Cleomaceae

Juli–Okt.
giftig

Cleome hassleriana

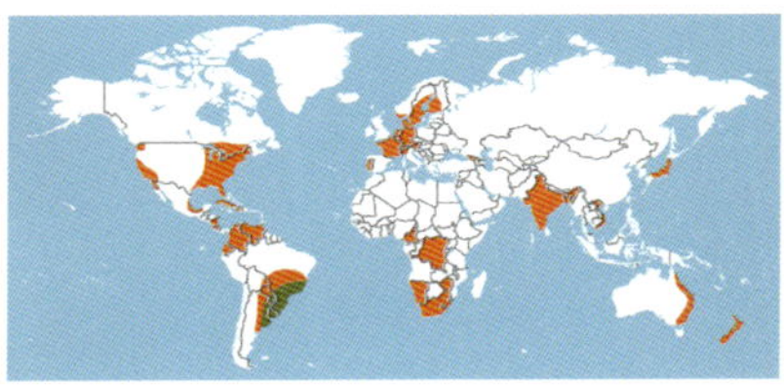

STECKBRIEF Mehrjährige, im Gebiet meist einjährig gezogene, 80–120 cm hohe krautige Pflanze mit drüsenhaarigen Stängeln. Blätter 5–7-zählig, hand-

förmig geteilt. Blüten purpurn bis weiß, meist rosa, in endständigen, langen Blütenständen. Kronblätter 4, lang genagelt, 20–40 mm lang. Fruchtschoten lang gestielt.
NAME Benannt zu Ehren des Schweizer Botanikers und Naturforschers Emil Hassler (1864–1937), der sich vor allem um die Flora Paraguays verdient machte.
NUTZUNG/AUSBREITUNG Zierpflanze. Relativ spät hat sich Spinnenblume im Gebiet als Trendpflanze durchgesetzt. Zuvor musste sie sich auf Gartenschauen und in öffentlichen Grünflächen beweisen. Gegenwärtig gehört sie zu den in Rabatten und Blumentrögen häufig kultivierten Sommerblumen, von wo aus sie vereinzelt unbeständig verwildert.

Echte Tagblume
Commelina communis
— Commelinengewächs · Commelinaceae

Juli–Sep.

STECKBRIEF 10–60 cm lange, niederliegende oder aufsteigende, an den Knoten wurzelnde Staude. Blätter wechselständig, breit-lanzettlich, 5–10 cm lang und 1–3 cm breit. Blüten zu mehreren von einer Spatha umgeben. Blüten zweiseitig-symmetrisch. Äußere Perigonblätter grün bis weiß, innere blau, die seitlichen ca. 1 cm lang, das mittlere kleiner. Frucht eine zweifächerige Kapsel.

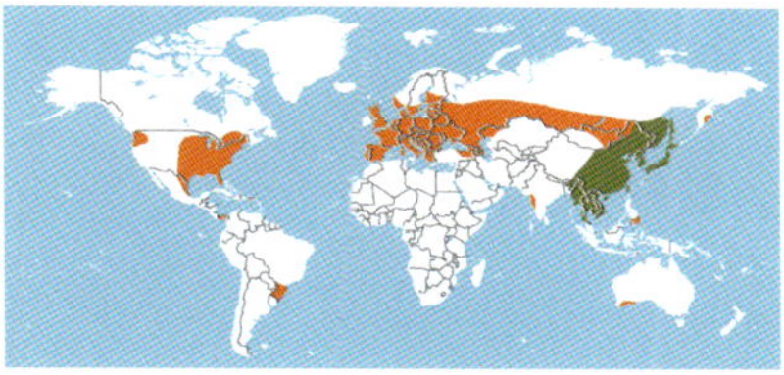

Commelina communis

NAME Die Gattung ist zu Ehren der niederländischen Botaniker Jan Commelin (1629–1692) und dessen Neffen Caspar Commelin (1667–1731) benannt. Jan Commelin veröffentlichte die erste Flora der Niederlande.
NUTZUNG/AUSBREITUNG Zierpflanze. 1725 kam die Echte Tagblume nach England und zehn Jahre später wuchs sie im Waltherschen Garten in Leipzig. Im 19. Jahrhundert war sie in den Gärten des Gebiets weit verbreitet, um dann im 20. Jahrhundert an Bedeutung zu verlieren. Vereinzelt auch mit Ölfrüchten eingeschleppt. Tritt verwildert oder verschleppt auf Ruderalstellen, an Straßenrändern, in Parkanlagen und Maisäckern auf, lokal auch eingebürgert wie im südlichen Tessin oder mit Tendenz zur Einbürgerung wie in Südtirol.

Dreimasterblume
Tradescantia × andersoniana-Hybriden
— Commelinengewächs · Commelinaceae

Juli–Sep.

STECKBRIEF 30–80 cm hohe Staude mit kräftigem Rhizom. Stängel aufrecht, gerade, fast kahl. Blätter lineal-lanzettlich, 15–40 cm lang und 0,5–2,5 cm breit, grün, fleischig, am Grund scheidig, zur Spitze allmählich verschmälert. Hochblätter ähnlich, aber kleiner. Blüten dreiteilig, Kronblätter 15–20 mm lang, 10–15 mm breit, blau, purpurn, violett oder weiß. Staubfäden violett, behaart.
NAME Benannt zu Ehren der englischen Gärtner und Botaniker John Tradescant dem Älteren (1570–1638) und

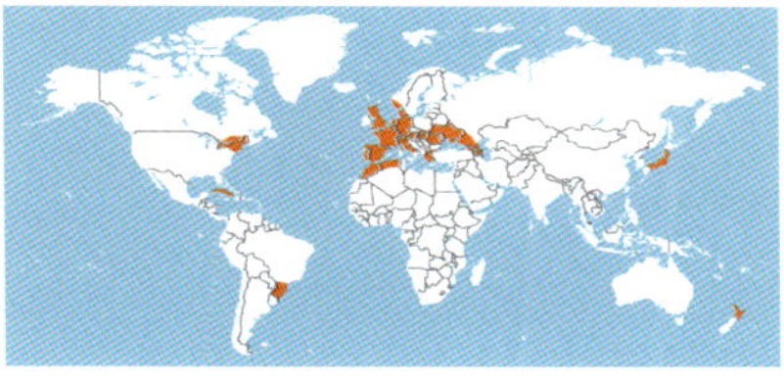

seinem Sohn John Tradescant dem Jüngeren (1608–1662). Letzterer schickte aus Virginia neue Pflanzenarten nach England, so den Phlox und die Lobelie. Der Hybridname ehrt den US-amerikanischen Botaniker und Genetiker Edgar Shannon Anderson (1897–1969), der u. a. ein Spezialist für Maissorten und die introgressive Hybridisation war und wesentliche Beiträge zur Gentechnik in der Botanik leistete.

NUTZUNG/AUSBREITUNG Zierpflanze. Kulturhybride aus den drei nordamerikanischen Arten *Tradescantia ohiensis*, *T. subaspera* und *T. virginiana*. Die Virginia-Dreimasterblume, *Tradescantia virginiana*, muss schon um die Mitte des 16. Jahrhunderts nach Europa gekommen sein, denn eine Abbildung von ihr findet sich im Gebetbuch Herzog Albrechts V. von Bayern aus dem Jahr 1574. Die Gartenhybriden entstanden ab dem Ende des 19. Jahrhunderts.

Die reinen Arten finden sich gegenwärtig nicht mehr im Gartenhandel, daher dürfte es sich bei Fundmeldungen von den Ausgangsarten ebenfalls um die Hybride handeln. Rhizomteile werden immer wieder vorübergehend verschleppt und so findet sich die Pflanze im Gebiet vor allem auf Schüttungen, Deponien und Gartenauswurfstellen.

Tradescantia × *andersoniana*-Hybride

Schöne Zaunwinde

Calystegia (×) *pulchra*

— Windengewächs · Convolvulaceae

Juni–Sep.

STECKBRIEF Bis 3 m hoch oder weit windende Staude mit fleischigem Rhizom und herz- bis pfeilförmiger Blattspreite. Krone rosa, mit 5 weißen Streifen, trichterförmig, 5–7,5 cm lang. Staubblätter 2,5–3,5 cm lang. Vorblätter den Kelch ± ganz einhüllend.

VERWECHSLUNG Die weit verbreitete Echte Zaunwinde, *Calystegia sepium*, hat weiße, 3,5–5 cm lange Kronen.

NUTZUNG/AUSBREITUNG Selten als Zierpflanze. Bei der Schönen Zaunwinde dürfte es sich um eine Hybride aus der Wald-Zaunwinde, *Calystegia silvatica*, und der ostasiatischen Efeu-Zaunwinde, *Calystegia hederacea*, bzw. der asiatischen Flaum-Zaunwinde, *Calystegia pellita*, handeln. Die Angaben bezüglich Herkunft und Entstehung schwanken in der Literatur beträchtlich. Im Gebiet vielfach verwildert bis eingebürgert.

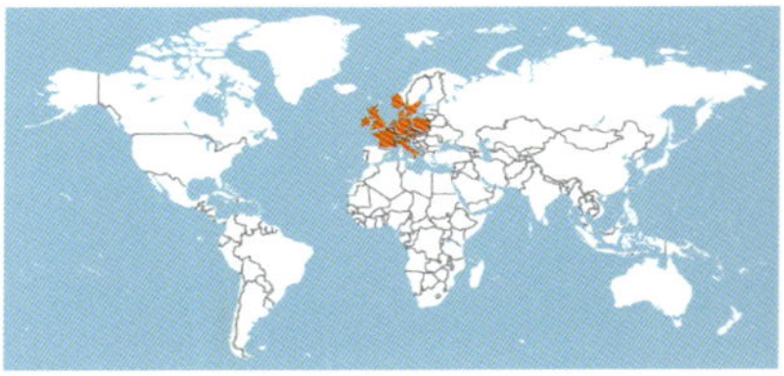

Calystegia (×) *pulchra*

WEITERE ARTEN Wahrscheinlich mediterran-asiatisch-nordamerikanischer Herkunft ist die **Wald-Zaunwinde**, *Calystegia silvatica*, die im Gebiet seit spätestens 1871 subspontan auftritt. Lokal ist sie eingebürgert, so in Sachsen, sonst vereinzelt und vorübergehend wie in Mecklenburg-Vorpommern, Niedersachsen, Salzburg, Wien, Bern, Genf, Graubünden, St. Gallen, im Tessin, in der Waadt und in Zürich.

Mediterraner Herkunft ist die **Dreifarbige Winde**, *Convolvulus tricolor*, die als einjährige Zierpflanze in verschiedenen Sorten kultiviert wird und daraus vereinzelt verschleppt auftritt, so in Baden-Württemberg, Bayern, Berlin, Brandenburg, Niedersachsen, Nordrhein-Westfalen, Sachsen, Wien, im Aargau, in Basel und Solothurn.

Calystegia silvatica

Convolvulus tricolor

Nordamerikanische Seide

Cuscuta campestris
— Windengewächs · Convolvulaceae

Juni–Sep.

Cuscuta campestris

STECKBRIEF 20–50 cm hohe bzw. lange, schmarotzende Einjährige mit glatten, orangefarbenen Stängeln. Blüten 2–3 mm lang, grünlich-weiß, duftlos, meist 5-zipfelig, kurz gestielt, in dichten Knäueln. Kelchzipfel etwa so lang wie die Kronröhre. Kronblattschuppen tief gefranst. Griffel 2, Narbe kopfig.

Cuscuta gronovii

VERWECHSLUNG Die Gronovius-Seide, *Cuscuta gronovii*, hat 3–4 mm lange Blüten und Kelchzipfel, die nur ½–¾ so lang wie die Kronröhre sind.
NUTZUNG/AUSBREITUNG Keine. Seit 1898 ist die aus Nordamerika stammende Art im Gebiet bekannt und seither in den wärmeren Gegenden Mitteleuropas in Einbürgerung begriffen. Schmarotzt auf unterschiedlichen Wirten, so auf *Trifolium*, *Medicago*, *Melilotus*, *Sisymbrium*, *Achillea*, *Artemisia*, *Bidens*, *Centaurea*, *Xanthium*, *Polygonum*, *Reseda*, Doldenblütler, Amarantgewächse, Lippenblütler usw.
WEITERE ART Vor allem auf neophytischen Herbstaster-Arten, *Symphyotrichum* spec., aber auch auf Brennnessel, Weide und Schwarzsenf schmarotzt die nordamerikanische **Gronovius-Seide**, *Cuscuta gronovii*, die zu Ehren des niederländischen Botanikers und Carl von Linné-Förderers Jan Frederik Gronovius (1686–1762) benannt ist. Die Art wurde in der 2. Hälfte des 19. Jahrhunderts in Mitteleuropa eingeschleppt und hatte sich bis Anfang des 20. Jahrhunderts vielerorts etabliert, vor allem an den Flüssen Rhein, Mosel und Main, um dann in der 2. Hälfte des 20. Jahrhunderts aus unbekanntem Grunde wieder seltener zu werden. Neueren Datums sind u. a. Funde in Hessen, Nordrhein-Westfalen, Rheinland-Pfalz und in der Steiermark.

Purpur-Prunkwinde
Ipomoea purpurea
— Windengewächs · Convolvulaceae

Juli–Sep.
giftig

STECKBRIEF Bis zu 3 m hohe, windende Einjährige mit behaarten Stängeln und wechselständigen Blättern. Blattspreite herzförmig, einige Blätter oft auch dreilappig. Blüten 6–10 cm im Ø, Krone blau, purpurn oder violett, oft gestreift. Kelchblätter 8–16 mm lang, abstehend behaart, ohne ausgezogener Spitze. Narbe dreilappig.
VERWECHSLUNG Die Himmelblauen Prunkwinde, *Ipomoea tricolor*, hat kahle Stängel und 2 Narbenlappen.
NUTZUNG/AUSBREITUNG Zierpflanze. Ende des 16. Jahrhunderts in den Niederlanden eingeführt, 1594 wurde sie im Botanischen Garten Leiden kultiviert. 1613 findet sie sich im Hortus Eystettensis aus dem Gebiet angegeben. Ab Mitte des 18. Jahrhunderts sind verschiedene Farbformen bekannt und im 19. Jahrhundert zählt die Purpur-Prunkwinde zu den verbreiteten Zierpflanzen in Mitteleuropa. Tritt gelegentlich verwildert oder durch Gartenauswurf verschleppt auf, verbreitet sich aber auch über südamerikanische Hanfsaaten, die als Vogelfutter genutzt werden.

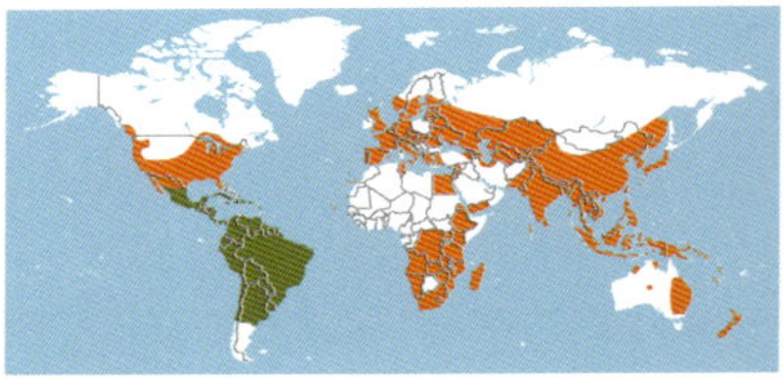

WEITERE ART „Blauer Himmel" wird in der Steiermark die in Mexiko und Mittelamerika beheimatete **Himmelblaue Prunkwinde**, *Ipomoea tricolor*, genannt. Sie wird, obwohl mehrjährig, im Gebiet meist als einjährige Zier-Kletterpflanze gezogen und verwildert daraus sehr selten, so in Bayern, Nordtirol und Südtirol.

Ipomoea purpurea

Ipomoea tricolor

Seiden-Hartriegel
Cornus sericea
— Hartriegelgewächs · Cornaceae

Mai–Juni

STECKBRIEF 1–3 m hoher, zahlreiche wurzelnde Ausläufer bildender Strauch mit weißen, vierzähligen Blüten und weißen Früchten. Äste nicht bereift. Blätter oberseits grün, unterseits filzig-graugrün. Blattspreite eiförmig, 8–20 cm lang, mit 5–7 Blattnervenpaaren. Steinkern der Frucht nicht zugespitzt.

VERWECHSLUNG Der Tataren-Hartriegel, *Cornus alba*, hat ebenfalls weiße Früchte, aber rötliche Äste, die jung bereift sind, 4–10 cm lange Blattspreiten und Steinkerne, die länger als breit sind. Ähnlich auch der heimische Rot-Hartriegel, *Cornus sanguinea*. Dieser hat aber schwarze Früchte, Blätter mit 3–4 Blattnervenpaaren und beiderseits gleichfarbig grüne Blätter.

NUTZUNG/AUSBREITUNG Als Flächenbegrüner und Böschungsfestiger, seltener als Ziergehölz. 1741 nach Europa gekommen und vereinzelt als Ziergehölz für Parkanlagen genutzt. Später aufgrund seiner unterirdischen Ausläufer und seines raschen Wachstums vor allem zur Bodenbefestigung und als Landschaftsgehölz verwendet. Neben dieser vegetativen Vermehrung spielt auch die generative Verbreitung durch Vögel und Säugetiere eine Rolle. Im Gebiet seit Mitte des 19. Jahrhunderts verwildert, lokal auch eingebürgert, mit Verbreitungsschwerpunkten in Nordrhein-Westfalen und Kärnten.

WEITERE ARTEN Der nordostasiatische **Tartaren-Hartriegel**, *Cornus alba*, tritt im Gebiet ebenfalls verwildert auf, wird aber nicht immer vom Seiden-Hartriegel, *Cornus sericea*, unterschieden. Er ist subspontan u. a. aus Baden-Württemberg, Bayern, Nordrhein-Westfalen, Rheinland-Pfalz, Sachsen, Sachsen-Anhalt, Niederösterreich, Oberösterreich, Salzburg, der Steiermark, Bern, Genf, der Waadt und Zürich bekannt.
In Nordamerika und Nordost-Asien ist der **Kanadische Hartriegel**, *Cornus canadensis*, beheimatet, der im Gebiet als Bodendecker kultiviert wird und ganz selten daraus verwildert, so in Bayern. Ein etablierter Bestand in Thüringen geht auf eine Anpflanzung zurück.

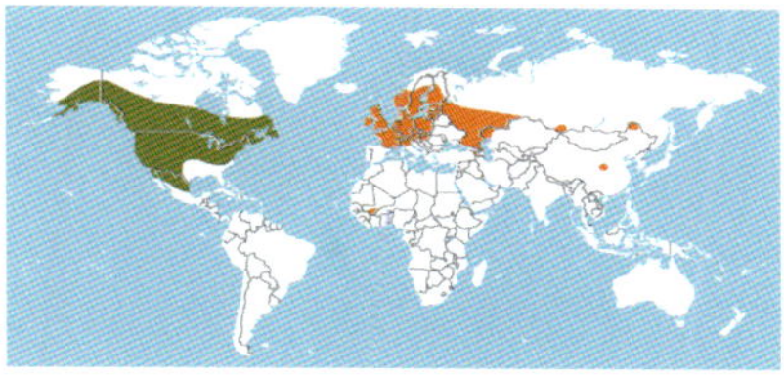

Cornus alba

Cornus sericea

Cornus canadensis

Goldtröpfchen

Chiastophyllum oppositifolium
— Dickblattgewächs · Crassulaceae

Mai–Juni

Chiastophyllum oppositifolium

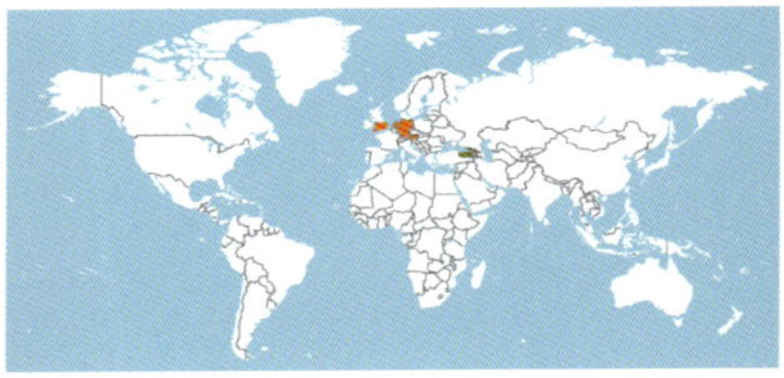

STECKBRIEF 10–25 cm hohe, immergrüne, lockere Büscheln bildende Staude mit kriechenden bis aufsteigenden Stängeln und gegenständigen, fleischigen, rundlichen, kerbzähnigen Blattspreiten. Blüten klein, 3–7 mm lang, gelb, in überhängenden Rispen. Kronblätter 5, in der unteren Hälfte verwachsen. Frucht eine Balgfrucht.
NUTZUNG/AUSBREITUNG Zierstaude. Um das Jahr 1900 in Europa erstmals kultiviert. Gegenwärtig vor allem in Steingärten, zur Dachbegrünung, auf Gräbern, halbschattig gelegenen Mauern und als Bodendecker gepflanzt und ganz vereinzelt daraus verwildernd.

Australisches Nadelkraut

Crassula helmsii
— Dickblattgewächs · Crassulaceae

Juli–Sep.
invasiv

Crassula helmsii

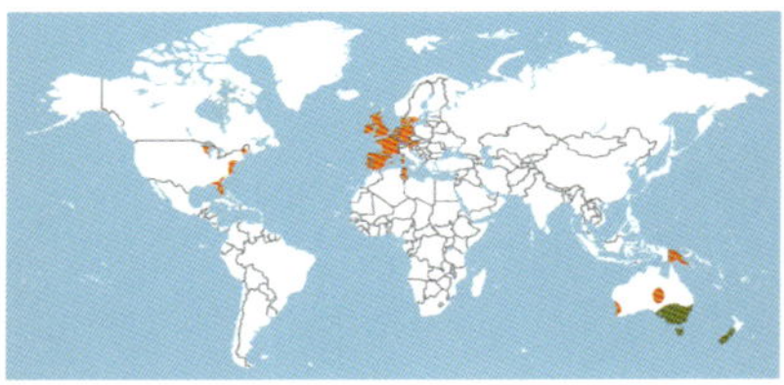

STECKBRIEF Je nach Standortbedingung unterschiedliche Wuchsformen entwickelnde Staude. Pflanzen auf feuchten Böden mit kriechenden bis aufsteigenden Stängeln und sukkulenten Blättern, untergetauchte Pflanzen mit laschen Stängeln und dünnen Blättern. Blätter gegenständig, 4–15 mm lang, an der Basis verwachsen. Kronblätter 4, weiß bis blassrosa, 1,4–2 mm lang. Staubblätter 4, kürzer als die Kronblätter.
NAME Die Art ist zu Ehren des deutschen Botanikers Richard Helms (1842–1914) benannt, der 1858 nach Australien auswanderte. Neben der Nadelkraut-Art tragen auch die Moose *Rhizogonium helmsii*, *Funaria helmsii*, *Lejeunea*

helmsiana und *Radula helmsiana* seinen Namen, sowie zehn Käferarten. Helms publizierte neben botanischen und zoologischen Artikeln auch über Bienenzucht, Weizenbau, Düngung, Bakteriologie und ethnologische Themen.
NUTZUNG/AUSBREITUNG In der Aquaristik und für den Gartenteich. Als Aquarien- und Teichpflanze 1911 aus Tasmanien nach England gekommen, 1923 im Botanischen Garten München kultiviert und seit 1927 im Handel erhältlich. Erste Verwilderungen traten in Europa 1956 auf. Die Anzahl der Fundorte verdoppelte sich alle zwei Jahre. Gegenwärtig sind in England mehr als 1000 Standorte bekannt, der Verkauf der Pflanze ist dort seit dem Jahr 2014 verboten. Im Gebiet 1980 im Wellbachtal im Pfälzerwald erstmals aufgetreten, seitdem vielfach im westlichen Deutschland. In Österreich 2019 erstmals subspontan bei Traiskirchen in Niederösterreich gefunden.

Prächtige Fetthenne
Hylotelephium spectabile
— Dickblattgewächs · Crassulaceae

Aug.–Okt.

STECKBRIEF 30–50 cm hohe, fleischige Staude mit dicken, spindelförmigen Wurzeln und glatten Stängeln. Blätter blaugrün, gegenständig oder dreizählig quirlig, breit-oval, 6–9 cm lang, 3–4,5 cm breit, buchtig gezähnt. Blütenkrone hellrosa, in flachgewölbten, im Ø 10–20 cm breiten Ebensträußen. Kronblätter halblanzettlich, spitz, Staubfäden länger als die Kronblätter.
VERWECHSLUNG Die heimische Purpur-Fetthenne, *Hylotelephium telephium*, hat purpurne bis dunkelrosa Blütenkronen, Staubfäden die höchstens so lang wie die Kronblätter sind und Blütenstände, die im Ø unter 10 cm breit sind. Die Abtrennung der beiden Arten wird erschwert, da es sich bei den kultivierten bzw. verwilderten Pflanzen meist um Hybriden aus *Hylotelephium spectabile* × *H. telephium* handelt.
NUTZUNG/AUSBREITUNG Zierstaude. Um das Jahr 1865 nach Frankreich gekommen, 1868 nach Deutschland. 1955 gelang dem deutschen Gärtner und Pflanzenzüchter Georg Arends die Hybride aus der

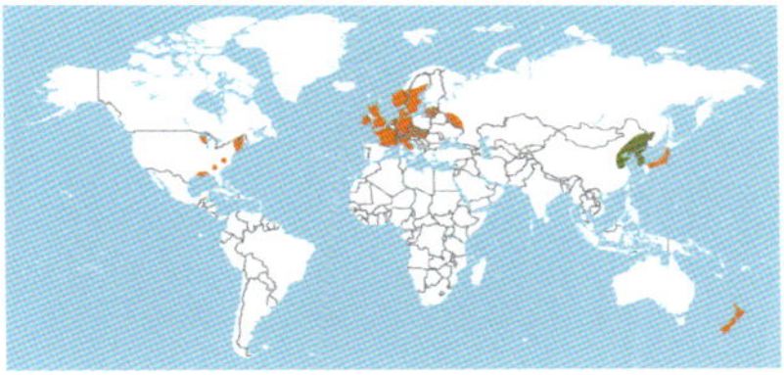

Prächtigen Fetthenne mit der Purpur-Fetthenne, *Hylotelphium telephium,* die als „Herbstfreude" in den Handel gelangte und den Stellenwert der Gattung als Gartenstaude beträchtlich steigerte. Gegenwärtig im Gebiet vereinzelt verschleppt, lokal auch etabliert wie in Basel.
WEITERE ART Die Siebold-Fetthenne, *Hylotelephium sieboldii*, ist in Japan und der chinesischen Provinz Hubei beheimatet und wird gerne als Zierstaude für Steingärten, Friedhöfe und Ampeln genutzt. 1830 erreichte die Pflanze durch den deutschen Arzt, Japanforscher und Botaniker Philipp Franz Balthasar von Siebold (1796–1866) Europa und wurde fortan als Zierstaude gezogen. Selten verwildert oder verschleppt, so in Bayern, Sachsen, Salzburg, Vorarlberg und Wien.

Hylotelephium spectabile

Hylotelephium sieboldii

Sibirische Fetthenne

Phedimus hybridus (Syn.: *Sedum hybridum*)
— Dickblattgewächs · Crassulaceae

Mai–Juni

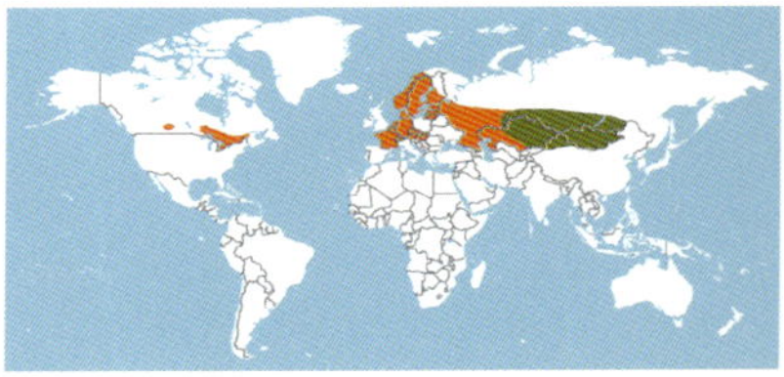

STECKBRIEF 10–20 cm hohe, teppichbildende Staude mit überwinternden vegetativen Sommertrieben. Blätter wechselständig, eilanzettlich bis spatelig, hellgrün, bis 4 cm lang und 1,8 cm breit, gezähnt. Blühtriebe mit kleineren, entfernteren Blättern. Kronblätter gelb, 6–9 mm lang, sternförmig ausgebreitet.

VERWECHSLUNG Die sehr ähnliche Kamtschatka-Fetthenne, *Phedimus kamtschaticus*, und die Gelbgrüne Fetthenne, *Phedimus ellacombeanus*, unterscheiden sich u. a. durch den Blattverlust im Winter. Die Kamtschatka-Fetthenne, *Phedimus kamtschaticus*, hat wenig gezähnte Blätter und wird meist in der buntblättrigen Form 'Variegatum' kultiviert.

NUTZUNG/AUSBREITUNG Zierstaude für Tröge und Steingärten, als Bodendecker und zur Flachdachbegrünung. In Europa seit 1769 in Kultur bekannt, vor allem in der Sorte 'Immergrünchen' im Gartenhandel. Im Gebiet vor allem im städtischen Bereich selten verwildert oder verschleppt.

WEITERE ARTEN Vom westlichen Sibirien bis Japan ist die **Deckblatt-Fetthenne**, *Phedimus aizoon*, beheimatet, die als Zierstaude kultiviert wird und vereinzelt verwildert, so in Baden-Württemberg, Bayern, Nordrhein-Westfalen, Thüringen, Oberösterreich und in Osttirol.

Die aus Japan und Korea stammende **Gelbgrüne Fetthenne**, *Phedimus ellacombeanus*, konnte vielfach im Ruhrgebiet und im Aachener Raum in Nordrhein-Westfalen verwildert beobachtet werden, weiters in Niederösterreich, Oberösterreich und in der Steiermark.

Häufig als Gartenzierstaude genutzt wird die in Nordost-China beheimatete **Schantung-Fetthenne**, *Phedimus florifer*. Verwildert u. a. in Bayern.

Phedimus hybridus

Phedimus aizoon

Phedimus ellacombeanus

Ebenfalls ostasiatischer Herkunft ist die seit etwa 1850 als Gartenstaude kultivierte **Kamtschatka-Fetthenne**, *Phedimus kamtschaticus*, die gelegentlich verwildert, so in Baden-Württemberg, Bayern, Brandenburg, Niedersachsen, Nordrhein-Westfalen, Sachsen, Oberösterreich, Salzburg, in der Steiermark und in Wien.

Phedimus florifer

Phedimus kamtschaticus 'Variegatum'

Kaukasus-Fetthenne

Phedimus spurius (Syn.: *Sedum spurium*)
— Dickblattgewächs · Crassulaceae

Juni–Aug.
invasiv

STECKBRIEF Kriechende, 5–20 cm hohe Staude mit doldenartigen Blütenständen und flachen, fleischigen, gegenständig angeordneten Blättern. Stängel kriechend, nur die Blühtriebe aufsteigend. Sterile Triebe deutlich kürzer als die blühenden. Blätter 15–30 mm lang, verkehrt-eiförmig, am Grund keilig, zur Spitze hin gekerbt bis gezähnt. Krone purpurrosa, selten weiß, Kronblätter 10–12 mm lang, schmal-lanzettlich, zugespitzt.

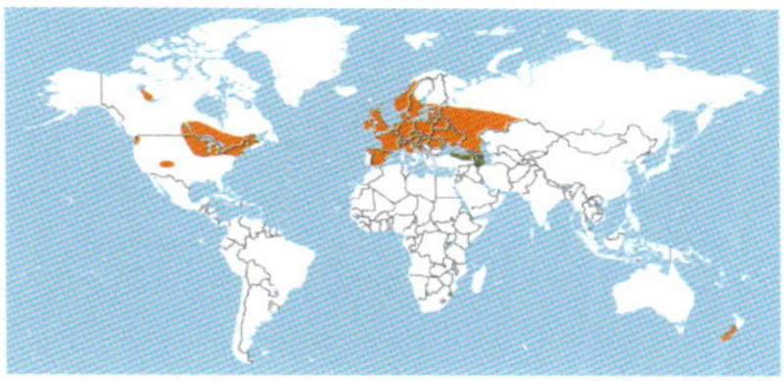

Phedimus spurius

VERWECHSLUNG Die Ausläufer-Fetthenne, *Phedimus stolonifer*, wurzelt oft an den Knoten, hat lockere Blütenstände und hellrosa oder weiße, 6–8 mm lange Kronblätter.

NUTZUNG/AUSBREITUNG Zierpflanze, besonders für Dachbegrünungen, Gräber, Böschungen, Einfassungen, Rasengittersteinen auf Hängen und Trogbepflanzungen.

Phedimus stolonifer

Bereits dem deutschen Botaniker Johann Christian Buxbaum (1693–1730) war die Pflanze von seinen botanischen Reisen durch den Vorderen Orient bekannt. Doch erst 80 Jahre später erfolgte die Wiederentdeckung durch Friedrich August Freiherr Marschall von Bieberstein (1768–1826), der sie auch erstmals gültig beschrieb. Anfang des 19. Jahrhunderts gelangte die Art in die Botanischen Gärten Europas und wurde bald als anspruchslose Garten- und Friedhofpflanze kultiviert. 1808 im Botanischen Garten Berlin vorhanden und ab 1817 als Zierpflanze gehandelt. Im Gebiet seit spätestens 1869 verwildert auftretend, gegenwärtig weit verbreitet und lokal eingebürgert. Abgerissene Pflanzen können sich leicht bewurzeln und neue Bestände bilden.

WEITERE ART Die ebenfalls aus dem Kaukasusgebiet stammende **Ausläufer-Fetthenne**, *Phedimus stolonifer*, tritt im Gebiet zerstreut auf, so in Bayern, Hessen, Oberösterreich, Salzburg, in der Steiermark, in Bern, Genf, Graubünden, Schwyz, in der Waadt, im Tessin und in Zürich.

Ausläufer-Mauerpfeffer
Sedum sarmentosum
— Dickblattgewächs · Crassulaceae

Mai–Juni

STECKBRIEF 3–15 cm hohe, immergrüne Ausdauernde mit kriechenden Stängeln und oberirdischen Ausläufern. Blätter flach, in dreizähligen Quirlen, lanzettlich, sitzend, ganzrandig, ca. 1,5 cm lang. Blütenstand verzweigt, wenigblütig. Blüten fünfzählig. Kronblätter gelb, etwa doppelt so lang wie die spitzen Kelchblätter.

NUTZUNG/AUSBREITUNG Zierpflanze. In Europa seit etwa 1835 in Kultur. Gegenwärtig besonders auf Mauern, Schuttstellen, Kieswegen und im Bahnschotter verwildert, lokal auch eingebürgert wie im südlichen Tessin.

WEITERE ARTEN Einjährig ist der im Mittelmeergebiet und in Kleinasien beheimatete **Rasige Mauerpfeffer**, *Sedum caespitosum*, der vereinzelt verschleppt auftritt, so in Bayern.

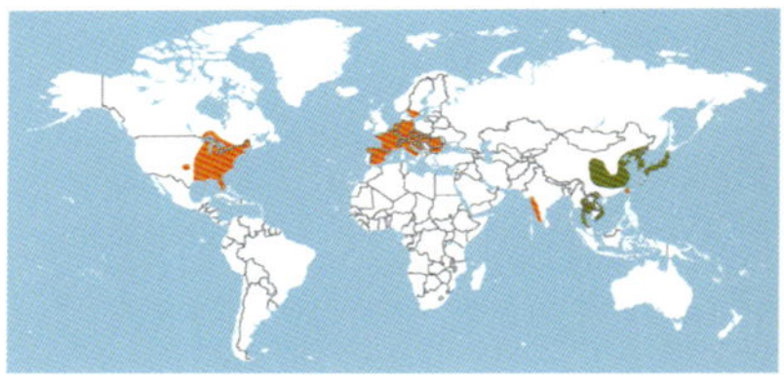

Mehrjährig wiederum der anatolische **Lydische Mauerpfeffer**, *Sedum lydium*, der vereinzelt verwildert auftritt, so in Nordrhein-Westfalen.

Vom südöstlichen Bulgarien über die nördliche Hälfte der Türkei bis in den Kaukasus ist der **Bleiche Mauerpfeffer**, *Sedum pallidum*, beheimatet, der selten für Gräber und zur Dachbegrünung kultiviert wird und vereinzelt verwildert, so in Brandenburg, Hamburg, Nordrhein-Westfalen, Schleswig-Holstein und Oberösterreich.

Sedum sarmentosum

Sedum pallidum

Sedum caespitosum

Sedum lydium

Garten-Kürbis

Cucurbita pepo
—Kürbisgewächs · Cucurbitaceae

Juni–Aug.
essbar

STECKBRIEF Bis 8 m lang kriechende oder kletternde, einhäusige Einjährige mit großen, herzförmigen, handförmig gelappten, behaarten Blattspreiten, verzweigten, meist dreizähligen Ranken und großen, goldgelben Blütenkronen mit einem Ø von 7–12 cm. Kronröhre der männlichen Blüten becherförmig und eingeschnürt. Frucht eine große, gelbe bis orangefarbene Beere. Fruchtstiel eckig, hart. Samen blassgelb bis braun, 7–15 mm lang. Blütezeit Juni bis August.

VERWECHSLUNG Der Riesen-Kürbis, *Cucurbita maxima*, hat ± stielrunde Fruchtstiele, kaum gelappte Blattspreiten und weiße, 20–30 mm lange Samen. Die Zucker-Melone, *Cucumis melo*, hat unverzweigte, korkenzieherartige Ranken.

NUTZUNG/AUSBREITUNG Öl-, Futter-, Gemüse-, Zier- und Volksarzneipflanze. Als Stammform des Garten-Kürbisses gilt der texanische Wildkürbis *Cucurbita texana* aus Nordost-Mexiko und den südöstlichen USA. Möglicherweise erstreckt sich das ursprüngliche Gebiet der Art aber südlich bis Peru. Archäologische Funde aus Mexiko weisen auf eine Kultivierung kleinsamiger Kürbis-Formen um 6000 v. Chr. hin. Anfang des 16. Jahrhunderts gelangten die ersten Garten-Kürbissamen nach Europa, ins Gebiet dann Mitte des 16. Jahrhunderts.
Gegenwärtig häufig kultiviert und immer wieder vorübergehend verwildert oder verschleppt, und zwar sowohl der

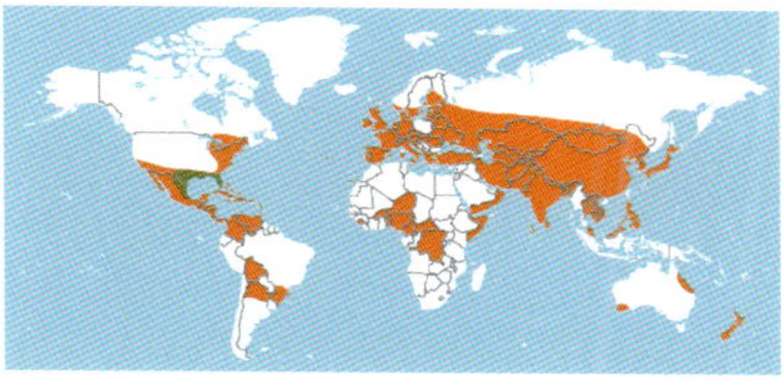

Cucurbita pepo

Cucurbita ficifolia

Cucurbita maxima

Lagenaria siceraria

Öl-Kürbis, *Cucurbita pepo* var. *styriaca*, der Lieferant des Kürbiskernöls und der Knabberkerne, als auch der Zier-Kürbis, *Cucurbita pepo* var. *microcarpina* und die Zucchini, *Cucurbita pepo* var. *giromontiina*.

WEITERE ARTEN Vor allem als gurkenblattwelke-resistente Pfropfunterlage wird der von Mexiko bis Chile beheimatete **Feigenblättrige Kürbis**, *Cucurbita ficifolia*, genutzt. Sehr selten findet er sich verwildert, so in Bayern, Mecklenburg-Vorpommern, Nordrhein-Westfalen, Rheinland-Pfalz, Sachsen, Wien und Südtirol.

Der im Gebiet seit dem 16. Jahrhundert in Kultur befindliche südamerikanische **Riesen-Kürbis**, *Cucurbita maxima*, wird ebenso als Gemüse-, Futter-, Öl-, Volksarznei- und Zierpflanze kultiviert und verwildert immer wieder, so in Baden-Württemberg, Bayern, Berlin, Sachsen, Salzburg, in der Steiermark, in Osttirol, Vorarlberg, Wien, Basel-Land, Bern, Genf, Glarus, Solothurn, im Tessin, in der Waadt und in Zürich.

Die aus dem tropischen Afrika stammende, im Gebiet erst seit dem 19. Jahrhundert in Kultur befindliche **Wassermelone**, *Citrullus lanatus*, wird oftmals als Obstpflanze kultiviert und auch sie verwildert immer wieder, so in Baden-Württemberg, Bayern, Brandenburg, Hamburg, Niedersachsen, Nordrhein-Westfalen, Sachsen, Sachsen-

Citrullus lanatus

Cucumis melo

Anhalt, Niederösterreich, Oberösterreich, Salzburg, Vorarlberg, Luzern, Schaffhausen, im Tessin und in der Waadt. Von der Bahnstation München-Thalkirchen bereits 1876 belegt.
Seltener und im Gebiet seit dem Mittelalter, vereinzelt vielleicht auch schon zur Römerzeit, wird die tropische **Zuckermelone**, *Cucumis melo*, als Obstpflanze kultiviert. Sie verwildert auch seltener, so etwa in Bayern, Berlin, Niedersachsen, Sachsen, Kärnten, Niederösterreich, Oberösterreich, Wien und im Tessin.
Ebenfalls sehr selten, obwohl häufig als Gemüsepflanze kultiviert, verwildert die aus Indien (?) stammende, im Gebiet seit dem frühen Mittelalter kultivierte **Gurke**, *Cucumis sativus*, die vereinzelt und unbeständig im gesamten Gebiet auftritt.
Der **Flaschenkürbis**, *Lagenaria siceraria* (linke Seite), stammt wahrscheinlich aus dem tropischen Afrika, möglicherweise auch aus dem tropischen Asien. Er zählt zu den ältesten Kulturpflanzen der Erde und ist heute pantropisch verbreitet. Im Gebiet wird die Pflanze vor allem aufgrund ihrer dekorativen Früchte gezogen, die u. a. als Gefäße oder Weinheber Gebrauch finden. Verwilderungen werden selten gemeldet, so aus Baden-Württemberg, Bayern und Hessen.

Cucumis sativus

Igelgurke
Echinocystis lobata
— Kürbisgewächs · Cucurbitaceae

Juli–Sep.

Echinocystis lobata

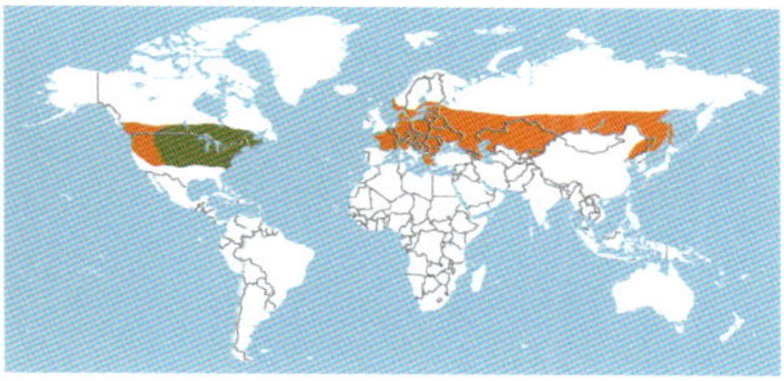

STECKBRIEF Bis zu 8 m hoch oder weit rankende, einjährige Kletterpflanze mit weiblichen und männlichen Blüten auf einer Pflanze, aber getrennten Blütenständen. Stängel kantig gefurcht, fast kahl, oberwärts stark verzweigt. Blätter lang gestielt, mit handförmig 5-fach gelappter Spreite und herzförmigem Blattgrund. Blattlappen schmal dreieckig, haarfein zugespitzt. Blattrand kurz behaart, die Oberseite rau. Blüten 6-zählig (als Eigenheit unter den Kürbisgewächsen). Frucht eiförmig, 2–5 cm lang, stark bewehrt.

NUTZUNG/AUSBREITUNG Gelegentlich als Zierpflanze und für die Blumenbinderei. 1863 als Zierpflanze in Deutschland eingeführt. 1906 erstmals subspontan gefunden und um 1920 ziemlich zeitgleich zwischen Bad Kösen und Naumburg im Saalegebiet, bei Fürstenfeld in der Steiermark und bei Pruntrut im Kanton Jura verwildert aufgetreten. Gegenwärtig im Gebiet mit Verbreitungsschwerpunkt im Osten. Die Ausbreitung erfolgt durch die auf dem Wasser schwimmenden, innen schwammigen Früchte, wahrscheinlich auch durch Tierverbreitung.

Haargurke
Sicyos angulatus
— Kürbisgewächs · Cucurbitaceae

Juli–Sep.

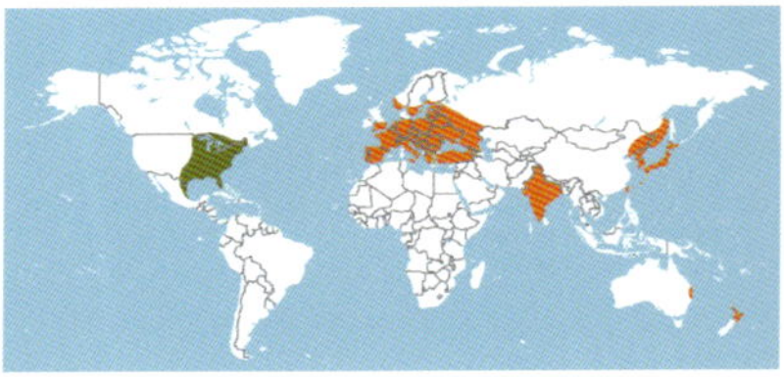

STECKBRIEF Bis 6 m lange, einjährige, krautige und einhäusige Kletterpflanze mit borstig behaartem Stängel und mehrteiligen Ranken. Blätter fünfeckig oder fünflappig mit herzförmigem Grund. Männliche Blüten etwa 10–12 mm groß, die weiblichen kleiner, grünlich und kopfig gehäuft. Früchte klein, stachelig, etwa 10–15 mm im Ø, mit immer nur einem Samen.

NUTZUNG/AUSBREITUNG Kletterpflanze. Seit der zweiten Hälfte des 18. Jahrhunderts im Gebiet in Kultur. 1779 war die Haargurke im Angebot der Hamburger Handelsgärtnerei Buek vertreten, im 19. Jahrhundert aufgrund ihres raschen Wuchses in den Gärten weithin verbreitet. Die ersten Nachweise von Verwilderungen gehen auf Anfang des 19. Jahrhunderts zurück, wo die Art im heutigen Südpolen und der westlichen Ukraine nachgewiesen wurde.

Alte Gartenberichte zeigen, dass *Sicyos angulatus* ein Gartenflüchtling ist und ursprünglich durch die Verwendung in Gärten zur Bekleidung von Lauben in die Region gekommen sein muss. Die ersten Nachweise von Verwilderungen im Gebiet finden sich 1835 bei Magdeburg in Sachsen-Anhalt, 1859 bei Weikersdorf in Niederösterreich und 2010 im Tessin. Unbeabsichtigt eingeschleppt wurde sie auch über Vogelfutter und durch verunreinigtes Saatgut, sowie Getreide- und Sojabohnenlieferungen.

Gegenwärtig vor allem in ruderalen Gebüschsäumen und in Mais- und Sojaäckern auftretend. Die Früchte werden durch Säugetiere und Vögel verschleppt, die Samen zudem durch Wasser verbreitet. Einzelne Exemplare können mehr als 10.000 Früchte bilden. Die Art benötigt für die Keimung und das Wachstum viel Wärme und Feuchtigkeit. Das Keimtemperaturoptimum liegt bei 20–30 °C. Die potenziellen Verbreitungsgebiete beschränken sich daher insbesondere auf die warmen und humiden Tieflagen des Gebiets, dort aber lokal eingebürgert, wie an der Thaya in Niederösterreich.

WEITERE ART Mediterranen Ursprungs ist die seit dem Mittelalter im Gebiet als Zier- und ehemalige Arzneipflanze gezogene **Spritzgurke**, *Ecballium elaterium*, die im Gebiet ganz vereinzelt eingeschleppt auftritt, so in Baden-Württemberg, Bayern, Hamburg, Sachsen, in der Steiermark, in Wien, Freiburg, Genf, Uri und Liechtenstein.

Sicyos angulatus

Ecballium elaterium

Quetschgurke
Thladiantha dubia
— Kürbisgewächs · Cucurbitaceae

Mai–Aug.

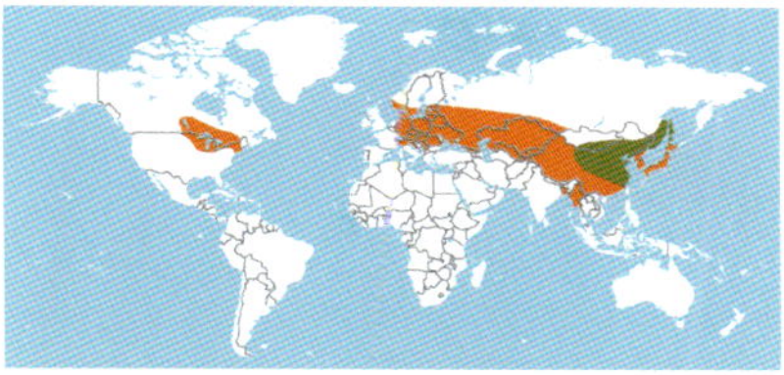

STECKBRIEF Bis 4 m hochrankende oder weit kriechende, zweihäusige Ausdauernde. Grundachsen mit kartoffelähnlichen Wurzelknollen. Ranken einfach, wie die Blätter weichhaarig. Blattspreiten im Umriss breit-oval, am Grund herzförmig, vorne zugespitzt, gekerbt. Blüten einzeln in den Blattachseln. Kelch fünfteilig, mit lineal-lanzettlichen, zurückgekrümmten Lappen. Krone glockig, gelb, tief fünfteilig, mit zurückgerolltem Saum. Frucht (im Gebiet kaum fruchtend, siehe unten) länglich-eiförmig, bis 5 cm lang, behaart, fleischig, im Reifezustand dunkelrot.
NUTZUNG/AUSBREITUNG Zierpflanze. 1831 entdeckte der deutsch-russische Botaniker Alexander von Bunge (1803–1890) auf einer Forschungsreise durch das nördliche China die Pflanze. Zuerst kam die Art in den Botanischen Garten Moskau, 1868 scheint sie auch im Inventar des Berliner Botanischen Gartens auf. Erste Verwilderungen sind 1884 aus Berlin und 1898 aus Schwerin bekannt. Gegenwärtig im Gebiet sehr zerstreut verschleppt auftretend. Durch Gartenaushub und Erdtransporte gelangt die Quetschgurke auf meist anthropogen beeinflusste Standorte.
Die relativ geringe Zahl an Verwilderungsmeldungen ist wohl darauf zurückzuführen, dass fast nur männliche Pflanzen beobachtet wurden, als Verbreitungseinrichtung also nur die Wurzelknollen und keine Samen zur Verfügung stehen. Die Art findet vor allem in Maisäckern zusagende Standorte.

Thladiantha dubia

Lawson-Scheinzypresse
Chamaecyparis lawsoniana
— Zypressengewächs · Cupressaceae

April
giftig

Chamaecyparis lawsoniana

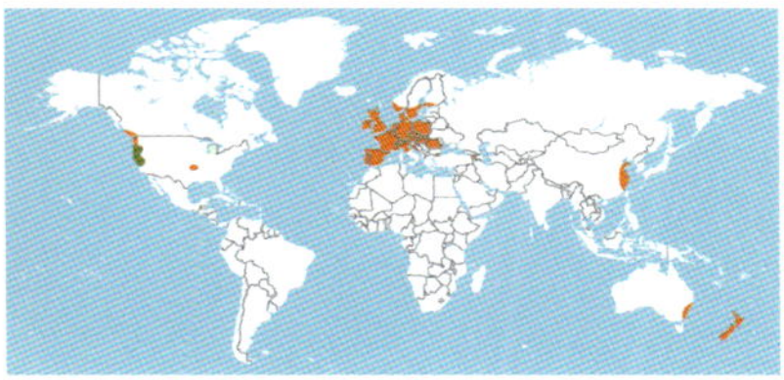

STECKBRIEF Bis 20 m hoher Baum mit kegelförmiger bis breit-säulenförmiger Krone und nickendem, peitschenförmig überhängendem Wipfeltrieb. Blattschuppen flach, stumpflich bis spitz mit einer ± deutlichen Längsfurche. Blattschuppen der Zweigunterseite mit teilweise verschwommenen weißen Linien. Zäpfchen kugelig,

ca. 1 cm im Ø, mit schildförmigen, höckerigen, mit den Rändern zuerst aneinander liegenden, später sich trennenden holzigen Schuppen.
VERWECHSLUNG Die Sawara-Scheinzypresse, *Chamaecyparis pisifera*, hat scharf zugespitzte Blattschuppen.
NAME Benannt zu Ehren des schottischen Gärtners und Pflanzenhändlers Charles Lawson of Borthwick Hall (1795–1873), der 1854 Samen von Port Orford in Oregon bekam und die Art in Edinburgh erstmals in Europa kultivierte. Andere Quellen nennen den schottisch-kanadischen Botaniker George Lawson (1827–1895) als Namengeber, der 1854 in Edinburgh die ersten dieser Scheinzypressen in Europa zog. Die Samen erhielt er von William Murray aus Kalifornien.
NUTZUNG/AUSBREITUNG Ziergehölz, vereinzelt auch im Forst genutzt. In vielen verschiedenen Sorten häufig verwendetes Zier- und Heckengehölz, selten verwildert.
WEITERE ART Die aus Japan stammende Sawara-Scheinzypresse, *Chamaecyparis pisifera*, wird oft als Zierpflanze genutzt und verwildert gelegentlich, so etwa in Baden-Württemberg, Berlin, Nordrhein-Westfalen, Oberösterreich, Salzburg und Wien.

Chamaecyparis pisifera

Morgenländischer Lebensbaum

Platycladus orientalis (Syn.: *Thuja orientalis*)
— Zypressengewächs · Cupressaceae

April–Mai
giftig

Platycladus orientalis

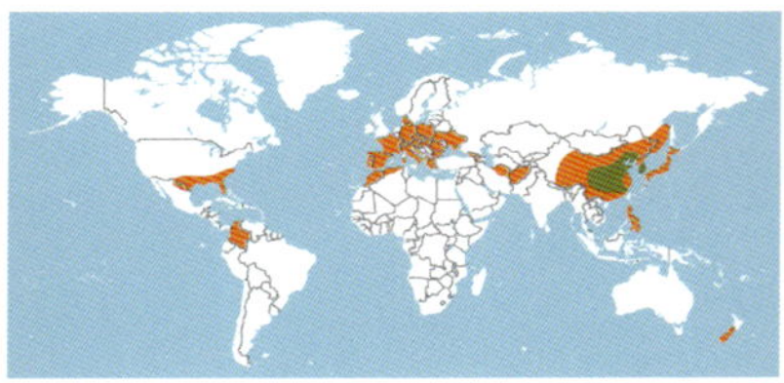

STECKBRIEF Bis 15 m hoher, immergrüner, ein- oder mehrstämmiger, strauchig wachsender Baum mit kegelförmiger, dichter Krone. Zweige aufrecht, auf beiden Seiten von gleicher Farbe, die flachen Blattschuppen mit einer Längsfurche. Blüten unscheinbar, eingeschlechtig, einhäusig verteilt. Zäpfchen 10–15 mm lang, mit dickfleischigen, in der Jugend bläulich bereiften, zuletzt ± holzigen Schuppen, diese mit einer nach außen gebogenen, hakigen Spitze. Zweige beim Zerreiben wenig aromatisch riechend.
VERWECHSLUNG Der Abendländische Lebensbaum, *Thuja occidentalis*, hat waagrecht ausgebreitete Zweige mit oberseits dunkelgrüner Farbe, unterseits deutlich heller. Zäpfchen sich dachziegelig deckend, ohne hakiger Spitze. Zweige beim Zerreiben stark aromatisch riechend.
NUTZUNG/AUSBREITUNG Zier- und Heckengehölz. Um etwa 1690 nach Europa gekommen und hier in zahlreichen Sorten kultiviert. An Felsstandorten, vor allem Felswänden und auf anthropogen geschaffenen Mauer- und Schotterstandorten auch verwildert bis lokal eingebürgert, wie etwa bei Weinheim in Baden-Württemberg, Peggauer Wand in der Steiermark und im Kanton Neuenburg.

WEITERE ARTEN Auch der nordamerikanische **Abendländische Lebensbaum**, *Thuja occidentalis*, der um 1536 aus Kanada nach Frankreich kam, wird in mehreren Sorten kultiviert und findet sich selten verwildert bis eingebürgert, so in Bayern, Berlin, Hamburg, Hessen, Nordrhein-Westfalen, Niederösterreich, Oberösterreich, Salzburg, in der Steiermark, in Nordtirol, Wien, Südtirol, Basel-Land, Bern, Freiburg, Genf, St. Gallen, im Tessin, in der Waadt, im Wallis, in Zürich und Liechtenstein.

Im westlichen Nordamerika ist der **Riesen-Lebensbaum**, *Thuja plicata*, beheimatet, der vor allem in Parkanlagen als Zierbaum, versuchsweise auch als Forstbaum kultiviert wird und der vereinzelt verwildert, so in Baden-Württemberg, Berlin, Hamburg, Hessen, Niedersachsen, Nordrhein-Westfalen, Niederösterreich, Oberösterreich, Salzburg, in der Steiermark, in Wien, im Aargau, in Bern, Freiburg, Genf, Neuenburg, Schaffhausen, Solothurn, im Tessin, in der Waadt und in Zürich.

Thuja occidentalis

Thuja plicata

Morgenstern-Segge
Carex grayi
— Riedgras · Cyperaceae

Mai–Juni

STECKBRIEF 30–70 cm hohe, horstbildende Staude. Blätter 0,6–1,8 cm breit. Blütenähren kopfig, kurzgestielt. Früchte von blasigen, spitz zulaufenden Hüllen umgeben und damit dem Fruchtstand die typische Form eines Morgensterns gebend.
NAME Benannt zu Ehren des US-amerikanischen Botanikers Asa Gray (1810–1888), einem Freund von Charles Darwin. Gray beschrieb u. a. das Galaxblättrige Winterblatt, *Shortia galacifolia*, das er in einem Herbar in Paris

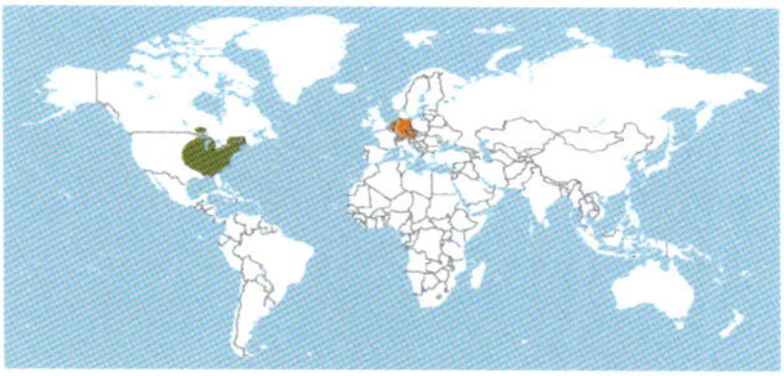

Carex grayi

Carex muskingumensis

entdeckte. Er suchte nach einer lebenden Pflanze dieser Art fast 40 Jahre, bis ihm 1877 ein Jugendlicher aus North Carolina ein Exemplar brachte.

NUTZUNG/AUSBREITUNG Zierpflanze. Vereinzelt aus Gärten und öffentlichen Grünanlagen verwildert, in der Vorderpfalz lokal am Weg zur Etablierung, ebenso bei Plank am Kamp in Niederösterreich.

WEITERE ART Die im westlichen Nordamerika beheimatete **Palmwedel-Segge**, *Carex muskingumensis*, wird neuerdings vermehrt als Gartenzierstaude eingesetzt und verwildert vereinzelt, so in Baden-Württemberg, Bayern, Hessen, Niedersachsen, Nordrhein-Westfalen, bei Kesten und Wintrich in Rheinland-Pfalz und bei Klitten und Bautzen in Sachsen.

Fuchsartige Segge
Carex vulpinoidea
— Riedgras · Cyperaceae

Mai–Juni

Carex vulpinoidea

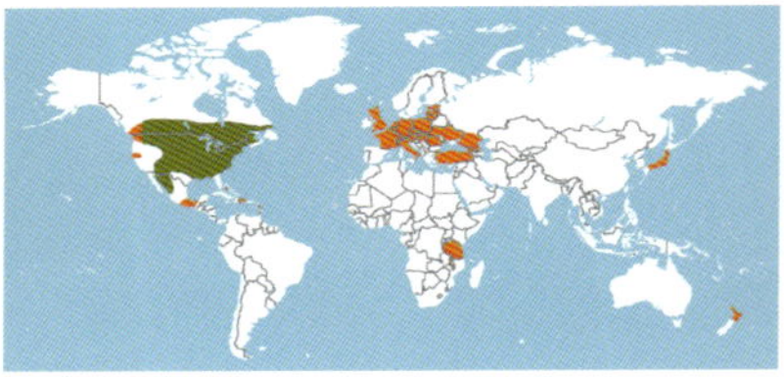

STECKBRIEF 20–100 cm hohe Staude mit rauen, dreikantigen, nicht geflügelten Stängeln. Blätter 2–6 mm breit, flach, länger als der Stängel. Blütenstand zylindrisch, 2–15 cm lang und 0,5–1 cm dick, mit zahlreichen, meist dicht stehenden Ährchen, diese unten weiblich, oben männlich. Narben 2, Hochblätter bis 5 cm lang. Deckblätter abrupt in eine sehr lange, grannenartige Spitze verschmälert. Fruchtschläuche gelbbraun, matt, plötzlich in den Schnabel verschmälert, 2–2,5 mm lang.

VERWECHSLUNG Bei der heimischen Fuchs-Segge, *Carex vulpina*, laufen die Deckblätter nicht in eine grannenartige Spitze aus, die Fruchtschläuche sind 2,5–6 mm lang.

NUTZUNG/AUSBREITUNG Keine. Wahrscheinlich mit Saatgut und Wolle eingeschleppt. Selten kultiviert, so 1897 im Stadtgarten Karlsruhe in Baden-Württemberg. Gegenwärtig vereinzelt im Gebiet, lokal auch eingebürgert.

Erdmandel
Cyperus esculentus
— Riedgras · Cyperaceae

Juli–Sep.
essbar

STECKBRIEF 20–80 cm hohe Staude mit Ausläufern, an deren Enden sich knollige Verdickungen mit einem Ø von 6–15 mm befinden. Blätter 5–10 mm breit, gekielt, hellgrün, kürzer als der Stängel. Blütenstand mit zahlreichen Hochblättern, Ähren bis 10 cm lang. Ährchen mit am Rücken gerundeten, gelblich-braunen, konkaven Spelzen mit deutlichen Nerven.

NUTZUNG/AUSBREITUNG Die Varietät *sativus* wird aufgrund der fettreichen Sprossknöllchen als Nahrungspflanze kultiviert. Diese werden als Knabberei oder zur Verarbeitung zu Getränken genutzt. Auch im Gartenhandel vorhanden.

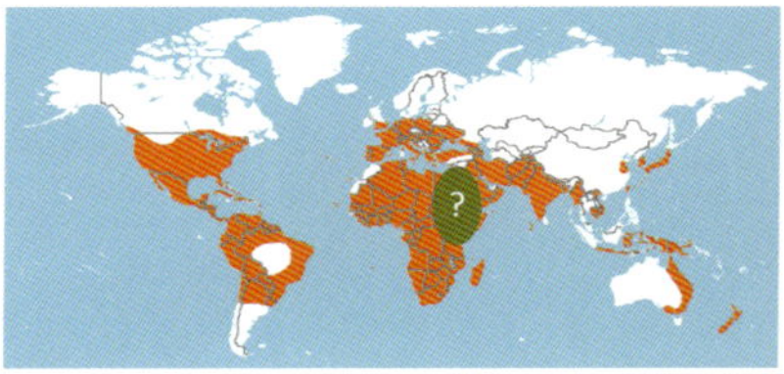

Bereits im Neolithikum in den Mittelmeerländern kultiviert und im 16. Jahrhundert über Frankreich nach

Cyperus esculentus

Deutschland gelangt, wo sie bereits 1561 als nicht selten beschrieben wurde. Wahrscheinlich gilt dies der Varietät *sativus*. Die heutigen Vorkommen gehen zum Teil auf Einschleppungen mit Gladiolenzwiebeln zurück. Besonders in den Niederlanden stellte die Erdmandel Ende des vergangenen Jahrhunderts in der Landwirtschaft ein Problem dar. 1985 waren dort 759 Felder betroffen. Die erheblichen Ertragseinbußen hatten strenge Quarantäneauflagen zur Folge wie etwa Vernichtung von Ernte- und Vermehrungsgut und Behandlung der Erdmandel-Flächen mit Herbiziden.
Durch die in Mitteleuropa überwiegend vegetative Vermehrung und die Verschleppung durch landwirtschaftliche Tätigkeiten verbreitet sich die Art. Auch die generative Vermehrung über Samen trägt nicht unwesentlich zur

Cyperus eragrostis

Ausbreitung bei. Subspontan ist die Erdmandel im Gebiet erstmals 1976 im Kinzigtal in Baden-Württemberg beobachtet worden.
WEITERE ART Das neotropische **Liebesgras-Zypergras**, *Cyperus eragrostis*, wurde in Europa erstmals 1840 nachgewiesen, in Deutschland 1854 aus Hamburg. Gegenwärtig im Gebiet selten, so in Baden-Württemberg, Bayern, Berlin, Hessen, Hamburg, Niedersachsen, Nordrhein-Westfalen, Rheinland-Pfalz, Sachsen-Anhalt, Wien, Bern, Genf, St. Gallen, im Tessin, in der Waadt und in Zürich.

Großer Schuppenkopf
Cephalaria gigantea
— Kardengewächs · Dipsacaceae

Juli–Aug.

Cephalaria gigantea

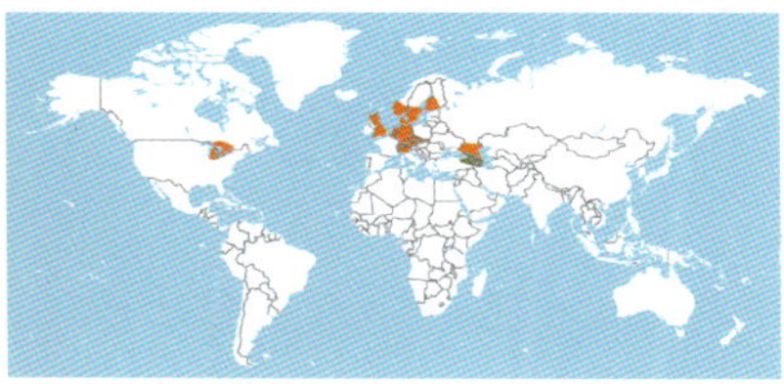

STECKBRIEF Bis 2,5 m hohe, unten behaarte, oben ziemlich kahle Staude. Stängel robust, gerillt, sparrig verzweigt. Blätter fiederschnittig, mit 4–6 Fiederpaaren. Blütenköpfe bis 5 cm im Ø, hellgelb, mit strahligen Randblüten.
VERWECHSLUNG Beim westalpischen Alpen-Schuppenkopf, *Cephalaria alpina*, sind die strahligen Randblüten nur rudimentär ausgebildet oder fehlen ganz.

NUTZUNG/AUSBREITUNG Zierpflanze. Selten als langlebige Zierstaude verwendet, verwildert aus diesen Pflanzungen aber leicht und findet sich so verhältnismäßig oft subspontan. Im Gartenhandel oft unter dem alten Namen *Cephalaria tatarica* geführt.
WEITERE ART Ursprünglich südosteuropäisch ist der **Siebenbürger Schuppenkopf**, *Cephalaria transsylvanica*, der im pannonischen Gebiet Österreichs lokal verwildert bis eingebürgert vorkommt, vereinzelt aber auch in Baden-Württemberg, wie früher bei Burgholzhof, am Südbahnhof München und im Winterhafen Regensburg in Bayern, in Hamburg und bei Tilleda am Kyffhäuser in Sachsen-Anhalt.

Cephalaria transsylvanica

Schlanke Karde
Dipsacus strigosus
— Kardengewächs · Dipsacaceae

Juli–Sep.

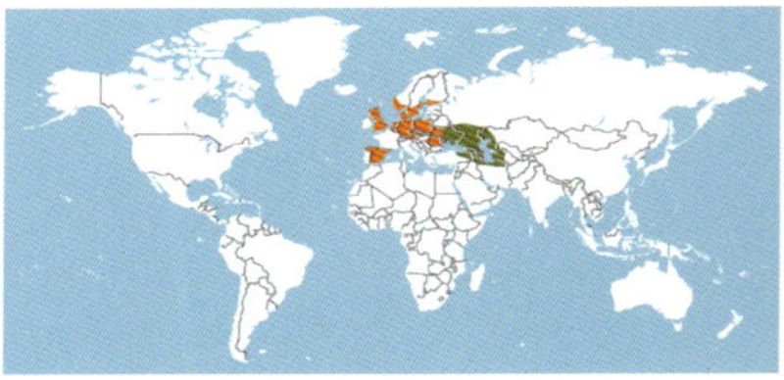

STECKBRIEF 80–220 cm hohe Zweijährige mit zerstreut kurzstacheligen Stängeln. Stängelblätter gestielt, nicht verwachsen, ungeteilt oder am Grund mit 2 Fiederblättchen. Blütenköpfe kugelig, 3–4 cm im Ø, Hüllblätter kurz. Blüten blassgelb, Staubbeutel meist ebenfalls blassgelb. Spreublätter 15–20 mm lang, die Blüten überragend, nur auf dem Rücken, nicht an der Spitze bewimpert.
VERWECHSLUNG Die ähnliche Borsten-Karde, *Dipsacus pilosus*, hat weiße Blüten und 8–13 mm lange Spreublätter, die die Blüten kaum überragen und die auch an der Spitze borstig bewimpert sind. Die Blütenstände sind 1,5–2 cm im Ø.
NUTZUNG/AUSBREITUNG Keine. *Dipsacus strigosus* wurde Ende des 18. Jahrhunderts vom deutsch-russischen Gelehrten Peter Simon von Pallas (1741–1811) als eigenständige Art erkannt. Er unternahm im Dienste der Zarin Katharina II. zahlreiche Forschungsreisen und sammelte die Art bei Ghilan am Südwestufer des Kaspischen

Dipsacus strigosus

Dipsacus sativus

Meeres. Aus dem Gebiet ist die Pflanze seit dem Jahr 1835 subspontan bekannt, wo sie erstmals im heutigen Stadtgebiet von München gefunden wurde. Vermutlich ist sie mit Importen aus dem Schwarzmeerraum oder von Botanischen Gärten aus ins Gebiet gelangt. Auch Begrünungsansaaten werden als Ausbreitungsursache angegeben. Gegenwärtig vielerorts verwildert, lokal auch eingebürgert mit zunehmender Ausbreitungstendenz.

WEITERE ART Die Weber-Karde, *Dipsacus sativus*, wurde früher zum Kardätschen, also zum Aufrauen von Wollgeweben genutzt, heute gelegentlich für die Trockenfloristik und als Arzneipflanze kultiviert. Sie dürfte der *Dipsacus ferox* oder *D. fullonum* entstammen und findet sich im Gebiet immer wieder verwildert, so in Baden-Württemberg, Bayern, Mecklenburg-Vorpommern, Sachsen, Nordtirol, Vorarlberg und Wien.

Mazedonische Witwenblume
Knautia macedonica
— Kardengewächs · Dipsacaceae

Juni–Sep.

STECKBRIEF 40–80 cm hohe, kurzlebige Mehrjährige mit zur Blütezeit vertrockneten Grundblättern an den blütentragenden Trieben. Grundblätter unzerteilt, Stängelblätter unzerteilt oder zerteilt, wenn zerteilt mit eiförmigem Endabschnitt, am Rande gesägt. Krone purpurrot, lila oder rosa, bei Kulturformen auch schwarzpurpurn.
VERWECHSLUNG Die Gattung der Witwenblumen, *Knautia*, unterscheidet sich von der ähnlichen Gattung Skabiose, *Scabiosa*, durch 4-spaltige Kronen, welche bei Skabiosen 5-spaltig sind.
NAME Der Gattungsname ehrt den deutschen Botaniker, Arzt und Bibliothekar Christian Knaut (1656–1716), der ein System zur Einteilung der Blütenpflanzen nach der Anzahl und Anordnung der Kronblätter vornahm.
NUTZUNG/AUSBREITUNG Zierstaude. Wird vor allem in naturnahen Gärten eingesetzt, wo das Verwildern erlaubt ist. Rosa oder lila blühende Formen sind leicht mit

Knautia macedonica

Scabiosa atropurpurea

Scabiosa japonica

den heimischen Arten zu verwechseln und werden oft nicht als diese südosteuropäische Art erkannt. Tritt im Gebiet sehr selten subspontan auf.
WEITERE ARTEN Ähnlich der Mazedonischen Witwenblume ist die mediterrane, seit dem Jahr 1629 im Gebiet kultivierte **Samt-Skabiose**, *Scabiosa atropurpurea* (= *Sixalix atropurpurea*), die gerne als einjährige Zierblume gezogen wird und daraus ganz vereinzelt entwischt, so in Baden-Württemberg, Bayern, Brandenburg, Niedersachsen und Sachsen.
Zweijährig ist die aus Japan stammende **Japanische Skabiose**, *Scabiosa japonica*, die ebenfalls gerne in Blumenrabatten kultiviert wird und gelegentlich daraus verwildert, so in Bayern.

Schmalblättrige Ölweide
Elaeagnus angustifolia
— Ölweidengewächs · Elaeagnaceae

Mai
essbar

STECKBRIEF Bis 8 m hoher und 6 m breiter, unregelmäßig aufgebauter Großstrauch oder Kleinbaum. Äste steil bis schräg aufwärts gerichtet, mit dornigen Zweigen. Blätter silbrig, lanzettlich, 8–25 mm breit, unterseits silbrig, lange haftend. Blüten klein, außen silbrig, innen gelb, stark duftend. Früchte mehlig-fleischig, essbar.
VERWECHSLUNG Die ähnliche Silber-Ölweide, *Elaeagnus commutatus*, ist dornenlos, hat 20–45 mm breite Laubblätter, die beiderseits silbrig sind und trockene, mehlige Früchte.
ANMERKUNG Die Art lebt in Symbiose mit Bakterien, die in der Lage sind, den Luftstickstoff zu binden und für die Pflanze aufnehmbar zu machen.
NUTZUNG/AUSBREITUNG Zier-, Duft- und Obstgehölz, als Windschutz und Böschungsfestiger, Bienenweide und für die Parfümindustrie. Wegen ihrer Robustheit gegenüber den spezifischen Standortsbedingungen an Autobahnmittelstreifen zunehmend gepflanzt. Im 16. Jahrhundert im Mittelmeergebiet eingeführt und von dort nach Mitteleuropa und Nordamerika gekommen. Aus den Niederlanden ist ihre Kultur seit dem Jahr 1594 nachgewiesen, aus England seit 1633. Erste Verwilderungen aus dem Gebiet sind 1883 aus Brandenburg und 1907 aus Mecklenburg-Vorpommern bekannt. Gegenwärtig im Gebiet vielerorts verwildert, lokal auch eingebürgert, wie in der Bergbaufolgelandschaft des Osterlandes in Thüringen und im Seewinkel des Burgenlandes.
WEITERE ARTEN Als Zier- und Obstgehölz wird die nordamerikanische **Silber-Ölweide**, *Elaeagnus commutata*, kultiviert, die zuweilen verwildert, so in Berlin, Mecklenburg-Vorpommern, Sachsen und Schleswig-Holstein. Die ostasiatische **Dornige Ölweide**, *Elaeagnus pungens*, wird in wärmebegünstigten Lagen als Zier- und Obstgehölz kultiviert und verwildert lokal, so in Südtirol, im Tessin und in der Waadt.
Aus Ostasien stammt die **Korallen-Ölweide**, *Elaeagnus umbellata*, die in gelb- und rotfrüchtigen Sorten als Obst-, Duft-, Zier- und Pionierpflanze kultiviert wird und sehr selten verwildert, so auf Helgoland in Schleswig-Holstein.

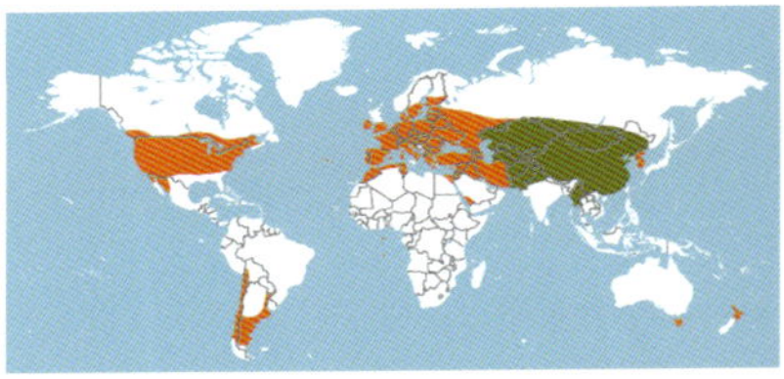

Elaeagnus angustifolia

Elaeagnus commutata

Elaeagnus pungens

Elaeagnus umbellata

Pontischer Rhododendron
Rhododendron ponticum
— Heidegewächs · Ericaceae

Mai
giftig

STECKBRIEF Bis 6 m hoher, dichter, immergrüner Strauch mit ungeteilten, wechselständigen Blättern und endständigen Blütenständen. Blattstiel 1–3 cm lang, Blattspreite 7–18 cm lang, schmal-elliptisch, spitz, kahl, am Grund keilig. Blüten zu 6–20 in aufrechten, kompakten Schirmtrauben. Krone purpurrosa, oft olivgrün bis bräunlich gesprenkelt, Fruchtknoten fein drüsig.

NUTZUNG/AUSBREITUNG Ziergehölz. Der Pontische Rhododendron hat ein disjunktes Verbreitungsareal mit rezenten Vorkommen im nördlichen Kleinasien, im westlichen Kaukasus, in Zentral- und Südportugal, Südspanien, im östlichen Teil der Balkanhalbinsel und im Libanon. 1763 wurde die Art in Großbritannien als Zierstrauch eingeführt, bereits wenig später galt sie in Kew als etabliert und 40 Jahre später war sie bereits so verbreitet, dass die Blühtriebe als Frühlingsschmuck auf den Märkten zum Verkauf standen. Die Pflanze wurde vielfach auch in der Landschaft gepflanzt, u. a. um dem Jagdwild Unterschlupf zu bieten. Ihre erstmalige Kultur im Gebiet ist aus dem Jahr 1784 von einem Garten bei Marburg belegt.

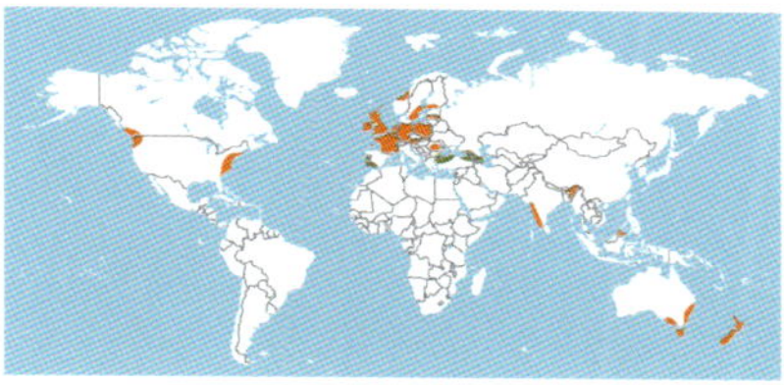

Rhododendron ponticum

Rhododendron catawbiense

Subspontane Vorkommen sind hier bisher nur wenige bekannt. Die Samen sind leicht und können vom Wind vertragen werden.

WEITERE ARTEN In Gärten häufig kultiviert wird der aus den östlichen USA stammende **Catawba-Rhododendron**, *Rhododendron catawbiense*, der vereinzelt auch verwildert, so in Sachsen und in der Steiermark.

Aus Nordamerika stammt die **Schmalblättrige Lorbeerrose**, *Kalmia angustifolia*, die im Gebiet als Moorbeetpflanze kultiviert wird und gelegentlich verwildert, so in Baden-Württemberg, Bayern, Niedersachsen, Nordrhein-Westfalen und Oberösterreich. Im Altwarmbüchener Moor bei Hannover bereits 1898 vom Heideschriftsteller Hermann Löns entdeckt.

Großfrüchtige Moosbeere
Vaccinium macrocarpon
— Heidegewächs · Ericaceae

Mai–Juni
essbar

Vaccinium macrocarpon

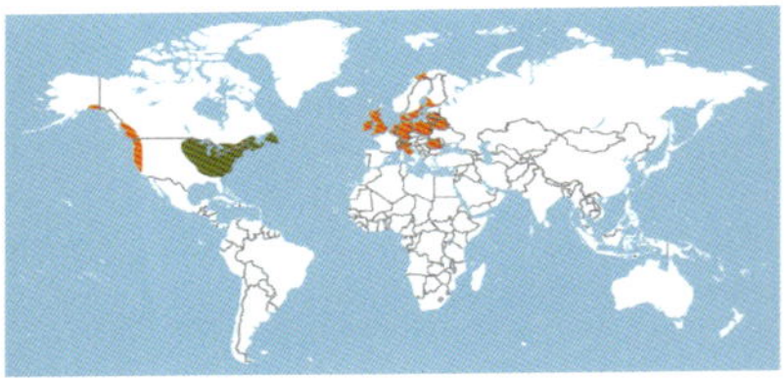

STECKBRIEF Immergrüner, bis 30 cm hoher und 80 cm breiter, flache Matten bildender Strauch mit fadenförmig dünnen, niederliegend-kriechenden, sich bewurzelnden Zweigen. Blätter länglich-elliptisch, 0,6–1,8 cm lang, ihr Rand kaum umgerollt, oberseits dunkelgrün, unterseits weißlich. Blüten hellrosa, zu wenigen achselständig, an 1–3 cm langen, fadenförmig dünnen Stielen, 6–10 mm lang, tief vierteilig, Saumzipfel zurückgeschlagen. Früchte 10–20 mm im Ø, rot.

VERWECHSLUNG Die heimische Echte Moosbeere, *Vaccinium oxycoccos*, hat deutlich umgerollte Blattränder, 5–6 mm lange Kronblätter und Früchte mit einem Ø von 5–10 mm.

NUTZUNG/AUSBREITUNG Obstpflanze, Bodendecker fürs Moorbeet. In Europa seit spätestens 1760 in Kultur. Gegenwärtig im Gebiet vereinzelt subspontan vorkommend. Im Bannwald-Torfstich in Oberreichenbach im Schwarzwald um 1917 angesalbt, bis heute vorhanden und im Bestand zunehmend. Vermehrt sich sowohl vegetativ über Ausläufer als auch generativ durch Samen.

Kultur-Heidelbeere
Vaccinium × atlanticum agg.
— Heidegewächs · Ericaceae

Mai–Juni
essbar

STECKBRIEF Zumeist 1–2 m hoher Strauch mit 2–7 cm langen Blättern und hängenden Blütentrauben. Es gibt Kulturformen, die einer der Elternarten nahe stehen, sowie solche mit intermediären Merkmalen. *Vaccinium angustifolium* ist ein niedriger, 10–60 cm hoher Strauch, der mit Ausläufern oft ausgedehnte Bestände bildet. Er hat elliptische, gesägte, bis 2,5 cm lange Blätter und im Ø 5–7 mm große Früchte. Dagegen wird *V. corymbosum* 1–5 m hoch und hat 4–7 cm lange, ganzrandige, unter-

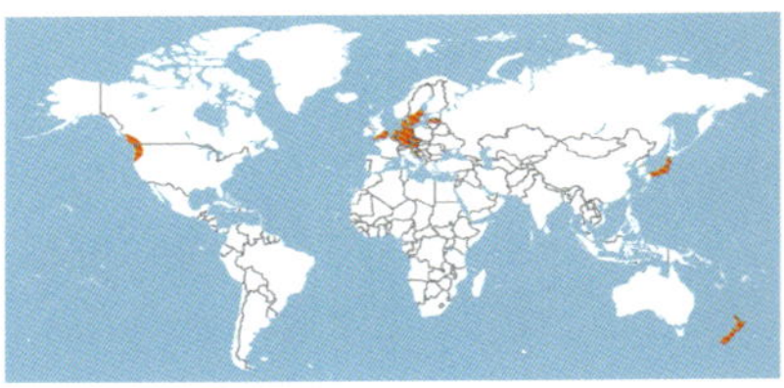

seits behaarte Blätter. Auch die Früchte werden mit 7–12 mm Ø größer.

NUTZUNG/AUSBREITUNG Obstgehölz. Bei den amerikanischen Kultur-Heidelbeeren handelt es sich um Hybriden in großer Sortenvielfalt, die überwiegend das Erbgut der nordamerikanischen Arten *Vaccinium angustifolium* und *V. corymbosum* enthalten. Beide Elternarten kommen im südlichen Kanada und den nordöstlichen USA vor. Weiters haben Arten wie *Vaccinium caesariense, V. darrowi, V. elliottii, V. formosum, V. fuscatum, V. myrtilloides, V. pallidum, V. simultatum* und *V. virgatum* zur Sortenfülle der Kultur-Heidelbeere beigetragen.
Die professionelle Heidelbeerzucht begann Anfang des 20. Jahrhunderts durch die US-amerikanische Pflanzenzüchterin Elizabeth Coleman White (1871–1954) und den Botaniker Frederick Coville (1867–1937). Die wichtigsten Ausgangsarten der Kulturhybrid-Gruppe, *Vaccinium angustifolium* und *V. corymbosum*, wurden aber bereits im 18. Jahrhundert in Europa eingeführt.
Gegenwärtig werden Amerikanische Kultur-Heidelbeeren im Gebiet auf rund 1000 Hektar kommerziell angebaut. Erste Verwilderungen sind von 1940 bekannt, der Verbreitungsschwerpunkt der subspontanen Vorkommen liegt in Niedersachsen. Eine Untersuchung in der Umgebung von 21 Pflanzungen ergab für die südliche Lüneburger Heide, dass die Fläche mit Heidelbeerverwilderungen die Anbaufläche um das 14-fache übertrifft.

Vaccinium × atlanticum

Boden-Wolfsmilch

Euphorbia humifusa (Syn.: *Chamaesyce humifusa*)
— Wolfsmilchgewächs · Euphorbiaceae

Juni–Sep.
giftig

Euphorbia humifusa

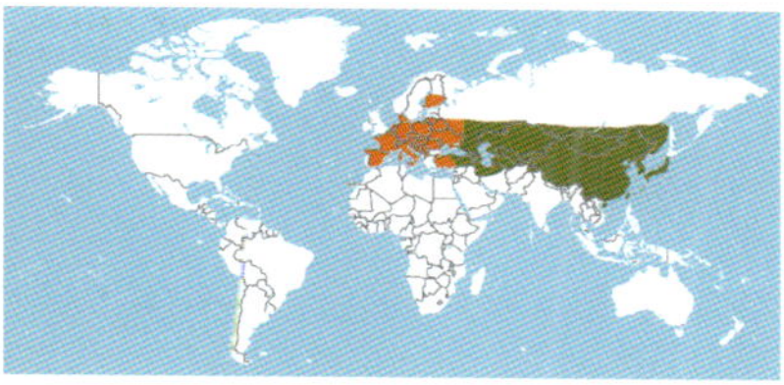

STECKBRIEF 5–20 cm lange, bodenanliegende, kahle (bei der var. *pilosa* aber auch teilweise behaarte) Einjährige mit meist 4 grundständigen Zweigen. Blätter blaugrün, 1,5–2,5 × so lang wie breit, meist ohne roten Fleck. Blüten unscheinbar. Samen weiß bis graubraun, stumpfkantig, glatt, ohne Querfurchen.

Euphorbia nutans

VERWECHSLUNG Die Zwerg-Wolfsmilch, *Euphorbia chamaesyce*, hat rundliche Blätter und behaarte Früchte und Hüllbecher.
NUTZUNG/AUSBREITUNG Keine. Die Ausbreitung in Europa erfolgte kontinuierlich von Osten nach Westen. Die Art wird in Europa seit über 200 Jahren in Botanischen Gärten kultiviert, so etwa 1813 in Berlin. Erste Meldungen von verwilderten Pflanzen aus dem Gebiet finden sich 1840 aus Berlin, 1902 aus Zürich und 1909 aus Südtirol. Gegenwärtig im Gebiet weit verbreitet und lokal eingebürgert, so um Regensburg, im Breisgau und in Meran.
WEITERE ARTEN Mediterran-westasiatisch ist die **Zwerg-Wolfsmilch**, *Euphorbia chamaesyce*, die im Gebiet ganz vereinzelt auftritt, so etwa in Baden-Württemberg, Rheinland-Pfalz, Sachsen, Niederösterreich, in der Steiermark, in Bern und Genf.
Nordamerikanischer Herkunft ist die **Nickende Wolfsmilch**, *Euphorbia nutans*, die im Gebiet seit dem Jahr 1883 vom Mannheimer Hafen bekannt ist und vereinzelt unbeständig bis etabliert auftritt, so in Baden-Württemberg, Bayern, Hamburg, Hessen, Mecklenburg-Vorpommern, Rheinland-Pfalz, Sachsen, im Burgenland, in Kärnten, Niederösterreich, Oberösterreich, in der Steiermark, in Osttirol, Südtirol, Basel, Bern, Graubünden, Sankt Gallen, im Tessin, in der Waadt, im Wallis und in Zürich.
Die südamerikanische **Schlängel-Wolfsmilch**, *Euphorbia serpens*, tritt im Gebiet seit 1890 vereinzelt verschleppt auf, so in Baden-Württemberg, Bayern, Brandenburg, Hessen, Nordrhein-Westfalen, Oberösterreich, Salzburg, Wien, um den Genfer See, im Wallis und in Zug. In Baden-Württemberg und Hessen lokal mit Etablierungstendenz.

Euphorbia serpens

Spring-Wolfsmilch
Euphorbia lathyris
— Wolfsmilchgewächs · Euphorbiaceae

Mai–Aug.
giftig

Euphorbia lathyris

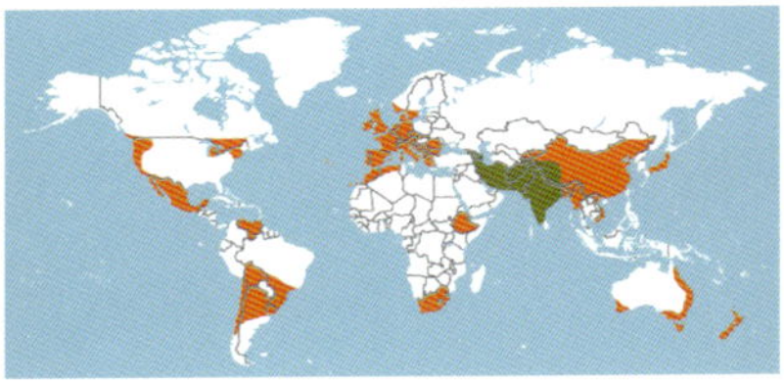

STECKBRIEF 30–100 cm hohe, krautige, immergrüne, kahle Zweijährige mit unverzweigten, kreuzgegenständig beblätterten Trieben. Blätter linealisch, dunkel-bläulich-grün, mit weißem Mittelnerv. Im zweiten Jahr bilden sich endständige Blütenstände mit grüngelben Hochblättern. Scheindolden 2–4-strahlig, Hüll- und Hüllchenblätter dreieckig-eiförmig. Früchte 8–11 mm lang, 8–13 mm breit.
NUTZUNG/AUSBREITUNG Zierpflanze, früher auch zur Brennölgewinnung und als Arzneipflanze, auch zur vermeintlichen Wühlmausvertreibung. Bereits in der Antike als Heilpflanze bekannt und wahrscheinlich durch die Landgüter-Verordnung Karl des Großen (747–814), in der auch die Spring-Wolfsmilch als 71. Pflanze im 70. Kapitel als „lacteridas" angeführt ist, ausgebreitet.

Bereits 1543 vermerkte Leonhart Fuchs: „Wechßt fast in allen Gärten". Die Spring-Wolfsmilch vermehrt sich durch Samen, diese werden bis zu drei Meter weit ausgeschleudert. Die Fernausbreitung geschieht vorrangig über deponierte Gartenabfälle und Erdtransporte. Die Samen bleiben lange keimfähig, denn die Pflanze tritt nach vielen Jahren erneut an Stellen auf, die zwischendurch mit ausdauernder Vegetation bewachsen waren. Im Gebiet gegenwärtig weit verbreitet und relativ häufig, teilweise mit Tendenz zur Einbürgerung, so entlang der Mosel, lokal in Bayern und in Nordrhein-Westfalen.

Flecken-Wolfsmilch

Euphorbia maculata (Syn.: *Chamaesyce maculata*)
— Wolfsmilchgewächs · Euphorbiaceae

Juni–Sep.
giftig

STECKBRIEF 5–30 cm lange, bodenanliegende, reich verzweigte Einjährige mit behaartem Stängel. Blattspreiten elliptisch, zumindest unterseits behaart, oberseits mit meist dunkelpurpurnem Fleck. Nebenblätter nicht miteinander verwachsen. Frucht auf der ganzen Oberfläche anliegend behaart.

VERWECHSLUNG Die sehr ähnliche Liegende Wolfsmilch, *Euphorbia prostrata*, hat ungefleckte Blätter und Früchte, die nur an den Kanten und am Grund abstehend behaart sind.

NUTZUNG/AUSBREITUNG Keine. Erfolgte in Europa von der Atlantikküste aus nach Osten. Eine wichtige Rolle bei der Einschleppung haben dabei Botanische Gärten und Gärtnereien gespielt. So wurde die Art in Botanischen Gärten in London vor 1660 kultiviert. Am europäischen Festland ist sie seit 1689 aus dem Botanischen Garten Amsterdam bekannt. Neben Gärtnereien sind vor allem Friedhöfe und besonnte Pflasterungen bevorzugte Standorte. Im Gebiet ist die Flecken-Wolfsmilch seit 1864 aus Berlin, 1877 vom Rheinland, 1886 aus Zürich und seit 1901 aus Linz nachgewiesen. Gegenwärtig

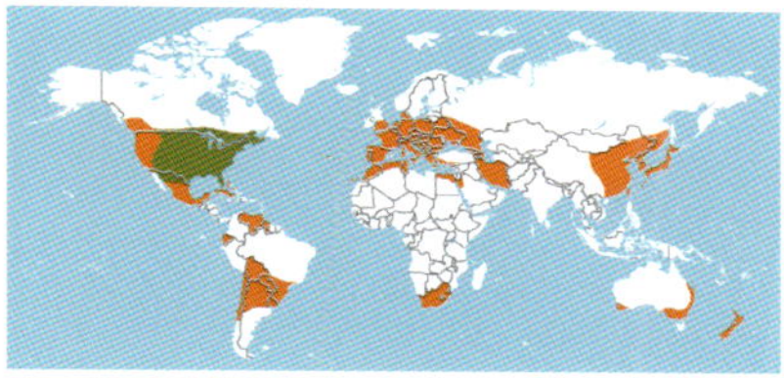

im Gebiet weit verbreitet und vielerorts bereits eingebürgert.

WEITERE ART Die amerikanische **Liegende Wolfsmilch**, *Euphorbia prostrata*, tritt im Gebiet seit 1946 unbeständig bis eingebürgert auf, so in Baden-Württemberg, Bayern, Berlin, Hessen, Niedersachsen, Nordrhein-Westfalen, Rheinland-Pfalz, Kärnten, Niederösterreich, Oberösterreich, Salzburg, Nordtirol, Osttirol, Vorarlberg, Wien, Südtirol, im Aargau, in Basel, Bern, Freiburg, Genf, Graubünden, Jura, Luzern, Neuenburg, St. Gallen, Solothurn, im Tessin, in der Waadt, im Wallis, in Zug und Zürich.

Euphorbia maculata

Euphorbia prostrata

Weißrand-Wolfsmilch
Euphorbia marginata
— Wolfsmilchgewächs · Euphorbiaceae

Juli–Sep.
giftig

STECKBRIEF 10–80 cm hohe Einjährige mit auffallend weiß-grünen Hochblättern. Grundblätter eilanzettlich, grün, bei Kulturformen teilweise ebenfalls weiß berandet. Blüten grün-weiß, von den großen Hochblättern umgeben. Kapselfrüchte kurz behaart, dreigeteilt. Samen hellbraun, glatt.
NUTZUNG/AUSBREITUNG Zierpflanze. 1811 durch John Fraser (1750–1811) aus ihrer nordamerikanischen Heimat nach England gekommen und seit der zweiten Hälfte des 19. Jahrhunderts im Gebiet kultiviert. Gegenwärtig vielfach unbeständig verwildert.
WEITERE ART Amerikanisch ist auch die einjährige **Gezähnte Wolfsmilch**, *Euphorbia dentata*, die unbeständig auftritt, so in Bayern und Basel.

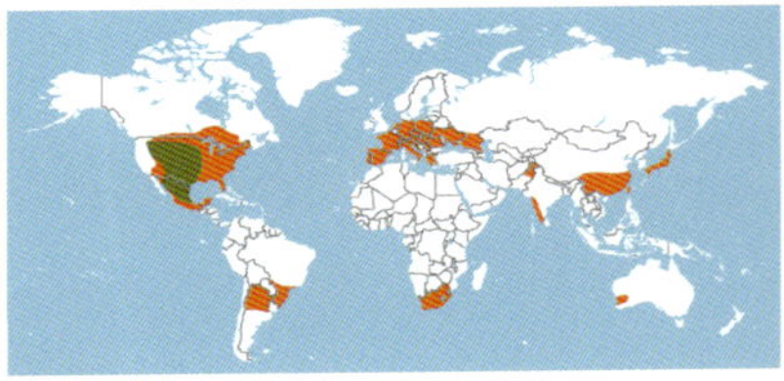

Euphorbia marginata

Euphorbia dentata

Walzen-Wolfsmilch
Euphorbia myrsinites
— Wolfsmilchgewächs · Euphorbiaceae

April–Juni
giftig

STECKBRIEF 10–30 cm hoher, kahler Halbstrauch mit niederliegenden, am Grund etwas verholzten Stängeln und dicht dachziegelig stehenden, lederigen, 2–3 cm langen, blaugrünen, verkehrt-eiförmigen und plötzlich zugespitzten Blättern. Diese sind von einer Art Wachsschicht bedeckt, welche die Regentropfen abperlen lässt. Blütenstand 5–12-strahlig. Drüsen des Hüllbechers kurz zweihörnig bis schwach zweilappig, Hörner an den Enden verdickt. Frucht 4–7 mm lang, kugelig, kahl und ±glatt.

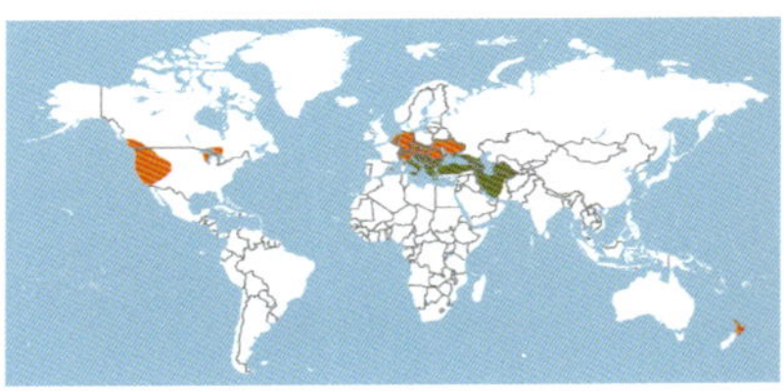

NUTZUNG/AUSBREITUNG Zierstaude, vor allem in Steingärten, Trockenmauern, Trögen und als Grabschmuck. Im 16. Jahrhundert nach Deutschland gekommen und um 1570 im Leuschnerschen Garten in Meißen vorhanden. Verwildert im Gebiet selten, vor allem auf Schuttstellen, an Bahndämmen, Steinhaufen und Kiesflächen. In Teilen der USA invasiv. Landbesitzer sind dort verpflichtet, ihren Grund frei von Walzen-Wolfsmilch zu haben und erhalten hierzu bebilderte Anleitungen vom Landwirtschaftsministerium. Auch im Gebiet mit deutlicher Zunahme an Verwilderungsmeldungen, bei denen eine Vorliebe für Bahngleisanlagen erkennbar ist. Diese Standorte wärmen sich rasch auf und sind wasserdurchlässig, was der wärme-, sonne- und trockenheitsliebenden Art zu Gute kommt.

Euphorbia myrsinites

Sarato-Wolfsmilch

Euphorbia saratoi (Syn.: *E. virgultosa*)
— Wolfsmilchgewächs · Euphorbiaceae

Mai–Juli
giftig

STECKBRIEF 30–80 cm hohe Mehrjährige mit linealischen, 4–5 mm breiten Blättern. Diese oft geradezu bandartig, mit parallel verlaufenden Rändern, gelegentlich auch etwas elliptisch, dann mit größter Breite in der Blattmitte. Stängelblätter mit schmal-keilförmigen Grund sitzend. Hörnchen der Nektardrüsen etwa so lang wie die Breite der Drüsen.

VERWECHSLUNG Die Ruten-Wolfsmilch, *Euphorbia virgata*, hat lanzettliche Blätter, deren größte Breite nahe der Basis liegt. Von dort verschmälern sie sich kontinuierlich bis zur Spitze. Bei der Esel-Wolfsmilch, *Euphorbia esula*, sind die Blätter verkehrt-eilanzettlich mit der größten Breite in der vorderen Blatthälfte.

ANMERKUNG *Euphorbia saratoi* ist eine noch nicht ganz geklärte Sippe, die lange Zeit nicht von *Euphorbia esula* bzw. *E. virgata* unterschieden wurde und später als Hybride aus diesen beiden Arten angesehen wurde (*Euphorbia × pseudovirgata*). Erst seit Ende des vergangenen Jahrhunderts wird sie allgemein als eigene Art akzeptiert.

NAME Benannt zu Ehren von César Honoré Sarato (1829–1893), der in Nizza lebte und sich als Botaniker und Meeresbiologe verdient machte.

NUTZUNG/AUSBREITUNG Keine. Beheimatet wahrscheinlich in Asien von Anatolien bis China. Zu Beginn der Einwanderung offensichtlich eine typische Eisenbahnpflanze. Neuere Funde werden vor allem von trockeneren Ruderalstellen an Weg- und Straßenrändern gemeldet. Die Sippe wurde in Österreich schon vor 160 Jahren auf der Welser Heide entlang der historischen Pferdeeisenbahnstrecke bei Neubau gesammelt und ist gegenwärtig im Gebiet in Ausbreitung begriffen. In den Weidegebieten der Prärien Nordamerikas gilt die Sarato-Wolfsmilch als invasiver Neophyt.

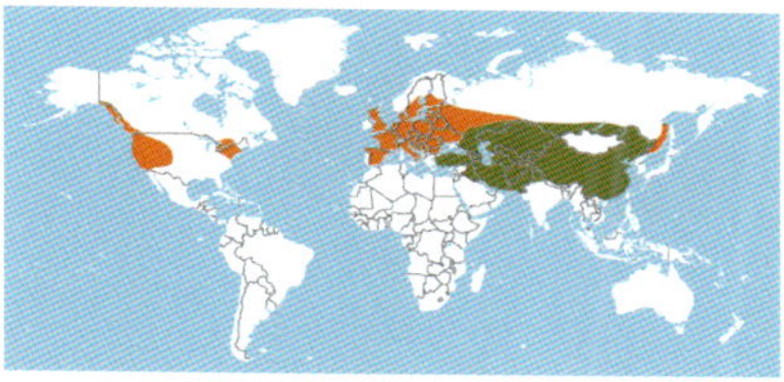

Euphorbia saratoi

Rizinus · Wunderbaum
Ricinus communis
— Wolfsmilchgewächs · Euphorbiaceae

Aug.–Okt.
giftig

Ricinus communis

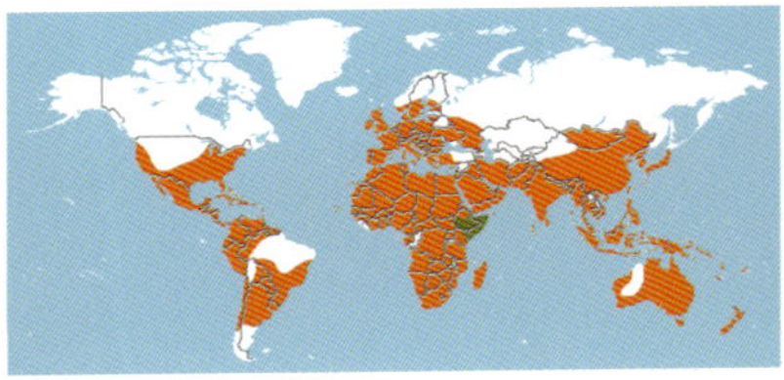

STECKBRIEF 70–250 cm hohe, einhäusige Einjährige (in den Tropen ausdauernd und strauch- bis baumartig wachsend). Blätter gestielt, Blattspreite 7–11-lappig. Blütenstände oben mit den aus roten Stempeln bestehenden weiblichen Blüten, unten die aus gelblichweißen Staubblättern bestehenden männlichen Blüten. Frucht eine weichstachelige Kapsel, darin die großen, marmoriert gezeichneten Samen.

NUTZUNG/AUSBREITUNG Zier-, Öl- und Arzneipflanze, versuchsweise auch zur Kunststofferzeugung. Beheimatet im tropischen Ost-Afrika, möglicherweise aber auch/oder in Indien. Das genaue ursprüngliche Areal ist aufgrund der Jahrtausende alten Kultur unklar. Der Wunderbaum wird 1475 von Konrad von Megenberg in seinem Buch der Natur erwähnt, eindeutig für das Gebiet belegen lässt er sich ab 1539 durch die Kräuterbücher von Hieronymus Bock und Leonhart Fuchs. Im 20. Jahrhundert vielfach von Ölmühlen und Häfen angegeben, was wohl auf die wirtschaftliche Nutzung als Ölpflanze zurückzuführen ist. Gegenwärtig im Gebiet vielfach, aber unbeständig subspontan auftretend.

Scheinindigo
Amorpha fruticosa
— Hülsenfrüchtler · Fabaceae

Mai–Juni
invasiv

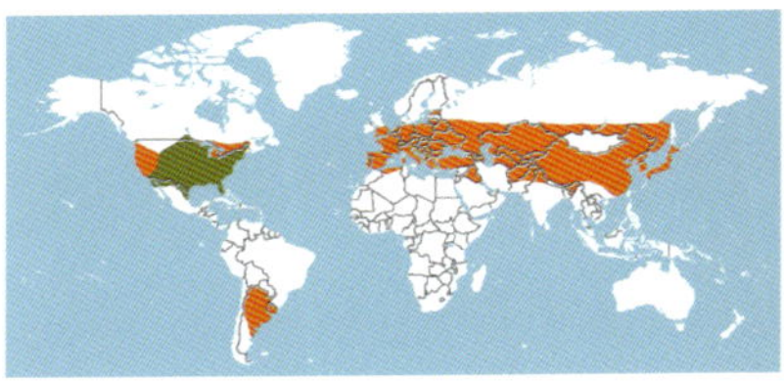

STECKBRIEF 1–4 m hoher Strauch mit unpaarig gefiederten Blättern, welche aus 11–21 breit-lanzettlichen bis eiförmigen, mit aufgesetzter Spitze versehenen Teilblättchen bestehen. Blüten in dichten, aufrechten, ährigen Trauben am Ende der Zweige. Krone dunkel-violettpurpurn, 4–6 mm lang, ohne Flügel und Schiffchen (nur bei dieser Hülsenfrüchtler-Gattung). Frucht 6–9 mm lang, drüsig, oft gebogen.

NUTZUNG/AUSBREITUNG Landschaftsgestaltung, Rekultivierung von Bergbaufolgelandschaften, Erosionsschutz. Selten als Ziergehölz, Bienenweide und Färbepflanze. 1724 nach England eingeführt. 1771 im Botanischen Garten in Mannheim kultiviert. Erste Verwilderungen aus dem Gebiet wurden 1890 aus den Hamburger Stadtteilen Uhlenhorst und Wandsbek gemeldet. Andere Quellen nennen das Jahr 1750 und als Ort das Oberrheintal. Gegenwärtig schwerpunktmäßig am Rhein, im pannonischen Osten Österreichs und im südlichen Tessin vorkommend. Die Art vermehrt sich sowohl generativ wie auch vegetativ durch Ausläufer.

WEITERE ART Als Zwerggehölz wird der im östlichen Nordamerika beheimatete **Bleibusch**, *Amorpha canescens*, auch Grauer Bastardindigo genannt, kultiviert. Gelegentlich verwildert die Art unbeständig daraus, so in Rheinland-Pfalz.

Amorpha fruticosa

Amorpha canescens

Amerikanische Erdbirne

Apios americana
— Hülsenfrüchtler · Fabaceae

Juli–Sep.
essbar

Apios americana

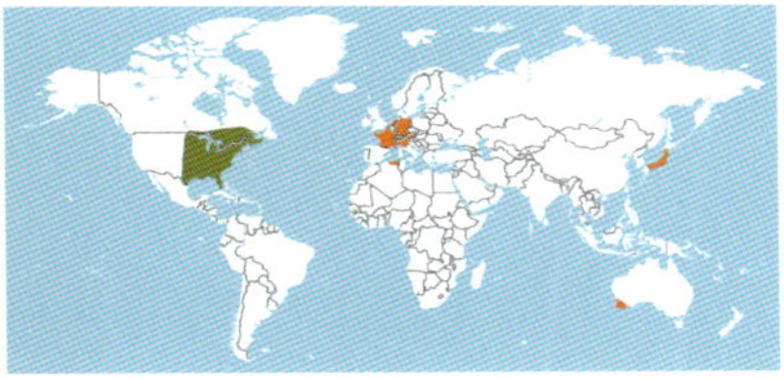

STECKBRIEF Bis zu 3 m hohe bzw. lange, kletternde Staude mit 2–5 cm langen Knollen, diese perlschnurartig an den Wurzeln aufgereiht. Stängel milchsaftführend. Blätter wechselständig, unpaarig gefiedert. Blüten nach Veilchen duftend, in dichten, kurzen, im Laub stehenden Trauben. Krone purpur- bis ziegelrot, 9 Staubblätter sind verwachsen, ein Staubblatt ist frei.

NUTZUNG/AUSBREITUNG Gemüse- und Zierpflanze. Um 1650 nach Europa gekommen und in Norditalien und Frankreich versuchsweise angebaut. Vereinzelt aus der Gartenkultur verwildert und in Maisäckern und auf Erdhaufen auftretend. Die Pflanze kommt im Gebiet nicht zum Fruchten und vermehrt sich hier durch Rhizomknollen.

Sichel-Tragant

Astragalus falcatus
— Hülsenfrüchtler · Fabaceae

Mai–Juni

STECKBRIEF 40–100 cm hohe Staude mit aufrechten, fein gefurchten, angedrückt behaarten Stängeln. Blätter 8–17 cm lang, unpaarig gefiedert mit 19–41 Blättchen, diese lanzettlich, 10–25 mm lang, oberseits kahl, unterseits zerstreut behaart. Blütentrauben lang-gestreckt, 8–12 cm lang, mit herabhängenden Blüten. Krone weißlich, grünlich oder gelb, manchmal purpurn überlaufen, Fahne 10–12 mm lang, Flügel 9–11 mm lang. Hülsen 17–25 mm lang, sichelförmig gebogen.

VERWECHSLUNG Der heimische Kicher-Tragant, *Astragalus cicer*, ist niederliegend bis aufsteigend, hat 17–25 Blättchen je Blatt und kugelig-eiförmige Hülsenfrüchte.

NUTZUNG/AUSBREITUNG Sehr selten als Futterpflanze. Bei Sörnewitz in Sachsen wahrscheinlich aus dem Boselgarten entflohen, sonst sehr selten aus der Kultur als Futterpflanze verwildert oder mit Saatgut eingeschleppt.

WEITERE ART Der mediterran-südwestasiatische Haken-Tragant, *Astragalus hamosus*, tritt im Gebiet sehr selten verschleppt auf, so in Baden-Württemberg, Hamburg, Nordrhein-Westfalen, Sachsen, St. Gallen, Solothurn und Zürich.

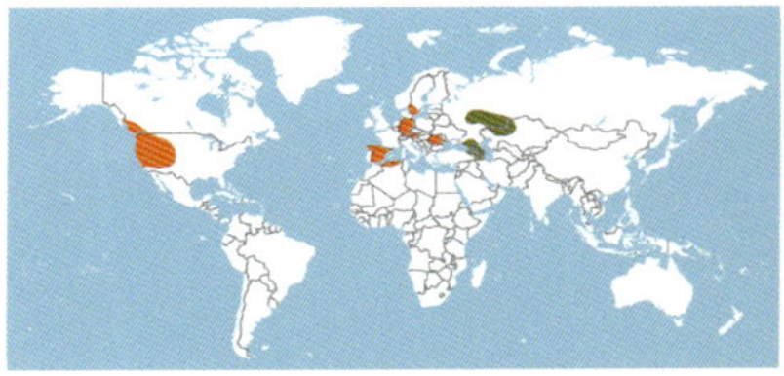

Astragalus falcatus

Astragalus falcatus

Astragalus hamosus

Erbsenstrauch
Caragana arborescens
— Hülsenfrüchtler · Fabaceae

Mai

Caragana arborescens

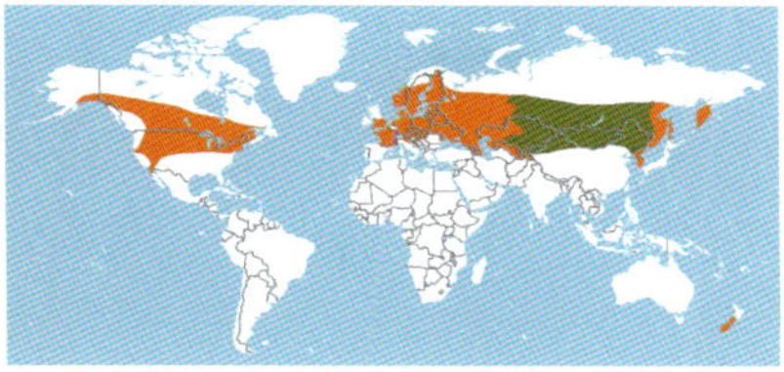

STECKBRIEF 2–5 m hoher, sommergrüner Strauch mit paarig gefiederten Blättern. Blättchen 8–16, hellgrün, elliptisch, 1–2,5 cm lang, beiderseits behaart, oberseits verkahlend. Blüten gestielt, gelb, 1,5–2,5 cm lang, zu 1–4 in den Blattachseln. Frucht 3–8 cm lang, anfänglich grün, später braunrot.

NUTZUNG/AUSBREITUNG Ziergehölz, Windschutzhecken, Straßenbegleitgrün. In der ersten Hälfte des 18. Jahrhunderts von St. Petersburg in die Botanischen Gärten Leiden und Uppsala gekommen. Ab der zweiten Hälfte des 18. Jahrhunderts auch im Gebiet kultiviert, so in Brandenburg seit dem Jahr 1769. Anfang des 19. Jahrhunderts war der Erbsenstrauch in deutschen Gärten weit verbreitet. Aufgrund seiner Salzverträglichkeit wird er nicht selten auch an Autobahnen gesetzt.

Echter Judasbaum
Cercis siliquastrum
— Hülsenfrüchtler · Fabaceae

Mai

Cercis siliquastrum

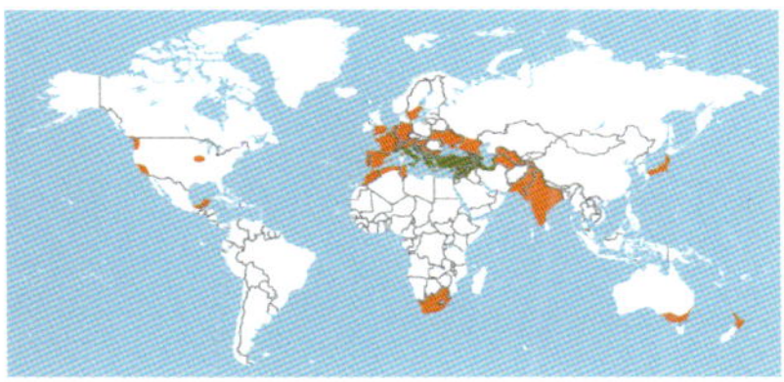

STECKBRIEF Bis 8 m hoher, mehrstämmiger, langsam wachsender Strauch oder Baum mit Blüten, die an zweijährigen Zweigen, aber auch an älteren Ästen und Stämmen erscheinen. Triebe kastanienbraun. Blattspreiten fast rundlich, 7–13 cm breit, 7-nervig, an der Basis tief herzförmig, beiderseits kahl, Blattstiele rötlich. Blüten purpurrosa, etwa 2 cm lang, zu 4–10 in Büscheln.

VERWECHSLUNG Der Chinesische Judasbaum, *Cercis chinensis*, unterscheidet sich u. a. durch 1–1,5 cm lange Blüten, eine frühere Blütezeit im April und die vorhandenen Haare in den Achseln der Blattnerven.

NUTZUNG/AUSBREITUNG Ziergehölz. In Europa seit spätestens dem Jahr 1600 in Gartenkultur. Wird im Gebiet in den wärmeren Regionen als Zierpflanze gezogen und verwildert sehr selten daraus, so in Mannheim in Baden-Württemberg, Bamberg in Bayern, Gießen und Frankfurt am Main in Hessen, Podersdorf im Burgenland, Traiskirchen in Niederösterreich, Bozen, Auer und Lana in Südtirol, Aarau im Aargau, am Bieler See im Kanton Bern und mehrfach um den Genfer See.
WEITERE ART Ebenfalls als kleiner Zierbaum wird der aus Zentral-China stammende **Chinesische Judasbaum**, *Cercis chinensis*, genutzt. Sehr selten finden sich dieser verwildert, so in Salzburg.

Cercis chinensis

Skorpions-Kronwicke
Coronilla scorpioides
— Hülsenfrüchtler · Fabaceae

März–Juni

Coronilla scorpioides

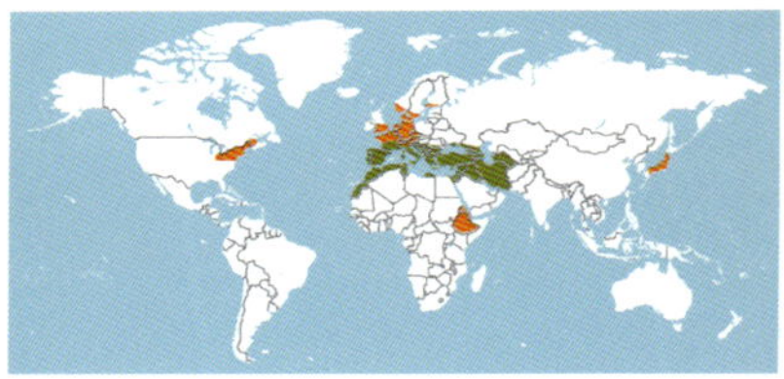

STECKBRIEF 5–20 cm hohe, kahle Einjährige mit dreizähligen oder ungeteilten Stängelblättern. Endblättchen deutlich größer als die beiden seitlichen Blättchen, bis 4 cm lang. Nebenblätter 1–2 mm lang, miteinander verwachsen, häutig. Blütenstand 2–5-blütig, Doldenstiel 2–4 cm lang. Kelch ca. 2 mm lang, Krone 4–8 mm lang, gelb. Hülse 2–6 cm lang, mit 2–11 Segmenten, gebogen, 4–6-kantig.
NUTZUNG/AUSBREITUNG Keine. Im Gebiet immer wieder vereinzelt und unbeständig aus dem Mittelmeergebiet verschleppt, so etwa mit Südfruchtimporten und Saatgut.

Echte Geißraute
Galega officinalis
— Hülsenfrüchtler · Fabaceae

Juni–Juli
giftig

STECKBRIEF 40–120 cm hohe Mehrjährige mit rübenartigen Wurzeln und leicht duftenden Blüten. Stängel spärlich behaart, hohl. Blätter gefiedert, rankenlos, mit 7–19 Blättchen, diese lanzettlich bis eiförmig, 15–40 mm lang, 7–15 mm breit, begrannt, Nebenblätter pfeilförmig. Blütenstand traubig, lang gestielt. Kelchröhre glockig, so lang wie die Zähne. Krone helllila, ca. 12 mm lang. Hülsen kahl, aufrecht bis abstehend. Im frühen Herbst nicht selten mit einer Nachblüte.

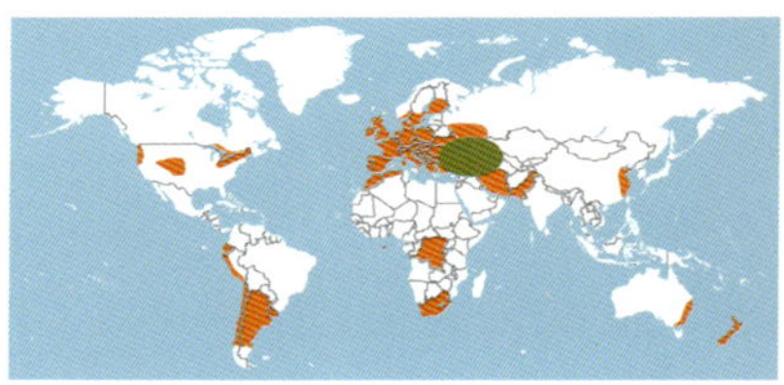

VERWECHSLUNG Die Kaukasus-Geißraute, *Galega orientalis*, hat purpurviolette Kronen und eiförmige bis rundliche Nebenblätter.

NUTZUNG/AUSBREITUNG Arznei-, Zier- und Futterpflanze. Beheimatet im orientalischen Steppengebiet und seit spätestens dem 16. Jahrhundert im Gebiet kultiviert, wo sie erstmals Conrad Gessner (1516–1567) erwähnt. Um das Jahr 1600 wurde sie bereits in vielen deutschen Gärten zu Heilzwecken kultiviert. Gegenwärtig u. a. für Ansaaten an Straßenböschungen genutzt und vielerorts verwildert bis eingebürgert mit Verbreitungsschwerpunkten in Baden-Württemberg, Rheinland-Pfalz, Sachsen und im pannonischen Osten Österreichs.

WEITERE ART Kaukasischer Herkunft ist die **Kaukasus-Geißraute**, *Galega orientalis*, die sehr selten kultiviert wird und vorübergehend verwildert, so in Bayern, Sachsen und Nordtirol.

Galega officinalis

Galega orientalis

Amerikanische Gleditschie

Gleditsia triacanthos

— Hülsenfrüchtler · Fabaceae

Mai
giftig

Gleditsia triacanthos

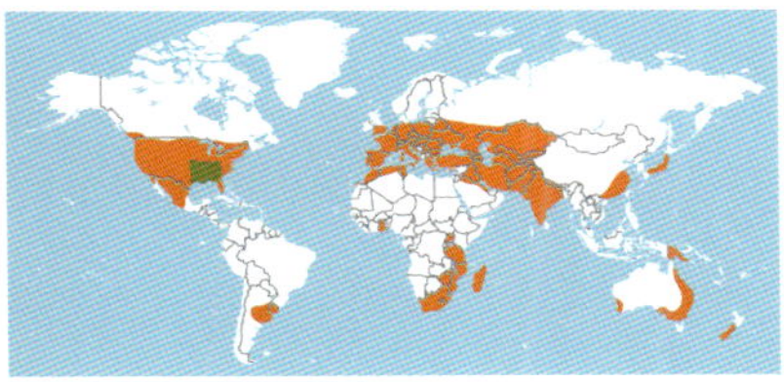

STECKBRIEF Bis 25 m hoher, sommergrüner Baum, an Stamm und Ästen bis 5 cm lange, glänzend-rotbraune Dornen, diese oft mit Nebendornen. Blätter 1–2-fach gefiedert, Blättchen 14–32, lanzettlich, 1–2 cm lang, undeutlich gezähnt, meist stachelspitzig. Blüten in 4–5 cm langen, dichten Trauben in den Blattwinkeln. Kronblätter 3–5, grünlich, 2–3 mm lang. Frucht bandförmig, oft schraubig gewunden, 8–40 cm lang und 2–4 cm breit, braunrot, vielsamig.

Gymnocladus dioicus

Styphnolobium japonicum

NAME Die Gattung ist zu Ehren des deutschen Botanikers und Arztes Johann Gottlieb Gleditsch (1714–1786) benannt, der u. a. die zweigeschlechtliche Vermehrung von Pflanzen erstmals nachwies.
NUTZUNG/AUSBREITUNG Zier- und Straßenbaum, auch in unbewehrten Sorten wie 'Elegantissima', 'Imperial', 'Inermis', 'Moraine' oder 'Skyline' kultiviert. Um das Jahr 1700 als Zierbaum in Europa eingeführt, im Gebiet seit 1770 in Kultur. Erste subspontane Vorkommen sind 1958 aus Brandenburg nachgewiesen. Gegenwärtig im Gebiet in wärmeren Regionen vereinzelt subspontan auftretend.

WEITERE ARTEN Aus dem östlichen Nordamerika stammt der **Kanadische Geweihbaum**, *Gymnocladus dioicus*. Er wird selten als Straßen- oder Parkbaum kultiviert und tritt ganz vereinzelt subspontan auf, so in Baden-Württemberg, Bayern, Berlin, Hessen, Rheinland-Pfalz und Wien.
Der aus China stammende **Perlschnurbaum**, *Styphnolobium japonicum* (Syn.: *Sophora japonica*), wird aufgrund seiner Immissionsresistenz gerne als Straßen- und Parkbaum gepflanzt und verwildert vereinzelt daraus, so mehrfach in Wien.

Echtes Süßholz
Glycyrrhiza glabra
— Hülsenfrüchtler · Fabaceae

Juli–Sep.

Glycyrrhiza glabra

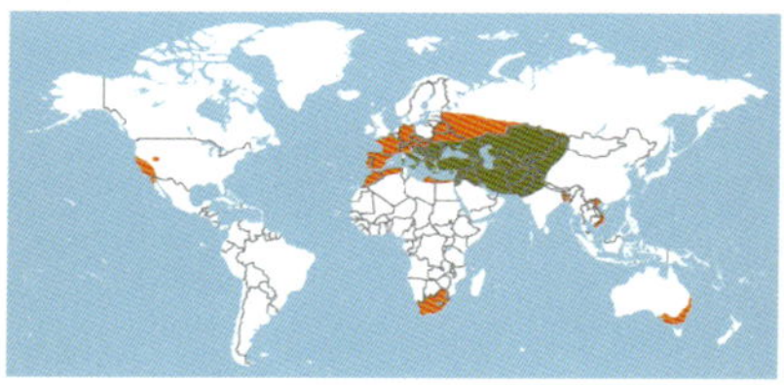

STECKBRIEF 60–150 cm hohe, verzweigte, krautige Mehrjährige. Blätter unpaarig gefiedert, mit 9–17 elliptischen bis ovalen Blättchen. Blütenstände in kurzen, aufrechten Ähren in den Achseln der Blätter. Tragblatt länger als der Blütenstand. Blüten 8–12 mm lang, blassviolett. Kelch mit weißen Drüsen besetzt, Kelchzähne länger als die Kelchröhre. Hülsen bis zu 3 cm lang und 4–6 mm breit, dicht gedrängt, reif rotbraun.
NUTZUNG/AUSBREITUNG Arzneipflanze und zur Herstellung von Lakritze. Mit der Süßholzkultur wurde im Gebiet im 15. Jahrhundert im Bamberger Raum begon-

nen. Die Pflanze wurde hier, wie auch in Thüringen wegen ihrer zuckerhaltigen Wurzeln zur Gewinnung der Lakritze in größerem Umfang gebaut. Durch Fortschritte in der Rübenzuckergewinnung ging der Anbau um 1850 zurück und kam um etwa 1900 fast zum Erliegen. Dementsprechend selten sind gegenwärtig Vorkommen im Gebiet, etabliert hingegen bei Peenemünde in Mecklenburg-Vorpommern.

WEITERE ART Sehr selten tritt im Gebiet das vom östlichen Mittelmeergebiet bis Ostasien beheimatete Römische Süßholz, *Glycyrrhiza echinata*, subspontan auf, so in Sachsen.

Glycyrrhiza echinata

Glycyrrhiza echinata

Kronen-Süßklee

Hedysarum coronarium
— Hülsenfrüchtler · Fabaceae

Mai–Juni

STECKBRIEF 20–100 cm hohe Mehrjährige mit Pfahlwurzel und unpaarig gefiederten Blättern. Blättchen 5–11, eiförmig, 1,5–4 cm lang, 0,7–2 cm breit. Blütenstände aus 10–40 leuchtend-purpurroten Blüten. Gliederhülsen 1–4-teilig mit jeweils einem rundlichen, seitlich abgeflachten Samen.

NUTZUNG/AUSBREITUNG Futterpflanze, Zierpflanze, Bienenweide und Erosionsschutz. Beheimatet im westlichen Mittelmeergebiet. Wie weit das ursprüngliche Verbreitungsgebiet nach Osten reicht, ist durch die lange Kultur als Futterpflanze ungewiss. Festland-Italien, Sizilien und Malta wird vom Kronen-Süßklee reichlich besiedelt, der Status bleibt aber unklar. Die Kultur des Kronen-Süßklees zu Zierzwecken ist in Mittel- und Nordeuropa lange belegt.

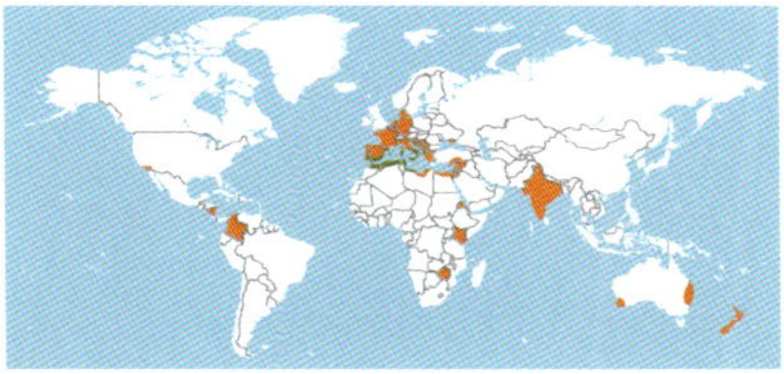

Hedysarum coronarium

So hat Rostius die Art im Jahr 1610 in Skandinavien kultiviert. 1715 war es Muralt, der den „Spanischen Klee“ in Zürich zog und Stromer baute den Kronen-Süßklee 1761 in Nürnberg. Danach dürfte die Gartenkultur in Mitteleuropa zurückgegangen sein, denn Nachweise werden seltener. Gegenwärtig im Gebiet sehr selten und unbeständig.

Saat-Platterbse

Lathyrus sativus
— Hülsenfrüchtler · Fabaceae

April–Juli
giftig

STECKBRIEF 20–90 cm hohe Einjährige mit niederliegenden oder kletternden, 0,5–1,5 mm breit geflügelten Stängeln. Blattfiedern lineal-lanzettlich, 5–15 cm lang, 3–8 mm breit, mehr als 10 × so lang wie breit. Blüten meist weiß mit blauer Aderung oder Zeichnung, 1,2–2,2 cm lang. Frucht 2–4 cm lang und 1–1,8 cm breit, auf der Oberseite mit 2 Flügeln.

NUTZUNG/AUSBREITUNG Gründüngungs- und Futterpflanze, vereinzelt auch als Nahrungsmittel (Platterbsenmehl). Vermutlich im Mittelmeergebiet und in Asien östlich bis Bangladesch beheimatet, was aber bedingt durch ihre lange Kultur kaum mehr feststellbar ist. Wildvorkommen sind nicht bekannt. Die Ausgangsart(en) werden in den Hochflächen Afghanistans vermutet, dem Genzentrum der Artengruppe. In Südeuropa seit dem Altertum kultiviert, nördlich der Alpen seit dem 16. Jahrhundert durch Hieronymus Bock (1551) und Leonhart Fuchs (1553) nachgewiesen. Gegenwärtig im Gebiet vor allem als Gründüngung genutzt und gelegentlich subspontan auftretend.

WEITERE ARTEN Mediterraner Herkunft ist die **Einjährige Platterbse**, *Lathyrus annuus*, die im Gebiet vorübergehend auftritt, so in Baden-Württemberg, Bayern, Hamburg, Hessen, Sachsen, Niederösterreich, Bern, Solothurn und Zürich.

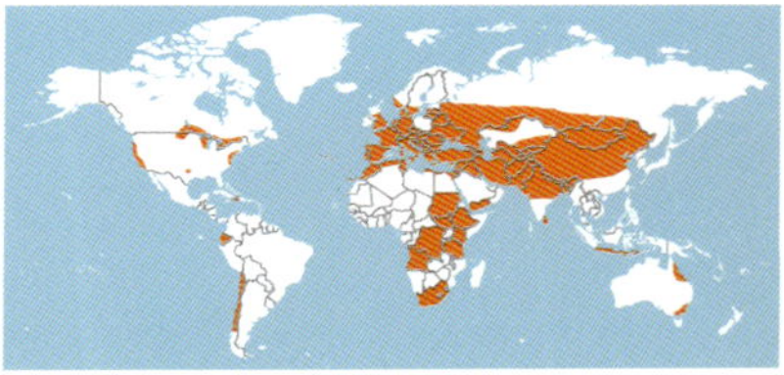

Lathyrus clymenum

Lathyrus sativus

Lathyrus annuus

Die ebenfalls mediterrane **Purpur-Platterbse**, *Lathyrus clymenum*, tritt im Gebiet sehr selten verschleppt auf, so in Baden-Württemberg, Bayern und Zürich. Gelegentlich eingeschleppt tritt im Gebiet die mediterrane **Scheidige Platterbse**, *Lathyrus ochrus*, auf, so in Baden-Württemberg, Sachsen, Basel, St. Gallen und Zürich.

Die in Süditalien beheimatete, seit 1711 im Gebiet kultivierte **Duft-Platterbse**, *Lathyrus odoratus*, irreführenderweise auch Edelwicke oder Gartenwicke genannt, wird in verschiedenen Spielformen kultiviert und verwildert daraus gelegentlich, so in Bayern, Berlin, Hessen, Mecklenburg-Vorpommern, Sachsen, Thüringen, Kärnten, Salzburg, in der Steiermark, in Wien, Basel und Basel-Land.

Lathyrus ochrus

Lathyrus odoratus

Vogelfuß-Hornklee
Lotus ornithopodioides
— Hülsenfrüchtler · Fabaceae

Mai–Juni

Lotus ornithopodioides

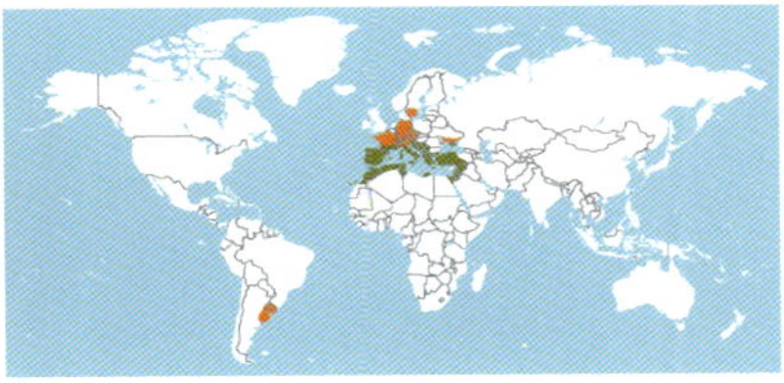

STECKBRIEF 5–30 cm hohe Einjährige mit niederliegenden bis aufsteigenden, flaumig behaarten Stängeln. Blätter dreiteilig, Blättchen 8–20 mm lang, 4–10 mm breit, behaart. Blütenstand 2–5-blütig. Krone gelb, 7–9 mm lang, Kelch 5–7 mm lang, Kelchzähne etwa 1,5 × so lang wie die Kelchröhre. Hülse 30–45 mm lang, 2–3 mm breit, leicht gekrümmt, kahl.

NUTZUNG/AUSBREITUNG Keine. Im Gebiet gelegentlich unbeständig verschleppt, so etwa als „Verunreinigung" von Alexandriner-Klee-Saatgut.

WEITERE ARTEN Als Gemüsepflanze wird die mediterrane **Rote Spargelerbse**, *Lotus tetragonolobus* (= *Tetragonolobus purpureus*) gelegentlich gezogen.

Verwilderungen bzw. Verschleppungen sind u. a. aus Baden-Württemberg, Hessen, Sachsen und Zürich bekannt.
Skorpionsschwanz oder auch Raupenkraut wird *Scorpiurus muricatus* genannt, der im Mittelmeergebiet, aber auch auf der Arabischen Halbinsel und in Zentralafrika beheimatet ist und bei uns selten und unbeständig verschleppt auftritt, so in Baden-Württemberg, Brandenburg, Hamburg und Sachsen. Neuerdings auch als essbare Salatdekoration im Gartenhandel zu finden.

Lotus tetragonolobus

Scorpiurus muricatus

Schmalblättrige Lupine
Lupinus angustifolius
— Hülsenfrüchtler · Fabaceae

Mai–Juli

Lupinus angustifolius

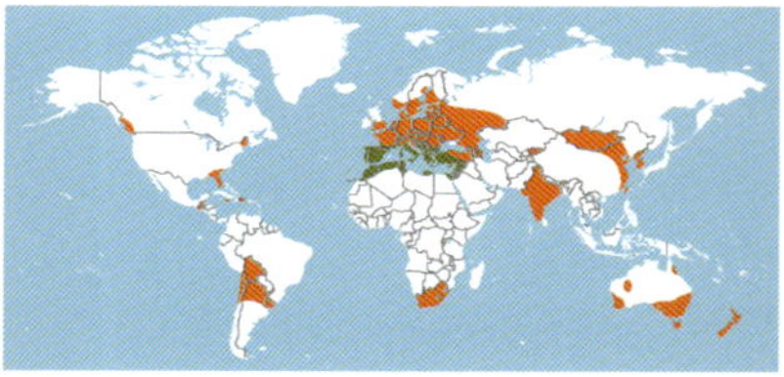

STECKBRIEF 30–80 cm hohe Einjährige mit schwach behaartem Stängel. Blätter mit 5–9 Teilblättern, diese schmal-lanzettlich, meist stumpf, 1–5 cm lang und 2–6 mm breit, oberseits fast kahl. Blütenstand 4–8 cm lang, Fruchtstand bis auf 25 cm verlängert. Blüten violettblau, selten weiß oder purpurn, 10–13 mm lang. Frucht 4–6 cm lang, kurz behaart.

NUTZUNG/AUSBREITUNG Gründüngungs-, Zier- und Futterpflanze, ehemals auch zur Nutzung als Kaffeeersatz. Im Gebiet seit dem 16. Jahrhundert als Zierpflanze kultiviert, später dann zur Gründüngung und in bitterstoffarmen Auslesen als Nahrungspflanze genutzt. Gegenwärtig vereinzelt und unbeständig im Gebiet vorkommend.

WEITERE ARTEN Die aus der ägäischen *Lupinus graecus* entstandene **Weiße Lupine**, *Lupinus albus*, wird als Futter-, Nahrungs- und Zierpflanze kultiviert und tritt vereinzelt subspontan auf, so in Baden-Württemberg, Bayern, Hessen, Mecklenburg-Vorpommern, Niedersachsen, Kärnten, Niederösterreich, in der Steiermark, in Nordtirol, Graubünden und am Genfer See in der Waadt.

Aus dem westlichen Mittelmeergebiet stammt die seit dem 16. Jahrhundert im Gebiet kultivierte **Gelbe Lupine**, *Lupinus luteus*, die als Futterpflanze gebaut wird und teilweise verwildert oder verschleppt auftritt, so in Baden-Württemberg, Bayern, Berlin, Hamburg, Mecklenburg-Vorpommern, Niedersachsen, Sachsen, Wien und in der Steiermark.
Die mediterrane **Behaarte Lupine**, *Lupinus micranthus*, verwildert ganz vereinzelt, so in BW, Hessen und Wien.

Lupinus luteus

Lupinus albus

Lupinus micranthus

Stauden-Lupine
Lupinus polyphyllus
— Hülsenfrüchtler · Fabaceae

Juni–Sep.
invasiv

Lupinus polyphyllus

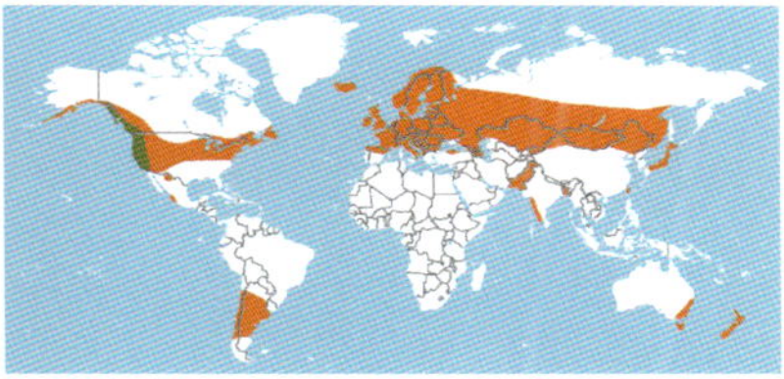

STECKBRIEF 50–120 cm hohe Staude mit handförmig zusammengesetzten, 9–17-zähligen Blättern. Blättchen lanzettlich, 4–15 cm lang, 1–3 cm breit. Blütenstand 50–80-blütig mit blauen bis violetten, nicht selten auch rosa oder weißen Blüten. Hülsenfrucht behaart, 3–6 cm lang, mit 4–12 Samen.
NUTZUNG/AUSBREITUNG Als Zierpflanze, zur Gründüngung, Böschungsfestigung und Wildäsung. Im

Jahr 1829 vom englischen Gärtner und Pflanzensammler David Douglas (1799–1834) nach England gebracht. 1837 war sie bereits in Deutschland erhältlich. In Europa merkte man schnell von Zierde und Nutzen der Pflanze und begann mit der Züchtungsarbeit.
Die starke Ausbreitung in der Landschaft erfolgte allerdings durch die Nutzung der Lupine als Erosionsschutz, Äsungspflanze und Gründünger. Förster lobten die Ertragssteigerung im Wald als „Erfolge, die jeden Forstmann und Waldbesitzer für die Einbringung der Lupine geradezu begeistern müsse". Im heutigen Biosphärenreservat Rhön wurden Lupinen in den 1940er-Jahren als Untersaat von Aufforstungen eingebracht, da man sich von ihrer Stickstoffbindung ein besseres Baumwachstum versprach. In der Nachkriegszeit beschleunigte der Niedergang der traditionellen Heuwiesenbewirtschaftung die Ausbreitung der Lupine im Offenland. Erste Verwilderungen im Gebiet sind 1880 aus Gelbsande in Mecklenburg-Vorpommern nachgewiesen. Gegenwärtig weit verbreitet, häufig und großflächig eingebürgert.

Echte Luzerne
Medicago sativa s. lat.
— Hülsenfrüchtler · Fabaceae

Mai–Okt.

STECKBRIEF 20–100 cm hohe Staude mit weitreichendem Wurzelsystem. Blätter dreizählig mit länger gestieltem Mittelblättchen. Blättchen 1–3 cm lang, vorn meist gerundet oder gestutzt, spitz gezähnt. Blüten blau bis violett, bei Rückeinkreuzungen mit *Medicago falcata* auch türkisgrün, gelb oder braun, in endständigen, 5–25-blütigen, dicht gedrängten Trauben. Frucht mit 1,5–3 Schraubenwindungen, anliegend weichhaarig, 3–5 mm im Ø.
ANMERKUNG Unter *Medicago sativa* s. lat. wird hier die eigentliche Echte Luzerne, *Medicago sativa* s. str., und die im Gebiet weit häufiger kultivierte Bunte Luzerne, *Medicago × varia*, verstanden, die aus der Sichel-Luzerne, *Medicago falcata*, und der Echten Luzerne, *M. sativa* s. str., bei deren Entstehung auch schon die Sichel-Luzerne beteiligt war, entstand. Dementsprechend gleitend sind die morphologischen Merkmale zwischen *M. falcata* und *M. sativa* s. str..
NUTZUNG/AUSBREITUNG Futter-, Nahrungs- und Gründüngungspflanze. In Kultur entstandene Sippe, wahrscheinlich in Persien aus *Medicago microcarpa × M. falcata*. Die Entwicklung der Sippe ist eng mit der früheren Entwicklung der Pferdezucht im Nahen und

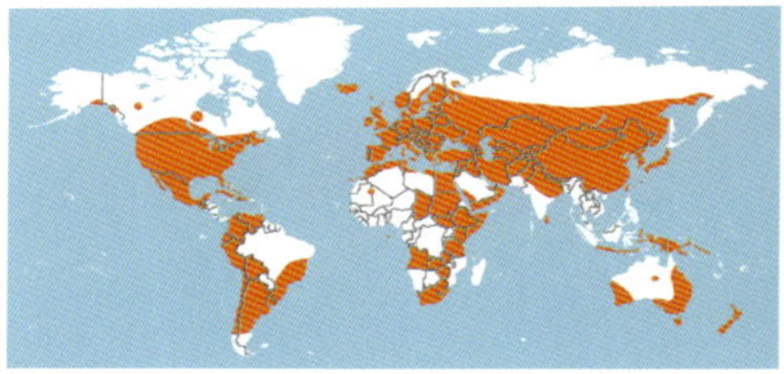

Mittleren Osten verbunden. Von Persien ist sie noch vor der Zeitenwende nach Südeuropa gekommen. Im 17. Jahrhundert gelangte sie aus dem Luserna-Tal im italienischen Piemont durch Waldenser ins Gebiet. Diese gründeten 1699 bei Wurmberg im heutigen Baden-Württemberg die Siedlung Lucerne. Gegenwärtig im Gebiet häufig und in großen Teilen der Erde vorkommend.
WEITERE ARTEN Der mediterrane, seit 1862 im Gebiet bekannte **Arabische Schneckenklee**, *Medicago arabica*, findet sich stellenweise, so in Baden-Württemberg, Bayern, Hamburg, Hessen, Niedersachsen, Nordrhein-Westfalen, Rheinland-Pfalz, Sachsen, Thüringen, Nieder-

Medicago sativa

Medicago arabica

österreich, in der Steiermark, in Wien, Südtirol, im Aargau, in Basel, Bern, um den Genfer See, in Neuenburg, im Tessin, Wallis und in Zürich.
Der mediterran-südwestasiatische **Scheiben-Schneckenklee**, *Medicago orbicularis*, tritt vereinzelt und unbeständig verschleppt in Baden-Württemberg, Bayern, Hamburg, Hessen, Nordrhein-Westfalen, Sachsen, Südtirol, Genf und Solothurn auf.
Ebenfalls mediterran ist der **Raue Schneckenklee**, *Medicaco polymorpha*, der vereinzelt unbeständig auftritt, so in Baden-Württemberg, Bayern, Berlin, Bremen, Hamburg, Niedersachsen, Sachsen, Thüringen, Kärnten, Niederösterreich, in der Steiermark, in Vorarlberg, im Aargau, in Bern, Genf, in der Waadt und in Zürich.

Medicago orbicularis

Medicaco polymorpha

Kleinblütiger Steinklee
Melilotus indicus
— Hülsenfrüchtler · Fabaceae

Mai–Juli

Melilotus indicus

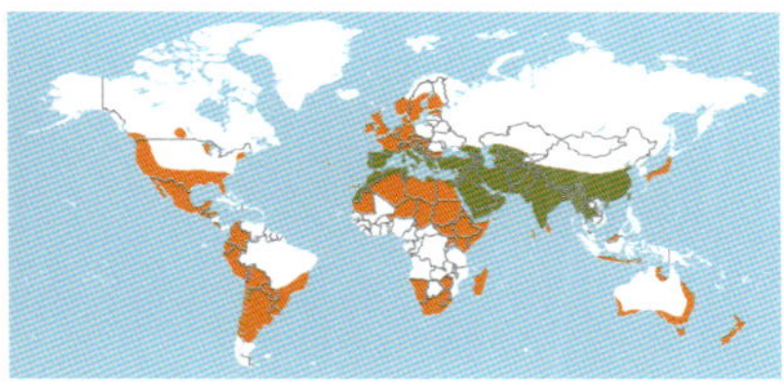

STECKBRIEF 10–50 cm hohe Einjährige mit meist verzweigten Stängeln. Blätter dreiteilig, Blättchen verkehrt-eiförmig bis schmal-keilförmig, Nebenblätter pfriemlich. Blütenstand 1–3 cm lang, 10–50-blütig. Krone klein, gelb, 2–3,5 mm lang, Fahne und Schiffchen etwa gleich lang, Flügel etwas kürzer. Frucht kahl, 2–3 mm lang, fast kugelig, mit undeutlichen, netzartigen Rippen, zweisamig.
VERWECHSLUNG Beim Gefurchten Steinklee, *Melilotus sulcatus*, sind die Früchte 3–4,5 mm lang und konzentrisch gerippt.
NUTZUNG/AUSBREITUNG Als Gründünger und Bienenweide. Selten und unbeständig eingeschleppt mit

Getreide, Ölfrüchten, Gründünger, Wolle, Saatgut, Hülsenfrüchten und anderen Handelsgütern auf Bahnhöfen, Schuttplätzen, Hafenanlagen und Äckern.
WEITERE ARTEN Vorübergehend und unbeständig treten im Gebiet auch andere Steinklee-Arten auf, so der mediterrane **Italienische Steinklee**, *Melilotus italicus*, in Baden-Württemberg, Berlin, Brandenburg, Hamburg, Sachsen und Thüringen und der ebenfalls mediterrane **Gefurchte Steinklee**, *Melilotus sulcatus*, in Baden-Württemberg, Bayern, Nordrhein-Westfalen, Sachsen, in der Steiermark, in Graubünden, St. Gallen und Zürich.

Melilotus italicus

Melilotus sulcatus

Serradella · Großer Vogelfuß
Ornithopus sativus
— Hülsenfrüchtler · Fabaceae

Mai–Okt.

Ornithopus sativus

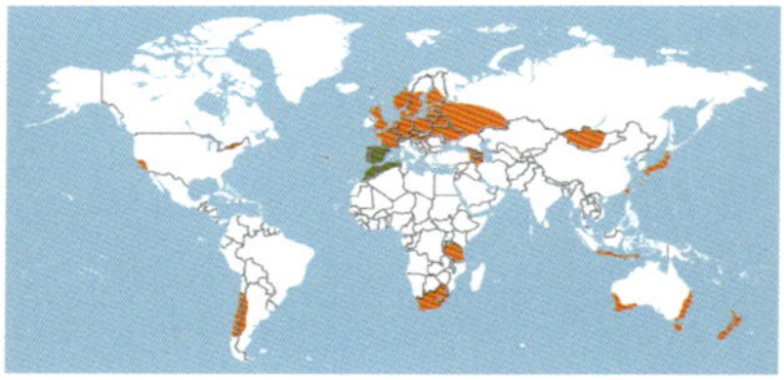

STECKBRIEF 20–40 cm hohe, kriechende bis aufsteigende Einjährige mit weich behaartem Stängel und unpaarig gefiederten Blättern. Blättchen 9–37, lanzettlich bis eiförmig. Blüten hellrosa, 5–9 mm lang, länger als das Tragblatt. Kelchzähne fast so lang wie die Kelchröhre. Hülsenfrucht in meist 4–6 Teilfrüchte gegliedert.

VERWECHSLUNG Der Kleine Vogelfuß, *Ornithopus perpusillus*, hat 3–4 mm lange Blüten, diese sind etwa so lang wie das gefiederte Hochblatt. Das Schiffchen ist gelb.
NUTZUNG/AUSBREITUNG Als Gründüngung und Zwischenfrucht. Mitte des 19. Jahrhundert aus Portugal ins Gebiet gekommen. Gegenwärtig vor allem in Gründüngungs- und Rasenansaaten enthalten, so beispielsweise in der Kiepenkerl-Saatmischung „Bienenfutterpflanzen einjährig", aber auch zur Wildäsung genutzt. Im Gebiet vereinzelt und unbeständig mit Verbreitungsschwerpunkten in Niedersachsen und Sachsen-Anhalt.

Feuer-Bohne
Phaseolus coccineus
— Hülsenfrüchtler · Fabaceae

Mai–Sep.
essbar

Phaseolus coccineus

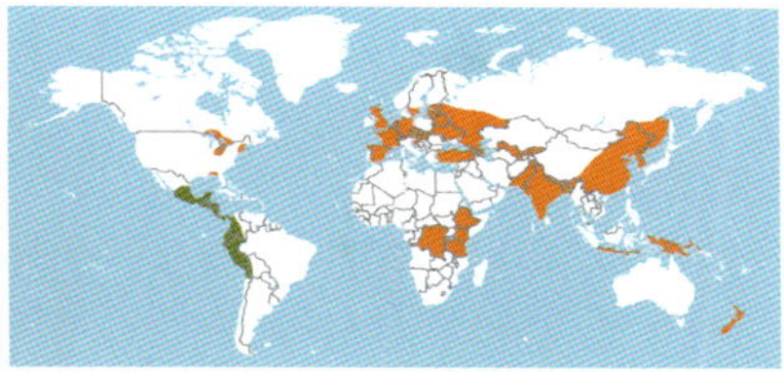

STECKBRIEF Bis 5 m lange, linkswindende Ein- bis Mehrjährige mit bis 2,5 cm dicken, spindelförmigen Wurzeln. Blätter aus 3 großen, breit-eiförmigen, ziemlich rauen Blättchen bestehend, oberseits dunkelgrün, unterseits heller. Blütenstände 10–35 cm lang. Blüten scharlachrot bis weiß, Fahne kurz und zurückgeschlagen, Schiffchen spiralig eingerollt. Hülsen hängend, anfangs dicht behaart, teilweise rot oder violett gefleckt. Samen nierenförmig, groß, 1,3 bis 2,5 cm lang, violett bis rotbraun, mit dunklerer Marmorierung und Scheckung.
NUTZUNG/AUSBREITUNG Gemüse- und Zierpflanze. Beheimatet in Bergtälern des tropischen Amerikas. 1635 durch den holländischen Admiral Hains nach Europa gekommen, nach anderen Angaben schon 1597 in England kultiviert. In Königsberg waren 1654 bereits drei Varietäten bekannt. Die Pflanze wurde anfänglich lediglich als Zierpflanze genutzt. Gegenwärtig im Gebiet vereinzelt und unbeständig verwildert oder verschleppt.
WEITERE ARTEN Die in Mittel- und Südamerika beheimatete, bei uns als Gemüsepflanze häufig kultivierte und vor 1543 ins Gebiet gekommene **Garten-Bohne**, *Phaseolus vulgaris*, findet sich ebenfalls sehr selten verwildert oder verschleppt, so in Bayern, Berlin, Sachsen, im Burgenland, in Salzburg, Wien, Basel, Freiburg, im Jura, in St. Gallen, Uri und Zürich.
Die in ihrer Stammsippe *Glycine soja* ostasiatische **Sojabohne**, *Glycine max*, ist weltweit die wichtigste Ölpflanze, wobei bei der Verarbeitung das Eiweißfuttermittel Sojaschrot anfällt. Trotz der häufigen Kultur im Gebiet werden Verwilderungen nur selten genannt, so etwa aus Bayern, Hamburg, Mecklenburg-Vorpommern, Niederösterreich, Oberösterreich, der Steiermark, Genf, dem Jura, Luzern und dem Tessin.

Erbse
Pisum sativum (= *Lathyrus oleraceus*)
— Hülsenfrüchtler · Fabaceae

Mai–Juli
essbar

STECKBRIEF 30–150 cm lange, niederliegende oder kletternde, kahle, bläulich-grüne Einjährige mit Ranken anstelle der oberen Blätter. Untere Blätter paarig gefiedert, mit 2–3 Fiederpaaren, Blattspindel in eine verzweigte Ranke auslaufend. Blättchen eiförmig, 2–6 cm lang, 1–3 cm breit, ganzrandig oder vorne schwach gezähnt. Nebenblätter größer als die unteren Teilblätter, den Stängel mit großen Zipfeln umfassend. Blüten weiß oder purpurn, ein- oder zweifarbig, wohlriechend, 1,5–3 cm lang, zu 1–3 in gestielten Trauben. Frucht 5–10 cm lang. Als Zwischenfrucht und zur Gründüngung kultiviert bis November blühend.

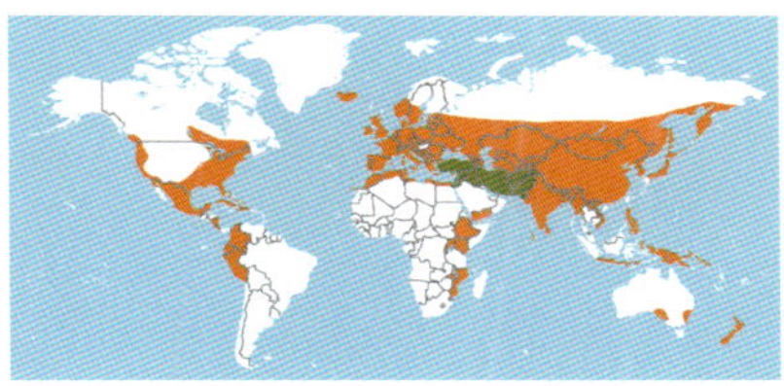

NUTZUNG/AUSBREITUNG In mehreren Varietäten als Gemüse-, Futter- und Gründüngungspflanze und als

Zwischenfrucht. Wird im Gebiet seit etwa 5000 v. Chr. kultiviert und gehört dadurch zu den ältesten Kulturpflanzen. Gegenwärtig im Gebiet vielfach unbeständig verwildert.
WEITERE ART Gelegentlich unbeständig tritt die mediterran-südwestasiatische **Kichererbse**, *Cicer arietinum*, auf. Sie wird im Mittelmeerraum häufig kultiviert und findet sich vorübergehend im Gebiet, so in Baden-Württemberg, Bayern, Hamburg, Hessen, Niedersachsen, Nordrhein-Westfalen, Rheinland-Pfalz, Niederösterreich, Graubünden und Neuenburg.

Pisum sativum

Cicer arietinum

Kudzu · Kopoubohne
Pueraria montana (Syn.: *Pueraria lobata*)
— Hülsenfrüchtler · Fabaceae

Juli–Aug.
invasiv

Pueraria montana

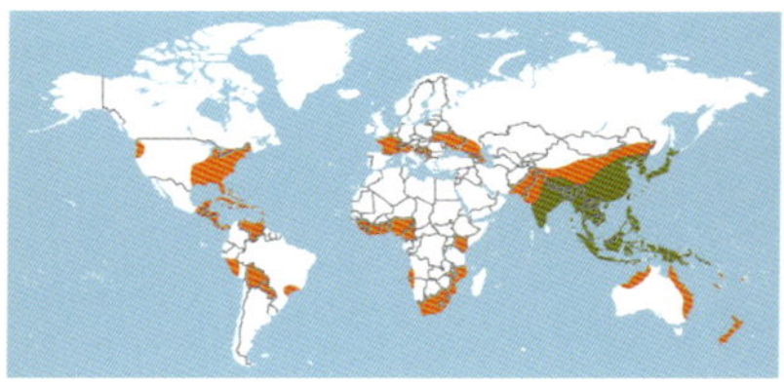

STECKBRIEF Bis zu 30 m weit oder hoch kriechende bzw. schlingende, sommergrüne Mehrjährige mit an der Basis verholzten Trieben. Wurzelknollen groß, länglich, bei alten Pflanzen bis zu 2 Meter lang und bis zu 100 kg schwer. Sprosse gelblich. Blätter gegenständig angeordnet, lang gestielt, dreiteilig oder selten einfach, oberseits hellgrün, unterseits graugrün. Blüten purpurviolett, mit gelbem Fleck. Früchte braun, bis zu 10 cm lang.
NUTZUNG/AUSBREITUNG Vor allem zur Fassadenbegrünung und zur Festigung von Böschungen. Vermutlich als Zierpflanze nach Europa gekommen, ins Tessin jedenfalls absichtlich zu Zierzwecken eingeführt. Auch die weitere Ausbreitung ist stark an menschliche Aktivitäten gebunden, insbesondere durch den Transport und die un-

sachgemäße Entsorgung von Pflanzenresten. Dies zeigten auch genetische Analysen: die Tessiner *Pueraria*-Pflanzen sind alle genetisch identisch.
Gegenwärtig im Tessin an mindestens 30 Standorten am Luganersee und Langensee etabliert und sich weiter ausbreitend. Weltweit gehört Kudzu zu den 100 aggressivsten invasiven Neophyten, deren wirtschaftliche Schäden in den USA auf eine halbe Milliarde Dollar pro Jahr geschätzt wird und wo sie mittlerweile 3 Millionen Hektar Land eingenommen hat.

Echte Robinie
Robinia pseudoacacia
— Hülsenfrüchtler · Fabaceae

April–Mai
giftig
invasiv

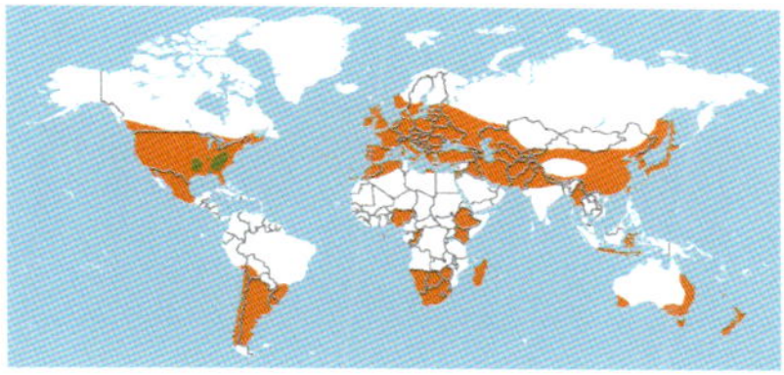

STECKBRIEF Bis 25 m hoher, sommergrüner, stark bewehrter, in der Jugend sehr raschwüchsiger Baum mit lockerer Krone und zahlreichen Ausläufern. Borke grobrissig. Blätter wechselständig, 20–30 cm lang, unpaarig gefiedert mit 9–19 Fiederblättchen, spät austreibend und ohne Herbstfärbung. Blüten weiß, duftend, in hängenden Trauben. Hülsen 5–10 cm lang, zur Reife braun mit jeweils 4–8 Samen.
ANMERKUNG Aus Naturschutzgründen zählt die Robinie zu den kritischsten Neophyten. Durch ihre Fähigkeit der symbiotischen Bindung des Luftstickstoffes kann sie zur Bedrohung von Magerwiesen, Trockenrasen und anderen wertvollen Biotopen werden. So sind in Österreich 30 % der wertvollsten Trockenrasenbestände durch die Robinie gefährdet bzw. bereits negativ beeinträchtigt.
NAME Benannt zu Ehren des französischen Apothekers, Gärtners und Botanikers Jean Robin (1550–1629). Robin war Hofgärtner unter Heinrich III., Heinrich IV. und Ludwig XIII und brachte Anfang des 17. Jahrhunderts die Robinie nach Europa.
NUTZUNG/AUSBREITUNG Forst- und Ziergehölz (in zahlreichen Sorten). Um das Jahr 1625 pflanzte Jean Robin zwei Bäume unweit der Notre-Dame in Paris. Wenige Jahrzehnte später wurde der Baum auch in Deutschland kultiviert, so etwa 1670 im Berliner Lustgarten. Die Robinie galt aber bis Mitte des 18. Jahrhunderts als Exot, dann wurde die Holzindustrie auf sie aufmerksam.
Gegenwärtig ist die Robinie nach der Pappel und dem Eukalyptus die weltweit dritthäufigst kultivierte Laubbaumart. Erste Verwilderungen sind im Gebiet aus dem Jahr 1824 bei Frankfurt a. d. Oder in Brandenburg bekannt. Gegenwärtig in allen Ländern häufig mit weiterer Ausbreitungstendenz. Die Art vermehrt sich vegetativ durch Ausläufer und generativ durch Samen. Sie fruchtet früh im Alter von etwa sechs Jahren. Die Robinie legt eine persistente Samenbank an, die Samen sind zumindest 30 Jahre lang keimfähig.
WEITERE ART Als Zierbaum wird die nordamerikanische **Klebrige Robinie**, *Robinia viscosa*, kultiviert. Sie vermehrt sich vor allem durch Ausläufer und findet sich vereinzelt verwildert, so in Sachsen, im Burgenland, in Kärnten, Salzburg und in der Steiermark.

Robinia pseudoacacia

Robinia viscosa

Alexandriner-Klee
Trifolium alexandrinum
— Hülsenfrüchtler · Fabaceae

Mai–Sep.

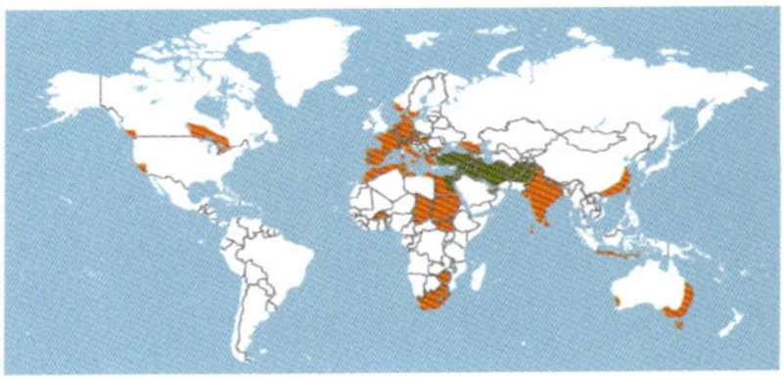

STECKBRIEF 10–80 cm hohe Einjährige mit niederliegenden, an den Knoten wurzelnden Stängeln. Blätter dreizählig, die oberen gegenständig. Blättchen länglich-lanzettlich, fast ganzrandig, bis 3 cm lang. Blüten weiß bis gelblichweiß, leicht nach Honig duftend, 8–10 mm lang, in kugeligen, 1–2 cm langen Köpfen. Kelchröhre außen dicht behaart.
VERWECHSLUNG Beim Pannonischen Klee, *Trifolium pannonicum*, sind die Blättchen 3–8 cm lang, die Blüten 18–25 mm lang und die Blütenstände 3–5 cm lang.
NUTZUNG/AUSBREITUNG Futterpflanze, in ihrer Heimat vor allem zur Gründüngung der Baumwollfelder eingesetzt. Nur aus der Kultur bekannte Art, die seit Jahrtausenden in Nordafrika angebaut wird und wahrscheinlich aus dem östlichen Mittelmeergebiet und aus Vorderasien stammt. Im Gebiet seit Mitte des vergangenen Jahrhunderts verstärkt in Reinsaat oder im Gemisch mit *Trifolium resupinatum* auf Feldern und Straßenböschungen angesät, vereinzelt auch in Wildäckern. Gegenwärtig vielfach, aber unbeständig auf Brachen und Ruderalstellen subspontan auftretend.
WEITERE ARTEN Der mediterran-westeuropäische **Inkarnat-Klee**, *Trifolium incarnatum*, der seit spätestens 1836 aus dem Gebiet in Stuttgart in Kultur bekannt ist, wird als Futterpflanze, zur Gründüngung und als Erosionsschutz in Weingärten und auch im Zuge von „Wiesenblumen-Mischungen" ausgesät. Saatgut findet sich u. a. im „Landsberger Gemenge", einer landwirtschaftlichen Grünfutterkultur oder in der Kiepenkerl-Saatmischung „Bienenfutterpflanzen einjährig". Die Art tritt vorübergehend immer wieder verwildert oder verschleppt auf, so in Baden-Württemberg, Bayern, Berlin, Brandenburg, Hamburg, Mecklenburg-Vorpommern, Niedersachsen, Nordrhein-Westfalen, Sachsen, Schleswig-Holstein, Thüringen, Kärnten, Niederösterreich, Oberösterreich, Salzburg, in der Steiermark, in Nordtirol, Vorarlberg, im Aargau, in Bern, Freiburg, Genf, Glarus, im Jura, in Luzern, Neuenburg, Schaffhausen, im Tessin, in der Waadt, im Wallis, in Zürich und Liechtenstein.
Der mediterrane **Schwarzwerdende Klee**, *Trifolium nigrescens*, tritt im Gebiet ganz vereinzelt auf, so in Baden-Württemberg, Bayern, Berlin, Hamburg, Wien und Südtirol. Südosteuropäisch-südwestasiatisch ist der **Pannonische Klee**, *Trifolium pannonicum*, der selten als Futterpflanze

Trifolium alexandrinum

Trifolium incarnatum

kultiviert wird und vereinzelt verwildert, so in Baden-Württemberg, Bayern, Hamburg, Hessen, im Burgenland und in Südtirol.
Der mediterran-vorderasiatische **Persische Klee**, *Trifolium resupinatum*, wird als Futterpflanze, zur Gründüngung, Böschungsbegrünung und als Bienenweide genutzt und wurde früher mit Saatgut und anderen Gütern aus dem Mittelmeergebiet in Hafen- und Bahnanlagen sowie auf Schuttplätzen eingeschleppt, heute verwildert er vorwiegend aus der Kultur. Er ist im gesamten Gebiet, meist unbeständig, zu finden.
Im Mittelmeergebiet häufig ist der **Stern-Klee**, *Trifolium stellatum*, der im Gebiet ganz vereinzelt verschleppt auftritt, so in Baden-Württemberg, Schleswig-Holstein, Niederösterreich, Basel und Solothurn.
Der mediterran-vorderasiatische **Erd-Klee**, *Trifolium subterraneum*, tritt vereinzelt adventiv auf, so in Baden-Württemberg, Bayern, Nordrhein-Westfalen, Rheinland-Pfalz, Sachsen, im Aargau, in Genf, Luzern, Solothurn, in der Waadt und im Wallis.

Trifolium resupinatum

Trifolium nigrescens

Trifolium stellatum

Trifolium pannonicum

Trifolium subterraneum

Echter Schabzigerklee
Trigonella caerulea
— Hülsenfrüchtler · Fabaceae

Juni–Juli
essbar

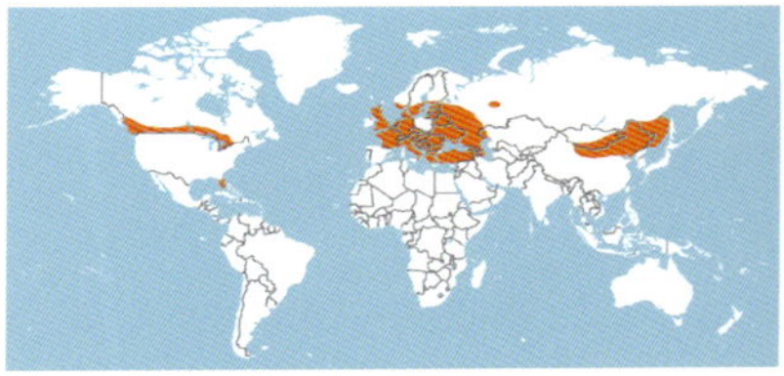

STECKBRIEF 30–70 cm hohe, aufrechte Einjährige. Blätter dreiteilig, Blättchen länglich-eiförmig, die oberen schmäler. Blüten in achselständigen, kopfigen, kugeligen Trauben, dichtblütig, nach der Blütezeit kaum verlängert. Kelchzähne etwa so lang wie die Kelchröhre. Krone blassblau bis helllila. Hülsen rhombisch-eiförmig, abrupt in den geraden oder schwach gekrümmten Schnabel verschmälert.

VERWECHSLUNG Beim im Gebiet heimischen Wilden Schabzigerklee, *Trigonella procumbens*, sind die Trauben eiförmig, locker und nach der Blütezeit deutlich verlängert.

NUTZUNG/AUSBREITUNG Gewürzpflanze für Brot und Käse, ehemals auch Heilpflanze. Im letzten Jahrhundert ± in Vergessenheit geraten, seit den 2010er-Jahren aber wieder verstärkt in Kultur. Kultursippe, vielleicht aus dem osteuropäisch-westasiatischen Wilden Schabzigerklee, *Trigonella procumbens*, hervorgegangen. Im Gebiet seit spätestens dem 16. Jahrhundert kultiviert und vereinzelt daraus verwildert, auch mit anderem Saatgut eingeschleppt. Durch die derzeitige Zunahme der Kulturflächen in Zukunft wahrscheinlich wieder häufiger subspontan auftretend.

WEITERE ARTEN Der südwestasiatische Echte Bockshornklee, *Trigonella foenum-graecum*, wird als Gewürz- und Futterpflanze kultiviert und verwildert gelegentlich, so in Baden-Württemberg, Bayern, Berlin, Hessen, Mecklenburg-Vorpommern, Nordrhein-Westfalen, Sachsen, Thüringen, Niederösterreich, in der Steiermark, in Vorarlberg, Wien, Luzern und Solothurn. Vereinzelt im Gebiet verschleppt tritt auch der mediterrane Schwert-Bockshornklee, *Trigonella gladiata*, auf, so in Baden-Württemberg, Bayern und Berlin.

Trigonella caerulea

Trigonella foenum-graecum

Trigonella gladiata

Stechginster
Ulex europaeus
— Hülsenfrüchtler · Fabaceae

April–Juli
giftig

STECKBRIEF Sparriger, 0,3–2 m hoher, meist dicht verzweigter, stark bewehrter Strauch mit dunkelgrünen, fein gerillten, abstehend behaarten Zweigen. Blätter dreizählig, die nicht abfallenden Dornblätter 4–8 mm lang. Blütenstiele dicht behaart, knapp unter dem Kelch mit rotbraunen Vorblättern. Krone goldgelb, duftend, 1,3–1,8 cm lang.

NUTZUNG/AUSBREITUNG Wildäsungspflanze, Färbepflanze, Bodenverbesserer im Forst, Böschungsfestiger. Als Wildfutterpflanze forstlich kultiviert und daraus verwildert oder als Kulturrelikt auftretend. Im Gebiet vielerorts verwildert bis eingebürgert. Die Vermehrung erfolgt sowohl generativ über Samen als auch vegetativ über Wurzelsprosse.

WEITERE ARTEN Der auf der Iberischen Halbinsel beheimatete **Vielblütige Besenginster**, *Cytisus multiflorus*, tritt seit etwa 1980 in Deutschland aus Ansaaten verwildert an Eisenbahn- und Straßenböschungen auf, so in Nordrhein-Westfalen und Rheinland-Pfalz. Er befindet sich lokal in Einbürgerung.

Der mediterrane **Rutenginster**, *Spartium junceum*, wird mitunter als Zierpflanze kultiviert und findet sich vereinzelt verwildert oder verschleppt, so in Baden-Württemberg, Berlin, Rheinland-Pfalz, Thüringen, im Burgenland, in Niederösterreich, in der Steiermark, in Wien, Südtirol, Bern, Genf, Neuenburg, im Tessin, in der Waadt und im Wallis.

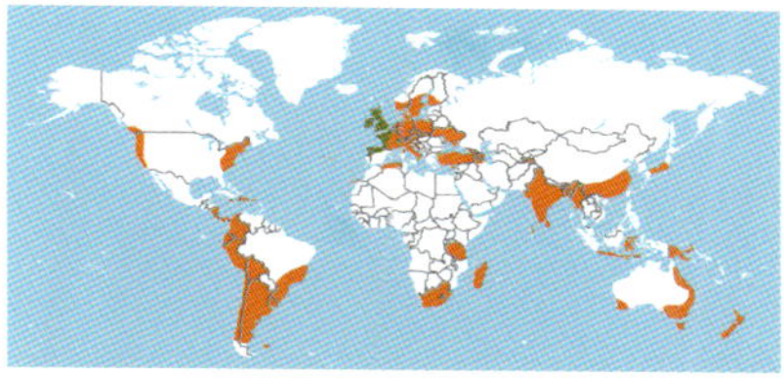

Cytisus multiflorus

Ulex europaeus

Spartium junceum

Ackerbohne

Vicia faba
— Hülsenfrüchtler · Fabaceae

Mai–Juli
essbar

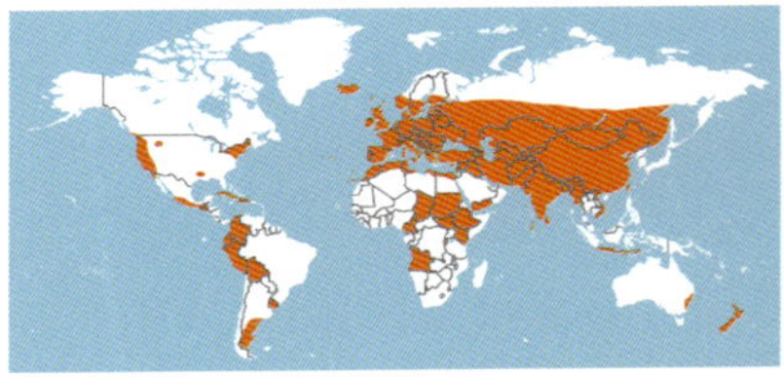

STECKBRIEF 50–100 cm hohe, kahle Einjährige mit aufrechten, dicken, unverzweigten, vierkantigen, hohlen Stängeln. Blätter blaugrün, paarig gefiedert mit 2–3 Fiederpaaren. Blütenkrone meist weiß mit schwarzem Fleck, selten lila, purpurn oder bräunlich. Frucht 8–12 cm lang, blaugrün, zuletzt braun. Als Zwischenfrucht und zur Gründüngung kultiviert bis November blühend.

NUTZUNG/AUSBREITUNG Futter-, Gemüse- und Gründüngungspflanze. Die Ackerbohne ist nur als Kulturpflanze bekannt. Sie stammt wahrscheinlich von einer mediterranen bzw. asiatischen Art ab, möglicherweise von der indischen *Vicia paucijuga* bzw. der algerischen *V. pliniana*.

Im Gebiet erscheint die Ackerbohne erstmals in der späten Bronzezeit, vor allem in Südwestdeutschland und der Nordschweiz und östlich der Elbe. Von 1200–700 v. Chr. hat sich die Kultur der Art stark ausgebreitet. Nach der Zeitwende verlagerte sich der Schwerpunkt des Anbaus auf die Küstengebiete Norddeutschlands. Im 17. Jahrhundert ging der Anbau durch die Ankunft der Gartenbohnen, *Phaseolus*, zurück, ohne allerdings aufzuhören. Die Ackerbohne findet sich immer wieder vorübergehend verwildert oder verschleppt, ohne erkennbare Anzeichen einer Etablierung.

Vicia benghalensis

Vicia faba

Vicia bithynica

WEITERE ARTEN Mediterraner Herkunft ist die **Purpur-Wicke**, *Vicia benghalensis*, die im Gebiet vereinzelt verschleppt auftritt, so in Baden-Württemberg, Berlin, Hamburg, Niedersachsen, Nordrhein-Westfalen, Sachsen, Schleswig-Holstein, Oberösterreich, im Aargau, in Basel, Neuenburg und Zürich.
Ebenso unbeständig und vereinzelt erscheint im Gebiet die mediterrane **Bithynische Wicke**, *Vicia bithynica*, so in Baden-Württemberg, Bayern, Hamburg, Hessen, NRW, Sachsen, in der Steiermark, in Basel, Bern und Freiburg.
Ebenfalls im Mittelmeergebiet beheimatet ist die **Grünblütige Wicke**, *Vicia melanops*, die ganz vereinzelt verschleppt auftritt, so in Berlin, Brandenburg, Hamburg, Hessen, Niedersachsen, Thüringen und Basel.

Die mediterrane **Maus-Wicke**, *Vicia narbonensis*, tritt im Gebiet vereinzelt verwildert bis eingebürgert auf, so in Baden-Württemberg, Osnabrück in Niedersachsen, Loretto im Burgenland, im Schwadorfer Holz in Niederösterreich, im Kanton Aargau und um Lausanne im Kanton Waadt.
Im Gebiet gelegentlich verschleppt tritt die mediterrane **Fremde Wicke**, *Vicia peregrina*, auf, so in Baden-Württemberg, Bayern, Berlin, Hamburg, Niedersachsen, Nordrhein-Westfalen, Rheinland-Pfalz, Niederösterreich, Südtirol, Basel-Land, Bern, im Tessin und in Zürich.
Die mit ihrer Stammsippe mediterrane **Saat-Wicke**, *Vicia sativa*, die als Futterpflanze in zahlreichen Sorten angebaut wird, tritt im gesamten Gebiet immer wieder vorübergehend auf.

Vicia melanops

Vicia peregrina

Vicia narbonensis

Vicia sativa

China-Blauregen
Wisteria sinensis
— Hülsenfrüchtler · Fabaceae

April–Mai
giftig

Wisteria sinensis

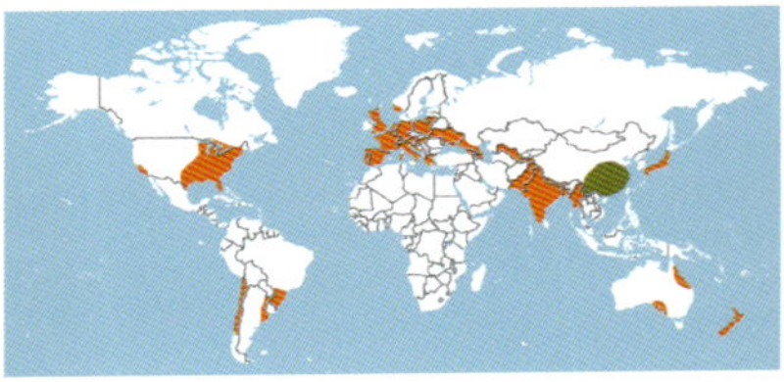

STECKBRIEF Bis 10 m hoch kletternder, linkswindender, sommergrüner Strauch mit wechselständigen, unpaarig gefiederten Blättern. Diese 25–30 cm lang, mit 9–13 eiförmig-elliptischen, 5–8 cm langen, plötzlich zugespitzten Blättchen. Blüten blauviolett bis lilaviolett, zu 25–95 in 10–35 cm langen, dichten Trauben. Fahne mit gelbem bis grünweißem Fleck. Früchte 10–15 cm lang, dicht samtig behaart, an beiden Enden zugespitzt. Oft mit Nachblüte im Frühherbst.
VERWECHSLUNG Der aus Japan stammende, ebenfalls häufig kultivierte Japan-Blauregen, *Wisteria floribunda*, ist rechtswindend und hat 11–17 Blättchen je Blatt.
NUTZUNG/AUSBREITUNG Zierpflanze. Erste Nachricht über die Pflanze übermittelte 1723 der französische Pater Dominicus Parennin, aber erst der englische Pflanzenjäger John Reeves sandte 1816 Pflanzen nach Europa. Seit Mitte des 19. Jahrhunderts wird die Art im Gebiet kultiviert, selten tritt sie hier subspontan auf.

Rot-Eiche
Quercus rubra
— Buchengewächs · Fagaceae

Mai

Quercus rubra

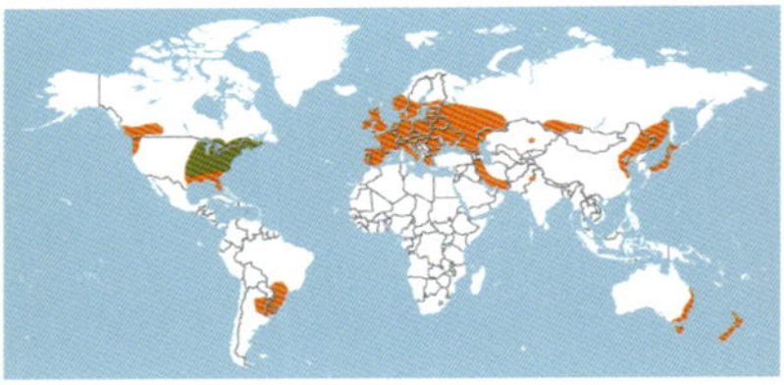

STECKBRIEF Bis 30 m hoher Baum mit grauer Rinde, die lange Zeit glatt bleibt. Blätter lang gestielt, Blattspreiten 10–20 cm lang, mit beiderseits 4–6 Lappen, die spitz auslaufen. Buchten zwischen den Lappen meist nicht tiefer als bis zur Mitte der Blatthälfte. Blatt oberseits dunkelgrün glänzend, unterseits graugrün, nur in der Jugend leicht behaart. Herbstfärbung orangerot.

Früchte bis 2,5 cm lang, gedrungen eiförmig, in einem flachen, am Rand wulstigen Becher. Fruchtreife im zweiten Jahr.
VERWECHSLUNG Die Sumpf-Eiche, *Quercus palustris*, hat tiefe Blattspreitenbuchten, die bis über die Mitte der Blatthälften reichen.
NUTZUNG/AUSBREITUNG Zier- und Forstbaum. 1724 in England eingeführt und 1747 nach Leyden in die Niederlande gekommen. Deutschland erreichte die Rot-Eiche um das Jahr 1770. Fortan wurde sie in Grünanlagen und als Straßenbaum gepflanzt, auf bodensauren Standorten auch als Forstbaum. Subspontan 1887 erstmals im Tegeler Forst bei Berlin in mehreren Stämmen nachgewiesen. Gegenwärtig im Gebiet zerstreut, u. a. etabliert innerhalb der Felskomplexe der Sächsischen Schweiz und im Elbsandsteingebirge.

Quercus ilex

WEITERE ARTEN Im Mittelmeergebiet ist die **Stein-Eiche**, *Quercus ilex*, beheimatet, die im Gebiet selten verwildert auftritt, so in Südtirol, um den Genfer See, Neuenburger See und im südlichen Tessin. Nordamerikanisch ist die **Sumpf-Eiche**, *Quercus palustris*, die auch „Spree-Eiche" genannt und als Zier- und Forstbaum kultiviert wird. Verwildert u. a. in Berlin, Bayern, Hamburg, Nordrhein-Westfalen, Sachsen und in der Waadt.

Quercus palustris

Farnblättriger Lerchensporn
Corydalis cheilanthifolia
— Erdrauchgewächs · Fumariaceae

April–Mai
giftig

Corydalis cheilanthifolia

STECKBRIEF 15–40 cm hohe, kahle Staude mit oft braun überlaufenen Blättern. Blattspreiten lanzettlich, dreifach gefiedert, Blattzipfel scharf zugespitzt. Blütentraube locker, mit häutigen, kleinen, linealischen Hochblättern. Blüten gelb, ca. 1 cm lang, Sporn stark aufwärts gebogen. Früchte schmal, gebogen, weder geschlängelt noch perlschnurförmig.

VERWECHSLUNG Der Schlangenfrucht-Lerchensporn, *Corydalis ophiocarpa*, hat blassgelbe Blüten mit purpurner Spitze.
NUTZUNG/AUSBREITUNG Zierstaude. Seit spätestens 1904 in Europa als Zierpflanze in Kultur, woraus sie sich vereinzelt versamt und diese Samen von Ameisen vertragen werden.
WEITERE ART Selten wird der aus China, Indien, Japan, Taiwan und dem Himalayagebiet stammende **Schlangenfrucht-Lerchensporn**, *Corydalis ophiocarpa*, kultiviert, der dann gelegentlich verwildert, so in München-Nymphenburg in Bayern, im Botanischen Garten Braunschweig in Niedersachsen und in Reichersberg in Oberösterreich aus einer Gärtnerei.

Corydalis ophiocarpa

Tränendes Herz
Lamprocapnos spectabilis (Syn.: *Dicentra spectabilis*)
— Erdrauchgewächs · Fumariaceae

April–Juni
giftig

STECKBRIEF 30–80 cm hohe, kahle Staude mit unterirdischer Speicherwurzel. Blätter 2–3-fach gefiedert, 20–40 cm lang, Endabschnitte gelappt bis fiederschnittig. Blüten in einseitwendigen, überhängenden Trauben. Äußere Kronblätter rosa, ihre Spitzen abstehend bis zurückgebogen.
NUTZUNG/AUSBREITUNG Zierpflanze. Als erster Europäer sah die in ihrer Heimat schon lange als Zierpflanze genutzte Art wohl der in Peking missionierende französische Jesuitenpater Pierre d'Incarville (1706–1757), der Pflanzen nach Frankreich schickte, die aber dort nie ankamen, weil die Schiffe durch Kaperung und Schiffbruch verlorengingen. Nach Europa gelangten sie dann durch den deutschen Naturforscher Johann Georg Gmelin (1709–1755), der 1733 bis 1743 Sibirien bereiste und dabei Exemplare der Pflanze aus China zugeschickt bekam. Über Sankt Petersburg erreichte das Tränende Herz 1769 Deutschland und 1816 England.

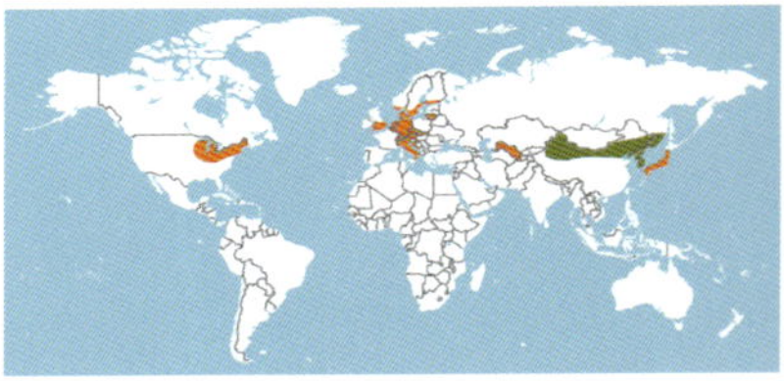

Lamprocapnos spectabilis

Dicentra eximia

Die Pflanze bildet keine Ausläufer und im Gebiet auch kaum Samen. Somit dürften nur gelegentlich Teile des Wurzelstockes mit Gartenauswurf in die freie Natur gelangen. Dies kann insofern leicht passieren, als dass das Tränende Herz im Sommer die oberirdischen Teile komplett oder aber zumindest zum Teil einzieht. Für manche Gartenbesitzer bereits Grund genug für einen Erdaustausch, im Zuge dessen dann der Wurzelstock in die Landschaft gerät.

WEITERE ARTEN In Nordamerika von Georgia bis New York ist die **Zwerg-Herzblume**, *Dicentra eximia*, beheimatet, die als Zierstaude kultiviert wird und vereinzelt daraus verwildert, so in Hamburg, Hessen, Niedersachsen, Nordrhein-Westfalen, Rheinland-Pfalz und im Saarland.

Im westlichen Nordamerika ist die **Pazifische Herzblume**, *Dicentra formosa*, beheimatet, die im Gebiet seit spätestens 1821 in Kultur ist und gelegentlich daraus verwildert, so in Bayern, Hessen, Nordrhein-Westfalen, Sachsen, Schleswig-Holstein und Oberösterreich. Bei Schwerte im Kreis Unna in Nordrhein-Westfalen in einem etwa 8 m² großen Bestand mitten im Wald in der Berchumer Heide, mindestens 1 km vom Wanderparkplatz und nächster Bebauung entfernt. In Ahlefeld in Schleswig-Holstein auf einer Länge von mehr als 20 Metern und in über 1000 Pflanzen verwildert.

Dicentra formosa

Blasser Scheinerdrauch

Pseudofumaria alba (Syn.: *Corydalis ochroleuca*)
— Erdrauchgewächs · Fumariaceae

Mai–Aug.
giftig

Pseudofumaria alba

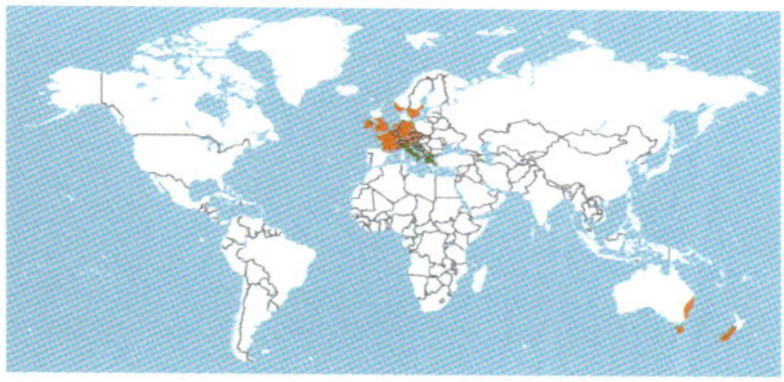

STECKBRIEF 5–30 cm hohe, kurzlebige Mehrjährige. Blätter blaugrün, 2–3-fach gefiedert, Blattstiel gegen den Grund mit schmalem, flügelartigem Rand. Blütenstände 6–30-blütig, Blütenkrone weiß mit gelber bis oranger Spitze. Sporn 2–4 mm lang. Kelchblätter 2–3 mm lang, herzförmig, ausgefranst. Frucht aufrecht, 3–7-samig, Samen ±matt.

NUTZUNG/AUSBREITUNG Zierpflanze, Botanische Gärten. Wird gelegentlich für schattige Trockenmauern genutzt und versamt sich dort regelmäßig. Gegenwärtig im Gebiet selten subspontan, lokal auch eingebürgert wie am Grazer Schlossberg in der Steiermark.

Japanische Aukube
Aucuba japonica
— Becherkätzchengewächs · Garryaceae

April–Mai
giftig

Aucuba japonica

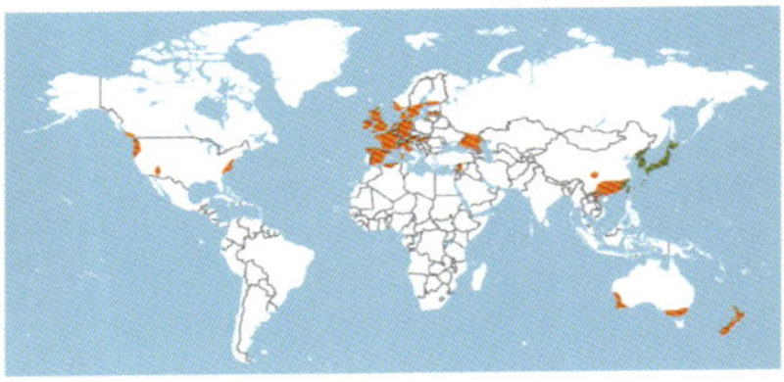

STECKBRIEF 50–300 cm hoher, immergrüner, zweihäusiger Strauch mit gegenständig angeordneten Blättern. Diese ca. 2 cm lang gestielt, Spreiten 5–25 cm lang, elliptisch, zugespitzt, ganzrandig oder gesägt, bei manchen Sorten beiderseits gelb gefleckt. Blüten klein, braunrot bis purpurn, vierzählig, männliche Blüten mit 4 gelben Staubbeuteln. Frucht eine leuchtendrote, längliche, etwa 2 cm lange Beere.
NUTZUNG/AUSBREITUNG Zierpflanze, vor allem in der Form 'Variegata' mit gelb gefleckten Blättern. 1856 durch Philipp Franz von Siebold nach Europa gebracht und hier züchterisch bearbeitet. In Mitteleuropa anfänglich nur als Zimmerpflanze gezogen wird die Aukube in wärmebegünstigten Landstrichen mittlerweile auch ganzjährig im Freien gehalten. Subspontan ist sie im Gebiet seit dem Jahr 2002 bekannt, auffallend dabei die Häufung an Vorkommen in Nordrhein-Westfalen. Die Vermehrung erfolgt sowohl generativ als auch vegetativ.

Moschus-Reiherschnabel
Erodium moschatum
— Storchschnabelgewächs · Geraniaceae

April–Juni

Erodium moschatum

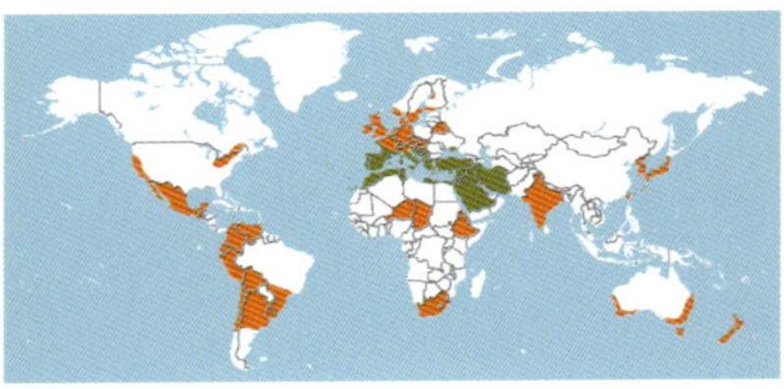

STECKBRIEF 10–40 cm hohe Ein- bis Zweijährige mit besonders oberwärts dicht drüsigen Stängeln und gefiederten Blättern. Fiedern unregelmäßig sägezähnig mit Einschnitten, die höchstens bis zur Mitte der Fiederhälfte reichen, unterste Fiedern oft etwas gestielt. Kronblätter 8–12 mm lang, purpurrosa bis blassrosa, Kelchblätter 6–9 mm lang. Frucht mit Schnabel 3–5 cm lang, unter dem Schnabel mit einer ringförmigen Einschnürung.
VERWECHSLUNG Beim sehr ähnlichen Trauben-Reiherschnabel, *Erodium botrys*, sind die Kelchblätter 10–13 mm lang, die Blätter sind fiederschnittig, nicht gefiedert.

NUTZUNG/AUSBREITUNG Keine, früher mitunter als Gewürz- und Arzneipflanze bei Darmerkrankungen verwendet. Früher häufiger, gegenwärtig selten auf Schuttstellen, Bahnarealen und ähnlichen Ruderalfluren verschleppt.
WEITERE ARTEN Vereinzelt findet sich auch der mediterrane **Trauben-Reiherschnabel**, *Erodium botrys*, im Gebiet verschleppt, so in Baden-Württemberg, Hamburg, Nordrhein-Westfalen, Sachsen, Basel-Land und Solothurn. Ebenfalls mediterran ist der **Große Reiherschnabel**, *Erodium ciconium*, der mancherorts verwildert bis eingebürgert auftritt, so in Baden-Württemberg, Bayern, Hamburg, Rheinland-Pfalz, Sachsen, Niederösterreich, Steiermark, Wien (seit 1892), Freiburg, Genf, St. Gallen, Tessin, Waadt und Wallis.
Mediterraner Herkunft ist auch der **Herzblatt-Reiherschnabel**, *Erodium malacoides*, der sehr zerstreut im Gebiet auftritt, so in Baden-Württemberg, Bayern, Hamburg, Mecklenburg-Vorommern, Nordrhein-Westfalen, Sachsen, Kärnten, in der Steiermark, in Salzburg, Solothurn und Zürich.
Als Zierstaude wird der in den Pyrenäen heimische **Pyrenäen-Reiherschnabel**, *Erodium manescavii*, kultiviert. Vereinzelt verwildert er daraus, so in Rheinland-Pfalz, im Burgenland und in Wien.

Erodium ciconium

Erodium malacoides

Erodium botrys

Erodium manescavii

Endress-Storchschnabel
Geranium endressii
— Storchschnabelgewächs · Geraniaceae

Mai–Juni

STECKBRIEF 25–60 cm hohe Mehrjährige mit oberirdischen Ausläufen und 3–5-lappigen, tief eingeschnittenen Blattspreiten. Blattunterseite heller als die Oberseite, behaart. Blütenstand meist zweiblütig. Kronblätter etwas ausgerandet, Kelchblätter 7–9 mm lang, begrannt. Früchte in 5 schnabelartig verlängerte Teilfrüchte zerfallend. Oft mit Nachblüten im Sommer und Herbst.
NAME Zu Ehren des deutschen Botanikers Philipp Anton Christoph Endress (1806–1831) benannt, der drei

botanische Reisen in die Pyrenäen unternahm. Bei seiner Suche nach *Erica lusitanica* in Frankreich erkrankte er und starb bald darauf in jungen Jahren. Neben dem Storchschnabel tragen *Centaurea endresii* und *Sideritis endressii* seinen Namen.

NUTZUNG/AUSBREITUNG Zierstaude. Wird als leicht kultivier- und vermehrbare Zierstaude seit 1832 gezogen. Durch Auslese und Einkreuzung entstanden dutzende neue Sorten. Die Pflanze tritt im Gebiet vereinzelt subspontan auf.

WEITERE ARTEN In Süditalien und auf der Balkanhalbinsel ist der **Affodill-Storchschnabel**, *Geranium asphodeloides*, beheimatet. Er wird selten als Zierstaude kultiviert und verwildert daraus sehr selten, so in Zürich.

Eine Hybride aus den beiden südosteuropäischen Arten Dalmatischer Storchschnalbel, *Geranium dalmaticum*, und Felsen-Storchschnabel, *Geranium macrorrhizum*, ist der **Cambridge-Storchschnabel**, *Geranium × cantabrigiense*, der als Zierstaude kultiviert wird und ganz vereinzelt daraus verwildert, so in Bayern und Oberösterreich.

In Gebirgslagen Zentralasiens ist der **Himalaya-Storchschnabel**, *Geranium himalayense*, beheimatet, der aufgrund seiner hübschen Blüten zu Zierzwecken kultiviert wird und der vereinzelt daraus verwildert, so in Hamburg.

Der **Pracht-Storchschnabel**, *Geranium × magnificum*, eine Gartenhybride aus den beiden südwestasiatischen Arten Georgien-Storchschnabel, *Geranium ibericum*, und Breitkronblättriger Storchschnabel, *Geranium platypetalum*, wird vielfach als Zierstaude kultiviert und kann Jahrzehnte lang an Standorten ausdauern. Verwildert daraus gelegentlich, so in Bayern, Niedersachsen, Sachsen und Oberösterreich.

Ebenfalls hybridogener Herkunft ist der **Oxford-Storchschnabel**, *Geranium × oxonianum*, entstanden aus Endress-Storchschnabel, *Geranium endressii*, und Verschiedenfarbigem Storchschnabel, *Geranium versicolor*. Die Hybride ist wüchsig, fertil und tritt vereinzelt verwildert oder verschleppt auf, so in Oberösterreich.

Auch der **Breitkronblättrige Storchschnabel**, *Geranium platypetalum*, aus dem Kaukasus-Gebiet, dem Iran und

Geranium × cantabrigiense

Geranium endressii

Geranium asphodeloides

Anatolien wird als Gartenzierstaude kultiviert und verwildert selten daraus, so in Bayern, Rheinland-Pfalz, Sachsen und in der Steiermark.

Auf der südlichen Balkanhalbinsel und in Süditalien ist der **Verschiedenfarbige Storchschnabel**, *Geranium versicolor*, beheimatet. Er wird trotz seiner ausgesprochen hübschen Blüten nur sehr selten als Zierstaude genutzt und findet sich entsprechend selten subspontan, so am Ufer der Fischach in Salzburg. Das Vorkommen geht von einer Anpflanzung unweit des Standortes aus. Die Art konnte hier bereits größere Bereiche der ziemlich hohen und steilen Uferböschung besiedeln.

Geranium × oxonianum

Geranium himalayense

Geranium versicolor

Geranium × magnificum

Geranium platypetalum

Purpur-Storchschnabel
Geranium purpureum
— Storchschnabelgewächs · Geraniaceae

April–Juni

STECKBRIEF 5–30 cm hohe Einjährige mit 3–5-zählig zusammengesetzten Blättern und fiederteiligen, tief kerbsägigen Blattabschnitten. Trugdolde mit 2 Blüten. Kronblätter purpurrosa, 5–9 mm lang, genagelt, 1–1,2 × so lang wie die Kelchblätter. Granne der Kelchblätter höchstens 1,5 mm lang. Staubbeutel gelb.
VERWECHSLUNG Der heimische Ruprechts-Storchschnabel, *Geranium robertianum*, hat 10–13 mm lange Kronblätter und eine 1,5–2,5 mm lange Kelchblattgranne. Seine Staubbeutel sind meist purpurn.
ANMERKUNG Zwischen *Geranium purpureum* und *Geranium robertianum* treten stabilisierte Zwischenformen auf. Es handelt sich offenbar um durch introgressive Hybridisation entstandene Sippen, die als *Geranium urbanum* und *Geranium alboroseum* neu beschrieben wurden.
NUTZUNG/AUSBREITUNG Keine. Die rasante Ausbreitung erfolgt vor allem in sich rasch erwärmenden Schotterbetten von Bahnstrecken, wo die Art vorrangig in Bahnanlagen und Ruderalflächen in der Nähe von Gleisschotterflächen vorkommt. Sie erweitert aber zurzeit ihr Standortspektrum und kommt auch in anderen Ruderalgesellschaften und im Saum von Wäldern vor. Bahnanlagen sind aus zweierlei Hinsicht prädestiniert für die winterannuelle Art. Sie blüht im Frühling und wenn im Sommer die Herbizidbehandlung der Geleiskörper durchgeführt wird, sind die Pflanzen bereist

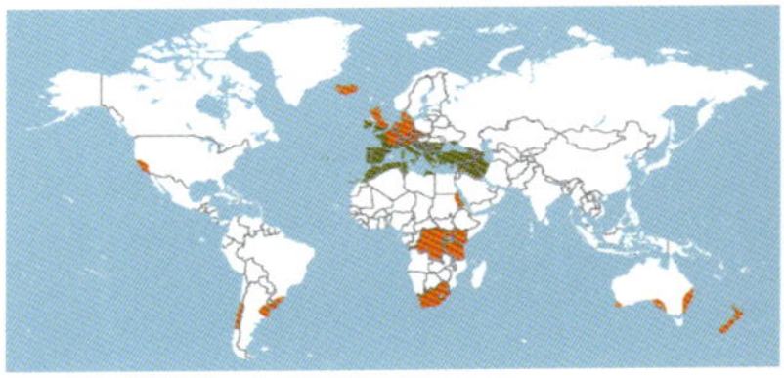

verdorrt, die Samen hingegen überleben und keimen im Herbst. Zum anderen weisen die Früchte klebrige Streifen auf, sodass sie auch an glatten Flächen wie an Bahnwägen haften und so fernverbreitet werden können.
Die ersten Funde des Purpur-Storchschnabels aus dem Gebiet sind aus der Pfalz Anfang des 20. Jahrhunderts und vom Güterbahnhof Zürich 1921 nachgewiesen. Die rasche Ausbreitung vollzieht sich aber erst seit den 1990er-Jahren und mittlerweile ist sie im Gebiet weit verbreitet.
WEITERE ART Auf der Balkanhalbinsel und in Italien ist der **Zurückgebogene Storchschnabel**, *Geranium reflexum*, beheimatet. Er tritt im Gebiet ganz selten auf, so eingebürgert in Grasgärten und Wiesen in Bayern und Niedersachsen.

Geranium purpureum

Geranium reflexum

Sibirischer Storchschnabel

Geranium sibiricum
— Storchschnabelgewächs · Geraniaceae

Juni–Sep.

STECKBRIEF 10–50 cm hohe Ein- bis Mehrjährige mit ausgebreitet-verzweigtem Wuchs und weiß behaarten Stängeln. Blätter 5–7-zählig handförmig geschnitten, bis weit über die Mitte geteilt, Abschnitte mit groben Zähnen. Teilblütenstände einblütig. Kronblätter blassrosa bis weiß, 4–7 mm lang, violett geadert, ausgerandet. Kelchblätter etwa so lang wie die Kronblätter, Spitze der Kelchblätter bis 1,5 mm lang. Frucht 1,5–2 cm lang, im unteren Teil ohne Querrippen, kurz behaart, nur an den Nahtstellen mit langen Haaren.
VERWECHSLUNG Der ähnliche Thunberg-Storchschnabel, *Geranium thunbergii*, hat zweiblütige Teilblütenstände.
NUTZUNG/AUSBREITUNG Keine, angeblich einst Zierpflanze. Die Vorkommen in Osteuropa, speziell in Rumänien, der Ukraine und Südwest-Russland, werden von manchen Autoren als indigen bewertet, was aber zumindest für die Ukraine bezweifelt wird, da es dort keine Nachweise vor 1941 gibt und die Art dort derzeit in starker Ausbreitung ist. Auch in Rumänien ist die Sache unklar, die Art wird auf der Roten Liste als „ausgestorben" geführt, ihr neuerliches Auftreten dagegen als neophytische Invasion interpretiert. Seit Beginn des 20. Jahrhunderts vergrößert sich das Verbreitungsareal des Sibirischen Storchschnabels langsam gegen Westen. Eine Ursache für diese Arealerweiterung ist bislang noch nicht bekannt.

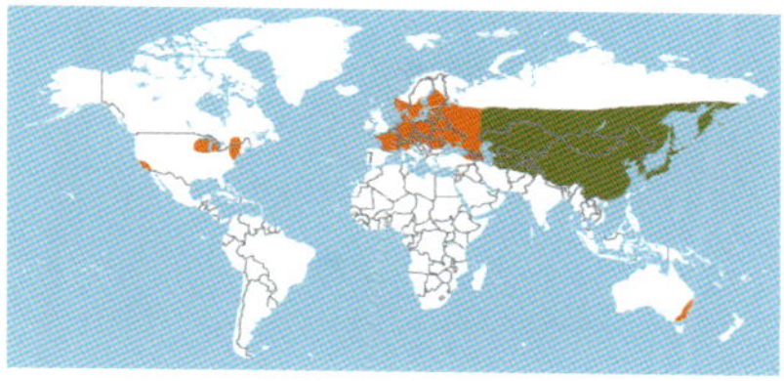

Die Verbreitung erfolgt unter anderem über Gärtnereien, wo die Art nicht selten ein Beikraut ist und mit der in den letzten Jahrzehnten immer üblicher werdenden Containerkultur leicht in Gärten und öffentliche Grünanlagen vertragen wird. Gegenwärtig im Gebiet mancherorts eingebürgert mit Verbreitungsschwerpunkt in Österreich.
WEITERE ART Aus Japan, Taiwan, Korea und der Ostküste Chinas stammt der **Thunberg-Storchschnabel**, *Geranium thunbergii* (Syn.: *G. peregrinum*), der im Gebiet selten subspontan auftritt, so in Baden-Württemberg, Bayern, Brandenburg, Sachsen und Oberösterreich.

Geranium sibiricum

Geranium sibiricum Blüte Detail

Geranium thunbergii

Gold-Johannisbeere

Ribes aureum
— Stachelbeergewächs · Grossulariaceae

April–Mai
essbar

STECKBRIEF Bis etwa 2 m hoher, sommergrüner Strauch mit gelappten, schwach glänzenden Blättern und 5–6 cm langen Blütentrauben mit goldgelben Kelchblättern. Junge Triebe kahl oder kaum behaart. Kronblätter rötlich, kürzer als die Kelchblätter. Frucht 6–8 mm im Ø, anfänglich gelblich, später rot und purpurschwarz, fruchtig-säuerlich schmeckend.

VERWECHSLUNG Die sehr ähnliche, ebenfalls nordamerikanische Duft-Johannisbeere, *Ribes odoratum*, wird ebenfalls gelegentlich als Obst- oder Zierstrauch kultiviert. Ihre jungen Triebe sind behaart, die Früchte messen 8–10 mm im Ø.

NUTZUNG/AUSBREITUNG Als Zier- und Obstgehölz, für Windschutzgürteln, Autobahn-Mittelstreifen und als Veredelungsunterlage. Erstmals genannt wird die Art von Meriwether Lewis und William Clark im Jahr 1804. Der Ire Bernard M'Mahon (1775–1816), der 1796 nach Philadelphia auswanderte, eröffnete dort eine Gärtnerei und brachte den ersten Pflanzenkatalog Amerikas heraus. Seine Freundschaft zu Präsident Thomas Jefferson, einem begeisterten Botaniker, war eng und dieser vertraute ihm die Ausbeute der Lewis-Clark-Expedition (1804–1806) an. M'Mahon säte alle auf dieser Expedition gesammelten Samen aus und fand darunter 25 der Wissenschaft unbekannte Arten, darunter auch die Gold-Johannisbeere. Diese blühte 1808 erstmals in (aufgezeichneter) menschlicher Kultur. 1812 erreichte die Pflanze durch den Engländer Thomas Nuttall europäischen Boden, 1820 dann Deutschland.

Ribes aureum

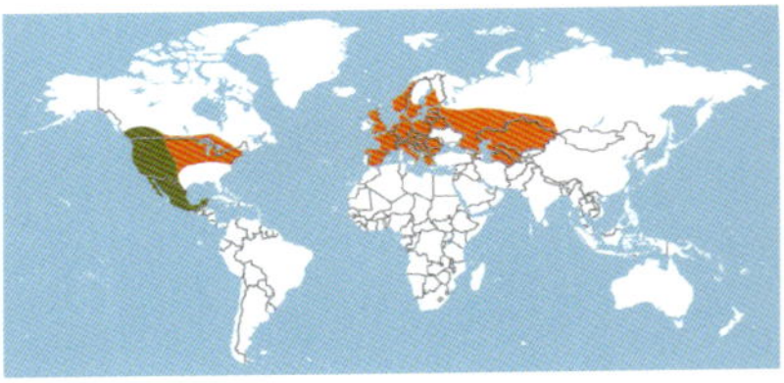

Gegenwärtig im Gebiet vielfach subspontan auftretend mit Verbreitungsschwerpunkten in Sachsen-Anhalt, Berlin und dem nördlichen Bayern.

WEITERE ARTEN Die nordamerikanische, 1825 erstmals in Europa gezogene **Blut-Johannisbeere**, *Ribes sanguineum*, wird häufig als Zierstrauch kultiviert und verwildert zuweilen daraus, so in Bayern, Berlin, Hamburg, Mecklenburg-Vorpommern, Niedersachsen, Nordrhein-Westfalen, Rheinland-Pfalz, Sachsen, Salzburg,

Ribes sanguineum

Ribes × nidigrolaria

Nordtirol, im Aargau, in Bern, Genf und in der Waadt. Die **Jostabeere**, *Ribes × nidigrolaria*, die 1922 durch Kreuzungsversuche von Erwin Bauer aus *Ribes nigrum × R. uva-crispa* entstand, ist seit 1977 im Gartenhandel. Sehr selten tritt die Sippe verwildert auf, so in Bayern, Hamburg und Sachsen.

Brasilianisches Tausendblatt

Myriophyllum aquaticum (Syn.: *Myriophyllum brasiliensis*)
— Tausenblattgewächs · Haloragaceae

Juli–Sep.

STECKBRIEF Immergrüne, bis zu 2 m lange, ausdauernde Wasserpflanze. Blätter ca. 4 cm lang, mit 25–35 Fiedern versehen, untergetaucht und über die Wasseroberfläche ragend, wirtelig angeordnet. Blüten unscheinbar, weiß, einzeln in den Blattachseln der Lufttriebe sitzend.
VERWECHSLUNG Das Verschiedenblättrige Tausendblatt, *Myriophyllum heterophyllum*, entwickelt bei Wassertemperaturen von 12–16 °C fiederschnitte Blätter, bei 20–25 °C ungeteilte, gezähnte Laubblätter.
NUTZUNG/AUSBREITUNG Für Gartenteiche und in der Aquaristik, dort meist als „Papageienfeder" gehandelt. 1880 nach Europa gekommen, 1887 für den Botanischen Garten Heidelberg erwähnt. Es wurden in Europa bislang überwiegend weibliche Pflanzen festgestellt, erst seit 1989 sind auch männliche Pflanzen bekannt. Die Reproduktion erfolgt überwiegend vegetativ durch Sprossteilung. Zumindest ein Teil der Vorkommen dürfte auf entsorgte Aquarienabfälle zurückgehen. Erste subspontane Vorkommen aus dem Gebiet sind seit 1980 von Gewässern der Villacher Therme in Kärnten und seit 1982 vom Blauen See bei Langenbroich in Nordrhein-Westfalen nachgewiesen. Gegenwärtig im Gebiet vereinzelt, aber mit Ausbreitungstendenz.
WEITERE ART Das nordamerikanische **Verschiedenblättrige Tausendblatt**, *Myriophyllum heterophyllum*, wird seit Ende des 19. Jahrhunderts im Gebiet als Aquarienpflanze gehandelt und trat 1892 erstmals subspontan im Gebiet in der Lommatzsch bei Schieritz in Sachsen auf. Weiters beobachtet in Bayern, Brandenburg, Bremen, Niedersachsen, Nordrhein-Westfalen, Rheinland-Pfalz, Sachsen-Anhalt, Thüringen, Kärnten, lokal eingebürgert in der Steiermark und vereinzelt im Kanton Zürich.

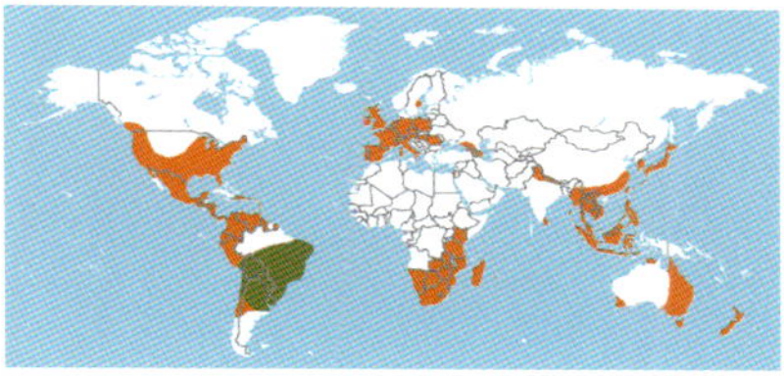

Myriophyllum aquaticum

Raue Deutzie

Deutzia scabra
— Hortensiengewächs · Hydrangeaceae

Mai–Juni

STECKBRIEF Bis 3 m hoher, sommergrüner Strauch mit fein gezähnten, beiderseits rauen, eiförmig-länglichen, 3–7 cm langen, spitzen bis zugespitzten Blattspreiten. Blätter an Blütentrieben sitzend, sonst gestielt. Blüten weiß, in lockeren, breiten Blütenständen. Kronblätter eiförmig, das oberste Viertel der Staubfäden der äußeren Staubbeutel ungeflügelt, ohne Zipfel.
VERWECHSLUNG Aus der Hybride *Deutzia scabra × D. vilmoriniae* ist die Pracht-Deutzie, *Deutzia × magnifica*,

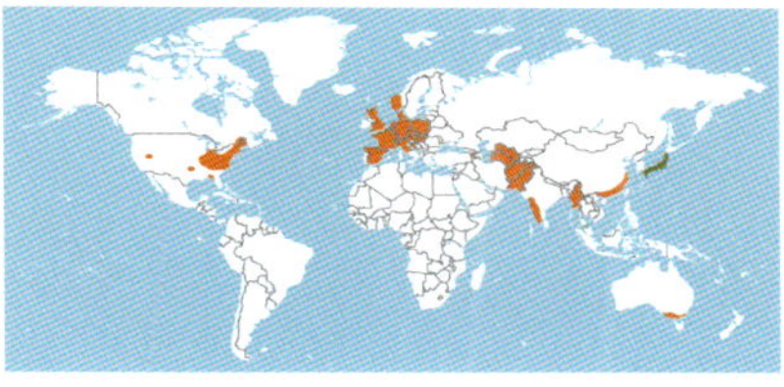

Deutzia scabra

Deutzia gracilis

entstanden, bei der die Staubfäden aller Staubblätter bis fast zur Spitze hin geflügelt sind. Die Zierliche Deutzie, *Deutzia gracilis*, bleibt mit höchstens 1,5 m niedriger. Ihre Staubfäden sind meist deutlich zweizipfelig.

NAME Der Gattungsname ehrt den holländischen Ratsherrn Johan van der Deutz (1790–1858), einen Förderer des schwedischen Naturforschers Carl Peter Thunberg, der die Gattung benannte.

NUTZUNG/AUSBREITUNG Ziergehölz. 1784 von Thunberg beschrieben, aber erst 1833 durch John Russel Reeves nach Europa gekommen. Ab Mitte des 19. Jahrhunderts in Mitteleuropa in Kultur vorhanden. Die Pflanzen entwickeln auch im Gebiet Samen, die dann gelegentlich in Schotterstreifen am Straßenrand oder in Ritzen im Asphalt und in Mauerspalten auskeimen. Seltener sind Vorkommen an Böschungen und in Wäldern, die vermutlich auf Gartenauswurf zurückgehen.

WEITERE ART Ebenfalls aus Japan stammt die **Zierliche Deutzie**, *Deutzia gracilis*, die im Gebiet ab dem Jahr 1830 häufig als Zwergstrauch kultiviert wird und die selten verwildert, so in Baden-Württemberg, Sachsen und Südtirol.

Garten-Hortensie

Hydrangea macrophylla

— Hortensiengewächs · Hydrangeaceae

Juni–Aug.

Hydrangea macrophylla

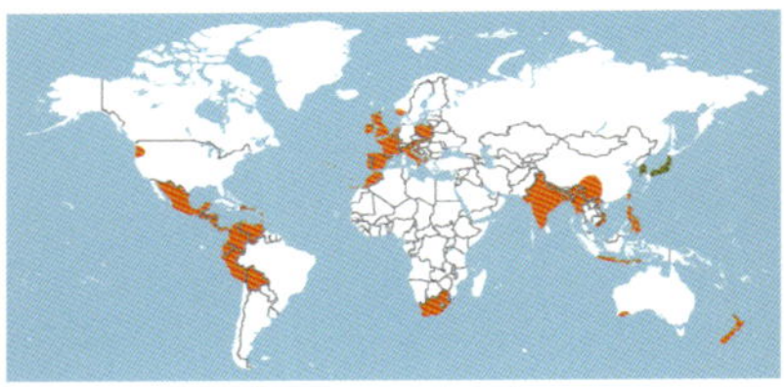

STECKBRIEF 1–2,5 m hoher, halbkugeliger Strauch mit kahlen Zweigen und Blütenständen. Blattspreiten 12–25 cm lang, breit-eiförmig bis elliptisch, grob gezähnt, oberseits glänzend grün, unterseits heller. Blüten in flachen, reich verzweigten, 10–20 cm breiten Trugdolden, bei zahlreichen Kultursorten auch ± kugelig, rosa, purpurn, blau, violett oder weiß, je nach Sorte bzw. Beschaffenheit des Bodens.

VERWECHSLUNG Bei der ebenfalls kultivierten, japanischen Gesägten Hortensie, *Hydrangea serrata*, sind die Blätter unterseits auf den Nerven und die jungen Triebe fein behaart.

NAME Die deutsche Bezeichnung Hortensie geht auf die Tochter des Prinzen von Nassau, Hortense de Nassau, zurück. Dieser war Teilnehmer der Bougainville-Expedition.

NUTZUNG/AUSBREITUNG Ziergehölz, in vielen Sorten häufig kultiviert. Die erste lebende Garten-Hortensie erreichte Europa 1789 durch den englischen Botaniker Joseph Banks. Sechs Jahre später schickte ein deutscher Gärtner einen Steckling von England nach Sachsen, wo dieser im Schlossgarten von Pillnitz zu einer stattlichen Pflanze heranwuchs. 1889 war der Stock noch am Leben, mit einem beachtlichen Umfang von 9,5 Metern. Auf den mitteleuropäischen Markt brachte die Hortensie der Berliner Gärtner Jean David Bouche (1747–1819), der mit seinen überproportionalen Glashäusern gesellschaftlicher Mittelpunkt von hohen Staatsbeamten und Königen war. Die Garten-Hortensie tritt im Gebiet sehr selten subspontan auf.

WEITERE ARTEN Aus dem Gebiet der heutigen USA stammt die **Wald-Hortensie**, *Hydrangea arborescens*, die als Ziergehölz häufig kultiviert wird und sehr selten daraus verwildert, so in Vorarlberg.

In China beheimatet ist die vielfach kultivierte **Samt-Hortensie**, *Hydrangea aspera* subsp. *sargentiana*, die in Bayern, in der Waadt und in Zürich unbeständig verschleppt gefunden wurde.

Sehr selten verwildert auch die ostasiatische **Rispen-Hortensie**, *Hydrangea paniculata*, so in der Steiermark. Nicht selten wird auch die in Japan, Korea und Taiwan beheimatete **Kletter-Hortensie**, *Hydrangea petiolaris*, als Ziergehölz genutzt, sehr selten finden sich Pflanzen verwildert, so in Salzburg und Bern.

Hydrangea aspera

Hydrangea paniculata

Hydrangea arborescens

Hydrangea petiolaris

Kanadische Wasserpest
Elodea canadensis
— Froschbissgewächs · Hydrocharitaceae

Juni–Sep.
invasiv

STECKBRIEF Untergetauchte, zweihäusige Ausdauernde mit dicht beblätterten, 1–2 mm dicken und bis zu 3 m langen Sprossen. Blätter dunkelgrün, zungenförmig, um 10 mm lang und 2–4 mm breit, 2–5 × so lang wie breit, parallelrandig, meist in 3-zähligen Quirlen. Blüten 2–4 mm im Ø, aus 3 grünen Kelch- und 3 unscheinbaren weißen Kronblättern.
VERWECHSLUNG Nuttall-Wasserpest, *Elodea nuttallii*, hat 1–2 mm breite, oft in sich gedrehte Blätter, die 3,5–10 × so lang wie breit sind. Die Argentinische Wasserpest, *Elodea callitrichoides*, hat linealische Blätter, die 7,5–15 × so lang wie breit sind und Blüten mit einem Ø von 5,5–9,5 mm.
NUTZUNG/AUSBREITUNG Als pflanzlicher Wasserreiniger und Sauerstoffspender in Zier- und Badeteichen. Trat in Europa zum ersten Mal 1836 in Irland auf und kam von dort in Botanische Gärten Deutschlands. Gegen 1859 gelangten Pflanzenteile aus dem Berliner Botanischen Garten in nahe gelegene Gewässer und die Pflanze konnte die durch Kanäle verbundenen Flusssysteme von Havel und Oder rasch besiedeln. Nach einem Jahrhundert rasanter Ausbreitung ist gegenwärtig ein Rückgang der Art zu verzeichnen. Denkbar ist, dass natürliche Gegenspieler *E. canadensis* als Nahrungsquelle erschlossen haben. Trotzdem ist die Kanadische Wasserpest im Gebiet gegenwärtig weit verbreitet und häufig und fehlt nur den höheren Alpengebieten. Aus Mitteleuropa sind bisher nur weibliche Pflanzen bekannt, sodass keine generative Vermehrung stattfindet. Die Ausbreitung vollzieht sich vor allem durch abgebrochene Sprossteile, die verdriften oder durch Wassertiere verbreitet werden.
WEITERE ARTEN Die zu Ehren des englischen Botanikers Thomas Nuttall (1786–1859), aus Nordamerika stammende **Nuttall-Wasserpest**, *Elodea nuttallii*, wurde 1909 zu Forschungszwecken an die Universität Bonn gebracht. 1939 fand sie sich subspontan in Belgien, 1953 dann in Münster. Die Art dürfte sich auch gegenwärtig noch in Ausbreitung befinden, doch ist ihre weitere Ausbreitungsentwicklung unklar. Es ist nicht auszuschließen, dass die aktuellen Dominanzbestände zukünftig ähnlich wie bei *E. canadensis* ohne menschliches Einwirken zurückgehen. Funde von *E. nuttallii* auf etwa 1600 m Seehöhe in einem Sprengtrichter am Maiskogel bei Kaprun

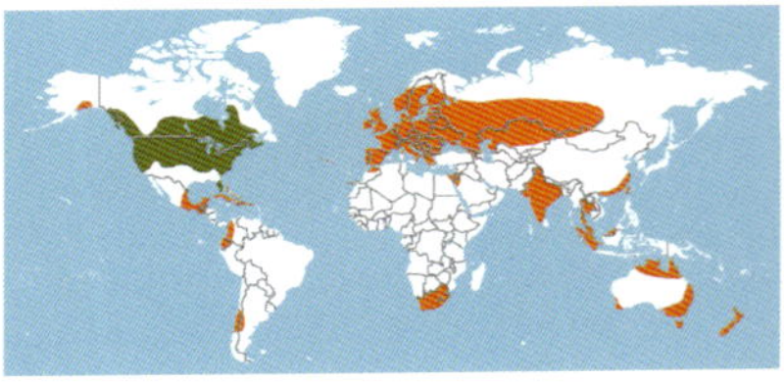

Elodea nuttallii

Elodea canadensis

Egeria densa

zeigen, dass sich die Art auch in kälteren Gewässern wohlfühlt. Gegenwärtig im Gebiet weit verbreitet, fehlt aber streckenweise, vor allem im Osten und Süden. Die südamerikanische, aus dem Stromgebiet des Paranà stammende und im Gebiet seit 1914 bekannte **Dichte Wasserpest**, *Egeria densa*, deren Perianthblätter 9–12 mm lang und rundlich sind, tritt u. a. in Baden-Württemberg, Bayern, Berlin, Mecklenburg-Vorpommern, Niedersachsen, Nordrhein-Westfalen und Sachsen verschleppt auf und zeigt in der Wuhle in Berlin seit Ende der 1980er-Jahre Etablierungstendenzen. In Österreich und der Schweiz sehr selten, so in Kärnten, in der Steiermark, in Wien, Bern, Luzern, Schwyz, im Tessin, in der Waadt und im Wallis.

Große Scheinwasserpest
Lagarosiphon major
— Froschbissgewächs · Hydrocharitaceae

Juli–Aug.

STECKBRIEF Immergrüne, ausdauernde Wasserpflanze mit wenig verzweigten Sprossen, die mehrere Meter lang werden können. Blätter dicht schraubenständig, in den oberen Stängelabschnitten stark aneinander genähert, eine Quirlständigkeit vortäuschend, schmal-lanzettlich, 1–3 cm lang, am Grunde 1–3 mm breit, zurückgebogen, im Spätsommer steif werdend und beim Herausziehen nicht zusammenfallend. Blüten im Ø 2–3 mm, aber selten blühend.
VERWECHSLUNG Die Dichte Wasserpest, *Egeria densa*, hat quirlständige Blätter, die außerhalb des Wassers zusammenfallen.

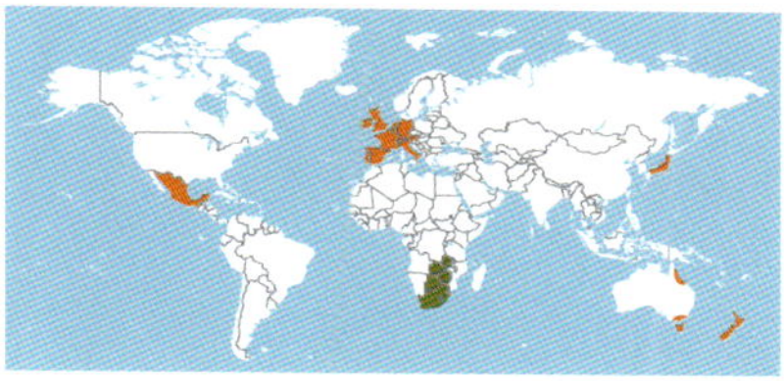

Lagarosiphon major

NUTZUNG/AUSBREITUNG Aquaristik. Im Gebiet seit 1906 als Kaltwasser-Zierpflanze bekannt. Die Vermehrung erfolgt vegetativ durch Seitensprosse, da bisher nur weibliche Pflanzen außerhalb des ursprünglichen Areals festgestellt wurden und es dadurch zu keiner Ausbildung von Diasporen kommt. Die Fernausbreitung von Pflanzenteilen erfolgt durch Verdriftung in Fließgewässern, durch Tiere und Transporte von Freizeitgeräten wie Booten. Subspontane Vorkommen sind in Österreich seit 1938 in Thermalwässern des Warmbades Villach in Kärnten bekannt. In Deutschland erstmals 1966 im Schwansee bei Hohenschwangau in Bayern nachgewiesen. Gegenwärtig im Gebiet sehr vereinzelt. Die meisten Vorkommen beruhen wahrscheinlich auf Ansalbung oder unsachgemäße Entsorgung von Aquarienpflanzen.

Echte Wasserschraube
Vallisneria spiralis
— Froschbissgewächs · Hydrocharitaceae

Juli–Okt.

STECKBRIEF Ausdauernde Wasserpflanzen mit 5–20 grundständigen, in bewurzelten Büscheln angeordneten Blättern. Blätter bandförmig, 5–200 (600) cm lang, (0,2)0,5–2,5(7,0) cm breit, an der Spitze fein gesägt, durchscheinend grün und manchmal rotbraun längsgestreift, 3–9 nervig. Blüten getrenntgeschlechtig, zweihäusig. Weiblichen Blüten 2–3 mm im Ø, 1,5–2,5 cm lang, einzeln in einer dünnen, häutigen, langgestielten Spatha. Männlichen Blüten weiß, im Ø 1 mm, zu über

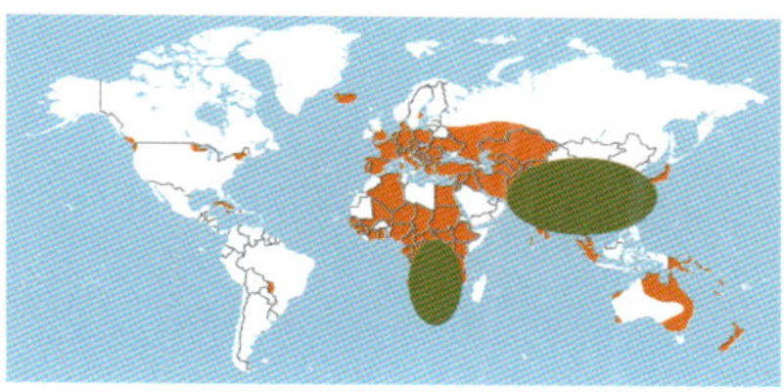

100 in dichten Knäueln in einer häutigen, 6–9 mm langen, 1,5–7 cm lang gestielten Spatha. Die Fruchtstiele spiralig eingerollt, bis über 60 cm lang.

Vallisneria spiralis

VERWECHSLUNG Bei der ebenfalls vielfach in der Aquaristik eingesetzten Amerikanischen Wasserschraube, *Vallisneria americana*, ist die Spatha der männlichen Blüten 10–23 mm lang und 2–20 mm lang gestielt.

NUTZUNG/AUSBREITUNG Aquaristik, Botanische Gärten. Ursprünglich wahrscheinlich im südlichen Asien und im südlichen Afrika beheimatet. Anfang des 19. Jahrhunderts für den Botanischen Garten Bonn erwähnt. Erste subspontane mitteleuropäische Vorkommen sind von der Mosel aus dem Jahr 1927 bekannt. Gegenwärtig im Gebiet vereinzelt auftretend, lokal auch eingebürgert wie im südlichen Tessin. Die Art hat ein hohes vegetatives Reproduktionsvermögen. Die Fernausbreitung geschieht durch absichtliche und unabsichtliche Freisetzung. Die Pflanze bildet zahlreiche Ausläufer, was ihr dabei hilft, sich an neuen Stellen rasch einzunischen. Im Gebiet sind bisher nur männliche Pflanzen gefunden worden, so dass eine generative Vermehrung bislang nicht möglich ist.

Großblütiges Johanniskraut

Hypericum calycinum
— Johanniskrautgewächs · Hypericaceae

Juni–Aug.

STECKBRIEF 20–40 cm hoher, immergrüner bis wintergrüner Zwergstrauch mit zahlreichen, bogig aufsteigenden, meist vierkantigen Stängeln, diese am Grunde verholzt. Blätter gegenständig, breit-oval, ganzrandig, 5–10 cm lang, nach oben grösser werdend. Blüten einzeln, gelb, Kronblätter 3–4 cm lang. Staubblätter zahlreich, am Grund in 5 Büschel verwachsen, Griffel 5. Fruchtkapseln nickend.

NUTZUNG/AUSBREITUNG Zierpflanze, vor allem als Bodendecker. 1675 vom englischen Botaniker und Geistlichen George Wheler (1651–1724) bei seiner Orientreise nahe von Konstantinopel gefunden und

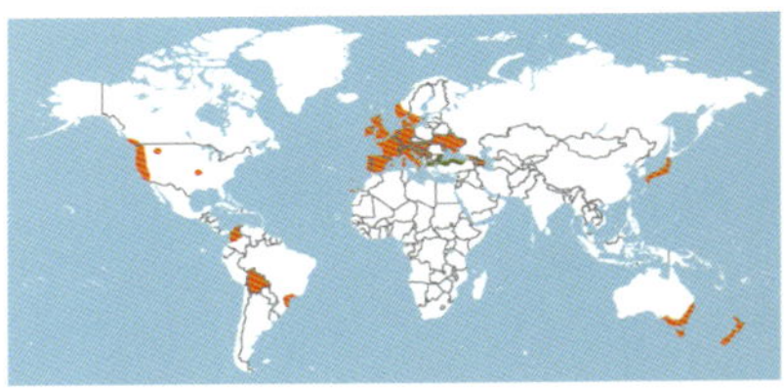

Hypericum calycinum

Hypericum olympicum

nach England gebracht. Nach Mitteleuropa kam die Pflanze anscheinend erst in der zweiten Hälfte des 18. Jahrhunderts, wo sie 1779 von der Gärtnerei Buek in Hamburg zum Verkauf angeboten wurde. Gegenwärtig im Gebiet häufig kultiviert, selten verwildert oder verschleppt.

WEITERE ARTEN Im weiten Mittelmeergebiet und an der Atlantikküste bis Irland beheimatet ist das seit dem Jahr 1597 im Gebiet als Zierpflanze und für die Blumenbinderei in Kultur befindliche **Blut-Johanniskraut**, *Hypericum androsaemum*, das im Gebiet selten verwildert, so in Baden-Württemberg, Nordrhein-Westfalen, im Burgenland, in Salzburg, Wien, Basel, Bern, Luzern, Schwyz, im Tessin, Thurgau, in Zug, Zürich und Liechtenstein.

Mediterran ist das **Bocks-Johanniskraut**, *Hypericum hircinum*, das selten kultiviert wird und ganz vereinzelt verwildert, so im Aargau und in Zürich.

Als Zierstaude für Steingärten wird das auf der Balkanhalbinsel beheimatete **Olymp-Johanniskraut**, *Hypericum olympicum*, kultiviert. Vereinzelt verwildert es daraus, so in Bayern, Niedersachsen und Zürich.

Nordamerikanisch ist das **Fraser-Auenhartheu**, *Triadenum fraseri*, welches seit 2011 im Naturschutzgebiet Emsdettener Venn im Kreis Steinfurt in Nordrhein-Westfalen beobachtet wird. Die Art dürfte hier angesalbt worden sein, breitet sich rasch aus und dürfte sich hier etablieren.

Hypericum androsaemum

Hypericum hircinum

Triadenum fraseri

Garten-Montbretie

Crocosmia × crocosmiiflora
— Schwertliliengewächs · Iridaceae

Juli–Okt.

Crocosmia × crocosmiiflora

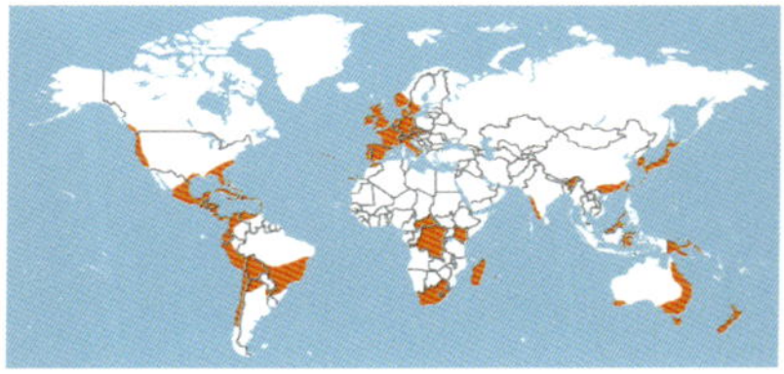

STECKBRIEF 30–80 cm hohe Knollenstaude mit gerippten Stängeln und linealischen, 25–50 cm langen und 1–2,5 cm breiten Blättern. Blüten in zweizeiligen Ähren und 3–5 Seitenähren angeordnet. Perigon orange, Perigonzipfel 1,5–2,5 cm lang, Perigonröhre 1–1,5 cm lang. Griffel und Staubblätter so lang wie die Perigonzipfel.
NUTZUNG/AUSBREITUNG Zierpflanze. 1880 in der Gärtnerei Lemoine im französischen Nancy aus den beiden afrikanischen Arten Gold-Montbretie, *Crocosmia aurea* und Potts-Montbretie, *Crocosmia pottsii*, entstanden. Die Sippe ist samensteril und breitet sich durch Ausläufer aus. Im Gebiet gegenwärtig sehr selten und vereinzelt, in Westeuropa lokal häufig und eingebürgert, so etwa in Irland. In Kalifornien und Neuseeland invasiv.

Elfen-Krokus

Crocus tommasinianus
— Schwertliliengewächs · Iridaceae

Feb.–März
giftig

Crocus tommasinianus

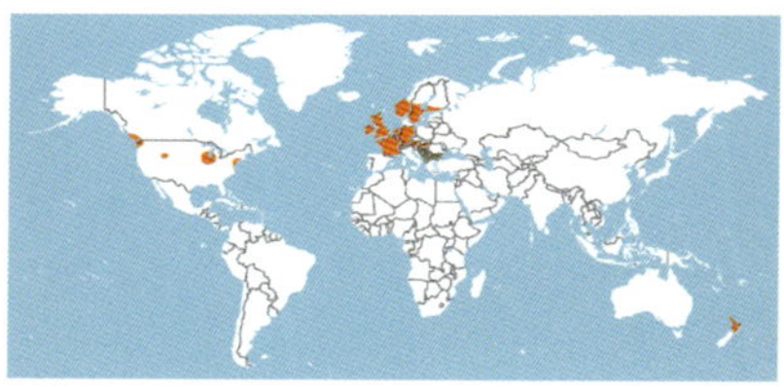

STECKBRIEF 8–15 cm hohe Knollenstaude mit grundständigen, linealischen Blättern mit den für Krokus so typischen weißen Mittelstreifen. Perigon helllila bis hellviolett, ohne dunkle Markierung am Schlund und meist ohne Zeichnung. Perigonzipfel 2,5–4,5 cm lang, 0,8–1,8 cm breit.
VERWECHSLUNG Die Zuordnung von im Gebiet kultivierten und verwilderten Krokus-Sippen ist oft problematisch, da es sich nicht selten um Zuchtauslesen und Kulturhybriden handelt. Es sind auch Hybriden bekannt, die sich durch Pollen anderer Arten erfolgreich bestäuben lassen und reichlich Samen produzieren. Eine neuere Arbeit über taxonomisch relevante Parameter in der

Crocus ancyrensis

Crocus chrysanthus

Gattung *Crocus* zeigt, dass die Bestimmung dieser Krokus-Sippen viel schwieriger ist als bisher angenommen. Ein besonders wichtiger Merkmalsträger ist die Knollenhülle. Will man Krokus richtig bestimmen, braucht man authentisches Material von Originalplätzen, das man dann mindestens drei Jahre ungestört in Töpfen kultivieren soll, um die Knollenhülle während der Ruheperiode zu untersuchen. Hüllen, die älter sind als jene vom Vorjahr, sind demnach für eine eindeutige Bestimmung unerlässlich.

NAME Benannt zu Ehren des Botanikers Mutius Joseph von Tommasini (1794–1879), der 1839–1860 Bürgermeister der damalig österreichischen Hafenstadt Triest war. Tommasini forschte vor allem an der Pflanzenwelt Istriens, ihm zu Ehren tragen neben dem Krokus u. a. die Tommasini-Ragwurz, *Ophrys tommasinii* und die Tommasini-Nabelmiere, *Moehringia tommasinii* ihre Namen.

NUTZUNG/AUSBREITUNG Zierpflanze. Seit 1847 in England in Kultur und Anfang des 20. Jahrhunderts als Zierpflanze nach Mitteleuropa gekommen. Der Elfen-Krokus wird vor allem in Friedhöfen, Parkanlagen und Naturgärten gezogen, in deren Nähe dann auch die meisten Verwilderungen zu finden sind. Aber auch an Bachläufen und in Gebüschen findet sich die Art zunehmend verwildert. Verbreitungsschwerpunkte im Gebiet (oder am besten erforscht?) sind Nordbayern, Rheinland-Pfalz, Sachsen und Oberösterreich.

WEITERE ARTEN Aus Anatolien stammt der Ankara-Krokus, *Crocus ancyrensis*, der in Sachsen lokal eingebürgert ist.

Crocus banaticus

Crocus biflorus

Der herbstblühende, aus Südost-Europa stammende **Siebenbürger Krokus**, *Crocus banaticus*, wird seit mindestens 1831 als Gartenpflanze kultiviert und tritt lokal verwildert bis eingebürgert auf, so in Baden-Württemberg, Mecklenburg-Vorpommern, Sachsen und im Burgenland.
Von Italien bis in den Iran ist der **Zweiblütige Krokus**, *Crocus biflorus*, beheimatet, der vereinzelt verwildert auftritt, so in Bayern, der Steiermark, in Freiburg, Graubünden, Schwyz und im Tessin.
Aus Südost-Europa und Kleinasien stammt der **Gold-Krokus**, *Crocus chrysanthus*, der mancherorts verwildert bis eingebürgert auftritt, so in Bayern, Niedersachsen, Nordrhein-Westfalen, Sachsen, Salzburg, in der Steiermark und in Basel.
In Südosteuropa und im westlichen Anatolien ist der **Gelb-Krokus**, *Crocus flavus*, beheimatet, den Stephan von Hausen 1579 fand und zu Clusius nach Wien brachte und der fortan im Gebiet kultiviert wird und gelegentlich verwildert, so in Bayern, Brandenburg, Hessen, Niedersachsen, Rheinland-Pfalz, Sachsen, im Burgenland, in Oberösterreich, Salzburg, in der Steiermark, in Nordtirol, Bern, Genf, Schaffhausen und Solothurn.

Crocus flavus

Ostsibirische Schwertlilie
Iris sanguinea
— Schwertliliengewächs · Iridaceae

Mai–Juni
giftig

STECKBRIEF 50–80 cm hohe Mehrjährige mit 6–8 mm breiten, beiderseits graugrünen Blättern, die so lang wie der Stängel oder länger sind. Hüllblätter zur Blütezeit grün bis braunrot. Blüten 2–3, blau, marmoriert, 7–8 cm im Ø, Nagel gelb mit braunen Adern. Das weiße Farbfeld an den äußeren Perigonblättern ist scharf abgegrenzt. Samenkapseln dreikantig, 2–3 × so lang wie breit.
VERWECHSLUNG Bei der sehr ähnlichen heimischen Sibirischen Schwertlilie, *Iris sibirica*, sind die Hüllblätter zur

Iris sanguinea × I. sibirica

Iris reticulata

Blütezeit trockenhäutig, die Blätter sind kürzer als die Stängel, die Blüten kleiner, das weiße Farbfeld an den äußeren Perigonblättern ist unscharf abgegrenzt und die Samenkapseln sind rundlich und etwa doppelt so lang wie breit.
NUTZUNG/AUSBREITUNG Zierpflanze. Die Art ist seit dem Jahr 1792 in gärtnerischer Kultur. Bei den heute im Gartenhandel als *'Iris sibirica'* gängigen Schwertlilien handelt es sich meist um die 1960 entstandene tetraploide Hybride aus *Iris sanguinea* × *I. sibirica*. Zu überprüfen wäre, ob es sich bei verschiedenen Fundmeldungen von *Iris sibirica* nicht doch um *Iris sanguinea* oder die Hybride handelt, wie es etwa bei Raabs an der Thaya in Niederösterreich der Fall ist.
WEITERE ARTEN In Südwestasien ist die **Netz-Schwertlilie**, *Iris reticulata*, beheimatet, die im Gebiet in vielen Sorten und Hybriden als Frühlingsblüher kultiviert wird und ganz vereinzelt verwildert oder verschleppt auftritt, so in Bayern.
Eine Kulturhybride aus der nordanatolischen *Iris histrioides* und der transkaukasischen *Iris winogradowii* ist die **Garten-Schwertlilie** *Iris* cvar. 'Katharine Hodgkin', die gerne als Vorfrühlingsblüher kultiviert wird und daraus ganz vereinzelt verwildert, so in Nordrhein-Westfalen.

Iris cvar. 'Katharine Hodgkin'

Berg-Grasschwertel
Sisyrinchium montanum
— Schwertliliengewächs · Iridaceae

Mai–Juni

Sisyrinchium montanum

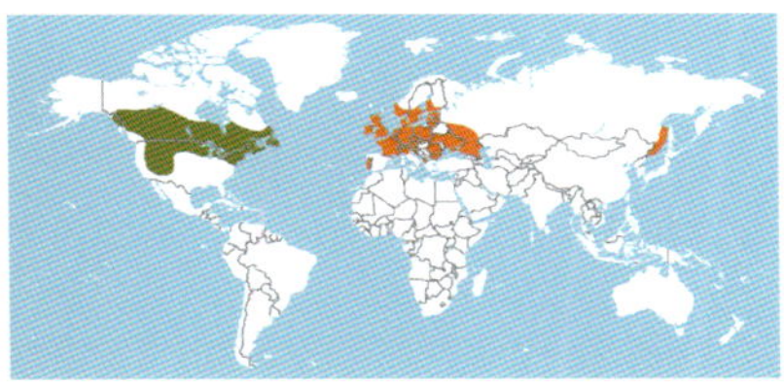

STECKBRIEF 15–30 cm hohe Mehrjährige mit geflügelten Stängeln und grundständigen, schmal-linealen, steif aufrechten, 2–3 mm breiten Blättern. Blüten von einer Spatha umschlossen, violettblau mit gelbem Schlund, 1–2 cm im Ø. Perigonblätter 6, die äußeren wenig breiter als die inneren, verkehrt-eiförmig, mit aufgesetzter Spitze. Staubblätter 3, miteinander verwachsen und die Narben umschließend. Frucht eine dreifächerige, mehrsamige Kapsel.
NUTZUNG/AUSBREITUNG Zierpflanze. In Europa seit spätestens 1639 als Gartenpflanze kultiviert. Wahrscheinlich über vielerlei Wege ins Gebiet gekommen, so etwa als Teichuferbepflanzung im Gartenfachhandel erhältlich, im Zuge von Skipistenbegrünungen ausgebracht und vermutlich auch mit amerikanischen Truppen eingeschleppt. Beachtlich ist die Höhenverbreitung der Art, so ist sie vom Bockhartsee im Salzburger Gasteiner Tal aus 1870 m Seehöhe dokumentiert. Gegenwärtig im Gebiet vielfach verwildert, lokal eingebürgert.

Schwarze Walnuss
Juglans nigra
— Walnussgewächs · Juglandaceae

Mai
essbar

STECKBRIEF 15–25 m hoher, sommergrüner Baum mit ausladender, lockerer Krone und tief gefurchter, grauer bis brauner Borke. Blätter 20–60 cm lang, unpaarig gefiedert mit 13–23 Blättchen, diese 6–15 cm lang, eiförmig-lanzettlich, zugespitzt, oberseits kahl, unterseits flaumig behaart, Blattrand gesägt. Männliche Blütenkätzchen 5–12 cm lang, weibliche Blüten zu 2–5. Früchte zu 1–3, kugelig oder abgeflacht kugelig, 4–6 cm dick, Außenschale sehr dick, oft warzig, beim Abfallen vom Baum geschlossen bleibend.

VERWECHSLUNG Die Echte Walnuss, *Juglans regia*, hat 7–9 fast ganzrandige Blättchen je Blatt. Bei der Butter-Walnuss, *Juglans cinerea*, sind die Blättchen anfangs auch oberseits behaart.

NUTZUNG/AUSBREITUNG Ziergehölz, Veredelungsunterlage, vor allem in Auen auch als Forstbaum. Um das Jahr 1900 in Wäldern der Donauau und Rheinau angepflanzt, wo sich auch heute die größten Bestände finden.

WEITERE ARTEN Ebenfalls aus dem östlichen Nordamerika stammt die **Butter-Walnuss**, *Juglans cinerea*, die als Zier- und Obstbaum kultiviert wird und sehr selten daraus verwildert, so in Nordrhein-Westfalen und Salzburg.

Aus dem Kaukasusgebiet und dem Nord-Iran stammt die **Kaukasische Flügelnuss**, *Pterocarya fraxinifolia*, die in Parkanlagen und Gärten selten kultiviert wird und daraus verwildert, so in Baden-Württemberg, Bayern, Berlin, Brandenburg, Hamburg, Hessen, Niedersachsen, Nordrhein-Westfalen, Niederösterreich, Oberösterreich, Salzburg, Bern, Genf, Solothurn, im Tessin, in der Waadt und in Zürich.

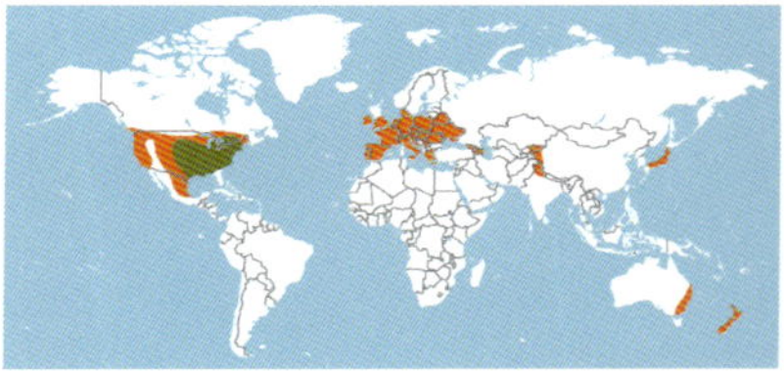

Juglans cinerea

Juglans nigra

Pterocarya fraxinifolia

Schwertblatt-Simse
Juncus ensifolius
— Simsengewächs · Juncaceae

Juni–Juli

STECKBRIEF 20–70 cm hohe Staude mit langen Ausläufern und schmal geflügelten Stängeln. Blätter schwertförmig, seitlich zusammengedrückt ähnlich denen der Schwertlilien, zweischneidig, durch unvollständige Querwände gekammert. Gesamtblütenstand endständig, aus 1–6 Köpfchen, diese kugelig, etwa 1 cm im Ø. Perigonblätter spitz.

NUTZUNG/AUSBREITUNG Zierpflanze für Gartenteiche. Die Einwanderung und Ausbreitung in Mitteleuropa dürfte jüngeren Datums sein, da die Pflanze erst ab der zweiten Hälfte des vergangenen Jahrhunderts als Zierstaude für Teiche beliebt wurde. Aus dem Gebiet erstmals 1970 subspontan bekannt.
Gegenwärtig sehr zerstreut mit Verbreitungsschwerpunkten in Nordrhein-Westfalen und im Bayrischen Wald. In Baden-Württemberg u. a. in einer quelligen Viehweide bei der Skistation Stollenbacher Hof im Südschwarzwald stellenweise aspektbestimmend, bei Donnstetten in der Schwäbischen Alb im Uferbereich eines trockengefallenen Rückhaltebeckens, bei Kappl in Nordtirol subspontan auf über 1700 m Seehöhe. In Nordeuropa und Neuseeland gebietsweise eingebürgert.

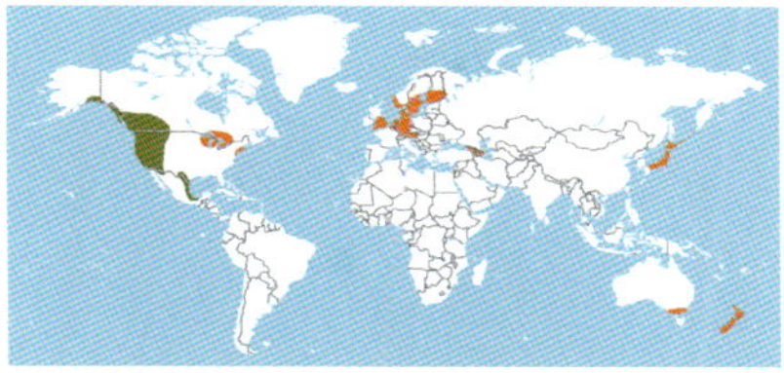

Juncus ensifolius

Zarte Simse
Juncus tenuis
—Simsengewächs · Juncaceae

Juni–Sep.

Juncus tenuis

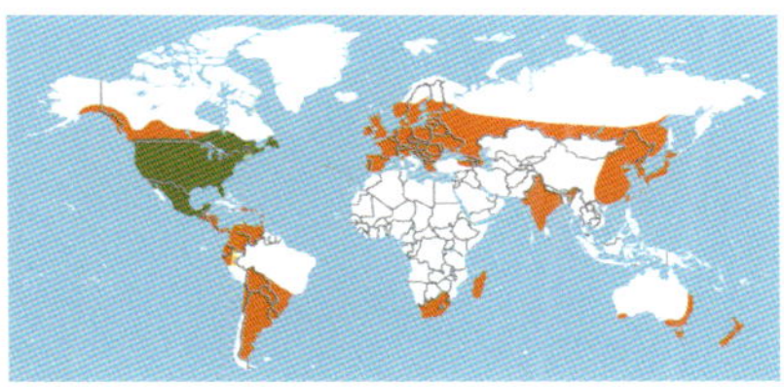

STECKBRIEF 15–40 cm hohe, in der Stängelmitte blattlose Mehrjährige mit ca. 1 mm breiten, dicht stehenden, oft etwas gebogenen, aufrechten, weichen Grundblättern. Blattspreite halb- bis fast so lang wie der Stängel, Blattöhrchen am oberen Ende der Blattscheiden 2–3 mm lang, häutig, trocken weißlich. Blütenstand endständig, vielblütig, von 2–3 Hochblättern überragt, oberstes Stängelblatt den Blütenstand weit überragend. Perigonblätter 3–4 mm lang, gelbgrün, fein zugespitzt, 3-nervig, länger als die gelbbraune Frucht. Staubbeutel 0,4–0,7 mm lang.

VERWECHSLUNG Die Dudley-Simse, *Juncus dudleyi*, unterscheidet sich durch kürzere, nur 0,2–0,4 mm lange, derbere, stumpfe, trocken strohgelbe bis bräunliche Blattöhrchen, die Staubbeutel sind 0,6–1 mm lang.
NUTZUNG/AUSBREITUNG Keine. In Europa zuerst 1824 in der Provinz Antwerpen in Belgien beobachtet, In Deutschland seit 1834 bekannt. Die Art ist trittfest, die Samen klebrig, dadurch wird sie auch vielfach an Bade- und Campingplätzen durch den Menschen verbreitet. Die Zarte Simse wächst vornehmlich an anthropogenen Standorten und beeinträchtigt heimische Arten kaum. Sie ist im Gebiet mittlerweile ein fest etablierter Neophyt.
WEITERE ART Wahrscheinlich im Gebiet häufiger, aber übersehen oder mit der Zarten Simse verwechselt wird die nordamerikanische **Dudley-Simse**, *Juncus dudleyi*. Sie tritt vereinzelt auf, so in Bayern, Thüringen und Vorarlberg.

Juncus dudleyi

Koreanische Duftnessel · Ostasiatischer Riesenysop

Agastache rugosa
— Lippenblütler · Lamiaceae

Juni–Sep.

STECKBRIEF 50–150 cm hohe Staude mit aromatischem Minzegeruch und -geschmack. Blattspreiten eiförmig, zugespitzt, gekerbt, mit herzförmigem Grund, unterseits auf den Nerven behaart, auf der Fläche kahl oder mit wenigen aufrechten Haaren. Blattstiel 1–5 cm lang. Blüten violett, selten weiß, in Scheinquirlen, Tragblätter lanzettlich. Krone 7–10 mm lang, Staubblätter die Krone weit überragend, Kelchzähne 1–2,5 mm lang, schmal dreieckig, spitz.

Agastache rugosa

Agastache foeniculum

VERWECHSLUNG Der sehr ähnliche Anisysop, *Agastache foeniculum*, hat anliegend behaarte Blätter mit gerundetem oder gestutztem Spreitengrund und einen 0,5–2 cm langen Blattstiel. Seine Tragblätter sind eiförmig.
NUTZUNG/AUSBREITUNG Arznei-, Gewürz- und Duftpflanze. Im Gartenhandel wird nicht selten die Koreanische Duftnessel, *Agastache rugosa*, als Anisysop, *Agastache foeniculum*, geführt. Die Hybride aus beiden trägt den Sortennamen 'Blue Fortune'. Im Gebiet selten verwildert oder verschleppt. Inwieweit gemeldete subspontane Vorkommen von *Agastache foeniculum* nicht vielleicht doch zu *Agastache rugosa* gehören, müsste überprüft werden.
WEITERE ART Der aus Nordamerika stammende **Anisysop**, *Agastache foeniculum*, wird selten als Zier-, Gewürz- und Bienenfutterpflanze kultiviert und findet sich vereinzelt verwildert oder verschleppt, so in Brandenburg, Niedersachsen, Nordrhein-Westfalen, Rheinland-Pfalz, Oberösterreich und Wien.

Clandon-Bartblume
Caryopteris × clandonensis
— Lippenblütler · Lamiaceae

Aug.–Sep.

STECKBRIEF Bis 1 m hoher, vieltriebiger, aufrechter, sommergrüner Strauch mit fein und kurz behaarten Trieben. Blätter 5–8 cm lang, lanzettlich bis eiförmig, Basis abgerundet, zur Spitze hin gleichmäßig schmäler werdend, ganzrandig oder unregelmäßig grob gezähnt mit jederseits 1–4 Zähnen. Blätter aromatisch duftend, unterseits grauweiß behaart. Blüten blau, 7–10 mm lang, in end- und achselständigen Zymen.
VERWECHSLUNG Die ebenfalls kultivierte Graue Bartblume, *Caryopteris incana*, eine Elternart der Hybride, hat gezähnte Blattspreiten mit jederseits 3–8 Zähnen.
NUTZUNG/AUSBREITUNG Zierpflanze. Kulturhybride aus den beiden ostasiatischen Arten Graue Bartblume, *Caryopteris incana*, und Mongolische Bartblume, *Caryopteris mongholica*. Die Kreuzung ist um 1930 in West-Clandon in England entstanden. Der Originalklon wurde zu Ehren des Züchters 'Arthur Simmonds' benannt und

gilt als der schönste und zugleich frosthärteste der Gattung. Die Sippe wird häufig als Flächendecker und Einfassungshecke genutzt und verwildert vereinzelt daraus.
WEITERE SIPPE Seltener wird die in China und Japan beheimatete **Graue Bartblume**, *Caryopteris incana*, kultiviert. Auch sie verwildert gelegentlich, wie etwa in Bayern und Zürich.

Caryopteris × clandonensis

Caryopteris incana

Duftender Drachenkopf

Dracocephalum moldavica
— Lippenblütler · Lamiaceae

Juni–Juli
essbar

STECKBRIEF 20–40 cm hohe Einjährige mit Zitronenduft. Blätter lanzettlich, eingeschnitten-gekerbt. Knäueltragblätter ähnlich den anderen Blättern, Scheinquirle meist 6-blütig. Krone 2–2,5 cm lang, violettblau. Kelch 0,8–1 cm lang, drüsig. Früchte 2–3 mm lange Klausen.
NUTZUNG/AUSBREITUNG Gewürz-, Arznei- und Zierpflanze, Bienenweide. Seit langer Zeit vielfach genutzte Kulturpflanze, die auch in Saatgutmischungen enthalten ist. Gegenwärtig im Gebiet sehr selten und unbeständig, in Nordosteuropa eingebürgert.
WEITERE ART Südwestasiatischer Herkunft ist die Öl-Lallemantie, *Lallemantia iberica*, die vor allem in Osteuropa als Ölpflanze kultiviert wird und im Gebiet vereinzelt unbeständig auftritt, so in Baden-Württemberg, Brandenburg, Nordrhein-Westfalen, Sachsen und Thüringen.

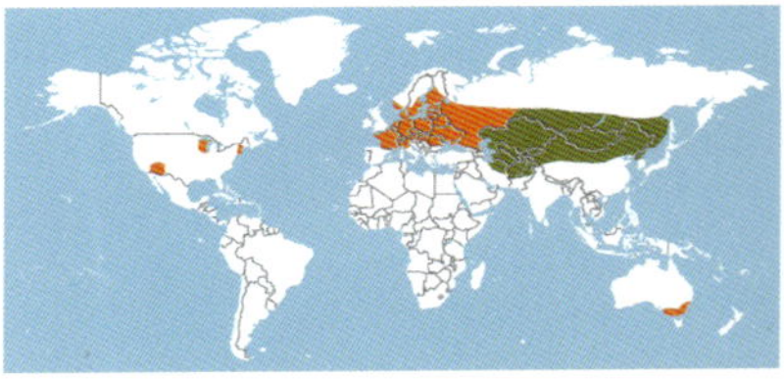

Lallemantia iberica

Dracocephalum moldavica

Echte Kammminze

Elsholtzia ciliata
— Lippenblütler · Lamiaceae

Aug.–Okt.
essbar

STECKBRIEF 30–50 cm hohe, aromatische Einjährige mit gegenständig angeordneten, gestielten Blättern. Blattspreite ei-lanzettlich, 3–8 cm lang, Blattrand grob gesägt. Blüten in dichten Ähren, Knäueltragblätter einander deckend. Krone lila.
NAME Zu Ehren des deutschen Botanikers und Arztes Johann Sigismund Elsholtz (1623–1688), Leibarzt des Großen Kurfürsten von Brandenburg, benannt, einem der bedeutendsten Gelehrten des 17. Jahrhunderts.

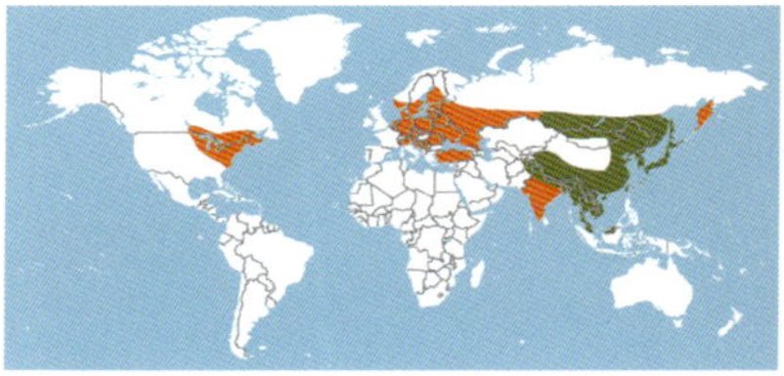

NUTZUNG/AUSBREITUNG Gewürz- und Arzneipflanze. Früher häufiger als Gewürz- und Heilpflanze kultiviert. Gegenwärtig selten und vorübergehend subspontan auftretend.

Elsholtzia ciliata

WEITERE ART In Nordchina ist die Chinesische Kammminze, *Elsholtzia stauntonii*, beheimatet. Sie wird in Europa seit 1905 als Gewürz- und Zierpflanze kultiviert und verwildert vereinzelt unbeständig, so in Wien.

Elsholtzia stauntonii

Silberblättrige Goldnessel

Galeobdolon argentatum

— Lippenblütler · Lamiaceae

April–Juni

Galeobdolon argentatum

STECKBRIEF 10–40 cm hohe, weit ausladende Mehrjährige mit auffallend silberweiß gefleckten Blattoberseiten. Stängel am Grund fast nur an den Kanten behaart. Blüten in 5–10-blütigen Scheinquirlen. Kronenoberlippe

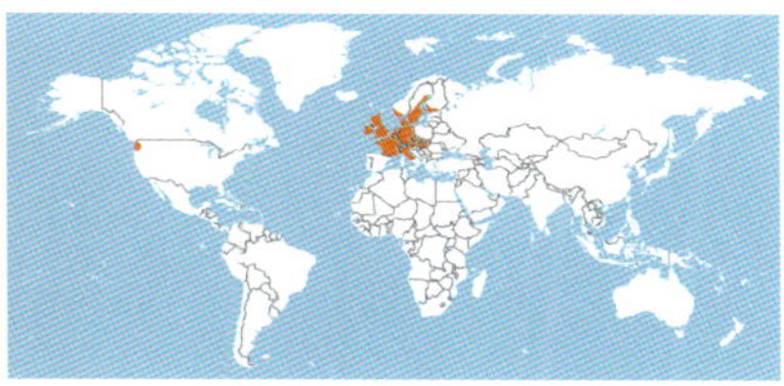

7,5–11 mm breit, Wimpern der Kronenoberlippe sind 1,2–2 mm lang.

VERWECHSLUNG Die heimische Echte Goldnessel, *Galeobdolon luteum*, hat nur schwach gefleckte oder ungefleckte Blattoberseiten, ihre Kronenoberlippe ist 5,5–8,5 mm breit. Auch die europäische Berg-Goldnessel, *Galeobdolon montanum*, kann silbrig gefleckte Blattoberseiten aufweisen. Bei ihr ist der Stängel am Grund aber ringsum dicht behaart und sie hat 9–15 Blüten je Scheinquirl.

NUTZUNG/AUSBREITUNG Zierpflanze, vor allem als Bodendecker an Schattenstellen. Die Art besitzt kein

natürliches Areal und dürfte auf gärtnerische Zucht zurückzuführen sein. Sie ist durch ihre tetraploide Chromosomenzahl gegenüber den diploiden *Galeobdolon*-Arten fortpflanzungsbiologisch abgegrenzt.
Sie dürfte im 19. Jahrhundert in Mitteleuropa entstanden sein und wurde 1873 hier erstmals nachgewiesen. Beschrieben wurde sie aber erst 1975 aus Tschechien, eine erste subspontane Ausbreitung im Gebiet ist vom bayerischen Sichtungsgarten Weihenstephan aus den 1960er-Jahren bekannt.
Gegenwärtig im Gebiet weit verbreitet mit Verbreitungsschwerpunkten in Bayern, Berlin, Hamburg, Niedersachsen, Nordrhein-Westfalen und Sachsen. Die Silberblättrige Goldnessel wird oft mit Gartenabfällen verschleppt und bildet fertile Hybriden mit den heimischen Arten *Galeobdolon luteum* und *G. montanum.*

Echter Lavendel
Lavandula angustifolia
— Lippenblütler · Lamiaceae

Juni–Aug.
essbar

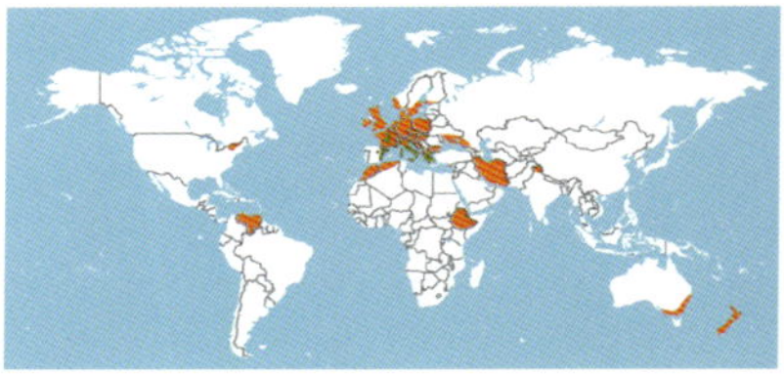

STECKBRIEF 20–60 cm hoher, aromatischer, immergrüner Halbstrauch mit aufrechten Zweigen. Blätter schmal-lanzettlich, bis 4 cm lang und 5 mm breit, mit umgerolltem Rand, besonders unterseits von Sternhaaren graufilzig. Blüten am Ende der Zweige in ährig angeordneten Scheinquirlen. Tragblätter breit-eiförmig. Krone blau bis violettblau, ca. 1 cm lang, mit vorne erweiterter Röhre, Oberlippe aufwärts gebogen, zweiteilig, behaart, Unterlippe dreiteilig. Staubblätter 4, nicht aus der Krone herausragend. Teilfrüchte eiförmig, glatt, ca. 2 mm lang.
VERWECHSLUNG Sehr ähnlich der im Gebiet ebenfalls kultivierte, südeuropäische Spik-Lavendel, *Lavandula latifolia*, der aber lineal-lanzettliche Tragblätter hat.
NUTZUNG/AUSBREITUNG Duft-, Zier-, Gewürz- und Volksarzneipflanze. In zwei Unterarten im westlichen Mittelmeergebiet beheimatet. Durch Benediktiner-Mönche ins Gebiet gekommen und hier von Hildegard von Bingen (1098–1179) erstmals erwähnt. Im 16. Jahrhundert war der Echte Lavendel in Mitteleuropa bereits vielfach in Kultur. Eine Ausbreitung über Samen dürfte relativ leicht erfolgen, weil generativ entstandene Vorkommen im Gebiet vielfach bekannt sind. Durch die starke Zunahme von Pflanzungen in Gärten und Grünanlagen ist eine Häufung von Verwilderungen wahrscheinlich.
WEITERE ART Gleich dem Lavendel wird auch der westmediterrane **Echte Rosmarin**, *Rosmarinus officinalis* (= *Salvia rosmarinus*), als Gewürz-, Zier- und Arzneipflanze gezogen. Er findet sich seit spätestens dem frühen Mittelalter im Gebiet und ist gegenwärtig in Südtirol im Etsch- und Eisacktal lokal eingebürgert, sonst nur lokal verwildert in den wärmeren Teilen des Gebiets, so etwa in Hessen, Rheinland-Pfalz, Bern, Genf, Luzern, Neuenburg, Nidwalden, im Tessin, in der Waadt und im Wallis.

Lavandula angustifolia

Rosmarinus officinalis

Sibirisches Herzgespann

Leonurus sibiricus
— Lippenblütler · Lamiaceae

Juli–Sep.

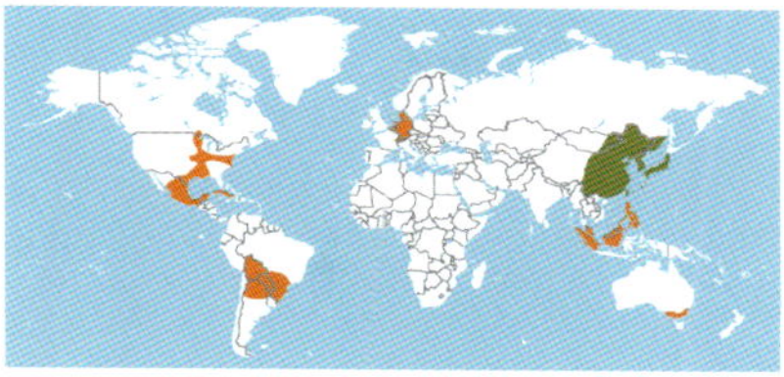

STECKBRIEF 20–100 cm hohe Ein- bis Zweijährige mit gegenständigen, lang gestielten Blättern und kantigen, behaarten Stängeln. Blattspreiten bis 5 cm lang und 4 cm breit, doppelt fiederteilig, oberseits borstig behaart, unterseits drüsig. Hochblätter fiederteilig. Blüten in Scheinquirlen. Kelch behaart. Krone 8–12 mm lang, rosa bis purpurn, außen behaart.
NUTZUNG/AUSBREITUNG Arznei-, Zier- und psychoaktive Pflanze. Als Heil-, Zier- und besonders in jüngerer Zeit als Aufputschkraut mit dem Namen „Marihuanilla" in Kultur. Im Gebiet vereinzelt und vorübergehend subspontan auftretend.
WEITERE ART In Südwest-Asien ist die **Muschelblume**, *Moluccella laevis*, beheimatet, die als einjährige Zierpflanze kultiviert wird und gelegentlich verwildert, so in Bayern, Berlin und Mecklenburg-Vorpommern.

Moluccella laevis

Leonurus sibiricus

Zitronen-Melisse

Melissa officinalis
— Lippenblütler · Lamiaceae

Juni–Aug.
essbar

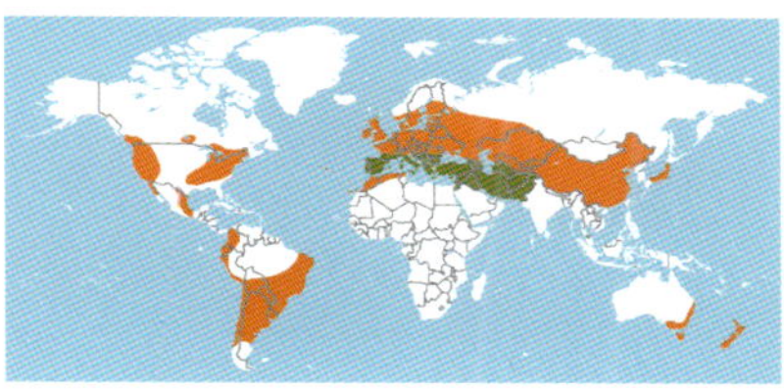

STECKBRIEF 25–80 cm hohe, nach Zitrone duftende Mehrjährige mit kurzen Ausläufern. Stängel vierkantig, verzweigt, drüsig und drüsenlos behaart. Blattspreiten eiförmig, 2–8 cm lang, grob gezähnt, in den kurzen Stiel verschmälert. Blüten in Scheinquirlen. Krone weiß, knospig hellgelb, ca. 1 cm lang, mit bauchig erweiterter, aufwärts gebogener Röhre, ausgerandeter Oberlippe und dreiteiliger Unterlippe. Kelch glockenförmig, zweilippig, Zähne der Unterlippe grannig verlängert.

NUTZUNG/AUSBREITUNG Gewürz-, Tee- und Arzneipflanze, auch als Bienenweide. Die Blätter werden als Küchengewürz genutzt, zum Aromatisieren von Saucen, Kompotten, kalten Getränken und Salaten. Extrakte aus den Blättern werden zu Kräuterlikören verarbeitet. Schon im Altertum wurde die Melisse als Nutzpflanze angebaut. Anfang des 9. Jahrhunderts ordnete Karl der Große (747–814) in seiner Landgüterverordnung an, dass auf kaiserlichen Gütern unter anderen Kräutern Melisse anzupflanzen sei, was sicher mit zur starken Verbreitung in Mitteleuropa beitrug.
Die Zitronenmelisse vermehrt und verbreitet sich im Gebiet durch Ausläufer, Samen und Gartenauswurf und findet sich zerstreut auf Waldschlägen, an Forststraßenrändern, im Bahnschotter und auf ähnlichen Standorten. Sie ist in weiterer Ausbreitung begriffen.

Melissa officinalis

Apfel-Minze

Mentha × villosa
— Lippenblütler · Lamiaceae

Juli–Sep.
essbar

STECKBRIEF 40–100 cm hohe, sterile Mehrjährige mit flaumig behaarten Stängeln und ober- und unterirdischen Ausläufern. Blattspreiten eiförmig bis breit-eiförmig, regelmäßig und grob gesägt, runzelig. Blüten fünfzählig, in 2–5 cm langen Scheinähren. Krone blasslila.
VERWECHSLUNG Die Abgrenzung zu anderen Sippen der Gattung ist teilweise schwierig, besonders die der vermuteten Elternteile *Mentha spicata* und *Mentha suaveolens*. Bei *M. spicata* sind die Blätter kaum bis gar nicht runzelig und länglich-eiförmig, bei *M. suaveolens* sind sie rund-eiförmig und kräftig runzelig.

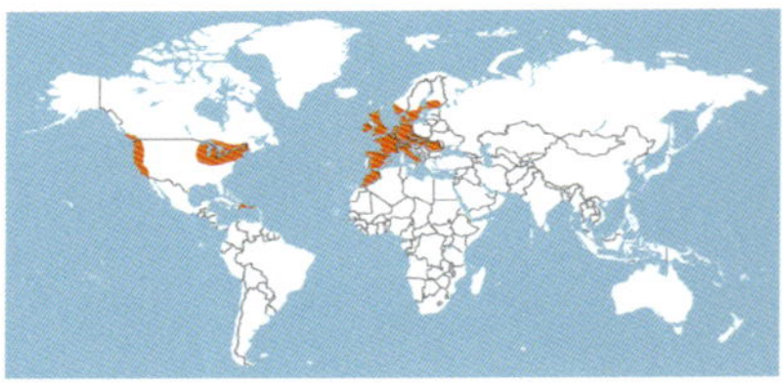

Mentha × villosa

NUTZUNG/AUSBREITUNG Heil-, Duft- und Gewürzpflanze. Hybride aus der wahrscheinlich in Kultur entstandenen Grünen Minze, *Mentha spicata*, mit der mediterranen Rundblättrigen Minze, *Mentha suaveolens*. Heute werden üblicherweise Sippen wie *Mentha × cordifolia*, *M. × niliaca* oder *M. × velutina* in *M. × villosa* inkludiert. Die Apfel-Minze vermehrt sich vegetativ über Ausläufer und wird durch die Eutrophierung der Landschaft gefördert. Sie tritt im Gebiet zerstreut subspontan auf mit Verbreitungsschwerpunkten in Nordrhein-Westfalen, Rheinland-Pfalz und dem Saarland.
WEITERE SIPPEN Auch die **Edel-Minze**, *Mentha × gracilis* (Syn.: *M. × gentilis*), wird gerne und vielfach als Gewürzpflanze kultiviert. Es ist eine gärtnerische, 9–20-ploide Hybride, entstanden aus der Acker-Minze, *Mentha arvensis*, und der Grünen Minze, *Mentha spicata*. Die Edel-Minze findet sich im gesamten Gebiet vereinzelt verwildert oder verschleppt.
Die häufig kultivierte **Pfeffer-Minze**, *Mentha × piperita*, ist um das Jahr 1696 in England aus der Wasser-Minze,

Mentha × gracilis

Mentha × piperita

Mentha aquatica, und der Grünen Minze, *Mentha spicata*, entstanden. Die Angaben aus dem Altertum (bei Dioskurides und im Neuen Testament) sind sehr zweifelhaft, ebenso die angeblichen Pflanzenreste in einem ägyptischen Grab aus der Zeit um 800 v. Chr. und die Angaben über sehr alte Pfefferminz-Kulturen in China und Japan. Auch der Umstand, dass die Hybride in der Natur sehr wahrscheinlich nicht auftritt, lässt darauf schließen, dass mit den alten Aufzeichnungen andere Pflanzen gemeint waren. Die Pfeffer-Minze tritt im Gebiet immer wieder verwildert oder verschleppt auf, so in Bayern, Berlin, Brandenburg, Hamburg, Hessen, Niedersachsen, Nordrhein-Westfalen, Sachsen, Sachsen-Anhalt, Thüringen, Oberösterreich, Salzburg, Nordtirol, Osttirol, Vorarlberg, Wien, Südtirol, Basel, Basel-Land, Bern, Neuenburg, Solothurn, im Tessin, in der Waadt, im Wallis und in Zürich.

Echte Indianernessel

Monarda didyma
— Lippenblütler · Lamiaceae

Juni–Aug.
essbar

Monarda didyma

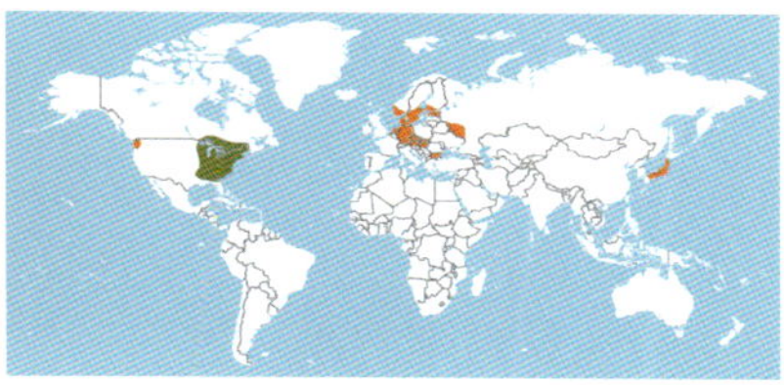

STECKBRIEF 50–120 cm hohe, aromatisch duftende Mehrjährige mit vierkantigem Stängel und gegenständigen, kurz gestielten Blättern. Blattspreiten eiförmig, zugespitzt, 4–12 cm lang, Blattrand gesägt. Blütenstand 10–40-blütig, mit großen Hochblättern. Krone scharlachrot, 30–45 mm lang, Kelch 10–15 mm lang.

NAME Benannt nach dem spanischen Arzt und Botaniker Nicolas Monardes (1493–1588), der zur Verbreitung von Pflanzen aus der neuen Welt wie Ananas, Erdnuss, Mais, Coca und Tabak maßgeblich beigetragen hat.
NUTZUNG/AUSBREITUNG Zier-, Gewürz- und Arzneipflanze, auch als Bienenweide. 1737 gelangte die Art aus Carolina nach Europa, 1765 gehörte sie zum Pflanzenbestand des Berliner Botanischen Gartens. Durch ihre Anspruchslosigkeit und ihre farbenprächtigen Blüten hielt sie bald Einzug in den Gärten und 1809 berichtet Willdenow, dass die Indianernessel zu „der gewöhnlichen Zierde unserer Gärten" zählt. Gegenwärtig im Gebiet selten subspontan auftretend.
WEITERE ARTEN Nordamerikanischer Herkunft ist auch die **Wilde Indianernessel**, *Monarda fistulosa*, die als Zier-, Arznei- und Teepflanze kultiviert wird und vereinzelt verwildert, so in Bayern, Baden-Württemberg und Rheinland-Pfalz.
Als Zierpflanze und zur Teeproduktion wird die aus dem östlichen Nordamerika stammende **Getüpfelte Indianernessel**, *Monarda punctata*, kultiviert, die ganz vereinzelt daraus verwildert, so in Nordtirol.

Monarda fistulosa

Monarda punctata

Trauben-Katzenminze
Nepeta racemosa
— Lippenblütler · Lamiaceae

April–Okt.

Nepeta racemosa

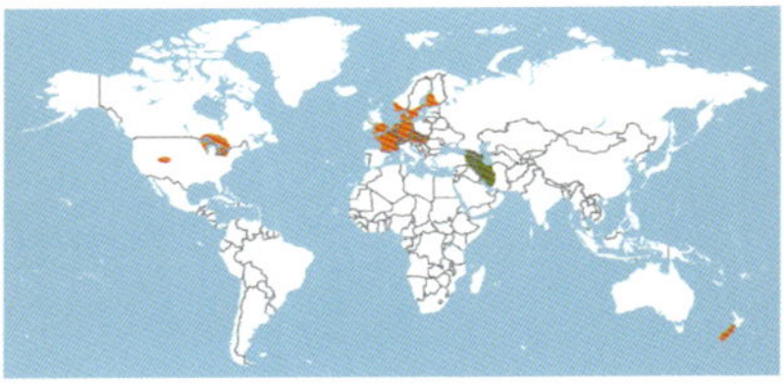

STECKBRIEF 10–40 cm hohe, fertile, graugrüne, flaumige bis filzige Staude mit vierkantigen Stängeln. Blattspreiten länglich-eiförmig bis eiförmig, 1–3 cm lang, Blattgrund herzförmig, Blattrand gekerbt bis schwach gezähnt. Blütenkrone lilablau, 9–15 mm lang. Kelch 6–10 mm lang.

VERWECHSLUNG Die sehr ähnliche Blaue Katzenminze, *Nepeta × faassenii*, hat lanzettliche bis länglich-eiförmige Blattspreiten, einen gestutzten Blattgrund und einen grob gekerbten bis grob gezähnten Blattrand. Sie ist weitgehend steril.
NUTZUNG/AUSBREITUNG Zierpflanze. Seit dem Jahr 1804 in Europa in Kultur bekannt und gerne als dauerblühender Bodendecker genutzt. Gegenwärtig im Gebiet vielfach subspontan auftretend.
WEITERE SIPPEN Zu Ehren des niederländischen Pflanzenzüchters Johannes Hubertus Faassen (1892–1963) ist die **Blaue Katzenminze**, *Nepeta × faassenii*, eine gärtnerische Hybride aus der südwesteuropäischen Iberischen Katzenminze, *Nepeta nepetella*, und der südwestasiatischen Trauben-Katzenminze, *Nepeta racemosa*, benannt. Sie wird häufig als Bodendecker und Zierstaude genutzt und tritt immer wieder subspontan auf, so in Baden-Württemberg, Bayern, Hamburg, Hessen, Niedersachsen, Nordrhein-Westfalen, Rheinland-Pfalz, Sachsen, Sachsen-Anhalt, im Burgenland, in Niederösterreich, in der Steiermark, in Nordtirol und Wien.
Die **Großblütige Katzenminze**, *Nepeta grandiflora*, stammt aus dem Kaukasus, wird selten kultiviert und verwildert daraus hie und da, so in Bayern, Mecklenburg-Vorpommern, Sachsen, Schleswig-Holstein, Thüringen, Oberösterreich und Salzburg.
Sehr selten tritt auch die westmediterrane **Iberische Katzenminze**, *Nepeta nepetella*, im Gebiet subspontan auf, so in Baden-Württemberg, Bern, der Waadt und im Wallis.

Nepeta × faassenii

Nepeta nepetella

Nepeta grandiflora

Fiederblättrige Perowskie
Perovskia abrotanoides (= *Salvia abrotanoides*)
— Lippenblütler · Lamiaceae

Aug.–Sep.

STECKBRIEF Bis 1,8 m hoher Halbstrauch mit aufrechten bis niederliegend-aufsteigenden, grauweiß behaarten Trieben, diese am Grund verholzt. Blattspreiten 4–6 cm lang, einfach bis doppelt fiederschnittig, graugrün, mit Drüsen besetzt. Blüten lilablau, zu 4–6 in Scheinwirtel, einen bis 40 cm langen, rispenartigen Blütenstand bildend.
VERWECHSLUNG Die Silber-Perovskie, *Perovskia atriplicifolia*, hat ungeteilte Blattspreiten mit unregelmäßig grob gesägtem bis kerbig-eingeschnittenem Rand.

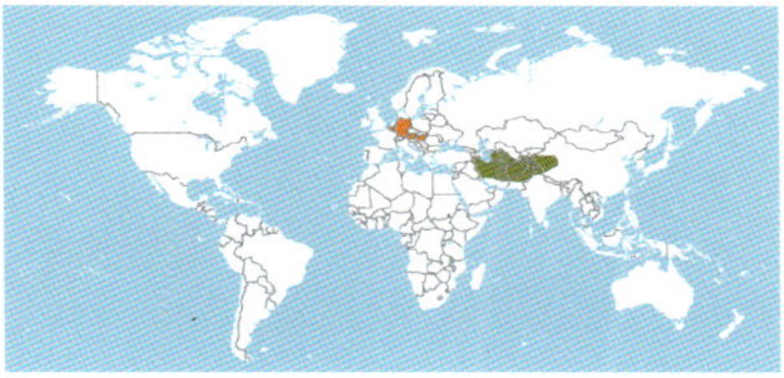

NAME Die Gattung ist zu Ehren des russischen Generals Wassili Alexejewitsch Perowski (1792–1856), Gouverneur der Provinz Orenburg, benannt. Perowski entsandte Expeditionen von Wissenschaftlern, allerdings aus militärischen Gründen, um die kirgisischen Steppen zu erforschen und aufzunehmen.
NUTZUNG/AUSBREITUNG Zierpflanze. Seit spätestens 1935 in Europa in Gartenkultur. In den letzten Jahren und Jahrzehnten vermehrt eingesetzt, vor allem in öffentlichen Grünflächen und daraus vereinzelt verwildernd.
WEITERE SIPPEN Zentralasiatischer Herkunft ist die **Silber-Perowskie**, *Perovskia atriplicifolia = Salvia yangii*), die ähnlich der Fiederblättrigen Perovskie genutzt wird und vereinzelt verwildert, so in Baden-Württemberg, Bayern, Niedersachsen, Rheinland-Pfalz, Thüringen, Niederösterreich, Bern, Genf, in der Waadt und in Zürich. Auch die Hybride aus *Perovskia abrotanoides* und *Perovskia atriplicifolia*, die **Garten-Perowskie**, *Perovskia × superba*, wird häufig kultiviert und findet sich vereinzelt verwildert, so in Niederösterreich.
Früher zu den Verbenengewächsen, heute zu den Lippenblütlern wird der **Mönchspfeffer**, *Vitex agnus-castus*, gerechnet, der vom östlichen Mittelmeergebiet bis Mittelasien beheimatet ist und bei uns als Zier- und Arzneipflanze kultiviert wird. Früher auch als Gewürz und Anaphrodisiakum vor allem in Klöstern in Gebrauch. Neueren Datums sind dabei auftretende Verwilderungen, wie jene aus Rheinland-Pfalz.

Perovskia × superba

Perovskia atriplicifolia

Perovskia abrotanoides

Vitex agnus-castus

Russel-Brandkraut
Phlomis russeliana
— Lippenblütler · Lamiaceae

Mai–Juli

STECKBRIEF 50–100 cm hohe, drüsig-sternhaarige Staude. Spreiten der grundständigen Blätter eiförmig bis lanzettlich, am Grund herz- bis pfeilförmig. Blütenquirle 2–5, mit bis zu je 25 gelben Blüten. Tragblätter pfriemenförmig.
NAME Die Art ist zu Ehren des schottischen Naturforschers Alexander Russell (1715–1768) benannt, der die Pflanze erstmals in seinem Werk „Die natürliche Geschichte von Aleppo" im Jahr 1756 als Zeichnung darstellt, wenngleich die Art in Syrien nicht ursprünglich ist.
NUTZUNG/AUSBREITUNG Zierstaude. Vermehrt sich sowohl vegetativ über Rhizome, als auch generativ durch Samen. Im Gebiet selten subspontan auftretend.

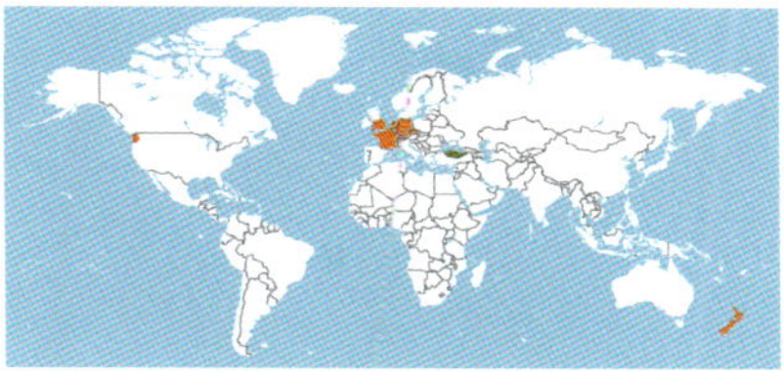

WEITERE ART In Afghanistan, Kaschmir und im West-Himalaya ist das **Kaschmir-Brandkraut**, *Phlomis cashmeriana*, beheimatet, das als Zierstaude genutzt wird und vereinzelt daraus verwildert, so in Rheinland-Pfalz.

Phlomis russeliana

Phlomis cashmeriana

Gelenkblume
Physostegia virginiana
— Lippenblütler · Lamiaceae

Juli–Sep.

STECKBRIEF 50–120 cm hohe, sommergrüne Staude mit kriechendem Wurzelstock. Blätter lanzettlich, 6–12 cm lang, kahl, glänzend hellgrün, grob gezähnt. Blütenähre endständig, aus dicht beieinanderstehenden, trichterförmigen, rosa bis purpurrosa, nicht selten auch weißen Einzelblüten.
NUTZUNG/AUSBREITUNG Zierpflanze. 1649 kam die Art aus den damaligen niederländischen Besitzungen um Neu-Amsterdam in den Botanischen Garten

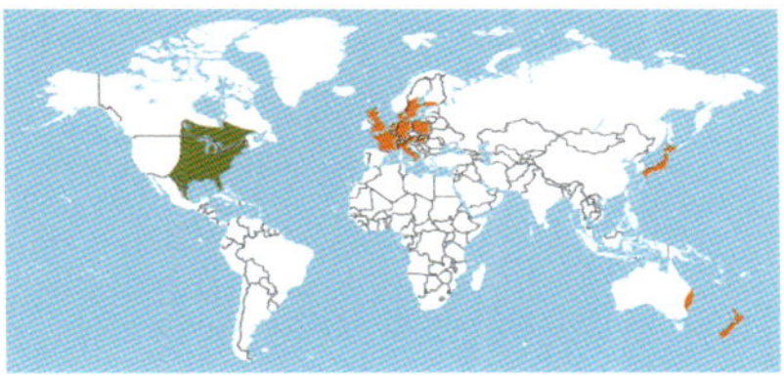

Physostegia virginiana

Leiden. Die Verbreitung als Zierpflanze vollzog sich schleppend. Erst Ende des 19. Jahrhunderts, mit dem Aufkommen der Staudengärten, wuchs das Interesse an der Gartenpflanze. Gegenwärtig im Gebiet vereinzelt verwildert oder verschleppt.

Physostegia virginiana

Muskateller-Salbei

Salvia sclarea
— Lippenblütler · Lamiaceae

Juni–Juli

Salvia sclarea

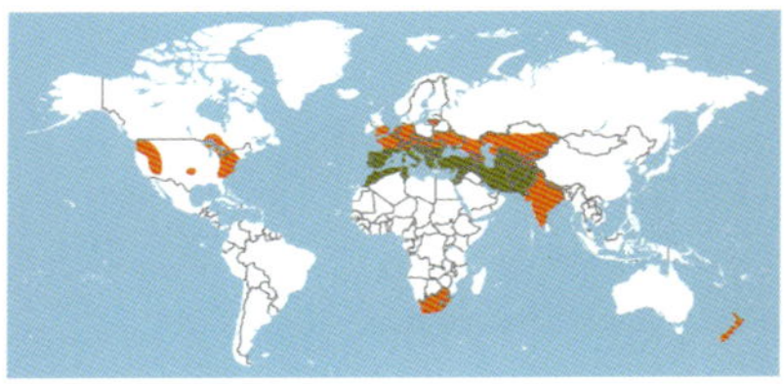

STECKBRIEF 50–120 cm hohe, grauzottige, aromatisch riechende, immergrüne Zwei- bis Mehrjährige. Blattspreiten breit herzförmig bis eiförmig. Scheinquirle 8–12-blütig, Tragblätter der Scheinquirle länger als der Kelch, breit herzförmig, am Rand kurz bewimpert, lila bis weinrot oder weiß. Krone 20–30 mm lang, blaulila mit meist weißer Unterlippe.

NUTZUNG/AUSBREITUNG Volksarznei-, Zier- und Gewürzpflanze. Die Art erscheint in Mitteleuropa bereits in der Landgüterverordnung Karl des Großen um das Jahr 812 und in der Physica der Hildegard von Bingen um das Jahr 1155. Seit dem 16. Jahrhundert wird sie mehrfach als Gartenpflanze angeführt. Gegenwärtig subspontan vereinzelt und unbeständig vor allem auf Ruderalstellen, Schüttungen und Deponien auftretend.

WEITERE ARTEN Aus Texas und Neumexiko stammt der **Mehl-Salbei**, *Salvia farinacea*, der bei uns häufig in Blumenrabatten kultiviert wird und selten daraus verwildert, so in Niederösterreich.

Erst in den letzten Jahren im Gebiet verstärkt in Kultur findet sich der aus Mexiko und Guatemala stammende **Mexikanische Salbei**, *Salvia hispanica*, auch Chia genannt. Er gilt als wertvolles Nahrungsmittel, reich an mehrfach ungesättigten Fettsäuren und findet sich vereinzelt verwildert oder verschleppt, so in Bayern, Sachsen, Niederösterreich, Oberösterreich und Osttirol. Der submediterran-südeuropäische **Echte Salbei**, *Salvia officinalis*, wird im Gebiet seit dem 7. Jahrhundert häufig kultiviert, verwildert aber nur selten, so etwa in Baden-Württemberg, Bayern, Berlin, Hessen, Mecklenburg-Vorpommern, Nordrhein-Westfalen, Rheinland-Pfalz,

Salvia farinacea

Salvia hispanica

Salvia officinalis

Salvia verbenacea

Salvia virgata

Salvia viridis

Sachsen, Niederösterreich, Oberösterreich, Salzburg, in der Steiermark, in Osttirol, Vorarlberg, Südtirol, Bern, Genf, im Jura, in Neuenburg, Nidwalden, Schwyz, in der Waadt, im Wallis teilweise eingebürgert und in Zürich. Süd- und westeuropäisch ist der **Verbenen-Salbei**, *Salvia verbenacea*, der im Gebiet selten vorübergehend auftritt, so in Baden-Württemberg, Bayern, Sachsen, Sachsen-Anhalt, Thüringen, Südtirol, Basel und in der Waadt. Südosteuropäischer Herkunft ist der **Ruten-Salbei**, *Salvia virgata*, der in Bayern seit 1982 mehrfach mit Böschungs- und Rasenansaaten verschleppt auftritt, aber auch in Mecklenburg-Vorpommern, Sachsen, Sachsen-Anhalt, St. Gallen und Solothurn vorübergehend auftritt.
Der mediterrane, in Mitteleuropa ab der zweiten Hälfte des 16. Jahrhunderts als Zierpflanze aufscheinende **Schopf-Salbei**, *Salvia viridis*, wird im Gebiet gelegentlich als Zier- und Bienenfutterpflanze kultiviert und verwildert daraus vereinzelt, so in Baden-Württemberg, Bayern, Brandenburg, Niedersachsen, NRW, Sachsen, Sachsen-Anhalt, Nordtirol, Vorarlberg und im Aargau.

Berg-Bohnenkraut
Satureja montana
— Lippenblütler · Lamiaceae

Juni–Sep.
essbar

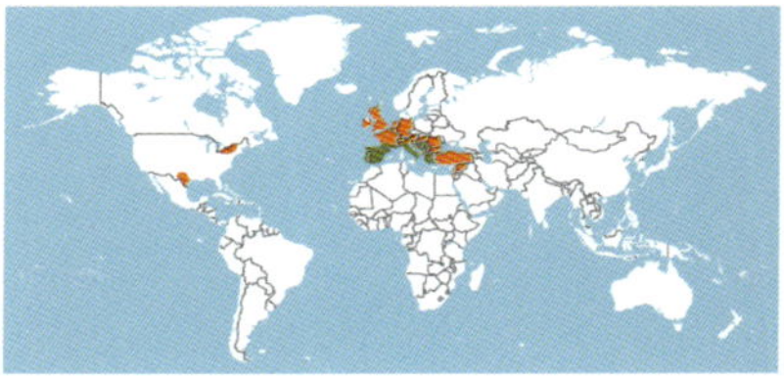

STECKBRIEF 10–40 cm hoher, halbimmergrüner Halbstrauch mit am Grunde verholzten Trieben. Blattspreiten schmal-lanzettlich, 1–2,5 cm lang, scharf zugespitzt, ganzrandig. Blüten in wenigblütigen Scheinwirteln. Kelch fünfzählig, Krone zweilippig, weiß oder hellrosa, Oberlippe flach abgerundet, Unterlippe dreiteilig.

NUTZUNG/AUSBREITUNG Gewürzkraut, selten auch als Bienenweide, für den biologischen Pflanzenschutz oder als Zierpflanze für Steingärten. In Mitteleuropa seit spätestens 1562 in Gartenkultur. Gegenwärtig im Gebiet vereinzelt subspontan auftretend.

WEITERE ARTEN Das im östlichen Mittelmeergebiet und in Südwest-Asien beheimatete **Echte Bohnenkraut**, *Satureja hortensis*, wird im Gebiet als Gewürzpflanze bereits seit mindestens dem 9. Jahrhundert in Klostergärten gezogen und findet sich im Gebiet immer wieder unbeständig, so in Baden-Württemberg, Bayern, Berlin, Hessen, Sachsen, im Burgenland, in Kärnten, Nieder-

österreich, Oberösterreich, Salzburg, in der Steiermark, in Vorarlberg, Südtirol, Basel-Land, Bern, Genf, Glarus, Graubünden, Luzern, Obwalden, St. Gallen, Solothurn, im Thurgau, Tessin, in der Waadt, im Wallis und in Zürich.
Häufig wird auch das in Indien beheimatete **Echte Basilikum**, *Ocimum basilicum*, als Gewürz-, Duft- und Volksarzneipflanze kultiviert, gelegentlich findet es sich verschleppt, so in Baden-Württemberg, Bayern, Oberösterreich, Bern und im Tessin.

Satureja hortensis

Satureja montana

Ocimum basilicum

Hohes Helmkraut
Scutellaria altissima
— Lippenblütler · Lamiaceae

Juni–Aug.

STECKBRIEF 50–100 cm hohe Staude mit eiförmigen bis eilanzettlichen Blattspreiten und gekerbten Blatträndern. Spreitengrund schwach herzförmig. Blütenstand ährenförmig, Tragblätter kürzer als die Blüten. Kelch mit Wollhaaren und kurzen Drüsenhaaren besetzt. Krone 12–16 mm lang, violettblau, mit weißlicher Unterlippe.
NUTZUNG/AUSBREITUNG Zierpflanze. Der geringen Nutzung als Zierpflanze steht der Art eine verhältnismäßig hohe Zahl an Verwilderungs- und Einbürgerungsmeldungen in Mitteleuropa gegenüber. Diese Vorkommen sind meist beständig und halten sich oft viele Jahrzehnte lang. So etwa bei Bains de Lavey im Kanton Waadt bereits seit 1880 verwildert bekannt, vom Grazer Schlossberg in der Steiermark seit 1885 und von München seit 1922.

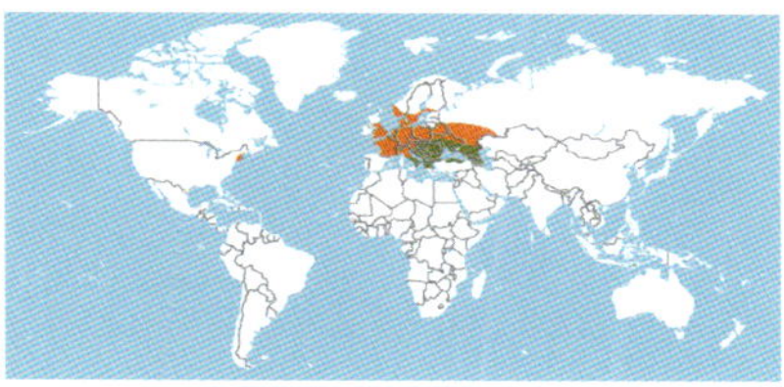

WEITERE ARTEN Das südosteuropäische **Herzblättrige Helmkraut**, *Scutellaria columnae*, wird im Gebiet ganz vereinzelt und vorübergehend subspontan angetroffen, so in Baden-Württemberg, Hessen und MV. Obwohl eine hervorragende Steingartenstaude, wird das im östlichen Mittelmeergebiet bis zur Krim und bis zum Kaukasus verbreitete **Östliche Helmkraut**, *Scutellaria orientalis*, nur selten als Zierpflanze verwendet und findet sich daher auch nur ganz selten verwildert, so in Rheinland-Pfalz.

Scutellaria columnae

Scutellaria altissima

Scutellaria orientalis

Woll-Ziest

Stachys byzantina
— Lippenblütler · Lamiaceae

Juni–Aug.

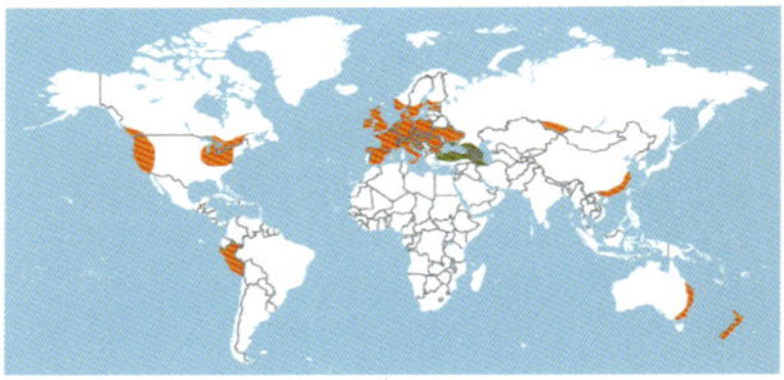

STECKBRIEF 15–80 cm hohe, dicht wollig-filzig behaarte, weiche, immergrüne Mehrjährige. Blattspreiten elliptisch bis lanzettlich mit keiligem Spreitengrund, Blattrand undeutlich gekerbt. Scheinquirle 8–20-blütig. Krone purpurn, Kronröhre ± so lang wie der Kelch.

NUTZUNG/AUSBREITUNG Zierpflanze, auch zur Dachbegrünung. Um das Jahr 1782 in den Botanischen Garten Wien gekommen, 1808 im Berliner Botanischen Garten vorhanden. Mitte des 19. Jahrhunderts im Gebiet bereits eine weit verbreitete Gartenstaude und gegenwärtig vielfach daraus verwildert.

WEITERE ART Die in Südwest-Asien beheimatete **Großblütige Betonie**, *Betonica grandiflora* (Syn.: *Stachys macrantha*) wird gerne als Gartenzierstaude kultiviert und verwildert daraus gelegentlich, so in Bayern, Rheinland-Pfalz und Thüringen. In den Allgäuer Alpen wahrscheinlich angesalbt.

Stachys byzantina

Betonica grandiflora

Kaukasus-Gamander

Teucrium hircanicum
— Lippenblütler · Lamiaceae

Juni–Aug.

Teucrium hircanicum

STECKBRIEF 30–80 cm hohe Staude mit ährigen, dichten, bis 25 cm langen Blütenständen. Blattspreiten 2–6 cm lang, eiförmig, mit herzförmigem oder gestutztem Grund, gestielt, oberseits kurzhaarig, unterseits filzig. Hochblätter der Blüten klein, unscheinbar. Kelch weißzottig behaart. Blütenkrone purpurn, wie für die Gattung typisch ist auch hier nur die Unterlippe deutlich ausgebildet.

NUTZUNG/AUSBREITUNG Zierpflanze. In Europa seit 1763 in Gartenkultur bekannt, aber erst in jüngerer Zeit zunehmend im Gartenhandel zu finden. Mit vermehrter Verwilderung der hübschen Art ist künftig durchaus zu rechnen.

Gewürz-Quendel
Thymus vulgaris
— Lippenblütler · Lamiaceae

Mai–Aug.
essbar

Thymus vulgaris

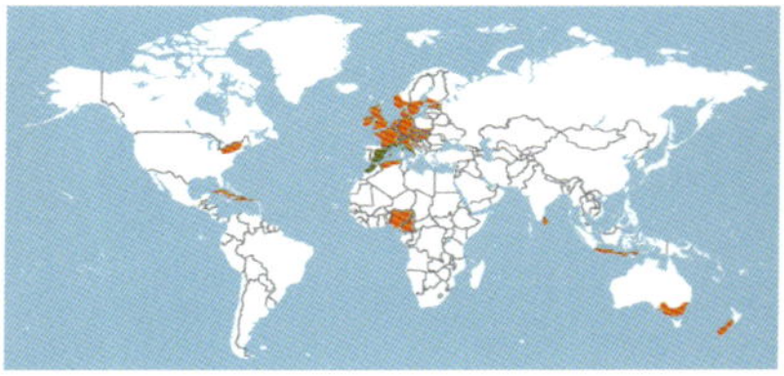

STECKBRIEF 15–40 cm hoher, aromatischer Zwergstrauch mit aufrechten bis bogig aufsteigenden Sprossen und ringsum kurz behaarten Blütentrieben. Blätter 3,5–6,5 mm lang, 0,8–3 mm breit, linealisch bis elliptisch, am Rand umgerollt. Kelch 3,5–5,5 mm lang. Blütenkrone etwa 5 mm lang, hellrosa bis weiß.
NUTZUNG/AUSBREITUNG Gewürz- und Arzneipflanze. Wird im Gebiet seit dem 12. Jahrhundert kultiviert, Hildegard von Bingen (1098–1179) erwähnt die Art bereits. Verwildert vereinzelt, vor allem an Bahndämmen und Straßenböschungen.

Fingerblatt-Akebie
Akebia quinata
— Fingerfruchtgewächs · Lardizabalaceae

April–Mai
essbar

Akebia quinata

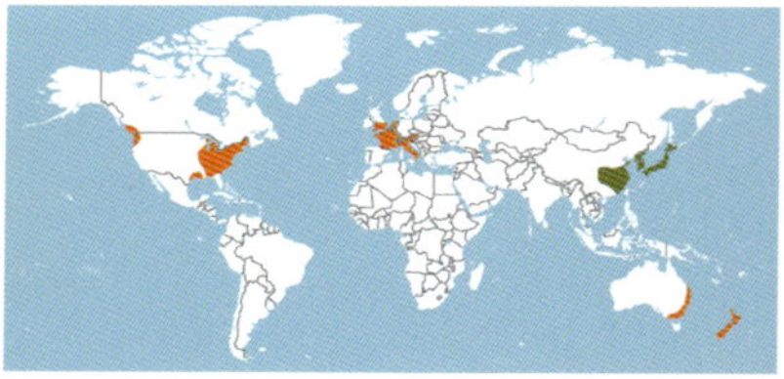

STECKBRIEF Sommergrüner, bis 10 m hoher, verholzter, einhäusiger Schlinger mit weiblichen und männlichen Blüten an einer Pflanze. Blätter fingerförmig, in milden Wintern immergrün. Blütenhülle dreiteilig, weibliche Blüten dunkelpurpurn, männliche Blüten rosa, kleiner. Balgfrüchte fleischig, hängend, purpurviolett, 6–8 cm lang.
NUTZUNG/AUSBREITUNG Zier-, Kletter- und Obstgehölz. Die Früchte sind genießbar. Ostasiatische Art, nach Mitteleuropa durch den deutschen Naturwissenschaftler Baron Phillip Franz von Siebold (1796–1866) gekommen und seit spätestens dem Jahr 1847 im Gebiet kultiviert. Die Pflanze wird in der Regel über Samen oder Stecklinge vermehrt. Abgetrennte Pflanzenteile können anwachsen und auch die Ausbreitung über unterirdische Kriechtriebe ist möglich. Bisher im Gebiet nur ganz vereinzelt verwildert, dort aber oft mit auffallender Intensität, so etwa bei Nötsch im Kärntner Gailtal, wo die Pflanze im Jahr 2006 etwa 1000 m² Wald in Besitz genommen hat und sich der Bestand weiter vergrößert.

Echter Lorbeer
Laurus nobilis
— Lorbeergewächs · Lauraceae

April
essbar

Laurus nobilis

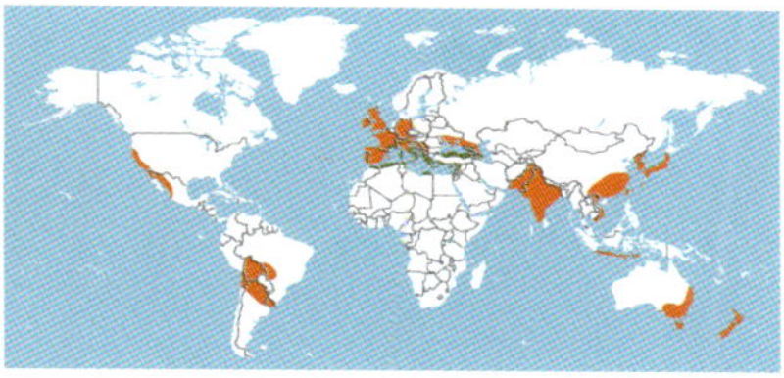

STECKBRIEF Bis 4 m hoher, dicht verzweigter, immergrüner, aromatisch duftender Strauch oder Baum. Blätter bis 1 cm lang gestielt. Blattspreiten länglich-lanzettlich, 5–15 cm lang, oberseits glänzend-dunkelgrün, unterseits matt, lederig. Blüten vierzählig, gelblich-weiß, in blattwinkelständigen Büscheln, zweihäusig, aber weibliche Blüten mit 4 sterilen Staubblättern. Steinfrucht eiförmig, ca. 1 cm lang, zuletzt schwarz.

NUTZUNG/AUSBREITUNG Zier-, Arznei- und Gewürzpflanze. Nach England dürfte der Lorbeer Anfang des 16. Jahrhunderts gekommen sein, nennt ihn William Turner 1548 doch schon als in englischen Gärten vorhanden. In Deutschland wurde das wärmebedürftige Gehölz ebenfalls Mitte des 16. Jahrhunderts kultiviert und seit dem 18. Jahrhundert sind Spielformen mit krausen und panaschierten Blättern bekannt.
Von Verwilderungen ist in älteren Floren nichts zu lesen, doch breitet sich die Art in jüngerer Zeit v. a. im Bodenseegebiet aus. Der Lorbeer wächst hier als Unterholz in Wäldern und wird durch das feuchtwarme Klima begünstigt. Auch im südlichen Tessin vielfach verwildert und teilweise eingebürgert. Sonst selten in wärmebegünstigten Lagen.

Kaiserkrone
Fritillaria imperialis
— Liliengewächs · Liliaceae

April–Mai
giftig

Fritillaria imperialis

STECKBRIEF 50–130 cm hohe Mehrjährige mit Fuchsgeruch und lineal-lanzettlichen, quirlig angeordneten Blättern. Blüten zu 3–8 in Scheinquirl, hängend, oberhalb vom Blütenstand mit einem Blattschopf. Perigonblätter 4–6 cm lang, orange, gelb oder hellrot.

NUTZUNG/AUSBREITUNG Zierstaude. Im Orient eine alte Gartenpflanze, die Mitte des 16. Jahrhunderts

Lilium candidum

Lilium lancifolium

nach Italien kam. 1573 traf sie in Wien ein und kam dort im Garten des Kaisers Maximilian I. 1576 erstmals zur Blüte. Der in Wien tätige flämische Botaniker Carolus Clusius bemühte sich um ihre weitere Verbreitung, indem er Samen und Tochterzwiebeln an befreundete Botaniker und Pflanzenliebhaber weitergab. Bis Ende des 16. Jahrhunderts war die Kaiserkrone bereits in vielen Gärten des Gebiets zu finden. Tritt gegenwärtig im Gebiet vereinzelt verschleppt auf.

WEITERE ARTEN Im Libanon und in Nord-Galiläa ist die **Madonnen-Lilie**, *Lilium candidum*, beheimatet, die früher häufiger kultiviert wurde als gegenwärtig und die ganz vereinzelt synanthrop auftritt, so in Bayern, Mecklenburg-Vorpommern, Thüringen, Wien und Südtirol. In China, Korea und Japan ist die **Tiger-Lilie**, *Lilium lancifolium*, beheimatet, die im Gebiet als Zierpflanze kultiviert wird und selten verwildert bzw. verschleppt auftritt, so in Kärnten, Niederösterreich, in der Steiermark und in Osttirol.

Garten-Tulpe

Tulipa × gesneriana hort.
— Liliengewächs · Liliaceae

April–Mai
giftig

STECKBRIEF 25–70 cm hohe, ausdauernde Zwiebelpflanze. Blätter blaugrün, Stängelblätter schmäler als die Grundblätter. Blüten einzeln, Perigonblätter 4–8 cm lang, rot, gelb, violett oder weiß. Staubblätter purpurn oder gelb.

NAME Benannt zu Ehren des Schweizer Naturforschers und Universalgenies Conrad Gessner (1516–1565). Nach ihm trägt u. a. auch die Familie der *Gesneriaceae* ihren Namen.

NUTZUNG/AUSBREITUNG Zierpflanze. Die Gruppe um die Garten-Tulpe, *Tulipa × gesneriana* hort., ist hybridogen aus verschiedenen, vor allem in Südwest-Asien beheimateten Wildtulpenarten entstanden.

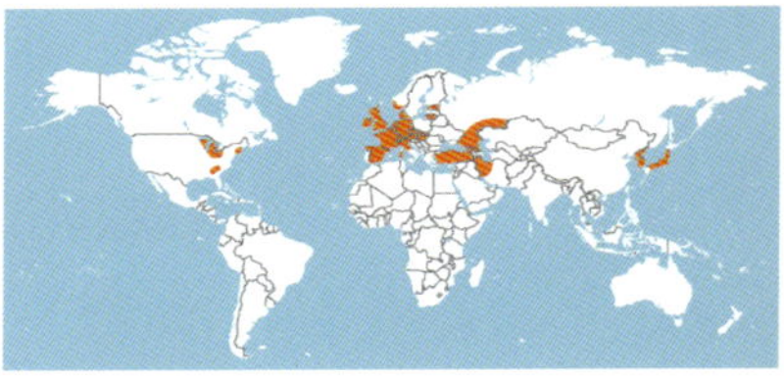

Mögliche Stammarten sind *Tulipa aitchisonii*, *T. armena*, *T. clusiana*, *T. lanata* und *T. stellata*. Erste schriftliche Erwähnungen der Garten-Tulpe gibt es seit dem 9. Jahrhundert in der altpersischen Literatur.

Von den Persern übernahmen die Türken die Kultur der Tulpen, von wo aus die Pflanze Mitte des 16. Jahrhunderts Europa erreichte. In Italien ist sie seit 1549 belegt, wenig später auch in Mitteleuropa. Conrad Gessner bildete 1561 eine Tulpe ab, die er 1559 im Garten des Ratsherren Heinrich Herwart in Augsburg gesehen hatte. Gessners Schilderung diente als Grundlage für die Beschreibung von *Tulipa gesneriana* durch Linné im Jahr 1753. Erste ausführliche Arbeiten über die Tulpen und die rasche Ausbreitung in Europa erfolgten durch den flämischen Botaniker Carolus Clusius.
Die Tulpen und ihre Sorten wurden in den gehobenen Kreisen Westeuropas zu einem Spekulationsobjekt und erst nach dem Börsenkrach von 1637 normalisierte sich der Handelswert der Blume. In den Jahrzehnten nach der Tulpenmanie entwickelte sich die Tulpe von einer Blume des Adels und Geldbürgertums zu einer weit verbreiteten Zierpflanze. Gegenwärtig im Gebiet häufig kultiviert und vereinzelt subspontan auftretend.
WEITERE ARTEN Die **Clusius-Tulpe**, *Tulipa clusiana*, ist vom Iran bis Nordindien beheimatet, wird gelegentlich kultiviert und verwildert selten, so in Bayern.
In Zentralasien ist die **Turkestanische Tulpe**, *Tulipa turkestanica*, beheimatet, die selten kultiviert wird und sehr selten verwildert, so in Bayern und Wien.
Im Tien-Schan-Gebirge Zentralasiens ist die **Tarda-Tulpe**, *Tulipa tarda*, beheimatet, die vor allem in Kultursorten gerne in Steingärten und Friedhöfen kultiviert wird und gelegentlich verwildert, so in Bayern, Hessen, Sachsen und Oberösterreich.

Tulipa clusiana

Tulipa turkestanica

Tulipa × gesneriana

Tulipa tarda

Douglas-Sumpfblume

Limnanthes douglasii
— Sumpfblumengewächs · Limnanthaceae

Juni–Aug.
essbar

Limnanthes douglasii

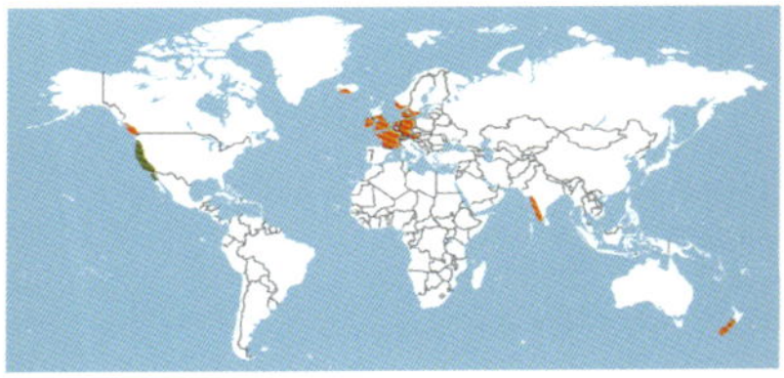

STECKBRIEF 5–20 cm hohe, kahle Einjährige mit 20–40 cm langen, niederliegend-ausgebreiteten Stängeln und wechselständigen, fiederspaltigen, fleischigen Blättern. Blüten duftend, einzeln in den Blattachseln, 2–3,5 cm im Ø. Kronblätter weiß mit gelbem Grund, keilförmig, vorne tief ausgerandet.

NAME Der Artbeiname ehrt den schottischen Gärtner und Pflanzensammler David Douglas (1799–1834), nachdem u. a. auch die Douglasie, *Pseudotsuga menziesii*, der Oregon-Weißdorn, *Crataegus douglasii* und die Gattung *Douglasia* aus der Familie der Primelgewächse benannt sind.

NUTZUNG/AUSBREITUNG Zier-, Duft- und Gemüsepflanze. Die Pflanze schmeckt kresseartig. In Mitteleuropa seit dem Jahr 1833 in Kultur bekannt und gegenwärtig selten in Blumenrabatten, auf Gräbern und als Gemüsepflanze genutzt. Vereinzelt und unbeständig im Gebiet verwildert.

Roter Lein

Linum grandiflorum
— Leingewächs · Linaceae

Juni–Juli

Linum grandiflorum

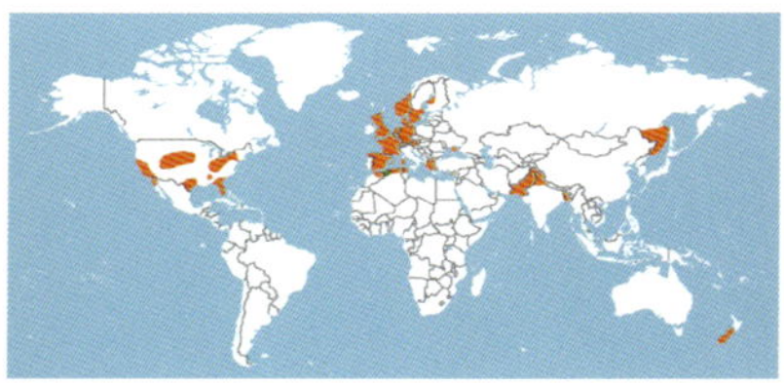

STECKBRIEF 30–60 cm hohe Einjährige mit straff aufrechtem Wuchs. Blätter ei-lanzettlich, ganzrandig, dachziegelig am Stängel gedrängt. Kronblätter verkehrteiförmig, leuchtend purpurrot, mit dunklerem Zentrum. Kelchblätter grün, am Rand häutig.

NUTZUNG/AUSBREITUNG Zierpflanze. Endemit Nordwest-Algeriens. Recht häufig in Blumenwiesenmischungs-Ansaaten enthalten, so in der Austrosaat-Blumenmischung „Paradiesgarten", und daraus gelegentlich unbeständig verwildernd. Im Gebiet 1909 erstmals subspontan auf Schutt in Bamberg aufgetreten. Desweiteren u. a. Regensburg in Bayern, Zeilbach in Hessen, Leipzig in Sachsen, Eisenberg im Burgenland, Rannersdorf in Niederösterreich, Virgen in Osttirol und Donauinsel in Wien.

WEITERE ART Vom mediterranen Zweijährigen Lein, *Linum bienne*, stammt der **Saat-Lein**, *Linum usitatissimum*, ab. Dieser kam mit der Bandkeramikkultur in der Zeit von etwa 5700 bis 4100 v. Chr. nach Mitteleuropa und wurde auf den Lößflächen nördlich der Donau bis nach Nordfrankreich angebaut. Die gegenwärtigen Fundmeldungen gehen vor allem auf ihre Kultur als Ölpflanze und der Ausbringung als Vogelfutter zurück. Tritt im gesamten Gebiet sehr zerstreut und recht unbeständig auf.

Linum usitatissimum

Großes Büchsenkraut

Lindernia dubia

— Büchsenkrautgewächs · Linderniaceae

Juli–Sep.

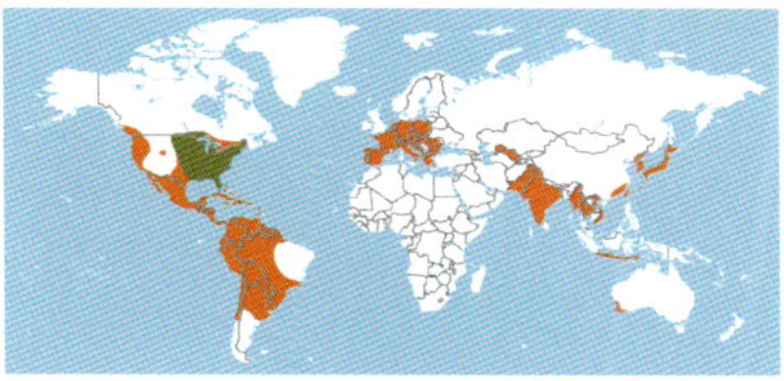

STECKBRIEF Bis 30 cm hohe Einjährige mit meist aufrechten Stängeln. Blätter ei-lanzettlich, 5-nervig, bis 3 cm lang, zumindest die oberen entfernt gezähnt, kahl. Blütenstiel kürzer als das Tragblatt. Blüten meist normal entwickelt, Krone 7–10 mm lang, weißlich, Unterlippe am Rand violett, offen. Nur 2 der 4 Staubblätter mit Staubbeuteln. Griffel 2,5–3,5 mm lang.

VERWECHSLUNG Das heimische Echte Büchsenkraut, *Lindernia procumbens*, hat meist kleistogame Blüten, Blütenstiele, die länger als die Tragblätter sind und dreinervige Blätter, bei denen auch die oberen ganzrandig sind.

NAME Die Gattung ist zu Ehren des deutschen Botanikers und Arztes Franz Balthasar von Lindern (1682–1755) benannt, einem Erforscher der Flora des Elsasses und Direktor des Botanischen Gartens in Straßburg. Lindern bildete *Lindernia procumbens*, die einzige in Europa heimische Art der Gattung, erstmals ab und beschrieb sie 1747.

NUTZUNG/AUSBREITUNG Selten als Aquarienpflanze. Mitte des 19. Jahrhunderts nach Frankreich gekommen und sich hier allmählich eingebürgert, so etwa in den Flussgebieten der Loire, Maine, Sévre und Mayenne. *Lindernia dubia* breitet sich auf dem Wasserweg aus und wird durch Boote und Fahrzeuge verschleppt. Zumindest der Großteil der Vorkommen im Gebiet, wenn nicht alle, dürften auf Verschleppung zurückgehen, auch deswegen, weil die Art erst in neuerer Zeit als Aquarienpflanze genutzt wird.

In Österreich 2017 durch U. Raabe bei Güssing im Süd-Burgenland entdeckt, 2018 dann von A. Lugmair bei Kremsmünster in Oberösterreich gefunden. Breitet sich gegenwärtig im Gebiet aus.

Lindernia dubia

Lindley-Mentzelie
Mentzelia lindleyi
— Blumennesselgewächs · Loasaceae

Juni–Aug.

Mentzelia lindleyi

STECKBRIEF 10–50 cm hohe Einjährige mit graugrünen, lanzettlichen, grob gezähnten Blättern. Kronblätter 2–4 cm lang, eiförmig, zugespitzt, gelb mit orangem Grund. Kelchblätter schmal-dreieckig bis lanzettlich, behaart.
NAME Der Gattungsname ehrt den deutschen Arzt, Sinologen und Botaniker Christian Mentzel (1622–1701), der u. a. das erste chinesische Zeichenlexikon in Europa herausgab. Der Artbeiname ist nach dem englischen Botaniker John Lindley (1799–1865) benannt, dessen Name auch in Gattungen wie *Lindleya*, *Neolindleya*, *Lindleyella*, *Lindleyara* und *Lindleycladus* zu finden ist.
NUTZUNG/AUSBREITUNG Zierpflanze. Selten für Blumenansaaten und für Freilandsukkulentenbeete genutzt und sehr selten daraus verwildert.

Simsen-Weiderich
Lythrum junceum
— Weiderichgewächs · Lythraceae

Mai–Aug.

Lythrum junceum

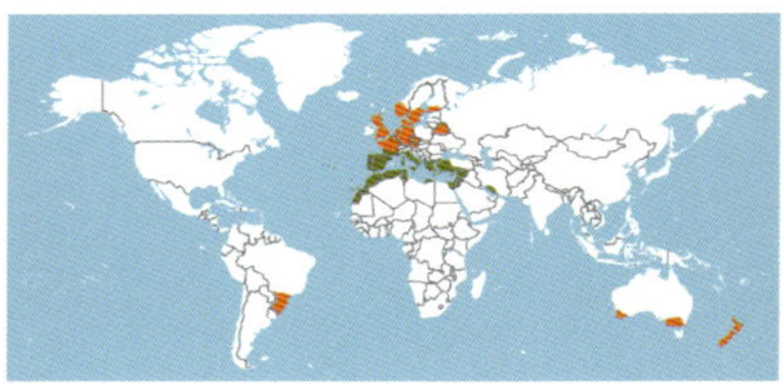

STECKBRIEF 5–50 cm hohe, kahle Mehrjährige mit vierkantigen, leicht geflügelten, niederliegenden bis aufsteigenden Stängeln. Blätter wechselständig, Spreite verkehrt-eiförmig bis lineal-lanzettlich. Blüten sechszählig. Kronblätter purpurrosa, 5–7 mm lang, Kelchblätter dreieckig. Staubblätter 12, unterschiedlich lang.
VERWECHSLUNG Der eurasiatische Ysopblättrige Weiderich, *Lythrum hyssopifolia*, hat 2–3 mm lange Kronblätter und 6 Staubblätter.
NUTZUNG/AUSBREITUNG Keine. Unter anderem über Vogelfutter eingeschleppt. Im Gebiet sehr vereinzelt und unbeständig.

Granatapfel
Punica granatum
— Weiderichgewächs · Lythraceae

Mai–Juni
essbar

Punica granatum

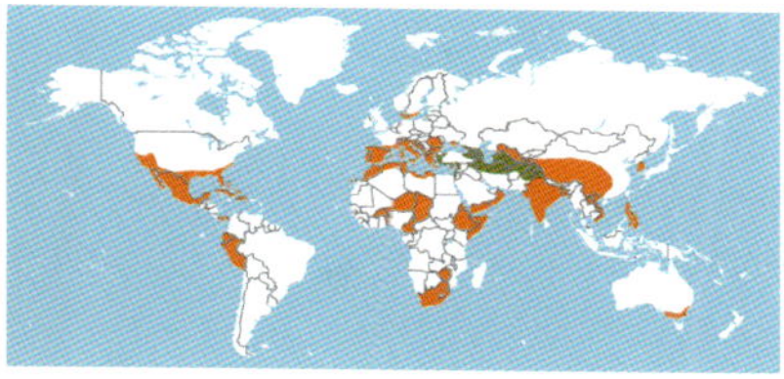

STECKBRIEF Bis 5 m hoher, reich verzweigter, sommergrüner, Wurzelsprosse bildender Strauch oder Baum mit vierkantigen bis schwach geflügelten Zweigen, diese teilweise in Dornen endend. Blätter gegenständig, derb, grün, 0,5–1 cm lang gestielt, Spreite 2–8 cm lang, eiförmig bis lanzettlich, granzrandig. Blüten zu 1–4 an den Zweigenden, 5–9-zählig mit doppelter Blütenhülle, 2–3 cm langen Kronbättern und fleischigem Kelch. Kelch und Krone leuchtend scharlachrot. Frucht apfelförmig mit derber, gelblich-roter Schale, darin die zahlreichen, in Fruchtfächern liegenden Samen.

NUTZUNG/AUSBREITUNG Obst- und Ziergehölz. Ursprünglich aus Westasien stammende, uralte Kulturpflanze, die bereits in den altägyptischen Gärten gehalten wurde. Nach Mitteleuropa dürfte der Granatapfel im Mittelalter gekommen sein, wie ein archäologischer Fund aus dem mittelalterlichen Konstanz zeigt. In warmen Teilen des Gebiets gegenwärtig lokal verwildert, vor allem im Etsch-Eisacktal Südtirols, im Tessin und im Rhonetal des Wallis.

Tulpenbaum
Liriodendron tulipifera
— Magnoliengewächs · Magnoliaceae

Mai–Juni
giftig

Liriodendron tulipifera

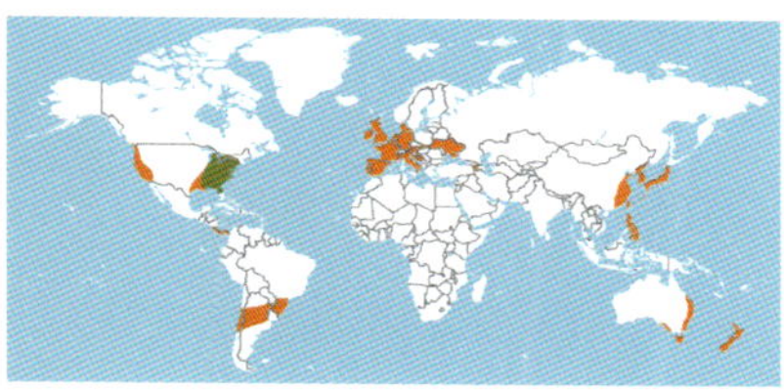

STECKBRIEF 15–35 m hoher, sommergrüner Baum mit durchgehendem Stamm und breit säulenförmiger Krone. Blattspreiten im Umriss fast viereckig, 8–15 cm lang und breit, Basis abgerundet oder gestutzt, oberseits frischgrün, unterseits leicht bläulichgrün. Herbstfärbung leuchtendgelb. Blüten tulpenförmig, Kelchblätter hellgrün, Kronblätter grünlichgelb, an der Basis mit einem orangefarbenen Band.

NUTZUNG/AUSBREITUNG Zierbaum. Beheimatet in den Appalachen und auf den Piedmontflächen von Pennsylvania bis Georgia. In Europa seit 1688 in Parkanlagen und großen Gärten in Kultur. Tulpenbäume entwickeln regelmäßig Früchte, trotzdem sind Verwilderungen im Gebiet bisher selten.
WEITERE ARTEN Aus Ostasien stammt die **Kobushi-Magnolie**, *Magnolia kobus*, die im Gebiet nicht selten als Zierbaum kultiviert wird und die sehr selten daraus verwildert, so in Salzburg.

Magnolia kobus

Die **Tulpen-Magnolie**, *Magnolia × soulangiana*, ist eine Kulturhybride aus den zwei ostasiatischen Arten *Magnolia denudata* und *Magnolia liliiflora*. Sie ist die in Mitteleuropa am häufigsten kultivierte Magnoliensippe, kommt im Gebiet aber nur selten zur Fruchtreife und auch Meldungen über Verwilderungen sind sehr selten, so jene aus Salzburg.

Magnolia × soulangiana

Samtpappel
Abutilon theophrasti
— Malvengewächs · Malvaceae

Juli–Sep.
invasiv

STECKBRIEF 50–150 cm hohe Einjährige mit aufrechtem Stängel und 5–15 cm lang gestielten Blättern. Blattspreite 7–20 cm lang, rundlich, lang zugespitzt, gezähnt, am Grund tief herzförmig. Blüten in ein- bis wenigblütigen Zymen in den Achseln der oberen Stängelblätter. Kronblätter 7–13 mm lang, gelb. Frucht 1,5–2 cm lang, 2–3 cm breit, den Kelch deutlich überragend, sich in 10–15 mehrsamige Bälge zerteilend, erst grün, dann schwarz. Jeder Balg mit einem Paar 3–5 mm langer, krallenförmiger Schnäbel.
NAME Benannt zu Ehren des griechischen Philosophen und Naturforschers Theophrastos von Eresos (371–287 v. Chr.).

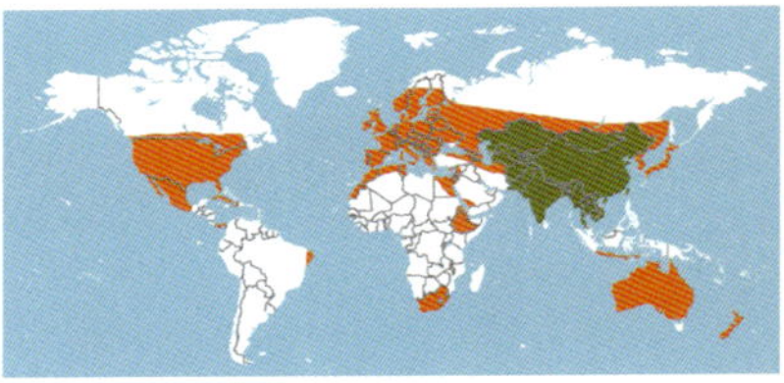

NUTZUNG/AUSBREITUNG Selten als Zier- und Gemüsepflanze oder für die Floristik kultiviert. Früher auch als Faser- und Ölpflanze. In China als Faserpflanze seit

mindestens 4000 Jahren gebaut und als Kulturpflanze über das südliche Russland und Südosteuropa bis ins westliche Mittelmeergebiet verbreitet. Kam Anfang des 16. Jahrhunderts als Zier- und Heilpflanze ins Gebiet und wird 1542 erstmals aus dem Schallerschen Garten in Nürnberg genannt. Bis zum Beginn des 19. Jahrhunderts war die Samtpappel eine häufige Gartenpflanze, verlor dann aber als Arzneipflanze an Bedeutung und wurde als Zierpflanze von schöner blühenden Arten abgelöst.
Die großflächige Verbreitung in Mitteleuropa seit etwa der Jahrtausendwende geht möglicherweise auf verunreinigtes Ölrettich- und Senfsaatgut aus Südosteuropa und über Stallmistdüngung nach der Verfütterung von Soja- und Maisschrot aus betroffenen Gebieten zurück. Auch als Vogelfutterpflanze wird die Art verbreitet, weshalb sie in Gärten besonders gerne in der Nähe von Vogelhäusern zu finden ist.
Gegenwärtig hat sich die Samtpappel vor allem in Rübenäckern durchgesetzt und findet sich im Gebiet mit Verbreitungsschwerpunkten in Sachsen, Niedersachsen, Berlin, Hamburg, dem Oberrheingebiet, im pannonischen Gebiet Österreichs, im Schweizer Mittelland und im südlichen Tessin.
WEITERE ARTEN Als Energie- und Futterpflanze, als Bienenweide und zur Herstellung von Dämmstoffen wird die **Virginia-Sidamalve**, *Sida hermaphrodita*, seit Mitte des vergangenen Jahrhunderts im Gebiet kultiviert. Vereinzelt findet sie sich verwildert oder verschleppt, so in Bayern, Rheinland-Pfalz und Niederösterreich. Die tropische **Dornige Sidamalve**, *Sida spinosa*, wird gelegentlich mit Vogelfutter, Ölsaat oder anderer Handelsware verschleppt, so etwa in Bayern, Hamburg, MV, Niedersachsen, Sachsen, Sachsen-Anhalt und Vorarlberg.

Sida spinosa

Sida hermaphrodita

Abutilon theophrasti

Abutilon theophrasti

Garten-Stockrose · Garten-Pappelrose

Alcea rosea
— Malvengewächs · Malvaceae

Juni–Okt.

STECKBRIEF Bis 2,5 m hohe Zweijährige mit wenig tief eingeschnittenen, am Rand schwach gekerbten Blattspreiten. Blütenstand lang, ährenähnlich, Krone je nach Sorte rosa, rot, schwarzrot, weiß oder gelb. Blüten 6–10 cm im Ø. Kronblätter sich seitlich berührend oder überlappend. Früchte von den Kelchblättern umgeben, in 20–40 Teilfrüchte zerfallend, Teilfrüchte ca. 7 mm im Ø, Seitenflächen der Teilflächen angedrückt behaart.

VERWECHSLUNG Die ebenfalls gelegentlich kultivierte Runzelige Stockrose, *Alcea rugosa*, hat zumindest teilweise hellgelbe Blüten und tief fünflappig-geteilte Blattspreiten.

NUTZUNG/AUSBREITUNG Zier-, Färbe- und Volksarzneipflanze. Bei der Garten-Stockrose handelt es sich um eine Kulturform, die wahrscheinlich von der südosteuropäischen Blassen Stockrose, *Alcea biennis*, abstammt. Aus dem Gebiet ist sie seit dem späten Mittelalter bekannt, das zeigt das um 1410 gemalte „Paradiesgärtlein", in dem eine rote und eine weiße Stockrose zu sehen sind. In der Literatur erscheint sie erstmals 1530 bei Otto Brunfels und schon wenige Jahre später kannte Hieronymus Bock eine gefüllt blühende Form. Auch gegenwärtig im Gebiet häufig kultiviert und immer wieder vorübergehend verwildert oder verschleppt.

WEITERE ARTEN Aus der Ukraine und Südrussland stammt die **Runzelige Stockrose**, *Alcea rugosa*, die im Gebiet selten adventiv auftritt, so in Baden-Württemberg und Vorarlberg.

Der südeuropäisch-westasiatische **Hanf-Eibisch**, *Althaea cannabina*, der selten als Zierstaude oder Faserpflanze kultiviert wird, tritt vereinzelt verwildert bzw. verschleppt auf, so in Baden-Württemberg, Bayern, Rheinland-Pfalz, Sachsen, im Burgenland, in der Steiermark, in Wien, Südtirol und Zürich.

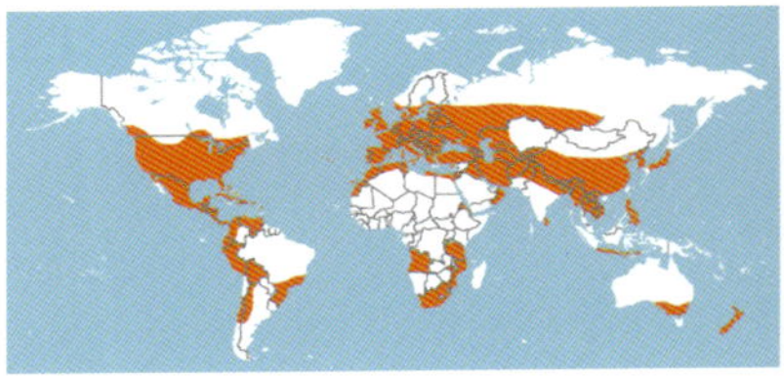

Alcea rosea

Alcea rugosa

Althaea cannabina

Straucheibisch

Hibiscus syriacus
— Malvengewächs · Malvaceae

Juni–Aug.

Hibiscus syriacus

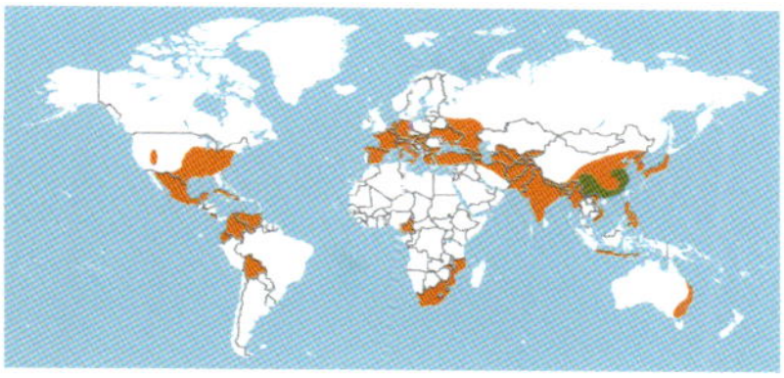

STECKBRIEF 1–3 m hoher, sommergrüner, reich verzweigter, trichterförmiger Strauch mit straff aufrechten Zweigen. Blattspreiten rhombisch, dreilappig, grob gezähnt, 5–10 cm lang. Blüten einzeln, kurz gestielt, Außenkelchblätter 7–9, Kronblätter 4–7 cm lang, lila, bei Gartenzierformen auch blau, violett, rosa oder weiß, am Grunde purpurn. Samen einseitig behaart.

NUTZUNG/AUSBREITUNG Häufig und in vielen Sorten als Ziergehölz. Der entgegen seines Namens nicht in Syrien, sondern in Südost-Asien beheimatete Straucheibisch gelangte über alte Handelswege früh in den Orient, wo er 1574 vom deutschen Arzt Leonhart Rauwolf bei Tripoli im heutigen Libanon kultiviert gefunden wurde und bald darauf nach Mitteleuropa kam. Gegenwärtig im Gebiet vielerorts verwildert mit steigender Verwilderungstendenz.

Garten-Lavatere

Malva trimestris (Syn.: *Lavatera trimestris*)
— Malvengewächs · Malvaceae

Juli–Okt.

Malva trimestris

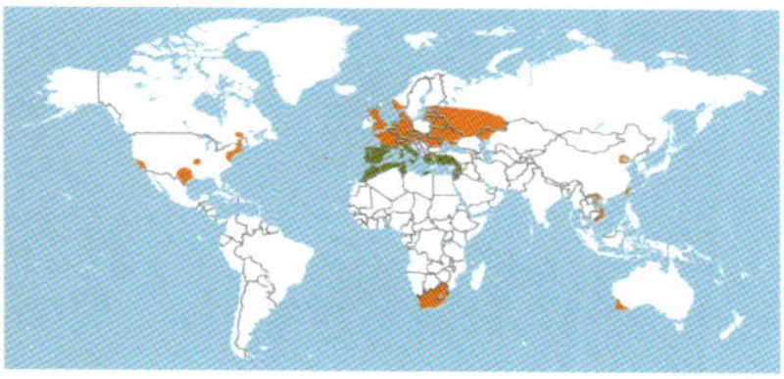

STECKBRIEF 30–120 cm hohe Einjährige mit behaartem Stängel und seicht gelappten Blattspreiten, die oberen meist spießförmig. Blüten 5–8 cm im Ø, Kronblätter rosa, dunkler geadert, selten auch weiß, wenig ausgerandet. Äußere Kelchblätter verwachsen. Frucht oben glatt, unten in Teilfrüchte gekammert.

NAME Der ehemalige Gattungsname ist zu Ehren des Schweizer Arztes und Naturforschers Johann Heinrich Lavater (1611–1691) benannt, der u. a. Lehrer des berühmten Botanikers Johann Jakob Scheuchzer war.

NUTZUNG/AUSBREITUNG Zierpflanze. Seit 1620 in Kultur bekannt, im Gebiet vereinzelt und unbeständig subspontan zu finden.
WEITERE ARTEN Im Mittelmeergebiet ist die **Strauch-Lavatere**, *Malva arborea* (Syn. *Lavatera arborea*), beheimatet, die u. a. auf Helgoland in Schleswig-Holstein kultiviert wird und dort auch subspontan vorkommt. Selten als Zierpflanze genutzt wird die in Südost-Kroatien, in der Vojvodina und in Nord-Makedonien beheimatete **Weinblatt-Kitaibelie**, *Kitaibela vitifolia*, die gelegentlich verschleppt oder verwildert auftritt, so in Baden-Württemberg, Bayern, Nordrhein-Westfalen, im Burgenland, in der Steiermark und in Wien.
In Spanien, Portugal und Marokko ist die **Dreispaltige Trichtermalve**, *Malope trifida*, beheimatet, die im Gebiet als einjährige Zierpflanze gezogen wird und gelegentlich verwildert, so in Bayern, Brandenburg, Hamburg, Hessen, Rheinland-Pfalz, Sachsen, Schleswig-Holstein, Niederösterreich, in der Steiermark, in Salzburg, Nordtirol und Wien.

Malva arborea

Malope trifida

Kitaibela vitifolia

Quirl-Malve
Malva verticillata
— Malvengewächs · Malvaceae

Juli–Sep.
essbar

STECKBRIEF 60–150 cm hohe Ein- bis Zweijährige mit aufrechtem Stängel. Blattspreiten 5–7-lappig, Rand meist dicht und fein gezähnt. Blüten geknäuelt sitzend. Kelchblätter mit 3 längeren Außenkelchblättern. Kronblätter 4–9 mm lang, höchstens doppelt so lang wie die Kelchblätter, weiß oder blassrosa, seicht ausgerandet.
NUTZUNG/AUSBREITUNG Arznei-, Gemüse-, Futter- und Faserpflanze. Wird in China seit mindestens 2500 Jahren als Faserpflanze kultiviert. Aus Europa seit

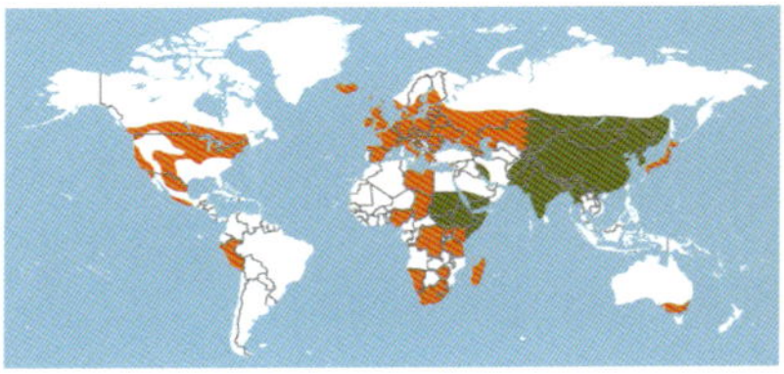

zumindest 1573 bekannt. Früher häufiger gebaut als gegenwärtig, daher liegen oft nur alte Funde vor. Als (ehemalige) Kulturpflanze in Süd- und Osteuropa eingebürgert, im Gebiet immer wieder vorübergehend. Gegenwärtig in Wildäsungsmischungen enthalten und daher auch auf Lichtungen, Waldschlägen und Ruderalstellen auftretend.

WEITERE SIPPEN Die mediterrane **Nizza-Malve**, *Malva nicaeensis*, findet sich im Gebiet sehr selten und unbeständig eingeschleppt, so in Baden-Württemberg, Bayern, Mecklenburg-Vorpommern, Wien und Solothurn. Inwieweit sich die **Mauretanische Malve**, *Malva sylvestris* var. *mauritiana*, von der Wilden Malve, *Malva sylvestris*, abtrennen lässt, ist fraglich. Manche Autoren bewerten sie auch als Unterart oder Art, es bestehen aber gleitende Übergänge zur Nominatform. Die hübsche Sippe ist oft in „Wildblumen"-Saatmischungen enthalten und tritt im gesamten Gebiet nicht selten adventiv auf. Die aus dem südlichen Nordamerika stammende **Kalifornische Präriemalve**, *Sidalcea malviflora*, wird als Gartenzierstaude kultiviert und findet sich sehr selten verwildert oder verschleppt, so in Bayern und Rheinland-Pfalz.

Malva verticillata

Malva nicaeensis

Malva sylvestris var. *mauritania*

Sidalcea malviflora

Silber-Linde
Tilia tomentosa
— Malvengewächs · Malvaceae

Juni–Juli

Tilia tomentosa

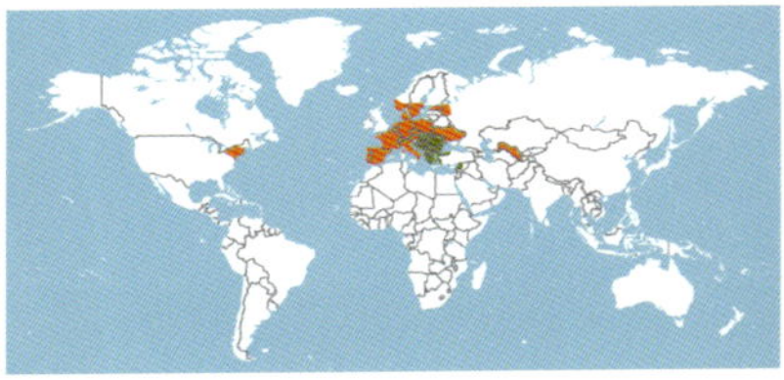

STECKBRIEF Bis 30 m hoher Baum mit spitzwinkelig aufrechten Hauptästen und schräg aufsteigenden bis waagrechten Zweigen. Einjährige Zweige filzig behaart. Blattspreiten 10–15 cm lang, rundlich, plötzlich zugespitzt, Basis herzförmig, scharf gesägt, oberseits dunkelgrün, verkahlend, unterseits silbergrau, flächig behaart. Blüten zu 5–10 in hängenden, sternhaarigen Zymen. Staubblätter 50–80. Früchte kugelig-eiförmig, zugespitzt und gerippt.

VERWECHSLUNG Bei den heimischen Linden-Arten Winter-Linde, *Tilia cordata*, und Sommer-Linde, *Tilia platyphyllos*, ist die Blattunterseite nicht graufilzig, die Blüten haben 25–40 Staubblätter.

NUTZUNG/AUSBREITUNG Ziergehölz. Seit dem Jahr 1767 in Kultur bekannt und vor allem als Park- und Straßenbaum, aber auch als Bienenweide genutzt und selten daraus verwildert.

Gewöhnliches Tellerkraut
Claytonia perfoliata
— Quellkrautgewächs · Montiaceae

April–Juli
essbar

Claytonia perfoliata

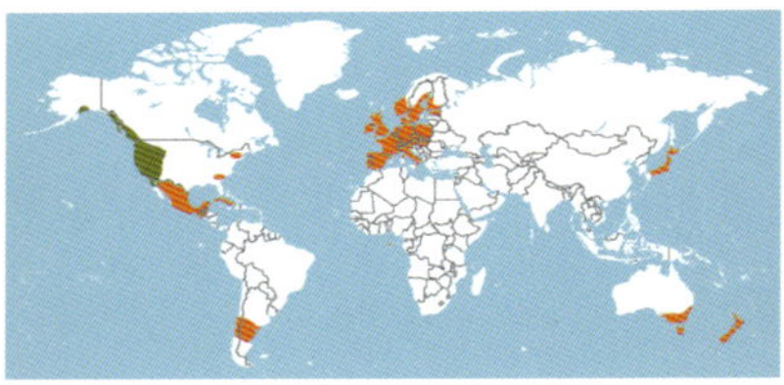

STECKBRIEF 7–25 cm hohe Einjährige, deren Hochblätter unterhalb des Blütenstandes miteinander zu einem tellerförmigen Gebilde verwachsen sind. Grundblätter fleischig, lang gestielt, mit rhombischer bis eiförmiger Spreite. Blüten weiß, 5–8 mm im Ø, Perigonblätter am Grund oft verwachsen.

VERWECHSLUNG Beim Sibirischen Tellerkraut, *Claytonia sibirica*, sind die beiden Hochblätter nicht miteinander verwachsen, die Blüten sind rosa bis weiß, mit dunkleren Nerven.

NAME Die Gattung ist zu Ehren des US-amerikanischen Arztes und Botanikers John Clayton (1694–1773) benannt. Neben der Gattung wurden etwa 20 andere Pflanzenarten nach ihm benannt, genauso wie die botanische Zeitschrift „Claytonia“.

NUTZUNG/AUSBREITUNG Salat- und Gemüsepflanze. 1749 als Blattgemüsepflanze über Kuba und Australien nach Nordwesteuropa gekommen. 1809 dann

erstmals im Gebiet in Kultur aus Wien bekannt. Subspontan 1851 erstmals bei Süderbrarup in Schleswig-Holstein gefunden, um etwa dieselbe Zeit auch in Bremen und Thüringen festgestellt.
Wird vor allem in England, Frankreich, Belgien, den Niederlanden und seit einigen Jahren auch im Gebiet kultiviert und bildet große, kurzlebige Diasporenvorräte, die zu Beginn der Vegetationsperiode fast vollständig keimen. Die Fernausbreitung geschieht vor allem durch Verschleppung mit Pflanzgut aus Baumschulen und durch Vögel. Die Art kommt bevorzugt im ozeanisch-gemäßigten Klimabereich vor und wird durch Trockenheit geschwächt.
Gegenwärtig im Gebiet weit verbreitet mit Verbreitungsschwerpunkten in der Oberrheinischen Tiefebene Baden-Württembergs, in Hessen, Rheinland-Pfalz, Berlin, Hamburg, Niedersachsen und Nordrhein-Westfalen.
WEITERE ART Das entgegen ihres Namens aus Nordamerika stammende **Sibirische Tellerkraut**, *Claytonia sibirica*, tritt in Europa in den Niederlanden und in Großbritannien eingebürgert auf, in Deutschland seit 1931 von München bekannt. Auch gegenwärtig vereinzelt, so in Bayern, Hamburg, Hessen, Niedersachsen, Nordrhein-Westfalen, Sachsen und Thüringen.

Claytonia sibirica

Papiermaulbeerbaum
Broussonetia papyrifera
— Maulbeergewächs · Moraceae

Mai
essbar

STECKBRIEF 3–12 m hoher, zweihäusiger, milchsaftführender Baum oder Strauch mit filzigen Jungzweigen. Blattstiel 2,5–10 cm lang, Blattspreite 7–20 cm lang, ungeteilt oder 2–3-lappig, in Form und Größe sehr variabel, nicht selten am selben Trieb ungeteilt und 3-lappig, oberseits rau, unterseits dicht weichhaarig. Männliche Kätzchen walzlich, weibliche kugelig. Fruchtverband 2–3 cm im Ø, orangerot, essbar.

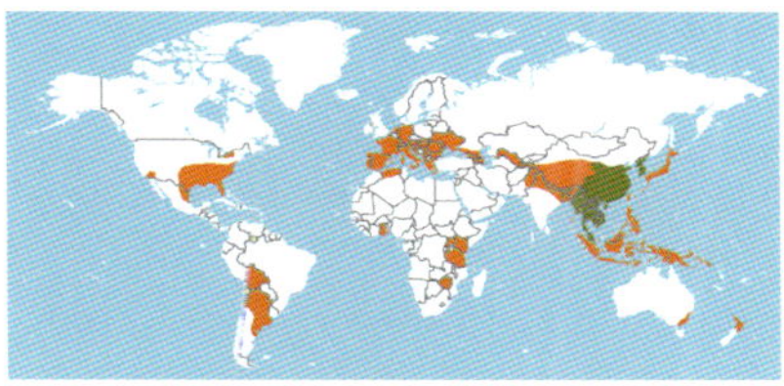

Broussonetia papyrifera

Maclura pomifera

NAME Der Gattungsname ehrt den französischen Arzt, Botaniker und Zoologen Pierre Marie Auguste Broussonet (1761–1807), der die Erprobung von neuen Pflanzenkulturen förderte, so die des Maulbeerbaumes oder die des Tee- und Kartoffelanbaus auf Korsika.
NUTZUNG/AUSBREITUNG Ziergehölz. Die Art wird in ihrer südostasiatischen Heimat seit dem 1. Jahrhundert n. Chr. zur Papierherstellung genutzt, auch als Möbelholz, Arzneipflanze und zur Herstellung von Rindenbaststoff. Ihre Kultur in Europa zu Zierzwecken ist seit dem Jahr 1750 bekannt. Vereinzelt im Gebiet verwildert, lokal auch eingebürgert, so in Wien und Bozen.
WEITERE ART Im östlichen Nordamerika ist der **Osagedorn**, *Maclura pomifera*, beheimatet, der bei uns seit dem Jahr 1818 in Kultur bekannt ist und der daraus gelegentlich verwildert, so im Burgenland, in Niederösterreich, Wien, Südtirol und um den Genfer See.

Echte Feige
Ficus carica
— Maulbeergewächs · Moraceae

Mai–Aug.
essbar

Ficus carica

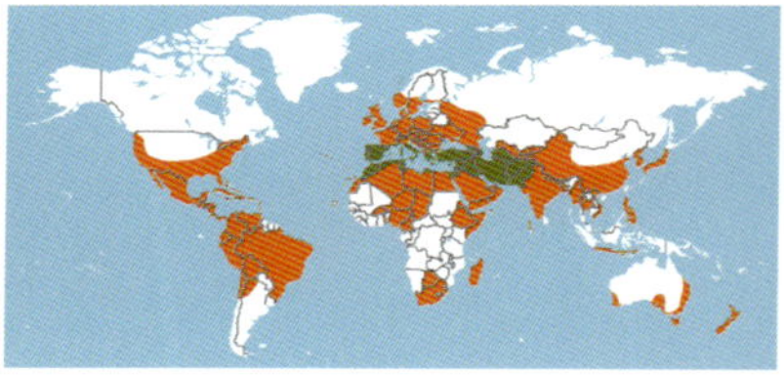

STECKBRIEF Bis etwa 6 m hoher, sommergrüner, milchsaftführender Strauch oder Baum mit grauer Rinde und großen, lang gestielten, wechselständigen Blättern. Blattspreite tief fünfteilig, mit wellig gezähnten, stumpfen Abschnitten und gerundeten Buchten, gelegentlich ungeteilt. Die zahlreichen weiblichen und männlichen Blüten befinden sich im Inneren der birnenförmig erweiterten, fleischigen Blütenstandsachse. Fruchtverband grün bis braunviolett.
NUTZUNG/AUSBREITUNG Obstgehölz. Die Feige zählt zu den ältesten domestizierten Nutzpflanzen des Menschen, weshalb die genaue Herkunft kaum mehr feststellbar ist. Es wird das Mittelmeergebiet und Südwest-Asien, östlich bis Pakistan reichend, vermutet. In warmen Landstrichen des Gebiets wird die Art zusehends häufig kultiviert, sehr selten verwildert oder verschleppt findet sie sich auf Erddeponien, Schuttstandorten und innerstädtischen Wärmeplätzen. In Südtirol lokal eingebürgert.

Weiße Maulbeere
Morus alba
— Maulbeergewächs · Moraceae

Mai
essbar

STECKBRIEF Bis 10 m hoher Baum oder Strauch mit graubrauner Rinde und rundlicher Krone mit oft sparrigem Wuchs. Blätter gestielt, Spreite eiförmig, weich, spitz, grob gezähnt, manchmal unregelmäßig buchtig gelappt, oberseits kahl und glatt, unterseits meist nur auf den Nerven behaart. Blüten klein, vierzählig, in kurzen und dichten, ährigen Blütenständen, die weiblichen ca. 1 cm, die männlichen ca. 2 cm lang. Fruchtstand brombeerenartig, weiß, rot oder schwarzviolett, bis 2,5 cm lang.

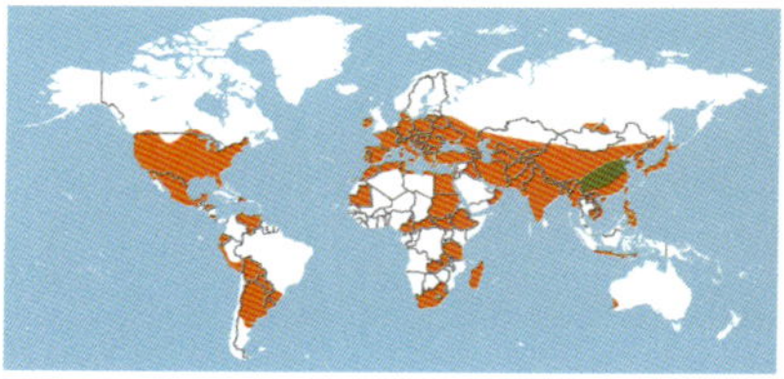

VERWECHSLUNG Die Schwarze Maulbeere, *Morus nigra*, hat oberseits raue, unterseits flaumhaarige Blätter und schwarzpurpurne Fruchtstände.
NUTZUNG/AUSBREITUNG Als Obstgehölz, Haus- oder Straßenbaum, gelegentlich auch als Heckenpflanze. Früher als Futterpflanze für die Seidenraupe in warmen Lagen Mitteleuropas kultiviert.
Die Kultur der Weißen Maulbeere ist in ihrer Heimat seit 4500 Jahren bekannt, in Europa seit etwa 550 n. Chr. aus Griechenland. Die Hauptnutzung lag in der Verwendung der Blätter als Futter für die Seidenraupenzucht. Friedrich der Große (1740–1786) förderte aufgrund der hohen Rohseide-Preise die Kultur des Maulbeerbaumes nördlich der Alpen. Maulbeerpflanzungen sind aber schon länger aus dem Gebiet bekannt, so eine Kultur der Klarissen im Südtiroler Brixen aus dem Jahre 1479. Gegenwärtig vielerorts verwildert, lokal auch eingebürgert wie in der Donau-Au östlich von Wien.
WEITERE ART Die asiatische **Schwarze Maulbeere**, *Morus nigra*, wird als Zier- und Obstbaum kultiviert und verwildert vereinzelt, so in Bayern, Berlin, Niedersachsen, Nordrhein-Westfalen, Rheinland-Pfalz, Sachsen, im Burgenland, in Kärnten, Niederösterreich, Salzburg, Wien, Südtirol, Bern, im Tessin, in der Waadt und in Zürich.

Morus alba

Morus nigra

Regenschirm-Wunderblume
Mirabilis nyctaginea (Syn.: *Oxybaphus nyctagineus*)
— Wunderblumengewächs · Nyctaginaceae

Mai–Okt.
giftig

Mirabilis nyctaginea

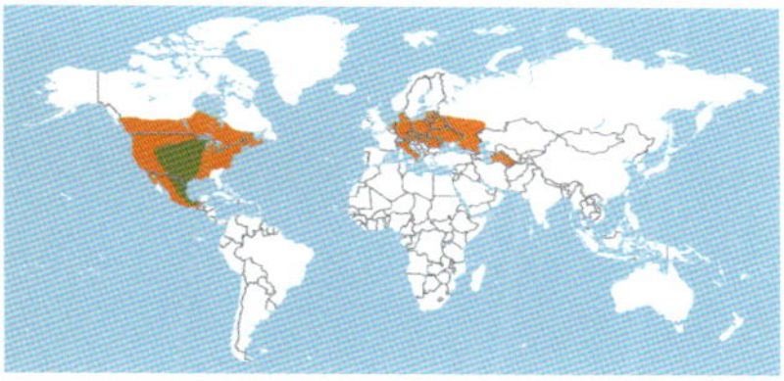

STECKBRIEF 40–80 cm hohe Mehrjährige mit aufrechten, gabelig verzweigten Stängeln und dickem Wurzelstock. Untere Blätter gestielt, Spreite dreieckig, 6–8 cm lang, am Grund herzförmig. Blütenstand kopfig, Blüten zu 2–6 in einer gemeinsamen, fünfteiligen Hochblatthülle. Diese vergrößert sich nach der Blütezeit. Blüten ca. 8 mm im Ø, purpurrosa, spätere Blüten verkümmert und grün. Die von Nachtinsekten befruchteten Blüten öffnen sich am Nachmittag, blühen dann die ganze Nacht und schließen sich morgens wieder.

NUTZUNG/AUSBREITUNG Keine. Vor allem an Bahnanlagen, Friedhöfen, Erdhäufen und ähnlichen Ruderalstellen vereinzelt subspontan, lokal auch etabliert wie in Bamberg und Dresden.
WEITERE ART Die seit Ende des 16. Jahrhunderts als Zierpflanze und in botanischen Gärten zur Demonstration der Mendel-Gesetze vielfach kultivierte nordamerikanische **Mexikanische Wunderblume**, *Mirabilis jalapa*, verwildert gelegentlich, so in Baden-Württemberg, Bayern, Mecklenburg-Vorpommern, Melverode in Niedersachsen, Rheinland-Pfalz, Sachsen, Neusiedl am See und Donnerskirchen im Burgenland, Stiefern, Traiskirchen und Lindabrunn in Niederösterreich, Salzburg, Nitscha in der Steiermark, in Wien, Branzoll und Sinich in Südtirol, Bern, Solothurn, im Tessin und Lausanne in der Waadt.

Mirabilis jalapa

Garten-Goldglöckchen
Forsythia × intermedia
— Ölbaumgewächs · Oleaceae

März–April

STECKBRIEF 2–3 m hoher, aufrechter bis breit ausladender Strauch mit hellbraunen Zweigen, diese mit teilweise gefächertem Mark. Blätter lanzettlich, gezähnt, selten einzelne Blätter dreiteilig. Blüten gelb, vor den Blättern erscheinend, zu 1–3 in den Achseln der Blattknospen, kurz gestielt. Krone 1,5–2,5 cm lang, mit kurzer Röhre und 4 langen Zipfeln. Frucht eine mehrsamige, spindelförmige Kapsel, selten ausgebildet.
VERWECHSLUNG Beim Hänge-Goldglöckchen, *F. suspensa*, sind die Blätter oft dreilappig, beim Grünlichen Goldglöckchen, *F. viridissima*, sind die Blätter immer ungelappt.

Forsythia × intermedia

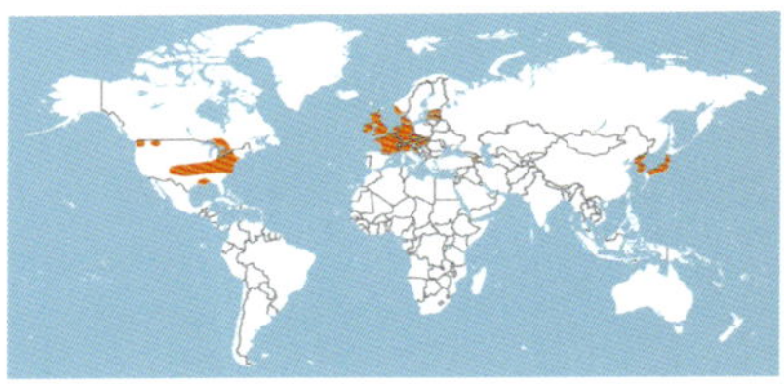

ANMERKUNG Verwilderungen im Gebiet werden sowohl von *F. × intermedia*, als auch deren Elternarten *F. suspensa* und seltener von *F. viridissima* gemeldet. Da sich in Mitteleuropa fast ausschließlich die Hybride *F. × intermedia* in Gartenkultur befindet und eine Unterscheidung durch die reichlich vorhandenen Kulturformen oft kaum möglich ist, werden die drei Sippen hier zusammengefasst dargestellt.
NAME Die Gattung ist zu Ehren des englischen Gärtners und Botanikers William Forsyth (1737–1804) benannt, der unter anderem Leiter des Chelsea Physic-Gartens in London war und der an Wundverschlüssen für Gehölzschnittstellen forschte.
NUTZUNG/AUSBREITUNG Häufig und in mehreren Sorten als Ziergehölz genutzt. Hybride aus zwei ostasiatischen Arten, die 1878 spontan im Botanischen Garten Göttingen entstand aus *Forsythia suspensa*, die 1833 durch den Holländer Verkerk Pistorios nach England und Anfang der 1850er-Jahre nach Deutschland kam und *Forsythia viridissima*, die 1844 durch den englischen Pflanzensammler Robert Fortune Europa erreichte. Gegenwärtig im Gebiet vielfach und mit steigender Verwilderungstendenz zu finden.

Pennsylvanien-Esche
Fraxinus pennsylvanica
— Ölbaumgewächs · Oleaceae

April–Mai

STECKBRIEF 10–25 m (in der Heimat bis 35 m) hoher Baum mit im Alter aschgrauer bis brauner, grob-rissiger und tief gefurchter Rinde. Jungtriebe meist behaart. Endständige Winterknospen spitz, deutlich länger als breit. Blätter gegenständig, unpaarig gefiedert, 20–40 cm lang. Fiederblättchen meist 7–9, kurz gestielt, 8–13 cm lang, beiderseits grün und besonders unterseits ± behaart. Herbstfärbung gelb. Blüten unscheinbar. Früchte 3–5 cm lange, geflügelte Nüsse.

VERWECHSLUNG Die ähnliche Weiß-Esche, *Fraxinus americana*, hat unterseits weißlichgrüne Fiederblätter und endständige Winterknospen, die stumpf und breiter als lang sind.

NUTZUNG/AUSBREITUNG Zier-, Allee- und Forstbaum. Ende des 18. Jahrhunderts in Europa eingeführt und hier seit 1783 in Kultur, in Deutschland seit 1796 bekannt. Verwendung fand sie zunächst vor allem in Parks und Gärten, bevor sie in Auenwäldern aufgrund ihrer hohen Überflutungstoleranz gepflanzt und forstlich genutzt wurde. Die Rot-Esche, wie die Art auch genannt wird, galt bereits bei Schoch 1896 als weit verbreitet und in den Wörlitzer Forsten in Sachsen-Anhalt als „völlig eingebürgert".

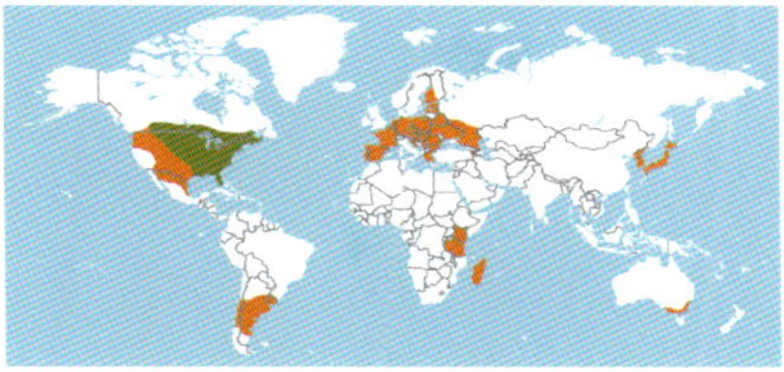

Auch gegenwärtig vor allem in Brandenburg, Sachsen und Sachsen-Anhalt mit Verbreitungsschwerpunkten im Berliner Raum, Spree- und Havelgebiet, in der Oderaue, im Gebiet der Mittleren Elbe und der Donau sowie im pannonischen Osten Österreichs.

WEITERE ART Im östlichen Nordamerika ist die **Weiß-Esche**, *Fraxinus americana*, beheimatet, die im Gebiet selten als Zier- und Forstbaum genutzt wird und gelegentlich verwildert, so etwa in Baden-Württemberg, Berlin, Brandenburg und Sachsen.

Fraxinus pennsylvanica

Fraxinus pennsylvanica

Fraxinus americana

Winter-Jasmin

Jasminum nudiflorum
— Ölbaumgewächs · Oleaceae

Jan.–März

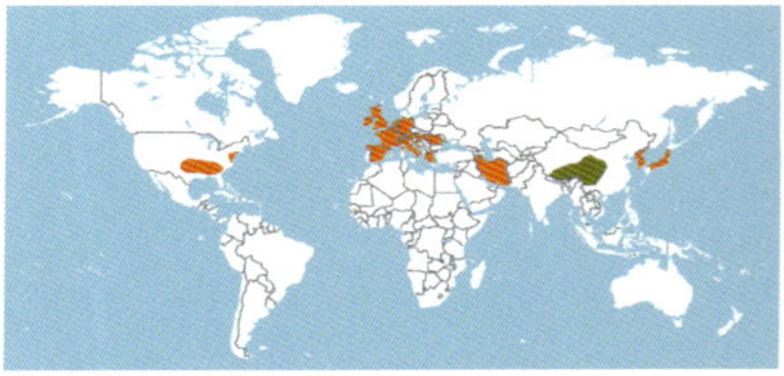

STECKBRIEF 1–2 m hoher, sommergrüner Strauch mit grünen, vierkantigen, bogig überhängenden Zweigen. Blätter gegenständig, dreizählig, Blättchen breit-lanzettlich. Blüten einzeln, seitenständig, 1,5–3 cm im Ø, vor den Blättern erscheinend. Krone gelb, stieltellerförmig mit langer, schlanker, oben erweiterter Röhre und 4–6-teiligem, ausgebreitetem Saum. Frucht eine zweiteilige Beere.
NUTZUNG/AUSBREITUNG Ziergehölz. Der schottische Gärtner und Forschungsreisende Robert Fortune (1812–1880) fand die Pflanze 1844 in einer Gärtnerei bei Soochow in China kultiviert und schickte sie nach Europa, wo sie bald Gefallen und Ausbreitung fand. Gegenwärtig im Gebiet sehr vereinzelt subspontan auftretend.
WEITERE ART In Zentralasien ist der **Echte Jasmin**, *Jasminum officinale*, beheimatet, der als Zier-, Duft- und Kletterpflanze kultiviert wird und vereinzelt daraus verwildert, so in Baden-Württemberg, Salzburg und Südtirol.

Jasminum officinale

Jasminum nudiflorum

Glänzender Liguster

Ligustrum lucidum
— Ölbaumgewächs · Oleaceae

Juni–Juli
giftig

STECKBRIEF Bis 8 m hoher, immergrüner Strauch oder Baum mit abstehenden, in der Jugend kahlen Zweigen. Blätter gestielt, Spreite 8–12 cm lang, eiförmig-lanzettlich, an der Basis breit keilförmig, oberseits glänzend dunkelgrün, kahl. Blüten weiß oder cremeweiß, bis zu 500 in 12–20 cm langen und gleich breiten Rispen. Staubblätter so lang bis wenig kürzer als der Kronsaum. Früchte kugelig, purpurschwarz.

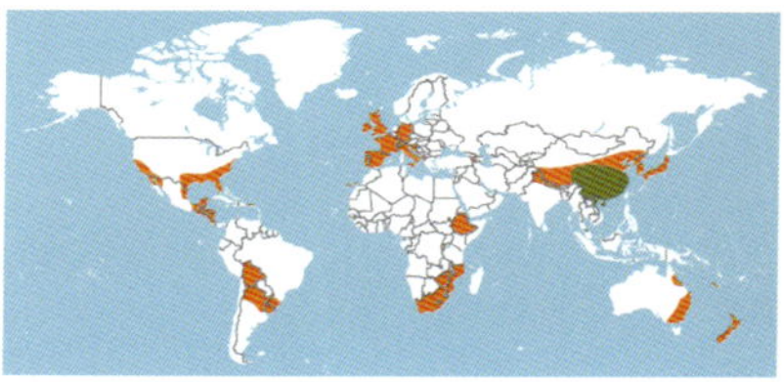

NUTZUNG/AUSBREITUNG Ziergehölz. 1794 nach England gekommen und fortan als Zierpflanze kultiviert, seit 1845 auch in Nordamerika in Kultur. Gegenwärtig im Gebiet ganz vereinzelt verwildert, vor allem im südlichen Tessin.

WEITERE ARTEN Aus Japan kommt der **Bewimperte Liguster**, *Ligustrum ibota*, der selten als Zierpflanze kultiviert wird und daraus sehr selten verwildert, so in Zürich. Der ebenfalls japanische, im 19. Jahrhundert nach Europa gebrachte **Eiblättrige Liguster**, *Ligustrum ovalifolium*, wird häufig als Heckenpflanze kultiviert und kann immer wieder verwildert angetroffen werden, so in Bayern, Hessen, im deutschen Ruhrgebiet, in Sachsen, Schleswig-Holstein, Salzburg, Osttirol, Wien, Freiburg, im Tessin, in der Waadt und in Zürich.

Ligustrum ovalifolium

Ligustrum lucidum

Ligustrum ibota

Echter Flieder

Syringa vulgaris
—Ölbaumgewächs · Oleaceae

April–Mai

Syringa vulgaris

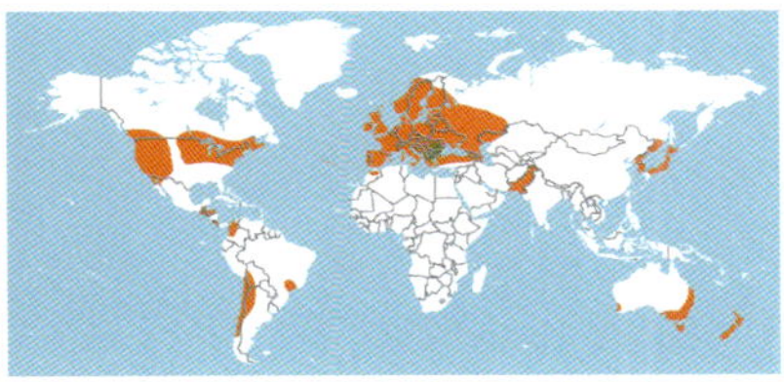

STECKBRIEF Bis 5 m hoher, vielstämmiger Strauch oder Baum, durch Ausläufer dickichtartige Kolonien bildend. Blattspreiten 5–12 cm lang, eiförmig bis breiteiförmig, zugespitzt, an der Basis gestutzt bis herzförmig, kahl. Blüten lila, stark duftend, in 10–20 cm langen, vielblumigen Rispen. Kronröhre etwa 1 cm lang. Fruchtkapsel 1–1,5 cm lang, länglich zugespitzt, braun.

NUTZUNG/AUSBREITUNG Ziergehölz, in vielen Sorten. Der flämische Gelehrte und Arzt Ghislein de Busbecq (1522–1592) brachte den Flieder 1555 aus der Türkei nach Mitteleuropa. Busbecq war von 1554 bis 1562 als Gesandter des deutschen Kaisers in Konstantinopel tätig. Den ersten Flieder setzte Busbecq in seinen Garten in Wien, 1588 ist seine Kultur aus Nürnberg belegt. Bis zum 18. Jahrhundert fand sich der Flieder nur in vornehmen Gärten, erst in den letzten 250 Jahren erlangte er seine allgegenwärtige Verbreitung. Erste subspontane Vorkommen sind seit dem Jahr 1787 von Berlin bekannt.
Gegenwärtig im Gebiet weit verbreitet und regional eingebürgert. Vermehrt sich in Mitteleuropa überwiegend vegetativ durch Ausläufer, es sind aber auch Keimlinge nachgewiesen.

Atlasblume

Clarkia amoena (Syn.: *Godetia amoena*)
— Nachtkerzengewächs · Onagraceae

Juni–Sep.

STECKBRIEF 10–80 cm hohe Einjährige mit lanzettlichen, zugespitzten, ganzrandigen bis entfernt gezähnten, 2–7 cm langen und 0,3–1 cm breiten Blättern. Kronblätter 4, nicht oder kaum genagelt, 1,5–4,5 cm lang, purpurrot, rosa, lila, weiß oder zweifarbig. Kapselfrucht gefächert, schotenförmig.
NAME Die Gattung ist zu Ehren des US-amerikanischen Offiziers und Entdeckungsreisenden William Clark (1770–1838) benannt, der unter anderem an der Lewis-Expedition teilnahm und im Zuge derer den Kiefernhäher, *Nucifraga columbiana*, englisch Clark's Nutcracker, entdeckte.
NUTZUNG/AUSBREITUNG Zierpflanze. 1830 durch den englischen Pflanzensammler David Douglas nach Europa gebracht und bereits 1836 durch den Zürcher Gärtner Theodor Fröbel vertrieben. Nach anderen Angaben bereits 1818 in Europa in Kultur. Oft als „Sommerazalee", „Godetie" oder „Mandelröschen" in Sommerblumen-Samenmischungen enthalten und vereinzelt daraus verwildernd.

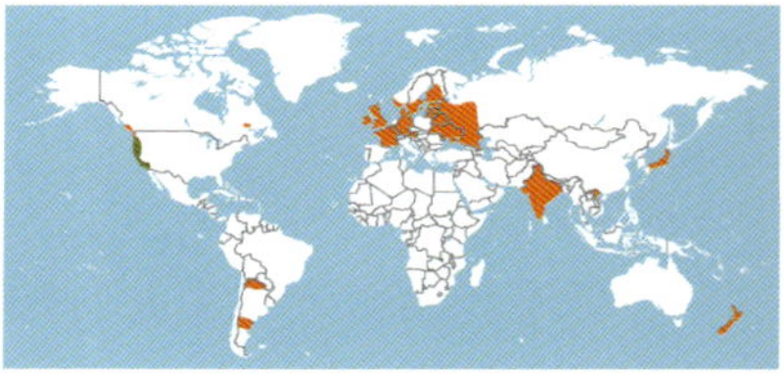

WEITERE ARTEN Die Großblütige Godetie, *Clarkia pulchella*, stammt ebenfalls aus dem westlichen Nordamerika, kam 1826 nach Europa und wird u. a. als Bestandteil von Blumenwiesenmischungen ausgesät. Sie verwildert selten, so in Baden-Württemberg, Bayern, Berlin, Brandenburg, Rheinland-Pfalz, Sachsen, Kärnten und Zürich.

Clarkia amoena

Clarkia unguiculata

Aus Kalifornien stammt das **Mandelröschen**, *Clarkia unguiculata*, welches 1832 nach Europa kam und bald als einjährige Zierpflanze Verwendung fand und daraus gelegentlich verwildert, so in Bayern, Brandenburg, Hamburg, Rheinland-Pfalz, Sachsen, Niederösterreich, Oberösterreich und in der Steiermark.
Im südlichen Nordamerika beheimatet ist die **Lindheimer-Prachtkerze**, *Gaura lindheimeri*, benannt zu Ehren des deutschen Botanikers Ferdinand Lindheimer (1801–1879), dessen Namen heute noch 48 weitere Arten tragen und der in den USA als „Vater der texanischen Botanik" gilt. Die Lindheimer-Prachtkerze wird häufig als Zierpflanze gezogen und verwildert selten, so in Bayern, Brandenburg, Hessen, Salzburg und Basel.

Gaura lindheimeri

Drüsiges Weidenröschen
Epilobium ciliatum
— Nachtkerzengewächs · Onagraceae

Juni–Sep.

STECKBRIEF 30–100 cm hohe, oft rötlich überlaufene Mehrjährige mit im Herbst kleinen Laubblattrosetten am Stängelgrund. Stängel drüsenhaarig, besonders die Blütenstandsachse. Blattspreite eilanzettlich bis länglicheiförmig, am Grund abgerundet bis gestutzt, Blattstiel 1,5–5 mm lang. Kronblätter rosa oder weiß, 3–5 mm lang. Fruchtknoten und Frucht abstehend drüsenhaarig. Same ca. 1 mm lang, weiß längsgestreift, an beiden Enden mit kurzem Anhängsel.

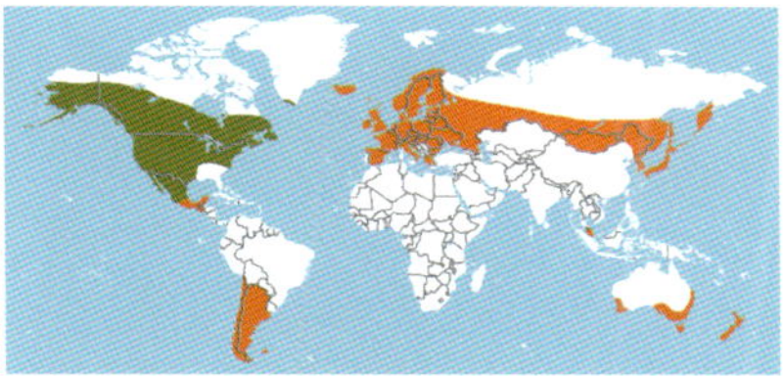

Epilobium ciliatum

Epilobium brachycarpum

VERWECHSLUNG Das heimische Dunkle Weidenröschen, *Epilobium obscurum*, ist in der Blütenstandsachse drüsenlos, der Stängel ist mit 2 einander gegenüberliegenden Haarleisten besetzt, die Kronblätter sind 6–9 mm lang.
ANMERKUNG Nach Bearbeitung der Gattung *Epilobium* durch Snogerup (2010) wird *Epilobium ciliatum* in die 3 Arten *E. adenocaulon*, *E. ciliatum* und *E. glandulosum* unterteilt. Buttler, Thieme & al. (2017) unterscheiden diese als Unterarten und nennen von allen aktuelle Nachweise aus Deutschland. Bomble (2017) unterscheidet eine weitere Sippe als *E. pallidiglandulosum*.
NUTZUNG/AUSBREITUNG Keine. In Europa 1891 erstmals nachgewiesen, vermutlich zusammen mit Forstpflanzen eingeschleppt. 1911 im Botanischen Garten Hamburg kultiviert. Für Forschungszwecke wurden 1921 Samen aus den Botanischen Gärten Uppsala und Königsberg in den Botanischen Garten Jena eingeführt. Subspontan ist die Art im Gebiet seit 1927 aus dem Rheinland nachgewiesen, die expansive Ausbreitung fand nach 1950 statt. Gegenwärtig im Gebiet weit verbreitet und auf weite Strecken eingebürgert. Das Drüsige Weidenröschen bildet mit mehreren heimischen *Epilobium*-Arten Hybriden.
WEITERE ART Das im westlichen Nordamerika beheimatete, unauffällige **Kurzfrüchtige Weidenröschen**, *Epilobium brachycarpum*, ist seit 1980 aus Europa, genauer aus Madrid, bekannt und 1991 erstmals im Gebiet in Rheinland-Pfalz gefunden worden. Gegenwärtige Vorkommen liegen u. a. in Baden-Württemberg, Bayern, Brandenburg, Hessen, Nordrhein-Westfalen, Rheinland-Pfalz, Saarland und Sachsen mit einem Ausbreitungsschwerpunkt in der Rhein-Main-Region. Ihre Verschleppung nach Deutschland wird in Zusammenhang mit Aktivitäten der US-Armee vermutet, da die ersten Funde nahe von Armeestützpunkten erfolgten.

Großblütiges Heusenkraut
Ludwigia grandiflora
— Nachtkerzengewächs · Onagraceae

Juni–Sep.
invasiv

STECKBRIEF Ausdauernde, weit kriechende oder flutende Wasserpflanze mit bis zu 4 m langen Stängeln. Blätter bis zu 10 cm lang, wechselständig angeordnet, ganzrandig, deutlich genervt. Untergetauchte Blätter rundlich, Blätter über der Wasseroberfläche lanzettlich mit spitzem Ende. Blüten fünfzählig. Kronblätter gelb, bis zu 2,5 cm lang und 2 cm breit, Kelch behaart.
NAME Die Gattung ist zu Ehren des deutschen Botanikers und Arztes Christian Gottlieb Ludwig (1709–1773) benannt, der u. a. mit Goethe über die Systematik des Pflanzenreiches konversierte.
NUTZUNG/AUSBREITUNG Zierpflanze für Garten- und Schwimmteiche. 1823 nach Europa in den Botanischen Garten von Montpellier gekommen, 1830 fand

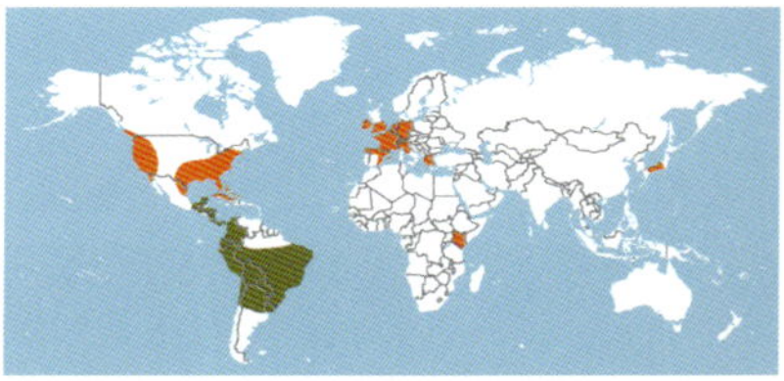

Ludwigia grandiflora

Ludwigia × kentiana

man sie bereits subspontan in einem nahegelegenen Fluss. 1835 dann erstmals für Botanische Gärten in Deutschland genannt. Erste Verwilderungen wurden 1950 bei Kirn in Rheinland-Pfalz beobachtet, 2002 dann auch in der Schweiz bei Genf. Die Reproduktion erfolgt überwiegend vegetativ. Sprossfragmente können mit Wasser, durch Tiere oder Anhaften an Booten ausgebreitet werden.

WEITERE SIPPEN Kents Heusenkraut, *Ludwigia × kentiana*, ist wahrscheinlich eine in Kultur aus dem amerikanischen Kriechenden Heusenkraut (*L. repens*, Synonym *L. natans*) und dem heimischen Sumpf-Heusenkraut (*Ludwigia palustris*) entstandene Hybride. Es besitzt von allen kultivierten *Ludwigia-Sippen* die besten Wachstumseigenschaften und wird schon lange unter dem Namen *L. × muellertii* im Aquarienhandel geführt. Es findet sich vereinzelt verwildert, so in Baden-Württemberg und Genf.

Das amerikanische **Flutende Heusenkraut**, *Ludwigia peploides*, tritt im Gebiet sehr selten subspontan auf, so in Sachsen.

Ludwigia peploides

Echte Nachtkerze

Oenothera biennis agg.
— Nachtkerzengewächs · Onagraceae

Juni–Sep.
essbar

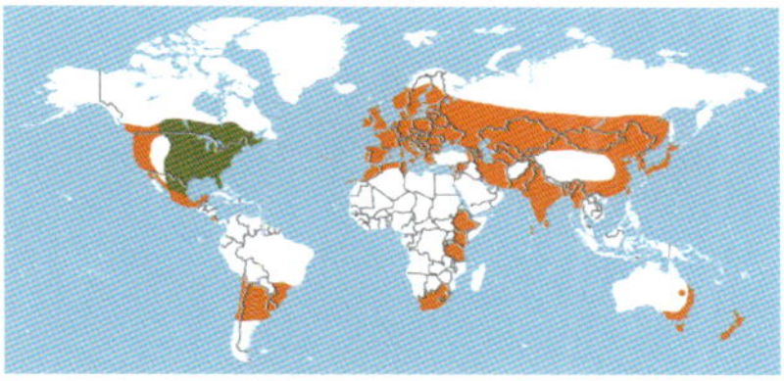

STECKBRIEF 70–150 cm hohe, oft verzweigte, dicht drüsenhaarige Zweijährige mit lanzettlichen, bis 15 cm langen Blättern. Unterste Blätter in einen Stiel verschmälert, die obersten meist sitzend. Blüten gelb mit 4 großen Kronblättern, in einem vielblütigen, traubigen oder rispigen, endständigen Blütenstand. Frucht eine schmale Kapsel.

ANMERKUNG 1 Bei der hier behandelten Sippe handelt es sich um eine Artengruppe. Die Kleinarten sind untereinander sehr nahe verwandt. Es sind artgewordene Hybriden, die mittels eines speziellen cytogenetischen

Oenothera biennis

Oenothera perennis

Mechanismus erblich konstant bleiben, Selbstbestäubung herrscht vor. Gelegentlich kann es durch Hybridisierung zur Neuentstehung von solchen Arten kommen. Etliche Sippen sind erst in Europa während der letzten 400 Jahre entstanden. So sind gegenwärtig in Europa um die 60 Nachtkerzen-Arten bekannt, welche zumeist in die drei Sektionen *Oenothera*, *Strigosae* und *Parviflorae* unterteilt werden. Die Unterscheidung der im Gebiet vorkommenden Sippen bedarf großer botanischer Kenntnisse und weiterführendes Schrifttum, so empfehlenswert Haeupler & Muer (2000) mit hervorragenden Zeichnungen.

ANMERKUNG 2 Hugo de Vries gründet seine bekannte Mutationstheorie auf Forschungen mit der Nachtkerze. Diese beschreibt das sprunghafte Auftreten neuer, noch unbekannter Formen in Kulturversuchen, die zum größten Teil samenbeständig waren. 1886 begann De Vries mit 9 Pflanzen, 1889 waren es bereits 15.000 Nachtkerzen, die sich in 10 verschiedene Formen aufspalteten, die man in 2 Gruppen teilen konnte. In der nächsten Generation zog er 10.000 Keimlinge heran, die sich wieder in diese 2 Gruppen einteilen ließen, aber auch eine 3. Gruppe, damals *Oenothera rubrinervis* genannt, entstehen ließ. Diese Versuche gingen so weiter, bis etwa bei 7 Mutationen keine nennenswerte Formenerneuerung mehr festzustellen war.

NUTZUNG/AUSBREITUNG Früher häufig als Zier- und Gemüsepflanze kultiviert. Gegenwärtig noch mit Begrünungssaatgut und „Naturwiesenmischungen" angesät. Die Samen werden in der Kosmetik zur Herstellung des Nachtkerzenöls genutzt.

Die Elternsippen der heute in Europa verbreiteten Kleinarten wurden zu Beginn des 17. Jahrhunderts aus Nordamerika eingeführt. 1612 wuchs im Botanischen Garten von Padua erstmals *Oenothera oakensiana* in Europa, gezogen aus Samen, die der englische Arzt und Philosoph Johannes Morus geschickt hatte.

Elf Jahre später traf *Oenothera biennis* in Europa ein. 1660 wurde diese Art in Altdorf und 1668 in Halle als Zierpflanze kultiviert. Erheblich an der Verbreitung beteiligt war die Eisenbahn. Gegenwärtig im Gebiet weit verbreitet, häufig und auf weite Flächen eingebürgert.

WEITERE ARTEN Als Zierpflanze wird die aus dem östlichen Nordamerika stammende **Sonnentropfen-Nachtkerze**, *Oenothera fruticosa*, kultiviert. Vereinzelt verwildert sie daraus, so in Bayern, Oberösterreich, Salzburg und Basel.

In Nordamerika und Mexiko ist die **Rosa Nachtkerze**, *Oenothera rosea*, beheimatet, die im Gebiet vereinzelt verschleppt auftritt, so in Niedersachsen, Rheinland-Pfalz, in der Steiermark und in Wien.

Nordamerikanisch ist auch die **Zwerg-Nachtkerze**, *Oenothera perennis*, die ganz vereinzelt verschleppt auftritt, so in Rheinland-Pfalz und Oberösterreich (vorige Seite).

Oenothera fruticosa

Oenothera rosea

Perlfarn

Onoclea sensibilis
— Perlfarngewächs · Onocleaceae

STECKBRIEF 20–70 cm hohe, sommergrüne Staude mit kriechendem Rhizom. Sterile Wedel überhängend, Spreite hellgrün, fiederschnittig, mit gelber Herbstfärbung. Abschnitte grob gezähnt. Fertile Wedel aufrecht, zweifach gefiedert, kürzer als die sterilen Wedel. Fiederchen kugelig um die Sori gerollt. Sporenreife August bis Oktober.

NUTZUNG/AUSBREITUNG Zierpflanze. In Europa seit 1799 in gärtnerischer Kultur. Vermehrt sich generativ über Sporen und vegetativ über Ausläufer. Im Gebiet sehr vereinzelt subspontan.

WEITERE ARTEN Auch andere Farne treten im Gebiet verwildert oder verschleppt auf. Der mittel- und südamerikanische **Delta-Frauenhaarfarn**, *Adiantum raddianum*, aus der Familie der Saumfarngewächse, *Pteridaceae*, kommt etwa in Niedersachsen und in Licht- und Brunnenschächten im Ruhrgebiet Nordrhein-Westfalens vor.
Der ostasiatische **Ilexblättrige Mondsichelfarn**, *Polystichum falcatum* var. *fortunei* (Syn. *Cyrtomium fortunei*), aus der Familie der Wurmfarngewächse, *Dryopteridaceae*, findet sich verwildert u. a. in Baden-Württemberg, Nordrhein-Westfalen, in der Steiermark, in Wien, Basel-Land, Bern, im Tessin, Thurgau und in der Waadt.

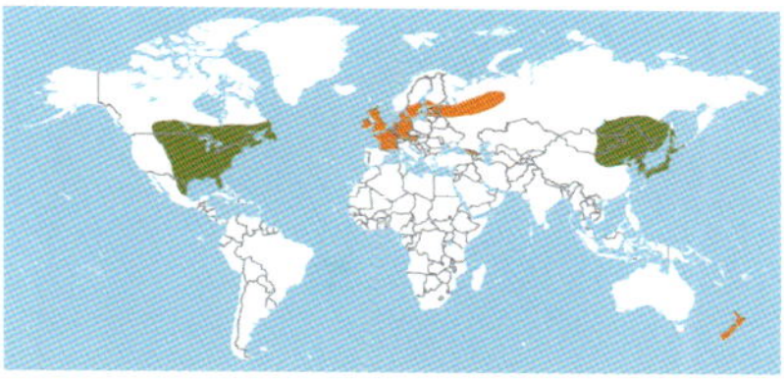

Adiantum raddianum

Onoclea sensibilis

Polystichum falcatum var. *fortunei*

Bunte Bellardie
Bartsia trixago (Syn.: *Bellardia trixago*)
— Sommerwurzgewächs · Orobanchaceae

Mai–Juli

STECKBRIEF 10–60 cm hoher, drüsig-klebriger, einjähriger Halbschmarotzer. Blätter gegenständig, lanzettlich, stumpf gesägt. Blüten mit weißer, meist rosa und gelb überlaufener Krone oder rein gelb, in dichten, 4-seitigen, ährenartigen Blütenständen. Kelch charakteristisch aufgeblasen, glockenförmig, mit 4 dreieckigen Zähnen. Fruchtkapsel kugelig, bespitzt, behaart.

NAME Benannt zu Ehren des deutschen Botanikers und Arztes Johann Bartsch (1709–1738), einem engen Freund Linnés, der bereits in jungen Jahren im Zuge einer Surinam-Expedition verstarb. Das Synonym ehrt den italienischen Botaniker und Mediziner Carlo Antonio Lodovico Bellardi (1751–1826), der vor allem an der Flora des Piemonts forschte.

NUTZUNG/AUSBREITUNG Keine. Möglicherweise über Saatgutmischungen oder verunreinigtes Saatgut unbeständig eingeschleppt. Im Gebiet erstmals 1945 in der Steiermark dokumentiert. Auch gegenwärtig nur hie und da unbeständig eingeschleppt.

WEITERE ARTEN Mediterran-südwestasiatisch ist das Gelbe Teerkraut, *Parentucellia viscosa* (= *Bellardia viscosa*), das im Gebiet vereinzelt mit Grassaat verschleppt auftritt, so in Baden-Württemberg, Bayern, Hamburg, Hessen, Mecklenburg-Vorpommern, Niedersachsen, Nordrhein-Westfalen, Rheinland-Pfalz, Saarland, Sachsen und Schleswig-Holstein.
Im Mittelmeergebiet weit verbreitet und häufig ist das Breitblättrige Teerkraut, *Parentucellia latifolia* (= *Bellardia latifolia*), das im Gebiet ganz selten vorübergehend verschleppt auftritt, so in Hessen.

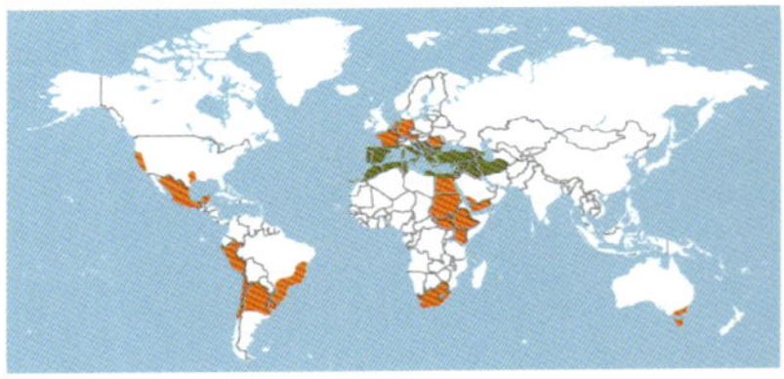

Parentucellia viscosa

Bartsia trixago

Parentucellia latifolia

Gezähnte Sommerwurz

Orobanche crenata
— Sommerwurzgewächs · Orobanchaceae

Mai–Juni

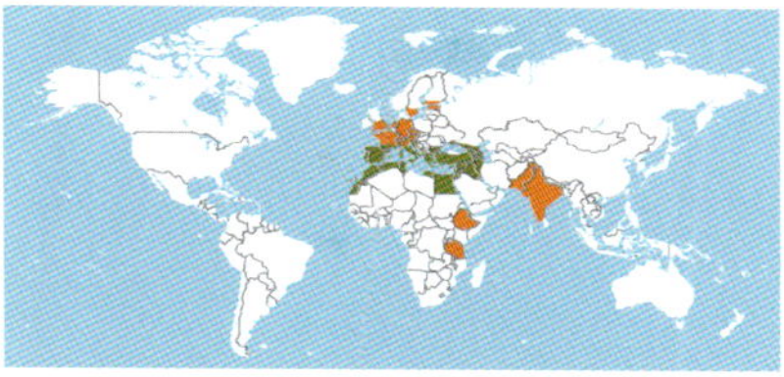

STECKBRIEF 20–50 cm hohe, einjährige Schmarotzerpflanze mit dickem, purpurbraunem Stängel und degradierten braunen Schuppenblättern. Blütenstand dicht, filzig behaart. Tragblätter 15–25 mm lang, zugespitzt, Kelch 10–20 mm lang, zweigezähnt. Krone 20–30 mm lang, weiß, violett gezeichnet, gerade bis leicht gekrümmt, Lappenränder gezähnt. Narbe purpurn, rosa, gelb oder weiß.
NUTZUNG/AUSBREITUNG Keine. Vor allem auf Hülsenfrüchtlern schmarotzend, so etwa auf Futterwicke. Im Gebiet selten und vorübergehend.
WEITERE ARTEN Die südwesteuropäische **Niedrige Schuppenwurz**, *Lathraea clandestina*, tritt im Gebiet sehr selten verwildert oder verschleppt auf, so in Bayern und in der Waadt.
Der mediterrane **Hanf-Blauwürger**, *Phelipanche ramosa*, war früher im Gebiet weiter verbreitet, ist aber mit dem Rückgang des Hanf- und Tabakanbaus stark zurückgegangen. In den letzten Jahren erscheint die Pflanze als Schmarotzer auf Tomaten wieder verstärkt, so etwa im Burgenland.

Phelipanche ramosa

Orobanche crenata

Lathraea clandestina

Horn-Sauerklee
Oxalis corniculata
— Sauerkleegewächs · Oxalidaceae

Mai–Okt.
invasiv

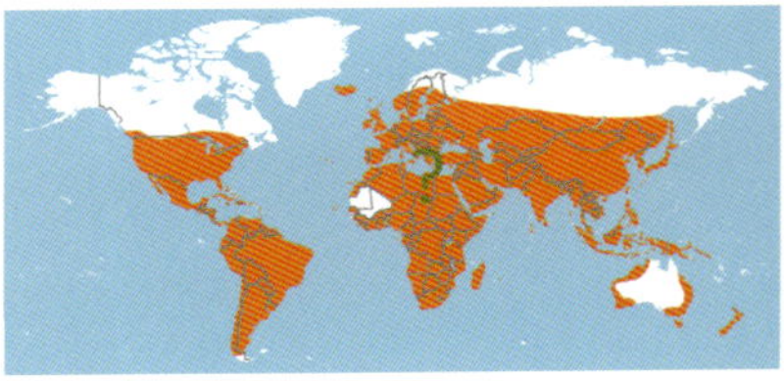

STECKBRIEF 3–15 cm hohe Ein- bis Mehrjährige mit kriechenden, an den Knoten ± wurzelnden Stängeln, nur die Blühtriebe aufsteigend. Stängel mit anliegenden bis ± abstehenden Haaren. Blätter wechselständig, meist purpurbraun überlaufen. Blättchen bis zu ¼–½ ihrer Länge zweilappig. Kronblätter leuchtendgelb, 4–7 mm lang. Fruchtstiele deutlich zurückgeschlagen, Frucht 12–25 mm lang, anliegend behaart.
VERWECHSLUNG Der Aufrechte Sauerklee, *Oxalis stricta*, hat 8–12 mm lange, locker abstehend behaarte bis kahle Früchte und aufrechte bis waagrecht-abstehende Fruchtstiele. Dillenius-Sauerklee, *Oxalis dillenii*, hat meist keine Ausläufer und wächst aufrecht. Sein Laub ist meist grün, seine Fruchtstiele sind zurückgeschlagen.
NUTZUNG/AUSBREITUNG Früher in der purpurbraunblättrigen fo. *atropurpurea* als Grabpflanze, in Einjährigenbeeten und als Einfassungspflanze kultiviert. In „Vilmorins' Blumengärtnerei" aus dem Jahr 1896 steht: „Die purpurne Sorte ist eine ganz vortreffliche, zur Ausschmückung dürrer Bodenflächen, Steingruppen, Grotten, Ruinen, alten Gemäuers fast unentbehrliche Pflanze, die selbst in den Bodenfugen gepflasterter Wege, auf Kieswegen usw. sich ansiedelt …".
Die Heimat der Art ist ungewiss, vielleicht das Mittelmeergebiet. Andere Quellen vermuten das subtropische und tropische Asien, Australien und Afrika oder aber (Süd-)Amerika. Neben der Verwilderung von ehemals kultivierten Pflanzen breitet sich die Art vor allem über Gärtnereien aus, wo die Samen oder die fertigen Pflanzen als Beikraut im Erdtopf mitgeliefert werden und so in den verschiedenen Gärten Fuß fassen. Die erste Erwähnung findet sich 1576 bei Clusius, der sie von Sevilla und Montpellier angibt. Camerarius nennt sie 1588 bereits für Nürnberg, Bauhin um 1600 für Heidelberg und Basel.

Oxalis corniculata

Oxalis articulata

Oxalis dillenii

Gegenwärtig ist *Oxalis corniculata* weltweit verbreitet und sowohl in der gemäßigten Zone der Nordhalbkugel bis etwa 60° nördliche Breite eingebürgert als auch in weiten Teilen Südamerikas, Afrikas und Australiens. Manche Autoren vermuten, dass es sich beim Horn-Sauerklee in Mitteleuropa um einen Archäophyt handelt. Er ist im Gebiet weit verbreitet und häufig.

WEITERE ARTEN Gelegentlich findet sich der dunkelrosa blühende, südamerikanische **Raupen-Sauerklee**, *Oxalis articulata*, verwildert oder verschleppt, so in Wien, Genf, Graubünden, Neuenburg, St. Gallen, im Tessin und in der Waadt.

Noch nicht flächendeckend, aber in Arealausweitung begriffen ist der aus dem östlichen Nordamerika stammende **Dillenius-Sauerklee**, *Oxalis dillenii*, der sich seit etwa 1960 in Mitteleuropa mehr und mehr ausbreitet.

Bereits im ganzen Gebiet weit verbreitet ist der nordamerikanische **Aufrechte Sauerklee**, *Oxalis stricta*.

Aus Mexiko stammt der **Vierblättrige Sauerklee**, *Oxalis tetraphylla*, der meist in der Sorte 'Iron Cross' als Glücksklee kultiviert wird und der vereinzelt verwildert, wie in Bayern und Sachsen.

Oxalis stricta

Südamerikanisch ist der **Dreieck-Sauerklee**, *Oxalis triangularis*, der meist in einer Form mit dunkelpurpurnen Blättern als Zierpflanze kultiviert wird und der gelegentlich verschleppt auftritt, so in Salzburg.

Oxalis tetraphylla

Oxalis triangularis

Korallen-Pfingstrose

Paeonia mascula

— Pfingstrosengewächs · Paeoniaceae

Mai–Juni

STECKBRIEF 30–70 cm hohe, langlebige Staude mit einblütigen Stängeln. Untere Blätter mit 9–16 Abschnitten, diese eiförmig bis elliptisch und meist ungeteilt. Blüten 7–13 cm im Ø, Kelchblätter 5–6, Kronblätter rosa, rot oder weiß. Staubfäden purpurn, rosa oder selten weiß, Fruchtblätter meist 3–5.

VERWECHSLUNG Die China-Pfingstrose, *Paeonia lactiflora*, hat Stängel mit zwei oder mehr Blüten, weiße oder rosa Kronblätter, gelbe Staubfäden und schmal-elliptische

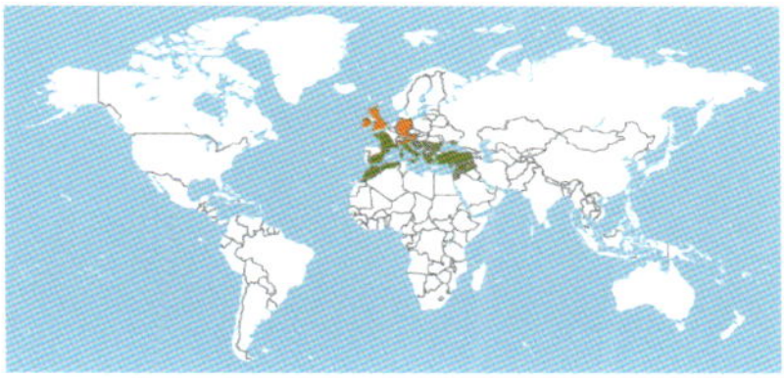

Blattfiedern. Die im Gebiet in der südlichen Schweiz heimische Echte Pfingstrose, *Paeonia officinalis*, hat untere Blätter mit 17–30 Abschnitten und 2–3 Fruchtblätter.

NUTZUNG/AUSBREITUNG Zier- und Arzneipflanze. Beheimatet in sieben Unterarten von Südeuropa bis Westasien. Im Hochmittelalter kam die Korallen-Pfingstrose in die Länder nördlich der Alpen, im 16. Jahrhundert war sie in deutschen Gärten bereits weit verbreitet. Von etwa 1828 bis 1914 aus Bad Reichenhall in Bayern bekannt, diese eingebürgerten Vorkommen am Mühlbachhorn und im Höllgraben sind inzwischen erloschen. Nach wie vor zu finden sind hingegen mehrere alte Fundorte in den niederösterreichischen Voralpen, die der Pflanze zum Lokalnamen „Göllerrose" verhalfen, benannt nach dem Berg Göller, 1766 m, bei St. Aegyd am Neuwalde.

WEITERE ART Die ostasiatische **China-Pfingstrose**, *Paeonia lactiflora*, wird häufig und in vielen Sorten als langlebige Zierstaude kultiviert. Sehr selten findet sie sich mit Gartenaushub verschleppt, so in Berlin, der Steiermark und in Wien.

Paeonia mascula

Paeonia lactiflora

Schlafmützchen

Eschscholzia californica
— Mohngewächs · Papaveraceae

Juni–Okt.
giftig

Eschscholzia californica

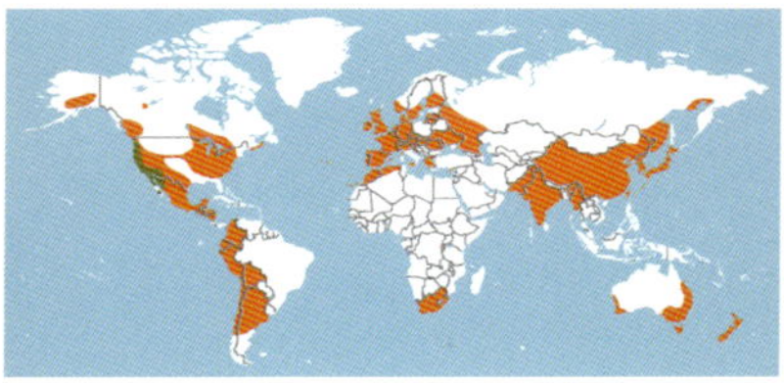

STECKBRIEF 10–40 cm hohe Einjährige bis Ausdauernde mit kräftiger Pfahlwurzel und grundständiger Blattrosette. Blätter blaugrün, dreifach-fiederteilig mit schmalen Blattzipfeln. Die beiden Kelchblätter umschließen anfangs die Blüte in Form einer altertümlichen Schlafmütze, sie werden beim Aufblühen der Kronblätter abgestreift und fallen ab. Kronblätter sich überlappend, leuchtend gelb bis orange.

NAME Die Gattung ist zu Ehren des deutsch-baltischen Naturforschers Johann Friedrich Gustav von Eschscholtz

(1793–1831) benannt, der zusammen mit Adelbert von Chamisso an der Rurik-Expedition (1815–1818) teilnahm und im Zuge derer zahlreiche wissenschaftliche Neuerungen festhielt.
NUTZUNG/AUSBREITUNG Zierpflanze. In kühlen und trockenen Gebieten wächst sie einjährig, in günstigeren Gebieten mehrjährig. Der deutsche Dichter und Botaniker Adelbert von Chamisso fand 1816 im Zuge einer Weltumsegelung im Hafen von San Francisco das Schlafmützchen. Er nahm Samen mit in seine Berliner Heimat und schloss seine Erstbeschreibung 1820 mit den Worten „Hoffentlich wird sie in unseren Gärten Aufnahme finden" ab. So war es auch, denn bereits 1837 galt die Pflanze in den deutschen Gärten als weit verbreitet. 1830 wurde sie auch vom britischen Gärtner und Botaniker David Douglas auf seiner zweiten Amerikareise gefunden und nach England eingeführt. Hier entwickelte sich eine besonders intensive Züchtung verschiedener Sorten. Eine weitere Ausbreitung fand die Art durch den kalifornischen Goldrausch von 1848 bis 1854. Unbewusst verschleppten die Goldgräber Samen der Pflanze in ihre jeweilige Heimat. Das Schlafmützchen ist recht häufig in Blumenwiesenmischungs-Ansaaten enthalten, so in der Austrosaat-Blumenmischung „Paradiesgarten" und kann daraus verwildern.
Gegenwärtig fast im gesamten Gebiet unbeständig auftretend mit Verbreitungsschwerpunkten in der Rheinebene von Rheinland-Pfalz und im nördlichen Bayern.

Weißer Federmohn
Macleaya cordata s. lat.
— Mohngewächs · Papaveraceae

Juli–Aug.
giftig

STECKBRIEF 150–350 cm hohe Staude mit unterirdischen Rhizomen und blaugrau bereiften, einen gelben Milchsaft führenden Stängeln. Blätter wechselständig, mit 2–20 cm langem Blattstiel und blaugrüner, rundlich-herzförmiger Spreite. Diese oberseits kahl, unterseits spärlich behaart. Blütenstände rispig, federartig. Kelchblätter weißlich, knospig oft rosa. Kronblätter fehlen. Staubblätter 8–12 oder 24–30. Staubfäden ungefähr so lang wie die Staubbeutel. Früchte eiförmig bis schmaleiförmig, rötlich, Samen 4–6.
VERWECHSLUNG Beim nur etwa 100 cm hoch werdenden Kleinfrüchtigen Federmohn, *Macleaya microcarpa*, sind die Staubfäden deutlich kürzer als die Staubbeutel, die Fruchtkapseln sind rundlich.
ANMERKUNG Laut der „Europäischen Gartenflora" wird die Hybride aus *Macleaya cordata* × *M. microcarpa*, der Kew-Federmohn, *Macleaya* × *kewensis*, wesentlich

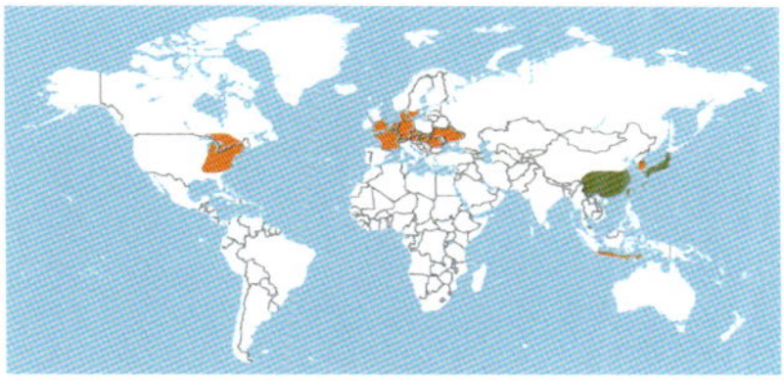

Macleaya cordata

Macleaya microcarpa

häufiger kultiviert als die Elternarten. Auf den Britischen Inseln gibt es zahlreiche etablierte Bestände der Sippe, die sich durch Ausläufer vermehrt und auch der Großteil der mitteleuropäischen Funde könnte tatsächlich *Macleaya × kewensis* sein.

NAME Benannt zu Ehren des britischen Kolonialministers und Sekretärs der Linnaean Society in London Alexander Macleay (1767–1848).

NUTZUNG/AUSBREITUNG Zierpflanze. 1794 brachte der englische Diplomat und Pflanzenliebhaber George Staunton (1737–1801) den ostasiatischen Federmohn von Peking mit nach England. Dort galt er lange als Warmhauspflanze und fand nur zögerliche Verbreitung. Erst im 20. Jahrhundert konnte sich der Federmohn als monumentale Blattstaude in den mitteleuropäischen Gärten durchsetzen. Kommt gegenwärtig im Gebiet vereinzelt verwildert oder verschleppt vor.

WEITERE ART Auch der **Kleinfrüchtige Federmohn**, *Macleaya microcarpa*, 1889 vom russischen Botaniker Carl Johann Maximowicz im nördlichen Mittelchina entdeckt, wird in Gärten gelegentlich gezogen. Verwilderungen sind vereinzelt bekannt, so aus Bayern, Berlin, Hessen, Sachsen, Oberösterreich, Bern, Genf und Schwyz.

Wald-Scheinmohn

Meconopsis cambrica (Syn.: *Papaver cambricum*)
— Mohngewächs · Papaveraceae

Juni–Sep.

STECKBRIEF 20–50 cm hohe, meist verzweigte, milchsaftführende, kurzlebige Staude mit borstig behaartem Stängel. Blätter gestielt, fiederteilig bis fiederschnittig mit eiförmig-lanzettlichen, stumpf gezähnten Abschnitten. Blüten gelb, selten auch orange, einzeln, endständig, 4–6 cm im Ø. Kronblätter 4. Narbe vierstrahlig auf kurzem Griffel. Frucht länglich, oben und unten verschmälert, kahl.

NUTZUNG/AUSBREITUNG Zierpflanze. Seit spätestens 1640 in England in Gartenkultur, aus dem Gebiet seit 1808 vom Botanischen Garten Berlin bekannt. Vielfach verwildert, in Ausbreitung begriffen und lokal eingebürgert.

WEITERE ART Der mittelamerikanische **Mexikanische Stachelmohn**, *Argemone mexicana*, findet sich in Europa

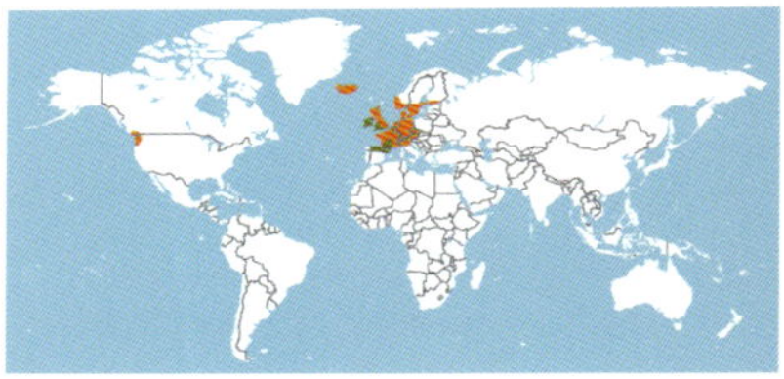

seit 1592 in Gartenkultur, früher auch als Arzneipflanze gebaut und tritt unbeständig und vorübergehend eingeschleppt auf, so in Baden-Württemberg, Bayern, Brandenburg, Bremen, Hessen, Niedersachsen, Sachsen, Niederösterreich, in der Steiermark, Wien und Solothurn.

Meconopsis cambrica

Argemone mexicana

Altai-Mohn

Papaver croceum
— Mohngewächs · Papaveraceae

Juni–Aug.
giftig

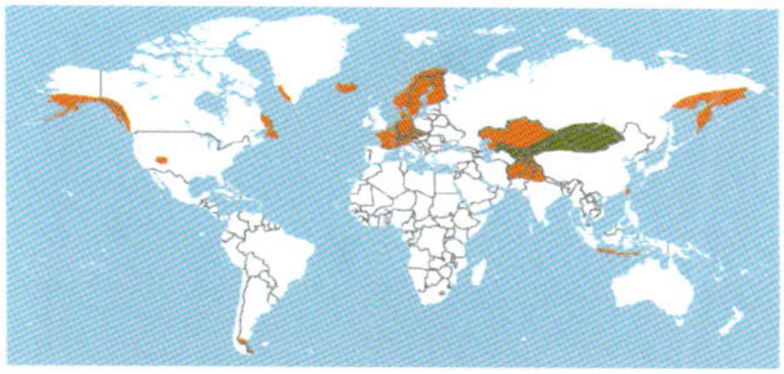

STECKBRIEF 20–40 cm hohe, kurzlebige Staude mit einblütigen, blattlosen, meist braun behaarten Stängeln. Blätter in grundständiger Rosette, tief fiederteilig, mit 2–4 ovalen, oft gezähnten Abschnitten, ± kahl. Blüten 5–6 cm im Ø, Kronblätter gelb, orange oder weiß. Fruchtkapsel keulenförmig, mit 7–9 weit herablaufenden Narbenstrahlen.

NUTZUNG/AUSBREITUNG Zierpflanze. In Europa seit Mitte des 18. Jahrhunderts in Gartenkultur. Im Gebiet mehrfach verwildert bis lokal eingebürgert mit Verbreitungsschwerpunkt in den Alpen.

WEITERE ARTEN Der südosteuropäische **Apulische Mohn**, *Papaver apulum*, tritt u. a. in Rheinland-Pfalz, Sachsen, Thüringen und im Tessin adventiv auf.
Der in Felsspalten des Hohen und Mittleren Atlasgebirges beheimatete **Atlas-Mohn**, *Papaver atlanticum*, wird als Zierpflanze genutzt, nicht selten auch in einer halbgefüllten Form, und tritt vereinzelt verwildert auf, so in Baden-Württemberg, Bayern, Niedersachsen, Nordrhein-Westfalen, Sachsen, Salzburg, in der Steiermark, in Nordtirol und Wien.
In Südwest-Asien ist der **Marienkäfer-Mohn**, *Papaver commutatum*, beheimatet, der als einjährige Zierpflanze genutzt wird und daraus hie und da verwildert, so in Sachsen, Thüringen und in der Steiermark.
Häufig in Gartenkultur findet sich der **Türken-Mohn**, *Papaver orientale* s. lat., unter dessen Namen oft die Arten *Papaver orientale*, *P. pseudoorientale* und *P. bracteatum* subsummiert sind. Er kam 1701 durch Tournefort

Papaver apulum

Papaver croceum

Papaver atlanticum

nach Europa, wird hier häufig und in zahlreichen Sorten als Zierstaude kultiviert und tritt gelegentlich verwildert oder verschleppt auf, so in Bayern, Berlin, Brandenburg, Hamburg, Mecklenburg-Vorpommern, Niedersachsen, Nordrhein-Westfalen, Oberösterreich, Salzburg, Wien, Bern, Graubünden, Neuenburg, Zug und Zürich.

Südwestasiatischer Herkunft ist der **Bithynische Mohn**, *Papaver pilosum*, der im Gebiet vereinzelt verwildert vorkommt, so in Oberösterreich und in der Steiermark.

Der mediterrane **Borsten-Mohn**, *Papaver setigerum*, tritt im Gebiet vereinzelt verschleppt auf, so in Bayern, Berlin, Hessen, Mecklenburg-Vorpommern, Niedersachsen, Sachsen, Oberösterreich, in der Steiermark und in Wien.

Der **Schlaf-Mohn**, *Papaver somniferum*, ist bereits in späteren Perioden der Jungsteinzeit, etwa 3000–2000 v. Chr. in Mitteleuropa kultiviert worden. Er ist wahrscheinlich im Neolithikum von ackerbautreibenden Völkern aus dem mediterranen Borsten-Mohn, *P. setigerum*, ausgelesen worden. Der Schlaf-Mohn wird auch heute noch als Öl-, Gewürz- und Arzneipflanze genutzt und großflächig kultiviert. Subspontan

Papaver commutatum

Papaver orientale

Papaver pilosum

Papaver setigerum

tritt er im gesamten Gebiet vereinzelt und vorübergehend auf.
Mediterranen Ursprungs ist auch die **Violette Roemerie**, *Roemeria hybrida*, die ganz vereinzelt verschleppt und vorübergehend auftritt, so in Baden-Württemberg, Berlin, Brandenburg, Hamburg, Niedersachsen, Nordrhein-Westfalen, Sachsen, Schleswig-Holstein, Basel, Solothurn und Zürich.

Papaver somniferum

Roemeria hybrida

Blauglockenbaum

Paulownia tomentosa
— Blauglockenbaumgewächs · Paulowniaceae

Mai
invasiv

Paulownia tomentosa

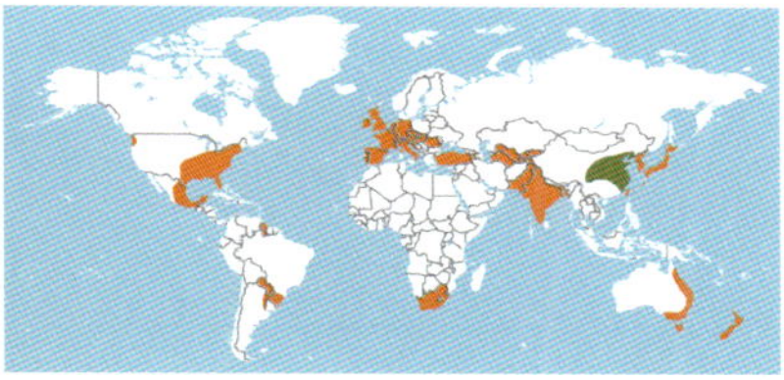

STECKBRIEF Bis 15 m hoher, sommergrüner Baum mit auffallend großen, unterseits samtig behaarten Blättern. Blüten glockenförmig, lila, in großen, traubigen Blütenständen. Fruchtkapseln eiförmig, 3–4,5 cm lang, sich meist Anfang Januar bei trockenem und sonnigem Wetter öffnend. Samen etwa 4 mm lang, geflügelt und sehr leicht.
NAME Von Siebold zu Ehren der niederländischen Kronprinzessin und späteren Königin der Niederlande Anna Pawlowna (1795–1865) benannt, der Tochter des russischen Zaren Paul I. Neben dem Blauglockenbaum trägt auch der Ort Anna Paulowna im Norden der Niederlande ihren Namen.

NUTZUNG/AUSBREITUNG Zier- und Energiegehölz. Nach Europa 1834 durch den deutschen, in niederländischen Diensten stehenden Naturforscher Philipp Franz von Siebold (1796–1866) gekommen. 1843 wurde die Art in Hamburg im Handel angeboten.
Der Blauglockenbaum vermehrt sich vegetativ über Ausläufer und generativ durch Samen. Die Samen werden durch Wind und Wasser verbreitet und benötigen offene Pionierstandorte, um zu keimen. Auch Mauerritzen oder Straßenbelagsspalten können geeignete Wuchsorte sein. Früchte bildet der Baum ab einem Alter von 8–10 Jahren, ein reicher Fruchtansatz findet meist im 2-jährigen Turnus statt. Bis zu 20 Millionen Samen kann ein Baum im Jahr produzieren.
Im Gebiet vielerorts verwildert, lokal auch eingebürgert, mit Verbreitungsschwerpunkten im Rheintal, in Südtirol, dem Tessin und im Schweizer Mittelland. In weiterer Ausbreitung begriffen.

Kriechendes Lippenmäulchen
Mazus miquelii
— Gauklerblumengewächs · Phrymaceae

Mai–Juli

STECKBRIEF 3–15 cm hohe, kahle bis wenig behaarte Mehrjährige mit kriechenden Ausläufern und wechselständig angeordneten Blättern. Blattspreiten ei-lanzettlich, keilig in den kurzen Blattstiel verschmälert, Blattrand grob gezähnt. Blüten verhältnismäßig groß, 12–20 mm lang, violett, Schwielen weiß, orange gezeichnet.
VERWECHSLUNG Das Sumpf-Lippenmäulchen, *Mazus pumilio*, ist einjährig, kurz behaart und hat 7–10 mm lange Blüten, denen die orange Zeichnung fehlt.
NAME Benannt zu Ehren des deutsch-niederländischen Botanikers Friedrich Anton Wilhelm Miquel (1811–1871), nach dem u. a. auch die Pflanzengattungen *Miquelia* aus der Familie der *Icacinaceae* und *Miqueliopuntia* aus der Familie der Kakteengewächse benannt sind.
NUTZUNG/AUSBREITUNG Zierpflanze für Teichränder und Sumpfbeete, Rasenersatzpflanze. Im Gartenhandel wird die Art oft als *Mazus reptans* geführt. Die

Verbreitung erfolgt möglicherweise durch Samen, die sich im eingebrachten Torf befinden. Kommt im Gebiet sehr selten in Schurrasen verwildert vor. Bisher nur aus Mülln in der Stadt Salzburg in einem Rasen nahe eines Zierteiches bekannt. Beim Fund von *Mazus pumilio* aus dem Burgenland durch Traxler (1975) handelt es sich möglicherweise auch um *M. miquelii.*
WEITERE ART Das asiatische **Japanische Lippenmäulchen**, *Mazus pumilus*, nicht zu verwechseln mit dem australisch-neuseeländischen Sumpf-Lippenmäulchen, *Mazus pumilio*, findet sich im Gebiet vor allem im Straßenpflaster in der Schweiz, hauptsächlich im südlichen Tessin, aber auch in Basel und Zürich.

Mazus miquelii

Mazus pumilus

Gelbe Gauklerblume
Mimulus guttatus
— Gauklerblumengewächs · Phrymaceae

Juni–Sep.

STECKBRIEF 25–50 cm hohe, Rasen bildende Staude mit verkehrt-eiförmigen, kahlen Blättern und drüsig-flaumhaarigen Blütenständen. Obere Blätter sitzend bis stängelumfassend. Blüten 20–40 mm lang, gelb, zum Teil rot gefleckt, Blütenstiel 12–25 mm lang, Kelchzähne deutlich ungleich lang.
VERWECHSLUNG Die Moschus-Gauklerblume, *Mimulus moschatus*, hat fast gleich lange Kelchzähne, ihre Blüten sind nur etwa 20 mm lang.
NUTZUNG/AUSBREITUNG Zierpflanze für Teichränder und Sumpfbeete. Weil sie schnell ihre Blüten abwirft, ist die Art heute nur mehr selten im Gartenhandel zu finden.
1741 stieß der in russischen Diensten stehende deutsche Naturforscher Georg Wilhelm Steller (1709–1746) als Teilnehmer der 2. Kamtschatka-Expedition unter Vitus Bering auf der Insel Kayak vor der Küste von Alaska auf die Gelbe Gauklerblume. Die von ihm gesammelten Samen erreichten Europa nicht, weil Steller auf der Rückreise in Sibirien starb und seine Aufzeichnungen im Archiv der Russischen Akademie St. Petersburg verschwanden. Erst 65 Jahre später entdeckten Meriwether Lexis und William Clarke die Art wieder. 1812 wurde sie erstmals in Europa kultiviert und bereits wenige Jahre später waren die ersten Verwilderungen aus England, Schottland und Norddeutschland bekannt. In den 1870er und 1880er-Jahren erscheint sie von den Ufern des Meeres in Schleswig-Holstein und Hinterpommern bis in die Täler der Alpen, wo sie stellenweise geradezu gemein die Ufer von Bächen und Flüssen besiedelt, steht in alter Literatur zu lesen.
Gegenwärtig ist die Gelbe Gauklerblume im Gebiet weit verbreitet und fügt sich hier durchwegs harmonisch in die heimische Flora ein. Die Art vermehrt sich generativ über Samen, die durch Wind oder Wasser verbreitet werden und vegetativ über Ausläufer.

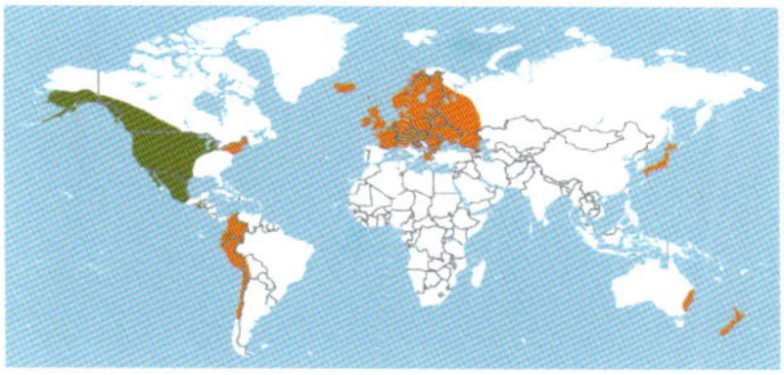

Mimulus guttatus

Mimulus cupreus

Mimulus ringens

WEITERE ARTEN Im südlichen Chile ist die **Kupferrote Gauklerblume**, *Mimulus cupreus*, beheimatet, die als Zierpflanze kultiviert wird und sehr selten daraus verwildert, so in Kärnten und Südtirol.
Die **Moschus-Gauklerblume**, *Mimulus moschatus*, ist im westlichen Nordamerika beheimatet. Sie wurde 1827 durch David Douglas in Europa eingeführt und fortan als Zierpflanze kultiviert. Verwilderungen sind seit spätestens 1872 bekannt, so in Bayern, Brandenburg, Niedersachsen, Rheinland-Pfalz, Sachsen, im Burgenland, in Oberösterreich, Wien, Südtirol, Luzern und Schwyz.
Die aus dem östlichen Nordamerika stammende **Blaue Gauklerblume**, *Mimulus ringens*, wird als Zierpflanze vor allem für Gartenteiche und Sumpfbeete genutzt und tritt vereinzelt verwildert auf, so in Bayern, Niedersachsen, Nordrhein-Westfalen und Oberösterreich.

Mimulus moschatus

Asiatische Kermesbeere

Phytolacca acinosa
— Kermesbeerengewächs · Phytolaccaceae

Juni–Aug.
giftig
invasiv

STECKBRIEF 60–150 cm hohe Staude mit rübenartig verdickter Wurzelknolle. Blätter gestielt, Spreite eiförmig, bis 30 cm lang. Blüten weißlich, in aufrechten Blütentrauben. Fruchtstände purpurrosa, aufrecht bis aufrecht-abstehend. Beerenfrüchte schwarzviolett, gekammert, mit meist 8 Fruchtblättern, diese bis zur Fruchtreife freibleibend.
VERWECHSLUNG Die Früchte der ähnlichen Amerikanischen Kermesbeere, *Phytolacca americana*, haben

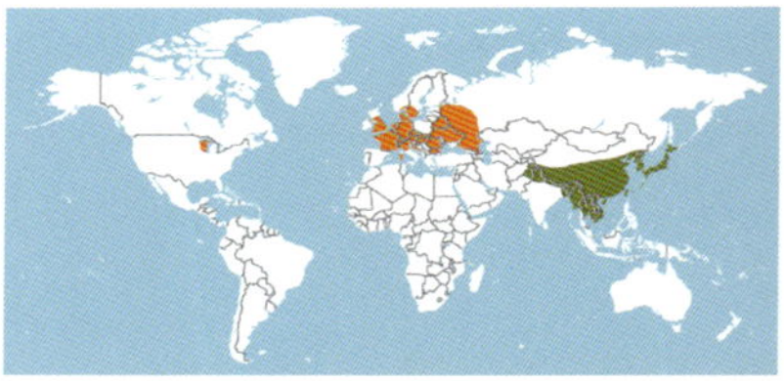

Phytolacca acinosa

Phytolacca americana

10 Fruchtblätter, die bei der Fruchtreife zur Gänze verwachsen und daher kugelig-glatt sind. Die Fruchtstände sind bogig überhängend.
NUTZUNG/AUSBREITUNG Zier- und Färbepflanze. Die Pflanze wurde in Weinbaugebieten des Mittelmeerraumes und Mitteleuropas zur Gewinnung des Phytolaccarots seit zumindest dem 18. Jahrhundert gebaut. Aus Deutschland ist sie seit dem Jahr 1770 bekannt. Aus Ziergründen wird die Asiatische Kermesbeere im Gebiet seit dem 19. Jahrhundert kultiviert. Im Botanischen Garten Göttingen ist sie seit 1886 im Index aufgeführt. Vermehrt sich generativ über Samen und vegetativ durch Wurzelknollen. Die Fernverbreitung erfolgt vor allem durch Vögel, aber auch durch Futtermittel wie Fasanenfutter. Gegenwärtig im Gebiet weit verbreitet mit Verbreitungsschwerpunkten im Rhein- und Saalegebiet und im pannonischen Osten Österreichs.
WEITERE ART Die nordamerikanische **Amerikanische Kermesbeere**, *Phytolacca americana*, wurde bereits 1615 in London kultiviert und gelangte zwischen 1630 und 1651 nach Deutschland in den herzoglich-braunschweigischen Garten zu Hessem. Im 18. Jahrhundert war die Pflanze in Deutschland in nahezu allen Botanischen und vielen Liebhaber-Gärten zu finden, von wo aus sie den Weg in die Landschaft antrat. Erste subspontane Vorkommen konnten bereits im 17. Jahrhundert nachgewiesen werden. Gegenwärtig im Gebiet weit verbreitet und mancherorts, wie in der Süd-Steiermark, in Südtirol und dem südlichen Tessin etabliert, lokal invasiv und ein Problemkraut für die Forstwirtschaft.

Weymouth-Kiefer
Pinus strobus
— Kieferngewächs · Pinaceae

Mai

STECKBRIEF Bis 40 m hoher Nadelbaum mit locker kegelförmiger Krone und grauer bis dunkelbrauner Rinde. Nadeln zu 5 in Büscheln, zart, grün, biegsam, dreikantig, 6–14 cm lang, 0,6–0,8 mm breit. Reife Samenzapfen 8–15 cm lang, gekrümmt, hängend. Samen geflügelt.
VERWECHSLUNG Die heimische Zirbe, *Pinus cembra*, hat ziemlich steife, 5–8 cm lange und 1–1,5 mm breite Nadeln, die Samenzapfen sind 5–8 cm lang.

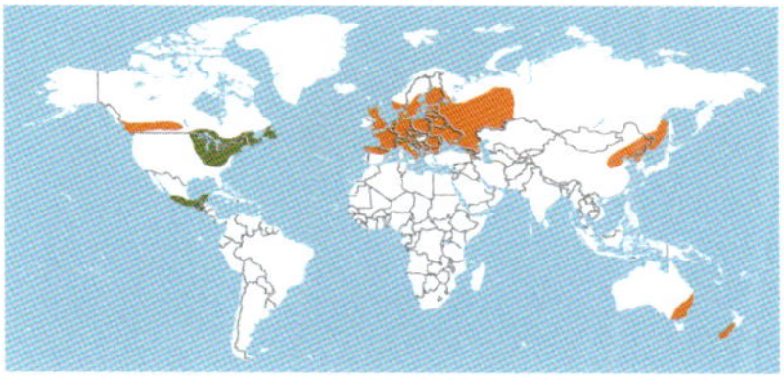

Pinus strobus

NUTZUNG/AUSBREITUNG Forst- und Zierbaum. 1605 durch den englischen Forscher George Weymouth nach England gekommen und im 18. Jahrhundert durch Lord Weymouth in England als Forstbaum etabliert. In Mitteleuropa seit etwa dem Jahr 1705 bekannt, erste subspontane Vorkommen aus dem Gebiet sind 1840 aus Brandenburg nachgewiesen. Die natürliche Samenausbreitung erfolgt innerhalb eines Radius von 750 m. Die Fernausbreitung geschieht durch die Forstwirtschaft, von der die Art in Mitteleuropa seit Ende des 19. Jahrhunderts genutzt wird. Gegenwärtig im Gebiet weit verbreitet, vor allem als Beimischung in Forsten. Subspontan in Deutschland vor allem aus den Mittelgebirgen bekannt, unter anderem aus dem Spessart, Odenwald, Elbsandsteingebirge und Erzgebirge. Ausbreitungstendenzen sind u. a. in Sachsen und im Rheinland erkennbar. In Österreich vereinzelt, so in Tschantschendorf im Burgenland, Walterskirchen am Wörthersee in Kärnten und großflächig im Kobernaußer Wald in Oberösterreich, sowie Neuwaldegg in Wien. In Südtirol u. a. in der Salurner Klause und bei Lana. In der Schweiz zahlreich, vor allem im Mittelland. Auch in Liechtenstein verwildert.

Douglasie
Pseudotsuga menziesii
— Föhrengewächs · Pinaceae

April–Mai
invasiv

Pseudotsuga menziesii

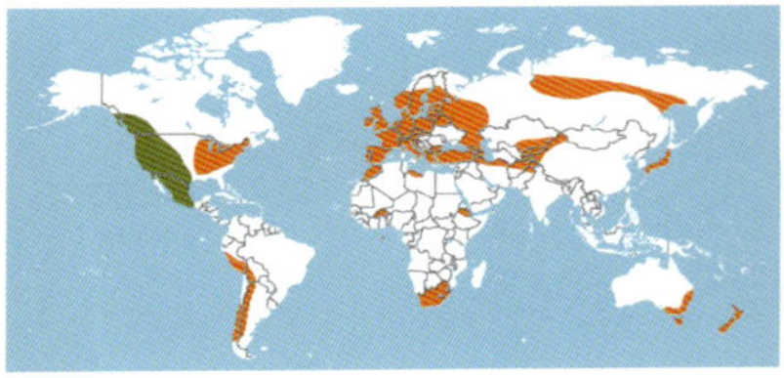

STECKBRIEF Bis 40 m hoher, immergrüner Nadelbaum mit angenehm kiefern-zitronenartigem Geruch, kegelförmiger Krone und waagrecht abstehenden Ästen. Nadeln bläulichgrün, flach, einzelnstehend, nicht stechend, 2,5–3,5 cm lang, ca. 1 mm breit, unterseits mit 2 schmalen, silbergrauen Bändern. Zapfen länglich-eiförmig, 5–10 cm lang, deren Deckschuppen dreizipfelig, reif hängend.
NAME Zu Ehren des schottischen Botanikers, Arztes und Gärtners Archibald Menzies (1754–1842) benannt, nach dem u. a. auch die Gattung *Menziesia* aus der Familie der Heidegewächse ihren Namen trägt.
NUTZUNG/AUSBREITUNG Forst-, Weihnachts- und Zierbaum. 1827 durch den schottischen Botaniker David Douglas (1799–1834) nach Europa gekommen. Deutschland erreichte sie 1830. Es folgten bald darauf forstliche Versuchsanbauten und 2012 nahm der Baum mit 218.000 Hektar in der Hauptbestockung rund 2 % des gesamten deutschen Waldbestandes ein. Erste Verwilderungen im Gebiet wurden 1964 in Berlin nachgewiesen. Gegenwärtig sind Einbürgerungstendenzen unter anderem in Mecklenburg-Vorpommern, Rheinland-Pfalz, im Saarland und am Ostrand der Böhmischen Masse in Niederösterreich zu erkennen.

Echtes Löwenmaul
Antirrhinum majus
— Wegerichgewächs · Plantaginaceae

Juni–Sep.

STECKBRIEF 20–70 cm hohe, aufrechte, oben drüsige Staude. Blätter lanzettlich, ganzrandig, 3,5–10 × so lang wie breit, untere gegenständig, obere wechselständig. Blüten in endständigen Trauben, 3–4 cm lang, purpurn, auf dem Gaumen mit 2 gelben Flecken, seltener ganz gelb oder weiß. Kronröhre am Grund ausgestülpt, ohne Sporn. Kelchzipfel eiförmig. Fruchtkapsel mit 2 ungleichen Fächern.
VERWECHSLUNG Das Breitblättrige Löwenmaul, *Antirrhinum latifolium*, hat meist gelbe Blüten und Blattspreiten, die 1,5–3,5 × so lang wie breit sind.
NUTZUNG/AUSBREITUNG Zierpflanze. Mitte des 16. Jahrhunderts in einer wenigblütigen, trübroten Form als Zierpflanze nach Deutschland gekommen. Bis Anfang

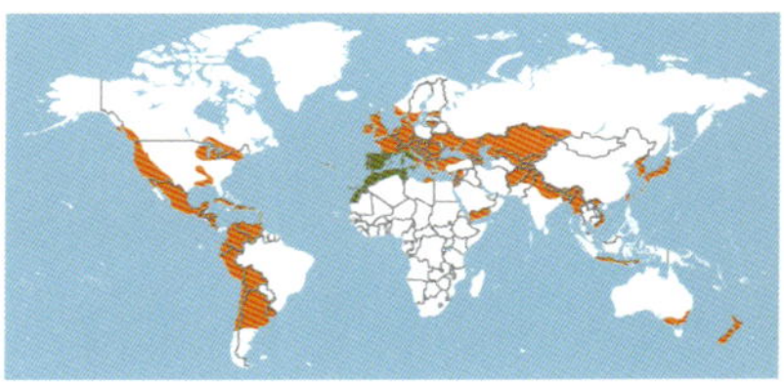

des 19. Jahrhunderts stieg die Zahl der Farbformen beträchtlich. Gegenwärtig vielfach verwildert, lokal auch eingebürgert, so im Neckargebiet bei Besigheim und Hohenasperg in Baden-Württemberg, in der Emmerberger

Klause bei Winzendorf in Niederösterreich, in Südtirol, im Bodenseegebiet, im Tessin, in der Waadt und im Wallis. **WEITERE ART** Im nordwestlichen Mittelmeergebiet von Spanien bis Italien ist das **Breitblättrige Löwenmaul**, *Antirrhinum latifolium*, beheimatet, welches selten kultiviert wird und sehr selten verwildert, so seit vielen Jahren in der Eckertstraße in Köln-Lindenthal in Nordrhein-Westfalen und in Zürich.

Antirrhinum majus

Antirrhinum latifolium

Felsenlöwenmaul
Asarina procumbens
— Wegerichgewächs · Plantaginaceae

Mai–Aug.

Asarina procumbens

STECKBRIEF 10–60 cm breite, niederliegende, drüsig-klebrige Staude. Stängel weich behaart, unten verholzt. Blattspreiten breit herz- bis nierenförmig. Blüten einzeln, 2–3,5 cm lang, blassgelb bis weiß, Gaumen gelb, oft purpurn geadert, spornlos. Kapselfrüchte 2-fächerig. **NUTZUNG/AUSBREITUNG** Zierpflanze. Seit dem Jahr 1699 als Zierpflanze kultiviert und vor allem in Trockenmauern und auf Felsen verwildert. Gegenwärtig im Gebiet vereinzelt, lokal auch eingebürgert, wie bei Bischofswerda in Sachsen und am Gleichenberger Kogel in der Steiermark.

Klaffmäulchen
Chaenorhinum origanifolium
— Wegerichgewächs · Plantaginaceae

Juni–Sep.

STECKBRIEF 10–25 cm hohe Staude mit zahlreichen, drüsig behaarten, kriechend-aufsteigenden Stängeln und gegenständigen Blättern. Blattspreiten eiförmig bis fast rund, 8–15 mm breit, dünn. Blütentrauben locker. Krone lila mit gelbem oder weißem Schlund. Fruchtstiele aufrecht-abstehend.
NUTZUNG/AUSBREITUNG Zierpflanze. Das Klaffmäulchen ist erst in den letzten Jahren und Jahrzehnten zur beliebten Steingarten-, Dachbegrünungs- und Blumenkastenpflanze avanciert, dementsprechend jung sind auch die meisten der Verwilderungsfundmeldungen.
WEITERE ART An der adriatischen Küste ist der **Strand-Klaffmund**, *Microrrhinum litorale*, beheimatet, der auf den Bahnanlagen Mitteleuropas offensichtlich geeignete Sekundärstandorte gefunden hat und u. a. in Baden-Württemberg, im Burgenland, in Kärnten, Niederösterreich, Oberösterreich, Salzburg, in der Steiermark, in Nordtirol, Osttirol und Wien gefunden wurde.

Chaenorhinum origanifolium

Microrrhinum litorale

Blasses Zimbelkraut
Cymbalaria pallida
— Wegerichgewächs · Plantaginaceae

Mai–Sep.

STECKBRIEF 3–15 cm hohe, kriechende Mehrjährige mit unterirdischen Ausläufern. Blätter lang gestielt, fleischig, behaart. Blattspreiten rundlich bis efeuartig gelappt. Blütenkrone lila mit heller Mitte, ohne Sporn 10–18 mm lang, Sporn 4–8 mm lang.
VERWECHSLUNG Das südeuropäische Mauer-Zimbelkraut, *Cymbalaria muralis*, das in seiner natürlichen Verbreitung nördlich bis in die Schweiz reicht und das gegenwärtig im gesamten Gebiet eingebürgert vorkommt,

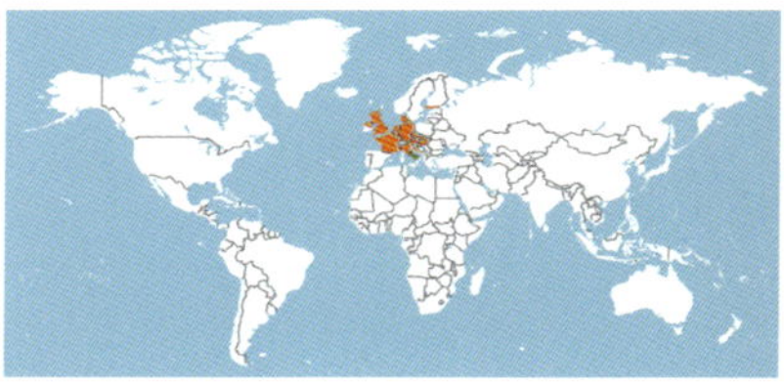

hat kahle, 5–7-lappige Blattspreiten und ohne den Sporn 6–8 mm lange Blütenkronen.
NUTZUNG/AUSBREITUNG Zierpflanze, vor allem für Steingärten, Blumentröge und als Bodendecker. Beheimatet in den Abruzzen, im Gebiet und in England um das Jahr 1882 in Kultur genommen. 1924 wurde die erste Verwilderung in der englischen Grafschaft Westmorland bekannt. In Relation zu ihrer seltenen Kultur treten Verwilderungen und Verschleppungen im Gebiet häufig auf.
WEITERE ART Das korsische **Leberblümchen-Zimbelkraut**, *Cymbalaria hepaticifolia*, wird im Gebiet selten als Zierpflanze kultiviert und verwildert noch seltener, so in Bayern.

Cymbalaria pallida

Cymbalaria hepaticifolia

Wolliger Fingerhut
Digitalis lanata
— Wegerichgewächs · Plantaginaceae

Mai–Juni
giftig

Digitalis lanata

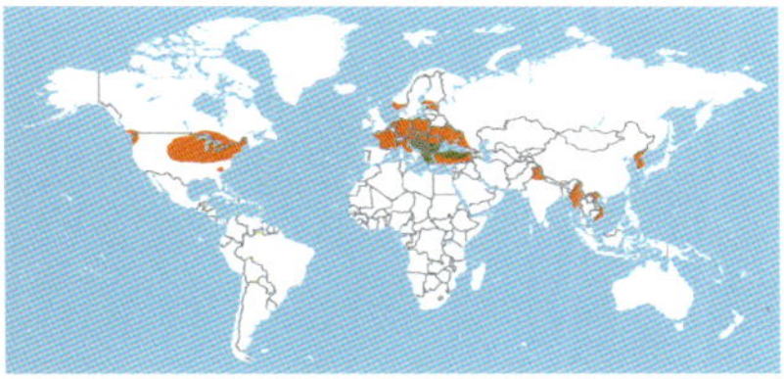

Digitalis ferruginea

STECKBRIEF 40–120 cm hohe Zwei- bis Mehrjährige mit lanzettlichen Blättern. Blütenstand allseitwendig, Blütenstandsachse und Blütentragblätter wollig behaart.

Krone 20–30 mm lang, cremeweiß mit gelbbrauner Aderung. Kronenunterlippe fast so lang wie die Kronröhre.

VERWECHSLUNG Der ähnliche Rostfarbene Fingerhut, *Digitalis ferruginea*, hat kahle Blütenstandsachsen.

NUTZUNG/AUSBREITUNG Arznei- und Zierpflanze. Als Herzglykosidlieferant und Zierstaude kultiviert und teilweise in ruderal beeinflussten Trockenrasen, Brachfeldern, Weinbergen und Feldrainen verwildert oder verschleppt. Lokal auch eingebürgert, so im Steinfeld Niederösterreichs.

WEITERE ART Südosteuropäisch-südwestasiatisch ist der **Rostfarbene Fingerhut**, *Digitalis ferruginea*, der selten als Zierpflanze genutzt wird und daraus sehr selten verwildert, so in Hessen und Rheinland-Pfalz.

Purpur-Leinkraut

Linaria purpurea
— Wegerichgewächs · Plantaginaceae

Juni–Juli

Linaria purpurea

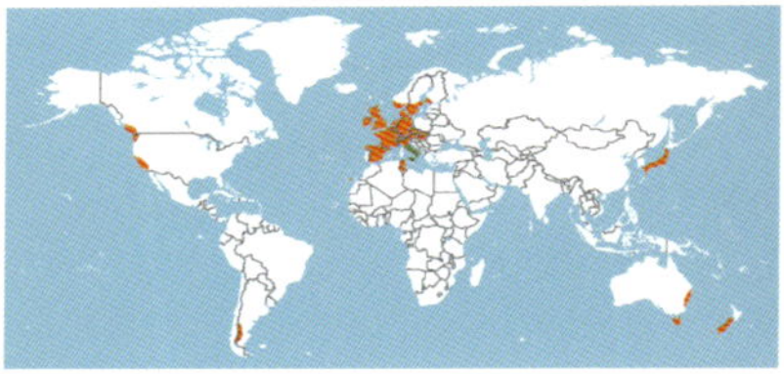

STECKBRIEF 40–100 cm hohe, mehrtriebige Staude mit dicht beblätterten Stängeln. Blätter lineal-lanzettlich, graugrün, die unteren quirlig, die oberen wechselständig. Blütentraube dichtblütig, schlank. Krone purpurviolett, selten rosa, 9–13 mm lang, innen bärtig, Sporn 5–6 mm lang, gekrümmt. Oft mit Nachblüten bis in den Herbst.

NUTZUNG/AUSBREITUNG Zierpflanze. Seit spätestens dem Jahr 1613 ist die in Italien endemische Art in Mitteleuropa in Gartenkultur, aus der sie leicht, aber meist unbeständig verwildert. Vermehrt sich über Samen und Wurzelsprosse und wird nicht selten über Baumschul-Pflanzkübel unbeabsichtigt in Gärten oder andere Grünräume eingebracht.

Ruten-Leinkraut

Linaria spartea
— Wegerichgewächs · Plantaginaceae

Mai–Aug.

STECKBRIEF 20–50 cm hohe Einjährige mit aufrechten, kahlen Stängeln und pfriemlichen, sitzenden, 1–2 cm langen und 1–2 mm breiten, bläulichgrünen, fleischigen, schwach bereiften Blättern. Blüte inkl. Sporn 15–25 mm lang, hellgelb, Sporn gerade bis schwach gebogen. Fruchtkapsel länglich-eiförmig bis fast kugelig. Samen ungeflügelt.

NUTZUNG/AUSBREITUNG Keine. Mit Saatgut infolge des Anbaus von Serradella Mitte des 19. Jahrhunderts

Linaria spartea

Linaria aeruginea

ins Gebiet eingeführt und erstmals in Lamitsch in Brandenburg 1865 und bei Schönfeld nahe Schwiebus 1866 gefunden. Gegenwärtig im Osten Deutschlands lokal etabliert.

WEITERE ARTEN Auf der Iberischen Halbinsel beheimatet ist das **Spanische Leinkraut**, *Linaria aeruginea*, welches als einjährige Zierpflanze in verschiedenen Farbformen kultiviert wird und daraus gelegentlich verwildert, so in Bayern, im Aargau und in Basel.

Das aus dem westlichen Mittelmeergebiet stammende **Zweiteilige Leinkraut**, *Linaria bipartita* (Syn.: *L. incarnata*), wird mitunter als einjährige Zierpflanze angesät und kann dann verwildert oder verschleppt auftreten, so in Baden-Württemberg, Bayern, Mecklenburg-Vorpommern, Niedersachsen, Sachsen, im Burgenland, in Niederösterreich, Oberösterreich, Osttirol, Wien, Bern und Graubünden. Auf der westlichen Iberischen Halbinsel ist das **Blaugrüne Leinkraut**, *Linaria caesia*, eine Sippe

Linaria bipartita

Linaria caesia

aus dem *Linaria supina*-Aggregat, beheimatet. Es findet sich vor allem an Bahnanlagen unbeständig verschleppt, so etwa in Baden-Württemberg, Kärnten, Niederösterreich, Oberösterreich, Salzburg und in der Steiermark, in Linz lokal auch eingebürgert.

Gelegentlich verschleppt findet sich im Gebiet auch das ostmediterran-kleinasiatische **Dalmatinische Leinkraut**, *Linaria dalmatica*, so in Baden-Württemberg, Bayern, Mecklenburg-Vorpommern, Nordrhein-Westfalen, Sachsen, Sachsen-Anhalt, Niederösterreich, Südtirol, im Aargau, in Basel-Land, Bern, Genf, Schaffhausen und im Wallis.

In Marokko ist das **Marokkanische Leinkraut**, *Linaria maroccana*, beheimatet, welches u. a. in Bayern, Nordrhein-Westfalen, Sachsen, Kärnten, Basel, Bern, in der Waadt und in Zürich subspontan auftritt.

Ganz vereinzelt findet sich auch das mediterrane **Pellicier-Leinkraut**, *Linaria pelisseriana*, im Gebiet subspontan, so in Baden-Württemberg.

Westeuropäisch-mediterran ist das **Niedrige Leinkraut**, *Linaria supina*, welches sehr selten verschleppt im Gebiet vorkommt, so in Baden-Württemberg, Bayern, Rheinland-Pfalz, Schleswig-Holstein, Oberösterreich, Salzburg und in der Waadt.

Linaria dalmatica

Linaria maroccana

Linaria pelisseriana

Linaria supina

Glockiger Bartfaden

Penstemon campanulatus
— Wegerichgewächs · Plantaginaceae

Mai–Juli

STECKBRIEF 30–60 cm hohe Staude mit lockerem Blütenstand. Blätter gegenständig, lineal-lanzettlich, 2–8 cm lang, scharf gesägt, zugespitzt, sitzend oder stängelumfassend. Blütenkrone rosa bis lila. Kelchblätter lanzettlich, spitz, viel kürzer als die Kronröhre.

NUTZUNG/AUSBREITUNG Zierpflanze. Beheimatet in drei Unterarten in den Gebirgen Mexikos, nördlich bis Neu-Mexiko, südlich bis Guatemala. Obwohl es sich bei den Bartfäden um eine rein nordamerikanische Gattung handelt, geschah die Kultur und Zucht hauptsächlich in Europa.

Bereits Anfang des 19. Jahrhunderts wurden Samen von verschiedenen Bartfaden-Arten hier zum Kauf angeboten. Zu dieser Zeit entstanden auch die ersten Hybriden. Speziell in den 1860er-Jahren intensivierte sich die Züchtungstätigkeit. Victor Lemoine, Wilhelm Pfitzer und John Forbes waren die führenden Penstemon-Gärtnereien und boten bis zu 550 verschiedene Sippen an, darunter auch den Glockigen Bartfaden. Gegenwärtig im Gebiet sehr selten subspontan.

WEITERE ART Zu Ehren des deutschen Botanikers Karl Theodor Hartweg (1812–1871) ist der aus Mexiko stammende Hartweg-Bartfaden, *Penstemon hartwegii*, benannt, der als Gartenstaude, beispielsweise in der Sorte 'Scharlachkönigin' kultiviert wird und vereinzelt verschleppt auftritt, so in Niedersachsen.

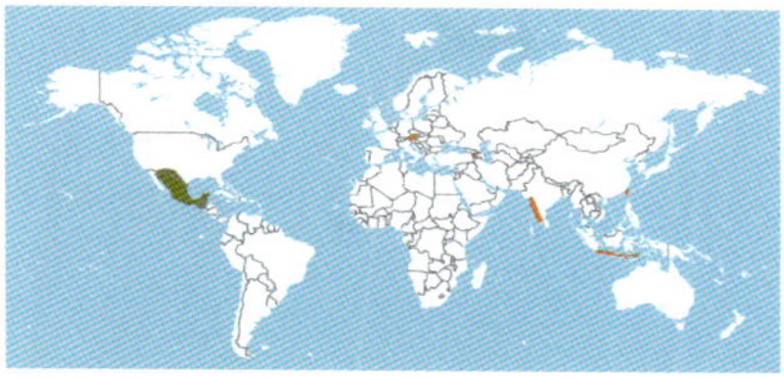

Penstemon hartwegii cvar.

Penstemon campanulatus

Penstemon hartwegii cvar.

Flohsamen-Wegerich
Plantago afra (Syn.: *Psyllium afrum*)
— Wegerichgewächs · Plantaginaceae

Mai–Juli

Plantago afra

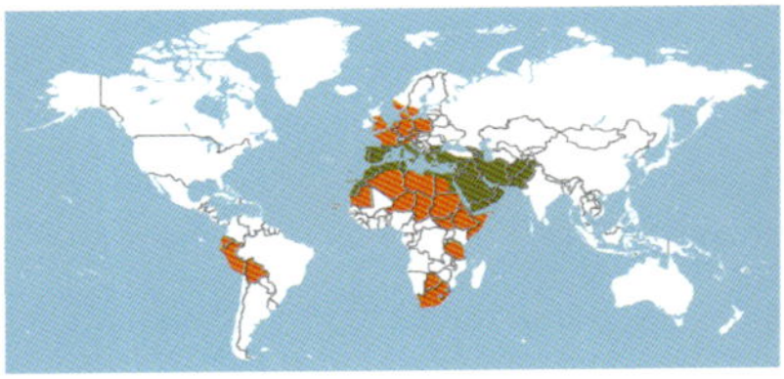

STECKBRIEF 10–40 cm hohe, drüsig-flaumige Einjährige. Blätter gegenständig, linealisch, ganzrandig bis gezähnt. Blütenschäfte in den Achseln der oberen Blätter. Ähre kurz, dichtblütig. Tragblätter 3,5–8 mm lang, alle gleich groß, ohne Seitennerven. Frucht eine zweifächerige Deckelkapsel mit je zwei kleinen, elliptischen, dunkelbraunen, glänzenden Samen.
VERWECHSLUNG Beim ähnlichen, im Gebiet heimischen Sand-Wegerich, *Plantago arenaria*, sind die unteren Tragblätter 6–10 mm lang, viel größer als die oberen und am Grund mit Seitennerven.
NUTZUNG/AUSBREITUNG Arzneipflanze. Gegenwärtig wieder vermehrt als Heilpflanze kultiviert, auch in Vogelfutter enthalten und kommt dadurch mancherorts verschleppt vor.

Faden-Ehrenpreis
Veronica filiformis
— Wegerichgewächs · Plantaginaceae

April–Mai

STECKBRIEF 5–15 cm hohe, bis 50 cm breite Mehrjährige mit niederliegenden, fädigen, wurzelnden Stängeln. Blätter gestielt, Spreite rundlich, ± so lang wie breit, schwach gekerbt. Blüten in lockeren Trauben, 9–14 mm im Ø, hellblau bis weiß, mit dunklen Streifen, Schlund gelb umrandet. Blüten- und Fruchtstiel 4–6 × so lang wie der Kelch. Kapsel meist steril, 4–5 mm breit, abgeflacht, schwach gekielt, drüsig.
VERWECHSLUNG Der Persische Ehrenpreis, *Veronica persica*, ist ein- bis zweijährig, wurzelt nicht oder kaum am Stängel und hat einen Blüten- und Fruchtstiel, der höchstens 4 × so lang wie der Kelch ist.
NUTZUNG/AUSBREITUNG Ehemals als Zierpflanze. 1780 in England eingeführt, im Gebiet erstmals 1817 im Breiterschen Garten in Leipzig nachgewiesen. Erst im 20. Jahrhundert fand die Art mehr Beachtung, vor allem zur Grabbepflanzung. Schon bald wurden erste Verwilderungen bekannt und seit etwa 1930 ist der Faden-Ehrenpreis in Mitteleuropa eingebürgert und weit verbreitet. Er hat sich hier in Rasenanlagen, die im Jahr vielfach gemäht werden, eingenischt.

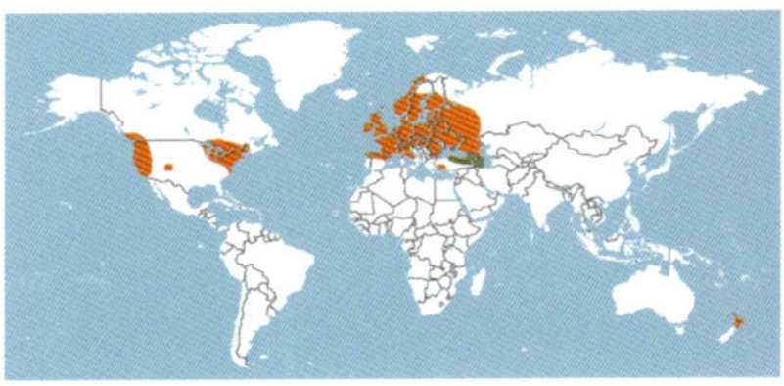

Der Faden-Ehrenpreis ist selbststeril, er ist auf die Fremdbestäubung eines anderen Genotyps angewiesen. Da aber Populationen jeweils meist nur aus einem Genotyp bestehen, kommt es im Gebiet nicht zum Fruchtansatz. Die Art vermehrt sich in Mitteleuropa vegetativ über abgerissene und sich bewurzelnde Stängelstücke. Durch die Mahd werden diese Ausläuferfragmente mit den Mähgeräten verschleppt und können andernorts wieder anwurzeln. Die Art gilt bei den meisten Gartenbesitzern als Rasenunkraut. Es bleibt aber die Frage erlaubt, ob Pflanzen wie der Faden-Ehrenpreis diese einheitsgrüne Tristesse namens Schurrasen nicht viel mehr ökologisch wie auch optisch aufwerten.

WEITERE ARTEN Der in den Gebirgen Asiens, abgesprengt auch im Smolikas-Gebirge Griechenlands beheimatete **Spitzzähnige Ehrenpreis**, *Veronica arcutae-serrata*, wurde 1988 in Heilbronn in Baden-Württemberg entdeckt, konnte dort aber nur bis 1991 beobachtet werden, während seit 1990 ein Vorkommen in Stuttgart-Untertürkheim bekannt ist.

Als Zierpflanze wird nicht selten der kaukasische **Enzian-Ehrenpreis**, *Veronica gentianoides*, kultiviert, der Ende des 18. Jahrhunderts nach Europa kam und ganz vereinzelt auch verwildert, so in Baden-Württemberg, Bayern und Oberösterreich.

Der **Persische Ehrenpreis**, *Veronica persica*, beheimatet im Elburs-Gebirge in Nordpersien, ist allotetraploid und wahrscheinlich hybridogen aus den Arten Glanz-Ehrenpreis, *Veronica polita*, und Hornfrucht-Ehrenpreis, *V. ceratocarpa*, entstanden. Er tritt im gesamten Gebiet ± flächendeckend auf und ist hier seit spätestens 1805 bekannt. Möglicherweise begann sein Verbreitungs-Siegeszug in Mitteleuropa im Botanischen Garten Karlsruhe. Gegenwärtig im Gebiet bis in die subalpine Region steigend, so am Birn Chrüz in Liechtenstein auf 2000 m Seehöhe.

Veronica filiformis

Veronica gentianoides

Veronica arcutae-serrata

Veronica persica

Fremder Ehrenpreis

Veronica peregrina
— Wegerichgewächs · Plantaginaceae

April–Juni

Veronica peregrina

Veronica cymbalaria

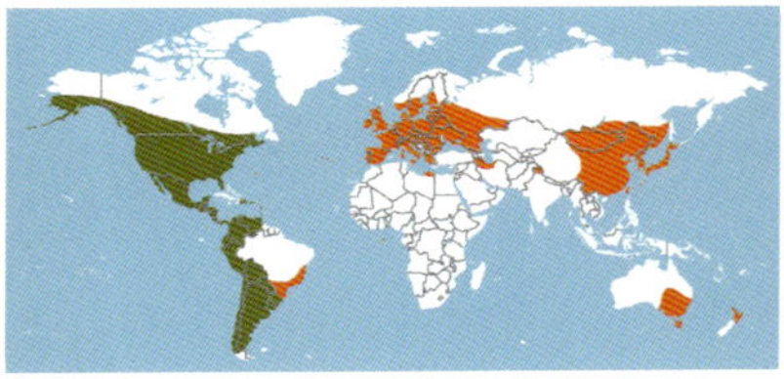

STECKBRIEF 5–30 cm hohe, kahle Einjährige. Blätter schmal verkehrt-eiförmig, ganzrandig oder undeutlich gezähnelt, die unteren bis 3 cm lang, allmählich in den kurzen Stiel verschmälert. Blüten einzeln in den Achseln von Blättern, kurz gestielt. Krone weiß, selten blassblau, im Ø 2–4 mm. Frucht rundlich, abgeflacht, ausgerandet, 3–5 mm breit. Blütezeit April bis Juni.
NUTZUNG/AUSBREITUNG Keine. Seit dem 17. Jahrhundert in Botanischen Gärten Europas in Kultur, so 1680 erstmals in England. Eingeschleppt in Europa ebenfalls seit dem 17. Jahrhundert bekannt, im Gebiet erstmals 1857 bei Hohenheim in Baden-Württemberg festgestellt. 1880 dann in Mundelheim in Bayern gefunden und 1894 in Urfahr an der Donau in Oberösterreich. Die Art breitet sich vor allem über Gärtnereien und Baumschulen sowie über Substrate aus und ist gegenwärtig besonders in Gärtnereien, Bahnhöfen und auf Friedhöfen zu finden mit Verbreitungsschwerpunkten in Baden-Württemberg, Hamburg, Niedersachsen und dem Schweizer Mittelland.
WEITERE ART Der mediterrane **Zimbelkraut-Ehrenpreis**, *Veronica cymbalaria*, tritt im Gebiet selten verschleppt auf, so in Baden-Württemberg, Bayern, Hessen, Mecklenburg-Vorpommern, Salzburg, Südtirol, Genf, im Tessin, Thurgau und in der Waadt.

Ahornblättrige Platane

Platanus × hispanica
— Platanengewächs · Platanaceae

Mai

STECKBRIEF Bis 25 m hoher, sommergrüner Baum mit anfangs breit-kegelförmiger, später ausladenden Krone. Borke sich in großen Platten lösend und markant gescheckte Rindenpartien hinterlassend. Blattspreiten 12–25 cm breit, 3–5-lappig, am Grunde gestutzt bis herzförmig, Mittellappen wenig schmäler bis breiter als lang. Die Blütenstände sind kugelförmig und erscheinen meist zu zweit an 6–8 cm langen Stielen zusammen mit dem Laubaustrieb.

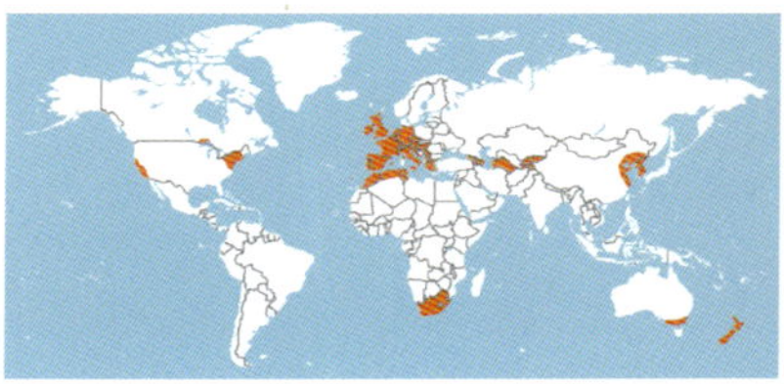

Platanus × hispanica

Platanus orientalis

VERWECHSLUNG Die Östliche Platane, *Platanus orientalis*, hat 5–7-lappige Blattspreiten und Fruchtkugeln, die zu 3–7 in lockeren Beständen angeordnet sind.
NUTZUNG/AUSBREITUNG Ziergehölz, besonders in Parkanlagen und als Straßenbaum. Die Ahornblättrige Platane ist wahrscheinlich eine Kreuzung aus der im östlichen Nordamerika beheimateten Nordamerikanischen Platane, *Platanus occidentalis*, und der eurasiatischen Östlichen Platane, *Platanus orientalis*.
Die Hybride ist um das Jahr 1650 entstanden und wurde um 1666 erstmals schriftlich erwähnt in einer Auflistung von kultivierten Gehölzen des Botanischen Gartens in Oxford. Im Gebiet wird sie seit spätestens dem Jahr 1700 als Park- und Alleebaum recht häufig kultiviert. Verwilderungen sind vor allem aus den größeren Städten bekannt.
WEITERE SIPPE Auch die aus Südosteuropa und Südwestasien stammende **Östliche Platane**, *Platanus orientalis*, eine Elternart der Ahornblättrigen Platane, wird als Park- und Alleebaum kultiviert und verwildert gelegentlich, so in Berlin, in der Steiermark, im Aargau, in Bern, Genf, im Tessin und in der Waadt.

Kriechende Hornnarbe
Ceratostigma plumbaginoides
— Bleiwurzgewächs · Plumbaginaceae

Sep.–Okt.

Ceratostigma plumbaginoides

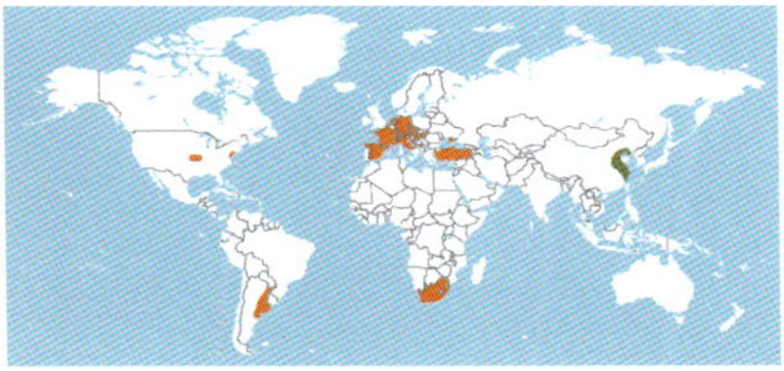

STECKBRIEF 10–30 cm hoher, sich durch unterirdische Ausläufer ausbreitender Halbstrauch mit zahlreichen dünnen, kantigen, leicht borstig behaarten Trieben. Blätter 2–6 cm lang, dünn, verkehrt-eiförmig, zur Basis lang keilförmig, fast sitzend, ganzrandig, bewimpert, im Austrieb und im Herbst rötlich. Blüten tiefblau, etwa 2 cm im Ø, in Büscheln.
NUTZUNG/AUSBREITUNG Zierpflanze. Im Gebiet seit spätestens 1845 in Gartenkultur und daraus sehr selten verwildert oder verschleppt.

Steppenschleier-Strandflieder

Limonium gmelini
— Bleiwurzgewächs · Plumbaginaceae

Juli–Sep.

STECKBRIEF 20–60 cm hohe, krautige, reich verzweigte Mehrjährige mit kahlen Stängeln und Blättern. Blätter grundständig, ganzrandig, 10–25 cm lang, 2–5 cm breit. Teilblütenstände kurz und gedrängt, an kurzen Seitenästen. Krone lila, mit 5 Kronzipfeln und 5 Staubblättern. Kelch zumindest an den inneren Nerven lang behaart, Kelchzipfel stumpf.
VERWECHSLUNG Der Breitblättrige Strandflieder, *Limonium gerberi*, hat zerstreut sternhaarige Blattunterseiten und 25–60 cm lange, 7–15 cm breite Blattspreiten.
NAME Benannt zu Ehren des deutschen Botanikers und Sibirienforschers Johann Georg Gmelin (1709–1755), Teilnehmer der 10 Jahre dauernden „Großen Nordischen Expedition" und Verfasser der „Flora Sibirica".
NUTZUNG/AUSBREITUNG Als Gartenzierstaude und für die Floristik. Beheimatet in den Steppengebieten Südost-Europas bis Zentralasiens. Seit spätestens dem Jahr 1791 selten in Gartenkultur befindlich. Die salzverträgliche Art ist zurzeit im Begriff, sich an Autobahnen und Schnellstraßen des Gebiets auszubreiten.
WEITERE ARTEN Südosteuropäisch-südwestasiatischer Herkunft ist der als Gartenzierstaude genutzte **Breitblättrige Strandflieder**, *Limonium gerberi*. Er findet sich vereinzelt verwildert, so in Bayern, Hessen,

Niedersachsen und Rheinland-Pfalz. Entlang der Autobahn A65 im Gebiet um Landau ist er lokal bereits eingebürgert.
Der mediterrane, seit etwa dem Jahr 1600 in Gartenkultur befindliche **Geflügelte Strandflieder**, *Limonium sinuatum*, wird im Gebiet für Trockensträuße kultiviert und tritt als Bestandteil von Blumenwiesenansaaten vorübergehend verschleppt auf, so in Baden-Württemberg, Bayern, im Burgenland und in der Steiermark.
Für die Trockenfloristik wird die in Südost-Europa und Südwest-Asien beheimatete **Tatarische Statice**, *Goniolimon tataricum*, kultiviert. Vereinzelt verwildert sie daraus, so in Baden-Württemberg, Hessen, Sachsen und Sachsen-Anhalt.

Limonium gmelini

Limonium gerberi

Limonium sinuatum

Goniolimon tataricum

Kastilisches Straußgras
Agrostis castellana
— Süßgras · Poaceae

Juni–Juli

Agrostis castellana

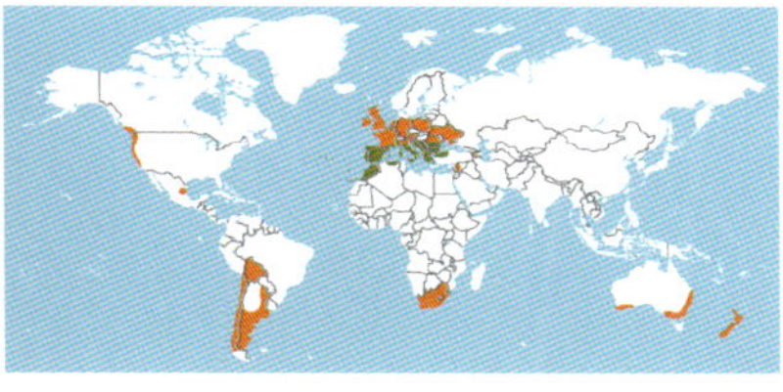

STECKBRIEF 15–40 cm hohe, durch kurze, unterirdische Ausläufer lockere Rasen bildende Staude. Blattspreiten 3–10 cm lang, 2–3 mm breit. Ligula der Halmblätter 2–3 mm breit, Blattscheiden kahl und glatt. Blütenrispe 5–15 cm lang, hellbraun bis etwas purpurn überlaufen, vor der Blüte zusammengezogen. Ährchen 2–3 mm lang, lanzettlich, spitz, einblütig. Deckspelzen auf der Fläche behaart, mit 2 kurzen Grannenspitzen.

VERWECHSLUNG Beim heimischen Kriechenden Straußgras, *Agrostis stolonifera*, sind die Deckspelzen auf der Rückenfläche kahl, die Blattspreiten sind 2–7 mm breit, unterirdische Ausläufer fehlen meist, dafür hat die Art lange oberirdische Kriechtriebe.

NUTZUNG/AUSBREITUNG Als Rasenpflanze. Ihre weite neophytische Verbreitung verdankt die Art vorrangig ihrer Ausbringung mit Rasenansaaten. Daher sind viele Einbürgerungen in Regionen mit intensivem Verkehrswege- und Landschaftsbau nachgewiesen. Im Gebiet ist die Pflanze subspontan seit dem Jahr 1955 bekannt.

WEITERE ART Aus Nordamerika stammt das **Amerikanische Straußgras**, *Agrostis scabra*, das im Gebiet selten verschleppt auftritt, lokal auch eingebürgert. Im Gebiet in Bayern, Berlin, Niedersachsen, Nordrhein-Westfalen, Sachsen, Niederösterreich und Oberösterreich.

Agrostis scabra

Pfahlrohr

Arundo donax

— Süßgras · Poaceae

Aug.–Nov.

STECKBRIEF 2–5 m hohe, halbimmergrüne, an Schilf erinnernde, blaugrüne Staude. Halm bis 3 cm dick, mit mehr als 20 Knoten, reich beblättert. Blätter bis über 50 cm lang, 2–6 cm breit, am Grund gerundet und geöhrt, allmählich zugespitzt, rau. Blatthäutchen ca. 2 mm lang, bewimpert. Blütenstand eine 30–50 cm lange, dichte, spindelförmige Rispe. Ährchen 2–5-blütig, 8–16 mm lang. Deckspelzen kürzer als die Hüllspelzen, dreispitzig, bis 10 mm lang seidig behaart. Im Gebiet meist nicht blühend.

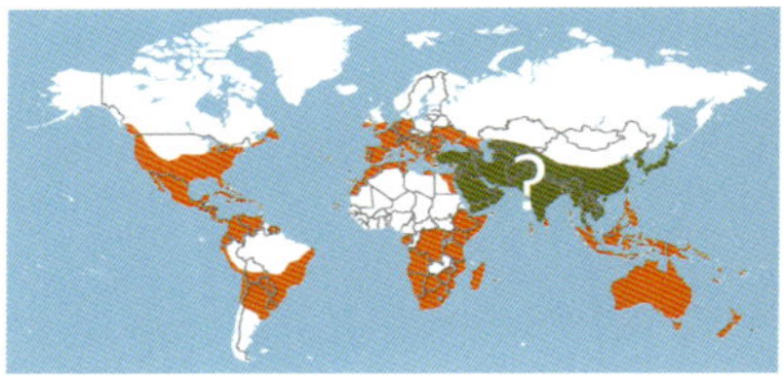

NUTZUNG/AUSBREITUNG Ziergras, anderenorts auch als Windschutz, Erosionsschutz, Tierfutter, Flechtmaterial und zur Herstellung von Instrumenten, Terrassendächern und Körben.

Die Heimat der Art ist aufgrund ihrer langen Kultur ungewiss, wahrscheinlich ist es Südasien. Möglicherweise ist die Pflanze bereits im Altertum ins östliche Mittelmeergebiet eingeführt worden. In Nordamerika fand man sie 1820 das erste Mal in Kalifornien subspontan, von wo aus sie sich rasch ausbreitete. Das Pfahlrohr vermehrt sich in seinen neuen Verbreitungsgebieten hauptsächlich über Rhizome, so auch im Gebiet, wo sie meist nicht zur Blüte kommt und auf die vegetative Vermehrung angewiesen ist. Rhizom- wie auch Stängelfragmente mit mindestens einem Nodium genügen, um neue Individuen zu begründen. Tritt im Gebiet gegenwärtig sehr vereinzelt subspontan auf.

Arundo donax

Arundo donax

Amerikanisches Doppelährengras
Beckmannia syzigachne
— Süßgras · Poaceae

Juni–Okt.

STECKBRIEF 40–100 cm hohes, einjähriges Gras ohne Ausläufer. Stängel am Grund nicht verdickt. Blätter schilfähnlich, 4–16 mm breit, zugespitzt. Mehrere traubig angeordnete Ähren, deren Rhachis anfangs steif aufrecht, später zur Fruchtreife etwas abgespreizt. Ährchen an den Ährenachsen zweizeilig und einseitswendig angeordnet, einblütig, manchmal mit zusätzlichen sterilen Blüten, horizontal flachgedrückt und etwa so lang wie breit. Hüllspelzen ein wenig aufgeblasen, Deckspelze kaum länger, kahl und unbegrannt.

VERWECHSLUNG Das Westsibirische Doppelährengras, *Beckmannia eruciformis*, ist ausdauernd, hat einen am Grund verdickten Stängel und Ährchen mit jeweils 2 fertilen Blüten.

NAME Der Gattungsname ehrt den deutschen Wissenschaftler Johann Beckmann (1739–1811), der ab 1766 als außerordentlicher Professor für Weltweisheit und ab 1770 als ordentlicher Professor der Ökonomie an der Universität Göttingen lehrte. Er gilt als einer der Väter der Agrarwissenschaften.

NUTZUNG/AUSBREITUNG Keine, aber ein gutes Futtergras. Sehr selten als Ziergras genutzt. Im Gebiet 1930 erstmals in Hamburg festgestellt, 1958 in Basel,

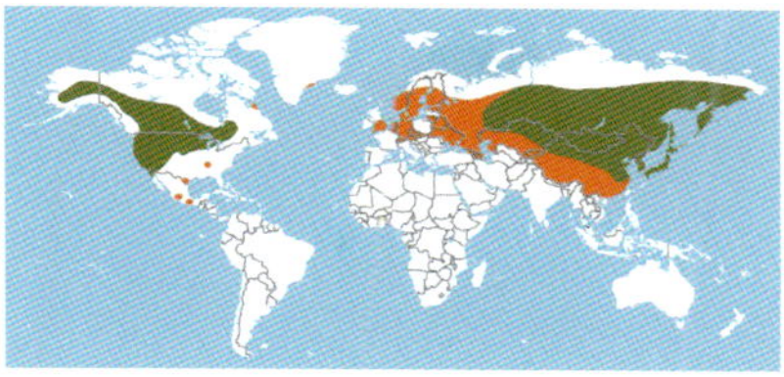

1966 in Bremen, 1980 neu für Mecklenburg-Vorpommern und 2012 neu für Rheinland-Pfalz. Die Einführungswege sind unterschiedlich und oft unklar. In Kaiserslautern wird eine unbewusste Einschleppung mit Versorgungsgütern für die US-Armee aus Nordamerika vermutet. Sonst auch mit Vogelfutter und Getreide eingeschleppt und Bestandteil nordamerikanischer Grasmischungen, vor allem zusammen mit *Lolium* in Raygras-Saaten.

WEITERE ART Das von Osteuropa bis Zentralasien beheimatete Westsibirische Doppelährengras, *Beckmannia eruciformis*, tritt im Gebiet vereinzelt auf, so in Berlin, Brandenburg, Niedersachsen und Sachsen.

Beckmannia syzigachne

Beckmannia eruciformis

Großes Zittergras
Briza maxima
— Süßgras · Poaceae

April–Juni

STECKBRIEF 10–60 cm hohe Einjährige mit 3–8 mm breiten, an den Rändern rauen Blättern und lockeren Blütenrispen mit 1–12 Ährchen. Diese 14–25 mm lang und 8–15 mm breit, 7–25-blütig, hängend, oft purpurn überlaufen, an 6–20 mm langen, haarfeinen Stielen.

NUTZUNG/AUSBREITUNG Ziergras, für die Blumenbinderei und als Vogelfutterpflanze. Seit spätestens 1633 in Kultur. Im Gebiet vor allem durch Vogelfutter und Aussaat von Einjährigen-Ziermischungen vereinzelt und unbeständig verschleppt.

WEITERE ARTEN Auch das mediterran-westasiatische **Kleine Zittergras**, *Briza minor*, dient(e) als Pflanze für Trockensträuße und verwildert ganz vereinzelt aus der Kultur bzw. findet sich an Bahnhöfen verschleppt, so in Karlsruhe, Mannheim, Stuttgart und Ulm in Baden-Württemberg, Kempten in Bayern, Rostock in Mecklenburg-Vorpommern, Leipzig in Sachsen, Glanfurt in Kärnten und Solothurn und Vevey in der Waadt.

Das nordamerikanische **Breitblättrige Plattährengras**, *Chasmanthium latifolium*, wird als Ziergras kultiviert und verwildert daraus sehr vereinzelt, so in Köln in Nordrhein-Westfalen, Graz in der Steiermark, Jenbach in Nordtirol und Alsergrund in Wien.

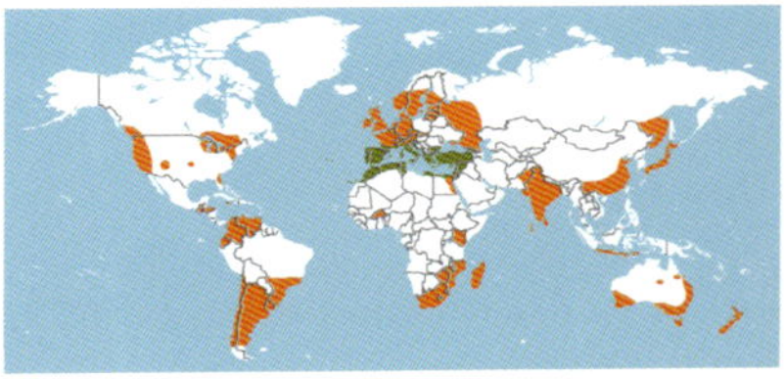

Chasmanthium latifolium

Briza maxima

Briza minor

Großähren-Trespe
Bromus lanceolatus
— Süßgras · Poaceae

Mai–Juli

STECKBRIEF 40–80 cm hohe, lang begrannte Einjährige mit weich behaarten Blättern und Blattscheiden. Blätter bis 30 cm lang, 3–5 mm breit. Rispe anfänglich dicht, aufrecht, 8–12 cm lang, mit fortschreitender Blütezeit locker. Rispenäste kahl. Ährchen 8–12-blütig, kahl oder kurzhaarig. Deckspelzen meist behaart, 12–15 mm lang.
VERWECHSLUNG Im Gebiet mehrere ähnliche Trespen-Arten, sowohl ursprünglicher als auch eingeschleppter Natur. Zum Bestimmen ist entsprechende Fachliteratur notwendig.
NUTZUNG/AUSBREITUNG In Samenkatalogen gelegentlich als Ziergras (meist als *Bromus macrostachys*) angeboten, auch für Trockensträuße kultiviert. Selten und unbeständig verschleppt, auch in und über Gärtnereien.
WEITERE ARTEN Die nord- und mittelamerikanische **Gekielte Trespe**, *Bromus carinatus*, die mit Begrünungssaaten verbreitet wird, tritt im Gebiet seit den 1930er-Jahren zerstreut auf, so in Bayern, Berlin, Brandenburg, Mecklenburg-Vorpommern, Niedersachsen, Nordrhein-Westfalen, Sachsen, Sachsen-Anhalt, Thüringen, Kärnten, Oberösterreich, Salzburg, in der Steiermark, in Nordtirol, Vorarlberg, Wien, Südtirol, Freiburg, Genf, Graubünden, Neuenburg, St. Gallen, im Tessin, in der Waadt, im Wallis, in Zug und Zürich.

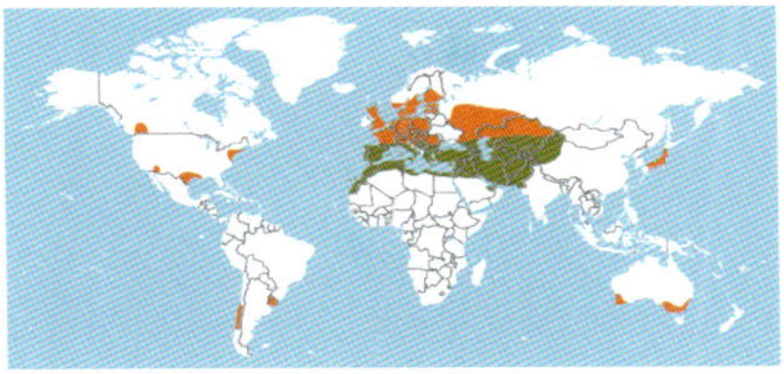

Die südamerikanische **Pampas-Trespe**, *Bromus catharticus*, ist in ihrer Heimat ein wichtiges Futtergras und ist seit etwa 1920 aus der Schweiz bekannt. Sie ist Bestandteil von Saatgutmischungen zur raschen Begrünung offener Stellen und befindet sich u. a. in den Kantonen Basel, Genf, St. Gallen, Tessin, Waadt und Wallis in Ausbreitung. Auch in Deutschland, Österreich, Südtirol und Liechtenstein angesalbt, verwildert oder verschleppt. Vom Mittelmeergebiet bis Zentralasien ist die **Gussone-Trespe**, *Bromus diandrus*, beheimatet. Heute ist die Art in großen Teilen der Erde verbreitet, im Gebiet unter anderem in Baden-Württemberg, Bayern, Brandenburg, Sachsen, Kärnten, Oberösterreich, in der Steiermark, in Nordtirol, Vorarlberg, Südtirol, Basel, Tessin und Waadt.

Bromus lanceolatus

Bromus carinatus

Vom Mittelmeergebiet bis Zentralasien ist auch die **Hänge-Trespe**, *Bromus japonicus*, beheimatet, welche vor allem auf Bahnanlagen zu finden ist, so in Baden-Württemberg, Bayern, Hamburg, Mecklenburg-Vorpommern, Niedersachsen, Rheinland-Pfalz, Sachsen, Sachsen-Anhalt, Thüringen, im Burgenland, in Kärnten, Niederösterreich, Oberösterreich, Salzburg, in der Steiermark, in Nordtirol, Vorarlberg, Wien, Südtirol, im Aargau, in Bern, Genf, St. Gallen, im Tessin, in der Waadt, im Wallis und in Zürich.

Die mediterrane **Mittelmeer-Trespe**, *Bromus madritensis*, tritt mehrfach im Gebiet auf, so in Baden-Württemberg, Bayern, Berlin, Mecklenburg-Vorpommern, Niedersachsen, Nordrhein-Westfalen, Sachsen, in der Steiermark, in Südtirol, Basel, Bern, Genf, Schaffhausen, in der Waadt, im Wallis und in Zürich.

Die **Nordische Trespe**, *Bromus pumpellianus*, ist in Nordamerika und Nordasien beheimatet und findet sich in neuerer Zeit vermehrt mit Grassamen eingeschleppt, so in Bayern, Oberösterreich, Salzburg und Osttirol. *Bromus pumpellianus* steht der heimischen Wehrlosen Trespe, *Bromus inermis* habituell nahe, ist aber durch behaarte Stängelknoten, behaarte Rispenäste und behaarte Deckspelzen von dieser unterschieden.

Von der mediterranen **Steifen Trespe**, *Bromus rigidus*, sind Funde im Gebiet u. a. aus Bayern, Mecklenburg-Vor-

Bromus diandrus

Bromus japonicus

Bromus catharticus

Bromus madritensis

pommern, Niedersachsen, Sachsen und Zürich bekannt. Die Abgrenzung zur oben beschriebenen Gussone-Trespe, *B. diandrus*, ist mitunter kritisch und so mussten mehrere Herbarbelege von *Bromus rigidus* nachträglich zu *B. diandrus* gestellt werden, wie etwa der Fund aus Kärnten. Osteuropäisch-asiatischer Herkunft ist die **Fluss-Trespe**, *Bromus riparius*, die u. a. mehrfach für Bayern, Oberösterreich, Salzburg, Basel, Bern, Genf, Graubünden, Luzern, Neuenburg, Solothurn, das Tessin, die Waadt, das Wallis und Zürich festgestellt wurde.

Aus dem westlichen Nordamerika stammt die **Sitka-Trespe**, *Bromus sitchensis*, die 1990 in Bayern und später auch in Hessen gefunden wurde. Für Österreich 2009 das erste Mal in Oberösterreich festgestellt, auch in Südtirol. In der Schweiz seit dem Jahr 2000, vor allem im Westen. In der Oberrheinebene, im Osten und in Niederbayern mit Einbürgerungstendenz.

Bromus sitchensis

Bromus pumpellianus

Bromus rigidus

Bromus riparius

Japanisches Lampenputzergras
Cenchrus purpurascens (Syn.: *Pennisetum alopecuroides*)
— Süßgras · Poaceae

Juli–Sep.

STECKBRIEF 40–100 cm hohe, horstbildende Staude mit 30–80 cm langen und 0,4–1 cm breiten Blättern, die sich im Herbst gelb färben. Blattscheiden gekielt, pergamentartig. Blüten am Ende der Halme in 5–25 cm langen Scheinähren mit dicht gedrängten Ährchen, in ihrer borstig-fedrigen Form an Lampenputzerbürsten erinnernd. Ährchen zweiblütig, mit einer basalen sterilen und einer fruchtbaren oberen Einzelblüte.

ANMERKUNG Im neueren Schrifttum finden sich für die Zusammenführung der beiden Gattungen *Pennisetum* und *Cenchrus* zwingende Argumente. Erschwerend hierbei ist, dass viele unter *Pennisetum* geltenden und bekannten Epitheta sich unter *Cenchrus* auf andere Sippen beziehen und daher eine einfache Übertragung der Artbeinamen zur anderen Gattung nicht möglich ist. So ist *Pennisetum alopecuroides* eine ostasiatische Sippe, *Cenchrus alopecuroides* hingegen eine südafrikanische Art, weshalb die Spezies nun gültig *Cenchrus purpurascens* heißen muss.

NUTZUNG/AUSBREITUNG Ziergras. 1820 erstmals in Europa kultiviert, hat sich aber erst in den letzten Jahrzehnten als Gartenstaude durchgesetzt. Die Art wird im Gebiet besonders häufig in der niedrigwüchsigen Sorte 'Hameln' gezogen. Verwilderungsmeldungen aus dem Gebiet sind seit etwa der Jahrtausendwende bekannt und häufen sich in den letzten Jahren. Generativ vermehrte Pflanzen von Zierformen zeigen oft ein anderes, „zerrupftes" Aussehen als die Mutterpflanzen.

WEITERE ARTEN Vereinzelt als Ziergras kultiviert wird auch das südafrikanische **Afrikanische Federborstengras**, *Cenchrus caudatus* (Syn. *Pennisetum macrourum*), welches bis zu 1,8 m hoch werden kann und ganz vereinzelt subspontan auftritt, so in Salzburg und Wien.

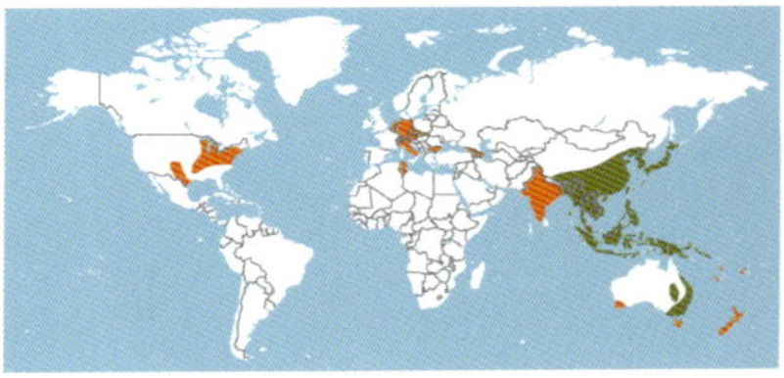

Das **Flaschenputzergras**, *Elymus hystrix* (= *Hystrix patula*) ist im östlichen Nordamerika beheimatet und wird als Ziergras u. a. für Trockensträuße genutzt. Es findet sich selten verschleppt, so in Bayern und Oberösterreich.

Cenchrus caudatus

Cenchrus purpurascens

Elymus hystrix

Hiobsträne

Coix lacryma-jobi
— Süßgras · Poaceae

Aug.–Okt.
essbar

Coix lacryma-jobi

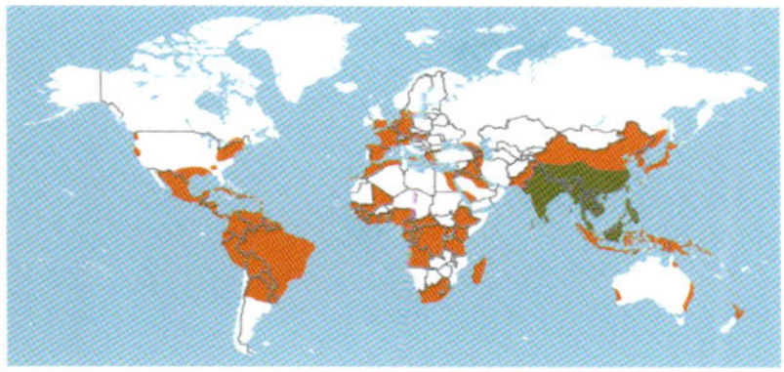

STECKBRIEF Einjähriges, aufrechtes, 1–3 m hohes Gras mit kräftigen, verzweigten Halmen. Blätter wechselständig angeordnet, bis zu 40 cm lang und 7 cm breit, linealisch bis schmal lanzettlich, dunkelgrün. Blüten unscheinbar in achselständigen Rispen. Zur Fruchtreife bleibt die Körnerfrucht vom schlauchartigen Deckblatt eingeschlossen und bildet mit dieser zusammen eine rundliche Scheinfrucht.

NUTZUNG/AUSBREITUNG Getreide-, Futter- und Ziergras. Die reifen Schlauchfrüchte werden als Perlen für Rosenkränze und andere Ketten genutzt. Die Kultivierung als Getreide begann wahrscheinlich im nördlichen Burma, in Assam oder im äußersten Süden des heutigen Chinas.

Im Mittelalter soll sie von arabischen Händlern aus Indien nach Spanien gebracht worden sein, wobei sie im Mittelmeergebiet immer nur als Zierpflanze, nicht als Getreide gebaut wurde. Aus dem Gebiet ist sie seit spätestens dem Jahr 1613 bekannt, wo sie sich im „Hortus Eystettensis" abgebildet findet. Der Anbau zur Gewinnung der perlenartigen Früchte, die im Kunsthandwerk genutzt werden, geht auf William Turner Thiselton-Dyer (1843–1928), dem 3. Direktor des Botanischen Gartens in Kew, zurück. Subspontan tritt die Hiobsträne im Gebiet ganz vereinzelt und unbeständig auf.

Stachelige Hühnerhirse

Echinochloa muricata
— Süßgras · Poaceae

Juli–Okt.

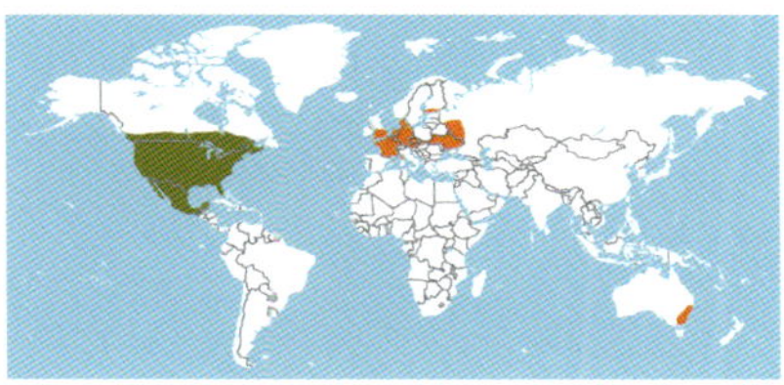

STECKBRIEF 30–100 cm hohe, am Grund oft verzweigte Einjährige mit rauen, 8–15 mm breiten Blättern. Rispenzweige aufrecht-abstehend bis stark spreizend. Ährchen mit starr abstehenden Borstenhaaren. Deckspelzen stark glänzend und hart, ohne Absatz in die wenig krautige, steife, nicht welkende Spitze verschmälert.

VERWECHSLUNG Bei der häufigen Acker-Hühnerhirse, *Echinochloa crus-galli*, sind die stark glänzenden und harten Deckspelzen mit einer durch eine Querlinie aus feinen, kurzen Härchen von den krautigen, welkenden Spitzen abgesetzt.

ANMERKUNG Innerhalb der *Echinochloa muricata*-Gruppe wird teilweise auch eine weitere Sippe namens *Echinochloa wiegandii* unterschieden. Sie vermittelt vom Aussehen der Rispen und Ährchen zu *E. crus-galli* s. l., gehört aber aufgrund charakteristischer Merkmale der

Echinochloa muricata

Echinochloa colona

Echinochloa esculenta

Echinochloa frumentacea

Deck- und Vorspelzen in die *E. muricata*-Gruppe. Merkmale von *E. wiegandii* gegenüber *E. muricata* s. str. sind ein früherer Blühbeginn, schlankere, schwächer bestachelte, dunkler gefärbte Ährchen sowie eine tendenziell längere Begrannung der Ährchen.

NUTZUNG/AUSBREITUNG Keine. Vor allem mit importierten Futtermitteln eingeschleppt. Der Erstnachweis aus dem Gebiet stammt von Berlin aus dem Jahr 1915. Lokal eingebürgert.

WEITERE ARTEN Als Futtermittelbegleiter eingeschleppt ist die in den Tropen und Subtropen beheimatete Kolonisten-Hühnerhirse, *Echinochloa colona*, die u. a. in Baden-Württemberg, Bayern, Berlin, Mecklenburg-Vorpommern, Sachsen, Kärnten, in der Steiermark, in Wien und in der Waadt auftritt.

Die Japanische Hühnerhirse, *Echinochloa esculenta*, eine Kulturform von *Echinochloa crus-galli*, wird als Grünfutterpflanze und zur Gewinnung von Vogelfutter kultiviert und verwildert unbeständig, so in Bayern, am Flussufer von Rhein und Ahr, in Mecklenburg-Vorpommern, Sachsen, Kärnten, Niederösterreich, Oberösterreich, Salzburg, in der Steiermark, in Wien und Zürich.

Südasiatisch ist die Sawa-Hühnerhirse, *Echinochloa frumentacea*, die als Kulturform wahrscheinlich aus *Echinochloa colona* entstanden ist und als Vogelfutterpflanze im Gebiet vielfach unbeständig auftritt, so etwa in Baden-Württemberg, Bayern, Nordrhein-Westfalen, Niedersachsen, Sachsen, Kärnten, Oberösterreich, Salzburg, in der Steiermark, in Nordtirol, Vorarlberg, Wien und Südtirol.

Indische Eleusine · Indischer Korakan

Eleusine indica

— Süßgras · Poaceae

Juli–Okt.

Eleusine indica

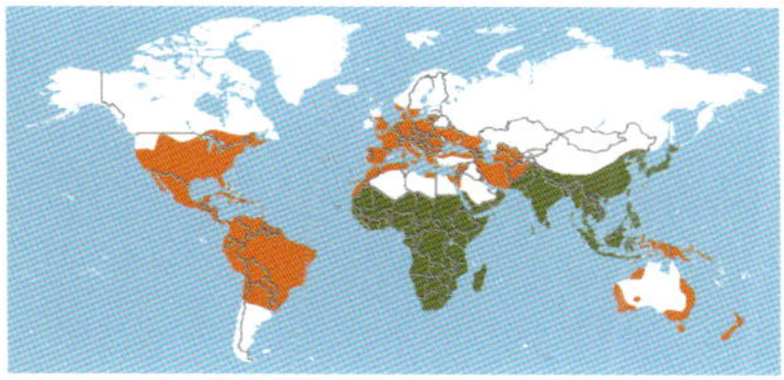

STECKBRIEF 10–70 cm hohe Einjährige mit flachen Stängeln. Blätter 3–6 mm breit, meist gefaltet, mit kurzer, stumpfer Spitze. Blattscheiden zusammengedrückt, kahl, an der Mündung bewimpert. Blütenstand aus 2–8-strahlig angeordneten, 3–12 cm langen Ähren. Ährchen kahl, gekielt, einseitwendig, 4–7 mm lang, 3–7-blütig. Hüllspelzen und Deckspelzen gekielt, am Kiel rau, untere Hüllspelzen kürzer als die oberen. Deckspelzen 2,5 bis 4,5 mm lang.

VERWECHSLUNG Der im Gebiet sehr selten auftretende südamerikanische Dreiährige Fallsame, *Eleusine tristachya*, ist mehrjährig und hat 1–3 dicke, 1–6 cm lange Ähren.

NAME Nach der griechischen Stadt Eleusis benannt, der besonderen Kultstätte für Demeter, der Göttin des Erdsegens und der Fruchtbarkeit.

NUTZUNG/AUSBREITUNG Keine. Anfang des 19. Jahrhunderts in Amerika eingeschleppt, 1815 aus Kuba bekannt, 1867 aus Martinique. Im Gebiet gegenwärtig in Ausbreitung begriffen, insbesondere in Hackfruchtkulturen. In der Landwirtschaft vieler tropischer und subtropischer Gebiete ist die Indische Eleusine eine Problempflanze.

Beobachtungen in Wien zeigen, dass die wärmebedürftige annuelle Art zwei Keimungsmaxima aufweist: Im Frühling keimt sie an den ersten warmen Tagen an ausgesprochen hitzigen Standorten wie etwa weitgehend versiegelten Flächen. Im Zuge heißer Tage gelangt sie dann auch an vergleichsweise kühlen Orten wie etwa Rasenstreifen zur Keimung.

Japanisches Liebesgras
Eragrostis multicaulis
— Süßgras · Poaceae

Juli–Sep.

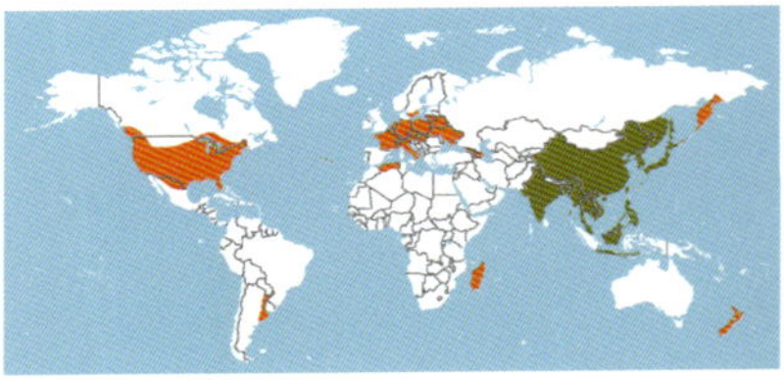

STECKBRIEF 5–20 cm hohe Einjährige mit 0,5–3,5 mm breiten Blättern. Blattspreitengrund zumindest der oberen Blätter ohne Büschel aus längeren Haaren. Blütenrispe im Umriss dreieckig bis eiförmig, Ährchen kurz gestielt, 4–7-blütig, die meisten länger oder so lang wie ihr Stiel. Rispenäste dichtblütig, kahl. Untere Hüllspelze mindestens halb so lang wie die obere.
VERWECHSLUNG Beim sehr ähnlichen, heimischen Behaarten Liebesgras, *Eragrostis pilosa*, ist der Blattspreitengrund mit einem Büschel aus längeren Haaren versehen.
ANMERKUNG Die weltweit verbreitete Gattung *Eragrostis* breitet sich in Mitteleuropa mit zahlreichen neophytischen Arten aus. So verzeichnet die Monographie von Portal & Duhem (2002) für West- und Mitteleuropa 90 neophytische Arten.
NUTZUNG/AUSBREITUNG Keine. Breitete sich ursprünglich wahrscheinlich über Botanische Gärten aus und wird auch heute über Gärtnereien und Friedhöfe verschleppt. In Berlin seit 1825 nachgewiesen, im Botanischen Garten Graz in der Steiermark seit 1840 lokal eingebürgert. Im Botanischen Garten Karlsruhe seit Mitte des 19. Jahrhunderts als Unkraut bekannt und sich von dort aus ausbreitend. Auch im Botanischen Garten Würzburg 1898 nachgewiesen. Gegenwärtig breitet sich das Japanische Liebesgras besonders an Straßenrändern stark aus und ist mittlerweile in den meisten Regionen des Gebiets vorhanden.
WEITERE ARTEN Das in Russland beheimatete **Amur-Liebesgras**, *Eragrostis amurensis*, findet sich u. a. in Brandenburg, Sachsen und Oberösterreich.

Eragrostis multicaulis

Eragrostis amurensis

Eragrostis cilianensis

Vom Mittelmeergebiet bis Zentralasien ist das **Große Liebesgras**, *Eragrostis cilianensis*, beheimatet. Es findet sich sehr zerstreut im gesamten Gebiet von Schleswig-Holstein bis ins Tessin und ins Burgenland.
Das südafrikanische **Krumme Liebesgras**, *Eragrostis curvula*, wird vor allem mit Böschungsansaaten eingebracht und konnte verwildert u. a. in Baden-Württemberg, Bayern, Hamburg, Hessen, Niedersachsen, Nordrhein-Westfalen, Rheinland-Pfalz, Sachsen, Wien, Südtirol und Solothurn gefunden werden.

Das nordamerikanische **Kamm-Liebesgras**, *Eragrostis pectinacea*, ist u. a. in Baden-Württemberg, Bayern, Sachsen, Salzburg, in der Steiermark, in Nordtirol, Glarus, Schwyz, im Tessin, in der Waadt und im Wallis gefunden worden. In Oberitalien breitet sich *E. pectinacea* in jüngerer Zeit aus, in Südtirol ist sie bereits eingebürgert.
Aus Äthiopien stammt das **Äthiopische Liebesgras**, *Eragrostis tef*, auch Teff genannt. Es wird v. a. in den Tropen und Subtropen als Getreide genutzt und bei uns gele-

Eragrostis curvula

Eragrostis tef

Eragrostis pectinacea

Eragrostis trichodes

gentlich zur Böschungsbefestigung verwendet. Auch mit Vogelfutter wird die Art eingebracht. Subspontan u. a. in Bayern, Berlin, Hessen, Niedersachsen, Nordrhein-Westfalen und Basel.
Das nordamerikanische **Haarfeine Liebesgras**, *Eragrostis trichodes*, wird als Ziergras vor allem in Verkehrsinseln und Kiesgärten kultiviert und verwildert sehr selten, so in Oberösterreich und Salzburg.
Aus Chile stammt das **Grüne Liebesgras**, *Eragrostis virescens*, welches u. a. aus Baden-Württemberg, Bayern, Brandenburg, Hessen, Niedersachsen, Sachsen, Oberösterreich, der Steiermark, Wien, Südtirol, Graubünden, dem Tessin, der Waadt und dem Wallis nachgewiesen ist.

Eragrostis virescens

Gestreiftes Schwadengras
Glyceria striata
— Süßgras · Poaceae

Juni–Aug.

STECKBRIEF 30–90 cm hohe Mehrjährige mit unterirdischen Ausläufern und 2–6 mm breiten, ± zweizeilig angeordneten Blättern. Blatthäutchen ca. 2 mm lang, zerschlitzt. Rispe 5–20 cm lang, locker, oft überhängend, Hauptachse rau. Äste zu 2–3, rau. Ährchen 3–4 mm lang, 5–7-blütig. Hüllspelzen stumpf, violett überlaufen, die untere 0,4–0,9 mm, die obere 0,7–1,3 mm lang. Deckspelze stumpf, mit 7 hervortretenden Nerven, unbegrannt. Staubbeutel 0,4–0,6 mm lang.
VERWECHSLUNG Das heimische Große Schwadengras, *Glyceria maxima*, wird 80–200 cm hoch und hat 6–10 mm lange Ährchen.
NUTZUNG/AUSBREITUNG Keine. In Europa erstmals 1855 südwestlich von Paris gefunden. Im Bereich der bayerischen Loisach-Kochelseemoore und im Achfilz beim Staffelsee seit den 1920er-Jahren eingebürgert. Für Österreich 1966 erstmals bei Glanegg im Kärntner Glantal nachgewiesen. Wahrscheinlich mit importierten Futtermitteln und Begrünungsansaaten eingeschleppt und durch Vogelverbreitung weiter in Ausbreitung befindlich.

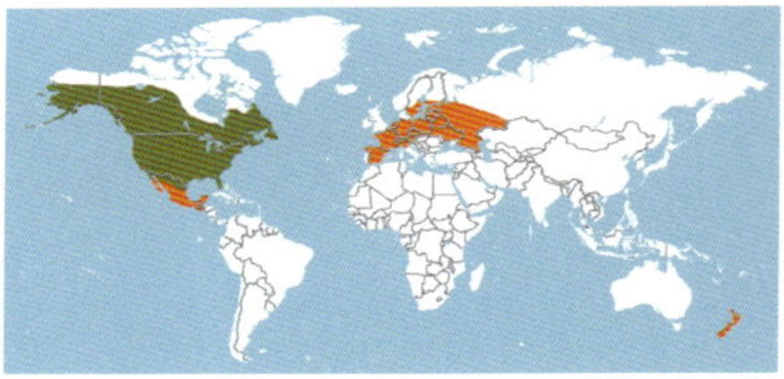

Standorte sind Wassergräben, Nasswiesen, feuchte Weiderasen und Sümpfe. Das verstärkte Vorkommen entlang von Reitwegen ist möglicherweise auf eine sekundäre Ausbreitung über Pferdekot zurückzuführen.
WEITERE ART Das aus Nordamerika stammende **Amerikanische Schwadengras**, *Glyceria grandis*, ist 1918 in Europa erstmals subspontan festgestellt worden und mittlerweile in Finnland, Schweden und Norwegen fest etabliert. Im Gebiet bisher aus Baden-Württemberg, Oberösterreich und Salzburg bekannt.

Glyceria striata

Glyceria grandis

Mähnen-Gerste
Hordeum jubatum
— Süßgras · Poaceae

Juni–Aug.

STECKBRIEF 15–50 cm hohe Einjährige mit 2–4 mm breiten, oberseits rauen, unterseits behaarten Blättern. Blattscheiden ± abstehend behaart. Ähre 3–10 cm lang, Achse bewimpert, bei Reife zerbrechend. Seitliche Ährchen bis 3 mm gestielt, mittleres 1 mm gestielt. Granne der Hauptspelzen 6–9 cm lang, diese bei Reife stark spreizend, Ähre dadurch einer Pferdemähne ähnlich.

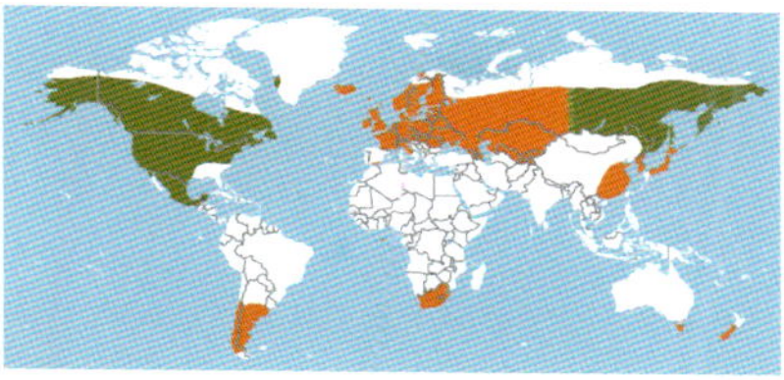

Hordeum jubatum

VERWECHSLUNG Bei der im Gebiet heimischen Mäuse-Gerste, *Hordeum murinum*, sind die Grannen der Hauptspelzen höchstens 2,5 cm lang.
NUTZUNG/AUSBREITUNG Ziergras, für die Blumenbinderei, in Begrünungssaaten. Die salzertragende Art wurde vorwiegend über amerikanisches Saatgut zur Begrünung von Straßenrändern und Böschungen eingebracht. Sie bürgert sich vor allem an Autobahnen und in Strandwiesen der Küsten ein. Gegenwärtig im Gebiet sehr zerstreut mit Verbreitungsschwerpunkten in Sachsen, Sachsen-Anhalt, Niedersachsen und Bremen.

Hasenschwanzgras · Samtgras
Lagurus ovatus
— Süßgras · Poaceae

April–Juni

Lagurus ovatus

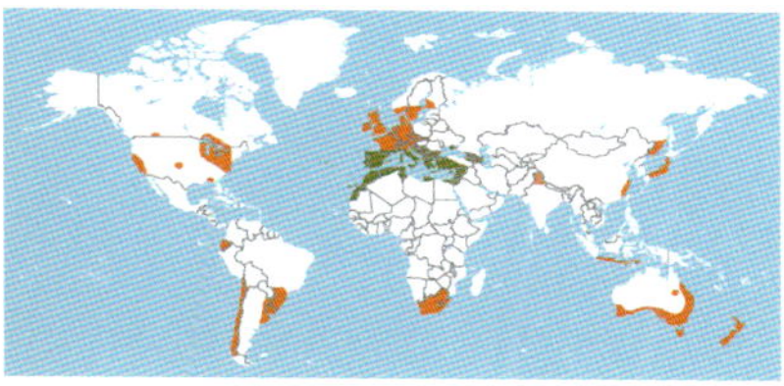

STECKBRIEF 10–50 cm hohe, samtig behaarte Einjährige mit wenig knotigen Halmen, graugrünen Blättern und aufgeblasenen Blattscheiden. Blatthäutchen ca. 3 mm lang, behaart. Blütenstände eiförmig, 1–6 cm lang, jung hellgrün, manchmal auch purpurn überlaufen, später silbrig-weiß. Grannen aus den Ähren ragend, Hüllspelzen federig behaart.
NUTZUNG/AUSBREITUNG Zierpflanze. In Ziergrasmischungen enthalten und für Trockensträuße kultiviert, auch mit Vogelfutter verschleppt. Gegenwärtig im Gebiet sehr zerstreut und unbeständig.

Italienisches Weidelgras
Lolium multiflorum
— Süßgras · Poaceae

Juni–Sep.

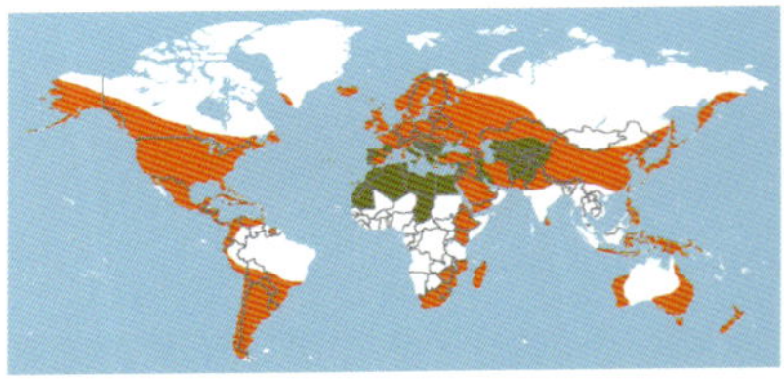

STECKBRIEF 30–120 cm hohe Mehrjährige mit nichtblühenden Blatttrieben und oberwärts rauen Stängeln. Blätter 5–10 mm breit. Ährenachse an den Kanten rau, Ährchen 1–3 cm lang, 10–20-blütig. Deckspelzen 7–8 mm lang, zumindest die oberen begrannt mit einer bis zu 11 mm langen Granne.
VERWECHSLUNG Das heimische Deutsche Weidelgras, *Lolium perenne*, hat 2–5 mm breite Blätter und stets unbegrannte Deckspelzen.
NUTZUNG/AUSBREITUNG Als Zierrasen und im landwirtschaftlichen Intensivgrünland. In Italien bereits Ende des 12. Jahrhunderts in Kultur, im Gebiet seit dem 18. Jahrhundert als landwirtschaftliche Futterpflanze durch Einsaat ausgebracht und vielfach in Fettwiesen, Parkanlagen, auf Ruderalplätzen, Anschüttungen, Hochwasserbecken, auf Erdhaufen, Bahn- und Hafengelände, an Böschungen, Straßenrändern und Sportplatzrändern vorkommend und bis in die subalpine Stufe steigend. Gegenwärtig fast überall in den gemäßigten Gebieten der Erde etabliert, so auch im Gebiet.
WEITERE SIPPE Das Hybrid-Weidelgras, *Lolium × hybridum* (= *Lolium × boucheanum*), entstanden aus dem Italienischen Weidelgras, *Lolium multiflorum*, und dem eurasiatisch-nordafrikanischen Deutschen Weidelgras, *Lolium perenne*, wird vielfach für Wirtschaftswiesen genutzt, beispielsweise in der Sorte „Oldenburger Weidelgras". Es tritt seit langer Zeit im Gebiet subspontan auf, so 1935 bei Leipzig in Sachsen. Zu erkennen ist es vor allem durch Ährchen mit kurzen, unterschiedlich langen Grannen, wobei einige Deckspelzen auch unbegrannt sein können.

Lolium multiflorum

Zucker-Chinaschilf
Miscanthus sacchariflorus
— Süßgras · Poaceae

Aug.–Sep.

STECKBRIEF 1–2,5 m hohe Staude mit langen Rhizomen, die dichte Horste bilden. Blätter 1,5–3 cm breit, unterseits kahl. In den Nodien mit Blattachselknospen. Blütenrispe 20–40 cm lang, eiförmig, die Äste kürzer als die Hauptachse. Deckspelzen der oberen fertilen Blüten unbegrannt.
VERWECHSLUNG Das Riesen-Chinaschilf, *Miscanthus × giganteus* wird bis 3,5 m hoch und hat Blätter, die mehr als 3 cm breit sind.
NUTZUNG/AUSBREITUNG Zierpflanze. Seit 1862 als Zierpflanze in Europa kultiviert. In den letzten Jahren vermehrt beobachtet, vor allem in und an Maisäckern.

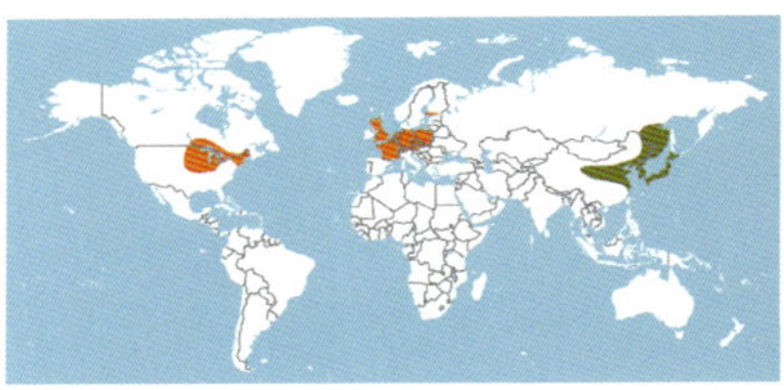

Durch die Bodenbearbeitung zerteilen sich die kriechenden Rhizome und werden oft über den gesamten Acker

ausgebreitet. Gegenwärtig im Gebiet vereinzelt mit steigender Ausbreitungstendenz.
WEITERE SIPPE Das Riesen-Chinaschilf, *Miscanthus × giganteus*, die Naturhybride aus den beiden asiatischen Arten Zucker-Chinaschilf, *Miscanthus sacchariflorus*, × Echtem Chinaschilf, *Miscanthus sinensis*, wird unter der Bezeichnung „Elefantengras" als Energiepflanze großflächig kultiviert. Zum landwirtschaftlichen Einsatz kommen vorwiegend tetraploide Pflanzen. Dieses Pflanzgut wird aufgrund der Mühsamkeit der vegetativen Teilung generativ vermehrt. Verwildert vereinzelt, so in Bayern, Nordrhein-Westfalen, Oberösterreich, im Aargau, in Bern und in der Waadt.

Miscanthus sacchariflorus

Miscanthus × giganteus

Echtes Chinaschilf
Miscanthus sinensis
— Süßgras · Poaceae

Aug.–Okt.

Miscanthus sinensis

STECKBRIEF 1–2,5 m hohe, Horste bildende Staude mit 40–100 cm langen und 0,5–2,5 cm breiten Blättern. Blütenstand fächerförmig mit zahlreichen schmalen, 15–30 cm langen Trauben. Ährchen paarig, 4–7 mm lang, am Grund 7–12 mm lang behaart. Obere Blüten zwittrig, untere männlich. Deckspelzen der oberen Blüten mit 6–12 mm langer Granne.
NUTZUNG/AUSBREITUNG Häufig und in verschiedenen Sorten als Ziergras oder Sichtschutz kultiviert. 1875 erstmals nach Europa gekommen, 1882 als neue

Zierpflanze genannt. Richtig als Gartenstaude durchsetzen konnte sich das Chinaschilf ab Mitte des 20. Jahrhunderts.
Die Art vermehrt sich vegetativ durch Ausläufer, als auch generativ durch flugfähige Samen. Verwilderungen durch Samen erreichen in den ersten Jahren die Fruchtreife meist nicht. Die meisten Vorkommen im Gebiet beruhen wahrscheinlich auf Verschleppung mit Bodenaushub oder Entsorgung von Gartenabfällen. Größere Bestände finden sich bisher nur in ruderal geprägter Umgebung, insbesondere an Wegrändern, auf Brachen, in aufgelassenen Gärten und an Ablagerungsstellen für Gartenabfälle.
Gegenwärtig im Gebiet vereinzelt, aber in Ausbreitung begriffen. Gilt in den USA als invasiv und wird dort mit Herbiziden bekämpft.

Mexikanischer Tropfensame

Muhlenbergia mexicana
— Süßgras · Poaceae

Aug.–Okt.

STECKBRIEF 30–80 cm hohe, aufrechte, lockerhorstige Staude mit bis 30 cm langen und bis 1,2 cm breiten Blättern. Blatthäutchen 0,4–1 mm lang. Hüllspelzen so lang wie die Deckspelzen, zugespitzt, oft violett, 1,5–4 mm lang. Grannen an Deck- und Hüllspelzen bis 2 mm lang.
VERWECHSLUNG Der Schreber-Tropfensame, *Muhlenbergia schreberi*, ist rasig-niederliegend wachsend, an den Stängelknoten wurzelnd und hat 2–5 mm lange Deck- und Hüllspelzgrannen.
NAME Die Gattung ist zu Ehren des deutsch/US-amerikanischen Botanikers und Theologen Gotthilf Heinrich Ernst Mühlenberg (1753–1815) benannt, der die Gattung im Südwesten der USA entdeckte.
NUTZUNG/AUSBREITUNG Ziergras, auch als Saatgut in sogenannten „Präriemischungen" enthalten. Nordamerikanische Art, Mexiko wird entgegen dem Artbeinamen nicht oder nur synanthrop besiedelt. In Europa seit dem Jahr 1825 in Kultur aus Verviers in Belgien bekannt, wobei der Art als Zierpflanze kaum eine Rolle zukommt. Die Ausbreitung erfolgt sowohl durch Verwilderungen aus Botanischen Gärten, unrichtig etikettiertem Saatgut

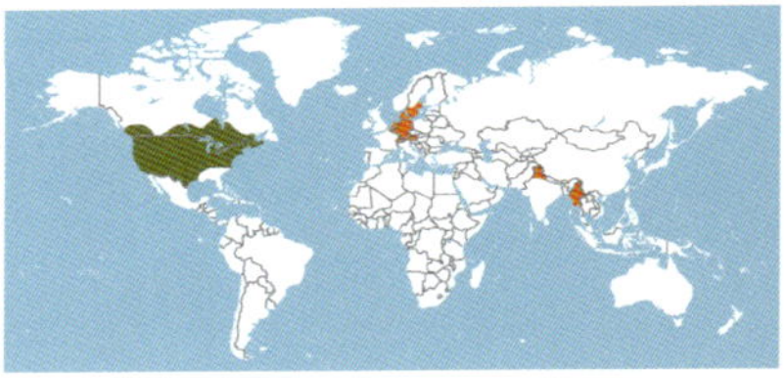

Muhlenbergia mexicana

Sporobolus neglectus

im Garten-Versandhandel, als auch durch Verschleppung von Samen in Pflanzcontainern.
Tritt vor allem in Gärtnereien, Gärten, auf Schüttungen und Deponien auf und kann in Gärtnereien durch die generative Samenvermehrung als auch die vegetative Ausbreitung durch Ausläufer Probleme verursachen. Kommt im Gebiet bisher vereinzelt vor.

WEITERE ARTEN Das nordamerikanische **Verkannte Samenwerfergras**, *Sporobolus neglectus*, ist durch Begrünungssaaten ins Gebiet gekommen und in Österreich seit Mitte der 1990er-Jahre bekannt, wobei die Einwanderung entlang der Autobahn über das Kanaltal nach Südkärnten erfolgte. Mittlerweile im Gebiet weiter verbreitet, so in BW, Bayern, Oberösterreich, Nordtirol, Osttirol, Salzburg, in der Steiermark, im St. Galler Rheintal und um den Genfer See. Ebenfalls eine nordamerikanische Art, die nicht selten gemeinsam mit dem Verkannten Samenwerfergras auftritt, ist das **Scheidenblüten-Fallsamengras**, *Sporobolus vaginiflorus* (Syn.: *Muhlenbergia vaginiflora*). Es findet sich im Gebiet vor allem an Straßen- und Autobahnrändern und ähnlichen Ruderalstellen, so in Bayern, Baden-Württemberg, Kärnten, Oberösterreich, Salzburg, Nordtirol, Osttirol, Vorarlberg, Südtirol, Bern, Freiburg, Genf, St. Gallen, im Tessin, in der Waadt und im Wallis.

Sporobolus vaginiflorus

Mexikanisches Engelshaar
Nassella tenuissima
— Süßgras · Poaceae

Mai–Juni

Nassella tenuissima

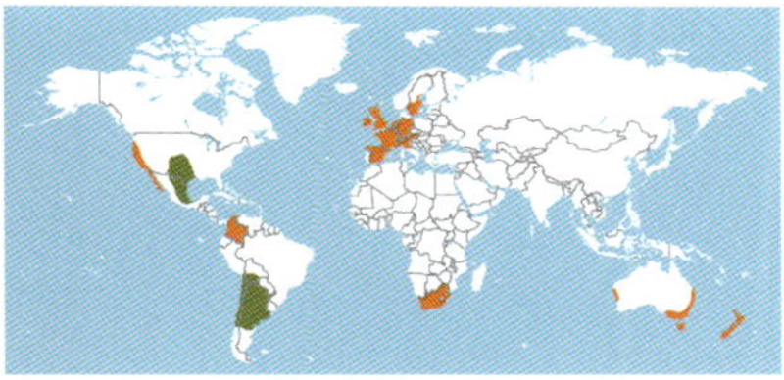

Nassella neesiana

STECKBRIEF 40–100 cm hohe, kurzlebige Staude mit wechselständigen, schmal-linealischen, 15–40 cm langen und 0,5–1 mm breiten, behaarten Blättern. Blüten-

stand silbrig, Ährchen einblütig, seitlich zusammengedrückt, Grannen 5–9 cm lang. Hüllspelzen 3–5-nervig.
NUTZUNG/AUSBREITUNG Ziergras, auch für die Trockenfloristik. Die Art scheint ein beträchtliches Ausbreitungspotential zu haben, denn sie ist als Gartenpflanze bislang noch wenig verbreitet, im Verhältnis dazu aber oft verwildert. Die Früchte verfangen sich dank Widerhaken leicht im Fell von Hunden oder an Kleidung, was die Fernverbreitung fördert. Gegenwärtig im Gebiet vereinzelt subspontan. In Australien invasiv und verboten einzuführen oder zu handeln.
WEITERE ART Ganz vereinzelt verschleppt tritt auch das südamerikanische **Uruguay-Engelshaar**, *Nassella neesiana*, im Gebiet auf, so in Baden-Württemberg, Berlin, Hamburg, Nordrhein-Westfalen und Sachsen-Anhalt.

Haarstiel-Rispenhirse
Panicum capillare
— Süßgras · Poaceae

Juli–Okt.

STECKBRIEF 20–100 cm hohe Einjährige mit 4–18 mm breiten Blättern und an den unteren Knoten verzweigten Stängeln. Blätter im unteren Bereich, Blattscheiden, Blatthäutchen und Stängelknoten mit 1–4 mm langen Haaren besetzt. Blütenrispe locker und weit ausgebreitet, etwa 10–30 cm lang, etwa 1/3 der Halmlänge einnehmend. Seitenäste etwas verzweigt. Ährchen 0,8–1,1 mm breit. Subterminale Ährchenstiele 0,5–2 cm lang, an der voll entfalteten Rispe meist einen Winkel von 30 bis 40° mit dem terminalen Ährchenstiel bildend. Seitliche Ährchenstiele deutlich länger als das Ährchen.
VERWECHSLUNG *Panicum barbipulvinatum* (= *P. riparium*, = *P. capillare* subsp. *barbipulvinatum*) unterscheidet sich durch schmale, 0,7–0,8 mm breite Ährchen. Diese den Rispenästen ± anliegend und an den Zweigenden charakteristische „Doppelährchen" bildend.

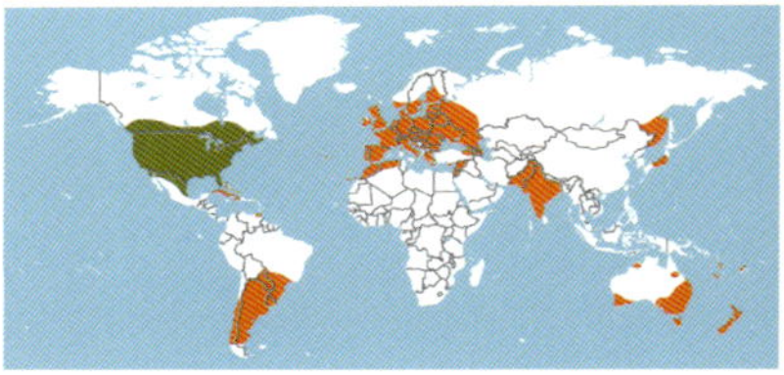

NUTZUNG/AUSBREITUNG Ziergras. Herbarbelege aus dem Gebiet existieren bereits aus dem Jahr 1855 aus Oberösterreich. Ursprünglich sind Verwilderungen wahrscheinlich von Botanischen Gärten ausgegangen. Etwas später dann auch in Privatgärten gezogen, so trägt ein Herbarbeleg vom Salzburger Biologiezentrum die Auf-

Panicum capillare

Panicum barbipulvinatum

Panicum dichotomiflorum

Panicum hillmanii

schrift „Maxglan, 1884, aus Gärten verwildert". Im Zuge von Transporten von Obst, Getreide, Wolle, Ölfrüchten und Kleesaaten kam die Art ebenfalls nach Mitteleuropa, ebenso über Blumenerde und verunreinigtes Saatgut. Nicht selten wird die Haarstiel-Rispenhirse auch als Zierpflanze für die Trockenfloristik kultiviert und findet sich in Samenmischungen für Blumen- und Ziergraswiesen. Die starke Verbreitung im Gebiet begann etwa um das Jahr 1970, besonders Maisfelder sind beliebte Siedlungsorte. Gegenwärtig im Gebiet weit verbreitet mit zunehmender Ausbreitungstendenz.

WEITERE ARTEN Die nordamerikanische **Flussufer-Rispenhirse**, *Panicum barbipulvinatum* (Syn. *P. riparium*) wurde lange nicht erkannt und deshalb nicht von *Panicum capillare* unterschieden. Von manchen Botanikern wird die Sippe als *P. capillare* var. *occidentale* zur Haarstiel-Rispenhirse gestellt. In Deutschland ist die 2002 von H. Scholz erkannte, aber schon aus dem 18. Jahrhundert aus Europa belegte Art vor allem im Main-, Elbe- und Odertal verbreitet. In der Schweiz gelang

Panicum miliaceum

Panicum schinzii

ein erster Nachweis im Jahr 2009 in Basel. Gegenwärtig in den tieferen Lagen der Schweiz weit verbreitet, ebenso in Österreich und im Etsch-Eisackgebiet Südtirols.
Nord- bis südamerikanischer Herkunft ist die **Gabelästige Rispenhirse**, *Panicum dichotomiflorum*, die vor allem als Unkraut in Maisfeldern zu finden ist und mittlerweile in niederen Lagen in großen Teilen des Gebietes auftritt.
Aus den Prärien Nordamerikas stammt die nach dem US-amerikanischen Landwirt F. H. Hillman (1863–1954) benannte **Hillman-Rispenhirse**, *Panicum hillmanii*, die seit etwa den 1970er-Jahren im Gebiet auftritt, so in Baden-Württemberg, Bayern, Sachsen, im Burgenland, in Kärnten, Niederösterreich, Oberösterreich, Salzburg, in der Steiermark, in Wien und im Tessin.
Die asiatische **Echte Rispenhirse**, *Panicum miliaceum*, wurde früher als Getreidepflanze kultiviert und verwildert heute vorwiegend aus Vogelfutter. Sie findet sich sehr zerstreut in den niederen Lagen des Gebietes.
Wahrscheinlich aus Südafrika stammt die nach dem Botanikprofessor Hans Schinz (1858–1941) benannte **Glatte Rispenhirse**, *Panicum schinzii* (= *P. laevifolium*), die u. a. aus Baden-Württemberg, Bayern, Hessen, Niedersachsen, Nordrhein-Westfalen, Sachsen, Schleswig-Holstein, dem Burgenland, Kärnten, Oberösterreich, der Steiermark und Solothurn bekannt ist.

Kanariengras
Phalaris canariensis
— Süßgras · Poaceae

Juni–Aug.

STECKBRIEF 15–40 cm hohe Einjährige mit 5–8 mm breiten Blättern. Blatthäutchen 3–5 mm lang, gestutzt. Oberste Blattscheide spindelförmig aufgeblasen. Blütenstand dicht, eiförmig, 1,5–3 cm lang. Ährchen einblütig, in eiförmiger Ährenrispe, mit 4 Hüllspelzen, die beiden unteren 7–8 mm lang, weiß mit 2 grünen Streifen, am Kiel geflügelt, die beiden oberen häutig, etwa halb so lang wie die Deckspelze, wie diese von den unteren Hüllspelzen umschlossen, grannenlos.

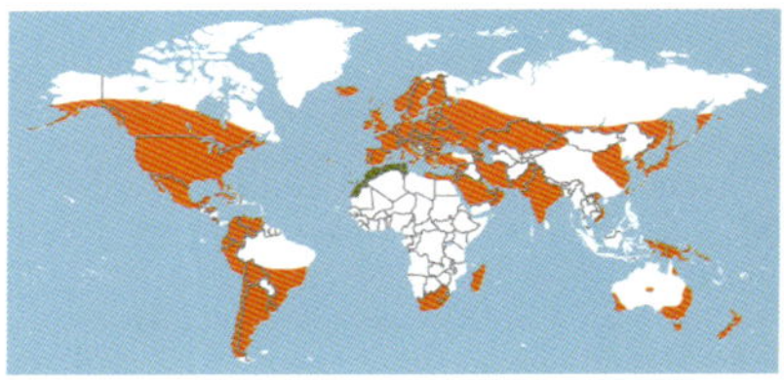

Phalaris canariensis

Phalaris minor

NUTZUNG/AUSBREITUNG Zier- und Vogelfutterpflanze. In Italien seit 1532 aus der Gartenkultur belegt, in Deutschland seit 1539 durch Hieronymus Bock. Auch Conrad Gessner nennt das Kanariengras 1561 in seinem Horti Germaniae als Gartenpflanze und im 17. Jahrhundert war die Art in Mitteleuropa ein beliebtes Ziergras. In neuerer Zeit auch häufig mit Vogelfutter eingeschleppt und vielfach über Klärsubstrate verbreitet. Gegenwärtig im Gebiet vielfach und weit verbreitet, aber stets unbeständig.

WEITERE ART Vom Mittelmeergebiet bis Indien ist das **Kleine Glanzgras**, *Phalaris minor*, beheimatet. Es findet sich im Gebiet immer wieder vorübergehend, vor allem an Verladestellen, so in Baden-Württemberg, Sachsen, in der Steiermark, in Südtirol, Basel, Basel-Land und Solothurn.

Echtes Bürstengras
Polypogon monspeliensis
— Süßgras · Poaceae

Mai–Okt.

STECKBRIEF 10–90 cm hohe, am Grund büschelig verzweigte Einjährige. Blattspreiten flach und gerieft, schlank zugespitzt, kahl, aber auf den Nerven rau, mit 3–13 mm langem Blatthäutchen. Ähre dicht, allseitig, 2–16 cm lang, 0,6–3,5 cm dick, anfangs lappig. Ährchen einblütig, zur Fruchtreife als Ganzes leicht abfallend. Hüllspelzen kurz bewimpert, an der Spitze ausgerandet, mit 4–8 mm langer, gerader Granne, Deckspelzen mit 2 mm langer, spitzenständiger Granne.

VERWECHSLUNG Das Grüne Bürstengras, *Polypogon viridis*, ist ausdauernd und ausläuferbildend.

NUTZUNG/AUSBREITUNG Ziergras. Das Echte Bürstengras ist oft in Ziergrasmischungen enthalten und findet sich unter anderem mit Verpackungsmaterial von Südfruchttransporten eingeschleppt. Gegenwärtig im Gebiet vielfach, aber vorübergehend auftretend.

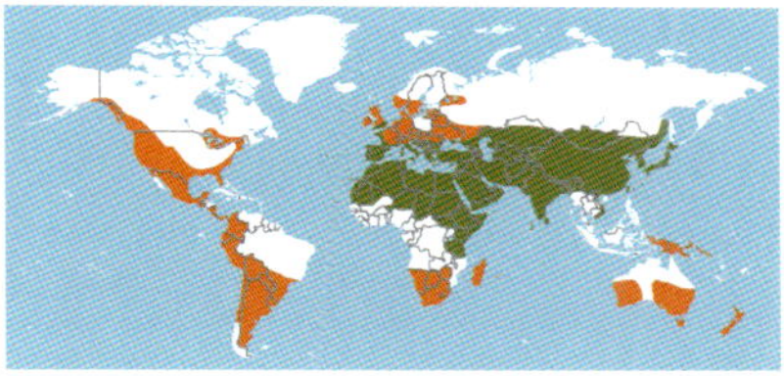

WEITERE ART Das ebenfalls mediterran-asiatische **Grüne Bürstengras**, *Polypogon viridis*, tritt im Gebiet vereinzelt auf, so bei Weil am Rhein, Münchingen und Stuttgart in Baden-Württemberg, Bayern, Oberösterreich, in der Steiermark, in Südtirol, Genf, Neuenburg, in der Waadt, im Wallis und in Zürich.

Polypogon monspeliensis

Polypogon viridis

Japanischer Pfeilbambus
Pseudosasa japonica
— Süßgras · Poaceae

nicht regelmäßig

STECKBRIEF Bis 5 m hohe, ausläuferbildende Pflanze mit verholzten Halmen und dichtbuschigem Wuchs. Halme 1–2 cm dick, dunkelgrün, im oberen Teil reich verzweigt und zuletzt überhängend. Blätter lanzettlich, 10–35 cm lang, 2,5–3,5 cm breit, oberseits rau und dunkelgrün, unterseits bläulichgrün, Blätter am Hauptstängel hochblattartig mit reduzierter Spreite. Blüten in wenigblütigen Rispen mit 3 Staubblättern und Narben, nur selten blühend, etwa alle 30–100 Jahre.

NUTZUNG/AUSBREITUNG Ziergras. Um das Jahr 1850 nach Europa gekommen und gegenwärtig einer der häufigsten Bambus-Arten der europäischen Gärten. Vereinzelt verwildert, lokal auch eingebürgert wie bei Meran und Bozen in Südtirol.

In den vergangenen Jahren und Jahrzehnten wurde Bambus als dekoratives Gestaltungselement immer beliebter. Der Handel bietet eine ganze Reihe verschiedener Arten an, die etwa einem Dutzend Gattungen innerhalb der Tribus *Bambuseae* angehören und zumeist bestimmungsschwierig sind. Diese meist winterharten Arten und Kulturformen stammen zum großen Teil aus China, Japan und aus dem Himalaja. Sie vermehren sich durchwegs vegetativ.

WEITERE ARTEN Auch etliche andere Bambus-Arten werden gärtnerisch kultiviert und verwildern auch, so etwa der aus dem westlichen Himalaya stammende **Muriel-Schirmbambus**, *Fargesia murieliae*, der zu Ehren von Muriel Wilson, der Tochter des britischen Pflanzensammlers Ernest Wilson (1876–1930), benannt ist und u. a. in Hamburg und Nordrhein-Westfalen verwildert auftritt.

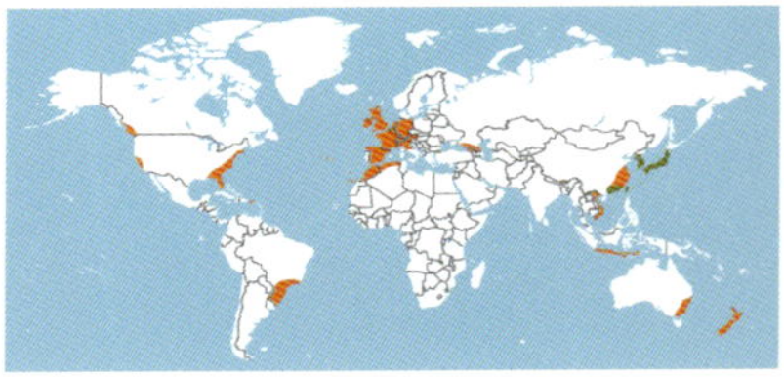

Aus China stammt der reichlich Ausläufer bildende **Gelbrillen-Riesenbambus**, *Phyllostachys aureosulcata*, der vereinzelt verwildert, so in spontanen Industriewäldern in Nordrhein-Westfalen und in Oberösterreich.

Der aus China stammende **Schwarzrohrbambus**, *Phyllostachys nigra*, wurde 1823 nach Europa gebracht und als Ziergras genutzt. Verwilderungsmeldungen liegen vereinzelt vor, so aus Oberösterreich, mit Fragezeichen versehen aus den Donau-Auen östlich von Wien und aus der Waadt.

Aus Japan stammt der **Zwergbambus**, *Pleioblastus pygmaeus*, der im Gebiet sehr selten subspontan auftritt, so in Baden-Württemberg, Bayern, Berlin, Nordrhein-Westfalen und Sachsen-Anhalt.

Pseudosasa japonica

Phyllostachys nigra

Fargesia murieliae

Pleioblastus pygmaeus

Faber-Borstenhirse

Setaria faberi
— Süßgras · Poaceae

Juni–Okt.
invasiv

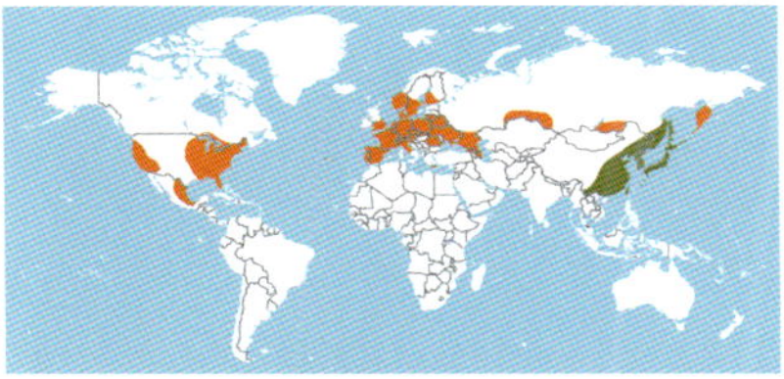

STECKBRIEF 20–80 cm hohe Einjährige mit 1–3 cm breiten, oberseits locker und kurz behaarten Blättern. Blütenstand ohne Borsten 5–20 cm lang und bis 1,5 cm dick, meist überhängend. Ährchen 2,5–3 mm lang. Obere Deckspelze stark querrunzlig, mit 1–6 Borsten unterhalb des Ährchens.

VERWECHSLUNG Die im Gebiet beheimatete Grüne Borstenhirse, *Setaria viridis*, hat oberseits kahle Blätter.

NAME Der Artbeiname ehrt den deutschen Pflanzensammler, Sinologen und Missionar Ernst Faber (1839–1899). Faber war ein hervorragender Kenner der chinesischen Literatur und Sprache. Er gab mehrere Werke in chinesischer Sprache heraus, daneben war er ein aufmerksamer Naturforscher. 1928 wurde ihm in seiner Heimatstadt Coburg mit der Benennung der Ernst-Faber-Straße ein Denkmal gesetzt. 1962 wurde dann das Altersheim des Diakonischen Werkes in der gleichnamigen Straße zu seinen Ehren als Ernst-Faber-Haus benannt.

NUTZUNG/AUSBREITUNG Zierpflanze, auch in Ziergras-Saatgutmischungen enthalten. Die hauptsächliche Ausbreitung dürfte über verunreinigtes Saatgut, Vogelfutter und Erdtransporte erfolgt sein. Nach Mitteleuropa ist die Art nicht aus ihrer ostasiatischen Heimat, sondern aus Nordamerika gelangt, wo sie großflächig eingebürgert ist. Im Gebiet wurde sie erstmals 1966 in Oberösterreich und 1968 in der Steiermark gefunden. Gegenwärtig weit verbreitet, mit auffälliger Ausbreitungstendenz in den letzten Jahren. Sie findet sich vor allem in Mais-, Soja- und Kürbisäckern, auf Ruderalflächen, Schotterflächen, Erdhaufen und ähnlichen Standorten.

Setaria faberi

WEITERE ART Nur aus der Kultur ist die **Kolbenhirse**, *Setaria italica*, bekannt. Sie entstammt der Grünen Borstenhirse, *Setaria viridis*. In Europa ist die Kolbenhirse bereits aus Funden in den jungsteinzeitlichen Siedlungen am Bodensee bekannt. Sie wurde im Gebiet bis ins 19. Jahrhundert als Getreidepflanze kultiviert, gegenwärtig fast nur mehr als Vogelfutter oder Zierpflanze. Entsprechend häufig sind alte Fundmeldungen von Verwilderungen und selten neuere, wie aus Bayern, Hamburg, Mecklenburg-Vorpommern, Niedersachsen, Sachsen, Kärnten, Niederösterreich, Oberösterreich, Salzburg, der Steiermark, Nordtirol, Osttirol, Vorarlberg, Südtirol, dem Aargau, Bern, Genf, Graubünden, Jura, St. Gallen, dem Tessin, Thurgau, der Waadt, dem Wallis, Zürich und Liechtenstein.

Setaria italica

Wilde Sorgumhirse

Sorghum halepense
— Süßgras · Poaceae

Juni–Okt.
invasiv

STECKBRIEF 50–150 cm hohe Mehrjährige mit langen, verzweigten Rhizomen. Stängelknoten dicht und kurz behaart. Blätter 1,5–3 cm breit. Blütenrispe locker und ausgebreitet, pyramidenförmig, mit abstehenden Zweigen, die Hauptachse zur Blütezeit sichtbar. Ährchen lanzettlich bis länglich, sitzend, 4,5–6 mm lang, 1,8–2,3 mm breit. Frucht 2,5–3 mm lang, meist purpurn überlaufen.

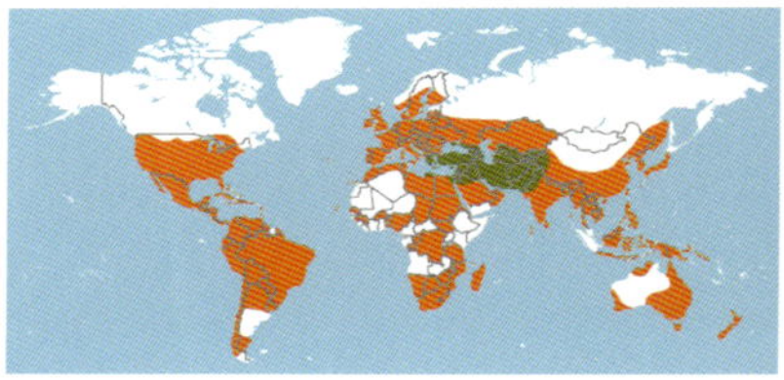

Sorghum halepense

VERWECHSLUNG Die Sudan-Sorgumhirse, *Sorghum × drummondii*, ist einjährig, 150–300 cm hoch und hat kahle Stängelknoten.

NUTZUNG/AUSBREITUNG Als Viehfutter, Vogelfutter und Erosionsschutz. Mit Vogelfutter und Getreide ins Gebiet gekommen und früher nur vereinzelt verwildert oder verschleppt, so 1897 in der Stadt Salzburg und 1927 in Derendingen im Kanton Solothurn. Seit den 1990er-Jahren vor allem infolge des intensiven Maisanbaus in rasanter Arealausweitung befindlich.

Die Pflanze ist Glyphosat-resistent, wie in den USA und in Argentinien getestet. Gegenwärtig im Gebiet weit verbreitet mit Verbreitungsschwerpunkten im Oberrheingebiet, Maintal, in Sachsen, der Steiermark und in Südtirol. In den USA und in Italien als invasiv eingestuft und auch bei uns mit beeindruckendem Ausbreitungspotential. Die Vermehrung erfolgt sowohl vegetativ durch unterirdische Sprossausläufer, als auch generativ über Samen. Durch die maschinelle Bodenbearbeitung in Äckern werden die Rhizome zerteilt und verschleppt.

WEITERE ARTEN Aus Ostafrika stammt die **Zuckerhirse**, *Sorghum bicolor*, die in wärmeren Teilen des Gebiets kultiviert wird und auch als Vogelfutterpflanze vereinzelt unbeständig auftritt, so etwa in Baden-Württemberg, Bayern, Berlin, Hessen, Mecklenburg-Vorpommern, Niedersachsen, Nordrhein-Westfalen, Sachsen, Niederösterreich, Oberösterreich, Salzburg, in der Steiermark, in Nordtirol, Vorarlberg, Südtirol, Basel, Bern, im Tessin, in der Waadt, im Wallis, in Schwyz, Zug und Zürich.

Sorghum bicolor

Die **Sudan-Sorgumhirse**, *Sorghum × drummondii* (Syn. *S. sudanense*) ist hybridogen aus *Sorghum arundinaceum* und *S. bicolor* entstanden und wird gelegentlich als Futtergras kultiviert und verwildert vereinzelt, so im Burgenland und in Niederösterreich.

Sorghum × drummondii

Salz-Schlickgras
Spartina anglica
— Süßgras · Poaceae

Juli–Okt.
invasiv

STECKBRIEF 30–120 cm hohe Mehrjährige mit dickem, fleischigem Rhizom. Blätter graugrün, 10–50 cm lang, 0,5–1,5 cm breit, aufrecht, in eine dünne, harte Spitze auslaufend, Blattrand scharfkantig rau. Blütenrispen bis 20 cm lang, aus 2–9 ährenartig aufgebauten Ästen zusammengesetzt.

NUTZUNG/AUSBREITUNG Im Landschaftsbau. Das nordamerikanische Glatte Schlickgras, *Spartina alterniflora*, wurde 1816 erstmals in Süd-England entdeckt, wahrscheinlich wurden Samen im Ballastwasser von Schiffen an die englische Küste mitverfrachtet. Es entstand die sterile Hybride mit dem dort heimischen Strand-Schlickgras, *Spartina maritima*, die 1870 erstmals gefunden und *Spartina × townsendii* genannt wurde. Durch Chromosomenverdoppelung veränderte sich die Hybride zur seit 1892 bekannten, fertilen *Spartina anglica*.

Im April 1927 führte man das Salz-Schlickgras aus Großbritannien für Anpflanzungen ins norddeutsche Wattenmeer ein. Die ersten 12.000 Pflanzen wurden zur Landgewinnung bei Dagebüll, Nordstrand, Husum und Eiderstedt im schleswig-holsteinischen Wattenmeer angepflanzt. Bis 1953 wurden wiederholt Stecklinge an verschiedenen Stellen im gesamten Wattenmeer ausge-

bracht. Von diesen Anpflanzungen ausgehend breitete sich die Art selbstständig durch vegetative und generative Vermehrung aus.
Gegenwärtig kommt die Art im gesamten Wattenmeer entlang der Festlandküste sowie auf den Inseln, jeweils auf den dem Festland zugewandten Seiten vor.

WEITERE ART Als Gartenzierstaude wird das nordamerikanische **Kamm-Schlickgras**, *Spartina pectinata*, oft auch in einer Form mit gelb-panaschierten Blättern, gezogen. Selten tritt es verwildert oder mit Gartenaushub verschleppt auf, so in Bayern, Berlin, Brandenburg, Hamburg, Niedersachsen, Sachsen und Thüringen.

Spartina anglica

Spartina pectinata

Großblütige Leimsaat
Collomia grandiflora
— Sperrkrautgewächs · Polemoniaceae

Juni–Aug.

Collomia grandiflora

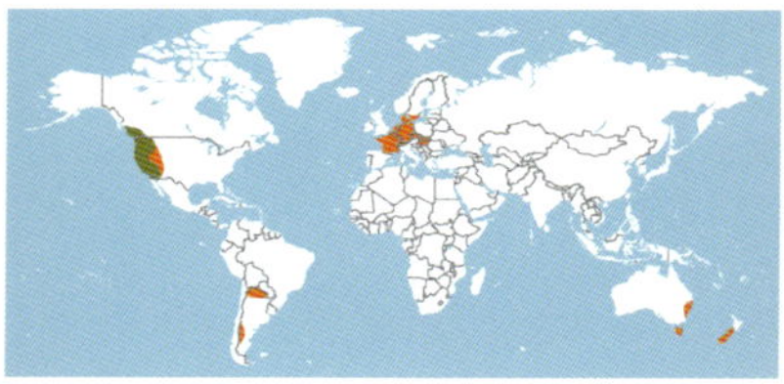

STECKBRIEF 30–70 cm hohe Einjährige mit einfachen oder ästigen, dicht beblätterten, oben behaarten Stängeln und ungeteilten, wechselständigen, lineal-lanzettlichen bis eilanzettlichen, sitzenden, 4–5 cm langen und 0,5–1 cm breiten, ganzrandigen bis entfernt gezähnten Blättern. Blüten in endständigen, fast kugeligen Köpfen, diese von ovalen, dicht drüsigen Hüllblättern umgeben. Krone cremeweiß, orange oder rötlich angehaucht, stieltellerförmig, lang röhrig. Frucht eine mehrfächerige Kapsel.

NUTZUNG/AUSBREITUNG Zierpflanze. 1826 erstmals in Europa kultiviert und sich im 19. Jahrhundert im Gebiet ausbreitend. Geht nun aber nach einer längeren Expansionsphase im Bestand wieder zurück.
WEITERE ARTEN Die nordamerikanische **Schmalblättrige Leimsaat**, *Collomia linearis*, tritt in Nordrhein-Westfalen, Sachsen und Thüringen lokal verwildert auf, ebenso in Südtirol und in Graubünden.
Ebenfalls zu den Sperrkrautgewächsen gehört die nordamerikanische **Nadelkopf-Gilie**, *Gilia capitata*, die gelegentlich als einjährige Zierblume kultiviert wird und unbeständig verwildert, so in Bayern, Berlin, Hessen, Nordrhein-Westfalen, Sachsen, Osttirol und Wien.
Aus Kalifornien stammt die **Dreifärbige Gilie**, *Gilia tricolor*, die manchmal Bestandteil von Blumenwiesenansaaten ist und daraus vereinzelt verwildert, so in Baden-Württemberg, Bayern und ehemals in Basel.

Collomia linearis

Gilia capitata

Gilia tricolor

Polster-Phlox
Phlox subulata-Hybriden
— Sperrkrautgewächs · Polemoniaceae

April–Mai

STECKBRIEF 5–20 cm hohe, niederliegende Staude mit in den Blattachseln oft büschelig beblätterten Kurztrieben. Blätter linealisch bis pfriemlich, 7–20 mm lang, 1–2 mm breit, mit kleiner Grannenspitze, am Rand bewimpert, wintergrün. Blütenstand meist 3–6-blütig, Blütenstiele 5–25 mm lang. Krone rosa, lila, purpurn, weiß oder lavendelfarben.
NUTZUNG/AUSBREITUNG Zierpflanze. Hauptausgangsart ist *Phlox subulata*, nicht selten sind bei den Sor-

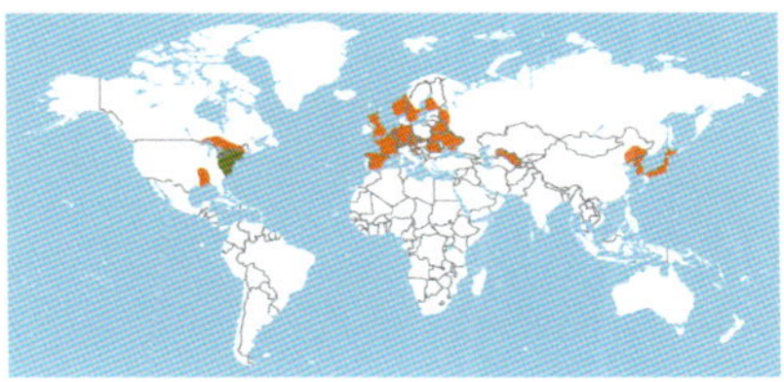

ten andere Phlox-Sippen eingekreuzt. 1745 nach Europa gekommen und hier in vielen Sorten als Steingarten-, Trog- und Trockenmauerpflanze genutzt. Gegenwärtig im Gebiet vereinzelt verwildert.

WEITERE ARTEN In Nordamerika ist auch der **Sommer-Phlox**, *Phlox drummondii*, beheimatet, der gerne als einjährige Sommerblume kultiviert wird und vereinzelt verwildert, so in Bayern, Kärnten, Niederösterreich, in der Steiermark, in Vorarlberg und Basel-Land. Häufig kultiviert und selten unbeständig verwildert oder verschleppt findet sich der im östlichen Nordamerika beheimatete **Stauden-Phlox**, *Phlox paniculata*, so in Bayern, Niedersachsen, Nordrhein-Westfalen, im Burgenland, in Kärnten, Niederösterreich, Oberösterreich, Salzburg, Wien, Basel und Zürich.

Phlox drummondii

Phlox subulata

Phlox paniculata

Kriechende Himmelsleiter

Polemonium reptans

— Sperrkrautgewächse · Polemoniaceae

April–Mai

STECKBRIEF 20–50 cm hohe Staude mit kriechendem Rhizom. Blätter unpaarig gefiedert, mit 7–19 eilanzettlichen Blättchen. Blütenstand locker trugdoldig. Krone hellblau, selten weiß, 10–15 mm lang. Fruchtkapsel im Kelch kurz gestielt.

VERWECHSLUNG Die im Gebiet heimische Echte Himmelsleiter, *Polemonium caeruleum*, hat Blätter mit 19–27 Blättchen und Fruchtkapseln, die im Kelch sitzen.

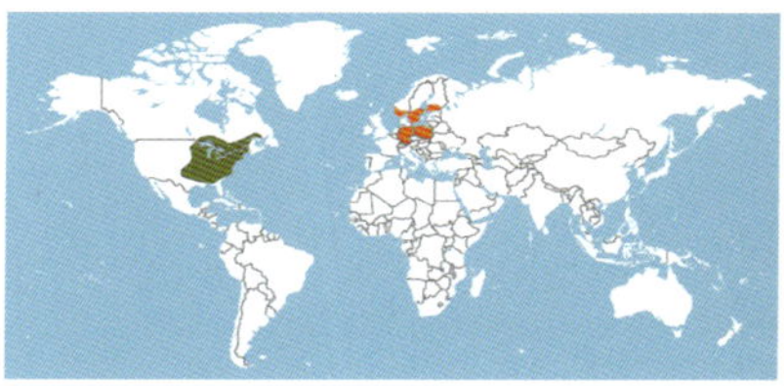

NUTZUNG/AUSBREITUNG Zierstaude. Um 1758 erstmals in Europa kultiviert. Vermehrt sich generativ durch Samen als auch vegetativ über Ausläufer. Die Kriechende Himmelsleiter tritt gegenwärtig im Gebiet ganz vereinzelt subspontan auf.

Polemonium reptans

WEITERE ART Ebenfalls zu den Sperrkrautgewächsen gehört die aus Mexiko stammende mehrjährige **Glockenrebe**, *Cobaea scandens*, die im Gebiet meist als einjährige Zier-Kletterpflanze kultiviert wird und selten verwildert, so in Baden-Württemberg.

Cobaea scandens

Echter Buchweizen
Fagopyrum esculentum
— Knöterichgewächs · Polygonaceae

Juni–Okt.
essbar

STECKBRIEF 15–60 cm hohe Einjährige mit pfeil- oder spießförmigen Blattspreiten. Stängel grün, später purpurn. Untere Blätter deutlich gestielt, obere fast sitzend. Blattspreiten meist wenig länger als breit. Blütenstände

Fagopyrum esculentum

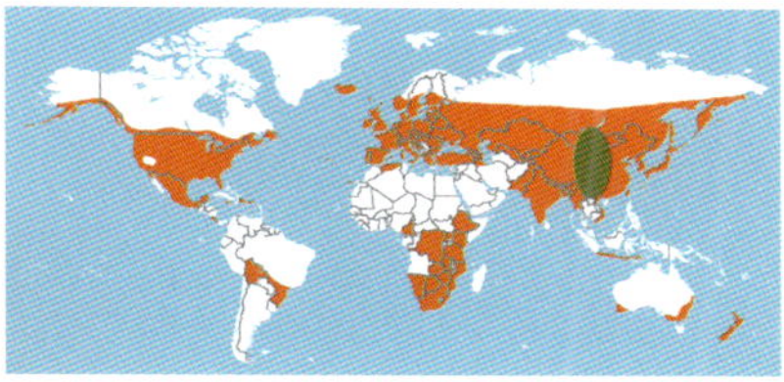

ährig, dicht, gestielt, in den Blattwinkeln. Perigonblätter 5, weiß bis rosa, 2,7–4 mm lang. Frucht auf den ganzen Flächen glatt und stets mit ganzrandigen Kanten.
VERWECHSLUNG Der Tataren-Buchweizen, *Fagopyrum tataricum*, hat grün-weiße, 1,5–2,5 mm lange Perigonblätter, grün bleibende Stängel und Blattspreiten, die meist breiter als lang sind.
NUTZUNG/AUSBREITUNG Getreide-, Futter-, Gründüngungs- und Bienenweidepflanze. Erste schriftliche Nachweise aus dem Gebiet stammen aus dem Leinetal vom Jahr 1380 und aus Nürnberg 1396. Ab dem 16. Jahrhundert wurde der Buchweizen in ganz Europa in Regionen angebaut, in denen Klima und Boden eine andere Nutzung nicht zuließen.
Echter Buchweizen tritt im gesamten Gebiet immer wieder vorübergehend verschleppt auf, auch als „Vogelfutterpflanze" und als Begleitpflanze von *Phacelia tanaceti-*

folia, sowie von Jägern gerne auf Waldlichtungen als „Wildäcker" eingebracht und Bestandteil von Gründüngungs- und Blumenwiesenansaaten, so beispielsweise von der Kiepenkerl-Saatmischung „Bienenfutterpflanzen einjährig".

WEITERE ART Auch der zentralasiatische **Tatarische Buchweizen**, *Fagopyrum tataricum*, wurde früher als Getreide- und Futterpflanze kultiviert und findet sich heute gelegentlich verschleppt, oft zusammen mit dem Echten Buchweizen, so in Baden-Württemberg, Bayern, Brandenburg, Mecklenburg-Vorpommern, Niedersachsen, Sachsen, Thüringen, im Burgenland, in Kärnten, Oberösterreich, Osttirol, Vorarlberg, Wien, Südtirol, in Genf, im Schweizer Vorderrheintal, in Schaffhausen, im Wallis und in Liechtenstein.

Fagopyrum tataricum

Schlingknöterich · Silberregen-Flügelknöterich

Fallopia baldschuanica (Syn.: *Polygonum aubertii*)
— Knöterichgewächs · Polygonaceae

Juli–Okt.

STECKBRIEF Ausdauernde, bis 10 m hohe bzw. lange Kletterpflanze mit im unteren Teil verholzenden Stängeln. Blätter einfach, ganzrandig oder unregelmäßig gezähnt, Spreite eiförmig-lanzettlich. Blüten in end- und seitenständigen, dichten, 20–50 cm langen Rispen. Perigon weiß. Früchte dunkelbraun glänzend.

ANMERKUNG Die Namensvielfalt der in Gärtnereien meist noch als *Polygonum aubertii* gehandelten Pflanze lässt sich mit ihrer Entdeckungsgeschichte erklären. Erstbeschreiber ist Eduard August von Regel, der sie 1883 im heutigen Tadschikistan gesammelt hatte und ihr 1884 den Namen *Polygonum baldschuanicum* gab. 1899 erhielt Louis Henry von George Aubert Früchte aus Asien zugeschickt, aus denen er ein Pflanzenexemplar kultivierte. Die Beschreibung dieser Pflanze wurde 1907 unter dem Namen *Polygonum aubertii* von Henry veröffentlicht. Sowohl *Polygonum baldschuanicum* als auch *Polygonum aubertii* wurden später zur Gattung *Bilderdykia* und 1971 durch Josef Holub zu *Fallopia* gestellt. Holub wies nach, dass beide Namen zur selben Art gehören und dass aufgrund der Prioritätsregel *Fallopia baldschuanica* regelgültig ist.

NUTZUNG/AUSBREITUNG Zierpflanze, zur Mauerbegrünung und als Bienenweide. Beheimatet in Tadschikistan und Nord-Pakistan. Seit Ende des 19. Jahrhunderts im Gebiet kultiviert und fortan häufig in der Garten- und Landschaftsgestaltung eingesetzt. Als schnell wachsende Pflanze auch vielfach zum Kaschieren von wenig geglückten Bauwerken eingesetzt und daher den Spitznamen „Architektentrost" tragend.
Gegenwärtig vielfach subspontan mit Verbreitungsschwerpunkten im nördlichen Bayern, in Hamburg, Nordrhein-Westfalen, Rheinland-Pfalz, Sachsen, Sachsen-Anhalt, Thüringen, Niederösterreich und Wien.

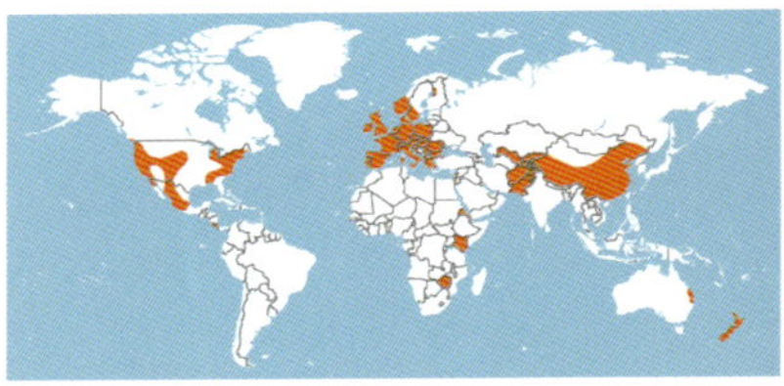

Fallopia baldschuanica

Japan-Flügelknöterich

Fallopia japonica (Syn.: *Reynoutria japonica*)
— Knöterichgewächs · Polygonaceae

Juli–Sep.
invasiv

STECKBRIEF 100–250 cm hohe Staude mit breit-eiförmigen, 5–20 cm langen, kahlen, am Grunde gestutzten, abgerundeten oder stumpf-keilförmigen Blattspreiten. Blütenstandsachse ± kahl, Blüten in Knäuel zu 2–4.
VERWECHSLUNG Der ebenfalls eingeschleppte Sachalin-Flügelknöterich, *Fallopia sachalinensis*, hat 25–45 cm lange Blattspreiten, einen herzförmigen Blattspreitenansatz und eine behaarte Blattunterseite. Der Böhmische Flügelknöterich *Fallopia* (×) *bohemica*, der im Aussehen zwischen den Elternarten steht, ist nur auf den Blattadern behaart.
NUTZUNG/AUSBREITUNG Als Bienenweide, Energiepflanze, Zierstaude und früher zur vermeintlichen Uferbefestigung und als Wild- und Viehfutter. Wird im Gartenbau gegenwärtig nur noch in einer buntlaubigen Form angeboten.
1825 durch Philipp Franz von Siebold (1796–1866) nach Europa gekommen. Durch die vielseitige Nutzung und der

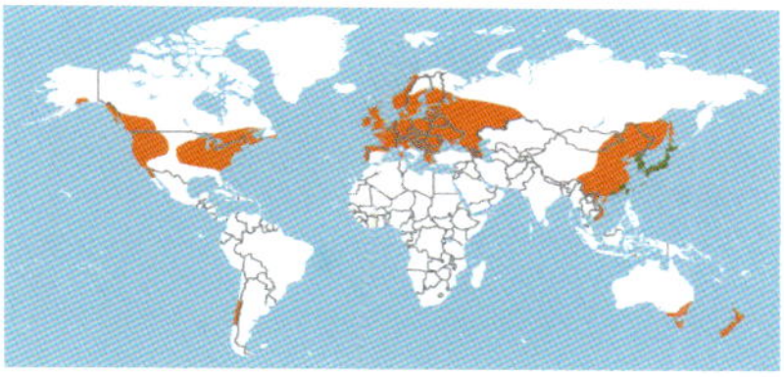

Fallopia japonica

effektiven Vermehrungsstrategie mittels Kriechsprosse zeigte die Art bald eine rasante Ausbreitung in Europa. Die Fernausbreitung geschieht vor allem über die Verfrachtung von Pflanzenteilen in Fließgewässern und Erdtransporten und über Gartenabfälle.
Erste Verwilderungen im Gebiet wurden 1844 in Westfalen und 1872 nahe Zwickau in Sachsen festgestellt. Gegenwärtig im gesamten Gebiet häufig, invasiv und nahezu flächendeckend, fehlt lediglich den höheren Alpenlagen wie dem Oberengadin.
WEITERE ARTEN Aus dem russischen Fernen Osten stammt der **Sachalin-Flügelknöterich**, *Fallopia sachalinensis*, den der deutsche Botaniker Friedrich Schmid in Sachalin fand und 1859 beschrieb. Unabhängig davon wurde die Art 1861 in England eingeführt, 1864 ist sie vom Botanischen Garten St. Petersburg und 1869 vom Moskauer Zoo belegt. 1869 wurde die Art im Gebiet erstmals subspontan nachgewiesen. Gegenwärtig ist sie in den größten Teilen des Gebiets vertreten und breitet sich weiter aus. Die seit 2009 geschützte Sorte „Igniscum" von *F. sachalinensis* wird für die energetische Verwertung und Pharmazeutik genutzt.
Der **Böhmische Flügelknöterich**, *Fallopia* (×) *bohemica* ist hybridogen aus Japan-Flügelknöterich × Sachalin-

Fallopia sachalinensis

Fallopia (×) *bohemica*

Flügelknöterich entstanden und wurde erstmals anhand von Herbarbelegen aus dem Jahr 1942 in Böhmen entdeckt. Kultiviert dürfte die Hybride aber bereits 1872 worden sein, wie ein Herbarbeleg im Botanischen Garten von Manchester zeigt. Der Böhmische Flügelknöterich ist fertil, sehr vital, ökologisch und chorologisch von seinen Eltern unabhängig, hat geringere Standortbedingungen wie die Elternarten, ist sehr konkurrenzfähig und befindet sich weiter in Ausbreitung. Er ist gegenwärtig im Gebiet weit verbreitet und in deutlicher Bestandszunahme begriffen.

Kopfiger Knöterich

Persicaria capitata
— Knöterichgewächs · Polygonaceae

Mai–Aug.

STECKBRIEF 5–20 cm hohe, kriechende, an den Knoten wurzelnde Staude mit drüsig behaarten Stängeln. Blätter kurz gestielt, Spreite eiförmig, meist mit dunkelpurpurner Zeichnung. Scheinähren endständig an den aufsteigenden Seitenzweigen, hellrosa, kugelförmig, 1–2 cm im Ø, nicht von Blätter umgeben.

VERWECHSLUNG Der einjährige, als Zierpflanze und als Wildäsung kultivierte Nepal-Knöterich, *Persicaria nepalensis*, hat Blütenstände, die von 1–2 Blättern umgeben sind und kahle bis wenig behaarte Stängel und Blätter.

NUTZUNG/AUSBREITUNG Zierpflanze. In Europa seit 1930 in Gartenkultur, vor allem als Bodendecker genutzt. Vereinzelt auch einjährig als Sommerblume gezogen. Vermehrt sich über Ausläufer und Selbstaussaat und findet sich im Gebiet mancherorts verwildert.

WEITERE ARTEN Aus Nepal stammt der seit 1845 in Gartenkultur befindliche Teppich-Knöterich, *Persicaria affinis*, der ebenfalls gerne als Bodendecker kultiviert wird und gelegentlich verwildert, so etwa in Bayern, Oberösterreich und Salzburg.
Im Himalaya ist der Kerzen-Knöterich, *Persicaria amplexicaulis*, beheimatet, der als Zierstaude kultiviert wird und vereinzelt verwildert, so in Bayern, Nordrhein-Westfalen und Schleswig-Holstein.

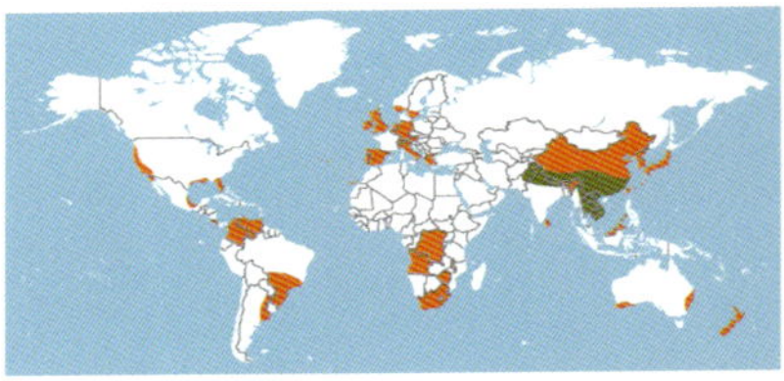

Persicaria affinis

Persicaria capitata

Persicaria orientalis

Der seit dem Jahr 1726 in Europa in Gartenkultur befindliche **Östliche Knöterich**, *Persicaria orientalis*, stammt aus Ostasien, wurde früher häufiger als Zierpflanze genutzt und findet sich unbeständig verwildert, so in Baden-Württemberg, Bayern, Berlin, Mecklenburg-Vorpommern, Nordrhein-Westfalen, Rheinland-Pfalz, Sachsen, im Burgenland, in Kärnten, Niederösterreich, Oberösterreich, Salzburg, in der Steiermark, in Nordtirol, Vorarlberg, Wien, Südtirol, Basel, im Tessin, Wallis und in Zürich.

Der aus China stammende **Färber-Knöterich**, *Persicaria tinctoria*, wurde vor allem früher zur Gewinnung von Indigo angebaut und tritt gelegentlich verwildert oder verschleppt auf, so in Baden-Württemberg.

Persicaria amplexicaulis

Persicaria tinctoria

Pennsylvanischer Knöterich

Persicaria pensylvanica
— Knöterichgewächs · Polygonaceae

Juli–Okt.

Persicaria pensylvanica

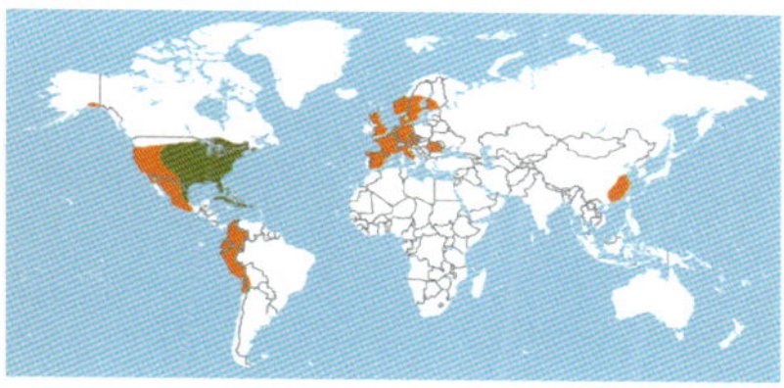

STECKBRIEF 40–180 cm hohe bzw. breite, von unten weg oder nur in der oberen Hälfte verzweigte Einjährige. Die unteren Äste fast rechtwinkelig abstehend und bis zu 1 m lang. Blätter gestielt, Spreite schmal-lanzettlich bis lanzettlich, größte Stängelblätter bis 20 × 5 cm, die Astblätter kleiner. Blütenstandstiele mit kurz gestielten Drüsen, die Scheinähren im Ø 0,8–1,5 cm breit, Blüten intensiv-rosa bis hellpurpurn. 5 Perigonblätter, 2,5–4 mm lang, zur Fruchtzeit ohne deutlich hervor-

tretende Nerven. Nussfrucht auf der Schmalseite gleichmäßig gerundet.
VERWECHSLUNG Der sehr ähnliche, heimische Ampfer-Knöterich, *Persicaria lapathifolia*, hat Blütenstandstiele mit sitzenden Drüsen und im Ø 0,6–1 cm breite Scheinähren. Weiters 4–5 Perigonblätter, diese 2–3 mm lang, weiß, rosa oder rot, zur Fruchtzeit oben mit ankerförmigen, meist deutlich hervortretenden Nerven. Nussfrüchte auf der Schmalseite kantig gewinkelt.
NUTZUNG/AUSBREITUNG Keine. In ihrer Heimat von Jägern gelegentlich als Futter- und Deckungspflanze für Wildtiere ausgebracht. In Europa 1947 erstmals in Deutschland und 1950 in Schweden festgestellt, 1968 in Tschechien. In Italien 1987 in Friaul-Julisch Venetien erstmals gefunden. Vor allem mit nordamerikanischen Sojabohnen und Getreide eingeschleppt. Im Gebiet mit Verbreitungsschwerpunkt im Rheintal.

Himalaya-Knöterich

Persicaria wallichii (Syn.: *Aconogonon polystachyum*)
— Knöterichgewächs · Polygonaceae

Aug.–Okt.

STECKBRIEF 1–2 m hohe Staude mit kräftigen, knotig gegliederten Stängeln und unterirdischem Sprosssystem. Blattspreite bis zu 30 cm lang und 10 cm breit, eiförmig-lanzettlich, allmählich in eine Spitze auslaufend, Blattunterseite behaart. Spreitengrund pfeil- oder herzförmig, Nebenblattscheiden braun. Blüten weiß oder blassrosa mit blau-violetten Staubbeuteln, im Ø etwa 5 mm breit, in lockeren Rispen. Früchte 3–5 mm lang, braun.
VERWECHSLUNG Der nordostasiatische Weyrich-Knöterich, *Persicaria weyrichii*, hat kleine, im Ø etwa 3 mm breite, grünlichweiße Blüten.
NAME Benannt zu Ehren des deutsch-dänischen Botanikers Nathaniel Wallich (1786–1854), der 1807 von Kopenhagen aufbrach, um als Arzt in Dänisch-Ostindien zu arbeiten. Wallich forschte in den entlegensten Landstrichen Asiens und leitete den Botanischen Garten in Kalkutta.

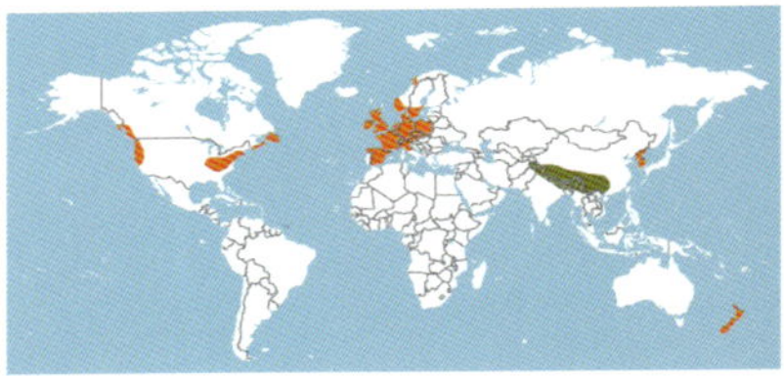

NUTZUNG/AUSBREITUNG Zier- und Duftpflanze, Bienenweide. Im 19. Jahrhundert als spätblühende Zier-

Persicaria wallichii

Persicaria weyrichii

staude nach Europa gekommen und sich insbesondere in kühleren Bergregionen lokal einbürgernd. Die Pflanze überwintert mit den tief reichenden unterirdischen Ausläufern. Die oberirdischen Sprosse sterben im Spätherbst nach der Samenreife ab. Subspontan 1918 erstmals an der Traunbrücke in Lauffen in Oberösterreich festgestellt, in den 1930-Jahren in Schleswig-Holstein aufgetreten. Gegenwärtig im Gebiet vielerorts eingebürgert mit Verbreitungsschwerpunkt in der nordöstlichen Schweiz.

WEITERE ART Von der Halbinsel Sachalin und den Kurilen stammt der **Weyrich-Knöterich**, *Persicaria weyrichii*, der ganz vereinzelt im Gebiet auftritt, so in Bayern und Sachsen.

Echter Rhabarber
Rheum rhabarbarum
— Knöterichgewächs · Polygonaceae

Mai–Juni
essbar

STECKBRIEF 60–180 cm hohe Staude mit rübenartiger Wurzel und grundständiger Blattrosette. Blätter groß, lang gestielt, Blattspreiten breit-eiförmig, 30–50 cm lang, ganzrandig oder schwach gelappt. Blüten in rispigen Teilblütenständen, diese nicht von einem Hochblatt bedeckt. Blütenhüllblätter weißgrün bis gelblichweiß.

VERWECHSLUNG Der vereinzelt als Arzneipflanze kultivierte Medizinal-Rhabarber, *Rheum officinarum*, hat gelappte bis gefiederte Blattspreiten. Der Zier-Rhabarber, *Rheum palmatum*, hat purpurne oder gelbe Blütenhüllblätter.

NUTZUNG/AUSBREITUNG Gemüse- und Volksarzneipflanze. In Osteuropa seit dem 16. Jahrhundert kultiviert, in Mitteleuropa seit dem 18. Jahrhundert. Der erste gewerbsmäßige Anbau im Gebiet erfolgte 1848 in Hamburg. Gegenwärtig vereinzelt verwildert oder verschleppt.

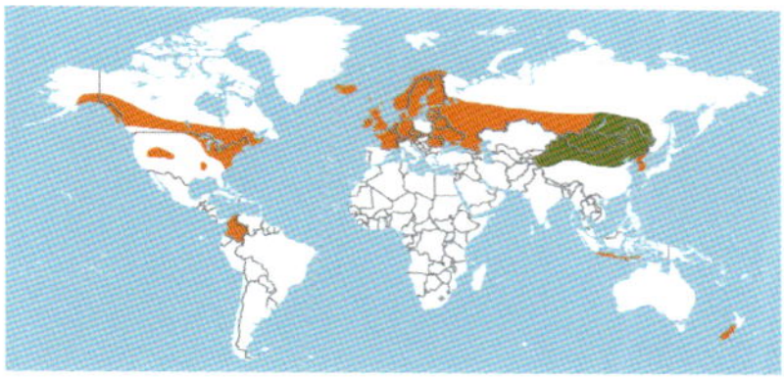

WEITERE ART Der aus China stammende **Zier-Rhabarber**, *Rheum palmatum*, wird als Zier- und Arzneipflanze kultiviert und verwildert vereinzelt, so in Salzburg.

Rheum rhabarbarum

Rheum palmatum

Weidenblättriger Ampfer

Rumex salicifolius (Syn.: *Rumex triangulivalvis*)
— Knöterichgewächs · Polygonaceae

Juni–Sep.

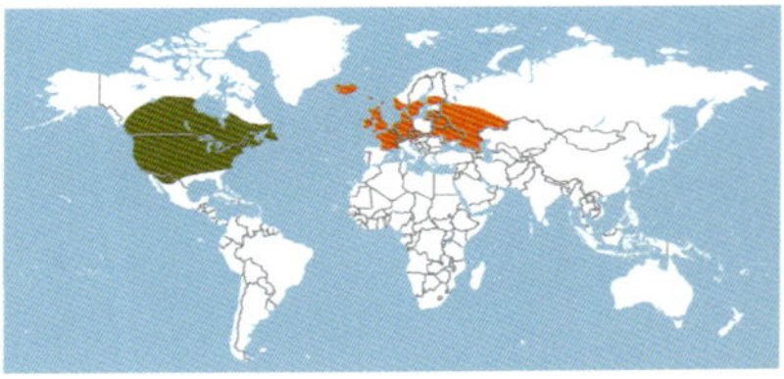

STECKBRIEF 30–80 cm hohe Mehrjährige ohne Grundblätter. Spreiten der unteren Stängelblätter lanzettlich, bis 20 cm lang und 4 cm breit. Blütenstand mit beblätterten Seitentrieben, die später den Hauptspross überragen – typisches Merkmal der Art. Innere Perigonblätter dreieckig, 3–4 mm lang, ganzrandig, mit schmaler Schwiele.

NUTZUNG/AUSBREITUNG Keine. Unter anderem mit Getreide in Europa eingeschleppt. Im Gebiet zuerst 1903 bei Genf nachgewiesen, in Deutschland erstmals im Ludwigshafener Hafengelände 1909 beobachtet, in Berlin seit 1924 bekannt. In Österreich 1950 an der Westbahn in Wien erstmals nachgewiesen. Gegenwärtig im Gebiet sehr zerstreut, häufiger nur im Rheintal, Elbetal und in Berlin und vor allem an Bahndämmen, Gewässerufern, Sandgruben und Ruderalstellen vorkommend.

WEITERE ARTEN Der mediterrane **Stierkopf-Ampfer**, *Rumex bucephalophorus*, tritt im Gebiet vereinzelt und unbeständig auf, so in Baden-Württemberg, Bayern, Brandenburg, Niedersachsen, Nordrhein-Westfalen, Sachsen, in der Steiermark, in Wien, Basel, St. Gallen und Zürich. Von Osteuropa bis Westsibirien ist der **Gedrungene Ampfer**, *Rumex confertus*, beheimatet. Er tritt u. a. in Baden-Württemberg, Berlin, Brandenburg, Hamburg, Kärnten, Niederösterreich, Steiermark und Wien auf.

Rumex confertus

Rumex salicifolius

Rumex bucephalophorus

Südosteuropäisch ist der zu Ehren des österreichischen Botanikers Anton Kerner von Marilaun (1831–1898) benannte **Kerner-Ampfer**, *Rumex kerneri*, der im Gebiet unbeständig bis lokal eingebürgert auftritt. Im pannonischen Raum Niederösterreichs, Wiens und des Burgenlandes auch beständig und in Arealausweitung begriffen. Weiters in Kärnten, Oberösterreich, in der Steiermark und in Südtirol.

Nur aus der Kultur ist der **Garten-Sauerampfer**, *Rumex rugosus*, bekannt, der sich vor allem durch die breiteren Blattspreiten vom sehr ähnlichen Strauß-Ampfer, *Rumex thyrsiflorus*, unterscheidet und ganz vereinzelt im Gebiet verschleppt auftritt, so in Baden-Württemberg, Bayern, Hessen, Mecklenburg-Vorpommern, Nordrhein-Westfalen, Thüringen und Oberösterreich.

Rumex kerneri

Rumex rugosus

Wasserhyazinthe
Eichhornia crassipes
— Hechtkrautgewächs · Pontederiaceae

Juli–Aug.

Eichhornia crassipes

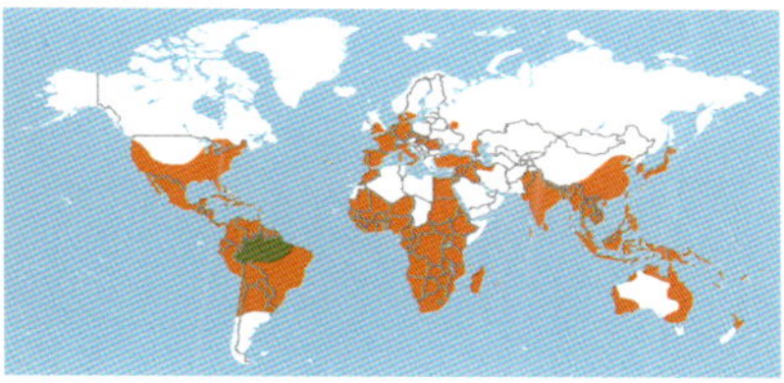

STECKBRIEF In frostfreien Gebieten ausdauernde Schwimmpflanze mit bis zu 20 cm langen, spatelförmigen Blattspreiten und verdickten, bis zu 30 cm langen, mit Luft gefüllten Blattstielen. Je Pflanze mit 3–10 spiralförmig angeordneten Blättern. Blüten lila und blau, mit einem gelbem Fleck im oberen Bereich.

NAME Die Gattung ist zu Ehren des preußischen Kultusministers Johann Albrecht Friedrich von Eichhorn (1779–1856) benannt, dessen Namen auch eine Straße am Potsdamer Platz in Berlin trägt.

NUTZUNG/AUSBREITUNG Zierpflanze. 1888 aus Brasilien nach Nordamerika eingeführt und später zur Kultur in Botanische Gärten nach Europa gebracht.

Hier wurde sie als Zierpflanze für Aquarien und Gartenteiche genutzt und im Gebiet in den 1980er-Jahren erstmals in Gewässern im Rheinland angesalbt. Die Art vermehrt sich in Mitteleuropa vegetativ über Ausläufer. In den Tropen und Subtropen gegenwärtig fast weltweit verbreitet und vielerorts ökologisch problematisch.

Herzblättriges Hechtkraut
Pontederia cordata
— Hechtkrautgewächs · Pontederiaceae

Juni–Aug.

Pontederia cordata

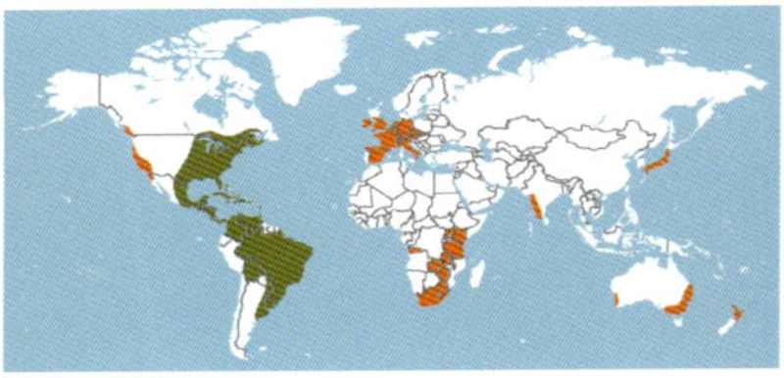

STECKBRIEF 30–90 cm hohe, rhizombildende Mehrjährige. Untere Blätter sitzend, linealisch, obere Blätter lang gestielt mit lanzettlicher bis herz-pfeilförmiger Spreite. Blüten trichterförmig, Kronzipfel violettblau, 6–9 mm lang, obere gelb gezeichnet.
NUTZUNG/AUSBREITUNG Zierstaude für Gartenteiche. In Europa vermutlich seit 1579 in Kultur. Mehrfach angesalbt und sich von dort aus dann ausbreitend oder zumindest lange haltend. Angesalbte Vorkommen wurden in der Karte nicht berücksichtigt. In Großbritannien lokal eingebürgert und in Ausbreitung begriffen.

Portulakröschen
Portulaca grandiflora
— Portulakgewächs · Portulacaceae

Juni–Sep.

Portulaca grandiflora

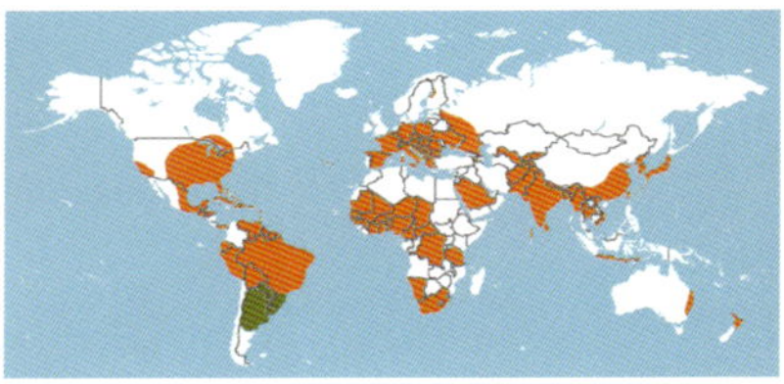

STECKBRIEF 5–20 cm hohe Einjährige mit niederliegenden bis aufrechten, meist aufsteigenden, am Grund verzweigten Trieben. Blätter sukkulent, 10–30 mm lang, im Ø 2–3 mm breit, spitz. Blüten 2–4 cm im Ø, Kronblätter magentarot, durch Zucht und Auslese auch in verschiedenen anderen Farben.
NUTZUNG/AUSBREITUNG Zierpflanze. 1827 nach England gekommen, wenig später auch nach Deutschland. Verwildert oder verschleppt vor allem auf Deponien, Industriebrachen, Friedhöfen und Kies- und Erdhaufen.

Leinblättriger Gauchheil
Anagallis monelli
— Primelgewächs · Primulaceae

Mai–Sep.
giftig

Anagallis monelli

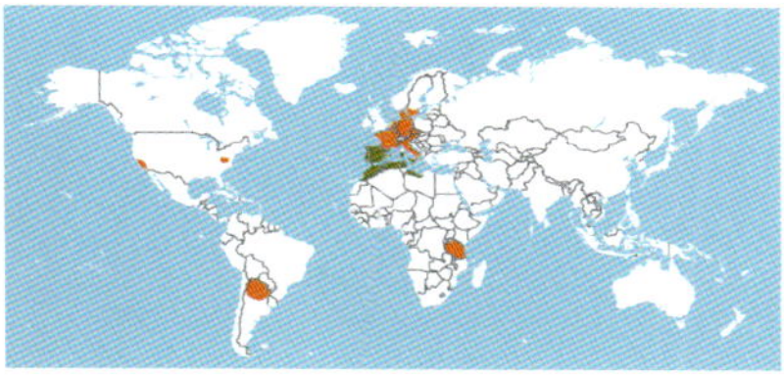

STECKBRIEF 10–50 cm breite Staude mit am Grund verholztem, scharf 4-kantigem Stängel. In den Blattachseln oft mit sterilen Sprossen. Blätter lineal-lanzettlich bis eilanzettlich, gegenständig sitzend. Blüten blau mit rotem Grund oder ganz rot, 10–18 mm im Ø, Kronblätter am Rand wenig gezähnt, drüsig. Kelchblätter kürzer als die Kronblätter, Staubfäden unten mit purpurnen oder gelben Haaren.

VERWECHSLUNG Der heimische Acker-Gauchheil, *A. arvensis*, ist einjährig und hat eiförmige Blätter.

NAME Zu Ehren des französischen Gärtners Jean Monelle benannt, der die Art Anfang des 17. Jahrhundert in die französische Gartenkultur eingeführt haben soll.

NUTZUNG/AUSBREITUNG Zierpflanze. Meist einjährig kultiviert in Blumenkästen und Sommerblumenbeeten, aber auch im Zuge von Blumenwiesen ausgesät und gelegentlich verwildernd.

Vorfrühlings-Zyklame
Cyclamen coum
— Primelgewächs · Primulaceae

Jan.–März
giftig

Cyclamen coum

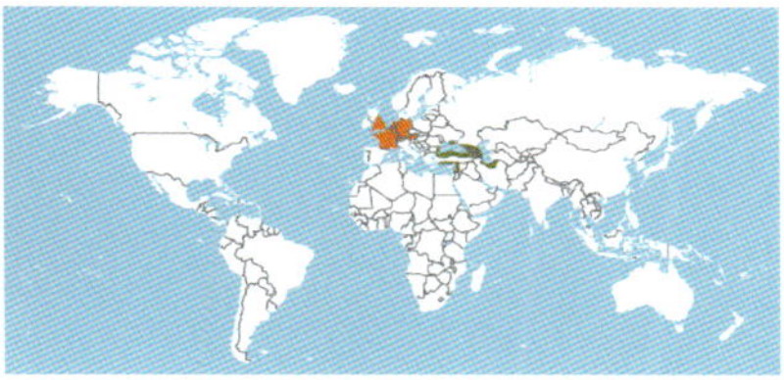

STECKBRIEF 3–10 cm hohe, mehrjährige Knollenpflanze mit 2–3,5 cm großen, nur unten bewurzelten Knollen. Blattspreiten kreisförmig bis herzförmig, oberseits oft silbrig gezeichnet. Kronblätter breit-eiförmig, Kronblattzipfel rosa, an der Basis violett, nicht geöhrt. Fruchtstiele spiralig aufgerollt.

VERWECHSLUNG Die mediterrane Efeublättrige Zyklame, *Cyclamen hederifolium*, deren natürliches Verbreitungsgebiet bis in die südliche Schweiz reicht, blüht im Herbst und hat geöhrte Kronblattzipfel.

NUTZUNG/AUSBREITUNG Zierstaude. Die Knollen der südwestasiatischen, westlich bis ins östliche Bulgari-

en reichenden Art werden im heimischen Pflanzenhandel angeboten. Bedauerlicherweise stammen diese teilweise immer noch von Wildsammlungen aus Anatolien.
In Gartenkultur befindet sich die Vorfrühlings-Zyklame selten, relativ häufig sind dem gegenüber Verwilderungen, die sich Jahrzehnte halten und selbst in extensiv bewirtschafteten Äckern auftreten können, wie der Fund im niederösterreichischen Neulengbach zeigt.

Bewimperter Felberich

Lysimachia ciliata
— Primelgewächs · Primulaceae

Juni–Juli

STECKBRIEF 50–100 cm hohe Staude mit unterirdischen Ausläufern und kahlen Stängeln. Blätter gegenständig, gestielt, Spreite eiförmig-zugespitzt, unterseits kahl, Blattrand und Blattstiel bewimpert. Blüten zu 1–3 in den Blattachseln der oberen Blattpaare, fünfzählig. Kelchblätter linealisch, kahl. Frucht kugelig, in den sternförmig angeordneten Kelchblättern.
VERWECHSLUNG Beim osteuropäischen Tüpfel-Felberich, *Lysimachia punctata*, sind die Blüten am Stängelende kopfig gedrängt.
NUTZUNG/AUSBREITUNG Zierstaude, oft in der dunkelblättrigen Sorte 'Firecracker' kultiviert. Vermehrt sich sowohl generativ durch Samen als auch vegetativ durch Ausläufer. Wurzelteile im verschleppten Erdreich wachsen ebenfalls leicht wieder an. Im Gebiet sehr selten subspontan. In Belgien nahe der deutschen Grenze seit 1884 eingebürgert.
WEITERE ARTEN Gelegentlich eingeschleppt tritt der ostmediterrane **Purpur-Felberich**, *Lysimachia atropurpurea*, auf, so in Solothurn.

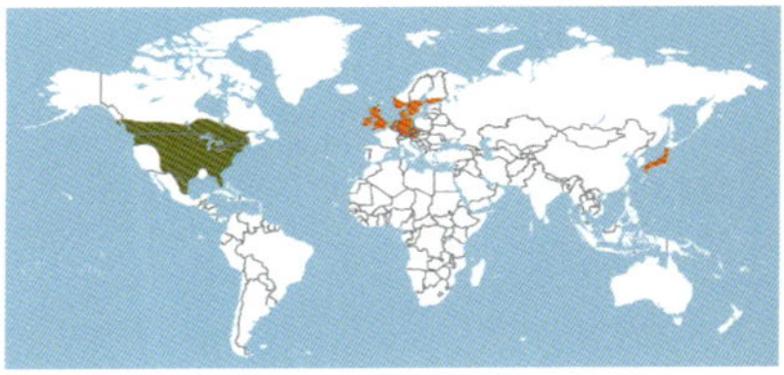

Als Gartenzierstaude wird der ostasiatische **Entenschnabel-Felberich**, *Lysimachia clethroides*, kultiviert, der sehr selten verwildert oder verschleppt auftritt, so in Bayern, Brandenburg und Nordrhein-Westfalen.
Der südwesteuropäische **Iberische Felberich**, *Lysimachia ephemerum*, wird seit etwa 1730 als Zierstaude genutzt und verwildert daraus vereinzelt, so in Baden-Württemberg.

Lysimachia ciliata

Lysimachia atropurpurea

Lysimachia clethroides

Lysimachia ephemerum

Teppich-Primel
Primula juliae
— Primelgewächs · Primulaceae

April

STECKBRIEF 2–5 cm hohe, mit wurzelnden Ausläufern kriechende Staude. Blätter glänzend, Spreite rundlich-nierenförmig, bis 3 cm lang. Blüten grundständig, einzeln oder zu kleinen Gruppen, purpurviolett mit gelbem Auge, 2–3 cm im Ø. Kapsel länglich, länger als der Kelch.
NAME Benannt zu Ehren der Finderin Julia Mlokossiewice, welche die Pflanze 1901 im georgischen Kaukasus nahe von Tiflis entdeckte.

Primula juliae

NUTZUNG/AUSBREITUNG Zierpflanze. Seit 1910 wird vor allem in Deutschland mit der Art gezüchtet, es entstanden die *Primula-Juliae*-Hybriden, die im Gartenhandel oft noch als *Primula* × *pruhoniciana* geführt werden. Diese Bezeichnung entstammt dem Ort Pruhonitz in der Nähe von Prag, wo der österreichisch-ungarischen Dendrologischen Gesellschaft die erste Kreuzung aus *Primula vulgaris* 'Caerulea' × *Primula juliae* gelang. Gegenwärtig im Gebiet sehr selten verwildert, in Badgastein in Salzburg lokal eingebürgert.
WEITERE SIPPEN Gartenhybriden aus der kaukasischen Teppich-Primel, *Primula juliae*, und den im Gebiet heimischen Arten Wald-Schlüsselblume, *Primula elatior*, und Stängellose Schlüsselblume, *Primula vulgaris*, werden

Teppich-Primel-Hybriden, *Primula-Juliae*-Hybriden, genannt. Sie werden in verschiedenen Sorten kultiviert und verwildern vereinzelt, so in Niedersachsen, Oberösterreich und Osttirol.
Im Hindukusch-Gebirge, in Nord-Pakistan, China, Myanmar und Nepal ist die **Kugel-Primel**, *Primula denticulata*, beheimatet, die gerne in Gärten als Zierstaude kultiviert wird und ganz vereinzelt daraus verwildert, so in Bayern und Nordrhein-Westfalen.

Primula denticulata

Primula-Juliae-Hybride

Herbst-Adonisröschen
Adonis annua
— Hahnenfußgewächs · Ranunculaceae

Mai–Aug.
giftig

Adonis annua

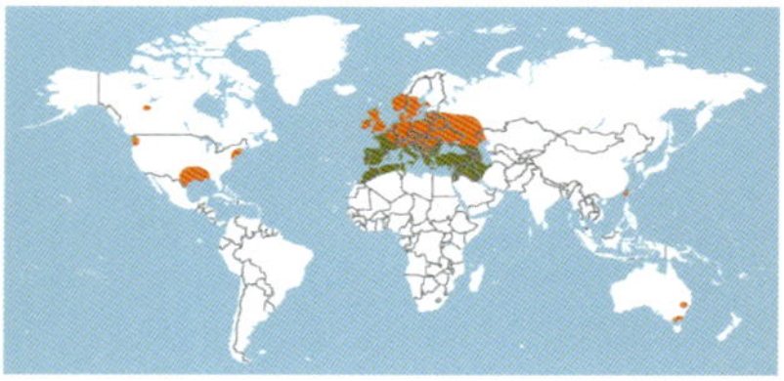

STECKBRIEF 10–50 cm hohe Einjährige mit verzweigtem Stängel. Blätter fiederteilig, wechselständig. Kronblätter 5–8, tiefrot, mit schwarzem Grund, 2–3 × so lang wie breit. Kelchblätter kahl, 2/3 so lang wie die Krone, zurückgeschlagen, bald abfallend. Früchte mit nur einem stumpfen Bauchzahn.
VERWECHSLUNG Die beiden rotblühenden heimischen Arten Sommer-Adonisröschen, *Adonis aestivalis*, und Scharlach-Adonisröschen, *Adonis flammea*, haben Kronblätter, die 3–5 × so lang wie breit sind.
NUTZUNG/AUSBREITUNG Zierpflanze. Mediterrane Art, als Gartenzierpflanze bereits von Hieronymus Bock 1539 erstmals erwähnt, 1561 dann von Conrad Gessner im „Horti Germaniae". Die Art breitete sich fort-

an als Gartenblume rasch aus und war im 17. Jahrhundert im Gebiet häufig. 1769 berichtet Gleditsch, dass sich das 'Feuerrößlein' in der Mark Brandenburg bereits im Getreide breit mache. Ende des 19. Jahrhunderts ließ das Interesse an der Art nach und sie wurde durch größerblütige Sommerblumen abgelöst.

Parallel zur Ausbreitung als Zierpflanze dürfte das Herbst-Adonisröschen auch vielfach über verunreinigtes Saatgut eingeführt worden sein. Gegenwärtig im Gebiet selten und unbeständig. Nicht mehr sicher einzurordnen ist, ob die Art in der Schweiz möglicherweise auch ursprünglich oder archäophytisch auftritt.

Balkan-Windröschen

Anemone blanda
— Hahnenfußgewächs · Ranunculaceae

März–April
giftig

STECKBRIEF 7–20 cm hohe Staude mit knolligem Rhizom. Grundblätter dreiteilig, die Abschnitte fast sitzend, tief und stumpf gelappt, Blattunterseite kahl, oberseits angedrückt behaart. Stängel mit einem Wirtel aus gestielten, den Grundblättern ähnlichen Hochblättern. Blütenstiel abstehend behaart. Perigonblätter 10–18, kahl, blau, weiß oder rosa. Sammelfrüchte nickend.
VERWECHSLUNG Das ähnliche, ebenfalls kultivierte Apennin-Windröschen, *Anemone apennina*, ist auf der Unterseite der Laub- und Kronblätter behaart.
NUTZUNG/AUSBREITUNG Zierpflanze. Durch die deutschen Gärtner Max Leichtlin und Walter Siehe um das Jahr 1890 nach Deutschland gekommen, fortan häufig kultiviert und vor allem im urbanen Gebiet, etwa in Friedhöfen und Parkanlagen, verwildert. Lokal in Wäldern auch mit Einbürgerungstendenzen.

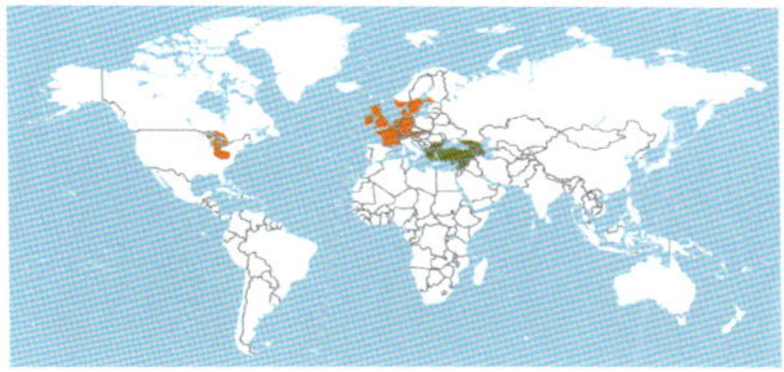

WEITERE ARTEN Verwilderungen vom südeuropäischen Apennin-Windröschen, *Anemone apennina*, sind im Gebiet seit dem 19. Jahrhundert bekannt, u. a. aus Baden-Württemberg, Bayern, Hamburg, Mecklenburg-Vorpommern, Nordrhein-Westfalen, Rheinland-Pfalz, Schleswig-Holstein, dem Burgenland, Niederösterreich, Wien, Bern, Genf, der Waadt und dem Wallis.

Anemone blanda

Anemone hortensis

Als Gartenzierstaude wird auch das mediterrane **Stern-Windröschen**, *Anemone hortensis*, genutzt. Es hat sich lokal in Baden-Württemberg und Rheinland-Pfalz etabliert.
Häufig und in zahlreichen Cultivaren wird die seit 1905 in Europa in Gartenkultur befindliche, ostasiatische **Herbst-Anemone**, *Anemone hupehensis*, als langlebige Zierstaude gebaut. Vereinzelt verwildert sie, so in Bayern, Niedersachsen, Nordrhein-Westfalen, Sachsen, Nordtirol, Bern, Schwyz, der Waadt, in Zug und Zürich.
Das südosteuropäische **Siebenbürger Leberblümchen**, *Hepatica transsilvanica*, wurde 1846 vom Kustos des Botanischen Gartens Wien Theodor Kotschy entdeckt und wird seither selten als Zierpflanze kultiviert. Es verwildert sehr selten, so in Bayern, Sachsen und Thüringen.

Anemone apennina

Anemone hupehensis

Hepatica transsilvanica

Langsporn-Akelei
Aquilegia chrysantha
— Hahnenfußgewächs · Ranunculaceae

Mai–Juni
giftig

STECKBRIEF 30–100 cm hohe Staude mit leicht seidenhaarigem Stängel. Blätter tiefgelappt, dreiteilig, bläulichgrün. Blüten groß, 5–9 cm im Ø, gelb, Sporn am Ende nicht oder nur kaum gebogen, schräg abstehend.
NUTZUNG/AUSBREITUNG Zierpflanze. Oft handelt es sich bei den *„Aquilegia chrysantha"* des Gartenhandels um Einkreuzungen dieser Art mit der mexikanischen *Aquilegia longissima*. In Europa seit 1873 in Kultur. Meist

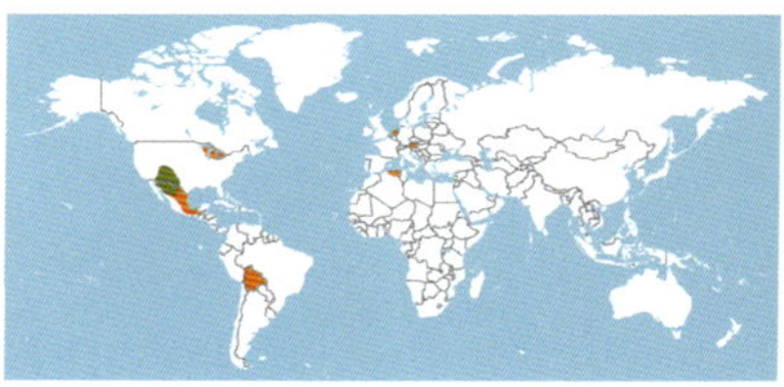

in der Sorte „Yellow Queen" in Gärten kultiviert und sehr selten daraus verwildernd.

WEITERE ARTEN Im östlichen Nordamerika ist die Kanadische Akelei, *Aquilegia canadensis*, beheimatet. Sie tritt verwildert u. a. in der Steiermark und in Vorarlberg auf.

Aus dem Kaukasus-Gebiet und dem Nord-Iran stammt die Pau-Akelei, *Aquilegia olympica*, die als Gartenzierstaude genutzt wird und selten daraus verwildert, so in Sachsen.

Aquilegia olympica

Aquilegia chrysantha

Aquilegia canadensis

Gold-Waldrebe

Clematis tangutica

— Hahnenfußgewächs · Ranunculaceae

Juli–Sep.
giftig

STECKBRIEF 1–4 m hoher, sommergrüner, kletternder Schlingstrauch mit windenden, verholzten Stängeln und doppelt-dreizähligen Blättern. Blüten nickend, mit 4 gelben Kronblättern und 10–20 Honigblättern. Früchte aus einzelnen Nüsschen, mit langem, abstehend behaartem Griffel.

VERWECHSLUNG In Gartenkultur befinden sich weitere gelb blühende Clematis-Arten, so etwa die Orientalische Waldrebe, *Clematis orientalis*, mit orangegelben Kronblättern, die Pagoden-Waldrebe, *C. chiisanensis*, mit gerippten Kronblättern oder die Koreanische Waldrebe, *Clematis serratifolia*, mit violetten Staubfäden, die bisher aus dem Gebiet subspontan nicht bekannt sind.

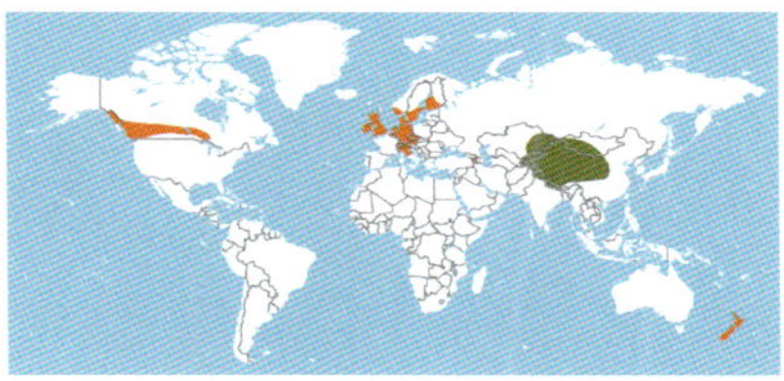

NUTZUNG/AUSBREITUNG Kletterzierpflanze. Im Gartenhandel werden vereinzelt auch andere gelbblühende Waldreben-Sippen als *Clematis tangutica* geführt. 1884 durch den russischen Botaniker Carl Johann Maxi-

Clematis tangutica

Clematis viticella

mowicz im Pamir-Gebirge entdeckt. Wenige Jahre später gelangte sie nach Mitteleuropa, 1900 wurde sie im „Botanical Magazine" vorgestellt und fortan kultiviert. Gegenwärtig nicht selten verwildert auftretend, vereinzelt auch etabliert, so am Kyffhäuser in Thüringen und im Vinschgau in Südtirol.

WEITERE ART Die mediterrane, seit spätestens 1569 in Gartenkultur befindliche **Italienische Waldrebe**, *Clematis viticella*, tritt stellenweise verwildert bis eingebürgert auf, so in Baden-Württemberg, Bayern, Hessen, Rheinland-Pfalz, Sachsen, Thüringen, Niederösterreich, Oberösterreich und im Wallis.

Garten-Feldrittersporn

Consolida ajacis
— Hahnenfußgewächs · Ranunculaceae

Mai–Aug.
giftig

Consolida ajacis

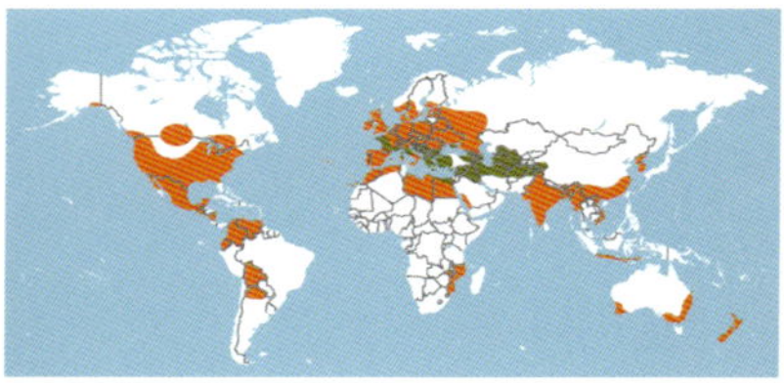

STECKBRIEF 30–90 cm hohe Einjährige mit blauem, violettem, purpurnem oder weißem Perigon. Blätter fiederteilig mit 12–60 schmal-linealen Abschnitten. Blüten in 8–20-zähligen Trauben. Vorblätter der untersten Blüten der Endtraube 2–5 mm lang, zerteilt, den Blütengrund nicht erreichend. Blütensporn 13–20 mm lang, Stempel behaart. Balgfrucht 15–20 mm lang.
VERWECHSLUNG Der archäophytische Echte Feldrittersporn, *Consolida regalis*, hat lockere, 5–8-zählige Blütentrauben, seine unteren Deckblätter sind ungeteilt, der Stempel ist kahl, die Balgfrüchte sind 8–15 mm lang. Der

Östliche Feldrittersporn, *Consolida hispanica*, hat einen 7–12 mm langen Blütensporn und purpurviolette Kronen.
NUTZUNG/AUSBREITUNG Zierpflanze. Im 16. Jahrhundert als Zierpflanze nach Mitteleuropa gekommen. 1561 gibt sie Conrad Gessner als Pflanze der deutschen Gärten an. Gegenwärtig tritt sie in fast allen Regionen des Gebiets unbeständig verwildert auf.
WEITERE ARTEN Der südosteuropäisch-westasiatische **Östliche Feldrittersporn**, *Consolida hispanica* (Syn. *C. orientalis*) ist seit 1753 in Gartenkultur und tritt als verwilderte Zierpflanze im ganzen Gebiet sehr zerstreut auf. Im pannonischen Gebiet Österreichs auch eingebürgert, sonst vorübergehend, so in Baden-Württemberg, Hessen, Mecklenburg-Vorpommern, Rheinland-Pfalz, Sachsen, Thüringen, Oberösterreich, in der Steiermark, in Nordtirol, Vorarlberg und Südtirol.
Häufig als Zierstaude wird der **Garten-Rittersporn**, *Delphinium × cultorum* kultiviert, eine Hybridgruppe aus dem eurasiatischen Hohen Rittersporn, *Delphinium elatum*, und dem nordasiatischen Großblütigen Rittersporn, *Delphinium grandiflorum*. Selten verwildert, so in Bayern, Niedersachsen, Nordrhein-Westfalen, Oberösterreich und Wien.

Consolida hispanica

Delphinium × cultorum

Echter Winterling
Eranthis hyemalis
— Hahnenfußgewächs · Ranunculaceae

Jan.–März
giftig

Eranthis hyemalis

STECKBRIEF 5–15 cm hohe Staude mit einblütigen Stängeln und erst nach der Blüte erscheinenden Blättern. Grundständige Blätter kreisrund, vielspaltig, lang gestielt. Blüte von einem sternartigen Quirl aus 3 tief geteilten Hochblättern umgeben. Blüten mit meist 6 Blüten-

hüllblättern, trichterförmigen Honigblättern und zahlreichen Staubblättern. Früchte 4–8, mehrsamig.
VERWECHSLUNG Auch der in Anatolien beheimatete Kilikische Winterling, *Eranthis cilicica*, wird kultiviert. Er blüht etwas später als der Echte Winterling, hat größere Blüten, dünnere und schmälere Blattzipfeln und purpurn überlaufene Stängel.
NUTZUNG/AUSBREITUNG Zierpflanze. Die ersten Aufzeichnungen aus dem Gebiet stammen von Camerarius, der sie 1588 für seinen Nürnberger Garten vermerkt. Mitgenommen hat er sich die Pflanzen aus den Euganeischen Bergen bei Padua, wo sie, wie er schreibt, in Menge wachsen. 1629 wird *Eranthis* erstmals für die Britischen Inseln durch John Parkinson angegeben. Ende des 18. Jahrhunderts kamen die Landschaftsparks in Mode und mit diesen auch der Winterling. Aus dieser Zeit stammen die meisten Einbürgerungen in Mitteleuropa, so etwa in Berlin seit spätestens 1918 etabliert. Gegenwärtig im Gebiet vielfach verwildert bis eingebürgert.
WEITERE SIPPE Ebenfalls kultiviert wird der **Tubergen-Winterling**, *Eranthis × tubergenii*, die Kreuzung aus *Eranthis hyemalis* mit *E. cilicica*. Die sterile Hybride entstand um 1920 in der holländischen Blumenzwiebelgärtnerei Van Tubergen in Haarlem und tritt gegenwärtig vereinzelt verwildert auf, so in Bayern.

Eranthis × tubergenii

Orientalische Nieswurz
Helleborus orientalis hort.
— Hahnenfußgewächs · Ranunculuaceae

Feb.–April
giftig

Helleborus orientalis

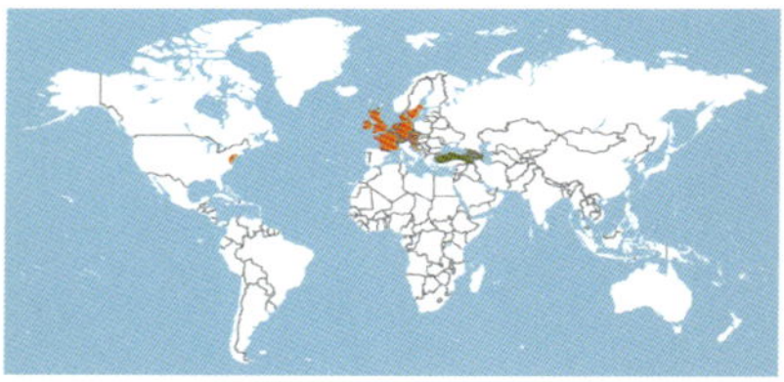

STECKBRIEF Bis 50 cm hohe Mehrjährige mit wintergrünen Grundblättern, die zur Blütezeit ledrig sind und kahlen, 1–7-blütigen Stängeln. Meist nur ein grundständiges Blatt, dieses groß, 5–11-teilig. Blattabschnitte

Helleborus purpurascens

eiförmig bis lanzettlich, scharf gesägt. Stängelblätter kleiner. Blütenhülle weiß, blass grünlich-gelb bis purpurn. Fruchtknoten auch am Grund frei.
VERWECHSLUNG Die europäische Grüne Nieswurz, *Helleborus viridis*, hat eine grüne Blütenhülle, sommergrüne Blätter und einen Fruchtknoten, der am Grund miteinander verwachsen ist.
NUTZUNG/AUSBREITUNG Zierstaude. Mit der Einkreuzung anderer Arten, so *Helleborus odorus* und *H. cyclophyllos*, entstanden die so beliebten Nieswurz-Hybriden. In Europa seit spätestens 1837 in Gartenkultur. Bei den meisten (allen?) Funden von *H. orientalis* dürfte es sich um Verwilderungen der aus Hybridisation entstandenen Sippen handeln. Gegenwärtig vielfach verwildert, lokal auch eingebürgert, so in Wäldern im pannonischen Niederösterreich.
WEITERE ART Die osteuropäische Purpur-Nieswurz, *Helleborus purpurascens*, verwildert ebenfalls gelegentlich und beständig in Laubwäldern und an waldigen Böschungen, so in Baden-Württemberg und Bayern.

Damaskus-Schwarzkümmel · Jungfer im Grünen
Nigella damascena
— Hahnenfußgewächs · Ranunculaceae

Mai–Juli

STECKBRIEF 15–40 cm hohe Einjährige mit auffallender Hochblatthülle unterhalb der Blüten. Blätter fiederteilig mit linealischen Zipfeln. Hochblätter 1–2-fach gefiedert mit pfriemlichen Blattzipfeln. Perigonblätter blau, seltener weiß. Fruchtblätter 3–5, außer den Narben zur Gänze miteinander verwachsen.
VERWECHSLUNG Der Echte Schwarzkümmel, *Nigella sativa*, hat keine Hochblatthülle unmittelbar unter der Blüte und weißliche bis blassblaue Perigonblätter.
NUTZUNG/AUSBREITUNG Zier-, Kosmetik- und Arzneipflanze. Die fein gemahlenen Samen haben einen intensiven Waldmeistergeschmack. Das Öl aus den Samen wird zur Herstellung von Parfüms und Lippenstiften verwendet.

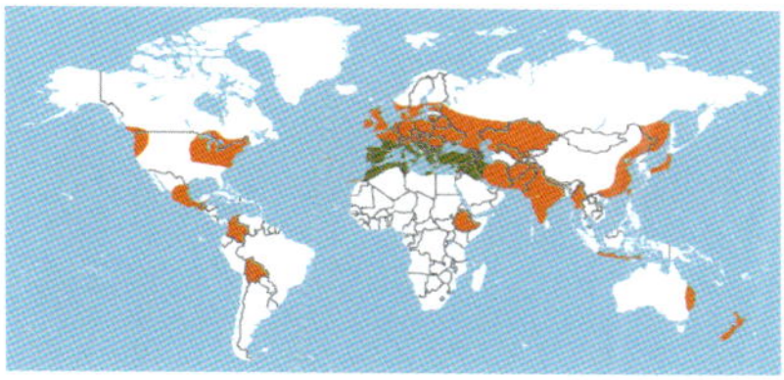

Ins Gebiet gelangte die Art Anfang des 16. Jahrhunderts durch venezianische Levantehändler, was den Namen Damaskus-Schwarzkümmel erklärt. In Deutschland wird sie erstmals 1539 von Hieronymus Bock beschrieben.

Nigella damascena

Nigella sativa

Ende des 16. Jahrhunderts war die „Gretl in der Stauden" in mitteleuropäischen Gärten weit verbreitet und über Jahrhunderte hinweg eine beliebte Sommerblume. Vielfach tritt die Pflanze im Gebiet subspontan auf, ohne aber Etablierungstendenzen zu zeigen.
WEITERE ART Der von Westasien bis Indien beheimatete, als Arznei-, Gewürz- und Ölpflanze kultivierte Echte Schwarzkümmel, *Nigella sativa*, ist neuerdings auch Bestandteil von Blumenwiesenansaaten, so etwa der Austrosaat-Blumenmischung „Paradiesgarten". Die Art tritt hie und da unbeständig auf, so in Kempten in Bayern, Berlin, Parchim in Mecklenburg-Vorpommern, Sachsen, Erfurt in Thüringen, Kärnten, Geinberg, Bogenhofen und Reichersberg in Oberösterreich, Wien, Aargau.

Duft-Resede

Reseda odorata
— Resedengewächs · Resedaceae

Juni–Okt.

STECKBRIEF 10–30 cm hohe, duftende Einjährige. Blätter ungeteilt, die oberen mitunter dreispaltig. Blüten grünlich bis weißlich, Staubbeutel orange. Kelchblätter und Kronblätter je 6, obere Kronblätter scheinbar 9–12-lappig, Kelchblätter zur Fruchtzeit wenig vergrößert. Frucht hängend, 9–11 mm groß, kugelig.
NUTZUNG/AUSBREITUNG Duftpflanze, veilchenähnlich riechend, auch Bienennährpflanze. 1733 sammelte der französische Botaniker und Forschungsreisende N. Granger Samen der Pflanze in der Cyrenaika und schickte diese nach Paris. Durch ihren Duft erregte die Resede sogleich allgemeine Bewunderung. So boten im 19. Jahrhundert fast alle der 500 bis 600 Berliner Gärtnereien „Töpfchen mit Resede" an.

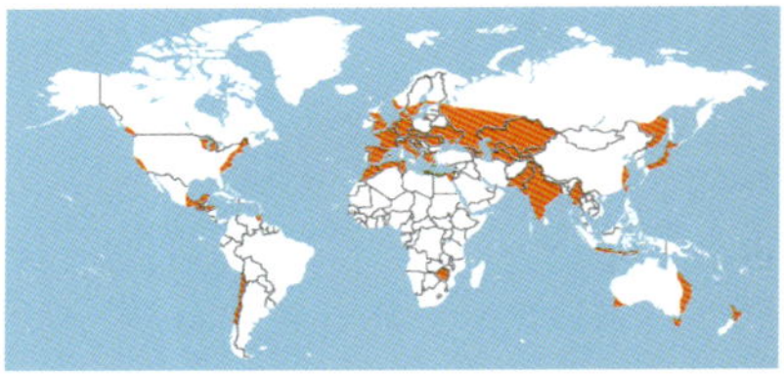

Reseda alba

Reseda odorata

Sesamoides purpurascens

Ende des Jahrhunderts nahm das Interesse an der Pflanze ab und gegenwärtig spielt die Duft-Resede kaum mehr eine Rolle im Gartenbau. Dementsprechend selten tritt die Art zurzeit subspontan im Gebiet auf.
WEITERE ARTEN Die mediterran-westasiatische **Weiße Resede**, *Reseda alba*, deren Kultur bereits Gessner 1561 erwähnt, findet sich unbeständig im Gebiet, so in Bayern, Brandenburg, Hessen, Mecklenburg-Vorpommern, Niedersachsen, Nordrhein-Westfalen, Sachsen, Thüringen, Salzburg, in der Steiermark und in Südtirol. Im westlichen Mittelmeergebiet ist die **Blaugrüne Sternfrucht**, *Sesamoides purpurascens*, beheimatet, die in Brandenburg lokal eingebürgert auftritt, auch in Mecklenburg-Vorpommern und Rheinland-Pfalz.

Weicher Frauenmantel
Alchemilla mollis
— Rosengewächs · Rosaceae

Juni–Aug.

STECKBRIEF 15–70 cm hohe, dicht behaarte Staude. Blattspreiten 6–18 cm im Ø, beinahe ungeteilt oder bis auf ¼ des Radius in 9–11 Lappen eingeschnitten, beiderseits dicht samtig behaart. Haare an Blattstielen und Stängel ± waagrecht abstehend. Nebenblattöhrchen 1–7 mm miteinander verwachsen. Blüten grüngelb, Blütenstiele kahl.
VERWECHSLUNG Beim im Gebiet ebenfalls kultivierten und verwilderten Prächtigen Frauenmantel, *Alchemilla speciosa*, sind die Blattspreiten zu ¼–½ geteilt.
NUTZUNG/AUSBREITUNG Zierstaude, auch für die Blumenbinderei. Vermutlich aus Rumänien ins Gebiet gekommen. Die Art wird in den letzten Jahren und Jahrzehnten häufig als Gartenzierstaude und für öffentliche Grünanlagen genutzt und verwildert daraus ziemlich

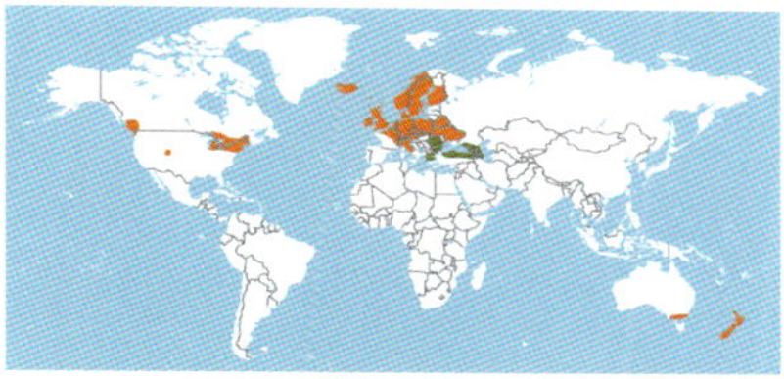

Alchemilla mollis

Alchemilla sericata

Alchemilla speciosa

leicht, hält sich an den neu gewonnenen Wuchsorten und neigt zur Ausbreitung. Auch wird sie regelmäßig mit Erdreich oder Gartenabfällen verschleppt und kann am neuen Wuchsort größere Populationen aufbauen.
Sie besiedelt vor allem Bergwiesen, Straßenböschungen, Weiden, Mauerritzen und Waldränder und steigt bis in die obermontane Höhenstufe.
WEITERE ARTEN Aus dem Kaukasus stammt der **Seidige Frauenmantel**, *Alchemilla sericata*, der gerne in Staudenbeete und Blumenrabatte gepflanzt wird und daraus vereinzelt verwildert, so in Nordrhein-Westfalen, Sachsen-Anhalt und Oberösterreich.
Der ebenfalls kaukasische **Prächtige Frauenmantel**, *Alchemilla speciosa*, ist aus dem Alpengarten bei der Lindauer Hütte im Vorarlberger Rätikon entwichen und lokal eingebürgert, verwildert auch mehrfach in der Schweiz, so in Bern, Schwyz, Uri, im Thurgau und in Zürich.

Kupfer-Felsenbirne
Amelanchier lamarckii
— Rosengewächs · Rosaceae

April
essbar

STECKBRIEF 4–6 m hoher, 3–5 m breiter Strauch, zunächst aufrecht, später breitwüchsig bis trichterförmig. Blätter sommergrün, wechselständig, im Austrieb kupferrot, Herbstfärbung leuchtend gelb, orange und ziegelrot. Spreite eiförmig, 4,5–8,5 cm lang, unterseits seidenhaarig. Einzelblüten sternförmig, in lockeren Trauben. Kronblätter weiß, 9–14 mm lang. Fruchtknoten oben kahl. Früchte violett, bereift, wohlschmeckend.
VERWECHSLUNG Die Ährige Felsenbirne, *Amelanchier spicata*, hat einen oben dicht wollig behaarten Fruchtknoten und 6–10 mm lange Kronblätter.
NAME Die Art ist zu Ehren des französischen Naturforschers Jean-Baptiste de Lamarck (1744–1829) benannt, dem auch die Lamarck-Inseln in der Antarktis ihren Namen verdanken.
NUTZUNG/AUSBREITUNG Zier-, Hecken- und Obstgehölz. Ursprüngliche Wildvorkommen der Art sind heute keine bekannt. Möglicherweise war die Art im östlichen Nordamerika beheimatet oder sie ist in Europa aus nordamerikanischen Sippen entstanden.

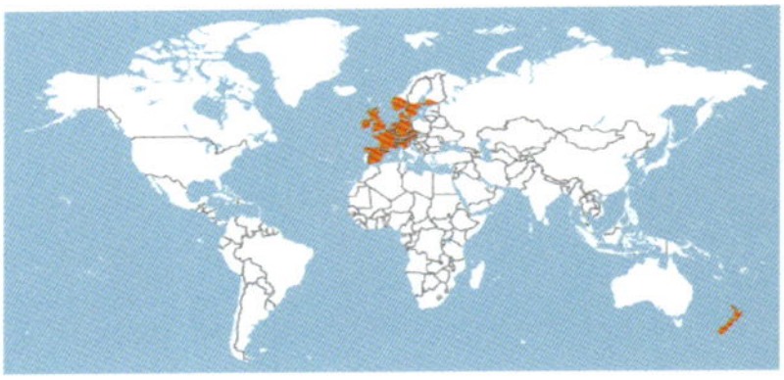

Dass *Amelanchier lamarckii* um 1780 in Mitteleuropa in Kultur war, steht durch Lamarcks und Ehrharts Beschreibung fest. Anderen Angaben zufolge fand sich *A. lamarckii* schon 1623 im Garten der Gebrüder Robin in Paris. In der ersten Hälfte des 19. Jahrhunderts gehörte die Kupfer-Felsenbirne zum Standardprogramm der größeren Grünanlagen Mitteleuropas. Ihre großflächige Einbürgerung in Nordwestdeutschland und Westeuropa begann aber mit der Nutzung als Obstgehölz. Die Früchte verwendete man zur Herstellung des „Korinthenstutens",

Amelanchier lamarckii

Amelanchier alnifolia

eines süßen Weißbrotes, aber auch für Marmeladen und anderer Produkte. Die im Gebiet vorherrschende Streusiedlung ermöglichte die Verwilderung aus den Bauerngärten und ihre großflächige Einbürgerung. Die Früchte werden gerne von Vögeln gefressen und so verbreitet. Gegenwärtig im Gebiet eingebürgert und etabliert vor allem im Norden Deutschlands, wo die Kupfer-Felsenbirne bevorzugt die Ränder von sauren Eichen- und Kiefernwäldern besiedelt. Der Verbreitungsschwerpunkt liegt in Nordwest-Niedersachsen zwischen einer Linie Osnabrück-Wildeshausen-Bremen im Osten und der niederländischen Grenze.

WEITERE ARTEN Es werden mehrere Felsenbirne-Arten als Ziergehölze kultiviert, so die nordamerikanische **Erlenblättrige Felsenbirne**, *Amelanchier alnifolia*, die vereinzelt verwildert auftritt, wie in Berlin, Brandenburg, Mecklenburg-Vorpommern, Sachsen und Sachsen-Anhalt. Im östlichen Nordamerika ist die **Ährige Felsenbirne**, *Amelanchier spicata*, beheimatet, die vor allem im Osten Deutschlands vielfach verwildert bis eingebürgert auftritt. Die älteste Verwilderungsmeldung findet sich aber im Westen für das Jahr 1857 aus dem Moselgebiet und war damals bereits seit 50 Jahren bekannt. Weiters u. a. in Bayern, Berlin, Mecklenburg-Vorpommern, Sachsen, Niederösterreich und Bern.

Amelanchier spicata

Garten-Zierquitte
Chaenomeles × superba
— Rosengewächs · Rosaceae

März–April

Chaenomeles × superba

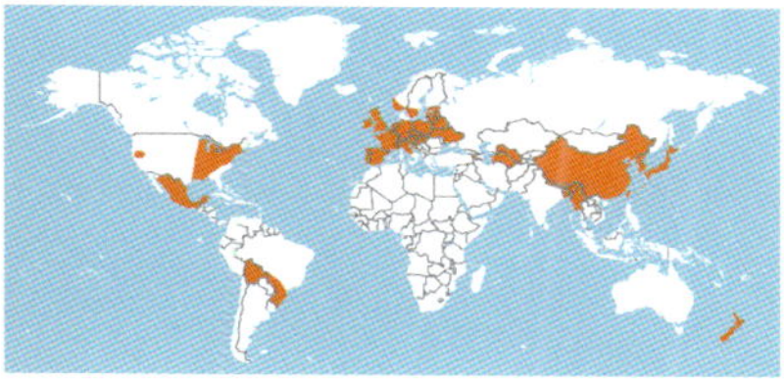

STECKBRIEF Bis 2,5 m hoher und breiter, dicht verzweigter, dorniger, sommergrüner Strauch. Blattspreite 3–5 cm lang, breit-eiförmig, grob kerbig gesägt, glänzend, kahl. Blüten rot, ziegelrot, orange, rosa oder weiß, 2,5–3 cm im Ø. Früchte kugelig bis eiförmig, 3–4 cm breit, gelb bis olivgrün, oft dunkel punktiert, aromatisch duftend.

VERWECHSLUNG Die eine Elternart, die Chinesische Zierquitte, *Chaenomeles speciosa*, hat rote, rosa oder weiße Blüten, wird bis über 2 m hoch und hat gelbgrüne bis olivbräunliche, längliche Früchte. Die andere Elternart, die Japanische Zierquitte, *Chaenomeles japonica*, wird bis 1 m hoch, hat ziegelrote bis orange Blüten und kugelige, gelbe Früchte.

NUTZUNG/AUSBREITUNG Im Gebiet werden sowohl *Chaenomeles japonica* und *Ch. speciosa*, als auch deren Hybride *Chaenomeles × superba* als Ziergehölze kultiviert. Die genaue Zuordnung der verwilderten Pflanzen ist oft problematisch, weshalb die Kulturformen hier zusammengefasst sind. *Chaenomeles × superba* ist eine Hybride aus der in Japan (Honshu und Kyushu) heimischen Japanischen Zierquitte, *Chaenomeles japonica*, und der in China und Burma beheimateten Chinesischen Zierquitte, *Chaenomeles speciosa*.
1784 beschrieb der schwedische Botaniker Carl Peter Thunberg die Japanische Zierquitte als *Pyrus japonica*, 12 Jahre später brachte der englische Botaniker Joseph Banks eine Pflanze aus China nach London, die man für diese von Thunberg beschriebene Art hielt. Es dauerte einige Jahre, bis man merkte, dass die Pflanze von Banks nicht der Beschreibung von Thunberg entsprach und gab ihr den Namen *Pyrus speciosa*. Diese Richtigstellung von Robert Sweet wurde aber weder von Gärtnern, noch von Botanikern richtig zur Kenntnis genommen und noch heute herrscht Unsicherheit in Bezug auf die *Chaenomeles*-Sippen.
Die echte Japanische Zierquitte kam erst 1869 aus Japan nach Europa und wurde fortan verbreitet. Ab 1898 entstand die Hybride *Chaenomeles × superba* zufällig in verschiedenen Baumschulen. In der Folge entstanden vor allem in Frankreich und Kalifornien zahlreiche Kultivare, Rückkreuzungen mit den Elternsippen sowie Einkreuzungen mit einer dritten Art, nämlich *Chaenomeles cathayensis*. Verbreitet bzw. vermehrt sich vor allem durch Ausbringung von Gartenabfällen, aber auch über keimfähige Samen und Wurzelbrut.
WEITERE ARTEN Früher häufiger als heute wird die aus Asien stammende **Echte Quitte**, *Cydonia oblonga*, als Obstbaum kultiviert. Sie tritt immer wieder verwildert auf, so in Baden-Württemberg, Bayern (im mittleren Maintal lokal eingebürgert), Berlin, Hessen, Mecklenburg-Vorpommern, Sachsen, Thüringen, im Burgenland, in Niederösterreich, Salzburg, in der Steiermark, in Nordtirol, Osttirol, Vorarlberg, Südtirol, im Aargau, in Bern, Genf, im Tessin, in der Waadt, im Wallis, in Zug und Zürich. In Zentralchina ist die **Japanische Wollmispel**, *Eriobotrya japonica*, beheimatet. Möglicherweise ist auch ein Fundort im südlichen Japan ursprünglich. Sie wird im Gebiet als Zier- und Obstgehölz in Töpfen gezogen, kann aber auch durch ausgespuckte Kerne verwildern und findet sich ganz vereinzelt subspontan, so in Nordrhein-Westfalen, Genf, Solothurn, im Tessin und in der Waadt.

Cydonia oblonga

Eriobotrya japonica

Teppich-Zwergmispel
Cotoneaster dammeri
— Rosengewächs · Rosaceae

Mai–Juni

STECKBRIEF Immergrüner, 10–50 cm hoher Zwergstrauch mit oft wurzelnden Zweigen. Blätter kurz gestielt, Spreite 1–2,5 cm lang, elliptisch, ledrig, oberseits glänzend. Blüten einzeln, selten zu 2–3. Kelchblätter spitz, grün. Kronblätter rundlich bis breit-eiförmig, weiß. Staubblätter 20 mit purpurnen Staubbeuteln. Früchte hellrot, kahl, rundlich, 6–7 mm im Ø.
VERWECHSLUNG In Mitteleuropa werden über 100 *Cotoneaster*-Sippen kultiviert, einige davon verwildern

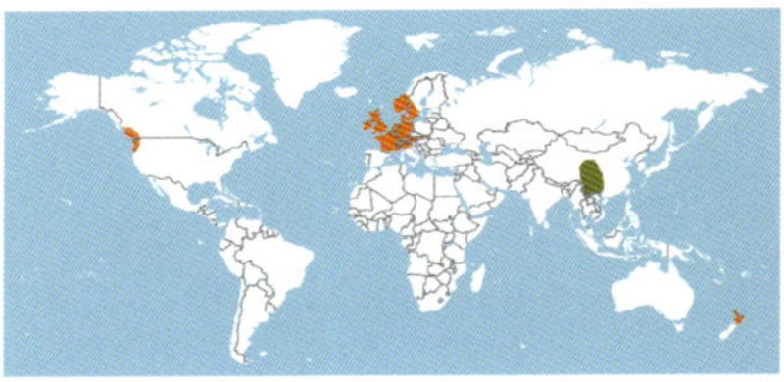

Cotoneaster dammeri

auch. Gärtnerische Hybriden und die Vogelausbreitung erschweren das Bestimmen. Weiterführende Fachliteratur, wie etwa Bärtels & Schmidt (2014) ist notwendig.
NAME Zu Ehren des deutschen Botanikers Carl Lebrecht Udo Dammer (1860–1920) benannt, nach dem auch die Palmengattung *Dammera* ihren Namen trägt.
NUTZUNG/AUSBREITUNG Häufig und in vielen Sorten gepflanzter Bodendecker. Erste Kulturnachweise der Art finden sich aus dem Jahr 1909 aus Brandenburg. Die Fernausbreitung geschieht durch Vögel und Gartenauswurf. Bisher waren Verwilderungen meist in Siedlungsnähe zu beobachten, doch zeigen sich neuerdings Populationen auch inneralpin und abseits von urbanen Gebieten in mehr oder weniger naturnahen Biotopen wie Extensivweiden, Waldrändern oder an Felsstandorten. Subspontan im Gebiet seit spätestens dem Jahr 1977 nachgewiesen. Gegenwärtig häufig verwildert, lokal auch eingebürgert.
WEITERE SIPPEN In Zentralasien ist die flachwachsende **Kleinblättrige Zwergmispel**, *Cotoneaster microphyllus*, beheimatet, die vor allem als Bodendecker und in Steingärten genutzt wird und vereinzelt verwildert, so in

Cotoneaster microphyllus

Cotoneaster × suecicus

Baden-Württemberg, Bayern, Berlin, Hessen, Nordrhein-Westfalen, Oberösterreich, Bern und Genf.
Auch die **Schwedische Zwergmispel**, *Cotoneaster × suecicus*, die Hybride aus *Cotoneaster dammeri* × der ostasiatischen Bogen-Zwergmispel, *Cotoneaster conspicuus*, wird vielfach in der Gartengestaltung eingesetzt und verwildert zuweilen, so in Bayern, Nordrhein-Westfalen, Niederösterreich, Oberösterreich, Salzburg, Nordtirol und in der Waadt.

Sparrige Zwergmispel
Cotoneaster divaricatus
— Rosengewächs · Rosaceae

Mai

STECKBRIEF 1,5–2 m hoher, sommergrüner, locker verzweigter Strauch. Triebe striegelhaarig. Blätter wechselständig angeordnet, Blattstiel 1–2 mm lang. Blattspreiten elliptisch, spitz oder zugespitzt, mit 3–4 Nervenpaaren, 1,5–3 cm lang, oberseits glänzend dunkelgrün, anfangs behaart, unterseits fast kahl, Herbstfärbung orangerot. Blüten meist zu 2–3, rot-weiß, mit aufrechten Kronblättern und meist 2 Griffeln. Früchte länglich-kugelig, dunkelrot, mit 2 Steinkernen.

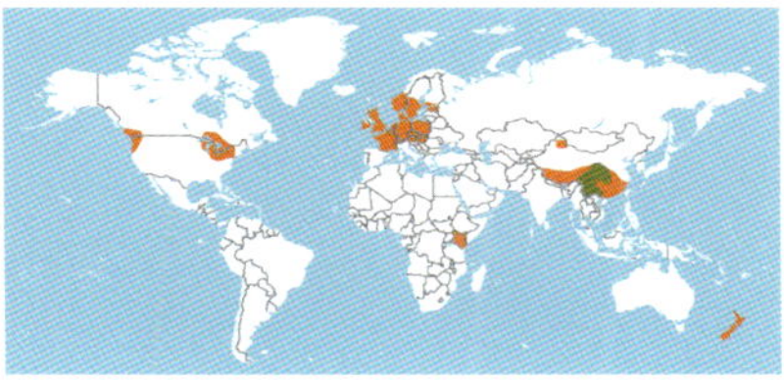

VERWECHSLUNG Die ähnliche Diels-Zwergmispel, *Cotoneaster dielsianus*, wird 2–4 m hoch, hat unterseits graufilzig behaarte Blätter und Blütenstände mit 3–7 Blüten.

NUTZUNG/AUSBREITUNG Zierstrauch, Flächenbegrüner. 1904 nach Europa gekommen und 1924 im Gebiet in Brandenburg erstmals kultiviert. Die Fernausbreitung vollzieht sich vor allem durch Vögel. Besiedelt werden vorzugsweise Felsstandorte, Trockengebüsche und lichte Wälder. *C. divaricatus* ist vielleicht die am häufigsten verwilderte *Cotoneaster*-Art Europas, mit starker Ausbreitungstendenz in Österreich. Die Fundmeldungen sind wegen der Verwechslung mit anderen *Cotoneaster*-Sippen mit Sicherheit untererfasst.

WEITERE SIPPEN Die aus China stammende **Runzelige Zwergmispel**, *Cotoneaster bullatus*, verwildert ebenfalls relativ leicht und findet sich sehr zerstreut im ganzen Gebiet von Niederösterreich bis Hamburg, teilweise mit deutlicher Einbürgerungstendenz, wie etwa um Bamberg in Bayern, in den Schwarzföhrenwäldern bei Bad Fischau in Niederösterreich, Schärding und Großraming in Oberösterreich und im Gebiet der großen Schweizer Seen.
Die nach dem deutschen Botaniker Ludwig Diels (1874–1945) benannte **Diels-Zwergmispel**, *Cotoneaster dielsia-*

Cotoneaster divaricatus

Cotoneaster dielsianus

Cotoneaster bullatus

Cotoneaster franchetii

nus, stammt ebenfalls aus China, wird oft kultiviert und verwildert vielfach mit Einbürgerungstendenzen. Sie tritt in Bayern, Hamburg, Hessen, Sachsen-Anhalt, Kärnten, Niederösterreich, Oberösterreich, Salzburg, Nordtirol, Bern, Genf, Graubünden, St. Gallen und Zürich auf.
Aus Ostasien stammt die gelegentlich kultivierte **Franchet-Zwergmispel**, *Cotoneaster franchetii*, die vereinzelt verwildert, so in Bayern, Nordrhein-Westfalen, Niederösterreich, Oberösterreich, in der Steiermark, in Wien und Genf.
Die **Glänzende Zwergmispel**, *Cotoneaster lucidus*, stammt aus dem Altai-Gebiet, wird nur selten kultiviert und verwildert vereinzelt, so in Bayern, Sachsen, Nordtirol und Wien.
Die zentralasiatische **Reichblütige Zwergmispel**, *Cotoneaster multiflorus*, findet sich verwildert u. a. in Bayern, Berlin, Brandenburg, Sachsen, Sachsen-Anhalt und Wien.
Aus China stammt die **Weidenblättrige Zwergmispel**, *Cotoneaster salicifolius*, die oft angepflanzt wird und selten verwildert, so in BW, Niedersachsen, NRW, Wien, um den Genfer See, den Neuenburger See und Bieler See, in Basel, Bern, im südlichen Tessin und in Zürich.
Eine Hybride aus der im Himalaya beheimateten Baum-Zwergmispel, *Cotoneaster frigidus*, und der chinesischen Weidenblättrigen Zwergmispel, *Cotoneaster salicifolius*, ist die nach der englischen Gärtnersfamilie Waterer, vor allem nach Anthony Waterer (1822–1896), benannte **Waterer-Zwergmispel**, *Cotoneaster× watereri*, die u. a. in Bayern, Sachsen, Oberösterreich, Salzburg, Wien und Basel subspontan auftritt.

Cotoneaster multiflorus

Cotoneaster saliciflorus

Cotoneaster lucidus

Cotoneaster × watereri

Fächer-Steinmispel
Cotoneaster horizontalis
— Rosengewächs · Rosaceae

Mai–Juni

Cotoneaster horizontalis

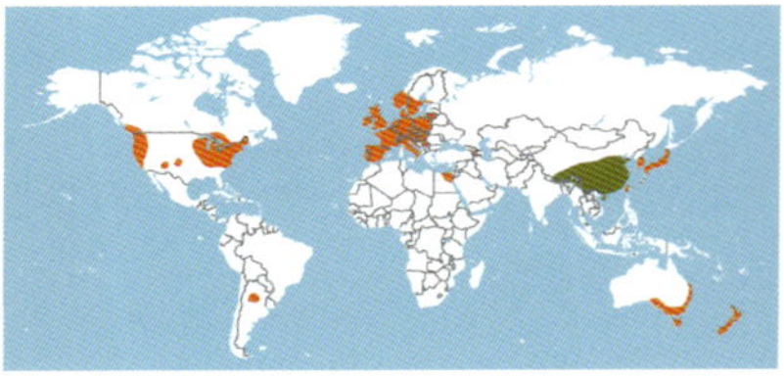

STECKBRIEF 30–100 cm hoher, halbimmergrüner Strauch mit auffallend regelmäßigen, fischgrätenförmig verzweigten Ästen. Blattspreiten dunkelgrün, ledrig, eiförmig, zugespitzt, 5–15 mm lang, mit roter Herbstfärbung. Blüten zu 1–3, fast sitzend. Kronblätter rosa, aufrecht. Antheren weiß. Frucht leuchtend rot, kugelig, etwa 5 mm im Ø.

VERWECHSLUNG Die ähnliche Berandete Zwergmispel, *Cotoneaster integrifolius*, hat längliche, unterseits grauweiß behaarte Blätter und meist einzelnstehende Blüten.

NUTZUNG/AUSBREITUNG Zierstrauch, Flächenbegrüner. Erste Kulturnachweise finden sich 1893 aus Brandenburg. Erste Verwilderungen wurden 1959 auf Rügen nachgewiesen. Gegenwärtig im Gebiet weit verbreitet, lokal eingebürgert.

Fingerstrauch
Dasiphora fruticosa (Syn.: *Potentilla fruticosa*)
— Rosengewächs · Rosaceae

Juni–Sep.

Dasiphora fruticosa

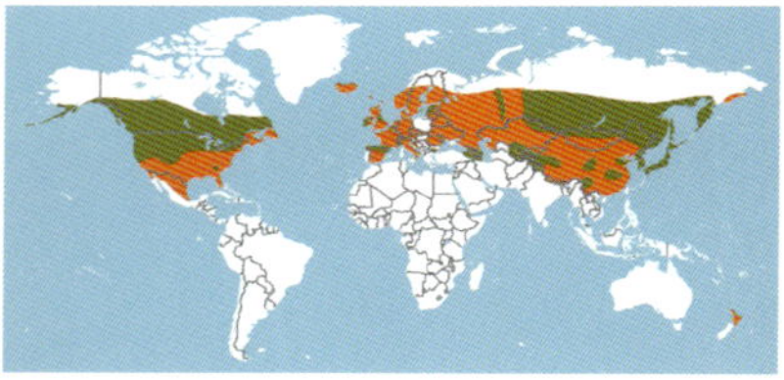

STECKBRIEF Bis 1,5 m hoher, sparrig verzweigter Strauch mit kurz gestielten, 3–7-teilig gefiederten Blättern. Blättchen lanzettlich, 1–2 cm lang, mit nach unten gebogenem Rand. Blüten gelb, einzeln oder zu wenigen an beblätterten Trieben, im Ø 2–2,5 cm. Kronblätter bedeutend länger als der Kelch. Früchtchen dicht und lang behaart, mit grundständigem, nach oben verdicktem Griffel.

NUTZUNG/AUSBREITUNG Häufig und in vielen Spielformen kultiviertes Ziergehölz. Reliktär disjunkt in Irland, England, Schweden, dem Baltikum, den Südwest-

Alpen, den südeuropäischen Gebirgen, im Ural, in Asien und Nordamerika beheimatete Art. Um 1680 in England in Kultur genommen, 1699 bereits im Boseschen Garten in Leipzig. Zunächst blieb der Fingerstrauch auf wenige Liebhabergärten beschränkt, erst ab der zweiten Hälfte des 18. Jahrhunderts fand er stärkere Verbreitung. Gegenwärtig einer der am öftesten kultivierten Kleingehölze und daraus vielerorts unbeständig verwildert.

Rote Nelkenwurz
Geum coccineum
— Rosengewächs · Rosaceae

Mai–Juni

STECKBRIEF 15–50 cm hohe, zerstreut behaarte Staude mit sparrig verzweigtem Stängel und auffallend orangeroten Blüten. Blätter fiederlappig mit nierenförmigem, großem Endblättchen, dieses viel größer als die Seitenblättchen. Stängelblätter sitzend.
NUTZUNG/AUSBREITUNG Zierpflanze. Wird vor allem in der kompakten Form 'Borisii' und in Hybriden mit *Geum chiloense* und *G. montanum* kultiviert und verwildert daraus sehr selten, dann aber meist beständig.
WEITERE ARTEN Mit Saatgutmischungen ist die osteuropäisch-asiatisch-nordamerikanische **Aleppo-Nelkenwurz**, *Geum aleppicum*, eingeschleppt worden, so in Baden-Württemberg, Bayern und Zürich.
In Japan, Korea, China und auf den Kurilen beheimatet ist die **Japanische Nelkenwurz**, *Geum japonicum*, die im Gebiet gelegentlich verschleppt auftritt, so in Baden-Württemberg, Bremen, Hamburg, Niedersachsen und Nordrhein-Westfalen.

Geum aleppicum

Geum coccineum

Geum japonicum

Ranunkelstrauch · Goldröschen

Kerria japonica
— Rosengewächs · Rosaceae

April–Mai

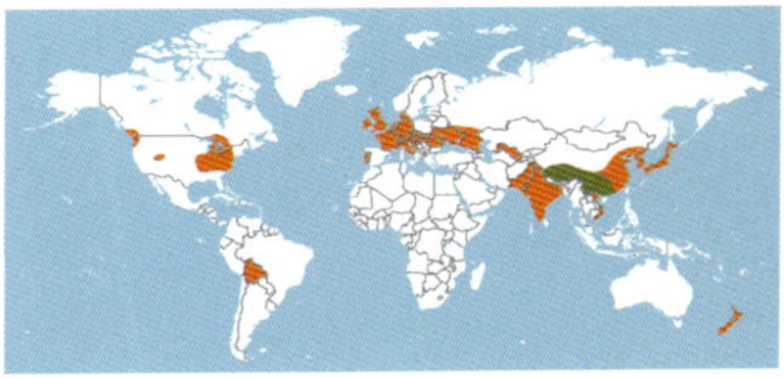

STECKBRIEF 1,5–3 m hoher, sommergrüner, buschiger, vieltriebiger, dickichtartiger Strauch mit unterirdischen Ausläufern und grünen, rutenartigen Zweigen. Blätter wechselständig, Spreite 3–9 cm lang, eiförmig bis elliptisch, doppelt gesägt, zugespitzt. Blüten leuchtend gelb, einzeln oder zu wenigen am Ende von Kurztrieben, 5-zählig, etwa 3 cm im Ø. Früchte glänzend schwarzbraun, kugelig-eiförmig, im Gebiet nur selten ausgebildet.
NAME Benannt zu Ehren des schottischen Gärtners William Kerr (1779–1814), der in China, Java und auf den Philippinen Pflanzen sammelte und 238 neue Arten nach Europa brachte.
NUTZUNG/AUSBREITUNG Ziergehölz. Häufiger als die einfach-blühende Wildform wird die gefüllt-blühende Auslese 'Pleniflora' kultiviert. Diese ist stärkerwüchsig als die Nominatform und tritt auch öfters als diese subspontan auf.
Beheimatet in China, die Vorkommen in Japan dürften eingebürgerter Natur sein. Die ersten lebenden Pflanzen kamen durch William Kerr 1805 nach Europa. Kerr war im Auftrag seines Förderers Joseph Banks in Ostasien und brachte die gefüllt blühende Form in den Botanischen Garten nach London. Die einfachblühende Naturform traf erst nach der Zierform ein. John Russel Reeves sandte 1835 Wildformen aus China an die Royal Horticultural Society nach London. Gegenwärtig im Gebiet vereinzelt subspontan.
WEITERE ART Die ostasiatische **Schneekerrie**, *Rhodotypos scandens*, ist trotz ihres botanischen Artbeinamens ein nicht kletternder Zierstrauch, der ganz vereinzelt verwildert, so in Baden-Württemberg, Bayern, Berlin, Hessen, Burgenland, Niederösterreich und Wien.

Kerria japonica

Kerria japonica 'Pleniflora'

Rhodotypos scandens

Kleine Kranzspiere

Neillia incisa (Syn.: *Stephanandra incisa*)
— Rosengewächs · Rosaceae

Mai–Juni

STECKBRIEF 50–150 cm hoher, stark verzweigter Strauch. Blätter dreilappig, unterseits behaart, Blattrand tief eingeschnitten, gezähnt. Nebenblätter eiförmig bis lanzettlich. Blüten in 2–6 cm langen, endständigen Rispen. Kronblätter weiß, spatelförmig, Staubblätter 10.

VERWECHSLUNG Bei der ebenfalls kultivierten, 100–200 cm hohen Großen Kranzspiere, *Neillia tanakae*, sind die Blätter unterseits kahl, die Nebenblätter herzförmig.

NAME Benannt zu Ehren des schottischen Reiseschriftstellers, Gärtners und Botanikers Patrick Neill (1776–1851), der unter anderem den gärtnerischen Teil der „Encyclopaedia Britannica" verfasste.

NUTZUNG/AUSBREITUNG Ziergehölz. Vor allem als Bodendecker, zur Dachbegrünung und als Bienenweide genutzt. Sehr selten im Gebiet verwildert.

WEITERE ART Aus den USA stammt die **Wald-Schaumspiere**, *Holodiscus discolor*, die selten als Ziergehölz kultiviert wird und ganz vereinzelt daraus verwildert, so in Bayern und Sachsen.

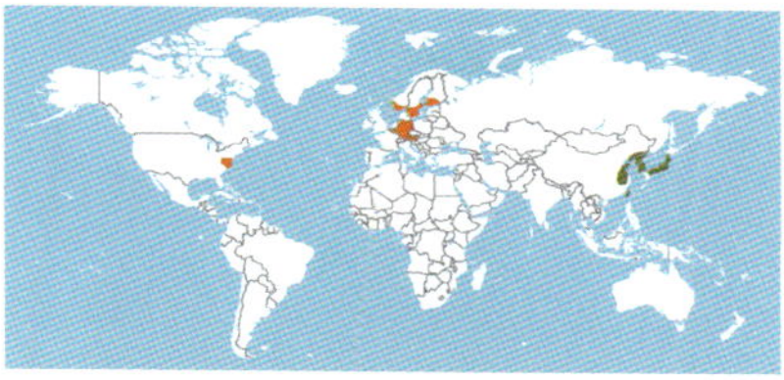

Neillia incisa

Neillia incisa

Holodiscus discolor

Schneeball-Blasenspiere

Physocarpus opulifolius
— Rosengewächs · Rosaceae

Mai–Juni

Physocarpus opulifolius

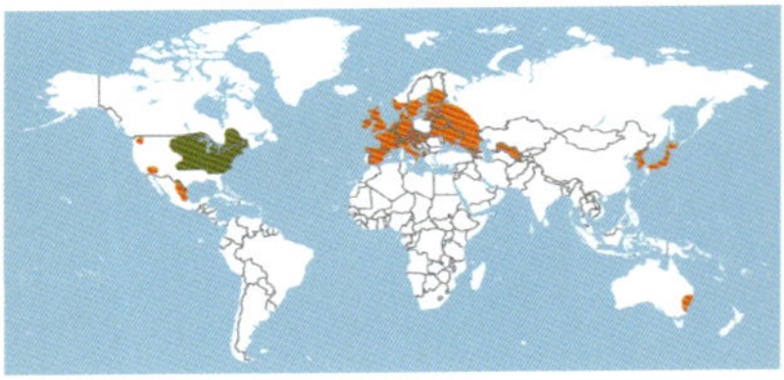

STECKBRIEF Bis 3 m hoher, sommergrüner Strauch mit 1–5 cm lang gestielten Blättern. Blattspreite dreilappig bis dreiteilig, 3–10 cm lang, Rand doppelt gezähnt. Blüten weiß, manchmal rosa überlaufen, in halbkugeligen, doldigen Blütenständen. Kronblätter rundlich, 3–5 mm lang, Staubblätter zahlreich. Fruchtknoten meist 4, vom Kelchbecher umschlossen.

NUTZUNG/AUSBREITUNG Zierstrauch. In Europa seit 1683 in Kultur. Erste Verwilderungen sind im Gebiet seit Ende des 19. Jahrhunderts bekannt. Gegenwärtig vielfach im Gebiet, lokal auch eingebürgert, wie im Schwarzwald Baden-Württembergs, im Kanton Bern und im Kanton Zürich.

Scheinerdbeere

Potentilla indica (Syn.: *Duchesnea indica*)
— Rosengewächs · Rosaceae

Mai–Okt.

STECKBRIEF Bis 25 cm hohe Staude mit langen Ausläufern und an den Knoten wurzelnden Stängeln. Blätter dreiteilig mit eiförmigen, gezähnten Blättchen. Kronblätter gelb, von den Kelchblättern und dem ansehnlichen Außenkelch umgeben. Scheinbeere leuchtend rot, kugelig, breiter als hoch, anfänglich von Kelch und Außenkelch umschlossen. Frucht ähnlich der Erdbeere, essbar, aber fade im Geschmack.

Potentilla indica

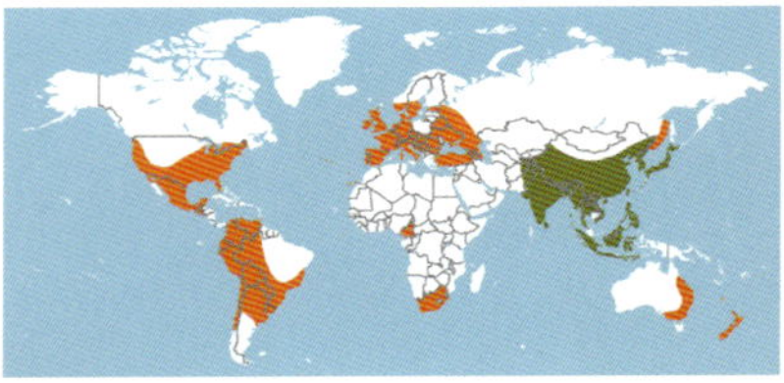

NUTZUNG/AUSBREITUNG Früher als Bodendecker. Anfang des 19. Jahrhunderts als Zierpflanze nach Europa gekommen. Bis etwa 1980 lassen sich Verwilderungen nur vereinzelt nachweisen, danach nahmen sie deutlich zu. Das Vorkommen von *Potentilla indica* korreliert mit der langjährigen Jahresmitteltemperatur. Sie kommt vor allem in milden Gegenden tieferer Lagen, so im Tessin und in der Nordschweiz, im Südosten Österreichs und im Westen Deutschlands vor und besiedelt hier Zierrasen, Zierblumenbeete, Gehölzpflanzungen, Weinberge, Friedhöfe, Spielplätze, Gewässerufer, Lößhohlwege, Bahngelände, Streuobstwiesen, Säume von Hecken, Wegränder und Mauerspalten. Die Mutterpflanze geht in Mitteleuropa im Winter meist ein, während die Ausläufer überleben.

Im Gebiet 1875 im Tessin erstmals verwildert beobachtet, 1903 bei Speyer in Rheinland-Pfalz und 1918 in Graz in der Steiermark. Gegenwärtig zerstreut vorkommend, vielerorts eingebürgert und weiter in Ausbreitung befindlich.
WEITERE ARTEN Von Kaschmir bis Nepal ist das **Blutrote Fingerkraut**, *Potentilla atrosanguinea*, beheimatet, welches als Gartenzierstaude genutzt wird und vereinzelt verwildert, so in Niedersachsen und Vorarlberg. Selten als Zierpflanze genutzt und noch seltener verwildernd tritt das von der Balkanhalbinsel bis Russland heimische **Goldblüten-Fingerkraut**, *Potentilla chrysantha*, subspontan auf, so in der Steiermark. Im westlichen Himalaya ist das **Nepal-Fingerkraut**, *Potentilla nepalensis*, beheimatet, welches in mehreren Sorten und Hybriden als Zierstaude kultiviert wird und vereinzelt daraus verwildert, so in Bayern und Salzburg. Die in Westeuropa aus den beiden amerikanischen Arten Virginia-Erdbeere, *Fragaria virginiana*, und Chile-Erdbeere, *Fragaria chiloensis*, entstandene **Garten-Erdbeere**, *Fragaria × ananassa*, wird häufig als Obstpflanze kultiviert und findet sich gelegentlich subspontan, so in Bayern, Sachsen, Thüringen, Oberösterreich, Salzburg, Nordtirol, im Aargau, in Bern, im Tessin, in der Waadt, im Wallis und in Zürich.

Potentilla atrosanguinea

Potentilla chrysantha

Potentilla nepalensis

Fragaria × ananassa

Kirschpflaume
Prunus cerasifera
— Rosengewächs · Rosaceae

April
essbar

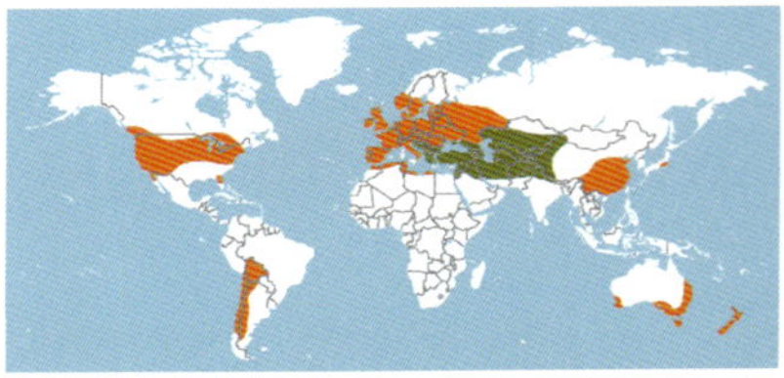

STECKBRIEF 3–8 m hoher Strauch oder mehrstämmiger Baum mit wehrlosen bis wenig bedornten Trieben. Wurzelsprosse fehlend. Blattspreite 4–6 cm lang, elliptisch bis verkehrt-eiförmig, Basis breit keilförmig oder abgerundet, Blattrand fein und stumpf gesägt. Blattstiel mit 1–2 Nektarien. Kronblätter weiß, Blüten einzeln oder zu zweit stehend. Kelchblätter schmal eiförmig. Frucht breiteiförmig, 2–5 cm lang, gelb, rot oder violett, süß-säuerlich, leicht bereift. Steinkern sich nicht vom Fruchtfleisch lösend.

VERWECHSLUNG Bei der Kultur-Pflaume, *Prunus domestica* s. lat., sind Wurzelsprosse vorhanden, die Blüten sind zu 2–3 angeordnet, der Steinkern löst sich vom Fruchtfleisch.

NUTZUNG/AUSBREITUNG Zier- und Obstgehölz. Seit etwa dem Jahr 1500 in gärtnerischer Kultur und in Baumschulen vielfach als Veredelungsunterlage für Pflaumen genutzt. Als Ziergehölz vor allem in der dunkelblättrigen Kulturvarietät cvar. *pissartii* (= 'Atropurpurea') im Pflanzenhandel. Gegenwärtig im Gebiet weit verbreitet und lokal eingebürgert. *Prunus cerasifera* zählt zu den Neophyten, die sich problemlos in die heimische Vegetation eingliedern.

WEITERE ARTEN Häufig kultiviert wird die zentralasiatische Aprikose, *Prunus armeniaca*, in Österreich Marille genannt, die vereinzelt auch verwildert auftritt, so in Baden-Württemberg, Berlin, im Burgenland, in Niederösterreich, Südtirol, Basel-Land, am Genfer See und Neuenburger See, im Wallis, in Zug und Zürich.
Die Sauerkirsche, *Prunus cerasus,* auch Weichsel genannt, stammt aus Südosteuropa und Kleinasien und wird häufig als Obstgehölz kultiviert. Vereinzelt verwil-

Prunus armeniaca

Prunus cerasifera

Prunus cerasus

dert sie bzw. bürgert sich lokal ein, so in Brandenburg, Niederösterreich, Oberösterreich, Südtirol und vielfach in der Schweiz.
Die mediterrane **Krieche**, auch **Hafer-Pflaume** genannt, *Prunus domestica* subsp. *insititia*, wird als Obstgehölz und Veredelungsunterlage kultiviert und verwildert nicht selten daraus. Aus Berlin ist die Sippe seit 1805 nachgewiesen.
Die südwestasiatische **Mandel**, *Prunus dulcis*, wird an wärmebegünstigten Orten im Gebiet kultiviert und verwildert zuweilen daraus, so im Burgenland, in Niederösterreich, Wien, Südtirol, Genf, im Tessin, in der Waadt und im Wallis.
Der ostasiatische **Pfirsich**, *Prunus persica*, wird häufig kultiviert und tritt gelegentlich, vor allem in Weinbergen, verwildert auf.

Prunus domestica subsp. *insititia*

Prunus dulcis

Prunus persica

Echte Lorbeerkirsche
Prunus laurocerasus
— Rosengewächs · Rosaceae

April–Mai
giftig
invasiv

STECKBRIEF Bis 6 m hoher, immergrüner Strauch oder Baum. Blattspreiten lederig, kahl, breit-lanzettlich, 10–15 cm lang, ganzrandig, oberseits glänzend und dunkelgrün, unterseits heller, Blattrand oft nach unten gebogen. Blüten weiß, in 10–15 cm langen, aufrechten Trauben. Früchte kugelig, glänzend schwarz, 7–10 mm im Ø.
VERWECHSLUNG Die westmediterran-makronesische Iberische Lorbeerkirsche, *Prunus lusitanica*, hat gewellte und gesägte Blattränder und blüht erst im Juni.
NUTZUNG/AUSBREITUNG Ziergehölz, vor allem als Heckenpflanze. Der französische Gelehrte Pierre Belon (1517–1564) beschrieb die Pflanze auf seiner Reise durch

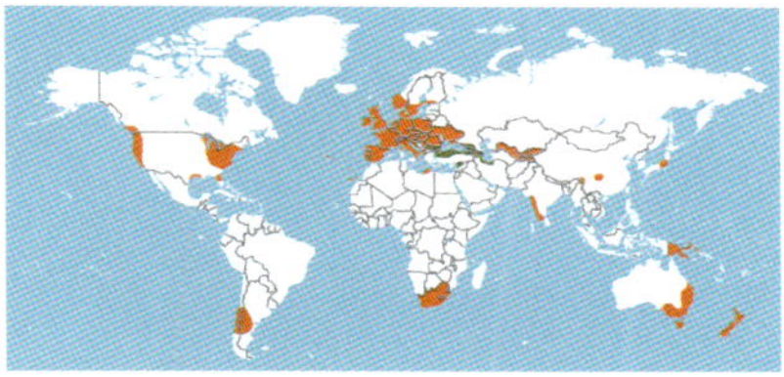

den Vorderen Orient 1546–1550, wo die Lorbeerkirsche schon als Zierstrauch in Gärten gezogen wurde. Aus türkischen Gärten kam die Art schließlich nach Italien und wurde 1558 in Pisa und Genua kultiviert. 1574 erhielt der in Wien tätige Botaniker Carolus Clusius eine Pflanze aus Konstantinopel und vermehrte diese. Die Jungpflanzen gab er weiter und so kam der Strauch bald in andere Botanische Gärten. Aufgrund seiner Schnittverträglichkeit wurde er mit der Zeit zu einer beliebten Heckenpflanze in Gärten, Parks und Friedhöfen.

Seit etwa der Jahrtausendwende ist eine verstärkte subspontane Ausbreitung der Art im Gebiet zu beobachten. Dabei wirken sich offensichtlich vor allem die über alle Monate hinweg wärmeren Klimabedingungen mit mehr Sommertagen und die Verlängerung der Vegetationszeit positiv auf die Möglichkeit der Keimung sowie der Blüten- und Fruchtbildung aus. Offenbar profitiert die Lorbeerkirsche auch von milden Novembertemperaturen und insbesondere von einer Verschiebung der Vegetationszeit bis in den Dezember.

Erste subspontane Vorkommen sind im Gebiet aus dem Tessin seit etwa dem Jahr 1950 bekannt. Gegenwärtig ist die Art weit verbreitet und vor allem in den Regionen mit großen Seen wie im südlichen Tessin, im Bodenseegebiet und im Zürichsee-Umland vielerorts eingebürgert.

Prunus laurocerasus

Herbst-Traubenkirsche
Prunus serotina
— Rosengewächs · Rosaceae

Mai–Juni
giftig
invasiv

Prunus serotina

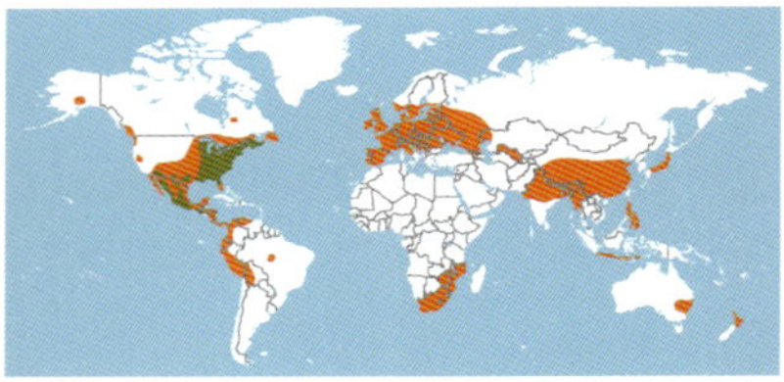

STECKBRIEF Bis etwa 20 m hoher Strauch oder Baum mit dunkelbrauner, nach Bittermandeln riechender Rinde. Blattspreiten 5–12 cm lang, länglich-eiförmig, zugespitzt, am Rand undeutlich gesägt, oberseits dunkelgrün, glänzend, unterseits heller, an der Mittelrippe häufig mit einem dunkelbraunen Haarfilz. Blüten weiß, duftend, zu etwa 30 in aufrechten, beblätterten Trauben. Früchte violettrot bis schwarz, rundlich, süß-aromatisch mit bitterem Nachgeschmack.

VERWECHSLUNG Bei der Virginischen Traubenkirsche, *Prunus virginiana*, sind die Blätter glanzlos und am Rand spitz gezähnt.

NUTZUNG/AUSBREITUNG Zier- und Forstgehölz. 1623 in Europa eingeführt, im Gebiet seit dem Jahr 1685 bekannt. Bis ins 19. Jahrhundert wurde die Pflanze als

Zierbaum in vielen europäischen Gärten und Parks kultiviert. In der zweiten Hälfte des 19. Jahrhunderts begannen planmäßige forstliche Versuchsanbauten. Seit etwa 1920 wurde sie in Belgien und den Niederlanden und nach 1950 in Norddeutschland zur Festigung binnenländischer Dünen gepflanzt. Erste Verwilderungen sind seit 1825 aus Berlin bekannt. Gegenwärtig weit verbreitet und häufig, besonders im norddeutschen Tiefland und in anderen Sandgebieten.
Die Vermehrung erfolgt sowohl generativ durch Verdauungsausbreitung von Wildtieren als auch vegetativ durch Wurzelbrut und Stockausschlag.
WEITERE ART Selten als Zier-, Obst- und Forstgehölz wird auch die aus dem östlichen Nordamerika stammende **Virginische Traubenkirsche**, *Prunus virginiana*, kultiviert, woraus sie vereinzelt verwildert, wie in Bayern, Berlin, Brandenburg, Hessen, Mecklenburg-Vorpommern, Niedersachsen, Sachsen, Salzburg und Steiermark.

Prunus virginiana

Feuerdorn
Pyracantha coccinea
— Rosengewächs · Rosaceae

Mai–Juni

STECKBRIEF 2–4 m hoher und breiter, immergrüner, stark dornig bewehrter Strauch mit ausladendem Wuchs. Blätter wechselständig mit 2–4 mm langen Blattstielen, Spreite 2–6 cm lang, elliptisch bis lanzettlich, dicht kerbig gesägt, oberseits glänzend dunkelgrün. Blüten 6–8 mm im Ø, fünfzählig, in vielblütigen Trugdolden. Krone weiß, Kelchblätter kurz, Staubblätter 20, Staubbeutel gelb. Frucht rot, orange oder gelb, kugelig, kahl, 5–6 mm im Ø, vom bleibenden Kelch gekrönt.

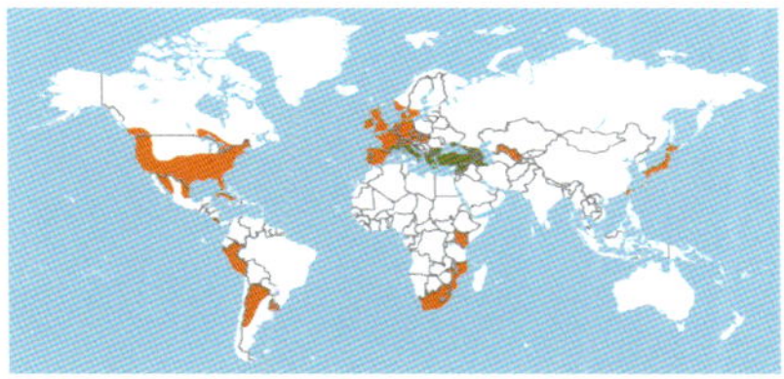

Pyracantha coccinea

Aronia melanocarpa

Crataegus crus-galli

Crataegus × persimilis

NUTZUNG/AUSBREITUNG Zier- und Heckenpflanze. Anfang des 17. Jahrhunderts kam der Strauch nach England, 1636 ist er für Paris belegt, danach gelangte er nach Mitteleuropa, wo er aber erst ab der zweiten Hälfte des 18. Jahrhunderts häufiger kultiviert wurde. Gegenwärtig im Gebiet vielfach verwildert.

WEITERE ARTEN Aus Nordamerika stammt die **Schwarze Apfelbeere**, *Aronia melanocarpa*, die vor allem in jüngerer Zeit häufig als Nahrungs- und Arzneipflanze kultiviert wird und die daraus vereinzelt verwildert, so in Berlin, Niederösterreich und in der Steiermark.

Der nordamerikanische **Hahnensporn-Weißdorn**, *Crataegus crus-galli*, wird vielfach als Ziergehölz gepflanzt und verwildert vereinzelt daraus, so in Baden-Württemberg, Bayern, Berlin, Brandenburg, Nordrhein-Westfalen und Sachsen.

Der **Pflaumenblättrige Weißdorn**, *Crataegus× persimilis*, eine Hybride aus den nordamerikanischen Arten Hahnensporn-Weißdorn, *Crataegus crus-galli*, und Dickblättriger Weißdorn, *C. succulenta*, wird als Ziergehölz kultiviert und verwildert vereinzelt, so in Nordrhein-Westfalen, Rheinland-Pfalz und Zürich.

Büschel-Rose
Rosa multiflora
— Rosengewächs · Rosaceae

Mai–Juni

Rosa multiflora

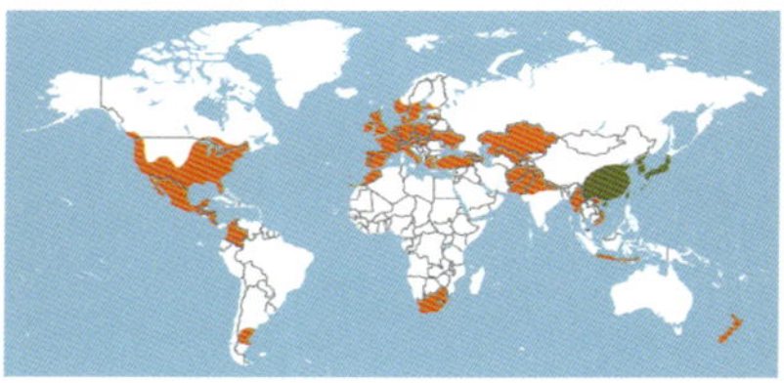

STECKBRIEF Bis 4 m hoher, sommergrüner Strauch mit überhängenden Zweigen und kräftigen, gebogenen Stacheln. Blätter 5–9-zählig, Blättchen eiförmig, unterseits graugrün, Nebenblätter tief zerschlitzt. Blütenstände an den Enden kurzer Zweige, traubig-rispig, 10–30-blütig. Blüten klein, Kronblätter weiß. Kelchblätter drüsenborstig, nach der Blüte zurückgebogen, früh

abfallend. Die Griffel zu einer schlanken Säule verwachsen. Frucht klein, etwa 5 mm dick, orange bis dunkelrot.
NUTZUNG/AUSBREITUNG Ziergehölz, in der Landschaftsgestaltung, für die Blumenbinderei und als Veredelungsunterlage. 1784 vom schwedischen Botaniker Carl Peter Thunberg in Japan entdeckt und 1804 durch Thomas Evans nach England gebracht. 1808 fand sich die Art in Weimar und 1812 im Botanischen Garten Berlin. Gegenwärtig im Gebiet weit verbreitet mit steigender Etablierungstendenz und Verbreitungsschwerpunkten in Sachsen-Anhalt, Nordrhein-Westfalen, Hamburg und Bayern. Vermehrt sich vegetativ und generativ, vor allem aber über Ausläufer.

WEITERE ARTEN In Westasien von Armenien und dem Iran bis Tibet ist die **Gelbe Rose**, *Rosa foetida*, beheimatet, die um das Jahr 1560 ins Gebiet kam und seither als Zierpflanze kultiviert wird und vereinzelt verwildert, so in Baden-Württemberg, Bayern, Berlin, Hessen, Mecklenburg-Vorpommern, Nordrhein-Westfalen, Rheinland-Pfalz, Sachsen, Thüringen, im Burgenland, in Niederösterreich und in der Steiermark.
1899 entdeckte der irische Geistliche Padre Hugh Scallan (1851–1928) in der chinesischen Provinz Shaanxi die später nach ihm benannte **Vater Hugo-Rose**, *Rosa hugonis*, die im Gebiet ganz vereinzelt verwildert auftritt, so in Salzburg.

Rosa foetida

Rosa hugonis

Kartoffel-Rose
Rosa rugosa
— Rosengewächs · Rosaceae

Juni–Sep.
essbar
invasiv

Rosa rugosa

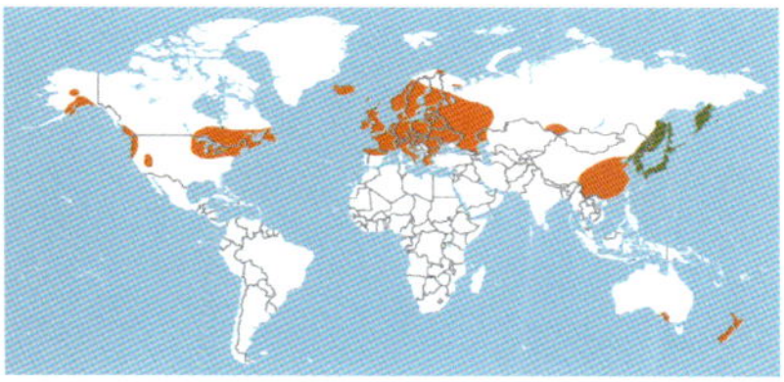

STECKBRIEF 1–2 m hoher, dicht mit vorrangig kurzen Stacheln besetzter Strauch und unterirdischen Ausläufern. Junge Äste und Stacheln dicht filzig behaart. Blätter wechselständig, unpaarig gefiedert mit 5–9 Blättchen. Blüten 6–8 cm im Ø. Kronblätter purpurrosa, seltener weiß. Hagebutten auffallend groß, breiter als hoch, zur Reife ziegelrot gefärbt.
NUTZUNG/AUSBREITUNG Zier- und Obstgehölz, im Landschaftsbau als Erosionsschutz, zur Begrünung

von Kalirückstandshalden und als Blendschutz auf Autobahn-Mittelstreifen. 1784 entdeckte der schwedische Botaniker Carl Peter Thunberg die Art in Japan und beschrieb sie. Erste Pflanzen erreichten England 1791, Deutschland 1808 und Frankreich 1811. Erste Verwilderungen im Gebiet sind seit der 2. Hälfte des 19. Jahrhunderts bekannt.

Gegenwärtig an der Nord- und Ostseeküste völlig eingebürgert. Einige Vorkommen gehen auf frühere Küstenschutzpflanzungen zurück, so etwa in Mecklenburg-Vorpommern und auf den Ostfriesischen Inseln, andere auf Verschleppung durch Vögel. Etablierungstendenzen sind auch an den sandigen Ufern größerer Flüsse wie am Rhein und an der Elbe erkennbar.

Armenische Brombeere
Rubus armeniacus
— Rosengewächs · Rosaceae

Juni–Juli
essbar
invasiv

STECKBRIEF Halbstrauch mit auffallend großen, bis 5 m langen und 1–3 cm dicken Schösslingen und wintergrünen, fünfzähligen Blättern. Schösslingsblättchen unterseits filzig behaart, oberseits fast kahl, mit gesägtem Rand. Stacheln 8–11 mm lang, am Grund rot. Blütenstand sehr groß. Krone 25–30 mm im Ø mit blassrosa Kronblättern. Blütenstiele mit 0–3 Stieldrüsen. Früchte groß und süß.

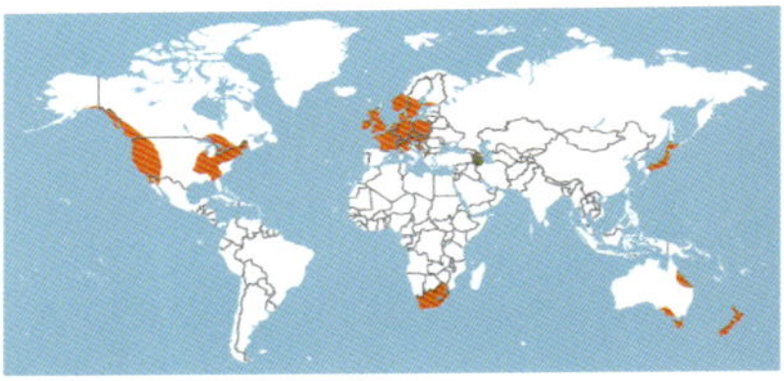

VERWECHSLUNG Unterscheidet sich von den vielen ähnlichen heimischen Brombeer-Arten durch Stacheln, die am Grund lebhaft rot gefärbt sind und blassrosa Kronblätter.

ANMERKUNG Die meisten Brombeerarten erzeugen die Samen auf ungeschlechtlichem Weg. Bei den seltenen Kreuzungsereignissen können Hybriden entstehen, die genetisch konstant sind und sich insofern wie Arten verhalten. So erklärt sich auch der Artenreichtum dieser Gruppe innerhalb der Gattung *Rubus*. Etwa 250 Brom-

Rubus armeniacus

Rubus allegheniensis

Rubus canadensis

beer-Sippen werden heute im Gebiet innerhalb der Sektionen *Rubus* und *Corylifolii* als Arten akzeptiert. Allerdings gibt es nur wenige Spezialisten, die sogenannten Batologen, welche diese richtig bestimmen können.

NUTZUNG/AUSBREITUNG Obstpflanze. 1837 von den Boothschen Baumschulen in Klein Flottbek in Hamburg aufgrund ihrer großen, schmackhaften Früchte als Obstpflanze eingeführt und in vielen Gärten angepflanzt. Sie zählt in der Sorte 'Theodor Reimers', die in England und den USA unter dem Namen 'Himalaya' geläufig ist, zu den gängigsten Brombeer-Sorten. Erste Verwilderungen im Gebiet sind aus dem Jahr 1898 von Milow in Brandenburg, Stralsund in Mecklenburg-Vorpommern und Bregenstedt in Sachsen-Anhalt bekannt. Gegenwärtig weit verbreitet und häufig. Lokal eingebürgert, so im Seengebiet des Schweizer Mittellandes. Vermehrt sich über Ausläufer, Absenker und durch Pseudogamie entstandene Samen.

WEITERE ARTEN Die **Allegheny-Brombeere**, *Rubus alleghenlensis*, stammt aus dem östlichen Nordamerika und wird als Obstpflanze in verschiedenen, meist stachellosen Sorten kultiviert. Sie tritt im Gebiet verwildert bis eingebürgert auf mit Verbreitungsschwerpunkt in Norddeutschland.

Die nordamerikanische **Kanadische Brombeere**, *Rubus canadensis*, wird oft als 'Wilsons Frühe' kultiviert und tritt im Gebiet sehr zerstreut verwildert bis eingebürgert auf, vor allem in Hamburg, Mecklenburg-Vorpommern, Niedersachsen und Sachsen, aber auch anderswo, wie in Hessen.

Die **Schlitzblättrige Brombeere**, *Rubus laciniatus* dürfte aus einer Laciniata-Mutante von der Hain-Brombeere, *Rubus nemorensis*, hervorgegangen sein. Sie wurde ursprünglich in England kultiviert und findet sich gegenwärtig in allen deutschen Bundesländern verwildert, ebenso zerstreut vorkommend in Österreich und in der Schweiz.

Rubus laciniatus

Zimt-Himbeere
Rubus odoratus
— Rosengewächs · Rosaceae

Mai–Juni
essbar

Rubus odoratus

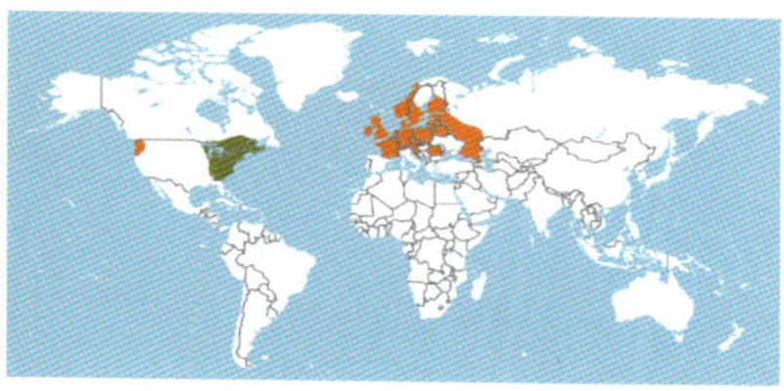

STECKBRIEF 1–2,5 Meter hoher, aufrechter, ausläufertreibender, sommergrüner Strauch. Triebe unbewehrt, mit roten Stieldrüsen besetzt. Blattspreiten 3–5-lappig, 15–25 cm breit, mit zugespitzten, ungleich gesägten Lappen. Herbstfärbung des Laubes in Jahren mit genügend Niederschlag gelb-rot. Blüten duftend, 4–5 cm im Ø mit purpurrosa Kronblättern. Früchte orange, halbkugelig, entwickeln sich in Mitteleuropa nur selten, sind fade im Geschmack.

VERWECHSLUNG Die im Laub und Habitus sehr ähnliche Nutka-Himbeere, *Rubus parviflorus*, hat weiße Blüten.

NUTZUNG/AUSBREITUNG Als Zierpflanze und Flächenbegrüner. In Europa seit dem Jahr 1770 in Gartenkultur. Erste Verwilderungen im Gebiet sind seit 1885 aus Bayern bekannt. Gegenwärtig vielfach subspontan, lokal mit Etablierungstendenzen, so etwa im Botanischen Garten in München.

WEITERE ARTEN Aus dem östlichen Nordamerika stammt die **Schwarze Himbeere**, *Rubus occidentalis*, die als Obstgehölz kultiviert wird und vereinzelt verwildert auftritt, so in Brandenburg, in der Steiermark und in Wien.

Einen starken Ausbreitungsdrang zeigt auch die nordamerikanische **Nutka-Himbeere**, *Rubus parviflorus*, die u. a. von Berlin, Brandenburg, Mecklenburg-Vorpommern, Sachsen, Schleswig-Holstein, Niederösterreich, der Steiermark und Zürich subspontan bekannt ist.

Im pazifischen Nordamerika ist die **Prächtige Himbeere**, *Rubus spectabilis*, beheimatet, die im Gebiet als Zier- und Obstpflanze gezogen wird und daraus verwildert, so besonders in Norddeutschland. In Hamburg und Schleswig-Holstein vielerorts auch eingebürgert.

Rubus parviflorus

Rubus occidentalis

Rubus spectabilis

Rotborsten-Himbeere

Rubus phoenicolasius

— Rosengewächs · Rosaceae

Mai–Juni
essbar
invasiv

STECKBRIEF 1–3 m hoher Strauch mit auffallend rotbraunen Drüsenborsten und Stacheln. Blätter (1)3–5-zählig gefiedert, unterseits weißlich. Blüten unscheinbar, selbst zur Blütezeit wie abgeblüht aussehend, an den Ruten im zweiten Jahr erscheinend. Nach dem Fruchten sterben diese Ruten ab. Früchte orangerot, wohlschmeckend, in Schirmrispen am Ende der Zweige stehend.

NUTZUNG/AUSBREITUNG Obstgehölz, früher auch zum Färben des Weines genutzt. 1876 erstmals in Europa

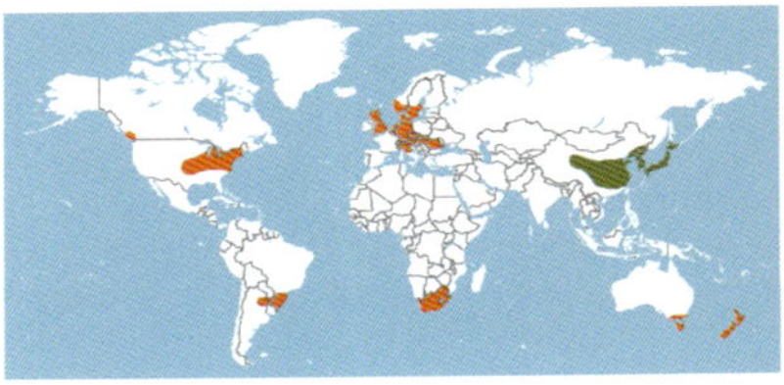

Rubus phoenicolasius Früchte

kultiviert. Subspontan im Gebiet erstmals 1921 in Graz in der Steiermark aufgetreten.
Gegenwärtig im Gebiet weit verbreitet und vielerorts eingebürgert. Im Osten der USA invasiv. Wie viele *Rubus*-Arten vermehrt sich auch die Rotborsten-Himbeere durch Ruten, die an ihren Enden bei Bodenkontakt anwurzeln und neue Pflanzen bilden. Eine Fernausbreitung erfolgt unter anderem durch Samen, die von Tieren genascht und vertragen werden.

Rubus phoenicolasius

Bergamasker Wiesenknopf
Sanguisorba dodecandra
— Rosengewächs · Rosaceae

Juni–Aug.

Sanguisorba canadensis

STECKBRIEF 40–100 cm hohe, kahle oder spärlich behaarte, wohlriechende Staude. Blätter blaugrün, gefiedert, mit 3–8 Paaren lanzettlicher bis eiförmiger Fiederblättchen. Blättchenrand scharf gezähnt, jederseits mit 15–26 Zähnen. Blütenähren 5–8 cm lang, Kelchblätter

Sanguisorba dodecandra

hellgrün, Staubblätter hängend, weiß, später gelb und rostrot.
NUTZUNG/AUSBREITUNG Selten als Zier- und Futterpflanze. Endemisch in den italienischen Bergamasker-, Orobischen- und Rätischen Alpen. Am Wiener Schneeberg in Niederösterreich früher versuchsweise als alpine Futterpflanze kultiviert und daraus verwildert. Ins abgelegene Südtiroler Innerpflersch könnte die Art mit Heueinkäufen aus der Lombardei oder mit der Futterversorgung früher von Grenztruppen eingesetzter Tragtiere gekommen sein.
WEITERE ART In Nordamerika von Labrador bis Georgia ist der **Kanadische Wiesenknopf**, *Sanguisorba canadensis*, beheimatet, der selten als Zierstaude genutzt wird und sehr selten daraus verwildert, so in Nordrhein-Westfalen.

Sibirische Fiederspiere
Sorbaria sorbifolia
— Rosengewächs · Rosaceae

Juni–Juli

STECKBRIEF Bis 3,5 m hoher Strauch mit zahlreichen Ausläufern und aufrechten Trieben. Blätter früh austreibend, bis 45 cm lang, mit 11–27 lanzettlichen Blättchen, diese 5–10 cm lang, 1,5–2,5 cm breit, lang zugespitzt, bis an die Spitze doppelt gesägt, meist kahl, mit 12–20 Seitennerven-Paaren. Blüten in 10–25 cm langen Rispen, weiß. Staubblätter 20–50. Fruchtstiele aufrecht.
VERWECHSLUNG Die Himalaya-Fiederspiere, *Sorbaria tomentosa*, wird bis 6 m hoch, hat keine Ausläufer, 16–32 Seitennerven-Paare je Blättchen und zurückgebogene Fruchtstiele.
NUTZUNG/AUSBREITUNG Ziergehölz. 1759 erstmals in Europa kultiviert. Verbreitet sich vor allem vegetativ über Ausläufer. Im Gebiet vielfach verwildert bis lokal eingebürgert mit Verbreitungsschwerpunkten im nördlichen Bayern, in Berlin, Brandenburg und Hamburg.
WEITERE ARTEN Aus Zentral-China stammt die **Chinesische Fiederspiere**, *Sorbaria kirilowii* (Syn. *S. arborea*), die selten als Zierstrauch kultiviert wird und vereinzelt verwildert, so in Brandenburg, Salzburg, in der Steiermark und in Nordtirol.

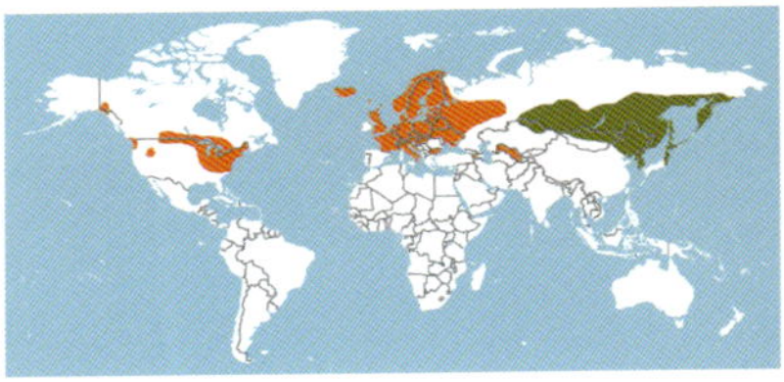

In Zentralasien ist die **Himalaya-Fiederspiere**, *Sorbaria tomentosa*, beheimatet, die als Ziergehölz kultiviert wird, vereinzelt verwildert und sich einbürgert, wie etwa in Wien und Südtirol.
Das **Prärie-Mädesüß**, *Filipendula rubra*, aus dem östlichen Nordamerika wird bei uns seit dem Jahr 1765 als Zierstaude genutzt und verwildert vereinzelt, so in Bayern, Sachsen und Osttirol.

Sorbaria sorbifolia

Sorbaria kirilowii

Sorbaria tomentosa

Filipendula rubra

Japanische Spiere
Spiraea japonica
— Rosengewächs · Rosaceae

Juni–Aug.

STECKBRIEF Bis 1,5 m hoher, aufrechter, wenig verzweigter Strauch. Blattspreiten 2–8 cm lang, lanzettlich bis eiförmig, spitz oder zugespitzt, scharf doppelt gesägt oder gekerbt, oberseits dunkler als unterseits. Blüten 4–6 mm breit, in 6–20 cm breiten, flachen Trugdolden endständig an den diesjährigen Langtrieben. Krone hellrosa bis purpurn, Staubfäden länger als die Kronblätter. Früchte mit aufrechten Bälgen, kahl.

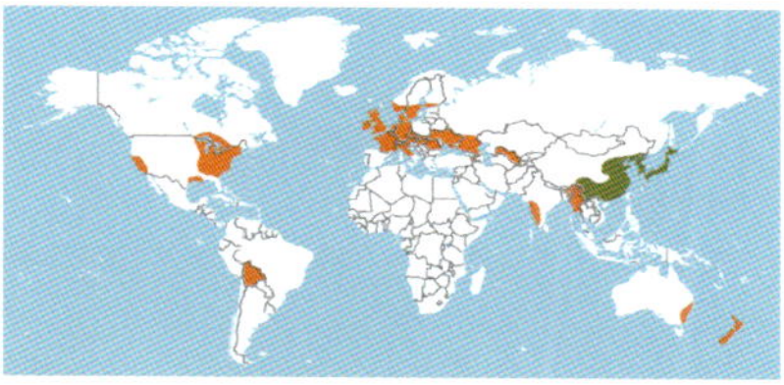

Spiraea japonica

Spiraea × arguta

VERWECHSLUNG Die ebenfalls kultivierte, nordamerikanische Dichtblütige Spiere, *Spiraea densiflora*, wird nur 60 cm hoch, ihre Blattspreiten sind abgerundet, ihre Trugdolden 3–6 cm breit.

NUTZUNG/AUSBREITUNG Zierstrauch, in vielen Sorten kultiviert, im Gartenhandel meist unter der synonymen Bezeichnung *Spiraea bumalda* geführt. 1843 traf die Pflanze in Leiden ein, 1847 war sie in Weimar und 1858 in Potsdam vorhanden. Erste Verwilderungen sind seit Anfang des 20. Jahrhunderts aus Vorarlberg bekannt. Gegenwärtig recht häufig verwildert, lokal auch etabliert, wie bei Feldkirch in Vorarlberg und im südlichen Tessin.

WEITERE SIPPEN Häufig wird auch die **Braut-Spiere**, *Spiraea × arguta*, kultiviert, eine Gartenhybride aus der chinesischen Thunberg-Spiere, *Spiraea thunbergii*, und der Reichblütigen Spiere, *Spiraea × multiflora*, die wiederum eine Hybride aus *S. crenata* und *S. hypericifolia* ist. Sie tritt vereinzelt subspontan auf, so in Baden-Württemberg, Bayern, Genf und Luzern.

Eurasiatisch ist die **Johanniskraut-Spiere**, *Spiraea hypericifolia*, die im Gebiet seit dem 17. Jahrhundert zu Zierzwecken kultiviert wird, früher allerdings häufiger als heute, und die vereinzelt verwildert auftritt, so in Bayern, Brandenburg, Mecklenburg-Vorpommern und Rheinland-Pfalz.

Die aus China stammende **Thunberg-Spiere**, *Spiraea thunbergii*, tritt vereinzelt subspontan auf, u. a. in Bayern, Salzburg, in der Steiermark, in Bern und im Tessin.

Die **Belgische Spiere**, *Spiraea × vanhouttei*, eine um 1862 entstandene Gartenhybride aus den ostasiatischen Arten Kanton-Spiere, *Spiraea cantoniensis* und Dreilappige Spiere, *Spiraea trilobata*, wird häufig als Zierstrauch kultiviert und tritt im gesamten Gebiet gelegentlich verwildert auf.

Spiraea hypericifolia

Spiraea × vanhouttei

Spiraea thunbergii

Kolben-Spiere
Spiraea (×) *billardii*
— Rosengewächs · Rosaceae

Juli–Aug.

STECKBRIEF Bis 2,5 m hoher, straff aufrechter, Ausläufer treibender Strauch mit behaarten Trieben. Blattspreiten 5–8 cm lang, länglich-lanzettlich bis elliptisch, an den Enden spitz oder abgerundet, scharf gesägt, im unteren Drittel oft ganzrandig, unterseits graufilzig bis schwach behaart. Blüten in walzen- bis kegelförmigen, dichten, 10–20 cm langen Rispen, endständig an den Langtrieben. Krone rosa, Staubblätter doppelt so lang wie die Kronblätter.

VERWECHSLUNG Bei der sehr ähnlichen Oregon-Spiere, *Spiraea douglasii*, sind die Blattspreiten fast ganzrandig oder nur in der oberen Hälfte gesägt. Bei der heimischen Weidenblättrigen Spiere, *Spiraea salicifolia*, sind die Blattspreiten auf ihrer ganzen Länge regelmäßig gesägt.

NUTZUNG/AUSBREITUNG Ziergehölz. Kultur-Hybride aus der nordamerikanischen Oregon-Spiere, *Spiraea douglasii*, und der eurasiatischen Weidenblättrigen Spiere, *Spiraea salicifolia*, bzw. der nordamerikanischen Weiß-Spiere, *Spiraea alba*. *Spiraea* (×) *billardii* kann als vielgestaltige, hybridogen entstandene Art gewertet werden, die in Begriff ist, in Europa ein eigenständiges Areal aufzubauen.

Sie entstand um 1850 in der Baumschule L. C. B. Billard & Barre in Fontenay aux Roses südwestlich von Paris und

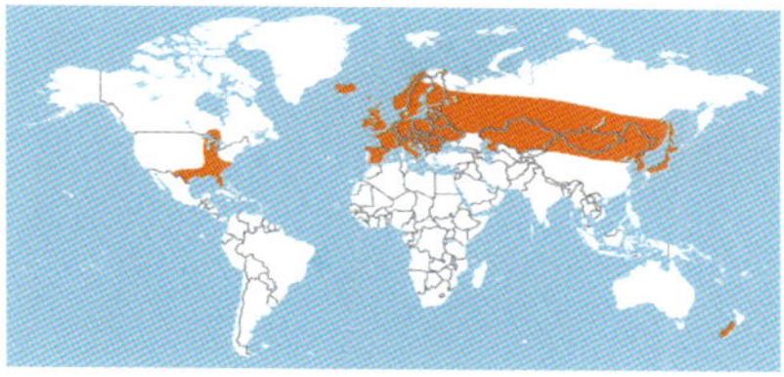

wurde fortan kultiviert. Möglicherweise ist sie aber auch schon früher entstanden, worauf Fundmeldungen aus dem Fichtelgebirge (als *S. salicifolia*) aus dem Jahr 1786 und 1817 hindeuten. Gegenwärtig im Gebiet weit verbreitet. Aufgrund ihrer Wüchsigkeit und Ähnlichkeit zu anderen Spieren dürfte die Sippe häufiger verwildert oder verschleppt auftreten als in der Literatur angegeben.

WEITERE SIPPEN Die nordamerikanische, im Gebiet seit dem Jahr 1765 bekannte **Weiße Spiere**, *Spiraea alba*, tritt besonders reichlich in Baden-Württemberg und Rheinland-Pfalz auf, sonst nur vereinzelt, so in Bayern, Mecklenburg-Vorpommern, Niedersachsen, Nordrhein-Westfalen, Sachsen, Sachsen-Anhalt, Kärnten, Ober-

Spiraea × billardii

Spiraea alba

Spiraea douglasii

Spiraea tomentosa

österreich, Salzburg, in der Steiermark, in der Waadt und in Zürich.
Die nordamerikanische **Oregon-Spiere**, *Spiraea douglasii*, tritt im Gebiet zerstreut auf, gehäuft in Sachsen und im Ruhrgebiet Nordrhein-Westfalens, sonst vereinzelt, wie in Bayern, Mecklenburg-Vorpommern, Niedersachsen, Sachsen, Sachsen-Anhalt, im Burgenland, in Kärnten, in der Steiermark, in Nordtirol und Vorarlberg.
Ebenfalls aus Nordamerika stammt die **Filzige Spiere**, *Spiraea tomentosa*, die im Gebiet sehr selten verwildert auftritt, wie in Brandenburg, Hamburg, Hessen, Sachsen und Sachsen-Anhalt.

Nelkenwurz-Waldsteinie

Waldsteinia geoides (Syn.: *Geum waldsteiniae*)
— Rosengewächs · Rosaceae

April–Mai

Waldsteinia geoides

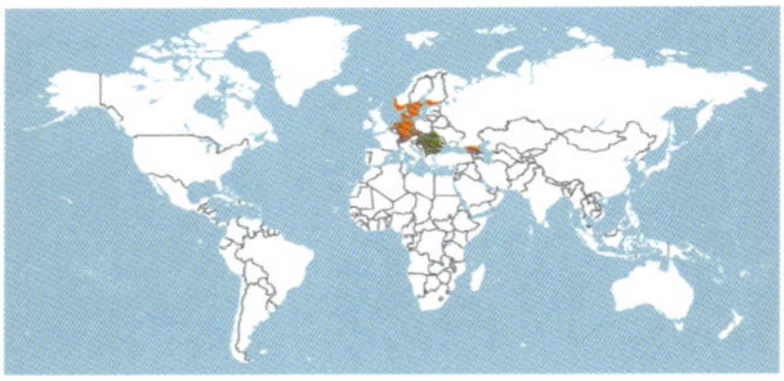

STECKBRIEF 10–25 cm hohe, immergrüne, rhizomtreibende Mehrjährige. Grundblätter gestielt, Spreite 5–7-teilig gelappt. Stängelblätter dreilappig bis dreispaltig. Blüten fünfzählig, mit 2 Griffeln und zahlreichen Staubblättern. Kronblätter am Grund oberseits mit 2 öhrchenartigen Fortsätzen.
NUTZUNG/AUSBREITUNG Zierstaude, Bodendecker. Seit spätestens 1804 in Gartenkultur. Gegenwärtig im Gebiet vereinzelt verwildert oder verschleppt. Die

Ausbreitung erfolgt vor allem vegetativ über Rhizome und durch Gartenauswurf.
WEITERE ARTEN Das neuseeländische **Blaugrüne Stachelnüsschen**, *Acaena buchananii*, wird als Bodendecker genutzt und verwildert zuweilen, so in Niedersachsen und Nordrhein-Westfalen.
Ebenfalls aus Neuseeland stammt das **Wehrlose Stachelnüsschen**, *Acaena inermis*, das bei uns als Bodendecker oder zur Trogbepflanzung genutzt wird und gelegentlich daraus entflieht, so in Oberösterreich und Salzburg.
Auch das **Kleinblättrige Stachelnüsschen**, *Acaena microphylla*, kommt aus Neuseeland und konnte in Salzburg eingeschleppt gefunden werden.

Acaena buchananii

Acaena inermis

Acaena microphylla

Rosenwaldmeister · Baldriangesicht
Phuopsis stylosa
— Rötegewächs · Rubiaceae

Mai–Aug.

Phuopsis stylosa

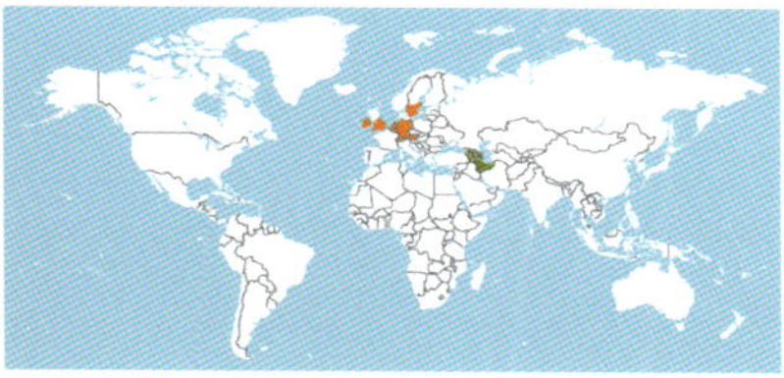

STECKBRIEF 10–25 cm hohe, niederliegende bis aufsteigende Staude. Blätter zu 6–9 quirlig angeordnet, linealisch, 15–30 mm lang, am Rand bewimpert. Blüten duftend, Krone rosa, 12–15 mm lang, Griffel länger als die Kronröhre.
NUTZUNG/AUSBREITUNG Zierpflanze. In Europa seit spätestens 1836 in Gartenkultur, knapp 100 Jahre später im Gebiet erstmals verwildert bei Oberammergau gefunden. Gegenwärtig in Mitteleuropa selten und unbeständig subspontan auftretend.

Kleeulme
Ptelea trifoliata
— Rautengewächs · Rutaceae

Juni

STECKBRIEF 2–6 m hoher, sommergrüner Strauch oder Baum mit kastanienbrauner Rinde. Blätter dreizählig, kahl oder behaart, lang gestielt. Blättchen 5–12 cm lang, eiförmig-elliptisch, ganzrandig bis fein gezähnt, oberseits glänzend. Blüten grünlichweiß, 0,8–1,2 cm im Ø, in 4–5 cm breiten, kurzen Rispen. Frucht 2–2,5 cm im Ø, breit geflügelt und netzartig genervt, an der Spitze leicht ausgerandet.

NUTZUNG/AUSBREITUNG Ziergehölz. 1704 nach Europa gekommen und hier aufgrund ihres aromatischen Geruchs, der hübschen Herbstfärbung, der Schattenverträglichkeit und ihrer Anspruchslosigkeit kultiviert. Verwilderungen im Gebiet sind seit 1887 aus Berlin bekannt. Gegenwärtig vereinzelt subspontan mit Verbreitungsschwerpunkten in Berlin, Sachsen und Sachsen-Anhalt.

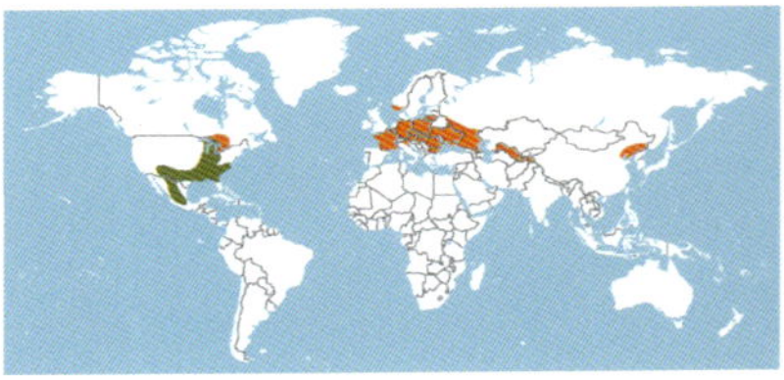

WEITERE ART Ebenfalls ein Rautengewächs ist die im nördlichen China und in Korea beheimatete **Stinkesche**, *Tetradium daniellii*, die gelegentlich als Bienenweide kultiviert wird und ganz vereinzelt verwildert, so in Baden-Württemberg, Hessen und Rheinland-Pfalz.

Ptelea trifoliata

Tetradium daniellii

Echte Weinraute
Ruta graveolens
— Rautengewächs · Rutaceae

Juni–Aug.

Ruta graveolens

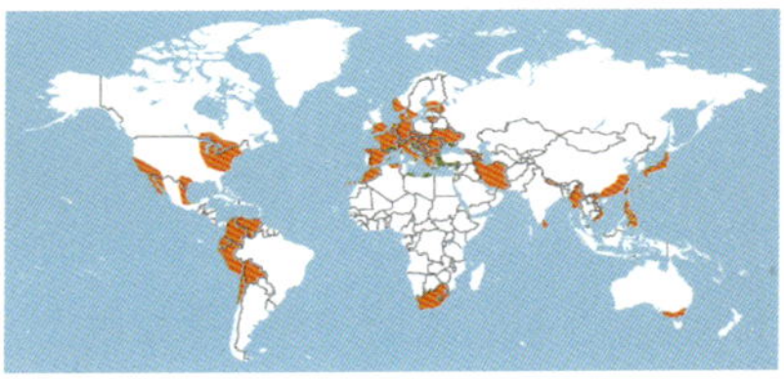

STECKBRIEF 30–70 cm hoher, aromatisch duftender Halbstrauch. Blätter doppelt fiederschnittig, blaugrün, 6–12 cm lang, kahl, Abschnitte spatelförmig bis lanzettlich, ganzrandig oder sehr wenig gezähnt. Blüten

gelb, in endständigen, lockeren Rispen, Kronblätter gezähnt, am Saum gewellt, kapuzenartig einwärts gekrümmt.
NUTZUNG/AUSBREITUNG Gewürz-, Zier- und Arzneipflanze. In Mitteleuropa seit der Römerzeit kultiviert und daraus lokal eingebürgert, so im Schwäbischen Jura, im Etsch-Eisackgebiet Südtirols und im Rhonetal des Wallis. Sonst vielfach verwildert, so beispielsweise Gelnhausen in Hessen, St. Michael im Lungau und Villeneuve im Kanton Waadt.

Hybrid-Pappel
Populus × canadensis
— Weidengewächs · Salicaceae

April
invasiv

STECKBRIEF Bis 35 m hoher, zweihäusiger, meist breitkroniger Baum mit kantigen Zweigen. Stamm ohne horizontale Korkwülste. Austreibende Blätter rötlich, am Blattstielansatz der Blattspreite mit Drüsen. Ausgewachsene Blattspreiten dreieckig mit ausgezogener Spitze, 8–12 cm lang, am Rand gesägt bis gekerbt. Blattstiel lang, seitlich abgeflacht. Männliche wie weibliche Blüten in hängenden, bis 9 cm langen Kätzchen.
VERWECHSLUNG Bei der europäisch-asiatischen Schwarz-Pappel, *Populus nigra*, hat der Stamm horizontale Korkwülste, die austreibenden Blätter sind hellgrün, die Blattstiele meist drüsenlos.
ANMERKUNG Mit *Populus × canadensis* wird ein Hybridschwarm mit den Elternarten *Populus nigra* aus Eurasien und *Populus deltoides* bzw. *P. angulata* aus Nordamerika bezeichnet. Er besteht aus vielen Sorten, die durch vegetative Vermehrung als Klone gewonnen werden.
Da die Sorten sich in Wuchsform und -leistung sowie in den Ansprüchen stärker unterscheiden als in der Morphologie, ist eine taxonomische Bearbeitung schwierig. Die Hybride ist mit den Elternarten fertil kreuzbar, wodurch sich Hybridschwärme mit intermediären Merkmalen in stufenloser Mischung ausbilden. Dadurch hat die Schwarz-Pappel im Gebiet kaum noch reinerbige Nachkommen. Die meisten Bäume, die morphologisch als *P. nigra* bestimmt werden, sind tatsächlich nach genetischen Untersuchungen Hybriden. Es gilt daher als fraglich, ob in Europa überhaupt noch reinerbige *Populus nigra* ohne genetische Beimengung der amerikanischen Arten existieren.

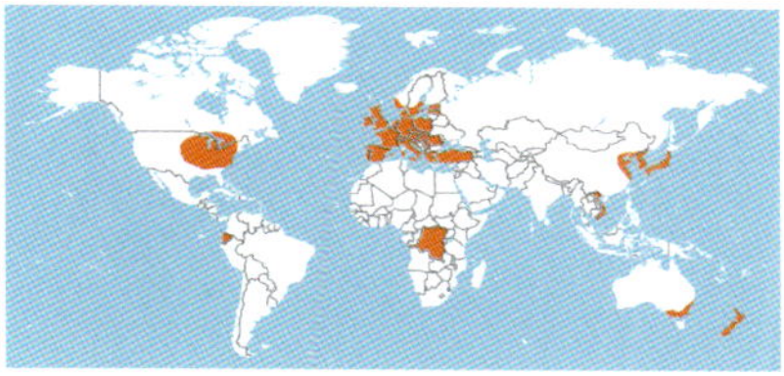

NUTZUNG/AUSBREITUNG Zur Energiegewinnung und als Zierbaum. Die ersten Hybrid-Pappeln sind durch spontane Kreuzung Ende des 17. Jahrhunderts in Frankreich entstanden. Die erste Kultur im Gebiet ist aus dem Jahr 1785 aus Brandenburg belegt. In den letzten 200 Jahren wurden zahlreiche Klone isoliert und ver-

Populus × canadensis

Populus balsamifera

mehrt. Die meisten Pappelaufforstungen erfolgten zwischen 1945 und 1965. Sie wurden wegen des schnellen Wachstums zur Holzproduktion angelegt, da auf guten Standorten Umtriebszeiten von 25 Jahren möglich sind. Zunehmend werden Pappeln auch im extremen Kurzumtrieb zur Energiegewinnung angebaut. Vermehrt werden sie in der Regel vegetativ über männliche Klone. Die spontane vegetative Ausbreitung geschieht über Ausläufer. Gegenwärtig finden sich Hybrid-Pappel-Forste und naturverjüngte Pflanzen in ihrer Umgebung im ganzen Gebiet mit Schwerpunkt in sommerwarmen Lagen des Tief- und Hügellandes.

WEITERE ARTEN Die nordamerikanische **Balsam-Pappel**, *Populus balsamifera*, wird im Gebiet seit dem Jahr 1731 als Zier-, Forst- und Volksarzneipflanze kultiviert und verwildert verschiedentlich, so in Bayern, Berlin, Hamburg, Hessen, Mecklenburg-Vorpommern, Niedersachen, Nordrhein-Westfalen, Sachsen, Sachsen-Anhalt, Niederösterreich, Oberösterreich, Salzburg, in der Steiermark, in Nordtirol, Osttirol, Wien, Südtirol und Neuenburg. Aus Nord-China stammt die **Simon-Pappel**, *Populus simonii*, die als Forst-, Straßen- und Windschutzgehölz oft gepflanzt wird und selten verwildert, so in Sachsen, Niederösterreich, Oberösterreich, Salzburg, in der Steiermark und in Osttirol. Die nordamerikanische **Herzblättrige Weide**, *Salix eriocephala* (Syn. *S. cordata*), wird in einem weiblichen und einem männlichen Cultivar zunehmend als Flecht- und Ziergehölz gepflanzt und verwildert daraus, so in Bayern mit Einbürgerungstendenzen und in der Steiermark.

Populus simonii

Salix eriocephala

Großer Algenfarn
Azolla filiculoides
— Schwimmfarngewächs · Salviniaceae

invasiv

Azolla filiculoides

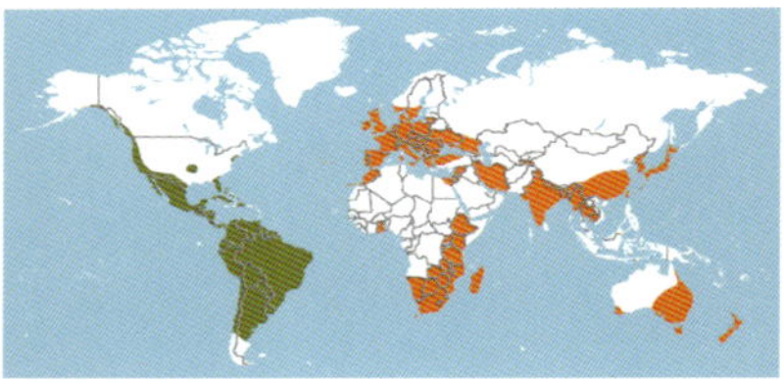

STECKBRIEF 1–10 cm lange, verzweigte Schwimmpflanze, ähnlich einem Blattlebermoos. Blätter schuppenförmig, dicht zweizeilig angeordnet, blaugrün, bei kälteren Temperaturen rötlich werdend, unbenetzbar. Im Gebiet einjährig, im Herbst absterbend, überwintert aber mittels Sporen. Sporenreife Juli bis September.

ANMERKUNG Die Art lebt in Symbiose mit der im Blattgewebe befindlichen Cyanobakterie *Anabaena*

azollae, wodurch *Azolla* in der Lage ist, Luftstickstoff zu fixieren und auch unter stickstoffarmen Bedingungen zu gedeihen.
NUTZUNG/AUSBREITUNG Teich- und Aquarienpflanze. Seit mindestens Mitte des 19. Jahrhunderts als Zierpflanze für die Aquaristik und als Teichpflanze in West- und Mitteleuropa in Kultur. Erste subspontane Vorkommen sind seit etwa 1870 vom mittleren Oberrhein und 1880 von Österreich bekannt. Gegenwärtig lokal eingebürgert und besonders in Nordrhein-Westfalen häufig und invasiv. Die Fernausbreitung geschieht durch Wasservögel, Wassersport und Aquaristik.

Feuer-Ahorn
Acer ginnala
— Seifenbaumgewächs · Sapindaceae

Mai

STECKBRIEF Kleiner, bis etwa 10 m hoch werdender Baum oder mehrstämmiger Großstrauch mit gegenständigen Blättern. Spreite 4–9 cm lang, 3–5 cm breit, elliptisch-länglich, 3–5-lappig, mit zusätzlichen Läppchen an den Mittel- und Seitenlappen. Blattoberseite glänzend grün, Unterseite hellgrün, Herbstfärbung prächtig rot. Blüten in einem schirmtraubigen Blütenstand, unscheinbar, duftend.
VERWECHSLUNG Der im Gebiet heimische Tatarische Ahorn, *Acer tataricum*, zu dem der Feuer-Ahorn oft nur als Unterart gerechnet wird, hat am Blattgrund keine zusätzlichen Blattläppchen.
NUTZUNG/AUSBREITUNG Vor allem als Sichtschutz und in Hecken, aufgrund seiner schönen Herbstfärbung auch als Kübel- und Dachgartengehölz. 1860 in westliche Gärten eingeführt und besonders im Landschaftsbau eingesetzt. Nach den Fundmeldungen zu schließen, scheint die Art in neuerer Zeit entweder vermehrt zu verwildern oder zumindest mehr Beachtung zu finden. Erste subspontane Funde aus dem Gebiet wurden 1896 von Hamburg und 1935 von Hof in Bayern gemeldet. Gegenwärtig vielfach subspontan auftretend.
WEITERE ART Ostasiatischer Herkunft ist der **Fächer-Ahorn**, *Acer palmatum*, der in vielen verschiedenen Sorten als Ziergehölz häufig gepflanzt wird und vereinzelt daraus verwildert, so in Hessen, Niedersachsen, Salzburg und in der Steiermark.

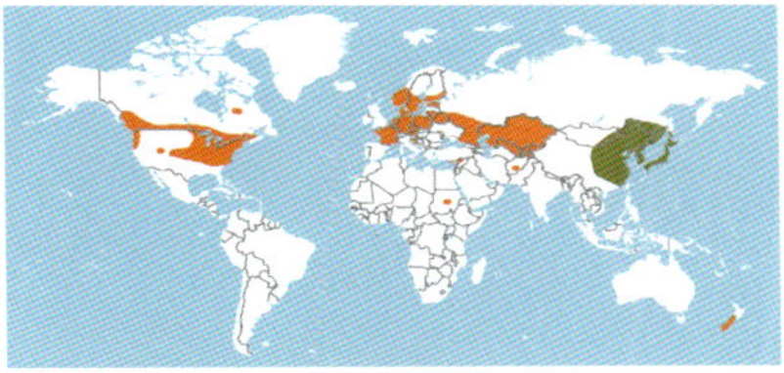

Acer ginnala

Acer ginnala

Acer palmatum

Eschen-Ahorn
Acer negundo
— Seifenbaumgewächs · Sapindaceae

März–April
invasiv

Acer negundo

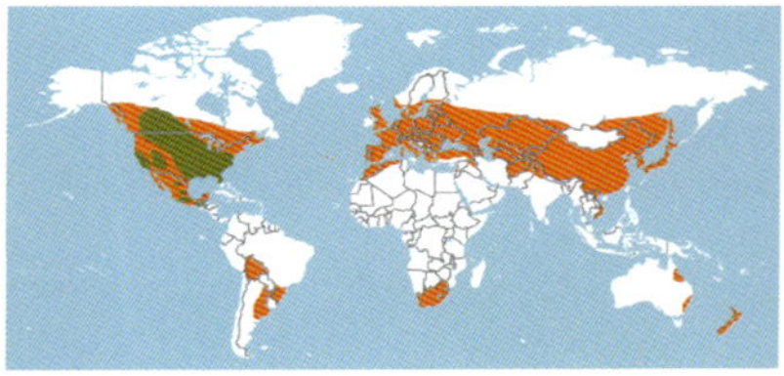

STECKBRIEF Bis 20 m hoher Baum mit eschenähnlichen, frischgrünen Blättern. Zweige kahl, besonders die jungen oft bläulich oder weißlich bereift. Blätter unpaarig gefiedert mit 3–7-zähligen Fiedern, diese mitunter wieder 2–3-lappig. Pflanze zweihäusig, Blüten in hängenden Blütenständen, vor den Blättern erscheinend. Weibliche Blütenstände traubig, männliche kurz-büschelig-rispig. Kronblätter fehlen. Teilfrüchte länglich, mit den spitzwinkeligen Fruchtflügeln etwa 3 cm lang.
NUTZUNG/AUSBREITUNG Als Zierbaum, für Windschutzhecken und an Verkehrswegen. 1688 nach Europa gekommen, in Deutschland 1699 in Leipzig kultiviert. Häufiger dann ab Ende des 18. Jahrhunderts etwa im Elsass, im Oberrheingebiet und in den Donauländern. Verwilderungen sind erstmals 1919 bei Forst in Brandenburg nachgewiesen. Gegenwärtig im Gebiet weit verbreitet und sich weiter ausbreitend. Vor allem Auen, Sandtrockenrasen, Steppen, Hecken und Ruderalstandorte werden in Mitteleuropa besiedelt. Vermehrt sich sowohl generativ wie auch vegetativ.

Silber-Ahorn
Acer saccharinum
— Seifenbaumgewächs · Sapindaceae

März–April

Acer saccharinum

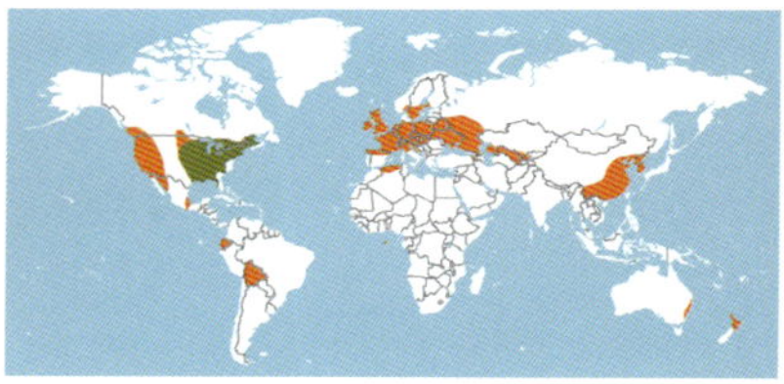

STECKBRIEF 20–25 m hoher, schnellwüchsiger, rundkroniger Baum, meist trichterförmig, kurz- oder mehrstämmig mit vielen gleichgroßen, aufstrebenden Ästen. Seitenzweige locker überhängend, bei freistehenden Pflanzen bis zum Boden. Blätter fünflappig, oberseits frischgrün, unterseits weißlich bis hell bläulichgrau,

Austrieb bronzegrün, Herbstfärbung fahlgelb. Blüten in bräunlichen bis rötlichen Büscheln. Früchte geflügelt, 3–5 cm lang gestielt.

VERWECHSLUNG Markantestes Merkmal des Silber-Ahorns sind seine weißlichen Blattunterseiten.

NUTZUNG/AUSBREITUNG Ziergehölz, besonders in Parkanlagen und als Straßenbegleitbaum. Die Art zeigt oft einen reichen Fruchtansatz. Jungpflanzen finden sich im Gebiet bevorzugt im Steinblockwurf von Gewässerufern und in offenen Sand- oder Schotterflächen, so beispielsweise auf Kinderspielplätzen. Verwilderungen treten besonders in den letzten Jahren häufiger auf.

WEITERE ARTEN Der vom östlichen Mittelmeergebiet bis West-China beheimatete **Kolchische Ahorn**, *Acer cappadocicum*, konnte adventiv in Baden-Württemberg, Bayern, Salzburg, Genf, in der Waadt, in Zug und Liechtenstein gefunden werden.

Der **Zucker-Ahorn**, *Acer saccharum*, aus dem östlichen Nordamerika ist verwildert u. a. aus Baden-Württemberg, Bayern, Berlin, Sachsen, Kärnten und Wien bekannt.

Acer cappadocicum

Acer saccharum

Europäische Rosskastanie

Aesculus hippocastanum
— Seifenbaumgewächs · Sapindaceae

April–Mai

Aesculus hippocastanum

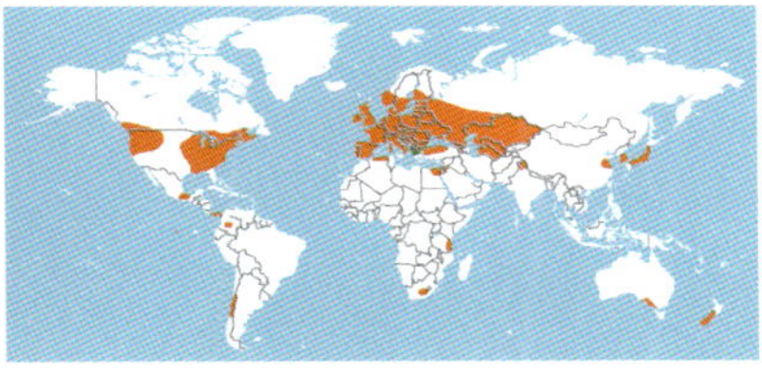

STECKBRIEF Bis 25 m hoher, sommergrüner Baum. Blätter 5–7-teilig gefingert, Blättchen verkehrt-eilanzettlich, bis über 20 cm lang, Blattrand fein gezähnt und kurz zugespitzt. Blüten in großen, aufrechten Trauben. Kronblätter 10–15 mm lang, gestielt, kraus bewimpert, weiß, mit gelbem oder rotem Fleck. Staubblätter meist 7, aufwärts gebogen, länger als die Krone. Frucht kugelig, grün, stachelig, Durchmesser bis 6 cm. Samen glänzend dunkelbraun, mit hellem, mattem Nabelfleck, Ø 2–4 cm.

NUTZUNG/AUSBREITUNG Zierbaum, vor allem an Straßen und in Parkanlagen, auch als Heil-, Wasch- und

Färbepflanze und zur Wildfütterung. Beheimatet in Bergschluchten der mittleren Balkanhalbinsel. Der flämische Botaniker Carolus Clusius (1526–1609) erhielt im Jahr 1576 Samen der Rosskastanie vom kaiserlichen Gesandten und Botaniker Ogir Ghislain de Busbecq (1522–1592) aus Konstantinopel und zog diese in Wien. Von dort weg verbreitete sich der Baum über Botanische Gärten und Privatgärten in ganz Europa.
Wird auch gegenwärtig häufig kultiviert und verwildert oft, so beispielsweise über Wildfütterungen. Angaben zu Einbürgerungen sind jedoch selten. Erst in den letzten Jahrzehnten wird aus Teilen Mitteleuropas mehrfach von einer zunehmenden Einbürgerungstendenz berichtet, wie für Bayern, das Rheinland, die Steiermark und die Stadt Zürich.
WEITERE ART Selten kultiviert und vereinzelt verwildert tritt die nordamerikanische **Strauch-Rosskastanie**, *Aesculus parviflora*, auf, so in Bayern.

Aesculus parviflora

Blasenesche
Koelreuteria paniculata
— Seifenbaumgewächs · Sapindaceae

Juni–Juli

Koelreuteria paniculata

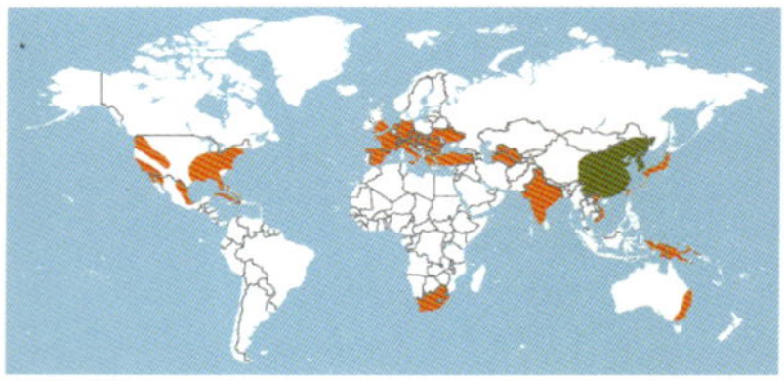

STECKBRIEF 5–10 m hoher, kurzstämmiger, gabelig verzweigter, sommergrüner Baum mit abgeflacht kugeliger, im Alter schirmförmiger Krone. Blätter gefiedert, bis 35 cm lang, mit 7–15 länglich-eiförmigen, kerbig gesägten Blättchen. Herbstfärbung gelb bis orangebraun. Blüten gelb, etwa 1 cm breit, duftend, in lockeren, aufrechten Blütenrispen. Fruchtkapseln länglich-eiförmig, aufgeblasen, 4–5 cm lang.
NAME Benannt zu Ehren des deutschen Botanikers und Professors für Naturgeschichte Joseph Gottlieb Kölreuter (1733–1806), dem Begründer der Blütenökologie und Entdecker der Insektenbestäubung. Kölreuter stellte Pflanzenhybriden her, deren Vorgang erstmals von wissenschaftlichen Gesichtspunkten geleitet war. So gelang ihm eine Hybride aus Bauern-Tabak und Grünem Tabak, bei der Eigenschaften der Mutter und des Vaters eindeutig erkennbar waren. Damit war die bis dahin umstrittene Sexualität der Pflanzen nun endgültig bewiesen.
NUTZUNG/AUSBREITUNG Zierbaum für Parkanlagen, Gärten und als Straßenbegleitgehölz. Früher bei Neusiedl im Burgenland auch forstlich kultiviert. 1763 in Europa eingeführt. Aufgrund ihrer Toleranz von Trockenstress, des späten Blühzeitpunktes und der niederen Wuchshöhe ein im Gebiet zunehmend beliebtes Ziergehölz, das vereinzelt subspontan auftritt.

Rote Schlauchpflanze
Sarracenia purpurea
— Schlauchpflanzengewächs · Sarraceniaceae

Juni

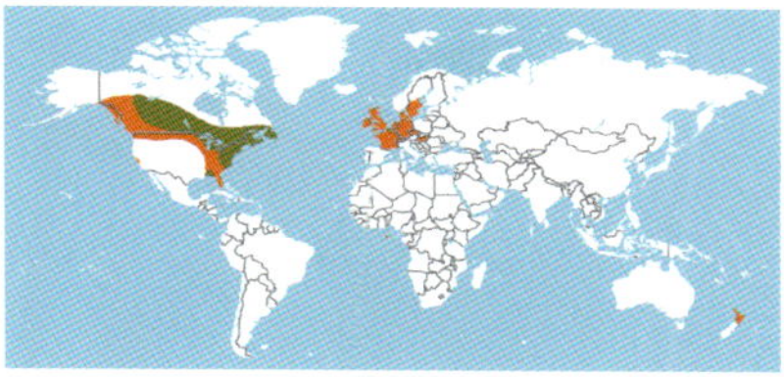

STECKBRIEF Insektivore Pflanze mit grundständigen, 5–25 cm langen, bogig aufsteigenden, bauchig erweiterten, Schläuche bildenden Blättern, die als Insektenfallen dienen. Blüten 3–4 cm im Ø, einzeln auf 20–50 cm hohen, aufrechten, blattlosen Stängeln, gelbgrün bis rot, nickend, kugelig, mit je 5 Kelch- und Kronblättern. Staubblätter zahlreich. Frucht eine fünffächerige Kapsel.
NUTZUNG/AUSBREITUNG Liebhaberpflanze fürs Carnivoren- oder Moorbeet. In Europa 1640 erstmals am englischen Königshof von John Tradescant (1608–1662) kultiviert, der sie aus Virginia mitgebracht hatte. Gegen Ende des 18. Jahrhundert in einem Moor bei Senkeld in Schottland beobachtet. 1906 wurden Pflanzen in drei irländischen Mooren ausgesetzt, in denen sie sich stark ausgebreitet haben. 1948 wurde *S. purpurea* in einem Moor bei Blekinge in Südschweden ausgebracht, wo bereits 1979 mehr als 1000 daraus entwickelte Exemplare zu beobachten waren.
Die älteste Ansalbung in Mitteleuropa findet sich im Schweizer Jura. Sie ist über 100 Jahre alt, die Art hat sich hier etabliert. Die Pflanzen stammen aus Samen, die 1890 aus Kanada eingeführt und von einem M. Cornu aus Vevey ausgesät wurden. Im Hochmoor Marais des Tenasses bei Vevey im Kanton Waadt haben sich so große Bestände entwickelt, dass zeitweise von ihnen Schnittblumen geerntet und auf dem Markt verkauft wurden. 1963 wurde die Rote Schlauchpflanze bei Kamenz in Sachsen angesalbt und ist seitdem Teil der Moorvegetation. Im Naturschutzgebiet Elmpter Schwalmbruch im Kreis Viersen in Nordrhein-Westfalen ist sie seit dem Jahr 2009 bekannt.
Wegen zunehmender Ausbreitung und Verjüngung werden die Pflanzen hier seit 2012 dezimiert. Auch sonst im Gebiet ganz vereinzelt in Mooren auftretend. In Österreich bisher nur Fundmeldungen vom Kleckermoos in Niederösterreich und vom Grünen See in der Steiermark, die aber absichtlich angesalbt wurden und daher in der Karte nicht berücksichtigt werden.

Sarracenia purpurea

Herzförmige Houttuynie
Houttuynia cordata
— Eidechsenschwanzgewächs · Saururaceae

Juni–Juli
essbar

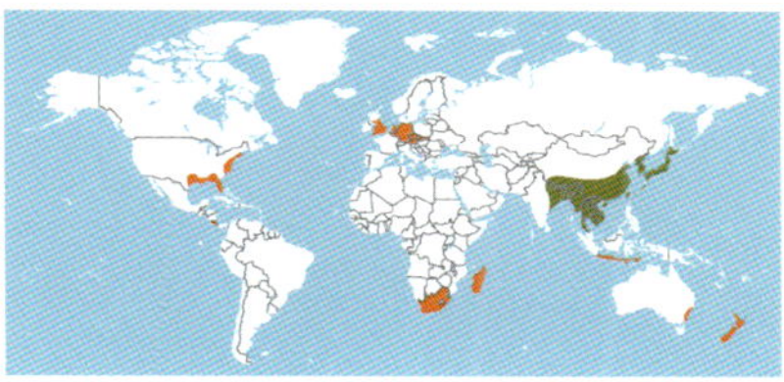

STECKBRIEF 10–50 cm hohe Mehrjährige mit eiförmigen, spitzen oder zugespitzten, 3,5–9 cm langen, am Grund herzförmigen Blattspreiten. Blütenstand am Grund mit 4–6 weißlichen Hochblättern, gedrungen, 1–3 cm lang.
NAME Benannt zu Ehren des niederländischen Arztes und Naturforschers Maarten Houttuyn (1720–1798), Verfasser eines 37-bändigen Werkes, welches auf Linnés natürlichem System basiert und eine Reihe von ähnlichen Werken beeinflusste.

Houttuynia cordata

NUTZUNG/AUSBREITUNG Zierpflanze, Gemüsepflanze, Arzneipflanze und in der Aquaristik. In der Gartenkultur wird vor allem die Sorte „Chameleon" mit dreifärbig grün-gelb-rosa Blättern gezogen. In Europa seit spätestens 1904 in Gartenkultur und vereinzelt subspontan auftretend, vor allem um Friedhöfe und an Gewässern.
WEITERE ART Der seit 1887 in europäischer Gartenkultur befindliche **Nickende Molchschwanz**, *Saururus*

Saururus cernuus

cernuus, aus dem östlichen Nordamerika, wird als Aquarien- und Teichzierpflanze kultiviert und verwildert gelegentlich, so in Nordrhein-Westfalen, Genf und Zürich.

Garten-Astilbe
Astilbe × arendsii
— Steinbrechgewächs · Saxifragaceae

Mai–Juli

Astilbe × arendsii

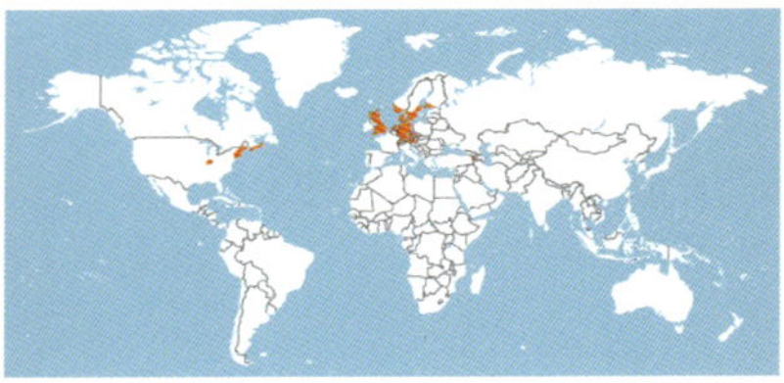

STECKBRIEF 40–80 cm hohe, langlebige Staude mit dickem Rhizom. Blätter wechselständig, lang gestielt, 2–3-fach dreizählig geteilt. Fiederblättchen lanzettlich, 3–7 cm lang, 1–2 cm breit, am Rand gezähnt. Blüten weiß, rosa oder rot, in endständigen Blütenrispen. Kronblätter schmal-spatelig, 3–4 mm lang.
VERWECHSLUNG Die richtige Zuordnung bei verwilderten oder verschleppten Astilben bereitet oft Schwierigkeiten, weil es sich bei den kultivierten Pflanzen meist um in Gartenkultur entstandene Hybriden handelt.
NAME Der Hybridname ehrt den deutschen Gärtner und Pflanzenzüchter Georg Adalbert Arends (1863–

1952), dessen Betrieb in Ronsdorf gegenwärtig von seiner Urenkelin Anja Maubach weitergeführt wird.
NUTZUNG/AUSBREITUNG Zierstaude, vor allem für Schattengärten. An der Zucht der Hybride waren vor allem die ostasiatischen Arten *Astilbe astilboides*, *A. chinensis* var. *davidii*, *A. japonica* und *A. thunbergii* beteiligt. Im Jahr 1830 gelangte *Astilbe japonica* aus ihrer Heimat nach Belgien. In der zweiten Hälfte des 19. Jahrhunderts folgten weitere Arten aus Ostasien und die Sortenzucht begann, vor allem durch den französischen Gärtner Emile Lemoine und den deutschen Gärtner Georg Arends. Gegenwärtig häufig und in vielen Sorten kultiviert, selten verwildert oder verschleppt.
WEITERE SIPPE In Sibirien, China und Korea ist die **Chinesische Astilbe**, *Astilbe chinensis*, beheimatet, die ebenfalls als Zierstaude kultiviert wird und selten verwildert, so in Bayern, Sachsen und in Salzburg-Land, dort auf knapp 1100 m Seehöhe.

Astilbe chinensis

Dickblatt-Bergenie
Bergenia crassifolia
— Steinbrechgewächs · Saxifragaceae

März–April

STECKBRIEF 10–50 cm hohe, langlebige, immergrüne Staude mit dickfleischigem, oberirdischem Rhizom. Blattspreite groß, rundlich bis oval, im Ø 10–25 cm, mit eingesenkten Drüsen, Blattrand wellig gekerbt. Blütenstand doldenrispig, auf dickfleischigem, bogig aufsteigendem Stängel. Blüten nickend, purpurrosa, 5– oder 6-zählig, Kronblätter 1–1,2 cm lang, Staubblätter 10.
VERWECHSLUNG Bei der Altai-Bergenie, *Bergenia cordifolia*, breitet sich der anfänglich kugelige Blütenstand

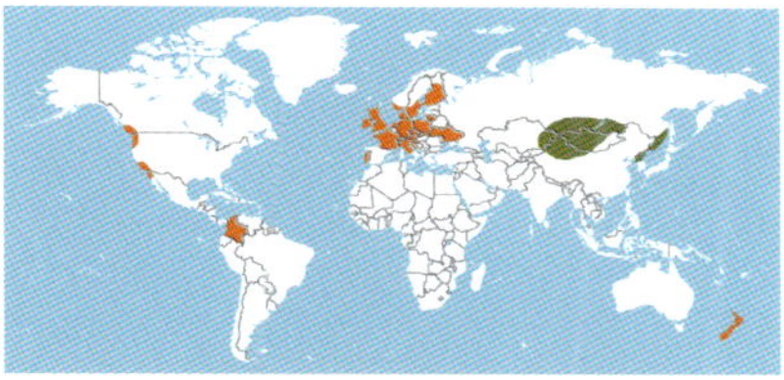

Bergenia crassifolia

Bergenia cordifolia

später schirmförmig aus. Meist werden Hybriden kultiviert, an denen neben den beiden oben erwähnten auch *Bergenia purpurascens*, *B. ciliata* und *B. stracheyi* beteiligt sind.
NAME Der Gattungsname ehrt den deutschen Arzt und Botaniker Karl August von Bergen (1704–1759), der u. a. eine Flora von Frankfurt a. d. Oder verfasste.
NUTZUNG/AUSBREITUNG Zierstaude. Auf seiner von 1733 bis 1743 dauernden Forschungsreise durch Sibirien fand der deutsche Botaniker Johann Georg Gmelin (1709–1755) die Pflanze im Altaigebirge und brachte sie nach St. Petersburg, von wo sie in den Botanischen Garten Uppsala kam und 1808 auch den Botanischen Garten Berlin erreichte. Von den Botanischen Gärten aus fand sie im 19. Jahrhundert Eingang in die allgemeine Gartenkultur. Gegenwärtig im Gebiet stellenweise verwildert oder verschleppt.
WEITERE ART Die im Altai-Gebirge und in östlich angrenzenden Gebieten der Mongolei beheimatete **Altai-Bergenie**, *Bergenia cordifolia*, wird ebenfalls als Zierpflanze genutzt und verwildert gelegentlich, so in Baden-Württemberg, Bayern, Niedersachsen, Sachsen, im Burgenland und in Wien.

Gezähntes Schaublatt
Rodgersia podophylla
— Steinbrechgewächs · Saxifragaceae

Juni–Juli

STECKBRIEF 80–120 cm hohe Mehrjährige mit großen, im Ø bis über 50 cm breiten, meist fünfteiligen Blattspreiten. Blättchen oberseits leicht glänzend, Blattrand spitzzackig und gesägt-gezähnt. Blütenstände weiß, rispig überhängend.
VERWECHSLUNG Das Kastanienblättrige Schaublatt, *Rodgersia aesculifolia*, hat meist siebenteilige Blätter, deren Ränder gezähnt, aber nicht spitzzackig sind.
NAME Der Gattungsname ehrt den US-amerikanischen Admiral John Rodgers (1812–1882), den Leiter der China-Expedition, im Zuge derer *Rodgersia podophylla* in den 1850er-Jahren entdeckt wurde.
NUTZUNG/AUSBREITUNG Langlebige Zierstaude. 1871 wurden erstmals Exemplare der Art in den USA gezeigt und etwa zeitgleich blühte die erste Pflanze in St. Petersburg. Gegenwärtig gehören die fünf bekannten *Rodgersia*-Arten und deren Kultursorten zum geläufigen Sortiment für Schattenstandorte in der Grünraumgestaltung. Sehr vereinzelt tritt die Art im Gebiet verwildert auf.

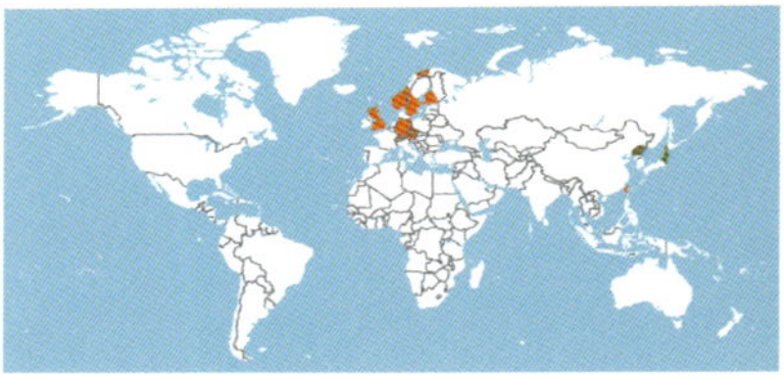

WEITERE ARTEN Aus Zentral-China stammt das **Kastanienblättrige Schaublatt**, *Rodgersia aesculifolia*, welches hin und wieder verwildert, so in Bayern, Nordrhein-Westfalen und Sachsen.

Rodgersia podophylla

Rodgersia aesculifolia

In Nordchina und Nordkorea ist das **Tafelblatt**, *Astilboides tabularis*, beheimatet, das vor allem aufgrund seiner ornamentalen Blätter als Zierstaude kultiviert wird und ganz vereinzelt daraus verwildert oder verschleppt auftritt, so in Niederösterreich.

Im westlichen Nordamerika ist das **Schildblatt**, *Darmera peltata*, beheimatet, welches als langlebige Schattenstaude eingesetzt wird und sich an diesen Standorten vegetativ ausbreiten kann, so etwa in Bayern, Hessen, Sachsen und Zürich.

Darmera peltata

Astilboides tabularis

Porzellanblümchen
Saxifraga × urbium
— Steinbrechgewächs · Saxifragaceae

Juni–Juli

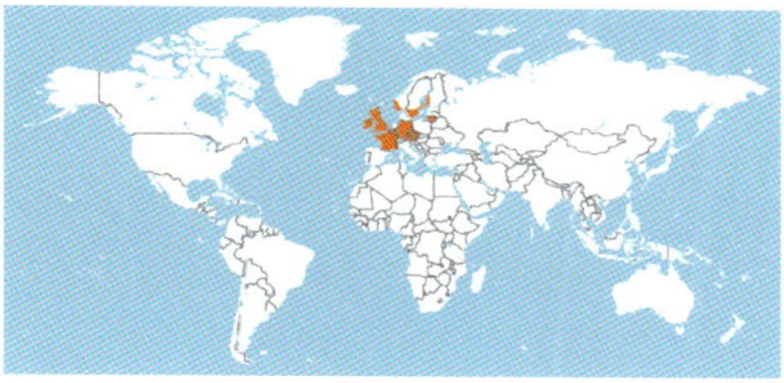

STECKBRIEF 10–40 cm hohe Mehrjährige mit blattlosen Blütenstängeln. Blattspreite eiförmig oder elliptisch, mit keiligem Grund in den Blattstiel übergehend, stumpf gezähnt, ledrig, 1–6 cm lang. Blattstiele so lang oder kürzer als die Blattspreiten, auf der gesamten Länge dicht bewimpert. Kronblätter weiß, mit gelben und roten Flecken.
VERWECHSLUNG Beim sehr ähnlichen Nelkenwurz-Steinbrech, *Saxifraga × geum*, ist die Blattspreite der Grundblätter deutlich vom Blattstiel abgesetzt, der Blattstiel ist länger als die Spreite.
NUTZUNG/AUSBREITUNG Zierstaude. Gärtnerische Hybride aus dem westeuropäischen Spateligen Steinbrech, *Saxifraga spathularis*, und dem pyrenäischen Schatten-Steinbrech, *Saxifraga umbrosa*. Sie wurde Ende des 17. Jahrhunderts als Gartenzierstaude in Kultur genommen und findet sich heute meist als „*Saxifraga umbrosa*" im Gartenhandel.
Die langlebige Sippe vermehrt sich durch oberirdische Ausläufer, die mit einer sich bewurzelnden Rosette enden. Einige der als *S. umbrosa* angegebenen subspontanen Vorkommen im Gebiet dürften tatsächlich zu *S. × urbium* zu stellen sein. Aus der Steinbrech-Sektion Robertsoniana werden auch einige andere, im Aussehen ähnliche Vertreter kultiviert, was das richtige Bestimmen von verwilder-

Saxifraga × urbium

Saxifraga × arendsii

Saxifraga × geum

ten Sippen erschwert. Es sind dies vor allem *Saxifraga × geum*, *S. hirsuta*, *S. spathularis* und *S. umbrosa*.

WEITERE SIPPEN Häufig und in verschiedenen Sorten in Steingärten, Trögen und auf Gräbern wird der zu Ehren des deutschen Gärtners Georg Arends (1863–1952) benannte **Polster-Steinbrech**, *Saxifraga × arendsii*, kultiviert. Es ist ein Hybridkomplex aus *Saxifraga rosacea*, *S. hypnoides*, *S. exarata*, *S. granulata* und ws. weiteren Arten, der gelegentlich immer wieder im gesamten Gebiet verwildert auftritt, vor allem in und um Friedhöfe. Ähnlich bestimmungskritisch wie das Porzellanblümchen und mit vielen Verwirrungen versehen ist der **Nelkenwurz-Steinbrech**, *Saxifraga × geum*, der Naturhybride aus den beiden pyrenäischen Arten Nieren-Steinbrech, *Saxifraga hirsuta*, und Schatten-Steinbrech, *Saxifraga umbrosa*. Verwilderungen der Sippe werden mehrfach gemeldet, so aus BW, Bayern, Hessen, Mecklenburg-Vorpommern, Nordrhein-Westfalen, Sachsen, Sachsen-Anhalt, Thüringen, Niederösterreich, Oberösterreich, Salzburg, der Steiermark, Nordtirol und Vorarlberg.

In Nordwest-Europa beheimatet ist der **Astmoos-Steinbrech**, *Saxifraga hypnoides*, der als Zierstaude gezogen wird und vereinzelt verwildert, so in Baden-Württemberg, Bayern, Rheinland-Pfalz, Bern, Freiburg, Glarus, Graubünden, Obwalden, in der Waadt und im Wallis.

Seit 1771 ist der in China, Japan und Korea beheimatete **Kriechende Steinbrech**, *Saxifraga stolonifera*, in Kultur, fast ausschließlich als Zimmerzierpflanze. Trotzdem findet sich die Art auch im Gebiet vereinzelt verwildert, so in Salzburg, im südlichen Graubünden und im südlichen Tessin.

Auch der seit dem 17. Jahrhundert in Gartenkultur befindliche **Schatten-Steinbrech**, *Saxifraga umbrosa*, wird selten als Zierpflanze genutzt und verwildert lokal daraus, so in Baden-Württemberg, Bayern, Niedersachsen, Nordrhein-Westfalen, Rheinland-Pfalz, Sachsen, Nordtirol, St. Gallen, in der Waadt, im Wallis und in Zürich.

Saxifraga hypnoides

Saxifraga stolonifera

Fransenblume · Falsche Alraunenwurzel

Tellima grandiflora
— Steinbrechgewächs · Saxifragaceae

Mai–Juni

Tellima grandiflora

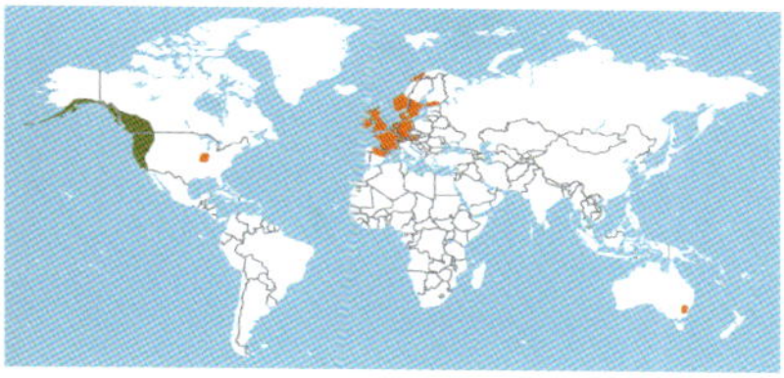

STECKBRIEF 30–80 cm hohe Staude mit gestielten Blättern. Blattspreite nierenförmig, 3–7-lappig, 4–10 cm im Ø. Blütenstand einseitwendig. Blüten nickend, Kronblätter 5, zurückgebogen, 4–6 mm lang, grünlichweiß bis rosa, vorne gefranst. Staubblätter 10, sehr kurz, dem Schlund des aufgeblasenen Achsenbechers eingefügt.

NUTZUNG/AUSBREITUNG Zierpflanze. In Europa seit 1826 in Gartenkultur, auch in Auslesen mit purpurbräunlichen oder silbrig gezeichneten Blättern. Die vermutlich erste Fundmeldung eines subspontanen Vorkommens im Gebiet stammt aus Mecklenburg-Vorpommern, wo sie Ende des 19. Jahrhunderts als „im Gebüsch des Gartens der Villa Gustava in Ludwigslust verwildert" angeführt wird. Gegenwärtig selten kultiviert, aber leicht verwildernd, lokal auch eingebürgert, so besonders in Nordrhein-Westfalen.

Herzblättrige Schaumblüte

Tiarella cordifolia
— Steinbrechgewächs · Saxifragaceae

April–Juni

Tiarella cordifolia

STECKBRIEF 10–30 cm hohe Mehrjährige mit dünnen, wurzelnden Ausläufern. Blätter 3–7-lappig. Blütenstängel ohne oder mit einem kleinen Blatt. Blütenstand traubig. Kronblätter lanzettlich bis elliptisch, 4–8 mm lang, ganzrandig. Kelchblätter etwa halb so lang. Staubblätter 2–7 mm lang. Fruchtkapsel 4–10 mm lang.

NUTZUNG/AUSBREITUNG Zierstaude. 1632 kam die Pflanze nach England zu John Tradescant. Aus Mitteleuropa ist sie seit etwa dem Jahr 1800 bekannt, 1808 war sie im Botanischen Garten Berlin in Kultur. Tritt gegenwärtig im Gebiet ganz vereinzelt subspontan auf, so zwischen Steinenbronn und Musberg in Baden-Württemberg, im niedersächsischen Braunschweig, Düsseldorf-Kaiserwerth in Rheinland-Pfalz und Freiberg-Hilbersdorf in Sachsen.

WEITERE ART Häufig als Zierstauden werden Sippen der Gattung *Heuchera*, Purpurglöckchen, verwendet. Benannt zu Ehren des deutschen Professors der Medizin Johann Heinrich von Heucher (1677–1747), der in Wittenberg einen botanischen Garten begründete. Allen voran das in Nordmexiko und den südlichen USA beheimatete **Blut-Purpurglöckchen**, *Heuchera sanguinea*, das im Gebiet ganz vereinzelt auch verwildert auftritt, so in Bayern, Niedersachsen, Sachsen und Kärnten.

Heuchera sanguinea

Sommerflieder
Buddleja davidii
— Braunwurzgewächs · Scrophulariaceae

Juni–Aug.
giftig
invasiv

STECKBRIEF Bis 4 m hoher, laubwerfender, kurzlebiger Strauch mit gegenständig angeordneten, lanzettlichen, lang zugespitzten, am Rand gesägten und unterseits graufilzigen Blättern. An den Zweigenden bis zu 30 cm lange Blütenstände aus zahlreichen duftenden, lila bis violetten, vierzähligen Blüten. Kronblätter zu einer ca. 1 cm langen, engen Kronröhre verwachsen mit ausgebreiteten Kronzipfeln.

NUTZUNG/AUSBREITUNG Zierstrauch. 1869 entdeckte der französische Missionar und Chinaforscher Abbe Jean Pierre Armand David (1826–1900) die Pflanze bei Mupin in den westchinesischen Gebirgen. Zusammen mit 250 anderen Pflanzenarten kehrte David 1875 nach Frankreich zurück. Saatgut einer besonders schönen Form des Sommerflieders schickte aber erst der Pater Jean Andre Soulie 1893 nach Europa. Aus dem

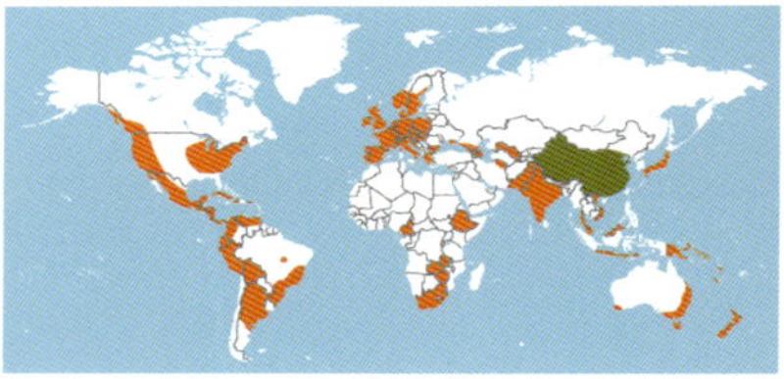

Buddleja davidii

Saatgut Soulie's wuchsen in der Gärtnerei Vilmorin prächtige Pflanzen heran. Der Sommerflieder, auch Schmetterlingsstrauch genannt, eroberte schnell die Gärten Europas.

Bereits um 1920 werden Verwilderungen aus London gemeldet. Erste Verwilderungen aus dem Gebiet sind 1928 von einer Kiesbank am Rhein nachgewiesen. Nach dem Zweiten Weltkrieg vollzog sich die Ausbreitung rascher, z. B. auf den Trümmerstandorten von Berlin, Stuttgart und Köln. Nachdem mit der Beseitigung des Trümmerschuttes verbundenen Wiederaufbau gelang der Sprung aus dem Garten auf Ödländereien, Flussufer und Waldlichtungen.

Gegenwärtig ist der Sommerflieder in Siedlungsgebieten häufig und gedeiht dort auf ungenutzten Flächen. In klimatisch begünstigten Naturräumen wie dem Oberrheingebiet, der Niederrheinischen Bucht, dem Neckarbecken und dem südlichen Tessin ist die Art eingebürgert. Außerhalb der Siedlungen wächst der Sommerflieder oft entlang von Bahngleisen, an Ufern und in Auen, in Kiesgruben und Steinbrüchen, an Waldrändern und Lichtungen sowie auf Felsstandorten tieferer Lagen. In rascher Ausbreitung befindlich.

Seidenhaarige Königskerze
Verbascum bombyciferum
— Braunwurzgewächs · Scrophulariaceae

Juli–Aug.

STECKBRIEF 80–180 cm hohe, weißseidig, flockig behaarte Zwei- bis Mehrjährige mit wenig verzweigtem Blütenstand. Blätter breit-lanzettlich, im ersten Jahr in einer Rosette. Blüten in 3–7-blütigen Knäueln. Kronblätter schwefelgelb.

VERWECHSLUNG Im Gartenhandel ist mit der Sorte 'Silberkandelaber' eine Hybride aus *Verbascum bombyciferum* × *Verbascum olympicum* vertreten, die vielblütiger und nicht so auffallend behaart wie *Verbascum bombyciferum* ist. Sie ist verwildert bisher nicht bekannt.

NUTZUNG/AUSBREITUNG Zierpflanze. Beheimatet im Uludag-Gebirge bei Bursa im nordwestlichen Anatolien. In der zweiten Hälfte des 19. Jahrhunderts im Zuge des Aufkommens der Wild- und Staudengärten nach Europa gekommen. Die Seidenhaarige Königskerze wird gerne in Verkehrsinseln, öffentliche Parkanlagen und Kreisverkehre gepflanzt und verwildert von dort vereinzelt in angrenzenden Bereichen, ebenso auf Deponien und ähnlichen Standorten. Im Gartenhandel vor allem mit dem Sortennamen 'Polarsommer' im Umlauf, wobei es sich auch hier um die reine Art handelt.

WEITERE ARTEN Ein Endemit Südost-Europas ist die Banater Königskerze, *Verbascum banaticum*, die im Gebiet sehr selten auftritt, so in Bayern und Thüringen. Im Kaukasus-Gebiet ist die Pyramiden-Königskerze, *Verbascum pyramidatum*, beheimatet, die im Gebiet selten als Zierpflanze kultiviert wird und ganz vereinzelt verwildert, so in Bayern.

Verbascum banaticum

Verbascum bombyciferum

Verbascum pyramidatum

Manchmal kultiviert und gelegentlich verschleppt oder verwildert findet sich im Gebiet die mediterran-westasiatische **Gebuchtete Königskerze**, *Verbascum sinuatum*, so in Baden-Württemberg, Bayern, Mecklenburg-Vorpommern, Niedersachsen, Nordrhein-Westfalen, Rheinland-Pfalz, in der Steiermark, in Solothurn und Zürich.

Verbascum sinuatum

Das südafrikanische Herzblättrige **Schneeflöckchen**, *Sutera cordata*, wird besonders als dauerblühende Ampel- und Blumenkastenpflanze geschätzt, woraus sie vereinzelt unbeständig verwildert, so in Baden-Württemberg, Bayern, Berlin, Hessen, Mecklenburg-Vorpommern, Niedersachsen, Nordrhein-Westfalen und Sachsen.

Sutera cordata

Götterbaum

Ailanthus altissima
— Bittereschengewächs · Simaroubaceae

Juni
giftig
invasiv

STECKBRIEF 10–25 m hoher, zweihäusiger, schnellwüchsiger Baum mit grünlichen, kurz behaarten Sprossen. Ältere Zweige rötlich oder bräunlich, verkahlend.

Ailanthus altissima

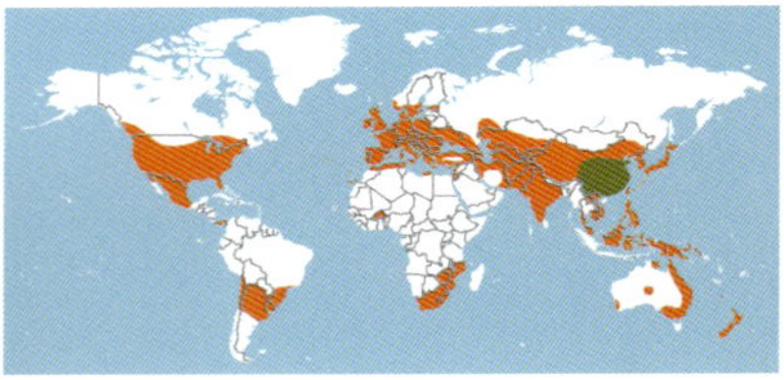

Blätter groß, unpaarig gefiedert mit 15–35 Blättchen. Diese lanzettlich, ganzrandig, an der Basis oft mit jederseits einem Zahn. Blüten fünfzählig, weiß, in rispenartigen Blütenständen mit durchdringendem Geruch. Im Spätsommer entwickeln sich beidseitig geflügelte und spiralig gedrehte, grüne bis braunrote Früchte.
NUTZUNG/AUSBREITUNG Als schnellwachsender Sichtschutz und zur Begrünung von urbanindustriellen Standorten, auch als Alleebaum, Bienenweide und Ziergehölz. Um das Jahr 1740 schickte der französische Jesuitenpater Pierre d'Incarville (1706–1757) Samen des Götterbaumes nach Paris im Glauben, dass es sich um den Lackbaum, *Rhus verniciflua*, handelte, dessen Saft zur Herstellung von Möbellack gebraucht wurde.
Trotz anfänglicher Enttäuschung fand der Baum in der Alten wie auch in der Neuen Welt Verbreitung. 1751

wurde er in London, 1780 in Berlin und 1784 in Philadelphia kultiviert.
Einige Jahrzehnte später erfolgten Pflanzungen in Nord- und Südamerika, Südafrika, Australien und Neuseeland und auch in wärmeren Ländern Europas wurde der Götterbaum forstlich und zum Schutz vor Erosion gepflanzt. Mitte des 19. Jahrhunderts gab es eine weitere Anbauwelle in Europa, diesmal um Seide zu produzieren. Die Pflanzen dienten als Nahrungsquelle für den ebenfalls eingeführten Götterbaum-Spinner, *Samia cynthia*. Darüber hinaus ist der Baum bei Imkern beliebt, denn sein Honig gilt als Spezialität.
Erste Verwilderungen aus dem Gebiet sind seit dem Jahr 1901 bei Freienwalde in Brandenburg bekannt. Gegenwärtig ist der Götterbaum weit verbreitet mit einer Häufung in den wärmeren Regionen und einer deutlichen und starken Ausbreitungstendenz, vor allem entlang von Autobahnen, Bahnlinien und im städtischen Bereich.

Gewöhnlicher Stechapfel
Datura stramonium
— Nachtschattengewächs · Solanaceae

Juni–Sep.
giftig

STECKBRIEF 30–100 cm hohe, kahle bis zerstreut drüsenlos behaarte Einjährige mit gabelästigen Stängeln und eiförmigen, spitz gelappten bis doppelt gezähnten, 8–17 cm langen und 4–12 cm breiten Blattspreiten. Blütenkrone trichterförmig, weiß (var. *stramonium*) oder blassviolett (var. *tatula*), 5–10 cm lang, am Saum 5-zipfelig. Kelch aufgeblasen, röhrig, 3–5 cm lang, 5-kantig, hellgrün. Kapselfrüchte eiförmig, stachelig, meist aufrecht, reif vierkammerig entlang der Nähte aufspringend. Samen schwarz, eiförmig oder diskusartig, bis 4 mm lang.
VERWECHSLUNG Der Großblütige Stechapfel, *Datura inoxia*, hat drüsig behaarte Blätter, Blütenstiele und Kelche und 10–17 cm lange Blütenkronen.
NUTZUNG/AUSBREITUNG Historische Arzneipflanze und Zauber- und Rauschdroge. Seit dem Jahr 1584 aus Mitteleuropa bekannt. In den letzten Jahren, vielleicht bedingt durch die Klimaerwärmung, im Gebiet in deutlicher Zunahme begriffen und mittlerweile Kosmopolit. Wird auch mit Grünsaatmischungen ausgebracht.
WEITERE ARTEN Sehr selten tritt der **Dornige Stechapfel**, *Datura ferox*, dessen Heimat unklar ist, im Gebiet

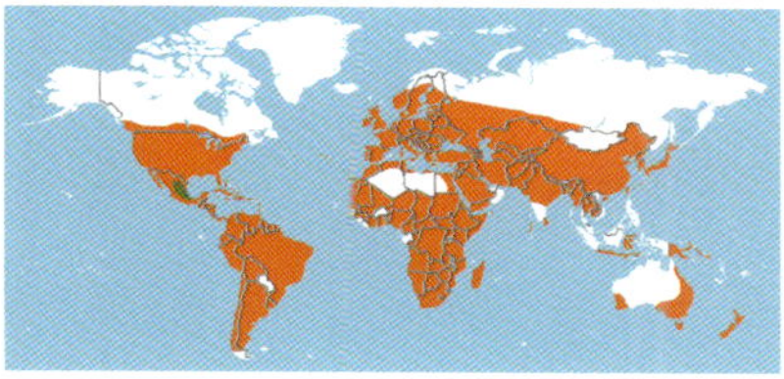

eingeschleppt auf, so in Bayern, Hamburg, Mecklenburg-Vorpommern, Niedersachsen, Nordrhein-Westfalen und Sachsen.
Der in Mittel- und Südamerika beheimatete **Großblütige Stechapfel**, *Datura inoxia*, tritt im Gebiet vereinzelt auf, so u. a. in Bayern, Niedersachsen, Sachsen, im Burgenland, in Kärnten, Niederösterreich, Oberösterreich, Salz-

Datura stramonium

Datura ferox

burg, in der Steiermark, in Wien, Basel, Genf, im Tessin, der Waadt, im Wallis, in Zug und Zürich.
Der **Flaumige Stechapfel**, *Datura metel*, stammt aus Mittelamerika (?) und der Karibik und tritt im Gebiet ganz vereinzelt verschleppt auf, so in Baden-Württemberg, Bayern, Hamburg, Nordrhein-Westfalen, Sachsen und Schleswig-Holstein.
Möglicherweise nur eine Unterart zum Großblütigen Stechapfel ist der im südlichen Nordamerika beheimatete **Kalifornische Stechapfel**, *Datura wrightii*, der im Gebiet ebenfalls gelegentlich zu finden ist, so in Bayern, im Burgenland, in Niederösterreich, Oberösterreich und in der Steiermark. Im Gegensatz zu *Datura inoxia* besitzt der Stängel von *D. wrightii* keine abstehenden Drüsenhaare, sondern kurze, dichte, drüsenlose Haare, die den Stängel grau erscheinen lassen.

Datura inoxia

Datura metel

Datura wrightii

Gewöhnlicher Bocksdorn
Lycium barbarum
— Nachtschattengewächs · Solanaceae

Juni–Sep.
essbar

STECKBRIEF Bis 3 m hoher Strauch mit bogig überhängenden, unten dornigen Ästen und lanzettlichen, ganzrandigen Blättern, die in der Mitte am breitesten sind. Blüten gestielt, lila. Kronröhre am Grund 2,5–3 mm im Ø. Früchte leuchtend rote, längliche Beeren.
VERWECHSLUNG Beim sehr ähnlichen China-Bocksdorn, *Lycium chinense*, sind die Blätter eilanzettlich und unterhalb der Mitte am breitesten. Die Kronröhre ist am Grund etwa 1,5 mm im Ø.
NUTZUNG/AUSBREITUNG Als Obstgehölz, Zierstrauch und zur Bodenbefestigung. Die Einstufung der Art als Giftpflanze beruht wahrscheinlich auf einen fehlerhaften Artikel von 1890, der bereits 1891 widerlegt wurde, aber scheinbar nicht mehr zur Kenntnis genommen wurde.

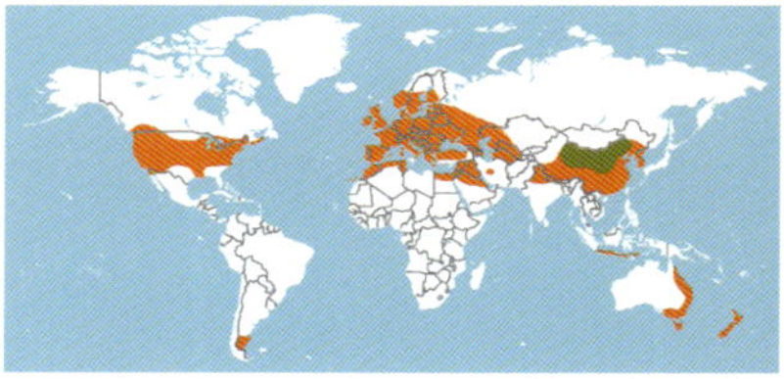

In Europa seit spätestens dem Jahr 1696 in Kultur. 1769 in Brandenburg und 1788 in den Herrenhäuser Gärten in Hannover gezogen. Erste Verwilderungen sind aus dem Jahr 1824 aus Jena in Thüringen bekannt, 1841 von

Lycium barbarum

Mecklenburg-Vorpommern, 1844 von der Steinklebe bei Wendelstein in Sachsen-Anhalt und 1872 von den Ostfriesischen Inseln. Gegenwärtig im Gebiet weit verbreitet und lokal eingebürgert. Vermehrt sich vor allem vegetativ durch Wurzelsprosse.

WEITERE ART Auch der **China-Bocksdorn**, *Lycium chinense*, wird manchmal kultiviert und findet sich selten subspontan, so in Bayern, Berlin, Brandenburg, Hessen, Mecklenburg-Vorpommern, Niedersachsen, Nordrhein-Westfalen, Rheinland-Pfalz, Sachsen, Sachsen-Anhalt, Schleswig-Holstein, Kärnten, in der Steiermark, in Südtirol, Basel, Graubünden, der Waadt und in Zürich.

Lycium chinense

Giftbeere
Nicandra physalodes
— Nachtschattengewächs · Solanaceae

Juli–Okt.
giftig

Nicandra physalodes

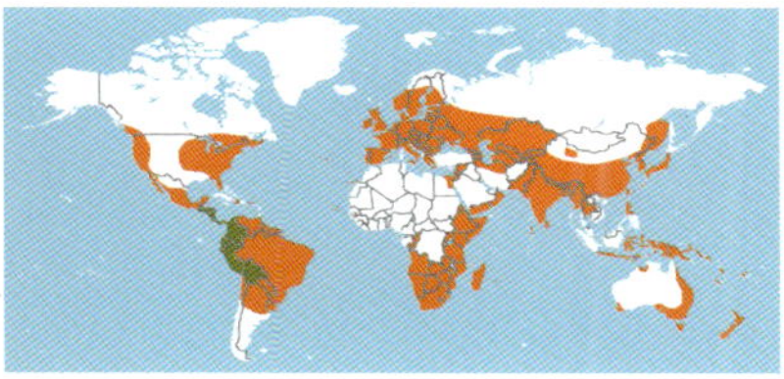

STECKBRIEF 20–100 cm hohe, verzweigte, fast kahle Einjährige mit eiförmigen, buchtig gezähnten Blattspreiten und einzelnen, auf abwärts gebogenen Stielen befindlichen Blüten. Krone blauviolett mit heller Mitte, weit trichterförmig, mit ausgebreitetem Saum, 2–4 cm im Ø. Kelch scharf fünfkantig, am Grunde mit 5 rückwärts gerichteten Zipfeln, zur Fruchtzeit stark aufgeblasen, eine anfänglich grüne, später schwarzviolette bis braune Beere umschließend.

NUTZUNG/AUSBREITUNG Als Zierpflanze und für den biologischen Pflanzenschutz. Vom französischen Franziskanerpater Louis Feuillée um 1710 in Peru entdeckt. 1771 wuchs die Pflanze im Botanischen Garten in Halle, 1779 wurde sie von der Gärtnerei Buek in Hamburg zum Verkauf angeboten. Auch ungewollt kam die Pflanze mehrfach als Transportbegleiter nach Europa. Erste subspontane Vorkommen aus dem Gebiet sind seit 1850 aus Bremen bekannt.
Gegenwärtig findet sich die Giftbeere vielfach eingeschleppt oder verwildert, lokal auch etabliert wie in Mais- und Kürbisäckern der Südsteiermark.

Bauern-Tabak
Nicotiana rustica
— Nachtschattengewächs · Solanaceae

Juli–Sep.
giftig

STECKBRIEF 50–120 cm hohe, klebrig drüsig-behaarte, meist schon vom Grund an verzweigte Einjährige. Blätter gestielt, Spreiten eiförmig bis elliptisch, 10–30 cm lang. Krone 12–22 mm lang, grünlichgelb, mit bauchig erweiterter, kurzer Röhre. Kelchzipfel stumpf bis abgerundet, ungleich lang. Frucht ± kugelig, 7–15 mm lang.
NAME Die Gattung ist nach dem französischen Botschafter in Lissabon, Jean Nicot de Villemain (1530–1604), benannt, der sich mit der Heilwirkung des Tabaks beschäftigte und 1561 Tabaksamen an den französischen Hof schickte, was zur frühen Verbreitung des Tabaks in Frankreich führte.
NUTZUNG/AUSBREITUNG Zur Tabak- und Pflanzenschutzproduktion. Wahrscheinlich eine alte Kultursippe, die bereits präkolumbianisch im Amazonas-Oberlauf kultiviert wurde und hybridogen aus *Nicotiana paniculata* × *Nicotiana undulata* entstand. Im 17. Jahrhundert nach Mitteleuropa gekommen, wo sie ehemals zur Herstellung von Kau- und Schnupftabak genutzt wurde.
Gegenwärtig wird die Pflanze nur noch gelegentlich zur Gewinnung von Nikotin für die Herstellung von Insektizi-

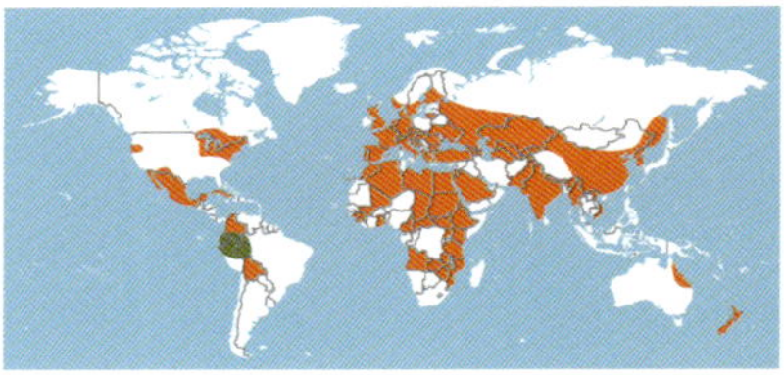

Nicotiana rustica

Nicotiana alata

den kultiviert und findet sich vereinzelt und unbeständig subspontan im Gebiet.

WEITERE SIPPEN Ebenso südamerikanisch und seit 1827 im Gebiet als Zierpflanze gezogen wird der **Flügel-Tabak**, *Nicotiana alata*, der selten verwildert auftritt, so in Baden-Württemberg, Bayern, Hamburg, Mecklenburg-Vorpommern, Sachsen, Kärnten, in der Steiermark, in Nordtirol, Vorarlberg und Zürich.

Zu Ehren des deutschen, unter anderem in Brasilien tätigen Naturforschers Georg Heinrich von Langsdorff (1774–1852) ist der südamerikanische **Langsdorff-Tabak**, *Nicotiana langsdorffii*, benannt. Er wird selten als Zierpflanze kultiviert und verwildert ganz vereinzelt, so in Bayern und Oberösterreich.

Aus den beiden südamerikanischen Arten *Nicotiana alata* × *N. forgetiana* ist der seit 1903 in Europa im Handel befindliche **Zier-Tabak**, *Nicotiana* × *sanderae*, entstanden. Er findet sich gelegentlich verwildert, wie etwa in Bayern, Hessen, Niedersachsen, Nordrhein-Westfalen, Sachsen, Niederösterreich, Oberösterreich, in der Steiermark, in Wien und Zürich.

Der wahrscheinlich hybridogen aus *Nicotiana sylvestris* × *Nicotiana tomentosiformis* entstandene **Echte Tabak**, *Nicotiana tabacum*, verwildert ganz vereinzelt und unbeständig aus der Kultur. Er ist u. a. aus Baden-Württemberg, Bayern, Berlin, Nordrhein-Westfalen, Sachsen, Kärnten, Oberösterreich, der Steiermark, Wien, Bern, Solothurn, dem Tessin, der Waadt und aus Zürich bekannt.

Nicotiana × sanderae

Nicotiana langsdorffii

Nicotiana tabacum

Garten-Petunie

Petunia × hybrida (Syn.: *Petunia × atkinsiana*)
— Nachtschattengewächs · Solanaceae

Mai–Okt.
giftig

STECKBRIEF 10–50 cm hohe, klebrig-drüsige Einjährige. Blätter gestielt oder sitzend, Blattspreite eiförmig bis elliptisch, ganzrandig. Kronröhre etwas aufgeblasen, verschieden gefärbt, 3–5 cm lang. Staubfäden unterhalb der Kronröhrenmitte entspringend.

NAME Das Synonym ist zu Ehren des englischen Gärtners und Pflanzenzüchters James Atkins (1802–1884) benannt, der 1834 erstmals die Petunien-Hybride präsentierte. Neben dieser Gartenhybride tragen noch einige Kulturpflanzen seinen Namen, so *Cyclamen × atkinsii*, *Pelargonium × atkinsianum*, *Galanthus* 'Atkinsii', *Calceolaria × atkinsiana* usw.

NUTZUNG/AUSBREITUNG Zierpflanze, besonders für Blumenkästen. In Gartenkultur aus den beiden südamerikanischen Arten *Petunia axillaris* und *Petunia integrifolia* entstanden. Die Weiße Petunie, *Petunia axillaris*, kam um 1820 nach Europa und wurde 1823 im Berliner Botanischen Garten gezogen. Die Violette Petunie, *Petunia integrifolia*, erreichte Europa durch den englischen Gärtner und Kaufmann James Tweedie (1775–1862) elf Jahre später. Schon sehr bald kreuzte man die beiden Arten und eine rege Zuchtarbeit begann. Gegenwärtig im Gebiet vielfach, aber immer nur vorübergehend auftretend.

WEITERE ART In Chile ist die **Trompetenzunge**, *Salpiglossis sinuata*, beheimatet, die im Gebiet als einjährige Zierpflanze kultiviert wird und vereinzelt daraus verwildert, so in Baden-Württemberg, Bayern, Rheinland-Pfalz und Salzburg.

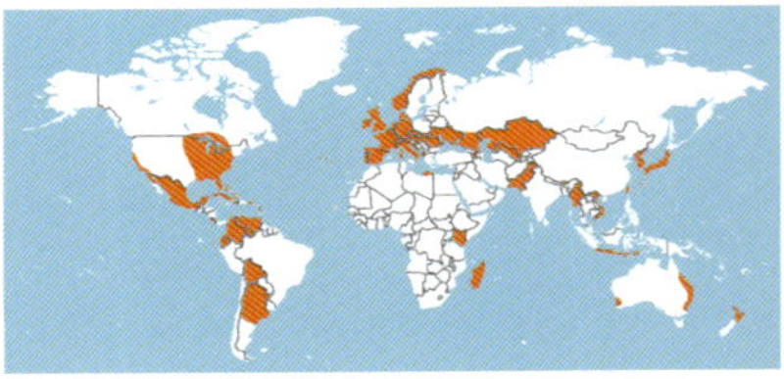

Petunia × hybrida

Petunia × hybrida

Salpiglossis sinuata

Peruanische Blasenkirsche

Physalis peruviana
— Nachtschattengewächs · Solanaceae

Juni–Aug.
essbar

STECKBRIEF 30–180 cm hohe, sommergrüne, filzig behaarte Mehrjährige, die im Gebiet meist einjährig kultiviert wird. Stängel grün. Blätter gestielt, Spreite herzförmig. Blüten mit verwachsenen, gelben Kronblättern und dunkelbrauner Zeichnung am Grund. Fruchtkelche lampionähnlich, grün, behaart, lange geschlossen bleibend, oft mit braun-schwarzer Aderung. Frucht orangegelb, bis 2 cm im Ø.
VERWECHSLUNG Die sehr ähnliche Philadelphia-Blasenkirsche, *Physalis philadelphica*, hat fast kahle Stängel und Blätter und grüne bis purpurne Früchte.
NUTZUNG/AUSBREITUNG Obstpflanze. Obwohl die Art im nordwestlichen Südamerika in den Anden heimisch ist, erfolgte ihre Domestikation in Südafrika. Dort hin gelangte sie Ende des 18. Jahrhunderts mit Seefahrern als Mittel gegen Skorbut. Heute ist die Pflanze in Südafrika nach wie vor sehr beliebt, was ihr auch den geläufigen Namen „Kapstachelbeere" einbrachte. Die Diasporen gelangen offenbar häufig über Kläranlagen und Klärschlammdeponien in die Landschaft. Gegenwärtig im Gebiet ziemlich häufig, aber vorübergehend auftretend.
WEITERE ARTEN Selten eingeschleppt ist die amerikanische **Kantige Blasenkirsche**, *Physalis angulata*, so in Mecklenburg-Vorpommern, Sachsen, Sachsen-Anhalt, Thüringen, Niederösterreich, Wien und Solothurn.

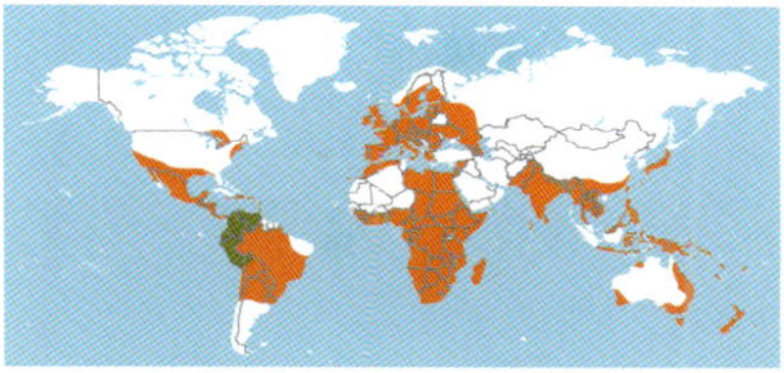

Physalis angulata

Physalis peruviana

Physalis grisea

Nordamerikanisch ist die **Ananas-Blasenkirsche**, *Physalis grisea* (Syn. *P. pruinosa* auct.), die im Samenfachhandel meist als „Erdkirsche" gehandelt wird und die ganz vereinzelt verwildert, so in Niederösterreich, Oberösterreich und der Steiermark.

Aus Mittelamerika und Mexiko stammt die **Tomatillo**, *Physalis ixocarpa*, die auch bei uns zunehmend als alternative Gemüsepflanze Eingang in die heimische Küche findet. Sie kommt gelegentlich verschleppt vor, so in Bayern, Mecklenburg-Vorpommern, Sachsen, Schleswig-Holstein, Niederösterreich und Oberösterreich.

Die in Nord- und Südamerika beheimatete **Philadelphia-Blasenkirsche**, *Physalis philadelphica*, wird ebenfalls als Obstpflanze kultiviert und findet sich gelegentlich unbeständig verwildert, so in Baden-Württemberg, Bayern, Hessen, Niedersachsen, Rheinland-Pfalz, Sachsen, Niederösterreich, Oberösterreich und Nordtirol.

Physalis ixocarpa

Physalis philadelphica

Krainer Tollkraut
Scopolia carniolica
— Nachtschattengewächs · Solanaceae

April–Mai
giftig

Scopolia carniolica

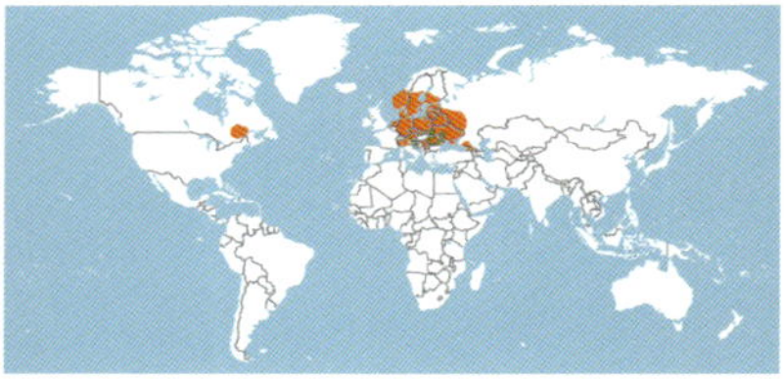

STECKBRIEF 20–60 cm hohe, kahle Mehrjährige mit eiförmigen, zugespitzten, ganzrandigen bis gezähnten Blattspreiten. Blütenkrone glockig, 2–3 cm lang, außen purpurbraun, innen gelb, hängend, lang gestielt. Fruchtkapsel eiförmig, vom Kelch umgeben.

NAME Der Gattungsname ehrt den österreichischen Arzt und Naturforscher Johann Anton Scopoli (1723–1788), der 16 Jahre als Arzt in einem Bergwerk in Idrija in

Krain arbeitete und zu dieser Zeit seine „Flora Carniolica" verfasste. 56 neue Pflanzenarten beschrieb er aus diesem Gebiet.
NUTZUNG/AUSBREITUNG Zier- und Volksarzneipflanze. Im Gebiet seit spätestens dem 18. Jahrhundert in Kultur. Selten verwildert, bei Wildbad-Einöd in der Steiermark seit etwa 100 Jahren vorkommend und hier auch eingebürgert.
WEITERE ART Vorübergehend eingeschleppt tritt im Gebiet auch das mediterrane **Weiße Bilsenkraut**, *Hyoscyamus albus*, auf, so in Bayern, Kärnten, Niederösterreich und Wien.

Hyoscyamus albus

Tomate
Solanum lycopersicum
— Nachtschattengewächs · Solanaceae

Juni–Okt.
essbar

STECKBRIEF 40–120 cm hohe, aromatisch riechende Einjährige. Blätter unpaarig gefiedert mit unregelmäßig fiederschnittigen bis grob gezähnten Fiedern. Kronblätter gelb, meist zurückgeschlagen. Frucht anfänglich grün, reif meist rot, 2–10-kammerig.
NUTZUNG/AUSBREITUNG Gemüsepflanze. 1498 brachte Kolumbus die Pflanze mit nach Spanien. Dort wurde sie bald als Nahrungspflanze geschätzt. Im nördlicheren Europa hingegen genoss sie nur den Stellenwert einer Zierpflanze. Die Ausbreitung vollzog sich zögerlich. 1913 betrug die Anbaufläche der Tomate in Deutschland 24,7 Hektar, 1935 waren es 200 Hektar und heute stellt die Tomate ein Volksnahrungsmittel von überragender weltwirtschaftlicher Bedeutung dar.
Da die Samen die moderne Abwasserklärung unbeschadet passieren, hat auch die Frequenz der Verwilderungen stetig zugenommen. Die Art ist ziemlich regelmäßig an kiesig-sandigen, nährstoffreichen Ufern von Flüssen und Bächen zu finden, wo sie zuweilen zur Fruchtreife gelangt. In Klärschlammdeponien tritt sie oft massenhaft auf. Hier und auf Misthaufen profitiert die Tomate vom Diasporennachschub und den nährstoffreichen Standort-

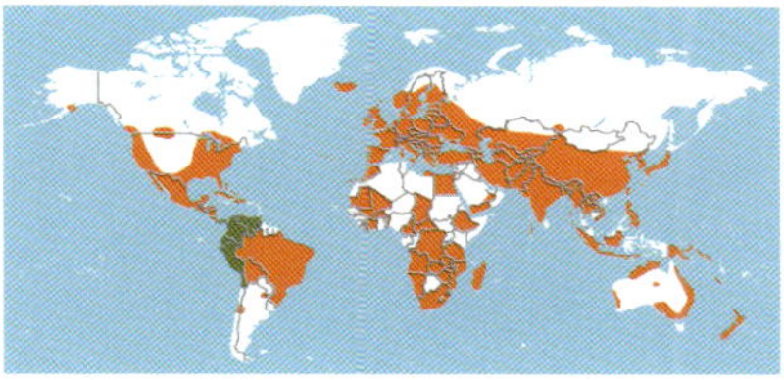

Solanum lycopersicum

Solanum sisymbriifolium

verhältnissen. Zudem sind Misthaufen durch die bei der Verrottung entstehende Wärme thermisch begünstigt und der Same übersteht höhere Temperaturen, als sie bei der Kompostierung entstehen.
Subspontan konnte die Tomate in Mitteleuropa auch an Wildtierfütterungsstellen und Friedhöfen beobachtet werden, wo die Samenverschleppung auf nicht ganz sterile Komposterde zurückzuführen sein dürfte. Die Art ist im Gebiet weit verbreitet, tritt ziemlich häufig auf und ist zurzeit im Begriff, sich in Uferzonen einzunischen.
WEITERE ARTEN Als Zier- und Obstpflanze wird gelegentlich die südamerikanische **Litchi-Tomate**, *Solanum sisymbriifolium*, kultiviert. Vereinzelt tritt sie verwildert auf, so in Bayern, Berlin, Bremen, Hamburg, Mecklenburg-Vorpommern, Niedersachsen, Sachsen, Niederösterreich, Oberösterreich, Wien, Basel und Zürich.
Aus Mittel- und Südamerika stammt das **Korallenbäumchen**, *Solanum pseudocapsicum*, das in Europa seit Ende des 16. Jahrhunderts als Zierpflanze kultiviert wird und vereinzelt daraus verwildert, so in Niedersachsen, Wien und Basel-Land.
Häufig als Gemüse- und Gewürzpflanze wird der mittelamerikanische, 1493 nach Europa gekommene **Paprika, Chili**, *Capsicum annuum*, kultiviert. Selten tritt er im Gebiet vorübergehend verwildert oder verschleppt auf, so in Baden-Württemberg, Bayern, Berlin, Hessen, Niedersachsen, Kärnten, Oberösterreich, Salzburg, Wien, Basel, Solothurn, im Tessin und Wallis.

Solanum pseudocapsicum

Capsicum annuum

Glanzbeeren-Nachtschatten

Solanum nitidibaccatum (Syn.: *S. physalifolium*)
— Nachtschattengewächs · Solanaceae

Juli–Nov.
giftig

STECKBRIEF 10–40 cm hohe, ± geruchlose Einjährige. Stängel abstehend behaart mit Drüsenhaaren und drüsenlosen Haaren. Blattspreiten rhombisch bis eiförmig, unregelmäßig fiederlappig bis seichtbuchtig gezähnt. Blütenstände 3–8-blütig, Kelch zur Fruchtzeit deutlich vergrößert, seine Zipfel aufrecht abstehend, bis ± zur Mitte der Frucht reichend, die untere Hälfte der Frucht umfassend. Frucht grünlich bis schwarzviolett, marmoriert, glänzend.

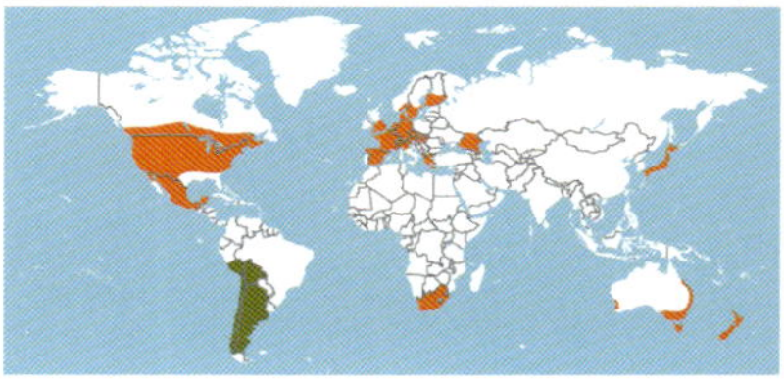

VERWECHSLUNG Der ähnliche, unangenehm riechende Saracho-Nachtschatten, *Solanum sarrachoides*, hat einen Kelch mit langen Zähnen, der mindestens ¾ der Frucht bedeckt.
NUTZUNG/AUSBREITUNG Keine. Durch den Handel mit ölhaltigen Samen und Flachs aus Südamerika eingeschleppt. Im Gebiet seit 1880 subspontan bekannt, gegenwärtig mit Verbreitungsschwerpunkten in Berlin und im Rhein-, Main-, Elbe- und Saaletal.

Solanum nitidibaccatum

Solanum laxum

Solanum carolinense

Solanum rostratum

Solanum sarrachoides

Solanum triflorum

WEITERE ARTEN Aus Nordamerika stammt der in großen Teilen der Erde eingeschleppte **Carolina-Nachtschatten**, *Solanum carolinense*. Im Gebiet vereinzelt auftretend, so in Baden-Württemberg, Bayern, Hamburg, Mecklenburg-Vorpommern, Nordrhein-Westfalen, Rheinland-Pfalz, Kärnten, in der Steiermark, im Aargau, in Basel und im Tessin.
Der südamerikanische **Jasminblütige Nachtschatten**, *Solanum laxum* (Syn.: *S. jasminoides*) wird als Zierpflanze kultiviert und verwildert daraus gelegentlich, so in Wien.
Nordamerikanisch ist der **Stachel-Nachtschatten**, *Solanum rostratum* (= *S. cornutum*), der ganz vereinzelt verschleppt auftritt, so in Baden-Württemberg, Bayern, Berlin, Bremen, Hessen, Mecklenburg-Vorpommern, Nordrhein-Westfalen, Niedersachsen, Sachsen, Niederösterreich, Nordtirol, Wien, Basel, Freiburg, Genf und im Thurgau.
Aus Brasilien stammt der **Saracho-Nachtschatten**, *Solanum sarrachoides*, der im Oberrheingebiet Baden-Württembergs eingebürgert auftritt, sonst nur selten verschleppt, wie in Bayern, Berlin, Hamburg, Mecklenburg-Vorpommern, Niedersachsen, in der Steiermark und in Südtirol.
Nordamerikanisch wiederum ist der **Dreiblütige Nachtschatten**, *Solanum triflorum*, der um 1894 im Hafengebiet von Mannheim gefunden wurde und der dort als eingebürgert anzusehen ist, ohne dass eine Tendenz einer weiteren Ausbreitung erkennbar ist. Weiters u. a. in Bayern, Berlin, Bremen, Niedersachsen, Nordrhein-Westfalen, Sachsen, Schleswig-Holstein, Wien und Basel.

Kleinblütige Tamariske

Tamarix parviflora
— Tamariskengewächs · Tamaricaceae

April–Mai

STECKBRIEF Bis 5 m hoher, breitbuschiger, locker aufgebauter Strauch oder Kleinbaum mit bogenförmig überneigenden Zweigen. Blätter 2–3,5 mm lang, schmal pfriemenförmig, hellgrün, Spitze trockenhäutig. Blüten rosa, vierzählig, in 2–4 cm langen, schmalen Trauben, seitlich an den vorjährigen Zweigen.
VERWECHSLUNG Die Französische Tamariske, *Tamarix gallica*, hat fünfzählige Blüten und eine Blütezeit im Sommer von Juni bis September.

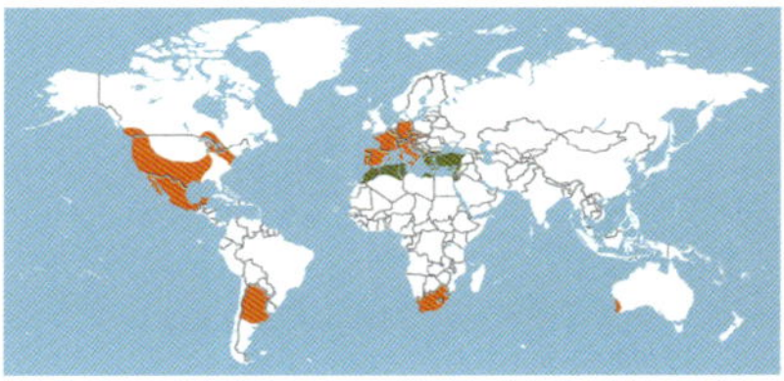

NUTZUNG/AUSBREITUNG Ziergehölz. In Europa seit spätestens 1853 in Gartenkultur. Sehr selten im Gebiet verwildert oder verschleppt auftretend.
WEITERE ART Im Gebiet ganz vereinzelt unbeständig tritt auch die im Mittelmeerraum bis zum Senegal heimische **Französische Tamariske**, *Tamarix gallica*, auf, so in Bayern, Berlin, Nordrhein-Westfalen, Sachsen, Niederösterreich, Oberösterreich, Wien und Solothurn.

Tamarix parviflora

Tamarix gallica

Königs-Seidelbast
Daphne blagayana
— Seidelbastgewächs · Thymelaeaceae

(Nov.–) April
giftig

Daphne blagayana

STECKBRIEF 10–30 cm hoher, immergrüner Zwergstrauch mit niederliegend-aufsteigenden, kahlen Zweigen. Blätter an den Zweigenden gehäuft, verkehrt-eiförmig, 2–5 cm lang, dunkelgrün, ledrig, kahl. Blüten gelblich-weiß, stark duftend, zu 10–20 in dichten, endständigen Köpfchen Kelchröhre schmal, 1–1,3 cm lang. Früchte weißlich bis rötlich, im Gebiet selten ausgebildet.
NAME Benannt zu Ehren des untersteirischen Botanikers Richard Ursini, Graf von Blagaj (1786–1858), der die Pflanze 1837 auf der Nordseite des Lorenziberges bei Billichgrätz in Krain entdeckte. Der Neufund sorgte in bota-

nischen Kreisen für großes Aufsehen. Sogar König Friedrich August II. von Sachsen reiste an, um die neue Pflanze zu sehen, was die deutsche Bezeichnung Königs-Seidelbast erklärt.
NUTZUNG/AUSBREITUNG Zierpflanze. Beheimatet in Südost-Europa von Nordost-Italien bis Nordgriechenland und Bulgarien. Bei einer Winterwanderung im Jahr 1995 fand J. Moser, Mitarbeiter des Forstlichen Bildungszentrums Laubau die Pflanze auf rund 1000 m Seehöhe im Hochfelln-Gebiet der Chiemgauer Alpen. Wie die Besiedelung der Pflanze am Standort in Bayern erfolgt ist, bleibt ungeklärt. Die Pflanzen blühen hier, anders als am natürlichen Standort in Südosteuropa, den Winter über von November bis Februar.

Große Kapuzinerkresse
Tropaeolum majus
— Kapuzinerkressegewächs · Tropaeolaceae

Juni–Okt.
essbar

STECKBRIEF Bis 3 m lang kriechende oder kletternde, kahle Mehrjährige (aber meist einjährig kultiviert). Stängel fleischig. Blattspreite schildförmig-kreisrund. Kronblätter genagelt, gelb bis orangerot, die unteren am Grund fransig-bewimpert. Sporn wenig gekrümmt. Narben 3.
NUTZUNG/AUSBREITUNG Zier-, Arznei- und Salatpflanze. Wahrscheinlich eine artgewordene Hybride aus Wildsippen Ecuadors und Perus, vor allem mit Beteiligung von *Tropaeolum peltophorum* und *Tropaeolum minus*. 1684 kam die Pflanze von Peru in die Niederlande. In lebhaften Farben schildert Paul Herrmann das Entzücken der Blumenfreunde jener Zeit über die neue Pflanze. 1686 wurde die Kapuzinerkresse in England gezogen, 1689 in Deutschland. Gegenwärtig im Gebiet vielfach, aber vorübergehend verwildert oder verschleppt.

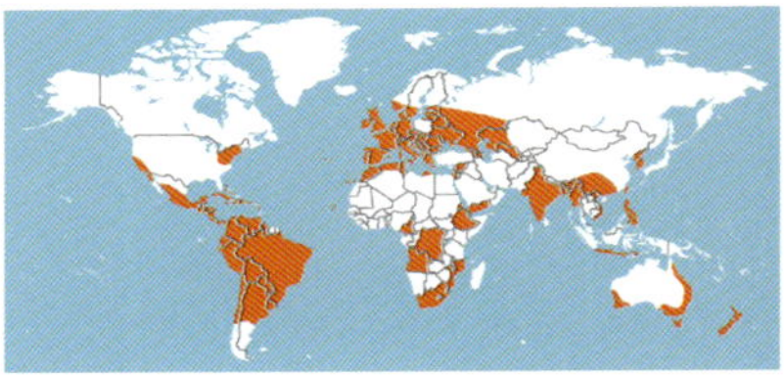

WEITERE ART Die in Peru und wahrscheinlich auch in Ecuador beheimatete **Kletternde Kapuzinerkresse**, *Tropaeolum peregrinum*, wird gerne als Rankzierpflanze gezogen und tritt im Gebiet ganz vereinzelt verwildert bzw. verschleppt in Bayern und Nordrhein-Westfalen auf.

Tropaeolum majus

Tropaeolum peregrinum

Laxmanns Rohrkolben
Typha laxmannii
— Rohrkolbengewächs · Typhaceae

Mai–Juli

STECKBRIEF 60–120 cm hohe Mehrjährige mit 2–8 mm breiten Blättern, die teilweise den Blütenstand überragen. Weiblicher Kolben walzenförmig, etwa 2 cm dick und 4–9 cm lang, männlicher Kolbenteil viel schmäler und 7–20 cm lang, dazwischen eine 2–8 cm lange Lücke.
VERWECHSLUNG Beim heimischen Zwerg-Rohrkolben, *Typha minima*, ist der männliche Kolben 1,5–5 cm lang, männlicher und weiblicher Kolben grenzen unmittelbar aneinander oder sind höchstens 3 cm voneinander getrennt.
NAME Benannt zu Ehren des schwedischen, in Finnland geborenen Geistlichen und Naturforschers Erik Laxmann (1737–1796). Er arbeitete u. a. als Pastor in einer deutschen Bergbau-Gemeinde in Barnaul in der westsibirischen Region Altai und unternahm von dort Forschungsreisen bis Ostsibirien. Einer der Verdienste Laxmanns war es, die Pflanzenwelt Sibiriens in das Linnésche System einzubringen.
NUTZUNG/AUSBREITUNG Zierpflanze für Gartenteiche, im Gartenhandel nicht selten auch als *Typha minima* geführt. Osteuropäisch-asiatische Art, als spontan werden die Vorkommen westlich bis zur östlichen Balkanhalbinsel und Moldawien gerechnet, während die westlich davon festgestellten Fundorte auf synanthrope Ausbreitung zurückzuführen sind, da die Art in jüngerer Zeit vermehrt im Gartenhandel angeboten wird und ihre gut flugfähigen Diasporen leicht ausgebreitet werden.

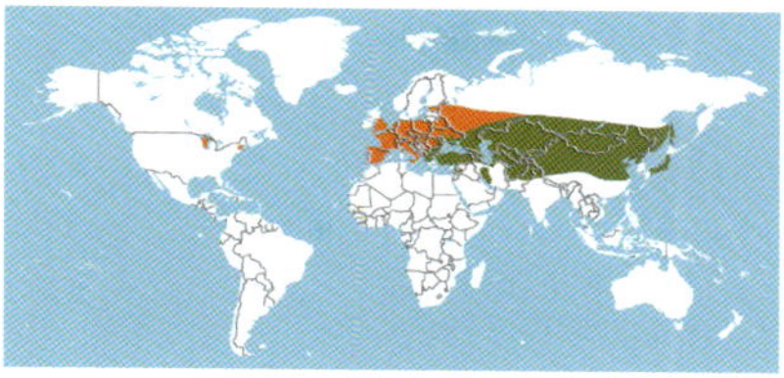

Durch wasserbaulichen Maßnahmen in den Steppengebieten der Ukraine haben sich neue Massenbestände entwickelt, die als Ausbreitungsquellen fungieren. Gelegentlich auch als „Naturschutzmaßnahme" ausgebracht und über Wasservögel verbreitet. Subspontan seit Mitte des 20. Jahrhunderts aus dem Gebiet bekannt mit zunehmender Ausbreitungstendenz.
WEITERE ART Der pantropisch-subtropische **Südliche Rohrkolben**, *Typha domingensis*, wird gelegentlich als Zierpflanze für Gartenteiche verwendet und kann daraus verwildern. Er wird oft mit dem Schmalblättrigen Rohrkolben, *Typha angustifolia*, verwechselt und unterscheidet sich von diesem durch hellbraune Kolben (bei *Typha angustifolia* dunkelbraun) und einen Abstand zwischen dem weiblichen und dem männlichen Kolben von 1–3 cm (bei *Typha angustifolia* 3–8 cm).

Typha laxmannii

Typha domingensis

Sibirische Ulme
Ulmus pumila
— Ulmengewächs · Ulmaceae

März–April

Ulmus pumila

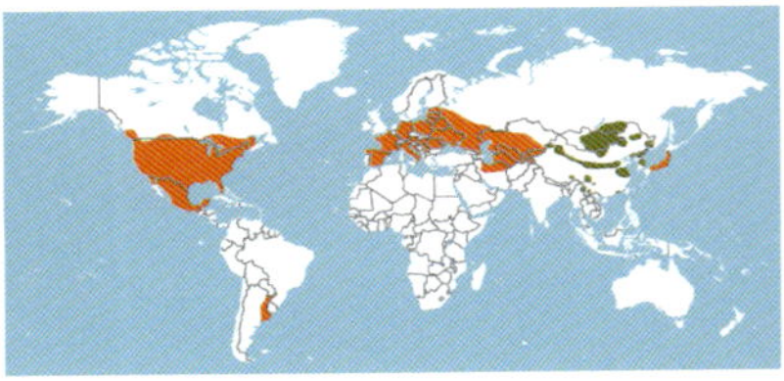

STECKBRIEF Bis 20 m hoher, sommergrüner Baum mit unregelmäßiger Krone und rissiger Borke. Blattspreiten 2–6 cm lang, derb, elliptisch bis eiförmig-lanzettlich, spitz bis zugespitzt, oberseits kahl, unterseits schwach behaart, Basis fast gleichmäßig, Blattrand einfach gesägt. Blattnerven vertieft. Blüten sehr kurz gestielt, Staubbeutel violett. Fruchtflügel tief eingeschnitten.
VERWECHSLUNG Die heimische Feld-Ulme, *Ulmus minor*, hat eine deutlich asymmetrische Blattspreitenbasis und doppelt gesägte Blattränder.
NUTZUNG/AUSBREITUNG Hecken- und Ziergehölz, selten auch forstlich genutzt. In Europa 1770 erstmals kultiviert, gegenwärtig im Gebiet selten und unbeständig verwildert auftretend. In Südtirol besonders an Bahnböschungen und Ruderalstellen lokal eingebürgert.

Pillen-Brennnessel
Urtica pilulifera
— Brennnesselgewächs · Urticaceae

Mai–Aug.

Urtica pilulifera

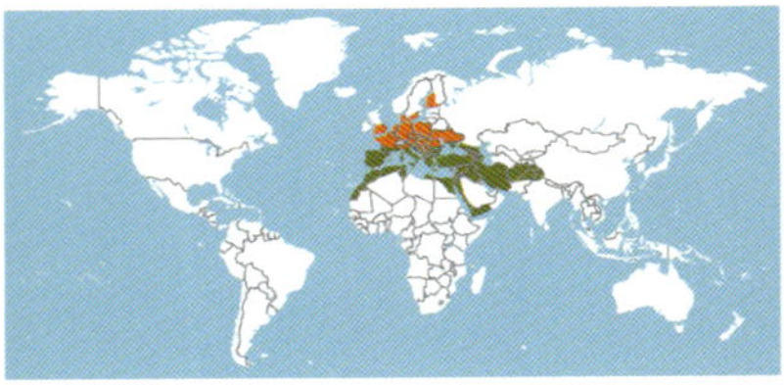

STECKBRIEF 30–80 cm hohe Ein- bis Zweijährige mit Brennhaaren. Blätter gestielt, Spreite zugespitzt-eiförmig, grob gesägt. Blütenstände eingeschlechtig, auf gleicher Höhe in den Blattachseln männliche rispige und weibliche kugelige Blütenstände. Weibliche Blütenhüllen aufgeblasen und dicht mit Borstenhaarten besetzt.
NUTZUNG/AUSBREITUNG Früher selten als Volksarzneipflanze kultiviert. Ehemals aus den Kulturen verwildert, weshalb vor allem alte Fundaufzeichnungen vorhanden sind. Gegenwärtig selten aus dem Süden eingeschleppt.
WEITERE ARTEN Die osteuropäisch-asiatische **Hanf-Brennnessel**, *Urtica cannabina*, wurde früher als Faserpflanze kultiviert und tritt ganz vereinzelt verschleppt auf, so in Berlin.

Das nordamerikanische **Pennsylvanische Glaskraut**, *Parietaria pensylvanica*, tritt im Gebiet vielfach eingebürgert in Berlin seit dem Jahr 1861 auf, sonst ganz vereinzelt in Brandenburg, Hamburg, Mecklenburg-Vorpommern, Sachsen und Sachsen-Anhalt.
Der auf Sardinien, Korsika und auf den Balearen heimische **Bubikopf**, *Soleirolia soleirolii*, wird als Zimmerpflanze kultiviert, überdauert in begünstigten Lagen aber auch die heimischen Winter und verwildert vereinzelt, so in Baden-Württemberg, Bayern, Bremen, Nordrhein-Westfalen, Sachsen, Schleswig-Holstein, Oberösterreich, Wien, im Aargau, in Basel, Bern, in der Waadt und in Zürich.

Urtica cannabina

Parietaria pensylvanica

Füllhorn-Fedie
Fedia cornucopiae
— Baldriangewächs · Valerianaceae

März–Juni
essbar

Fedia cornucopiae

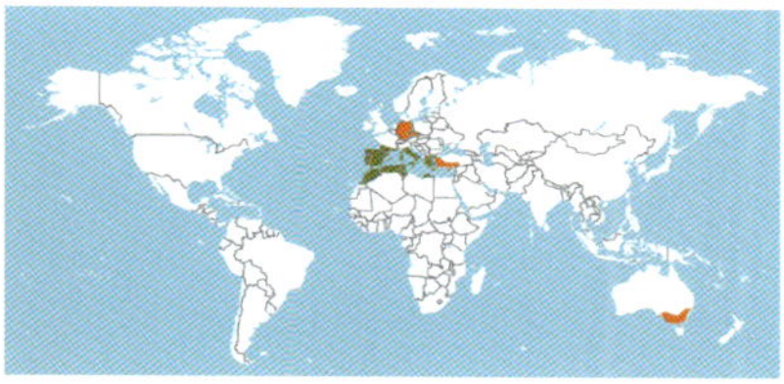

STECKBRIEF 5–30 cm hohe, gabelig verzweigte, kahle und etwas fleischige Einjährige. Blätter gegenständig, spatelförmig, die unteren ganzrandig, die oberen gezähnt. Blüten meist paarweise kopfig vereinigt, ihre Stiele zur Fruchtzeit aufgeblasen. Krone purpurn, 8–16 mm lang, mit fünfzipfeliger, zweilippiger Röhre.

NUTZUNG/AUSBREITUNG Zier- und Gemüsepflanze (Algiersalat). Der Verbreitungsmechanismus der Art ist effizient. In ihrer Heimat werden die Fruchtstände als „Bodenläufer" vom Wind vertragen und dadurch die Diasporen verbreitet. Zusätzlich enthalten die Samen ein Ölkörperchen (Elaiosom), weswegen sie von Ameisen verschleppt werden. Ins Gebiet dürfte die Art vor allem durch Warentransporte aus dem Mittelmeerraum gekommen sein. Sie tritt hier selten und unbeständig vor allem in Güterbahnhöfen auf.

Wandelröschen
Lantana camara
— Verbenengewächs · Verbenaceae

Juni–Sep.
giftig

Lantana camara

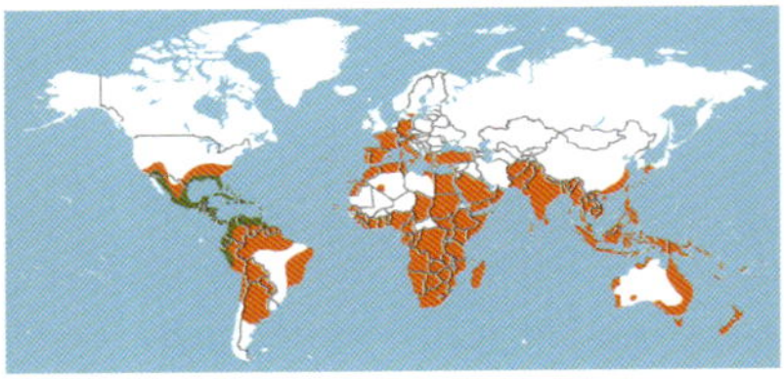

STECKBRIEF 20–200 cm hoher, aromatisch duftender Strauch mit überhängenden, borstig rauen Zweigen und gegenständig angeordneten Blättern. Blattspreite eiförmig, 3–9 cm lang, mit gerundeter bis herzförmiger Basis, Blattrand gekerbt bis gesägt, Blattstiel 1–2,5 cm lang. Blüten fünfzählig, gelb oder orange, später oft rötlich bis violett, in köpfchenförmigen Blütenständen. Steinfrüchte wenigsamig, ca. 4 mm im Ø.

NUTZUNG/AUSBREITUNG Zierpflanze. 1692, in der Zeit der Renaissance, kam das Wandelröschen aus ihrer amerikanischen Heimat nach Europa, zunächst in die Orangerien des Adels, erst viel später wurde es als Kübelpflanze und für Blumenkästen genutzt. Gegenwärtig im Gebiet sehr selten unbeständig verwildert. In warmen Regionen der Erde hingegen weit verbreitet und vielerorts invasiv. In Südafrika aufgrund ihrer Ausbreitungsfreudigkeit mit Pflanzverbot belegt.

Patagonisches Eisenkraut
Verbena bonariensis
— Eisenkrautgewächs · Verbenaceae

Juni–Okt.

Verbena bonariensis

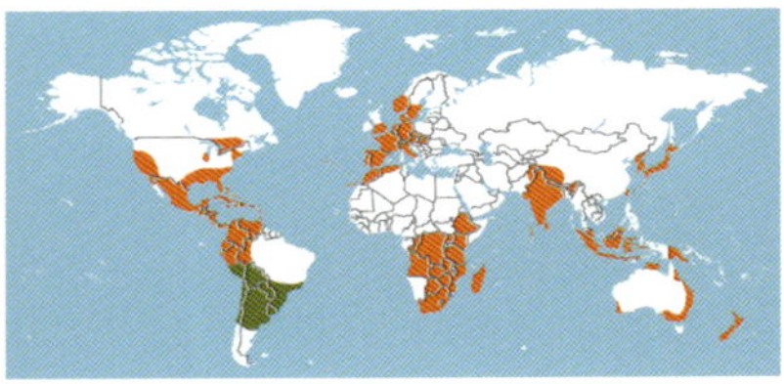

STECKBRIEF Aufrechte, 0,6–1,6 m hohe Staude mit steifem, stark verzweigtem Wuchs und rauen, sandpapierartigen Stängeln. Stängel und Ästchen im Querschnitt viereckig. Blätter länglich-lanzettlich, 7–13 cm lang, überwiegend in einer Rosette an der Stängelbasis. Blütenkrone violettrosa.

NUTZUNG/AUSBREITUNG Zierpflanze. Wegen ihrer Frostempfindlichkeit wird die Staude im Gebiet meist einjährig gezogen. Seit 1737 in Europa kultiviert, aber erst seit etwa dem Jahr 1980 häufig in der Gartengestaltung eingesetzt. Dementsprechend jung sind die immer häufiger werdenden Verwilderungsmeldungen im Gebiet.

WEITERE ARTEN Lokal in Baden-Württemberg ist die nordamerikanische **Tragblatt-Verbene**, *Verbena bracteata*, eingebürgert. Vorübergehend auch in Hessen, Nordrhein-Westfalen, Sachsen, im Burgenland, in Niederösterreich, Oberösterreich und Vorarlberg.

Gelegentlich kann die nordamerikanische, als Zierstaude kultivierte **Lanzen-Verbene**, *Verbena hastata*, verwildert angetroffen werden, so etwa in Bayern, Nordrhein-Westfalen, Oberösterreich und Salzburg.

Selten als Zierpflanzen gezogen und verwildert tritt die südamerikanische **Aufrechte Verbene**, *Verbena rigida*, auf, so in Baden-Württemberg, Bayern, Nordrhein-Westfalen, Rheinland-Pfalz und Sachsen.

In Süd- und Nordamerika ist die **Teppichverbene**, *Phyla nodiflora*, beheimatet, die im Gebiet als Bodendecker und Rasenersatz verwendet wird und vereinzelt daraus verwildert, so in Baden-Württemberg, Sachsen und im Burgenland.

Verbena hastata

Verbena bracteata

Verbena rigida

Phyla nodiflora

Pfingst-Veilchen
Viola sororia
— Veilchengewächs · Violaceae

April–Mai

STECKBRIEF 5–15 cm hohe Staude ohne Ausläufer. Blattspreite breit-herzförmig, Nebenblätter 4–6 × so lang wie breit. Krone meist weiß, violett geadert. Seitliche und mittleres Kronblatt etwa gleich lang, seitliche Kronblätter am Grund gebärtet, unteres Kronblatt samt Sporn 18–25 mm lang. Kelchblätter kurz bewimpert.
NUTZUNG/AUSBREITUNG Zierpflanze. Seit Anfang des 19. Jahrhunderts in Europa in Gartenkultur. Gegenwärtig im Gebiet selten verwildert, lokal auch eingebürgert wie im Klagenfurter Becken in Kärnten.
WEITERE ART Das **Amerikanische Veilchen**, *Viola cucullata*, stammt aus dem östlichen Nordamerika und wird vereinzelt als Zierstaude gezogen. Subspontane Vorkommen sind u. a. bekannt aus Baden-Württemberg, Niedersachsen, Kärnten, Nordtirol, Südtirol, Bern, Graubünden, dem Thurgau und etabliert aus dem Tessin.

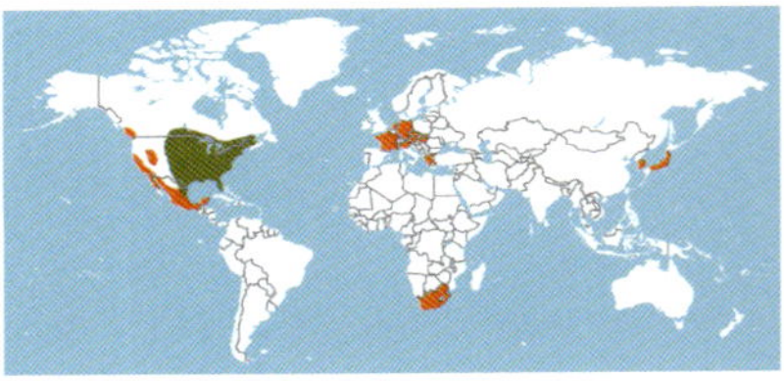

Viola sororia

Viola cucullata

Garten-Stiefmütterchen
Viola × wittrockiana
— Veilchengewächs · Violaceae

April–Okt.

STECKBRIEF 8–25 cm hohe Zweijährige mit im Ø 3–7 cm großer Blütenkrone. Diese weiß, gelb, rot, orange, violett, braun, purpurn, blau oder fast schwarz, meist mit kontrastierendem Auge, nicht selten mehrfärbig. Seitliche Kronblätter gebärtet. Blattspreite eiförmig, mit herzförmigen Grund.
NAME Benannt zu Ehren des deutsch-schwedischen Botanikers Veit Brecher Wittrock (1839–1914), der den Hybridkomplex 1896 erstmals beschrieb, ohne ihn zu benennen. Wittrock war Algenfachmann, der auch an Gattungen wie *Viola* und *Linnaea* forschte. Die korrekte Erstbeschreibung wurde erst 2007 nachgeholt und veröffentlicht.
NUTZUNG/AUSBREITUNG Zierpflanze. Das Garten-Stiefmütterchen ist hybridogen durch Züchtungen aus *Viola lutea* × *V. tricolor* × *V. altaica* ab Mitte des 19. Jahrhunderts entstanden. In den letzten Jahren und Jahrzehnten verstärkt in die Züchtung miteingeflossen ist das

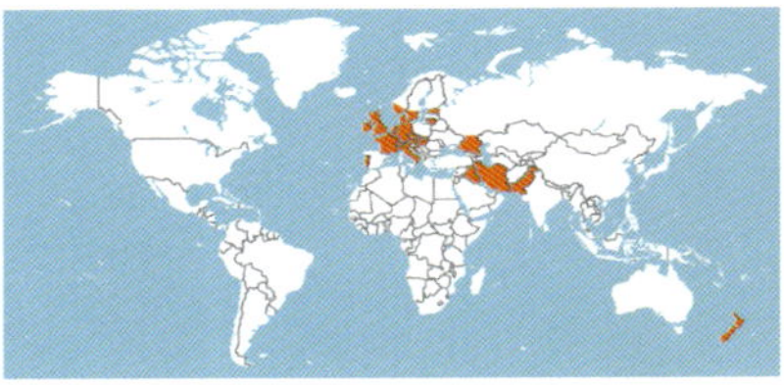

Horn-Veilchen, *Viola cornuta* und deren Hybriden. Eine scharfe Trennung zwischen Hybriden von *V. cornuta* und *V. × wittrockiana* ist heute nicht mehr möglich, da die aus Samen entstandenen Verwilderungen der F2-Generation in ihren Merkmalen aufspalten. Deshalb werden beide Gruppen hier in den Karten und Auflistungen geführt. Aus den überwiegend gepflanzten F1-Hybriden mit Züchtungsschwerpunkt Blütengröße entstehen in der darauffolgenden F2-Generation aus Samen zumeist wieder Pflanzen mit wesentlich kleineren Blüten, die mit *Viola tricolor* verwechselt werden können. Gegenwärtig im Gebiet vielfach, aber unbeständig verwildert und als Kulturpflanze wahrscheinlich unterkartiert.

Viola × wittrockiana

Gewöhnliche Jungfernrebe

Parthenocissus inserta (Syn.: *P. vitacea*)
— Weinrebengewächs · Vitaceae

Juli–Aug.
invasiv

STECKBRIEF Bis 30 Meter hoch oder weit rankende Liane mit 3–5-armigen Ranken. Diese an der Spitze oft verdickt, aber ohne Haftscheiben. Blätter 5–7-zählig gefingert, grün und glänzend, Herbstfärbung leuchtendrot. Blütenstand eine halbkugelige Rispe. Blüten gelbgrün, mit je 5 Kronblättern, diese etwa 3 mm lang. Früchte mattblaue bis schwarzblaue Beeren, 5–7 mm im Ø.

VERWECHSLUNG Die sehr ähnliche, aber nur gelegentlich verwilderte Fünffinger-Jungfernrebe, *Parthenocissus quinquefolia*, unterscheidet sich vor allem durch das Vorhandensein von Haftscheiben am Ende der Ranken.

NUTZUNG/AUSBREITUNG Kletterpflanze. Um das Jahr 1610 nach London und 1623 nach Paris gekommen, kurze Zeit später erschien sie in verschiedenen weiteren botanischen Lebendsammlungen. Die Kletterpflanze fand vielfache Verwendung in Gärten und Landschaftsparks

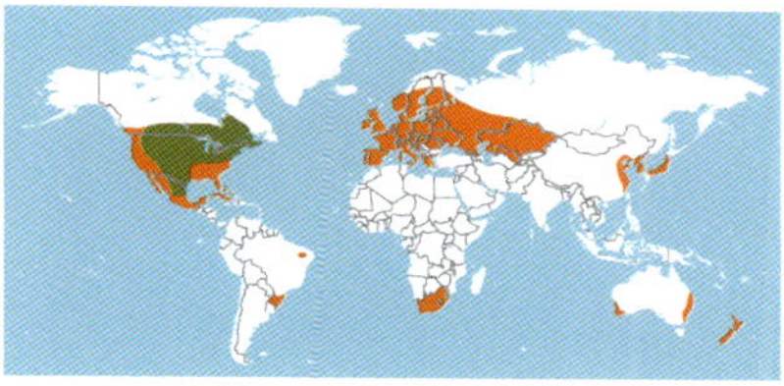

des 18. Jahrhunderts. Ende des 19. Jahrhunderts war die Gewöhnliche Jungfernrebe aus Kulturen bereits vielfach verwildert und stellenweise völlig eingebürgert. Gegenwärtig häufig und weit verbreitet. Die zahlreichen Angaben über Verwilderungen von *Parthenocissus quinquefolia* im Gebiet dürften zum Großteil zu *P. inserta* zu stellen sein.

Parthenocissus inserta

Parthenocissus quinquefolia

WEITERE ARTEN Sehr ähnlich und oft mit der Gewöhnlichen Jungfernrebe verwechselt wird die ebenfalls im östlichen Nordamerika beheimatete **Selbstkletternde Jungfernrebe**, *Parthenocissus quinquefolia* s. str., deren Verbreitung im Gebiet dadurch bisher unbekannt ist. Die aus Japan stammende, in den 1860er-Jahren nach Europa gekommene **Dreispitzige Jungfernrebe**, *Parthenocissus tricuspidata*, wird als Mauerbegrünung häufig kultiviert und verwildert gelegentlich, so in Baden-Württemberg, Bayern, Berlin, Hessen, Niedersachsen, Nordrhein-Westfalen, Rheinland-Pfalz, Sachsen, Thüringen, im Burgenland, in Niederösterreich, Oberösterreich, Salzburg, in der Steiermark, in Wien, Südtirol, im Aargau, in Bern, Genf, Glarus, Luzern, Schwyz, im Tessin, in der Waadt, im Wallis und in Zürich.

Parthenocissus tricuspidata

Fuchs-Weinrebe
Vitis labrusca
— Weinrebengewächs · Vitaceae

Juni
essbar

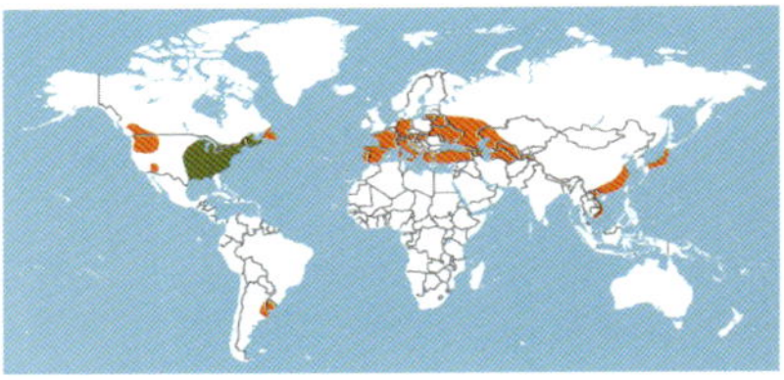

STECKBRIEF Bis etwa 15 m hoch oder weit rankender Kletterstrauch mit stark flockig-filzig behaarten jungen Trieben. Blattspreiten undeutlich dreilappig, unterseits spinnwebig-flaumhaarig bis filzig, die Blattunterseite völlig bedeckend. Blüten in fast traubenartigen, 5–7 cm langen Rispen. Reife Früchte dunkelviolett, über 12 mm im Ø.
VERWECHSLUNG Die heimische Echte Weinrebe, *Vitis vinifera*, hat fünfzählig gelappte bis gespaltene Laubblätter. Bei der Ufer-Weinrebe, *Vitis riparia*, sind die Laubblätter unterseits kahl bis locker flaumhaarig, die reifen Früchte sind im Ø < 12 mm.
NUTZUNG/AUSBREITUNG Als Tafeltraube, zur Uhudlerwein-Gewinnung, zur Laubenberankung und als Pfropfunterlagsrebe. Anfang des 19. Jahrhunderts in Europa eingeführt. Die Art spielt bei der Entwicklung von Hybridreben eine große Rolle. Im Gebiet tritt sie vereinzelt verwildert vor allem an Auwaldrändern und Waldsäumen auf.
WEITERE ART Die nordamerikanische **Ufer-Weinrebe**, *Vitis riparia*, wird als Unterlagsrebe genutzt und findet sich vereinzelt verwildert, so in Baden-Württemberg, Hessen, Rheinland-Pfalz, Niederösterreich, Oberösterreich, Salzburg, in der Steiermark und in Wien.

Vitis labrusca

Vitis riparia

Gelbrote Taglilie
Hemerocallis fulva
— Grasbaumgewächs · Xanthorrhoeaceae

Juni–Aug.
essbar

STECKBRIEF 50–100 cm hohe Staude mit ausschließlich grundständigen, linealen, bis 3 cm breiten, hellgrünen, überhängenden Blättern und orangen, trichterförmigen Blüten. Perigonblätter 6, am Grunde verwachsen, die inneren mit welligem Rand, sich nur am Grund überlappend. Frucht eine dreifächerige, vielsamige Kapsel.
NUTZUNG/AUSBREITUNG Zierpflanze, aber auch als Nahrungsmittel und Arzneipflanze. In der zweiten Hälfte des 16. Jahrhunderts aus ihrer ostasiatischen Heimat nach Mittel- und Westeuropa gekommen. 1561 verzeichnete der Züricher Naturforscher Conrad Gessner die Art in seiner Arbeit über die Gärten Deutschlands und bereits 1601 berichtet Clusius, dass die Taglilie in vielen österreichischen und deutschen Gärten vertreten ist. Im 17. Jahrhundert wilderte eine starkwüchsige Kulturform der Art in England aus. Diese breitete sich bald auch im restlichen Europa und nach ihrer Einfuhr Ende des 19. Jahrhunderts auch in Nordamerika aus.
Der robuste, hochgradig sterile und triploide Klon ist von US-amerikanischen Botanikern „Europa" getauft worden. Gegenwärtig im Gebiet häufig verwildert und vielerorts eingebürgert. Die Gelbrote Taglilie vermehrt sich vegetativ durch Rhizome und Kindeln am Stängel. Diploide Formen bilden keimfähige Samen und vermehren sich auch generativ.

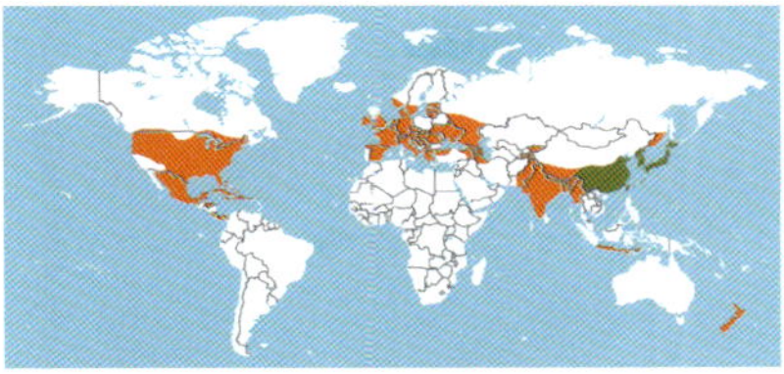

Hemerocallis fulva

Burzeldorn
Tribulus terrestris
— Jochblattgewächs · Zygophyllaceae

Mai–Okt.

Tribulus terrestris

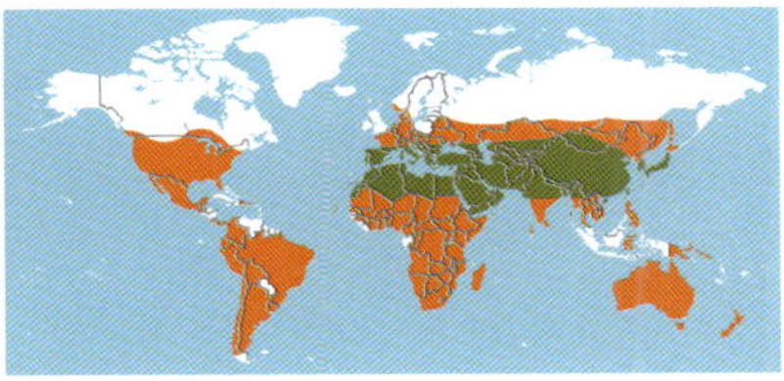

STECKBRIEF 1–12 cm hohe und bis 40 cm auslandende, niederliegende Einjährige. Blätter paarig gefiedert mit 8–16 schmal-elliptischen, ganzrandigen Blättchen. Blüten einzeln in den Blattachseln, fünfzählig mit hinfälligen Kelchblättern und 4–5 mm langen, gelben Kronblättern. Fruchtknoten oberständig. Früchte dornig, aus 5 Teilfrüchten bestehend.
NUTZUNG/AUSBREITUNG Keine, allerdings sind Substanzen aus Burzeldorn im Kraftsport und im Bodybuilding als Steroidersatz und als „natürliches Anabolikum" verbreitet. Gegenwärtig Kosmopolit, breitet sich mittels Klettausbreitung im Weideland aus. Mit dem Rückgang der Weidewirtschaft im Gebiet selten geworden, vereinzelt aber ruderal auftretend.

Service

Quellenübersicht

QUELLEN EINLEITUNG

Pilsl P., Schröck C., Kaiser R., Gewolf S., Nowotny G. & Stöhr O. (2008): Neophytenflora der Stadt Salzburg (Österreich). – Sauteria 17: 1–596.

Schröck C., Stöhr O., Gewolf S., Eichberger C., Nowotny G., Mayr A. & Pilsl P. (2004): Beiträge zur Adventivflora von Salzburg I. – Sauteria 13: 221–237.

WICHTIGSTES SCHRIFTTUM

Adler W. & Mrkvicka Ch. (2003): Die Flora von Wien – gestern und heute – Verl. d. Naturhistorischen Museums Wien, 831 S.

Aumann C. (1993): Die Flora der Umgebung von Windischgarsten (Oberösterreich) – Stapfia 30: 1–186.

Barthel K.-J. & Pusch J. (1999): Flora des Kyffhäusergebirges und der näheren Umgebung – Ahorn-Verlag, Bad Frankenhausen, 465 S.

Becker J. (1828): Flora der Gegend um Frankfurt am Main, Teil 1 – Verlagsbuchhandlung Ludwig Reinherz. 559 S.

Bochumer Botanischer Verein: Jahrb. Bochumer Bot. Ver. 2009–2018 [mit ausgesprochen interessanten Beiträgen und Fundmeldungen vor allem aus dem Bundesland Nordrhein-Westfalen].

Brandes D. (2003): Die aktuelle Situation der Neophyten in Braunschweig. – Braunschw. Naturk. Schr. 6: 705–760.

Brodtbeck T., Zemp M., Frei M., Kienzle U. & D. Knecht (1997): Flora von Basel und Umgebung 1980–96. 3 Bände – Mitteilungen der Naturforschenden Gesellschaften beider Basel.

Celesti-Grapow L., Alessandrini A., Arrigoni P. V., Banfi E., Bovio M., Brundu G., Cagiotti M., Camarda I., Bernardo L., Conti F., Fascetti S., Galasso G., Gubellini L., La Valva V., Lucchese F., Marchiori S., Mazzola P., Peccenini S., Pretto F., Poldini L., Prosser F., Siniscalco C., Villani M. C., Viegi L., Wilhalm T. & Blasi C. (2009): The inventory of the non-native flora of Italy. – Plant Biosyst. 143/2: 386–430.

Dörr E. & Lippert W. (2001 u. 2004): Flora des Allgäus und seiner Umgebung, 2 Bände – IHW-Verlag Eching, 680 u. 752 S. [sehr ausführlich und genau].

Ebert W. (1929): Flora des Kreises Bernburg und der angrenzenden Gebiete. – Bernburg.

Engelmaier P. & Wilhalm T. (2018): Alien grasses (Poaceae) in the flora of the Eastern Alps: Contribution to an excursion flora of Austria and the Eastern Alps – Neilreichia 9: 177–245.

Essl F. & Rabitsch W. (2002): Neobiota in Österreich. – Wien; 432 S.

Fischer M., Oswald K. & Adler W. (2008): Exkursionsflora für Österreich, Liechtenstein und Südtirol; 3., verb. Aufl. der „Exkursionsflora von Österreich" (1994). – Linz: OÖ Landesmuseum; 1392 S.

Fischer W. (2017): Flora der Prignitz – Verhandlungen des Botanischen Vereins von Brandenburg und Berlin, Beiheft 8 – Natur & Text, 484 S.

Forstner W. & E. Hübl (1971): Ruderal-, Segetal- und Adventivflora von Wien – Verlag Notring, Wien.

Fritsch K. (1922): Exkursionsflora für Österreich und die ehemals österreichischen Nachbargebiete (3. Aufl.). – Wien & Leipzig: J. Cramer.

Fukarek F. & Henker H. (2005): Flora von Mecklenburg-Vorpommern – Farn- und Blütenpflanzen. Herausgegeben von Heinz Henker und Christian Berg, Weißdorn-Verlag Jena, 428 S.

Gatterer K. & Nezadal W. (2003): Flora des Regnitzgebietes – Die Farn- und Blütenpflanzen im zentralen Nordbayern, 2 Bände, insg. 1058 S., IHW-Verlag, Eching.

Grims F. (2008): Flora und Vegetation des Sauwaldes und der umgrenzenden Täler von Pram, Inn und Donau – 40 Jahre später – Stapfia 87, 262 S.

Gutte P. (2006): Flora der Stadt Leipzig, einschließlich Markkleeberg – Weißdorn-Verlag, Jena, 278 S.

Hahn D. (2006): Neophyten der Ostfriesischen Inseln - Verbreitung, Ökologie und Vergesellschaftung. Schriftenr. Nationalpark Nieders. Wattenmeer 9: 1–179.

Hand R., Reichert H., Bujnoch W., Kottke U. & Caspari S. (2016): Flora der Region Trier – Verl. Michael Weyland, Trier. 1634 S.

Hardtke, H.-J. & Ihl, A. (2000): Atlas der Farn- und Samenpflanzen Sachsens. Sächsisches Landesamt für Umwelt und Geologie, Dresden: 806 S.

Hardtke H.-J., Klenke F. & Müller F. (2013): Flora des Elbhügellandes und angrenzender Gebiete – Sandstein-Verlag Dresden. 718 S.

Hartl H., Kniely G., Leute G.H., Niklfeld H. & M. Perko (1992): Verbreitungsatlas der Farn- und Blütenpflanzen Kärntens. – Klagenfurt, 451 S.

Hegi G.: Illustrierte Flora von Mitteleuropa – vielbändiges, sehr umfassendes Standardwerk.

Hess E., Landolt E. & Hirzel R.: Flora der Schweiz und angrenzender Gebiete, 2 Bände, Springer Verlag Basel.
Hohla M., Kleesadl G. & Melzer H. (1998): Floristisches von den Bahnanlagen Oberösterreichs – Beitr. Naturk. Oberösterreichs 6: 139–301.
Hohla M., Stöhr O., Schröck C. (2005): Beiträge zur Kenntnis der Flora des Innviertels – Beitr. Naturk. Oberösterreichs 14: 201–286.
Jäger E. J., Ebel F., Hanelt P. & Müller G. K. (2008): In: Rothmaler, Exkursionsflora von Deutschland, Band 5, Krautige Zier- und Nutzpflanzen. Spektrum, 874 S.
Janchen E. (1977): Flora von Wien, Niederösterreich und Nordburgenland. – Verein für Landeskunde von Niederösterreich und Wien 2. Aufl. 757 S.
Junghans T. (2015): Mannheims Adventivflora im Wandel – Neue Arten und aktuelle Ausbreitungstendenzen im Kontext der Klimaerwärmung - Braunschweiger Geobotanische Arbeiten 11: 11–37.
Körber-Grohne U. (1995): Nutzpflanzen in Deutschland – von der Vorgeschichte bis heute – Nikol, Hamburg, 490 S.
Kowarik I. (2010): Biologische Invasionen – Neophyten und Neozoen in Mitteleuropa. – E. Ulmer Verlag, Stuttgart, 492 S.
Krausch H.-D. (2003): Kaiserkron und Päonien rot - Von der Entdeckung und Einführung unserer Gartenblumen – Dölling und Galitz-Verlag. 536 S.
Landolt E. (2001): Flora der Stadt Zürich (1984–1998) 2 Bände – Springer Verlag Basel. 711 S. u. 706 S.
Lauber K., Wagner G. & Gygax P. (2018): Flora Helvetica – 6. Auflage, Haupt-Verlag Bern, 1686 S.
Leeder F. & Reiter M. (1958): Kleine Flora des Landes Salzburg. – Naturw. Arbeitsgem. Haus der Natur, Salzburg, 348 S.
Lippert W. & Meierott L. (2014): Kommentierte Artenliste der Farn- und Blütenpflanzen Bayerns – Bayerische Botanische Gesellschaft, München, 407 S
Maurer W. (1996, 1998 u. 2006): Flora der Steiermark. 3 Bände – Eching: IHW-Verlag.
Mazomeit J. (1995): Zur Adventivflora (seit 1850) von Ludwigshafen am Rhein – mit besonderer Berücksichtigung der Einbürgerungsgeschichte der Neophyten – Mitt. Pollichia 82: 157–246.
Meierott L. (2008): Flora der Haßberge und des Grabfeldes – Neue Flora von Schweifurt. 2 Bände, IHW-Verlag, Eching.
Melzer H. (1953–2006): Um die 100 Veröffentlichungen in verschiedenen naturwissenschaftlichen Periodika, vor allem über die Pflanzenwelt der österreichischen Bundesländer.
Nehring S., Kowarik I., Rabitsch W. & Essl F. (2013): Naturschutzfachliche Invasivitätsbewertungen für in Deutschland wild lebende gebietsfremde Gefäßpflanzen. 202 S.
Neilreichia, Band 1–10; Verein zur Erforschung der Flora Österreichs - Department für Botanik und Biodiversitätsforschung.
Ofenböck G [Koordination]. (2013): Aquatische Neobiota in Österreich – Lebensministerium Wien, 160 S.
Pflugbeil G. & Pilsl P. (2013): Vorarbeiten an einer Liste der Gefäßpflanzen des Bundeslandes Salzburg, Teil 1: Neophyten – Mitt. Haus der Natur 21: 25–83.
Pilsl P., Schröck Ch., Kaiser R., Stöhr O., Gewolf S. & Nowotny G. (2008): Neophytenflora der Stadt Salzburg (Österreich) – Sauteria-Schriftenreihe f. systematische Botanik, Floristik u. Geobotanik 17: 1–596.
Polatschek A. (1997–2013): Flora von Nordtirol, Osttirol und Vorarlberg, in 5 Bänden und 2 Nachtragsbänden, teilweise in Zusammenarbeit mit W. Neuner und M. Maier – Tiroler Landesmuseum Ferdinandeum, Innsbruck.
Poppendieck H. H., Bertram H., Brandt I., Kreft K. A., Kurz H., Onnasch A., Preisinger H., Ringenberg J., Prondzinski J. & Wiedemann D. (2010): Rote Liste und Florenliste der Gefäßpflanzen von Hamburg – Dölling und Galitz Verlag München · Hamburg
Sebald O., Seybold S., G. Philippi & Wörz A. (teilweise), (1989–1998): Die Farn- und Blütenpflanzen Baden-Württembergs, in 8 Bänden, Verlag E. Ulmer, Stuttgart.
Seitz B., Ristow M., Prasse R., Machatzi B., Klemm G., Böcker R. & Sukopp H. (2012): Der Berliner Florenatlas – Verhandlungen des Bot. Vereins von Berlin und Brandenburg, Beiheft 7.
Stöhr O., Pilsl P., Essl F., Hohla M. & Schröck C. (2007 u. 2009): Beiträge zur Flora von Österreich, II und III – Linzer biol. Beitr. 39/1: 155–292 und 41/2: 1677–1755.
Sumser H., Falk G., Wieland J., Jagel A. & Bomble W. (2015): Atlas einer zweijährigen Erhebung zur Flora von Köln (2013–2015) – Bund für Umwelt und Naturschutz Köln, 206 S.

THELLUNG A. (1911, 1915, 1919): Beiträge zur Adventivflora der Schweiz (I, II und III) – Mitteilungen aus dem botanischen Museum der Universität Zürich.

WALDBURGER E., PAVLOVIC V. & LAUBER K. (2003): Flora des Fürstentums Liechtenstein – Haupt-Verlag Bern, 810 S.

WILHALM T., NIKLFELD H. & W. GUTERMANN (2006): Katalog der Gefäßpflanzen Sudtirols. – Veröffentlichungen des naturhistorischen Museums Südtirol 3, 215 S.

WITTMANN H., SIEBENBRUNNER A., PILSL P. & P. HEISELMAYER (1987): Verbreitungsatlas der Salzburger Gefäßpflanzen. – Sauteria 2: 1–403.

ZAHLHEIMER W. A. (2001): Die Farn- und Blütenpflanzen Niederbayerns, ihre Gefährdung und Schutzbedürftigkeit mit Erstfassung einer Roten Liste – Hoppea, Denschr. Regensb. Bot. Ges. 62: 5–347.

ZIMMERMANN F. (1907): Die Adventiv- und Ruderalflora von Mannheim, Ludwigshafen und der Pfalz nebst den selteneren einheimischen Blütenpflanzen und den Gefäßkryptogamen – Mannheim, 171 S.

ZÜNDORF H. J., GÜNTHER K. F., KORSCH H. & WESTHUS W. (2006): Flora von Thüringen. Weissdorn-Verlag, Jena: 764 S.

WICHTIGSTE NETZQUELLEN

Bundesamt für Naturschutz: FloraWeb – Datenbank FLORKART, Netzwerk Phytodiversität Deutschlands, http://www.floraweb.de/pflanzenarten/artenhome.xsql?suchnr=21642&

BUTTLER P. & THIEME M. (2017): Florenliste von Deutschland – http://www.kp-buttler.de/florenliste/index.htm

EDD-Maps: Early Detection & Distribution Mapping System – http://www.eddmaps.org/

HETZEL G. (2006): Die Neophyten Oberfrankens. Floristik, Standortcharakteristik, Vergesellschaftung, Verbreitung, Dynamik. – Diss. Univ. Würzburg, 160 S.

Infoflora (2018): Das nationale Daten- und Informationszentrum der Schweizer Flora – https://www.infoflora.ch/de/

JAGEL A. (2014): Flora von Bochum, eine Zusammenstellung der bisher im Stadtgebiet Bochum heimischen und verwilderten Pflanzen-Sippen – http://jagel.nrw/FloraBochum.html

KORINA: Koordinationsstelle Invasive Neophyten in Schutzgebieten Sachsen-Anhalts, Halle – www.korina.info

Neobiota (2016): Neobiota in Österreich – Bundesministerium für Land- und Forstwirtschaft, Umwelt und Wasserwirtschaft. http://www.neobiota-austria.at/ms/neobiota-austria//neobiota_imp/

NOBANIS – European Network of Invasive Alien Species – https://www.nobanis.org/fact-sheets/

WICHTIGSTE QUELLEN FÜR DIE WELTWEITEN VERBREITUNGSKARTEN

African Plant Database – http://www.cille-ge.ch/musinfo/bd/cjb/africa/details.php?

Atlas Florae Europaeae: In fortlaufenden Bänden seit dem Jahr 1972 erscheinend, bisher 17 Bände – Akateeminen Kirjakauppa Helsinki.

Biodiversity Ireland: National Biodiversity Data Centre – https://species.biodiversityireland.ie/?keyword=Spring Plant Project

Catalogue of life: Itis species – Roskov Y., Ower G., Orrell T., Nicolson D., Bailly N., Kirk P. M., Bourgoin T., DeWalt R. E., Decock W., Nieukerken E. van, Zarucchi J., Penev L., eds. (2019). Species 2000 & ITIS Catalogue of Life, 24th December 2018. Digital resource at www.catalogueoflife.org/col. Species 2000: Naturalis, Leiden, the Netherlands. ISSN 2405-8858.

CABI: Invasive Species Compendium, http://www.cabi.org/isc

CLEMENT E. J. & FOSTER M. C. (1994): Alien plants of the British Isles. – London: Botanical Society of the British Isles.

DAISIE: Delivering Alien Invasive Species Inventories for Europe – http://www.europe-aliens.org/speciesSearch.do

Flora Iberica – http://www.anthos.es/

Flora Italiana – http://luirig.altervista.org/flora/taxa/floraindice.php

Flora of Chile – http://www.efloras.org/browse.aspx?flora_id=60

Flora of China – http://www.efloras.org/florataxon.aspx?flora_id=2&taxon_id=100054

Flora of Greece – http://portal.cybertaxonomy.org/flora-greece/intro

Flora of Kroatia – http://hirc.botanic.hr/fcd/Search.aspx

Flora of Nepal – http://www.efloras.org/browse.aspx?flora_id=110

Flora of Pakistan – http://www.efloras.org/florataxon.aspx?flora_id=5&taxon_id=200013684
Flora Polski – https://www.atlas-roslin.pl/
Floron (2018): Floron Verspreidingsatlas Vaatplanten – www.verspreidingsatlas.nl
GISD Global Invasive Species Database: ISSG Invasive Species Specialist Group – http://issg.org/database/species/List.asp
Global Plants: JStor – herbarium – https://plants.jstor.org/
Goka K. (2018): Invasive Species of Japan, National Institute for Environmental Studies, Japan – www.nies.go.jp
GRIIS The Global Register of Introduced and Invasive Species – http://www.griis.org/
Hensen I., Welk E., Schubert K. & Seidler G. (2011): Prognosen zur Ausbreitung von Neophyten – Martin-Luther-Universität Halle-Wittenberg – http://chorologie.biologie.uni-halle.de//neophyten/NEO_MAP98.html
INPN Inventaire National du Patrimoine Naturel – Flora Frankreiches – https://inpn.mnhn.fr/accueil/index?lg=en
Lampinen R. & Lahti T. (2016): Kasviatlas Finland 2015 – Helsingin Yliopsisto, Luonnontieteellinen keskusmeuseo Helsinki. Levinneisyyskartat osoitteessa – http://www.luomus.fi/kasviatlas
Medvecká J., Kliment J., Májeková J., Halada L'., Zaliberová M., Gojdičová E., Feráková V. & Jarolímek J. (2012): Inventory of the alien flora of Slovakia. – Preslia 84: 257–309.
Meusel H., Jäger E., Rauschert S. & Weinert E. (1978–1992): Vergleichende Chorologie der zentraleuropäischen Flora. 3 Bände mit jeweils einem zusätzlichen Kartenteil. Fischer, Jena.
New Zealand.Plant Conservation Networt – www.nzpcn.org.nz/flora
NOBANIS (2018) – European Network on Invasive Alien Species – www.nobanis.org
Pils G. (2006) – Flowers of Turkey, a photo guide, 448 S.
Pils G. (2016): Illustrated Flora of Albania; 576 S., Gerhard Pils-Verlag
Plants of the World Online Portal: Royal Botanic Gardens Kew – http://www.emonocot.org/
Pyšek P., Danihelka J., Sádlo J., Chrtek J. jr., Chytrý M., Jarošík V., Kaplan Z., Krahulec F., Moravcová L., Pergl J., Štajerová K. & Tichý L. (2012): Catalogue of alien plants of the Czech Republic (2nd edition): checklist update, taxonomic diversity and invasion patterns. – Preslia 84: 155–255.
Rechinger K. (1963–2015): Flora iranica – behandelt das Gebiet Iran, Irak, Turkmenistan und Afghanistan, in 181 Bänden, Naturhistorisches Museum Wien.
Stace C. (2001): New Flora of the British Isles, ed. 2. – Cambridge.
The Euro+Med PlantBase – the information resource for Euro-Mediterranean plant diversity – http://ww2.bgbm.org/EuroPlusMed/query.asp
Tokarska-Guzik B., 2005: The establishment and spread of alien plant species in the flora of poland. Wydaw. Uniw. I skiego, Katowice. 192 S.
Tutin T. G. & Walters S. M. 1993: Dianthus. In: Tutin, T. G. (et al., eds, assisted by J. R. Akeroy, M. E. Newton): Flora Europaea vol. 1 2"«1 edition: 227–246. Cambridge.
USDA US-Departement of Agriculture: NISIC National Invasive Species Information Center – https://www.invasivespeciesinfo.gov/index.shtml
Verloove F.: Manual oft he Alien Plants of Belgium – http://alienplantsbelgium.be
Weed Futures: Determining current and future weed treats in Australia – http://www.weedfutures.net/

Eine vollständige Liste aller für dieses Buch verwendeten Quellen können Sie sich unter diesem Link herunterladen https://kosmos.de/neophyten

Register

Register

Register

Register

Die Kamera immer mit dabei – so entstehen die Fotos für die Bücher.

Herr Griebl, auf Ihrer Homepage beschreiben Sie sich selbst als „Gärtner und Pflanzennarr". Wie kam es zu dieser Liebe – beruflich wie privat – zu den Pflanzen.
Ich weiß das gar nicht so genau. Ich weiß nur, dass ich mich schon von Kindesbeinen an zu Pflanzen hingezogen fühle. Und diese Zuneigung zu Pflanzen hält bis heute an.

Lieblingspflanze Augentrost – weil sie einfach entzückend ist.

In diesem Buch widmen Sie sich den Neophyten, also allen Arten, die erst seit 1492 hier zu finden sind. Wie kamen Sie darauf, sich diesem Thema so intensiv zu widmen?
Mittlerweile gehören etwa ein Drittel aller bei uns auftretenden Pflanzenarten zu den Neophyten und kaum jemand weiß, dass es sich um Neubürger handelt. Zurzeit etwa ist die Tomate gerade im Begriff, sich an Gewässerrändern einzunischen und die Hanfpalme bildet regional undurchdringliche Dickichte. Geschehnisse, die man sich noch vor wenigen Jahren oder Jahrzehnten nicht vorstellen konnte, die aber jetzt gerade im Gang sind. Mit diesem Buch will ich diese aktuellen Veränderungen aufzeigen.

Über Neophyten bekommt man viel zu lesen, meist Negatives. Wie sind Neophyten ihrer Meinung nach einzuschätzen?
Der Großteil der Neophyten sind meiner Meinung nach eine Bereicherung für die Artenvielfalt und die logische Konsequenz von Klimawandel und Internationalisierung. Neophyten wachsen durchweg an Stellen, wo sie heimischen Arten kaum konkurrieren, und machen Ruderalstellen bunter, die sonst nur steinig wären. Andere wiederum, wie etwa die Lupine, wurden in den letzten Jahrhunderten dermaßen stark in die Landschaft als Gründünger, Böschungsfestiger und Wildäsung ausgebracht. Da ist es fast ein Wunder, dass sie nicht noch viel weiter verbreitet sind. Tatsächlich kommt die Lupine gegenwärtig vor allem an Stellen vor, wo der Mensch der Natur grobe Wunden angetan hat, wie etwa an Forststraßenrändern und Kahlschlägen. So gesehen ist es sogar gut, dass die Lupine bei uns ist. Ihre lokale Invasivität ist rein dem Menschen geschuldet.

Kräuterwanderung mit vielen interessierten Teilnehmern in der Obersteiermark.

Wie kann man sich die Arbeit an diesem Buch vorstellen?
Neophyten haben mich schon zu einer Zeit interessiert, als in der Öffentlichkeit noch kaum etwas von ihnen zu hören war. Das liegt vor allem auch an meinem Beruf, weil man als Gärtner sowohl die Garten- als auch die Wildpflanzen kennt. Da fällt es sofort auf, wenn sich in der Natur was auftut, das hier deplatziert wirkt. Für das Buch war unglaublich viel Literaturstudium und Recherche notwendig, um etwa die Verbreitungskarten erstellen zu können. Da hat es die letzten Jahre abends geheißen: lesen statt fernsehen.

Sie bieten jedes Jahr für Interessierte Kräuterwanderungen. Wie kommen diese an? Wie läuft so eine Wanderung ab?
Ich hoffe sie kommen gut an und da es von Jahr zu Jahr mehr Menschen werden, die mitgehen, bin ich zuversichtlich. Wir bleiben dann bei jeder zweiten Pflanze stehen (stark übertrieben) und plaudern darüber. Weit kommen wir an so einem Wandertag meist nicht, aber alle lernen voneinander und ich lerne viel von der praktischen Anwendung, wie die Menschen die einzelnen Pflanzen nutzen.

Sie sind viel draußen unterwegs. Wenn Sie für sich alleine „in die Botanik" gehen, was sind dann Ihre Lieblingspflanzen? Oder gibt es vielleicht sogar die eine Lieblingsblume?
Eines meiner großen Interessen liegt bei natürlichen Hybriden, also wenn sich zwei Pflanzenarten ohne Zutun des Menschen kreuzen. Das geschieht bei vielen Pflanzen, besonders oft aber bei Disteln und Orchideen, und ergibt in der Regel eine ganz wundersame Nachkommenschaft.

Der Ostalpen-Enzian mit seinen beeindruckenden purpurfarbenen Blütenkelchen.

Der eigene Garten ist gewollt wild und ein Paradies für viele Wildtiere.

Zu meinen Lieblingspflanzen gehören der Ostalpen-Enzian mit seinen prächtig purpurnen Blütenkelchen und der Augentrost, weil er einfach so entzückend ist.

Das Interview führte Claudia Salata, KOSMOS-Verlag Redaktion Natur

Norbert Griebl – Pflanzen faszinierten ihn von Kindesbeinen an.

Bildnachweis

BILDNACHWEIS
Axmann Andreas: S. 157 r; S. 220 lo; S. 221 lu, ro.; Baier Wilhelm: S. 66 r.; Baldinger Jürgen: S. 163 r.; **Brandner Johann:** S. 203 lo.; **Dunkel Franz-Georg:** S. 110 lu; S. 126 lu.; **Essl Franz:** S. 107 ru; S. 199 lo.; **Falkner Hermann:** S. 416 lu.; **Fotolia** © Bergwitz Uwe: S. 369 lu., © Dleonis: S. 295 ro., © Ifrabanedo: Klappe Bild 106, © Schuppich M.: S. 347 lo., © Stephan Ph.: S. 276 lu., © Yatsugatake no kaze: S. 226 lu.; **Geier Harald:** S. 229 ro.; **Gübitz Gerald:** S. 82 lu; S. 123 r; S. 137 lu; S. 189 ru; S. 241 ru; S. 274 ru; S. 275 ro; S. 420 lo; S. 427 ru; S. 451 l.; **Hassler Michael:** S. 28 ru; S. 33 ro; S. 35 lu, ru; S. 39 ru; S. 45 l, ro; S. 51 lu; S. 52 l, ro; 55 ru; 56 lo; 61 l; 65 r; 70 ro; 72 ro, ru; 75 ru; 83 ru; S. 86 lu; S. 93 l; S. 102 r; S. 105 rm; S. 106 l, ru; S. 115 l; S. 120 ro; S. 127 r; S. 131 lo; S. 133 ro; S. 137 r; S. 147 r; S. 150 l; S. 152 l; S. 158 lu, rm; S. 168 lu; S. 169 l, ro; S. 171 lu; S. 172 lu; S. 176 ro, ru; S. 183 ru; S. 186 lu; S. 191 ru; S. 192 ru; S. 194 l; S. 199 r; S. 200 ro; S. 205 ru; S. 206 r; S. 208 r; S. 212 l, ro; S. 214 l; S. 224 lu, ro; S. 235 lo, r; S. 236 ro; S. 244 l; S. 248 ru; S. 249 l; S. 250 lo; S. 251 ru; S. 255 l; S. 256 l; S. 258 ro, ru; S. 259 r; S. 261 lo; S. 281 ru; S. 285 ro; S. 289 ro; S. 290 lu; S. 291 ro; S. 299 ru; S. 300 ru; S. 303 alle; S. 321 ro; S. 327 lu; S. 330 l; S. 331 lu; S. 333 r; S. 334 ru; S. 335 r; 336 ro, ru; S. 337 ru; S. 338 ru; S. 340 lo, lu, ro; S. 341 l; S. 342 r; S. 343 alle; S. 345 lo; S. 348 lu, ru; S. 351 lo, ru; S. 352 l; S. 356 r; S. 358 lo, ro; S. 360 ro; S. 362 ro; S. 368 ro; S. 388 ro, ru; S. 389 lu, ru; S. 391 ru; S. 398 l; S. 399 ro; S. 400 lo; S. 403 r; S. 404 l, ru; S. 411 ro; S. 414 ru; S. 415 l; S. 429 r; S. 430 ru; S. 432 r; S. 439 lo, ru; S. 440 lo, ro; S. 443 l; S. 445 r; S. 447 lo; S. 448 r.; **Heidtke Ulrich:** S. 56 lu; S. 305 ru.; **Hohla Michael:** S. 35 ro; S. 67 l; S. 76 ro; S. 77 r; S. 84 r; S. 88 l; S. 140 lo; S. 149 lu; S. 175 l; S. 182 l; S. 198 l; S. 200 lu; S. 248 ro; S. 261 lu; S. 332 ro; S. 336 lo; S. 337 lo; S. 340 ru; S. 342 lo, lu; S. 344 ro, ru; S. 349 ro; S. 350 lu, ru; S. 354 l; S. 364 ru; S. 365 lu; S. 411 lo; S. 439 lu.; **Hubert Peter:** S. 62 l; S. 107 l; S. 119 ro; S. 344 ro.; **Kalz Renate:** Klappe Bild 76; **Kretzschmar Horst:** Klappe Bild 5; **Kussegg Walter:** S. 151 ru; S. 221 ru; S. 238 lo; S. 271 ru; S. 305 ro; S. 397 l.; **Lefnaer Stefan:** S. 34 u; S. 35 lo, rm; S. 40 rm; S. 47 ro; S. 56 r; S. 88 r; S. 151 l; S. 158 ro; S. 181 l; S. 183 lu; S. 243 ro; S. 257 l; S. 289 lo; S. 333 lu; S. 338 ro; S. 351 lu, ro; S. 357 r; S. 429 l; S. 431 lo.; **Leonhartsberger Susanne:** S. 254 ro.; **Marschner Rolf:** S. 28 ro, 48 ru; 82 lo; S. 107 rm; S. 125 l; S. 193 l; S. 216 r; S. 317 l; S. 354 r; S. 414 ro; S. 447 lu; S. 449 ru; Klappe 22.Bild.; **Meyer Thomas:** S. 301 ro.; **Mrkvicka Alexander**: S. 70 lo; S. 134 r.; **Muer Thomas:** S. 44 ru; S. 46 ro; S. 59; S. 87 r; S. 162 l; S. 333 l; S. 349 ru.; **Pflugbeil Georg:** S. 93 r.; **Rottensteiner Walter:** S. 61 r; S. 215 lu; S. 291 ru; S. 297 lo; S. 320 r; S. 433 ro; Klappe 15.Bild.; **Schebesta Karl:** S. 165 rm; S. 191 lu; S. 376 ro; S. 441 lo.; **Schmidhammer Alexander:** S. 119 lu.; **Schön Johann:** S. 62 r; S. 178 lu; S. 215 lo.; **Schreiber Fritz:** S. 30 ru.; **Stöhr Oliver:** S. 75 l; S. 101 r; S. 165 ro; S. 192 lo; S. 258 lu; S. 323 lu; S. 328 lo; S. 337 ro; S. 344 l; S. 355 ru.; **Tritthart Gertrude:** S. 79 l, ro; S. 201 ru; S. 283 lo; S. 290 lo; S. 324 ru; S. 378 ro; S. 436 lu.; **Vergörer Paul:** S. 158 lo.; **Weinzettl Josef:** S. 253 lu; S. 295 ru; Klappe Bild 57.
Alle weiteren Bilder von **Norbert Griebl**.

Schwarz-weiß-Zeichnungen von **Wolfgang Lang** und **Marianne Golte-Bechtle**.

Kartenmaterial von KOSMOS Kartografie/Annette Wrobel, Stuttgart.

Impressum

IMPRESSUM
Umschlaggestaltung von Atelier Bea Klenk, Berlin, unter Verwendung eines Fctos von shutterstock © Richard Griffin *(Impatiens glandulifera)* und Quagga Illustrations, Berlin, 2020 (Früchte von *Impatiens glandulifera*).

Mit 1282 Fotos und 924 Verbreitungskarten.

Unser gesamtes lieferbares Programm finden Sie unter **kosmos.de**.
Über Neuigkeiten informieren Sie regelmäßig unsere Newsletter, einfach anmelden unter **kosmos.de/newsletter**.

FSC www.fsc.org
MIX
Papier aus verantwortungsvollen Quellen
FSC® C023164

Gedruckt auf chlorfrei gebleichtem Papier

ISBN 978-3-440-16874-5
Redaktion: Claudia Salata
Satz: typopoint GbR, Ostfildern
Produktion: Markus Schärtlein
Druck und Binden: Longo AG, Bozen
Printed in Italy / Imprimé en Italie

Die Kosmos
Mittelmeer
—flora
KOSMOS
Über
1.500
Fotos
KOSMOS—NATURFÜHRER
Mehr als 1.600 Arten
alphabetisch nach Familien
EXTRA: DIE 133 HÄUFIGSTEN NUTZ-
UND ZIERPFLANZEN
PETER UND INGRID
SCHÖNFELDER

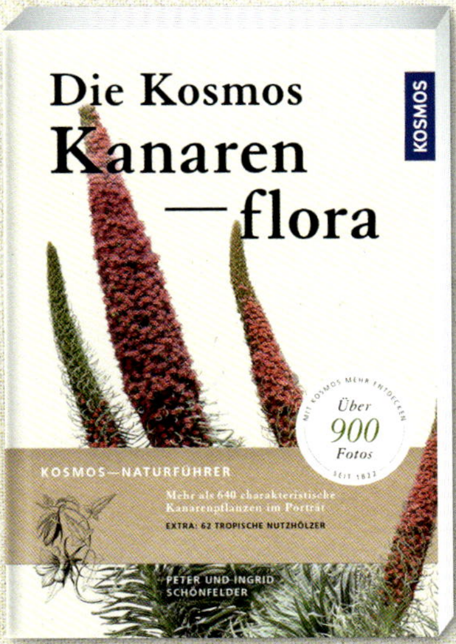
Die Kosmos
Kanaren
—flora
KOSMOS
Über
900
Fotos
KOSMOS—NATURFÜHRER
Mehr als 640 charakteristische
Kanarenpflanzen im Porträt
EXTRA: 62 TROPISCHE NUTZHÖLZER
PETER UND INGRID
SCHÖNFELDER

61

62

63

64

65

66

67

68

69

70

71

72

73

74

75

76

77

78

79

80